普通高等院校土木专业“十二五”规划精品教材

土木工程施工

（第三版）

Civil Engineering Construction

丛书审定委员会

王思敬　彭少民　石永久　白国良

李　杰　姜忻良　吴瑞麟　张智慧

本书主审　王作文

本书主编　李文渊

本书副主编　袁　翱　刘俊玲

本书编写委员会

丁克胜　李文渊　袁　翱　刘俊玲

杨宝珠　赵学荣　田月华　严　斌

王作文　王　沛　刘　戈　陈　烜

熊　维　廖玉凤　吴启红　高　珊

罗文剀

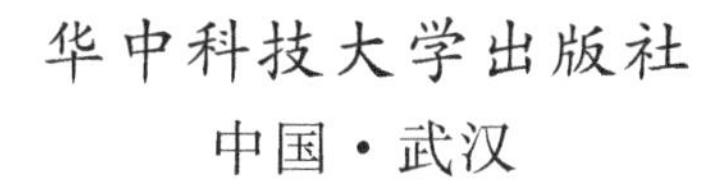

华中科技大学出版社

中国·武汉

内 容 提 要

本书以最新的现行土木工程专业技术规范和规程为依据，对土木工程中常用的施工技术和施工组织知识进行了全面的介绍。在内容上不仅保留了目前仍采用的一些传统的施工技术，而且将最近几年发展起来的土木工程施工的新理论、新技术和新工艺补充到本书中。

全书分为两篇，共 17 章。第 1 篇为土木工程施工技术，内容包括土方工程、桩基础工程、砌体工程、钢筋混凝土结构工程、预应力混凝土工程、结构安装工程、防水工程、装饰装修工程、脚手架与垂直运输设备、桥梁工程、道路工程、地下工程；第 2 篇为土木工程施工组织，内容包括施工组织概论、流水施工原理、网络计划技术、单位工程施工组织设计、施工组织总设计。各章附思考题及习题。

本书是按照全国高校土木工程学科专业指导委员会制定的《土木工程施工课程教学大纲》编写的，能够满足普通高等院校培养应用型人才的需要。全书涵盖了土木工程专业各方向的主要学习内容。本书标准教学学时为 72 学时，各地区、各专业方向可根据侧重点不同调整相应的教学内容和学时，书中用“ * ”号表示不同专业方向的选修章节。

本书可作为高等院校土木工程专业、工程管理专业和工程造价专业等本科学生的教材，也可作为相关专业工程技术人员的参考书。

普通高等院校土木专业“十二五”规划精品教材

总　　序

教育可理解为教书与育人。所谓教书，不外乎是教给学生科学知识、技术方法和运作技能等，教学生以安身之本。所谓育人，则要教给学生做人道理，提升学生的人文素质和科学精神，教学生以立命之本。我们教育工作者应该从中华民族振兴的历史使命出发，来从事教书与育人工作。作为教育本源之一的教材，必然要承载教书和育人的双重责任，体现两者的高度结合。

中国经济建设高速持续发展，国家对各类建筑人才需求日增，对高校土建类高素质人才培养提出了新的要求，从而对土建类教材建设也提出了新的要求。这套教材正是为了适应当今时代对高层次建设人才培养的需求而编写的。

一部好的教材应该把人文素质和科学精神的培养放在重要位置。教材中不仅要从内容上体现人文素质教育和科学精神教育，而且还要从科学严谨性、法规权威性、工程技术创新性来启发和促进学生科学世界观的形成。简而言之，这套教材有以下特点。

一方面，从指导思想来讲，这套教材注意到“六个面向”，即面向社会需求、面向建筑实践、面向人才市场、面向教学改革、面向学生现状、面向新兴技术。

二方面，教材编写体系有所创新。结合具有土建类学科特色的教学理论、教学方法和教学模式，这套教材进行了许多新的教学方式的探索，如引入案例式教学、研讨式教学等。

三方面，这套教材适应现在教学改革发展的要求，提倡所谓“宽口径、少学时”的人才培养模式。在教学体系、教材编写内容和数量等方面也做了相应改变，而且教学起点也可随着学生水平做相应调整。同时，在这套教材编写中，特别重视人才的能力培养和基本技能培养，适应土建专业特别强调实践性的要求。

我们希望这套教材能有助于培养适应社会发展需要的、素质全面的新型工程建设人才。我们也相信这套教材能达到这个目标，从形式到内容都成为精品，为教师和学生，以及专业人士所喜爱。

中国工程院院士　王思敬

2006 年 6 月于北京

前　言

《土木工程施工(第三版)》是在第二版的基础上修订而成的。本书在原有的编写体系基础上，进一步突出了理论性与实践性结合、传统知识与新知识结合、基本知识学习与自主拓展学习结合，全书共17章，涵盖了建筑工程、道路与桥梁工程、岩土工程等主要专业领域。

本次修订对各章节作了全面的勘误，引入了一些新技术，如旋挖钻机成孔灌注桩施工、干混砂浆技术、水泥裹砂法工艺、混凝土集中搅拌、沉管法施工等，并结合教学实践，对有些章节作了较大的修改，尤其是第1章和第15章。本书首次以附录的形式将“建筑业十项新技术”(2010版)和现行《建筑施工规范》引入教材，方便教师教学与引导学生拓展学习，还编写了较完整的课件和习题库，供教学与学习之用。

本书第三版由成都大学李文渊主编，刘俊玲、袁翱为副主编。李文渊对第1章、第15章作了详细的修订，袁翱、吴启红、高珊、罗文剀等参加了其余各章节的修订，并协助李文渊完成了课件和习题库的建设工作。本书在修订过程中，还得到了成都市全国优秀项目经理汤明松高级工程师、成都建工集团张静总工程师的大力支持，在此表示诚挚的谢意。全书由西南石油大学王作文教授主审。

由于水平所限，书中难免有不足之处，恳请广大读者批评指正，对此我们表示深深的感谢！

编　者

2013年7月

目 录

第 1 篇

土木工程施工技术

第1章　土 方 工 程

【内容提要和学习要求】

① 概述：掌握土的工程性质，并能熟练应用土的可松性解决实际问题；熟悉土的含水率和土的渗透性及土方边坡的概念；了解土方工程施工的内容和土方工程分类。

② 土方量计算：掌握基坑（槽、沟）土方量计算，了解场地平整土方量的计算方法。

③ 土方开挖：掌握基坑降水方法和流砂产生的原因与防治；掌握土方边坡的留设原则和稳定分析；掌握单斗挖土机的土方开挖方式和一般要求。熟悉人工降低地下水位方法的适用范围和轻型井点设计计算思路；熟悉土壁支护形式和适用范围；熟悉土方开挖后基坑（槽、沟）的验收内容和方法，了解土方施工前的准备工作和轻型井点的设计计算；了解喷射井点、电渗井点、管井井点的降水原理。

④ 土方填筑与压实：掌握填土压实的方法和影响填土压实的因素，熟悉土料选择及填土压实的一般要求，了解填土压实的质量要求。

⑤ 地基处理：了解地基处理方法、分类及适用范围。

1.1 概述

1.1.1 土方工程施工的内容

土方工程主要分为两类：其一是场地平整，完成“三通一平”中的“一平”，施工中主要是土方的挖、填工作；其二是基坑、基槽及管沟、隧道和路基的开挖与填筑，施工中主要解决开挖前的降水、土方边坡的稳定、土方开挖方式的确定、土方开挖机械的选择和组织以及土壤的填筑与压实等问题。

1.1.2 土方工程施工的特点

土方工程施工主要有以下特点：施工面积和工程量大，劳动繁重；大多为露天作业，施工条件复杂，施工中易受地区气候条件影响；土体本身是一种天然物质，种类繁多，施工时受工程地质和水文地质条件的影响也很大。因此，为了减轻劳动强度，提高劳动生产效率，确保土方在施工阶段的安全，加快工程进度和降低工程成本，在组织施工时，应根据工程特点和周边环境，制定合理施工方案，尽可能采用新技术和机械化施工，为其后续工作尽快做好准备。

1.1.3 土的工程分类

在土方工程施工和工程预算定额中，根据土的开挖难易程度，将土分为如表 1-1 所示的八类。前四类为一般土，后四类为岩石。正确区分和鉴别土的种类，可以合理地选择施工方法和准确地套用定额计算土方工程费用。

表 1-1 土的工程分类与开挖方法和工具

<table>
<tr><th rowspan="2">土的分类</th><th rowspan="2">土的级别</th><th rowspan="2">土 的 名 称</th><th colspan="2">土的可松性系数</th><th rowspan="2">开挖方法及工具</th></tr>
<tr><th>K_P</th><th>K'_P</th></tr>
<tr><td>一类土
（松软土）</td><td>Ⅰ</td><td>砂土、粉土、冲积砂土层、疏松的种植土、淤泥（泥炭）</td><td>1.08～1.17</td><td>1.01～1.03</td><td>用锹、锄头挖掘，少许用脚蹬</td></tr>
<tr><td>二类土
（普通土）</td><td>Ⅱ</td><td>粉质黏土、潮湿的黄土、夹有碎石卵石的砂、粉土混卵（碎）石、种植土、填土</td><td>1.20～1.30</td><td>1.03～1.04</td><td>用锹、锄头挖掘，少许用镐翻松</td></tr>
<tr><td>三类土
（坚土）</td><td>Ⅲ</td><td>软及中等密实黏土、重粉质黏土、砾石土、干黄土、含有碎石卵石的黄土、粉质黏土、压实的填土</td><td>1.14～1.28</td><td>1.02～1.05</td><td>主要用镐，少许用锹、锄头挖掘，部分用撬棍</td></tr>
<tr><td rowspan="2">四类土
（砂砾坚土）</td><td rowspan="2">Ⅳ</td><td rowspan="2">坚硬密实的黏性土或黄土、含碎石、卵石的中等密实的黏性土或黄土、粗卵石、天然级配砂石、软泥灰岩</td><td>1.26～1.32
（除泥灰岩、蛋白石外）</td><td>1.06～1.09
（除泥灰岩、蛋白石外）</td><td rowspan="2">整个先用镐、撬棍，后用锹挖掘，部分用楔子及大锤</td></tr>
<tr><td>1.33～1.37
（泥灰岩、蛋白石）</td><td>1.11～1.15
（泥灰岩、蛋白石）</td></tr>
<tr><td>五类土
（软石）</td><td>Ⅴ～Ⅵ</td><td>硬质黏土、中密的页岩、泥灰岩、白垩土、胶结不紧的砾岩、软石灰岩及贝壳石灰岩</td><td rowspan="3">1.30～1.45</td><td rowspan="3">1.10～1.20</td><td>用镐或撬棍、大锤挖掘，部分使用爆破方法</td></tr>
<tr><td>六类土
（次坚石）</td><td>Ⅶ～Ⅸ</td><td>泥岩、砂岩、砾岩、坚实的页岩、泥灰岩、密实的石灰岩、风化花岗岩、片麻岩及正长岩</td><td>用爆破方法开挖，部分用风镐</td></tr>
<tr><td>七类土
（坚石）</td><td>Ⅹ～ⅩⅢ</td><td>大理石、辉绿岩、玢岩、粗或中粒花岗岩、坚实的白云岩、砂岩、砾岩、片麻岩、石灰岩、微风化安山岩、玄武岩</td><td>用爆破方法开挖</td></tr>
<tr><td>八类土
（特坚石）</td><td>ⅩⅣ～ⅩⅥ</td><td>安山岩、玄武岩、花岗片麻岩、坚实的细粒花岗岩、闪长岩、石英岩、辉长岩、辉绿岩、玢岩、角闪岩</td><td>1.45～1.50</td><td>1.20～1.30</td><td>用爆破方法开挖</td></tr>
</table>

1.1.4 土的工程性质

土的工程性质对土方工程的施工方法、机械设备的选择、基坑（槽）降水、劳动力消耗以及工程费用等有直接的影响，其主要工程性质如下。

1. 土的含水量

土的含水量是指土中水的质量与固体颗粒质量之比，以百分率表示，即

$$w=\frac{m_1-m_2}{m_2}\times 100\%=\frac{m_w}{m_s}\times 100\% \tag{1-1}$$

式中 m_1——含水状态时土的质量(kg)；

m_2——烘干后土的质量(kg)；

m_w——土中水的质量(kg)；

m_s——固体颗粒的质量(kg)。

土的含水率随气候条件、季节和地下水的影响而变化，它对降低地下水、土方边坡的稳定性及填方密实程度有直接的影响。

2. 土的可松性

自然状态下的原状土经开挖后内部组织被破坏，其体积因松散而增加，以后虽经回填压实，仍不能恢复其原来的体积，土的这种性质称为土的可松性。土的可松性用可松性系数表示，即

$$K_S=\frac{V_2}{V_1} \tag{1-2}$$

$$K'_S=\frac{V_3}{V_1} \tag{1-3}$$

式中 K_S——土的最初可松性系数；

K'_S——土的最终可松性系数；

V_1——土在自然状态下的体积(m^3)；

V_2——土挖出后在松散状态下的体积(m^3)；

V_3——土经回填压实后的体积(m^3)。

V_3指的是土方分层填筑时在土体自重、运土工具重量及压实机具作用下压实后的体积，此时，土壤变得密实，但一般情况下其密实程度不如原状土，$V_3>V_1$。

土的最初可松性系数K_S是计算车辆装运土方体积及选择挖土机械的主要参数；土的最终可松性系数K'_S是计算填方所需挖土工程量的主要参数，K_S、K'_S的大小与土质有关。根据土的工程分类，相应的可松性系数参见表1-1。

3. 土的渗透性

土的渗透性是指土体被水透过的性质。土体孔隙中的自由水在重力作用下会发生流动，当基坑(槽)开挖至地下水位以下时，地下水会不断流入基坑(槽)。地下水在渗流过程中受到土颗粒的阻力，其大小与土的渗透性及地下水渗流的路程长短有关。法国学者达西根据图1-1所示的砂土渗透实验，发现水在土中的渗流速度(V)与水力坡度(I)成正比，即

$$V=KI \tag{1-4}$$

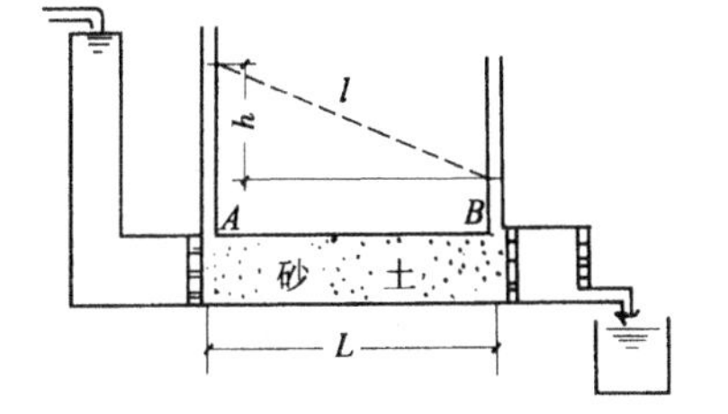

图1-1 砂土渗透实验

水力坡度I是A、B两点的水位差h与渗流路程L之比，即$I=h/L$。显然，渗流速度V与h成正比，与渗流的路程长度L成反比。比例系数K

称为土的渗透系数(m/d 或 cm/d)。它与土的颗粒级配、密实程度等有关,一般由实验确定,表 1-2 的数值可供参考。

表 1-2　土的渗透系数参考

土的种类	渗透系数(m/d)	土的种类	渗透系数(m/d)
粉质黏土、黏土	<0.01	含黏性土的中砂及纯细砂	5～20
粉质黏土	0.01～0.1	含黏土的粗砂及纯中砂	10～30
含粉质黏土的粉砂	0.1～0.5	纯粗砂	20～50
纯粉砂	0.5～1.0	粗砂夹砾石	50～100
含黏土的细砂	1.0～5.0	砾石	50～150

土的渗透系数是选择人工降低地下水位方法的依据,也是分层填土时确定相邻两层结合面形式的依据。

1.2 土方量计算

土方量是土方工程施工组织设计的主要数据之一,是采用人工挖掘时组织劳动力或采用机械施工时计算机械台班和工期的依据。土方量的计算要尽量准确。

1.2.1 场地平整土方量计算

场地平整是将现场平整成施工所要求的设计平面。场地平整前,应根据建设工程的性质、规模、施工期限和施工水平及基坑(槽)开挖的要求等,确定场地平整与基坑(槽)开挖的施工顺序,确定场地的设计标高并计算挖填土方量。但建筑物范围内厚度在±0.3 m以内的人工平整场地不涉及土方量的计算问题。

场地平整与基坑(槽)开挖的施工顺序通常有三种不同情况。

① 先平整整个场地,后开挖建筑物或构筑物基坑(槽)。这样可使大型土方机械有较大的工作面,能充分发挥其效能,也可减少与其他工作(如排水、移树等)的互相干扰,但工期较长。此种顺序适用于场地挖填土方量较大的工程。

② 先开挖建筑物或构筑物的基坑(槽),后平整场地。这种顺序是指建筑物或构筑物的基础施工完毕后再进行场地平整,这样可减少许多土方的重复开挖,加快施工速度。此方法适用于地形较平坦的场地。

③ 边平整场地,边开挖基坑(槽)。当工期紧迫或场地地形复杂时,可按照现场施工的具体条件和施工组织的要求划分施工区。施工时,可先平整某一区场地后,随即开挖该区的基坑(槽);或开挖某一区的基坑(槽),并在完成基础后再进行该区的场地平整。

无论哪种施工顺序,场地平整设计标高的确定及挖填土方量计算方法相同,其步骤和方法如下。

1. 场地设计标高的确定

场地设计标高一般由设计单位确定,它是进行场地平整和土方量计算的依据。

1）确定设计标高时需考虑的因素

① 满足生产工艺和运输的要求。

② 尽量利用地形，以减少挖填土方量。

③ 场地内的挖方、填方尽量平衡，且土方量尽量小，以便降低土方施工费用。

④ 场内要有一定的泄水坡度（$i \geqslant 2‰$），能满足排水的要求。

⑤ 考虑最高洪水水位的要求。

2）场地设计标高确定步骤和方法

（1）初步确定场地设计标高 H_0

初步确定场地设计标高要根据场地挖填土方量平衡的原则进行，即场内土方的绝对体积在平整前后是相等的。

① 在具有等高线的地形图上将施工区域划分为边长 $a=10 \sim 40$ m 的若干个（N）方格（见图1-2）。

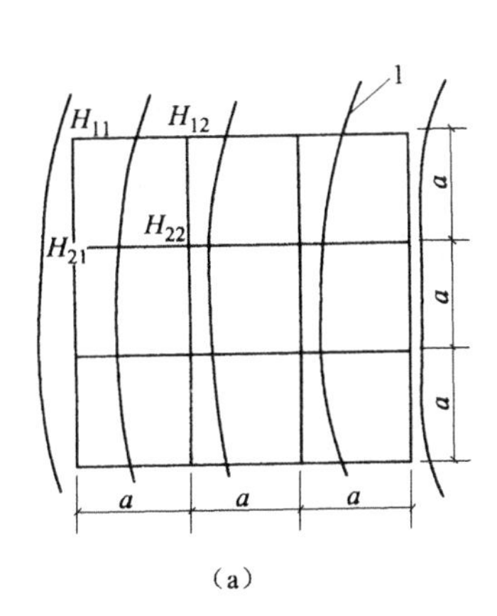

（a）

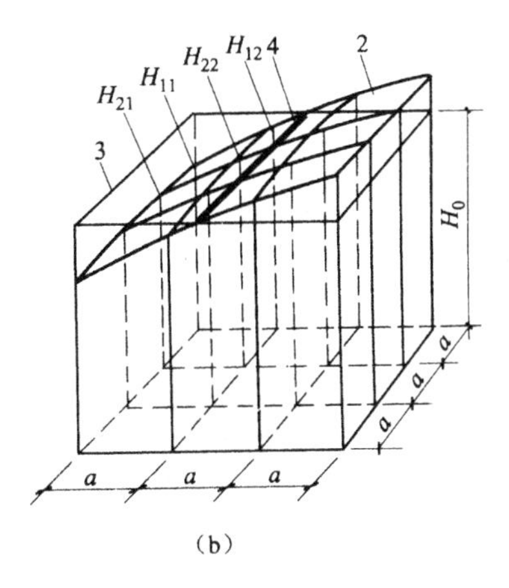

（b）

图1-2　场地设计标高计算简图

（a）地形图上划分方格；（b）设计标高示意图

1—等高线；2—自然地面；3—设计标高平面；4—零线

② 确定各小方格的角点高程。可根据地形图上相邻两等高线的高程，用插入法计算求得；也可用一张透明纸，上面画6根等距离的平行线，把该透明纸放到标有方格网的地形图上（见图1-3），将6根平行线的最外两根分别对准 A、B 两点，这时6根等距离的平行线将 A、B 之间的高差分成5等分，于是便可直接读得 C 点的地面标高。此外，在无地形图的情况下，也可以在地面用木桩或钢钎打好方格网，然后用仪器直接测出方格网各角点标高。

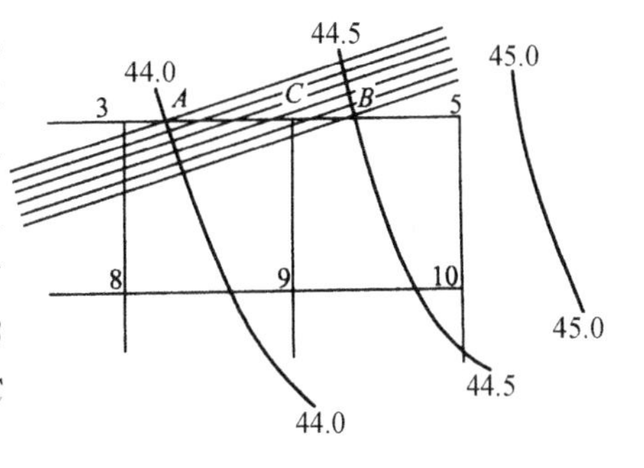

图1-3　内插法的图解法

③按填挖方平衡原则确定设计标高 H_0，即

$$H_0 Na^2 = \sum\left(a^2 \frac{H_{11}+H_{12}+H_{21}+H_{22}}{4}\right) \tag{1-5}$$

$$H_0 = \frac{\sum(H_{11}+H_{12}+H_{21}+H_{22})}{4N} \tag{1-6}$$

从图 1-2(a)可知，H_{11} 是一个方格的角点标高，H_{12} 和 H_{21} 均为两个方格公共的角点标高，H_{22} 则是四个方格公共的角点标高，它们分别在式(1-6)中要加一次、二次、四次。因此，式(1-6)可改写成下列形式：

$$H_0 = \frac{\sum H_1 + 2\sum H_2 + 3\sum H_3 + 4\sum H_4}{4N} \tag{1-7}$$

式中　H_1——一个方格仅有的角点标高(m)；

H_2——两个方格共有的角点标高(m)；

H_3——三个方格共有的角点标高(m)；

H_4——四个方格共有的角点标高(m)。

(2) 场地设计标高 H_0 的调整

按式(1-8)计算的设计标高 H_0 是一个理论值，还要根据实际情况，考虑场地外就近借(弃)土、土的可松性、场地泄水坡度等因素对 H_0 的影响。

①土的可松性影响。

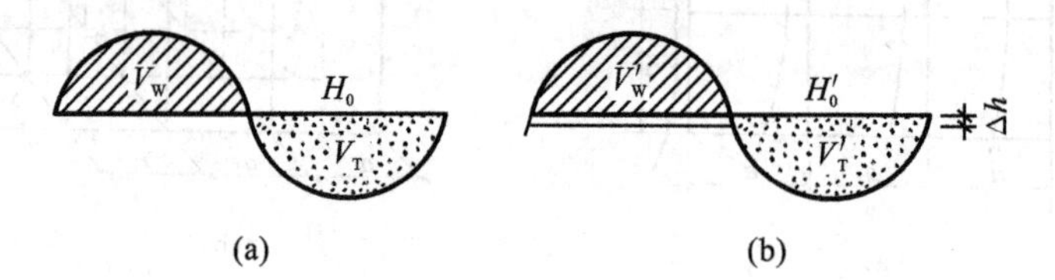

图 1-4　设计标高调整计算示意

(a)理论设计标高；(b)调整设计标高

由于土具有可松性，一般填土会有多余，需相应地提高设计标高。如图 1-4 所示，设 Δh 为土的可松性引起的设计标高的增加值，则设计标高调整后的总挖方体积 V'_W 为

$$V'_W = V_W - F_W \Delta h \tag{1-8}$$

总填方体积为

$$V'_T = V'_W K'_S = (V_W - F_W \Delta h) K'_S \tag{1-9}$$

此时，填方区的标高也应与挖方区的一样，提高 Δh，即

$$\Delta h = \frac{V'_T - V_T}{F_T} = \frac{(V_W - F_W \Delta h) K'_S - V_T}{F_T} \tag{1-10}$$

整理得

$$\Delta h = \frac{V_W (K'_S - 1)}{F_T + F_W K'_S} \tag{1-11}$$

则考虑可松性后，场地设计标高调整为

$$H'_0 = H_0 + \Delta h \tag{1-12}$$

式中　V_W——不考虑可松性时的总挖方体积；

V_T——不考虑可松性时的总填方体积；

F_W——不考虑可松性时的总挖方面积；

F_T——不考虑可松性时的总填方面积。

②场地泄水坡度的影响。

考虑可松性影响的场地设计标高 H'_0 对应的场地处于同一水平面，但实际上由于排水的要求，场地表面需有一定的泄水坡度。因此，还需根据场地单面泄水或双面泄水的要求，计算出场地内各方格角点实际施工所需的设计标高。

a. 考虑单向泄水时的设计标高。

单向泄水时的设计标高的确定方法是将调整后的 H'_0 作为场地中心线的标高（见图1-5），则场地内任意一点的设计标高为

$$H_n = H'_0 \pm li \tag{1-13}$$

式中　H_n——场地内任意一点的设计标高；

l——该点至中心线（标高 H'_0）的距离；

i——场地泄水坡度（≥2‰）。

b. 考虑双向泄水时的设计标高。

双向泄水时的设计标高的确定方法，同样是将调整后的 H'_0 作为场地纵横方向的中心线标高（见图1-6），则场地内任意一点的设计标高为

$$H_n = H'_0 \pm l_x i_x \pm l_y i_y \tag{1-14}$$

式中　l_x——该点沿 x-x 方向到场地中心线的距离；

l_y——该点沿 y-y 方向到场地中心线的距离；

i_x——场地沿 x-x 方向的泄水坡度；

i_y——场地沿 y-y 方向的泄水坡度。

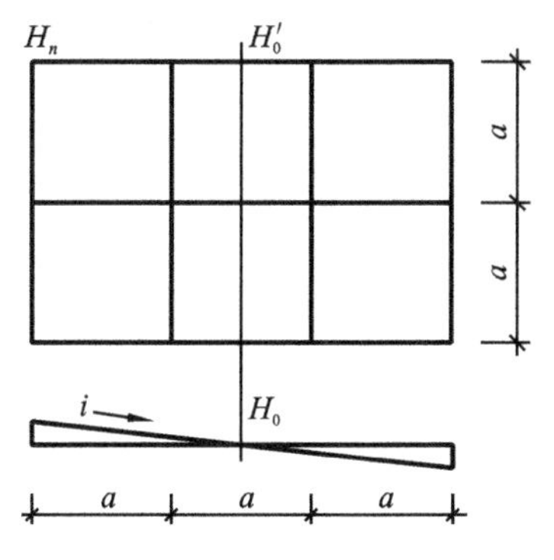

图1-5　场地单向泄水坡度示意

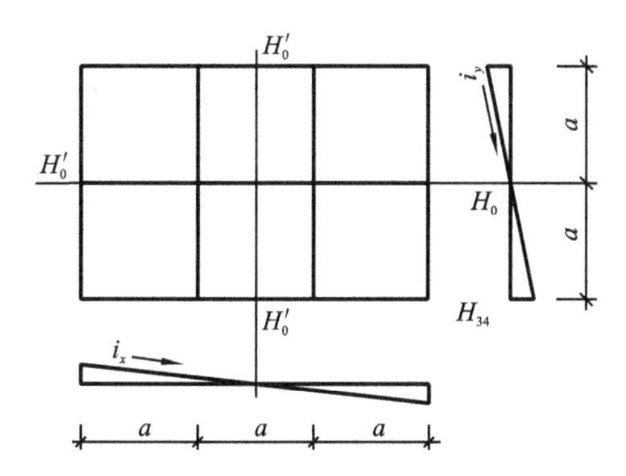

图1-6　场地双向泄水坡度示意

2. 场地平整土方量的计算

场地平整土方量的计算有方格网法和横截面法两种。横截面法是将要计算的场地划分成若干横截面后,用横截面计算公式逐段计算,最后将逐段计算结果汇总。横截面法计算精度较低,可用于地形起伏变化较大的地区。对于地形较平坦地区,一般采用方格网法。其计算步骤如下。

1) 计算场地各方格角点的施工高度

各方格角点的施工高度按下式计算

$$h_n = H_n - H'_n \tag{1-15}$$

式中 h_n——角点施工高度(m),即挖填高度,以"+"为填,"−"为挖;

H_n——角点的设计标高(m);

H'_n——角点的自然地面标高(m)。

2) 确定零线

零线是方格网中的挖填分界线,确定其位置的方法是:先求出一端为挖方,另一端为填方的方格边线上的零点,即不挖不填的点,然后将相邻的零点相连即成为一条折线,这条折线就是要确定的零线。

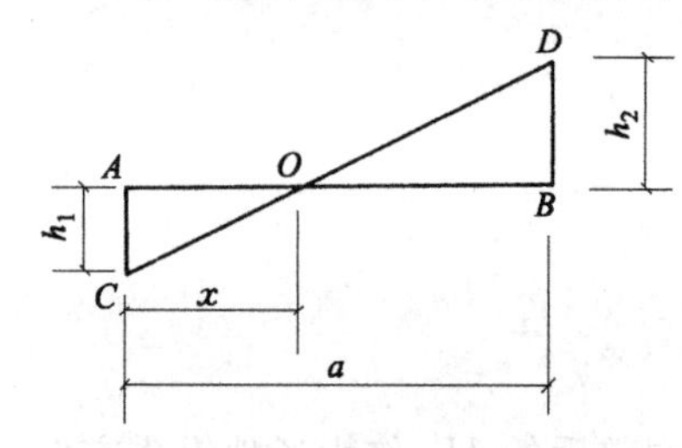

图 1-7 确定零点的计算简图

确定零点的方法如图 1-7 所示。设 h_1 为填方角点的填方高度,h_2 为挖方角点的挖方高度,O 为零点,则可求得零点位置为

$$x = \frac{ah_1}{h_1 + h_2} \tag{1-16}$$

3) 计算各方格挖填土方量

零线求出后,场地的挖填区随之标出,便可按"四方棱柱体法"或"三角棱柱体法"计算出各方格的挖填土方量。

(1) 用四方棱柱体法计算挖填土方量

方格网中的零线将方格划分为下述三种类型。

① 方格四个角点全部为挖(或填),如图 1-8 所示无零线通过的方格,其土方量为

$$V = \frac{a^2}{4}(h_1 + h_2 + h_3 + h_4) \tag{1-17}$$

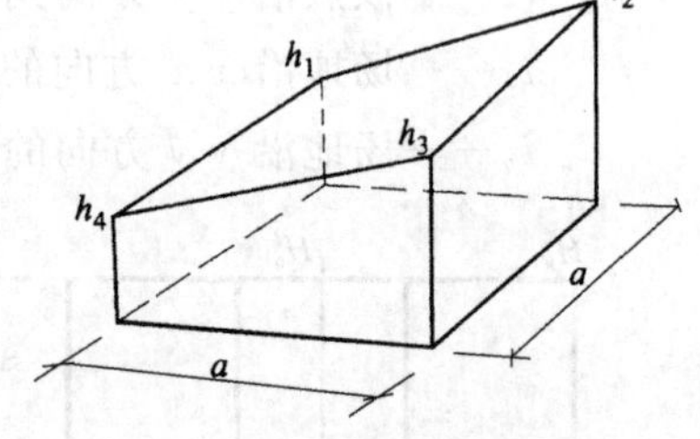

图 1-8 全挖(或全填)的方格

② 方格的相邻两角点为挖方,另两角点为填方(见图 1-9),其挖方部分土方量为

$$V_{1,2} = \left(\frac{h_1^2}{h_1 + h_4} + \frac{h_2^2}{h_2 + h_3}\right)\frac{a^2}{4} \tag{1-18}$$

填方部分土方量为

$$V_{3,4} = \left(\frac{h_3^2}{h_2 + h_3} + \frac{h_4^2}{h_1 + h_4}\right)\frac{a^2}{4} \tag{1-19}$$

③ 方格的三个角点为挖方，另一角点为填方(或相反)(见图 1-10)，其填方部分土方量为

$$V_4=\frac{a^2}{6}\cdot\frac{h_4^3}{(h_1+h_4)(h_3+h_4)} \tag{1-20}$$

挖方部分土方量为

$$V_{1,2,3}=\frac{a^2}{6}(2h_1+h_2+2h_3-h_4)+V_4 \tag{1-21}$$

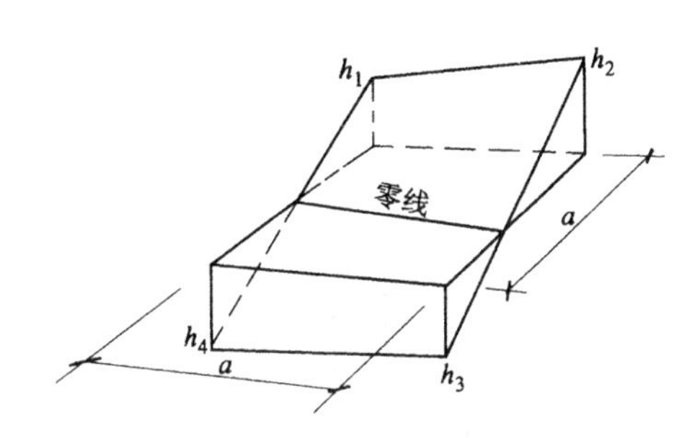

图 1-9　两挖和两填的方格

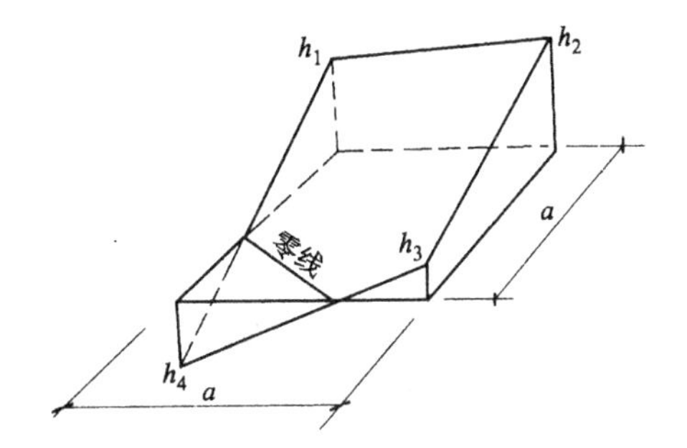

图 1-10　三挖一填(或相反)的方格

(2) 用三角棱柱体法计算挖填土方量

三角棱柱体法是将每一方格顺地形的等高线沿对角线方向划分为两个三角形，然后分别计算每一个三角棱柱(锥)体的土方量。

① 三角形为全挖或全填时〔见图 1-11(a)〕，其土方量为

$$V=\frac{a^2}{6}(h_1+h_2+h_3) \tag{1-22}$$

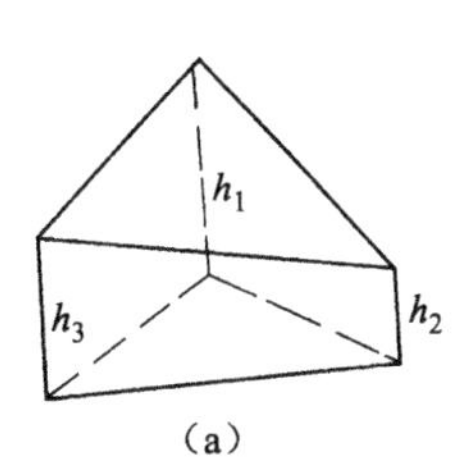

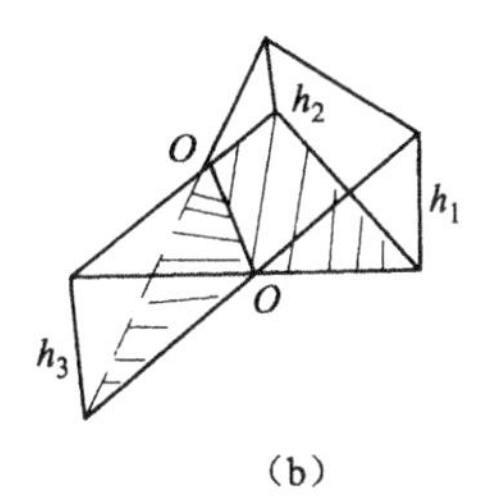

图 1-11　三角棱柱体法

(a) 全挖或全填；(b) 有挖有填

② 三角形有挖有填时〔见图 1-11(b)〕，则其零线将三角形分为两部分，一个是底面为三角形的锥体，一个是底面为四边形的楔体，其土方量分别为

$$V_{锥}=\frac{a^2}{6}\cdot\frac{h_3^3}{(h_1+h_3)(h_2+h_3)} \tag{1-23}$$

$$V_{楔}=\frac{a^2}{6}\left[\frac{h_3^3}{(h_1+h_3)(h_2+h_3)}-h_3+h_2+h_1\right] \tag{1-24}$$

计算土方量的方法不同，其结果精度亦不相同。当地形平坦时，常采用四方棱

柱体法，可将方格划分得大些；当地形起伏变化较大时，则应将方格划分得小些，或采用三角棱柱体法计算，计算结果较准确。

4) 计算边坡土方量

场地的挖方区和填方区的边沿都需要做成边坡，以保证挖方、填方区土壁稳定和施工安全。

边坡土方量计算不仅用于平整场地，而且可用于修筑路堤、路堑的边坡挖、填土方量计算，其计算方法常采用图解法。

图解法是根据地形图和边坡竖向布置图或现场测绘，将要计算的边坡划分成两种近似的几何形体进行土方量计算，一种为三角棱锥体，如图 1-12 中①～③、⑤～⑪，另一种为三角棱柱体，如图 1-12 中④。

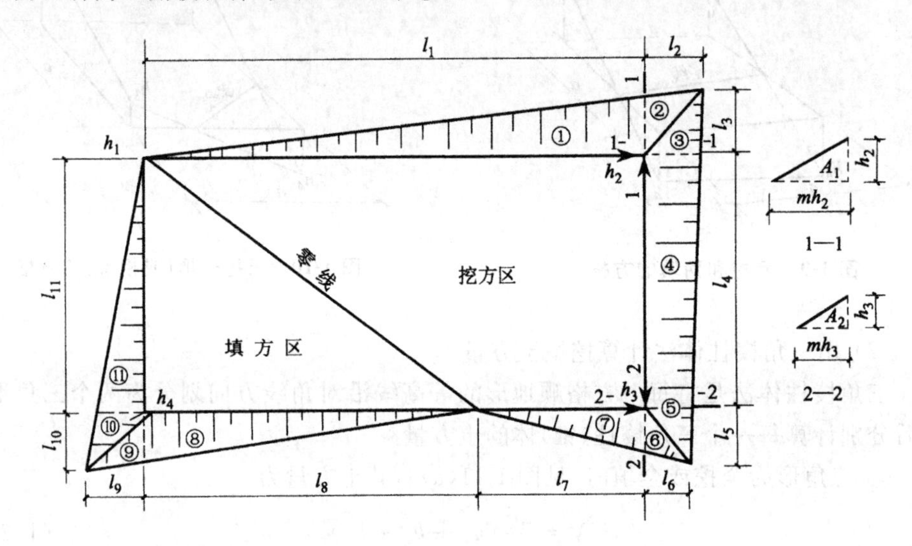

图 1-12　场地边坡平面

(1) 三角棱锥体边坡体积

$$V_1 = \frac{1}{3}A_1 l_1 \tag{1-25}$$

式中　l_1——边坡①的长度(m)；

A_1——边坡①的端面积(m^2)，即

$$A_1 = \frac{h_2(mh_2)}{2} = \frac{m}{2}h_2^2$$

式中　h_2——角点的挖土高度(m)；

m——边坡的坡度系数。

(2) 三角棱柱体边坡体积

当两端横断面面积相差不大时

$$V_4 = \frac{A_1 + A_2}{2} l_4 \tag{1-26}$$

当两端横断面面积相差很大时

$$V_4=\frac{l_4}{6}(A_1+4A_0+A_2) \tag{1-27}$$

式中　l_4——边坡④的长度(m)；

A_1、A_2、A_0——分别为边坡④两端及中部横断面面积(m^2)。

5）计算土方总量

将挖方区(或填方区)所有方格计算的土方量和边坡土方量汇总，即得该场地挖方和填方的总土方量。

1.2.2 基坑(槽)、管沟土方量计算

1. 基坑土方量的计算

基坑土方量的计算可近似按立体几何中拟柱体(由两个平行的平面做底的一种多面体)体积的公式计算(见图1-13)，即

$$V=\frac{H}{6}(A_1+4A_0+A_2) \tag{1-28}$$

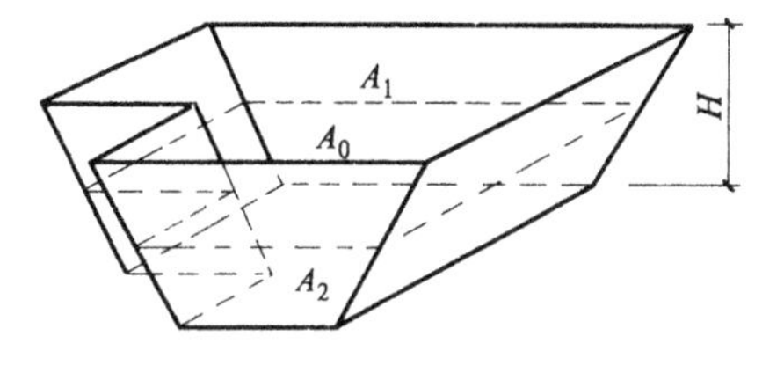

图1-13　基坑土方量计算简图

式中　H——基坑挖深(m)；

A_1、A_2——基坑上、下平面的面积(m^2)；

A_0——基坑中部截面的面积(m^2)。

2. 基槽、管沟土方量的计算

基槽和管沟比基坑的长度大，宽度小。为了保证计算的精度，可沿长度方向分段计算土方量(见图1-14)，即

$$V_i=\frac{l_i}{6}(A_{i1}+4A_{i0}+A_{i2}) \tag{1-29}$$

式中　l_i——第i段的长度(m)；

A_{i1}、A_{i2}——第i段两端部的截面面积(m^2)；

A_{i0}——第i段中部截面面积(m^2)。

若沟槽两端部亦放坡，则第一段和最后一段按三面放坡计算。

将各段土方量相加，即得总土方量

$$V=\sum_{i=1}^{n}V_i \tag{1-30}$$

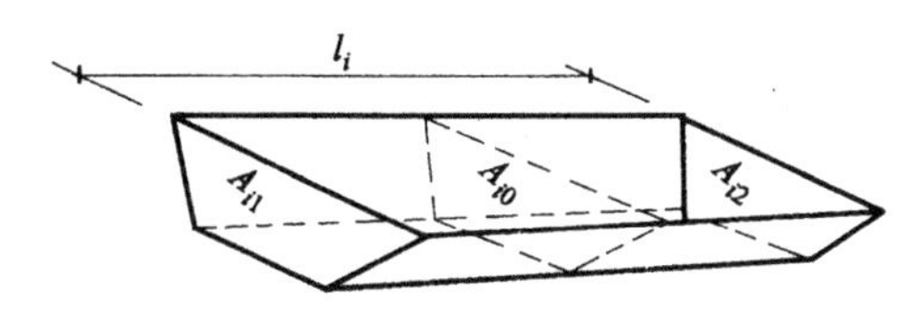

图1-14　基槽土方量计算简图

基坑(槽)或管沟开挖的底口尺寸，除了考虑垫层尺寸外，还应考虑施工工作面和排水沟宽度。施工工作面宽度视基础形式确定，一般不大于0.8 m；排水沟宽度视地下水的涌入量而定，一般不大于0.5 m。

1.3 土方开挖

1.3.1 土方施工前的准备工作

在土方工程施工前,应做好以下各项准备工作。

① 场地清理。包括拆除施工区域内的房屋、地下障碍物;拆除或搬迁通讯和电力设备、上下水管道和其他构筑物;迁移树木;清除树墩及含有大量有机物的草皮、耕植土和河道淤泥等。

② 地面水排除。场地内积水会影响施工,故地面水和雨水均应及时排走,使得场地内保持干燥。地面水的排除一般采用排水沟、截水沟、挡水土坎等。临时性排水设施应尽可能与永久性排水设施结合使用。

③ 修好临时设施及供水、供电、供压缩空气(当开挖石方时)管线,并试水、试电、试气。搭设必需的临时建筑,如工具棚、材料库、油库、维修棚、办公和生活临时用房等。

④ 修建运输道路。修筑场地内机械运行的道路(宜结合永久性道路修建),路面宜为双车道,宽度不小于 6 m,路侧应设排水沟。

⑤ 安排好设备运转。对需进场的土方机械、运输车辆及各种辅助设备进行维修检查、试运转,并运往现场。

⑥ 编制土方工程施工组织设计。主要确定基坑(槽)的降水方案,确定挖、填土方和边坡处理顺序及方法,选择及组织土方开挖机械,选择填方土料及回填方法。

1.3.2 基坑(槽)、管沟降水

在地下水位较高的地区开挖基坑或沟槽时,土的含水层被切断,地下水会不断地渗入基坑。雨季施工时,雨水也会落入基坑。为了保证施工的正常进行,防止出现流砂、边坡失稳和地基承载能力下降等现象,必须在基坑或沟槽开挖前或开挖时,做好降水、排水工作。基坑或沟槽的降水方法可分为明排水法和人工降低地下水位法。

1. 流砂及其防治

1) 地下水简介

地下水即为地面以下的水,主要是由雨水、地面水渗入地层或水蒸气在地层中凝结而成。地下水可分为上层滞水(结合水)、潜水和层间水(自由水)三种,如图1-15所示。

(1) 上层滞水

它是含在岩石和土孔隙中的水,不受重力作用的影响,以大气降水和水蒸气凝结作为补源,也可由潜水毛细管作用引升而成悬浮状态存在。由于它没有明显的水

平方向移动，所以在此层水中打井或采取一般抽水措施是无效的。

（2）潜水

它是存在于地面以下，第一个稳定隔水层（不透水层）顶板以上的自由水，有一个自由水面。其水面受地质、气候及环境的影响，雨季时水位高，冬季时水位下降；附近有河、湖等地表水存在时也会互相补给。潜水面至地表的距离称潜水的埋藏深度，潜水面以下至隔水层顶板的距离为含水层厚度。这种水在重力作用下能水平移动。如钻孔、打井至该层时，孔、井中的水面即为潜水水位，其标高即为地下水位标高。

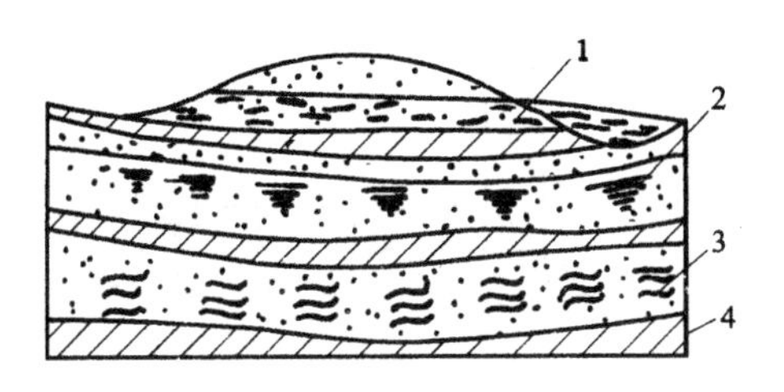

图1-15　地下水

1—潜水；2—无压层间水；3—承压层间水；4—不透水层

（3）层间水

层间水是埋藏于两个隔水层（不透水层）之间的地下水。当水充满两个隔水层之间时，含水层会产生静水压力，由稳定的隔水层承受这种压力，这种水称为承压层间水。它没有自由水面，也不会由地表水源补给，其水位、水量受气候的影响较潜水小。若打井到达此含水层时，水会自动喷出。当水未充满两个隔水层时，称为无压层间水。

2）地下水流网

水在土中稳定渗流时，水流情况不随时间而变，土的孔隙比和饱和度也不变，流入任意单元体的水量等于该单元体流出的水量，以保持平衡。若用流网表示稳定渗流，其流网由一组流线和一组等势线组成（见图1-16）。

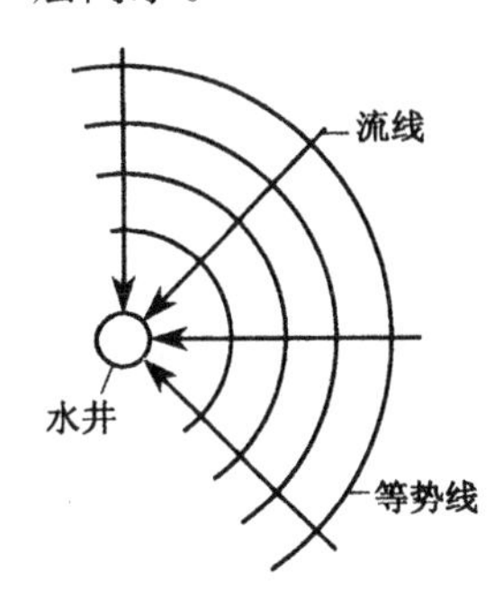

图1-16　流网示意

流线是指地下水从高水位向低水位渗流的路线。等势线是指在平面或剖面上各水流线上水头值相等的点连成的线。等势线与流线相互正交。

如果根据降水方案绘出相应的流网，就可直观地考察水在土体中的渗流途径，更主要的是流网可用于计算基坑（槽）的渗流量（涌水量）及确定土体中各点的水头和水力梯度。

3）动水压力与流砂

当基坑（槽）挖土到达地下水位以下，而土质是细砂或粉砂，又采用明排水法时，基坑（槽）底下面的土会呈流动状态而随地下水涌入基坑，这种现象称为流砂。此时土体完全丧失承载能力，边挖边冒，造成施工条件恶化，难以达到设计深度，严重时会造成边坡塌方及附近建筑物、构筑物下沉、倾斜、倒塌等。因此，在施工前必须对工程地质和水文地质资料进行详细调查研究，采取有效措施，防止流砂产生。

（1）动水压力

动水压力是指流动中的地下水对土颗粒产生的压力。动水压力的性质可通过图1-17的试验来说明。

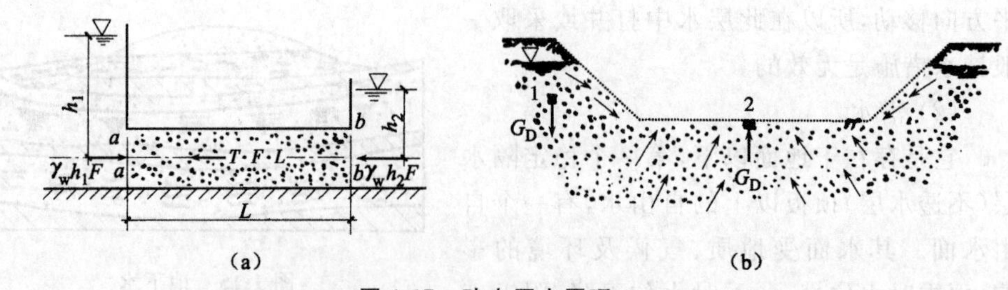

图 1-17 动水压力原理

(a)水在土中渗流时的力学现象;(b)动水压力对地基土的影响

1、2—单位土体

在图 1-17(a)中,由于高水位的左端(水头 h_1)与低水位的右端(水头 h_2)之间存在水头差值,当水由左端向右端流经长度为 L、断面积为 F 的土体时,作用于土体上的力有:土体左端 a—a 截面处的总水压力为 $\gamma_w h_1 F$,其方向与水流方向一致(γ_w 为水的重度);土体右端 b—b 截面处的总水压力为 $\gamma_w h_2 F$,其方向与水流方向相反。而土颗粒骨架对水的阻力为 $T \cdot F \cdot L$(T 为单位土体阻力)。根据作用力与反作用力原理,得

$$\gamma_w h_1 F - \gamma_w h_2 F = -TFL$$

简化得

$$T = -\frac{h_1 - h_2}{L}\gamma_w \tag{1-31}$$

式中 $\frac{h_1 - h_2}{L}$——水头差与渗流路程长度之比,即为水力坡度,用 I 表示。

则式(1-31)可写成

$$T = -I\gamma_w \tag{1-32}$$

由于单位土体阻力与水在土中渗流时对单位土体的压力 G_D 大小相等,方向相反,所以

$$G_D = -T = I\gamma_w \tag{1-33}$$

式中 G_D——动水压力(kN/m³)。

从式(1-32)可以看出,动水压力 G_D 与水力坡度成正比,其水位差值 $\Delta h = h_1 - h_2$ 越大,G_D 越大;而渗流路程 L 越长,G_D 则越小。

(2) 流砂产生的原因

水流在水位差作用下,对单位土体(土颗粒)产生动水压力〔见图 1-17(b)〕,而动水压力方向与水流(流线)方向一致。对于图 1-17(b)中的单位土体 1 而言,水流线向下,则动水压力向下,与重力方向一致,土体趋于稳定;对单位土体 2 而言,水流线向上,则动水压力向上,与重力方向相反,这时土颗粒在水中不但受到水的浮力,而且还受到向上的动水压力作用,有向上举的趋势。当动水压力等于或大于土的浸水容重 γ' 时,即

$$G_D \geqslant \gamma' \tag{1-34}$$

则土颗粒处于悬浮状态,土的抗剪强度等于零,土颗粒可随渗流的水一起流入基坑(槽)。此时如果土质为砂质土,即发生流砂现象。当 $G_D = \gamma'$ 时的水力坡度称为产生

流砂的临界水力坡度。

当地下水位越高，坑(槽)内外水位差越大时，动水压力越大，就越容易发生流砂现象。

实践经验表明，具有下列性质的土，在一定动水压力作用下，就有可能发生流砂现象。①土的颗粒组成中，黏粒含量小于10%，粉粒的粒径为0.005～0.05 mm，含量大于75%；②在土的颗粒级配中，土的不均匀系数小于5；③土的天然孔隙比大于43%；④土的天然含水量大于30%。因此，流砂现象经常发生在细砂、粉砂及粉质砂土中。实践还表明，在可能发生流砂的土质处，基坑(槽)挖深超过地下水位线0.5 m左右时就会发生流砂现象。

此外，当基坑(槽)底部位于不透水层内，而其下面为承压蓄水层，基坑(槽)底不透水层的覆盖厚度的重量小于承压水的顶托力时，基坑(槽)底部便可能发生管涌现象(见图1-18)。即

$$H\gamma_w > h\gamma \tag{1-35}$$

式中 H——压力水头(m)；

h——坑(槽)底不透水层厚度(m)；

γ_w——水的重度(kN/m^3)；

γ——土的重度(kN/m^3)。

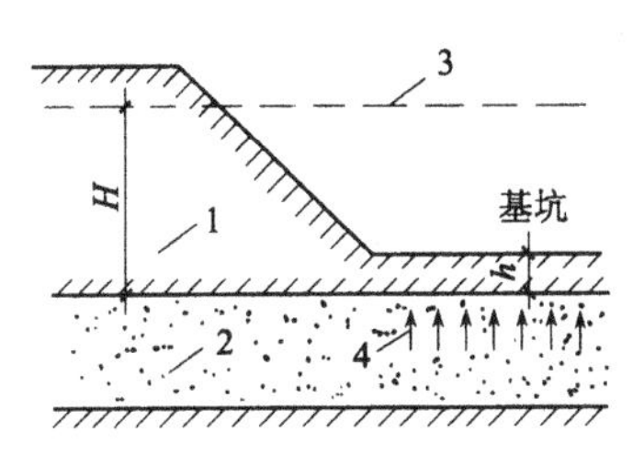

图1-18 管涌冒砂

1—不透水层；2—承压水层；
3—压力水位线；4—承压水的顶托力

(3) 流砂的防治

从以上分析可以看出，发生流砂的主要条件是动水压力的大小和方向。因此，在基坑(槽)开挖中，防止流砂的途径一是减小或平衡动水压力；二是改变动水压力的方向，设法使动水压力的方向向下，或是截断地下水流；三是改善土质。其具体措施如下。

① 在枯水期施工。因为枯水期地下水位低，基坑内外水位差小，动水压力小，此时施工不易发生流砂。

② 打板桩。此法是将板桩打入基坑(槽)底下面一定深度，以增加地下水的渗流路程，从而减少水力坡度，降低动水压力，防止流砂发生。目前所用的板桩有钢板桩、钢筋混凝土板桩、木板桩等。此法需要大量板桩，一次投资较高，但钢板桩、木板桩可回收再利用，钢筋混凝土板桩又可作为地下结构的一部分(如工程桩、衬墙等)，所以，在深基础施工中常用钢筋混凝土板桩，在管沟、基槽施工中常使用钢板桩和木板桩。

③ 水下挖土。采用不排水法施工，使得坑(槽)内外水压相平衡，消除动水压力($\Delta h=0$)，从而防止流砂产生。此法在沉井挖土下沉过程中常被采用。

④ 筑地下连续墙、地下连续灌注桩。此法是在基坑周围先灌注一道钢筋混凝土的连续墙或连续的圆形桩，以承重、挡土、截水并防止流砂现象发生。此法在深基坑支护中常被采用。

⑤ 筑水泥土墙。此法是在基坑(槽)周围连续将土和水泥拌和成一道水泥土墙，既可挡土又可挡水。

⑥ 人工降低地下水位。如采用轻型井点等降水方法,使得地下水的渗流向下,动水压力的方向也朝下,从而可有效地防止流砂现象发生,并增大了土颗粒间的压力。

⑦ 改善土质。主要方法是向易产生流砂的土质中注入水泥浆或硅化注浆。硅化注浆是以硅酸钠(水玻璃)为主剂的混合溶液或水玻璃水泥浆,通过注浆管均匀地注入地层,浆液赶走土粒间或岩土裂隙中的水分和空气,并将砂土胶结成一整体,形成强度较大、阻止性能好的结石体,从而防治流砂。

此外,在含有大量地下水土层或沼泽地区施工时,还可以采用土壤冻结法、烧结法等,截止地下水流入基坑(槽)内,以防止流砂现象的产生。

当基坑(槽)出现局部或轻微流砂现象时,可抛入石块、土(或砂)袋把流砂压住。如果坑(槽)底冒砂太快,土体已失去承载力,此法则不可行。因此,对位于易发生流砂地区的基础工程,应尽可能采用桩基或沉井施工,以节约防治流砂所增加的费用。

2. 明排水法

明排水法又称集水井法(见图 1-19),属于重力降水。它是采用截、疏、抽的方法来进行排水,即在基坑开挖过程中,沿基坑底周围或中央开挖排水沟,并设置一定数量的集水井,使得基坑内的水经排水沟流向集水井,然后用水泵抽走。

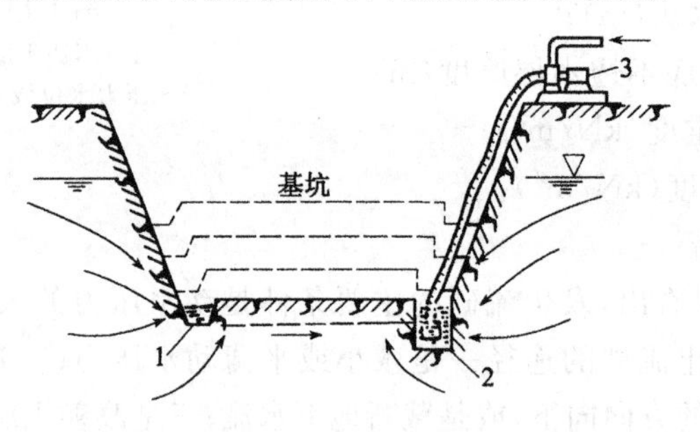

图 1-19　集水井降水

1—排水沟;2—集水井;3—水泵

施工中,应根据基坑(槽)底涌水量的大小、基础的形状和水泵的抽水能力,决定排水沟的截面尺寸和集水井的个数。排水沟和集水井应设在基础边线 0.4 m 以外。当坑(槽)底为砂质土时,排水沟边缘应离开坡脚不小于 0.3 m,以免影响边坡稳定。排水沟的宽度一般为 0.3 m ,深度为 0.3～0.5 m,并向集水井方向保持 3‰左右的纵向坡度;每间隔 20～40 m 设置一个集水井,其直径或宽度为0.6～0.8 m,深度随挖土深度增加而加深,且应低于挖土面 0.7～1.0 m。集水井每积水到一定深度后,应及时将水抽出坑外。基坑(槽)挖至设计标高后,集水井底应比沟底低 0.5 m 以上,并铺设碎石滤水层。为了防止井壁由于抽水时间较长而将泥砂抽出及井底土被搅动而塌方,井壁可用竹、木、砖、水泥管等进行简单加固。

用明排水法降水时,所采用的抽水泵主要有离心泵、潜水泵(见图 1-20)、软轴泵等,其主要性能包括流量、扬程和功率等。选择水泵时,水泵的流量和扬程应满足基坑涌水量和坑底降水深度的要求。

明排水法由于设备简单、排水方便，工程中采用比较广泛。它适用于水流较大的粗粒土层的排水、降水，因为水流一般不会将粗粒带走；也可以用于渗水量较小的黏性土层降水，即渗透系数为7～20.0 m/d的土质。降水深度在5 m以内。该方法不适宜细砂土和粉砂土层，因为地下水渗出会带走细粒而发生流砂现象，使得边坡坍塌、坑底凸起而难以施工。在这种情况下就必须采取有效的措施和方法防止流砂现象的发生。

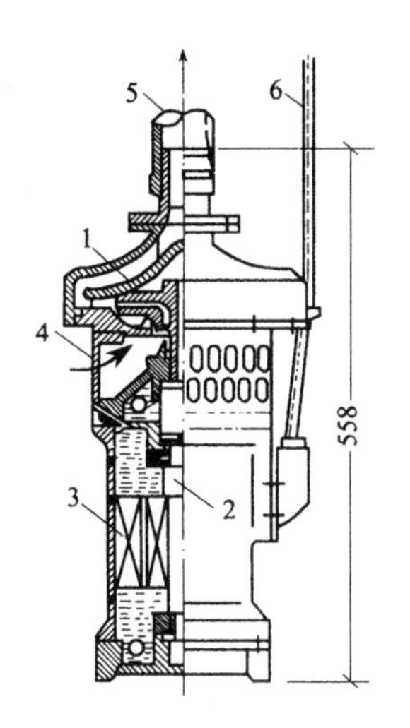

图1-20　潜水泵工作简图

1—叶轮；2—轴；3—电动机；4—进水口；5—出水胶管；6—电缆

3. 人工降低地下水位

人工降低地下水位就是在基坑(槽)开挖前，预先在基坑(槽)四周埋设一定数量的滤水管(井)，利用抽水设备从中抽水，使地下水位降低至坑(槽)底标高以下，直至基础施工结束为止。这样，可使所挖的土始终保持干燥状态，改善了施工条件。同时，还使动水压力方向向下，从根本上防止流砂发生，并增加土中有效应力，提高土的强度和密实度。在降水过程中，基坑(槽)附近的地基会有一定的沉降，施工时应加以注意。

人工降低地下水位的方法有轻型井点、喷射井点、电渗井点、管井井点(大口井)等，各种方法的选用可视土的渗透系数、降水深度、工程特点、设备条件及经济条件等(参照表1-3)。其中以轻型井点的理论最为完善，应用较广。但目前很多深基坑(槽)降水都采用大口井方法，它的设计是以经验为主、理论计算为辅，目前我国尚无这种井的规程。下面重点介绍轻型井点的理论和大口井的成功经验。

表1-3　降水井类型及适用条件

降水井类型	渗透系数/(m/d)	降水深度/m	土质类型	水文地质特征
轻型井点	0.1～20.0	单级<6	填土、粉土、黏性土、砂土	上层滞水或水量不大的潜水
		多级<20		
喷射井点	0.1～20.0	<20		
电渗井点	<0.1	按井点确定	黏性土	
管井井点	1.0～200.0	>5	粉土、砂土、碎石土、可熔岩、破碎带	含水丰富的潜水、承压水、裂隙水

1) 轻型井点

轻型井点(见图1-21)是沿基坑四周或一侧每隔一定距离埋入井点管(下端为滤管)至蓄水层内，井点管上端通过弯联管与总管连接，利用抽水设备将地下水从井点管内不断抽出，使原有地下水位降至坑底以下的一种降水方法。

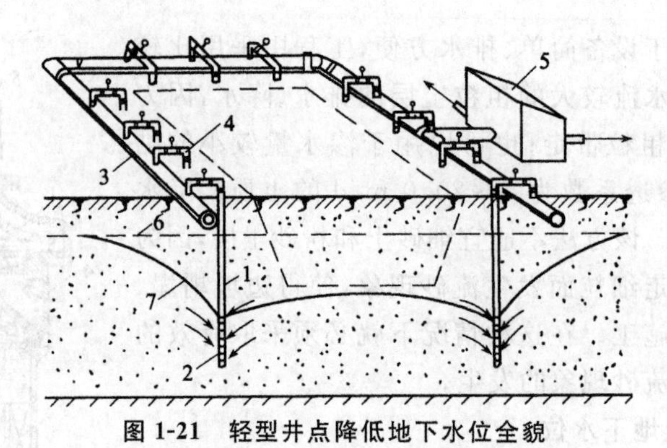

图 1-21　轻型井点降低地下水位全貌

1—井点管；2—滤管；3—总管；4—弯联管；5—水泵房；
6—原有地下水位线；7—降低后的地下水位线

(1) 轻型井点的设备

轻型井点设备主要包括井点管、滤管、集水总管、抽水设备等。

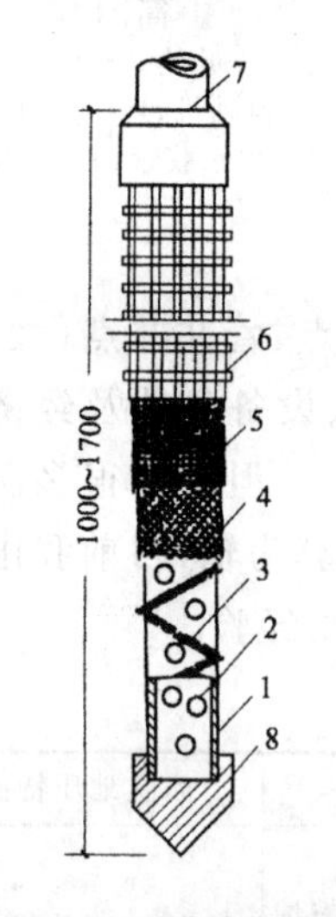

图 1-22　滤管构造

1—钢管；2—管壁上小孔；
3—缠绕的铁丝；4—细滤网；
5—粗滤网；6—粗铁丝保护网；
7—井点管；8—铸铁头

① 滤管。

滤管长 1.0～1.2 m，它与井点管用螺丝套头连接。滤管是井点设备的重要部分，其构造是否合理，对抽水效果影响很大。滤管(见图 1-22)的骨架管为外径 38～57 mm 的无缝钢管，管壁上钻有直径 12～18 mm 星状排列的小圆孔，滤孔面积为滤管表面积的 20%～50%。骨架管外包两层孔径不同的滤网。网孔过小，则阻力大，容易堵塞；网孔过大，则易进入泥砂。因此，内层滤网宜采用 30～40 眼/cm^2 的生丝布或铁丝布，外层粗滤网宜采用 5～10眼/cm^2 的塑料纱布或铁丝布。为了使流水畅通，避免滤孔淤塞，在骨架管与滤网之间用小塑料管或铁丝绕成螺旋形隔开。滤网外面用带孔的薄铁管或粗铁丝网保护，滤管下端为一铸铁头。

② 井点管和弯联管。

井点管长 5～7 m，宜采用直径为 38～57 mm 的无缝钢管，可整根或分节组成。井点管的上端用弯联管与总管相连。弯联管宜装有阀门，以便检修井点。近年来，有的弯联管采用透明塑料管，可随时观察井点管的工作情况；有的采用橡胶管，可避免两端不均匀沉降而引起泄漏。

③ 集水总管。

集水总管为内径 100～127 mm 的无缝钢管，每节长 4 m，其间用橡胶套管连接，并用钢箍固定，以防漏水。总管上还装有与弯联管连接的短接头，间距为0.8～1.6 m。

④ 抽水设备。

轻型井点的抽水设备主机由真空泵、离心水泵和水汽分离器组成，称为真空泵轻型井点。其工作原理如图1-23所示。抽水时先开动真空泵13，管路中形成真空将水吸入水汽分离器6中，然后开动离心泵14将水抽出。

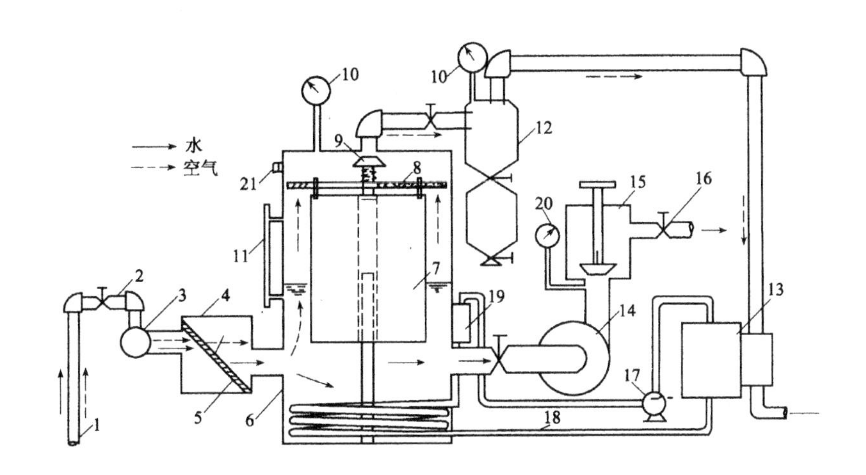

图1-23　真空泵轻型井点抽水设备工作原理示意

1—井点管；2—弯联管；3—总管；4—过滤箱；5—过滤网；6—水汽分离器；7—浮筒；8—挡水布；9—阀门；10—真空表；11—水位计；12—副水汽分离器；13—真空泵；14—离心泵；15—压力箱；16—出水管；17—冷却泵；18—冷却水管；19—冷却水箱；20—压力表；21—真空调节阀

如果轻型井点设备的主机由射流泵、离心泵、循环水箱等组成，则称为射流泵轻型井点，其工作原理如图1-24所示。抽水时，利用离心泵将循环水箱中的水送入射流器内，由喷嘴喷出，由于喷嘴处断面收缩而使水流速度骤增，压力骤降，使射流器空腔内产生部分真空，把井点管内的气、水吸入水箱，待水箱内的水位超过泄水口时即自动溢出，排至指定地点。射流泵井点系统的降水深度可达6 m，但其所带动的井点管一般只有30～40根，若采用两台离心泵和两个射流器联合工作，就能带动井点管70根，集水总管长100 m。这种设备与上述真空泵轻型井点相比，具有结构简单、制造容易、成本低、耗电少、使用维修方便等优点，便于推广使用。

(2) 轻型井点的布置

轻型井点的布置应根据基坑大小和深度、土质、地下水位高低与流向、降水深度要求等而定。井点布置是否恰当，对降水效果、施工速度影响很大。

① 平面布置。

当基坑或沟槽宽度小于6 m，水位降低值不大于6 m时，可采用单排井点，布置在地下水流的上游一侧，其两端的延伸长度一般以不小于坑(槽)宽度为宜(见图1-25)。如基坑宽度大于6 m或土质不良、渗透系数较大时则宜采用双排井点。当基坑面积较大($L/B \leqslant 5$，降水深度$S \leqslant 5$ m，坑宽B小于2倍的抽水影响半径R)时，宜采用环形井点(见图1-26)。当基坑面积过大或$L/B > 5$时，可分段进行布置。无论哪种布

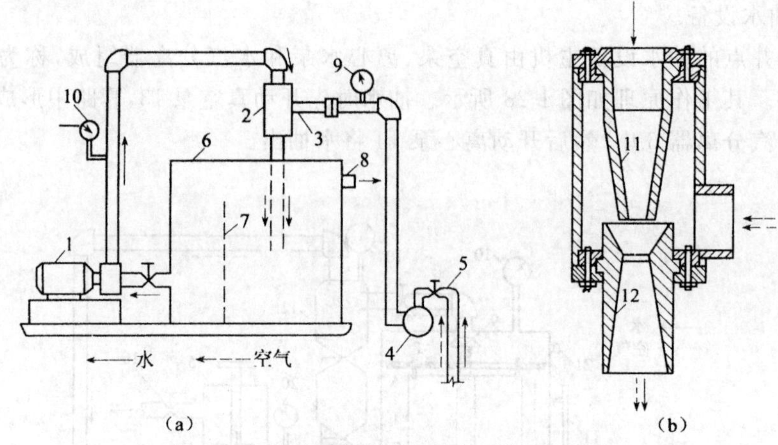

图 1-24 射流泵轻型井点设备工作原理示意

(a)总图;(b)射流器剖面图

1—离心泵;2—射流器;3—进水管;4—总管;5—井点管;6—循环水箱;7—隔板;

8—泄水口;9—真空表;10—压力表;11—喷嘴;12—喉管

置方案,井点管距离基坑(槽)壁一般不宜小于 0.7~1.0 m,以防漏气。井点管间距应根据土质、降水深度、工程性质等确定,一般为 0.8~1.6 m,或由计算和经验确定。

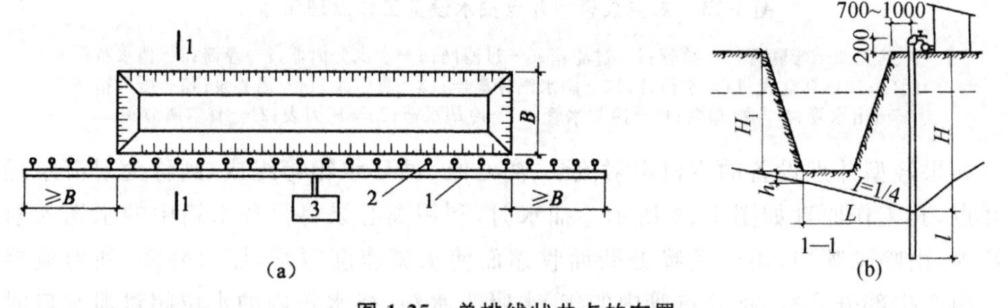

图 1-25 单排线状井点的布置

(a)平面布置;(b)高程布置

1—总管;2—井点管;3—泵站

② 高程布置。

井点管的埋置深度 H(不包括滤管)按下式计算〔见图 1-25(b)、1-26(b)〕

$$H \geqslant H_1 + h + IL \tag{1-36}$$

式中 H_1——井点管埋置面至基坑(槽)底的距离(m);

h——基坑(槽)底面[单排井点时为远离井点一侧坑(槽)底边缘,双排、环形时为坑中心处]至降低后地下水位的距离,一般为 0.5~1.0 m;

I——地下水降落坡度,根据众多工程实测结果,环形、双侧井点宜为 1/10,单排井点宜为 1/4;

L——井点管至基坑(槽)中心的水平距离[单排井点为井点管至基坑(槽)另一侧的水平距离](m),如图 1-25、图 1-26 所示。

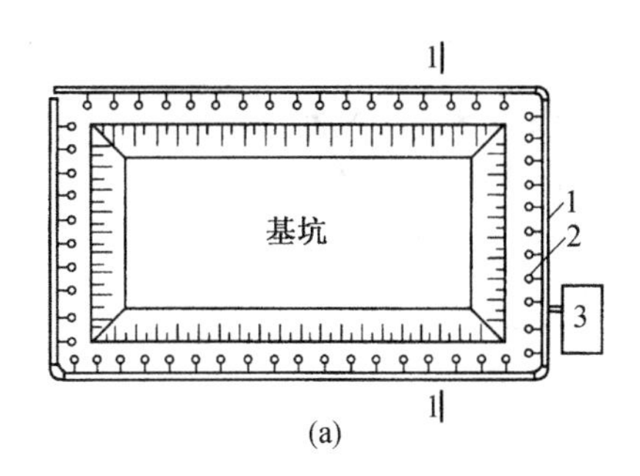

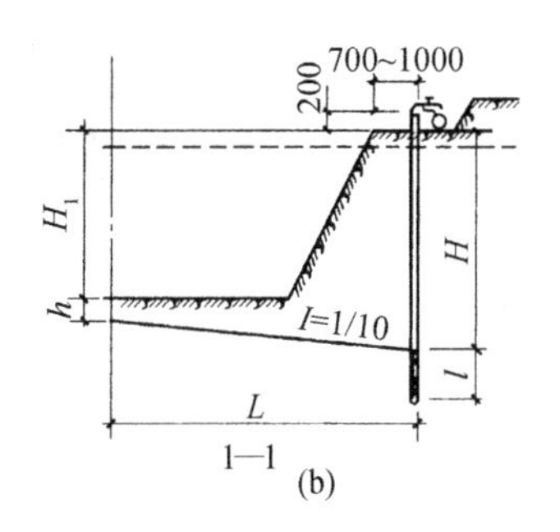

图 1-26 环形井点的布置

(a)平面布置;(b)高程布置

1—总管;2—井点管;3—泵站

如果根据式(1-30)算出的 H 值大于降水深度 6 m(一层井点管标准长度一般也为 6 m),则应降低井点管埋置面,以适应降水深度要求。

当一级(一层)井点未达到上述埋置及降水深度要求时,即 $H_1+h+IL>6.0\ \text{m}-(0.2\sim0.3)\ \text{m}$ 时,可视土质情况,先用其他方法排水(如明排水法),挖去一层土再布置井点系统;或采用二级井点,即先挖去第一级井点所疏干的土,然后再布置第二级井点,使降水深度增加(见图 1-27)。

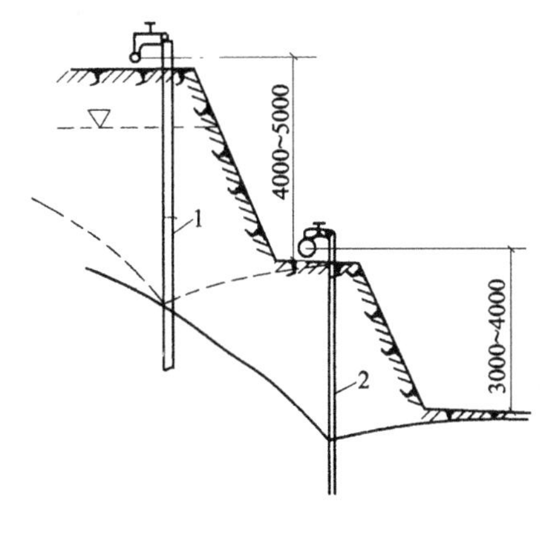

图 1-27 二级轻型井点

1—第一级井点管;2—第二级井点管

(3) 轻型井点的计算

轻型井点计算包括涌水量的计算、井点管数量与井距确定以及抽水设备的选用等。

① 轻型井点系统涌水量的计算。

轻型井点系统涌水量的计算式以裘布依的水井理论为依据的。根据井底是否到达不透水层,水井分为完整井与非完整井。根据地下水有无压力,水井又分为无压井与承压井。两方面结合,则有无压完整井、无压非完整井、承压完整井、承压非完整井等之分。水井的类型如图 1-28 所示。各类井的涌水量的计算方法不同,其中以无压完整井的理论较为完善,其精度能满足工程施工设计的要求。

a. 无压完整井涌水量的计算。

无压完整井环状井点系统〔见图 1-29(a)〕涌水量的计算公式为

$$Q=1.366K\frac{(2H-S)S}{\lg R-\lg x_0} \tag{1-37}$$

式中 Q——井点系统的涌水量(m^3/d);

K——土的渗透系数(m/d),由实验室或现场抽水试验确定;

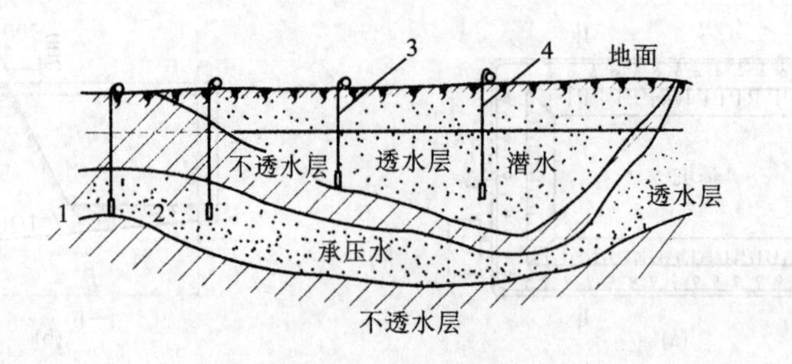

图 1-28 水井的类型

1—承压完整井;2—承压非完整井;3—无压完整井;4—无压非完整井

H——含水层厚度(m);

S——水位降低值(m);

R——抽水影响半径(m),常用计算式为

$$R = 1.95S\sqrt{HK} \tag{1-38}$$

x_0——环状井点系统的假想半径(m),对于矩形基坑,当其长度与宽度之比不大于5时,则

$$x_0 = \sqrt{\frac{F}{\pi}} \tag{1-39}$$

F——环状井点系统(井点中心)包围的面积(m^2)。

b. 无压非完整井涌水量的计算。

无压非完整井环状井点系统〔见图1-29(b)〕井底地下水也受抽水的影响,地下水不仅从井的侧面流入,也从井底流入,因此,其涌水量比无压完整井的要大。为了简化计算,仍采用式(1-37),用有效影响深度 H_0 去替换 H,H_0 查表1-4,当算得 H_0 大于实际含水层厚度 H 时,仍取 H_0。

表 1-4 有效影响深度 H_0 值

$S'/(S'+l)$	0.2	0.3	0.5	0.8
H_0	$1.3(S'+l)$	$1.5(S'+l)$	$1.7(S'+l)$	$1.85(S'+l)$

c. 承压完整井涌水量的计算。

承压完整井环状井点系统〔见图1-30(a)〕涌水量的计算公式为

$$Q = 2.73K\frac{MS}{\lg R - \lg x_0} \tag{1-40}$$

d. 承压非完整井涌水量的计算。

承压非完整井环状井点系统〔见图1-30(b)〕涌水量的计算公式为

$$Q = 2.73K\frac{MS}{\lg R - \lg x_0}\cdot\sqrt{\frac{M}{l+0.5r}}\cdot\sqrt{\frac{2M-l}{M}} \tag{1-41}$$

式中 M——承压含水层厚度(m);

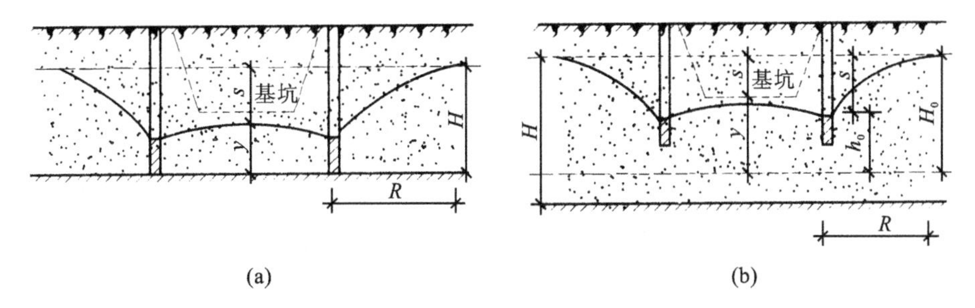

图 1-29　无压环状井点涌水量计算简图

(a)无压完整井；(b)无压非完整井

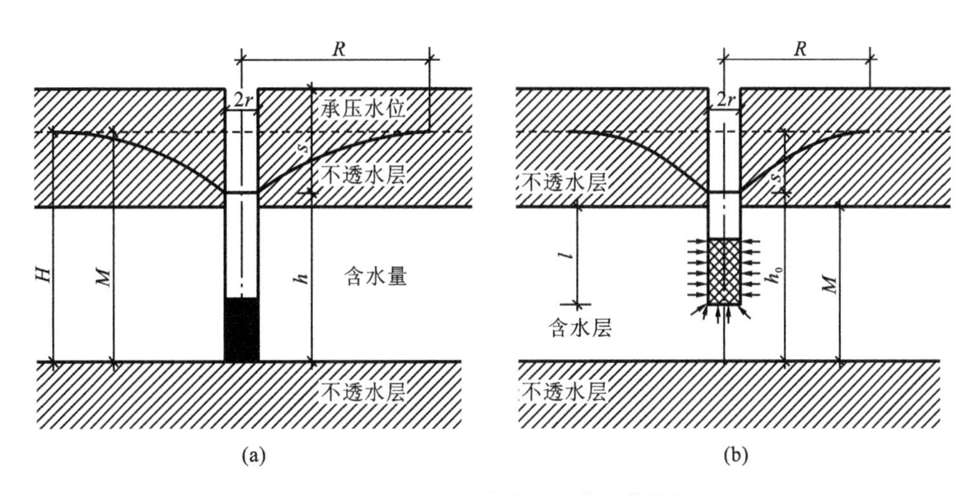

图 1-30　承压环状井点涌水量计算简图

(a)承压完整井；(b)承压非完整井

r——井点管的半径(m)；

l——井点管进入含水层的深度(m)。

② 井点管数量与井距的确定。

a. 井点管数量。

单根井点管的出水量 g(m^3/d)取决于滤管的构造和尺寸及土的渗透系数，可按下式计算

$$g=65\pi dl\sqrt[3]{K} \tag{1-42}$$

式中　d——滤管直径(内径)(m)；

l——滤管长度(m)；

K——土的含水层渗透系数(m/d)。

由此得到井点管最少根数 n 为

$$n=1.1Q/g \tag{1-43}$$

式中　1.1——为考虑井点管堵塞等因素的备用系数。

b. 井点管间距 D(m)。

$$D=L/n \tag{1-44}$$

式中 L——总管长度(m);

n——井点管根数。

c. 确定井点管间距时应注意的问题。

井点管间距不能过小,否则彼此干扰大,出水量会显著减小,一般取滤管周长的5倍~10倍,即 $5\pi d$~$10\pi d$;在渗透系数小的土中,井距不应完全按计算取值,还要考虑抽水时间,否则井距较大时水位降落需时间很长,因此在此类土中井距宜取得较小些;在基坑(槽)周围拐角和靠近地下水流方向(河边)一边的井点管应适当加密;井距应与总管上的接头间距相配合,取接头间距的整数倍;当采用多级井点排水时,下一级井距应小于上一级井距。

经过综合考虑确定了实际井点管间距后,再确定所需的井点管根数和总管长度。

(4)轻型井点系统的施工

轻型井点施工工艺流程为:施工准备→井点管布置→总管排放→井点管埋设→弯联管连接→抽水设备安装→井点管系统运行→井点管系统拆除。其施工要点如下。

① 井点管埋设。

井点管埋设的方法有射水法、水冲法、钻孔法和套管法,一般采用水冲法,它包括冲孔和埋管两个过程。

冲孔时,先用起重设备将直径50~70 mm的冲管吊起,并插在井点位置上,然后开动高压水泵,将土冲松。在冲孔过程中,冲管应垂直插入土中,并做上下左右摆动,以加剧土体松动,边冲边沉。冲孔直径不应小于300 mm,以保证井管四周有一定厚度的砂滤层,冲孔深度应比滤管底深500 mm左右,以防冲管拔出时,部分土颗粒沉于孔底而触及滤管底部。各层土冲孔所需水流压力视土质而定。

井孔冲成后,立即拔出冲管,插入井点管,并在井点管和孔壁间迅速填灌砂滤层,以防孔壁坍塌。砂滤层的填灌质量是保证轻型井点顺利工作的关键,一般应采用洁净的粗砂,填灌要均匀,填灌到滤管顶上1.0~1.5 m,以保证水流畅通。井点填砂后,井点管上口距地面1.0 m范围内须用黏土封口,以防漏气。

② 井点管系统运行。

井点管系统运行中,应保证连续抽水,并准备双电源,正常出水规律为“先大后小,先浑后清”。如不上水,或水一直较深,或出现清水后又浑浊等情况,应立即检查并纠正。真空度是判断井点系统良好与否的尺度,应经常观察,一般真空度应不低于55.3~66.7 kPa,如真空不够,通常是因为管路漏气,应及时修好。对于井点管的淤塞,可通过听管内水流声,手扶管壁感到振动等简便方法进行检查,如井点管淤塞太多,严重影响降水效果时,应逐个用高压水反冲洗井点管或拔除重新埋设。

③ 井点管拆除。

地下建、构筑物完工并进行土方回填后，方可拆除井点系统。井点管拆除一般多借助于倒链、起重机等，所形成孔洞用土或砂填塞。对地基有防渗要求时，地面以下 2 m 应用黏土填实。

④ 施工质量控制要点。

集水总管、滤管和泵的位置及标高应正确；井点系统各部件均应安装严密，防止漏气；隔膜泵底应平整稳固，出水的接管应平接，不得上弯，皮碗应安装准确、对称，确保在工作时受力平衡；在降水过程中，应定时观测水流量、真空度和井内的水位；另外应对水位降低域内的建筑物进行沉降观测，发现沉陷或水平位移过大时，应及时采取防护技术措施。

(5) 轻型井点降水设计例题

【例 1-1】 某工程设备基础施工需开挖如图 1-31 所示的基坑，其中，基坑底宽 10 m，长15 m，深 4.1 m，挖土边坡为 1∶0.5。经地质钻探查明，在靠近天然地面处有厚0.5 m的黏土层，此土层下面为厚 7.4 m 的极细砂层（渗透系数 K=20 m/d），再下面又是不透水的黏土层。现决定用一套轻型井点设备进行人工降低地下水位，然后开挖土方，试对该井点系统进行设计。

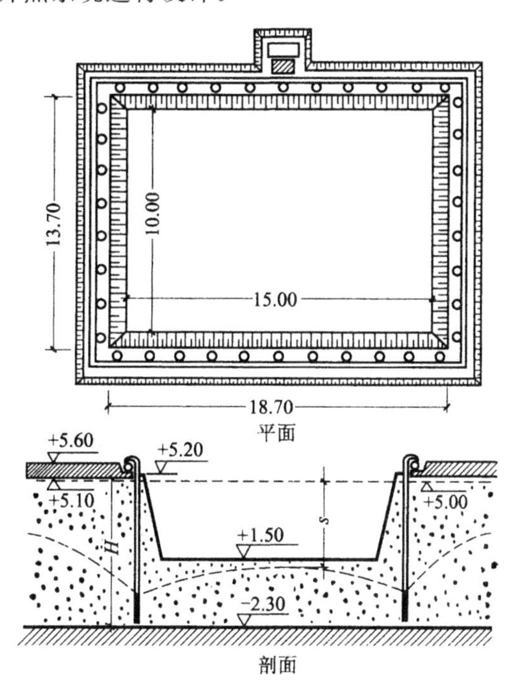

图 1-31　某设备基础开挖前的井点布置

【解】 ① 井点系统布置。

该基坑底尺寸为 10 m×15 m，边坡为 1∶0.5，表层为 0.5 m 厚黏土。为使总管接近地下水位，可先挖土 0.4 m 深，在+5.20 m 处布置井点系统，则布置井点系统处基坑上口的尺寸为 13.70 m×18.70 m；考虑井管距基坑边 1 m，则井点管所围成的平面面积为 15.70 m×20.70 m;由于基坑长宽比小于 5,且基坑宽度小于 2 倍抽水影响半径 R(可查表计算),故按环形井点布置。

井点管采用 6 m 长,且外露于埋设面 0.2 m,则高程布置如下。

根据式(1-30)要求的埋深 $H \geqslant H_1 + h + IL = [(5.2-1.5)+0.5+1/10\times 15.7/2]$ m=4.99 m,其值小于实际埋深(6.0−0.2) m=5.8 m。基坑中心要求降水深度 $S=[(5.0-1.5)+0.5]$ m=4.0m,小于实际能达到的降水深度 $S=[5.8-(5.2-5.0)-\frac{1}{10}\times\frac{15.7}{2}]$ m=4.8 m<6 m,故采用一级井点系统即可。

取滤管长度为 1.0 m,则滤管底口标高为 −1.6 m,距 −2.3 m 处不透水的黏土层 0.7 m,故此井点系统为无压非完整井环状井点系统。

②基坑涌水量计算。

涌水量计算公式为

$$Q = 1.366K\frac{(2H_0 - S)S}{\lg R - \lg x_0}$$

抽水有效影响深度 H_0,由表 1-4 得

$$S'/(S'+l) = 5.6/(5.6+1) = 0.848$$

$$H_0 = 1.85(S'+l) = 1.85\times(5.6+1)\ \text{m} = 12.21\ \text{m}$$

实际含水层厚度

$$H = [5.0-(-2.3)]\ \text{m} = 7.3\ \text{m}$$

$H_0 > H$,故取 $H_0 = H = 7.3$ m。

抽水影响半径

$$R = 1.95S\sqrt{HK} = 1.95\times(3.5+0.5)\times\sqrt{7.3\times 20}\ \text{m} = 94.25\ \text{m}$$

基坑假想半径

$$x_0 = \sqrt{\frac{F}{\pi}} = \sqrt{\frac{15.7\times 20.7}{3.14}}\ \text{m} = 10.17\ \text{m}$$

则涌水量

$$Q = 1.366\times 20\times\frac{(2\times 7.3-4)\times 4}{\lg 94.25 - \lg 10.17}\ \text{m}^3/\text{d} = 520.26\ \text{m}^3/\text{d}$$

③ 计算井点管数量和间距。

取井点管直径 d 为 38 mm,则单根出水量 q 为

$$q = 65\pi dl\sqrt[3]{K} = 65\times 3.14\times 0.038\times 1.2\times\sqrt[3]{20}\ \text{m}^3/\text{d} = 21.05\ \text{m}^3/\text{d}$$

所以井点管的计算数量 n 为

$$n = 1.1\frac{Q}{q} = 1.1\times\frac{520.26}{21.05} = 27.19(\text{根})$$

则井点管的平均间距 D 为

$$D = \frac{L}{n} = \frac{(15.7+20.7)\times 2}{27.19}\ \text{m} = 2.68\ \text{m}$$

取 $D=2.0$ m，故实际布置如下。

长边为 20.7/2.0+1≈11 根；短边为 15.7/2.0+1≈9 根。

④ 抽水设备选用。

抽水设备所带动的总管长度为 76.0 m，所以选一台 W5 型干式真空泵，或根据井点管总数为 38 根，选择一台 QJD-90 型射流泵。

水泵所需流量为

$$Q_1=1.1Q=1.1\times520.26\ m^3/d=572.29\ m^3/d=23.85\ m^3/h=6.62\ L/s$$

水泵的吸水扬程为

$$H_s\geqslant(6.0+1.0)\ m=7.0\ m$$

根据 Q_1、H_s 的数值即可确定离心泵型号。

2）喷射井点

当基坑（槽）开挖较深而地下水位较高、降水深度超过 6 m 时，采用一级轻型井点已不能满足要求，则必须采用二级或多级轻型井点才能收到预期效果，但这会增加设备数量和基坑（槽）的开挖土方量，延长工期，往往不够经济。此时宜采用喷射井点，该方法降水深度可达 8～20 m，在 $K=3\sim50$ m/d 的砂土中最有效，在 $K=0.1\sim3$ m/d 的粉砂、淤泥质土中效果也很显著。

喷射井点根据工作时使用液体或气体的不同，分为喷水井点和喷气井点两种。其设备主要由喷射井点、高压水泵（或空气压缩机）和管路组成（见图 1-32）。

喷射井点的布置有单排布置（基坑宽小于 10 m）、双侧布置（基坑宽大于 10 m）及环形布置〔同轻型井点，见图 1-32(b)〕几种。每套喷射井点系统的井点管数量宜控制在 30 根左右，井点间距采用 2～3 m，其涌水量计算和埋设方法与轻型井点相似。

3）电渗井点

当土的渗透系数很小（$K<0.1$ m/d），采用轻型井点、喷射井点进行基坑（槽）降水效果很差时，宜改用电渗井点降水。

电渗井点是以原有的井点管（轻型井点或喷射井点）本身作为阴极，沿基坑（槽）外围布置，并采用套管冲枪成孔埋设；以钢管（直径 50～75 mm）或钢筋（直径 25 mm 以上）作阳极，埋在井点管内侧（见图 1-33）。阳极埋设应垂直，严禁与相邻阴极相碰，阳极外露出地面 200～400 mm，其入土深度应比井点管深 500 mm，以保证能将水降到所要求的深度。阴阳极的间距一般为 0.8～1.0 m（轻型井点）或 1.2～1.5 m（喷射井点），并按平行交错排列。阴阳电极的数量宜相等，必要时阳极数量可多于阴极数量。

电渗井点适用于黏土、粉质黏土、淤泥等土质中的降水，它是轻型井点或喷射井点的辅助方法。

4）管井井点

当土的渗透系数大（$K>10$ m/d）、地下水丰富时，可用管井井点（见图 1-34）。由于管井井点排水量大、降水深，较轻型井点的降水效果好，故可代替多组轻型井点。

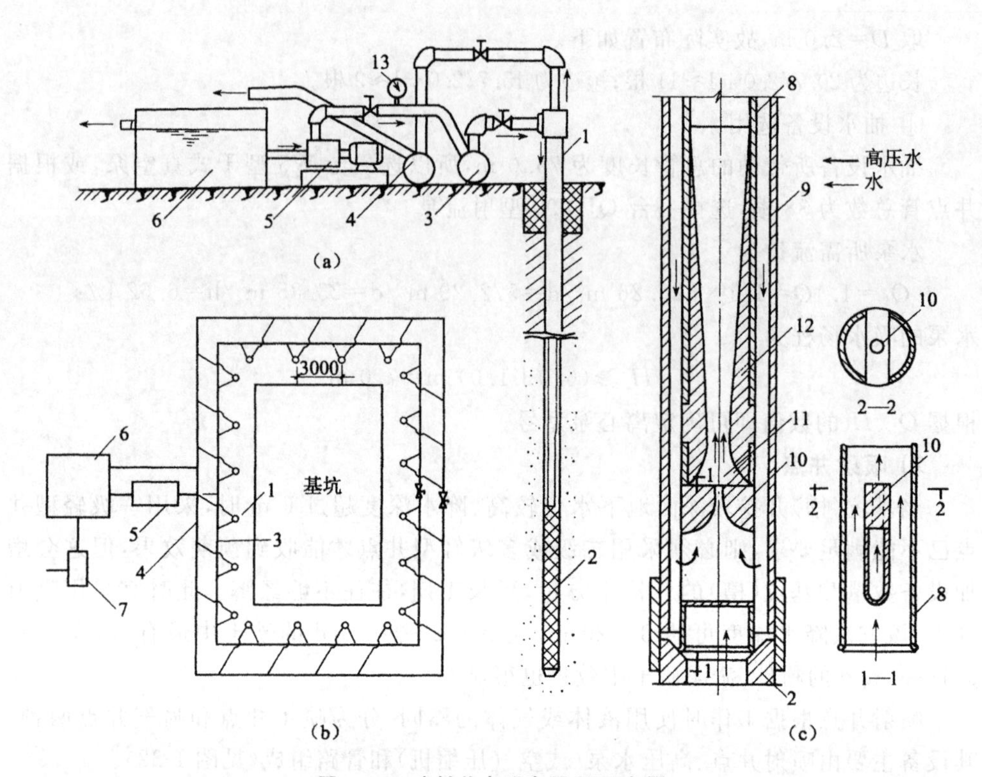

图 1-32　喷射井点设备及平面布置

1—喷射井管；2—滤管；3—进水总管；4—排水总管；5—高压水泵；6—集水池；7—水泵；8—内管；9—外管；10—喷嘴；11—混合室；12—扩散管；13—压力表

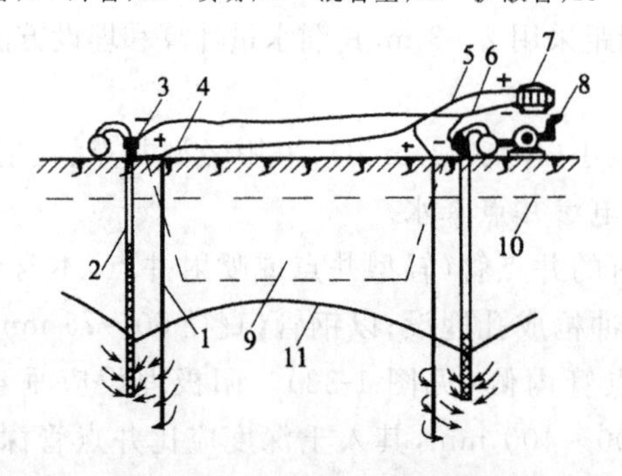

图 1-33　电渗井点布置示意

1—阳极；2—阴极；3—用扁钢、螺栓或电线将阴极连通；4—用钢筋或电线将阳极连通；5—阳极与发电机连接电线；6—阴极与发电机连接电线；7—直流发电机(或直流电焊机)；8—水泵；9—基坑；10—原有水位线；11—降水后的水位线

(1)管井井点系统主要设备

① 滤水井管。

滤水井管上部的井管部分采用直径 200 mm 以上的钢管、塑料管或混凝土管；下部滤水部分可用钢筋焊接骨架〔见图 1-34(a)〕、或采用与上部井管相同直径和材料

的带孔管〔见图 1-34(b)〕、或采用无砂混凝土滤管，管外包孔眼为 1～2 mm 的滤网，滤管长 2～3 mm。

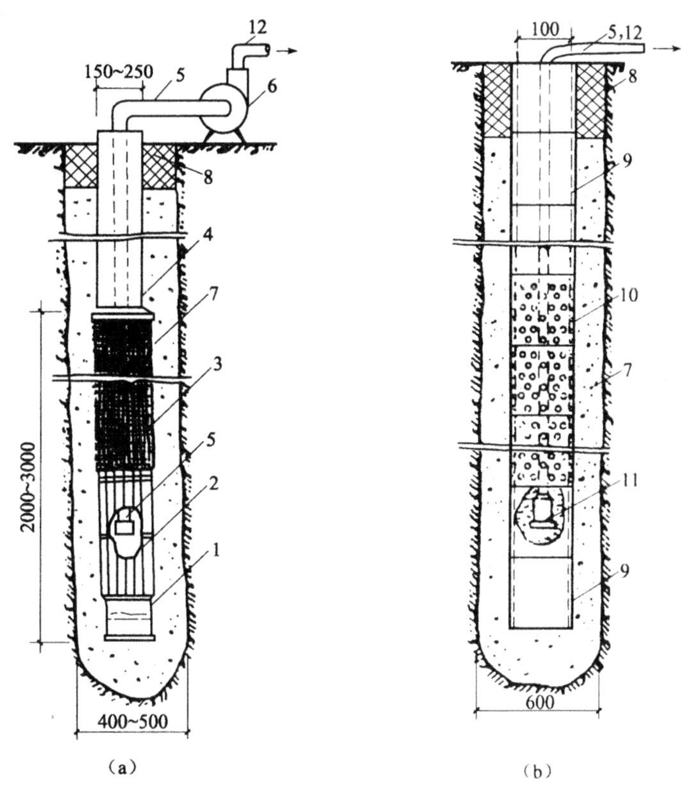

图 1-34　管井井点

(a)钢管管井；(b)混凝土管管井

1—沉砂管；2—钢筋焊接骨架；3—滤网；4—管身；5—吸水管；6—离心泵；7—小砾石过滤层；8—黏土封口；9—混凝土井管；10—混凝土过滤管；11—潜水泵；12—出水管

② 吸水管。

吸水管采用直径 50～100 mm 的胶管或钢管，其底部装有逆止阀。吸水管插入滤水井管，长度应大于抽水机械抽吸高度，同时应沉入管井内抽水时的最低水位以下。

③ 水泵。

一般每个管井装置一台潜水泵，也可采用离心泵。离心泵抽水深度小于 6 m，开泵前需灌满水才能进行，施工不方便。

(2) 管井布置及埋设

管井井点一般沿基坑外围每隔 10～50 m 距离设置一口井。井中心距地下构筑物边缘的距离，依据所用钻机的钻孔方法而定：当采用泥浆护壁套管法时不小于 3 m；当采用泥浆护壁冲击式钻机成孔时为 0.5～1.0 m。钻孔直径应比滤管外径大

200 mm 以上。管井下沉前应清洗，并保持滤网的通畅，滤水井管放于孔中心，下端用木塞堵塞管口。井壁与孔壁之间用 3～15 mm 砾石填充作为过滤层，地面下 0.5 m 内用黏土填充压实。井管埋设深度和距离应根据降水面积和深度及含水层的渗透系数确定，其最大深度可达 10 m。

(3) 井管的拔出

井管使用完毕后，滤水井管可拔出重复使用。拔出方法是在井口周围挖深 0.3 m，用钢丝绳将管口套紧，然后用起重机械将井管慢慢拔出。所形成孔洞用砂砾填实，上部0.5 m用黏土填充夯实。将滤水井壁洗去泥砂后储存备用。

管井井点涌水量的计算同轻型井点基本相同。根据井底是否达到不透水层，亦分为完整井和非完整井。

5) 无砂混凝土管井井点

无砂混凝土管井井点是近年来在软土、高水位地区常使用的基坑(槽)的降水方法。它是由管井井点和深井井点发展而来的。

无砂混凝土管井施工工艺为：布井→制管→成孔→接管→下管→校正→管井就位→灌过滤层→洗井→抽水→回填。

无砂混凝土管井的布置方案多以理论计算为主(仿轻型井点或管井井点)，辅以实践经验。目前使用的井深为 8～30 m，井径(内径)为 300～ 720 mm，成孔直径通常为 500～ 900 mm，井距为 8～25 m。无砂管井工作适用性强，例如，在使用中可以调整井内水位变化、影响半径 R 和涌水量 Q，甚至可采用停抽水、封井和减少抽吸频率的办法控制降水，因此无砂管井降水成功率相当高。

无砂混凝土管井的钻孔、埋设方法同管井井点一致，其井点系统适用于各种土层。

6) 砂(砾)渗井

砂(砾)渗井是一种辅助管井的降水方法。在深大基坑降水时除按设计布设降水井外，宜视情况在基坑内布设一定数量的渗水井(或抽水井)，含水层渗透性较小时宜在周边抽水井之间布设一定数量的渗水井。渗水井施工时，先钻孔至透水性好的土层而后填砂，将上层水渗至渗水井底，利用抽水井在渗水井底土层抽水。

1.3.3 土方边坡与土壁支护

土方开挖之前，在编制土方工程施工组织设计时，应确定出基坑(槽)及管沟的边坡形式及开挖方法，确保土方开挖过程中和基础施工阶段土体的稳定。可选择的边坡类型如图 1-35 所示。

1. 土方边坡

1) 土方边坡类型

土方边坡类型由场地土类别、开挖深度、周围环境、技术经济的合理性等因素决

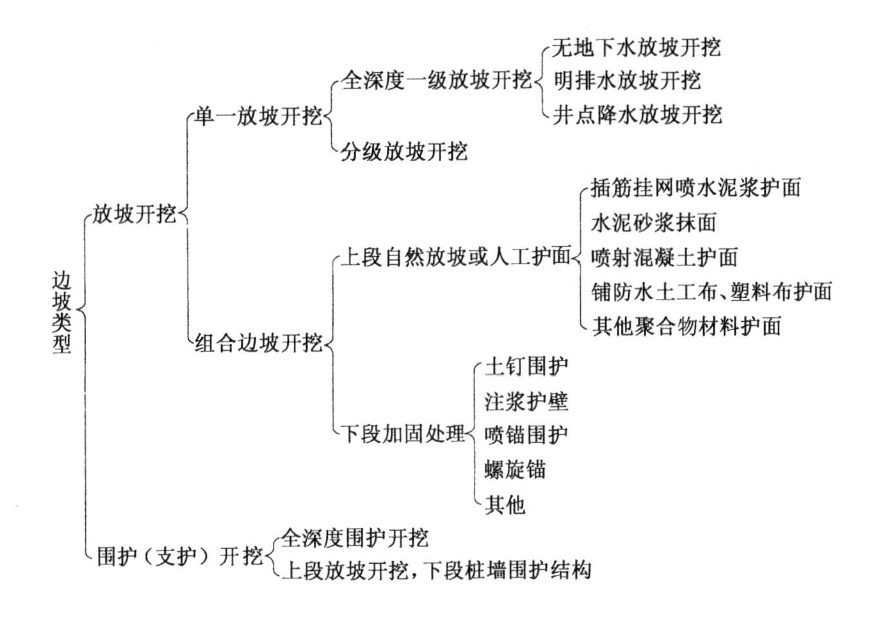

图 1-35　边坡类型

定，常用的土方边坡类型有直线形、折线形、阶梯形和分级形（见图 1-36）。

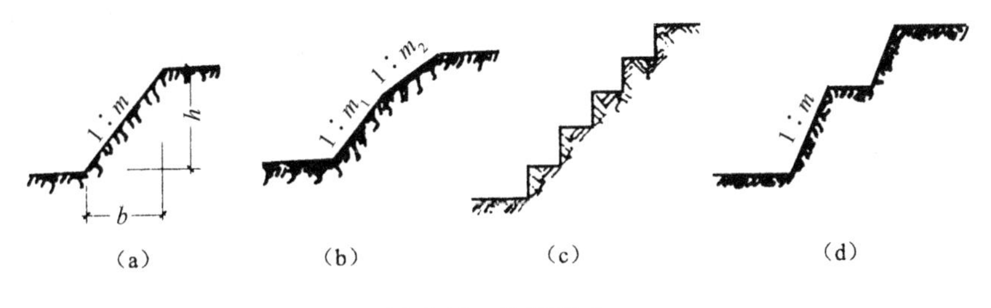

图 1-36　放坡形式

(a)直线形；(b)折线形；(c)阶梯形；(d)分级形

当场地为一般黏性土或粉土，基坑（槽）及管沟周围具有堆放土料和机具的条件，地下水位较低，或降水、放坡开挖不会对相邻建筑物产生不利影响，具有放坡开挖条件时，可采用局部或全深度的放坡开挖方法。如开挖土质均匀可放成直线形；如开挖土质为多层不均且差异较大，可按各层土的土质放坡成折线形或阶梯形。

2）影响土方边坡稳定的因素

土方边坡处于稳定状态主要是由于土体内土颗粒间存在的摩擦力和黏结力，使土体具有一定的抗剪强度。黏性土既有摩擦力，又有黏结力，抗剪强度较高，土体不易失稳，土体若失稳，则是沿着滑动面整体滑动（滑坡）；砂性土只有摩擦力，无黏结力，抗剪强度较差。所以黏性土的放坡可陡些，砂性土的放坡应缓些，使土体下滑力小于土颗粒之间的摩擦力和黏结力，从而保证边坡稳定。

当外界因素发生变化，土体的抗剪强度降低或土体所受剪应力增加时，就破坏了土体的自然平衡状态，会导致边坡失去稳定而塌方。造成土体内抗剪强度降低的主要原因是雨水或施工用水使土的含水量增加,水的润滑作用使土颗粒之间摩擦力和黏结力降低;而造成土体所受剪应力增加的原因主要是坡顶上部的荷载增加和土体自重的增大(含水量增加),以及地下水渗流中的动水压力的作用;此外,地面水浸入土体的裂缝之中所产生的静水压力也会使土体内的剪应力增加。所以,在确定土方边坡的形式及放坡大小时,既要考虑上述各方面因素,又要注意周围环境条件,以保证土方和基础施工的顺利进行。

3) 边坡坡度及保证边坡稳定的措施

(1) 直壁开挖不加支撑

当土质湿度正常、结构均匀、水文地质条件良好(即不发生坍塌、移动、松散或不均匀下沉),且无地下水时,开挖基坑可采取不放坡、也不加支护的直壁开挖方式,但挖方深度应按下列规定予以控制。

① 密实、中密的砂土和碎石土(充填物为砂土)　　1.0 m

② 硬塑、可塑的粉质黏土及粉土　　1.25 m

③ 硬塑、可塑的黏土和碎石类土(充填物为黏性土)　　1.50 m

④ 坚硬的黏土　　2.0 m

(2) 边坡坡度

土方边坡是指土体自由倾斜能力的大小,一般用边坡坡度和边坡系数表示。

边坡坡度是指边坡深度 h 与边坡宽度 b 之比(见图 1-37)。工程中通常以 $1:m$ 表示边坡的大小,m 称为边坡系数,即

$$边坡坡度=\tan\alpha=\frac{h}{b}=\frac{1}{b/h}=1:m \tag{1-45}$$

式中　$m=b/h$——边坡系数。

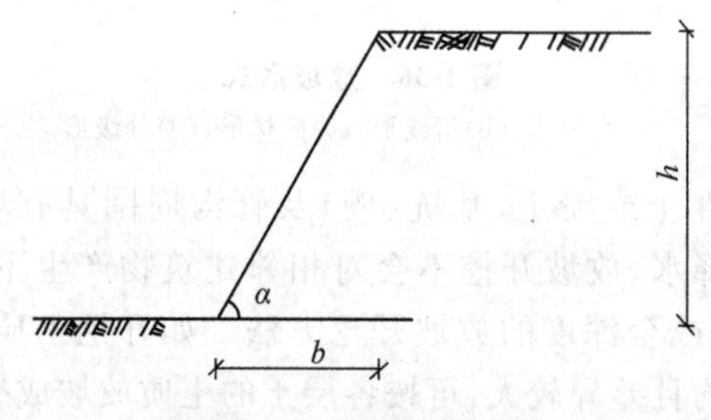

图 1-37　边坡坡度示意

基坑(槽)、管沟土方开挖的边坡应根据使用时间(临时或永久)、土的种类、土的物理力学性质、开挖深度、开挖方法、坡顶荷载状况、降排水情况及气候条件等确定。对于永久性场地,挖方边坡坡度应按设计要求放坡;如设计无规定时,可按表 1-5 所列采用。

对于使用时间较长的临时性挖方边坡坡度,应根据工程地质和边坡高度,结合当地实践经验和施工具体情况进行放坡。其临时性挖方的边坡值可按表 1-6、表 1-7 选用。

表 1-5　永久性土工构筑物挖方的边坡坡度

项次	挖 土 性 质	边 坡 坡 度
1	在天然湿度、层理均匀、不易膨胀的黏土、粉质黏土和砂土(不包括细砂、粉砂)内挖方深度不超过 3 m	1∶1.00～1∶1.25
2	土质同上,深度为 3～12 m	1∶1.25～1∶1.50
3	干燥地区内土质结构未经破坏的干燥黄土及黄土,深度不超过 12 m	1∶0.1～1∶1.25
4	在碎石土和泥灰岩土的地方,深度不超过 12 m,根据土的性质、层理特性和挖方深度确定	1∶0.50～1∶1.50
5	在风化岩内的挖方,根据岩石性质、风化程度、层理特性和挖方深度确定	1∶0.20～1∶1.50
6	在微风化岩石内的挖方,岩石无裂缝且无倾向挖方坡脚的岩层	1∶0.10
7	在未风化的完整岩石内的挖方	直立的

表 1-6　使用时间较长的临时性挖方边坡坡度

土的类别	密实度或状态	坡度允许值(高度比)	
		坡高在 5 m 以内	坡高 5～10 m
碎石土	密实 中密 稍密	1∶0.35～1∶0.50 1∶0.50～1∶0.75 1∶0.75～1∶1.00	1∶0.50～1∶0.75 1∶0.75～1∶1.00 1∶1.00～1∶1.25
粉质黏土	坚硬 硬塑 可塑	1∶0.75 1∶1.00～1∶1.25 1∶1.25～1∶1.50	—
黏性土	坚硬 硬塑	1∶0.75～1∶1.00 1∶1.00～1∶1.25	1∶1.00～1∶1.25 1∶1.25～1∶1.50
花岗岩残积黏性土	硬塑 可塑	1∶0.75～1∶1.10 1∶0.85～1∶1.25	—
杂填土	中密或密实的建筑垃圾	1∶0.75～1∶1.00	—
砂土	—	1∶1.00(或自然休止角)	—

注:①坡度大小视坡顶荷载情况取值:无荷时取陡值,有荷时取中等的,有动荷时取缓值。

②对非黏性土坡顶不得有振动荷载。因为在振动荷载作用下,无黏性土在暴露边坡的情况下,土质很易松动,甚至引起局部或大部分坡面滑塌。

表 1-7　岩石边坡

岩土类别	风化程度	坡度允许值(高度比)	
		坡高在 8 m 以内	坡高 8～15 m
硬质岩石	微风化 中等风化 强风化	1∶0.10～1∶0.20 1∶0.20～1∶0.35 1∶0.35～1∶0.50	1∶0.20～1∶0.35 1∶0.35～1∶0.50 1∶0.50～1∶0.75

续表

岩土类别	风化程度	坡度允许值(高度比)	
		坡高在8 m以内	坡高8～15 m
软质岩石	微风化	1∶0.35～1∶0.50	1∶0.50～1∶0.75
	中等风化	1∶0.50～1∶0.75	1∶0.75～1∶1.00
	强风化	1∶0.75～1∶1.00	1∶1.00～1∶1.25

注:表中碎石土充填物为坚硬或硬塑状态的黏性土。

对于在地质条件良好、土质较均匀的高地中修筑18 m以内的路堑,由于路堑所受荷载和使用功能与基坑(槽)、沟不同,且路堑的边坡为永久性,其边坡坡度可按表1-8采用。

表1-8 路堑边坡坡度

项目	土或岩石种类	边坡最大高度(m)	路堑边坡坡度(高宽比)
1	一般土	18	1∶0.5～1∶1.5
2	黄土或类似黄土	18	1∶0.1～1∶1.25
3	砾碎岩石	18	1∶0.5～1∶1.5
4	风化岩石	18	1∶0.5～1∶1.5
5	一般岩石	—	1∶0.1～1∶0.5
6	坚石	—	直立～1∶0.1

注:资料来源于《公路工程技术标准》(JTG B01—2003)。

分级放坡开挖时,应设置分级过渡平台。对深度大于5 m的土质边坡,各级过渡平台的宽度为1.0～1.5 m,必要时可选0.6～1.0 m;小于5 m的土质边坡可不设过渡平台;岩石边坡过渡平台的宽度不小于0.5 m。施工时应按上陡下缓原则开挖。

(3) 保证边坡稳定的措施

土质边坡放坡开挖如遇边坡高度大于5 m,具有与边坡开挖方向一致的斜向界面时,有可能发生土体滑移的软弱淤泥或含水量丰富的夹层时,坡顶堆料、堆物有可能超载时,以及各种易使边坡失稳的不利情况时,应对边坡整体稳定性进行验算,必要时进行有效加固及支护处理,以保证边坡的稳定。具体措施如下。

① 对于土质边坡或易于软化的岩质边坡,在开挖时应采取相应的排水和对坡脚、坡面的保护措施;基坑(槽)及管沟周围地面采用水泥砂浆抹面、设排水沟等防止雨水渗入的措施,保证在边坡稳定范围内无积水。

② 对坡面进行保护处理,以防止渗水风化碎石土的剥落。保护处理的方法有水泥砂浆抹面(3～5 cm厚),也可先在坡面挂铁丝网再喷抹水泥砂浆。

③ 对各种土质或岩石边坡,可用浆砌片石护坡或护坡脚,但护坡脚的砌筑高度要满足挡土的强度、刚度的要求。

④ 对已发生或将要发生滑坍失稳或变形较大的边坡,用砂土袋堆置于坡脚或坡面,阻挡失稳。

⑤ 土质坡面加固方法有螺旋锚预压坡面和砖石砌体护面等。螺旋锚由螺旋形的锚

杆及锚杆头部的垫板和锁紧螺母构成，将螺旋锚旋入土坡中，拧紧锚杆头的螺母即可；砖石砌体护面根据砌体受力情况和砌体高度，按砖石砌体设计施工，以保证安全。

⑥ 当边坡坡度不能满足要求时（场地受限），可采用土钉和水泥砂浆抹坡面的加固方法，但要保证土钉的锚固力，对于砂性土、淤泥土禁止使用。

2. 土壁支护

在基坑（槽）或管沟开挖时，为了缩小工作面，减小土方开挖量，或因土质不良且受场地限制不能放坡时，或基坑（槽）深度较大时，应设置支护体系，即土壁支撑体系。

1）支护体系的类型

支护体系主要由围护结构和撑锚结构两部分组成。围护结构为垂直受力部分，主要承担侧向土压力、水压力和边坡上的荷载，并将这些荷载传递到撑锚结构。撑锚结构为水平受力部分，除承受围护结构传递来的水平荷载外，还要承受竖向的施工荷载（如施工机具、堆放的材料、堆土等）和自重。所以说支护体系是一种空间受力结构体系。

（1）围护结构（挡土结构）的类型

围护结构的类型按使用材料分有（见图1-38）木挡墙、钢板桩、钢筋混凝土板桩、H型钢支柱（或钢筋混凝土桩支柱）木挡板墙、钻孔灌注桩、水泥土墙、地下连续墙等。

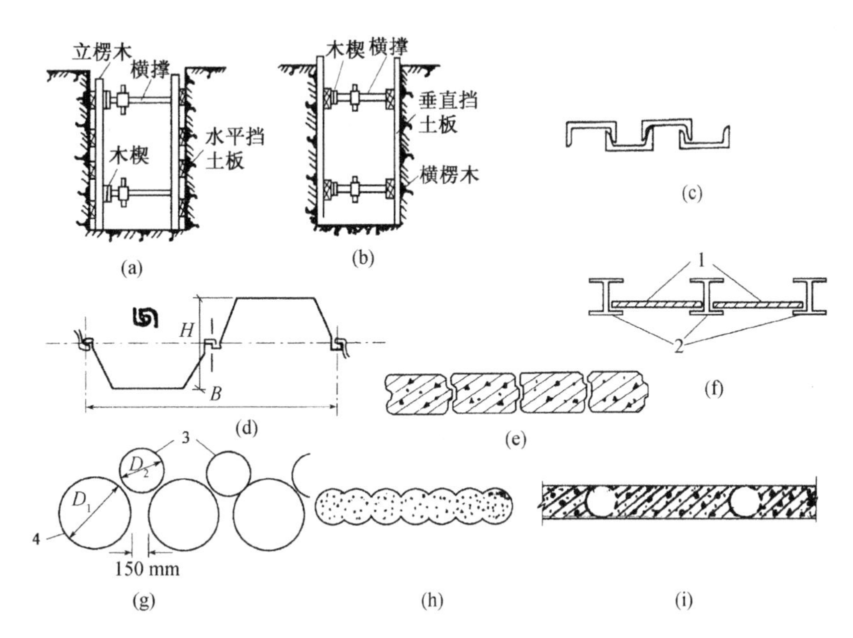

图1-38　围护结构类型

(a)木水平挡墙；(b)木垂直挡墙；(c)槽钢板桩挡墙；(d)锁口钢板桩挡墙；(e)钢筋混凝土板桩挡墙；(f)H型钢支柱（或钢筋混凝土支柱）木挡板支护墙（1—挡土板；2—H型钢支柱）；(g)钻孔灌注桩挡墙（3—素桩；4—钢筋混凝土桩）；(h)水泥土墙；(i)地下连续墙

围护结构一般为临时结构，待建筑物或构筑物的基础施工完毕，或管道埋设完毕即失去作用。所以常采用可回收再利用的材料，如木桩、钢板桩等；也可使用永久埋在地下的材料，但费用要尽量低，如钢筋混凝土板桩、灌注桩、水泥土墙和地下连续墙。在较深的基坑中，如采用地下连续墙或灌注桩，由于其所受土压力、水压力较大，配筋较多，因而费用较高，为了充分发挥地下连续墙的强度、刚度和整体性及抗渗性，可将其作为地下结构的一部分按永久受力结构复核计算；而灌注桩也可作为基础工程桩使用，这样可降低基础工程造价。各种围护结构的性能比较和适用条件见表1-9。

表1-9　各种围护结构性能比较和适用条件

支挡结构形式		截面抗弯刚度	墙的整体性	防渗性能	施工速度	造价	适用条件
木板桩		差	差	差	快	省	沟槽开挖深度小于5 m，墙后地下无水
钢板桩	槽钢	差	差	差	快	省	开挖深度小于4 m，基坑面积不大，墙后无地下水
	锁口钢板	较好	好	好	快	较贵	开挖深度可达8～10 m，可适用多层支撑，适应性强，板桩可回收
钢筋混凝土板桩		较差	较差	较差	较快	省	开挖深度3～6 m，土质不宜太硬，配合井点降水使用
H型钢桩(或钢筋混凝土桩)木挡板墙		较差	差	差	较快	较省	适用于地下水渗流小(或井点降水疏干)较坚硬的土层
钻孔灌注桩挡墙		较好	较差	较差	较慢	较省	开挖深度6～8 m，可根据计算确定桩径(墙厚)和间距，适应性强
旋喷桩水泥土墙		较好	较好	较好	较慢	较省	适用于地下水渗流较大的场合，按计算确定桩径，并可加筋
深层搅拌水泥土挡墙		较好	较好	较好	较慢	较省	适用于软黏土，淤泥质土层，按计算确定墙厚，墙内可加筋
地下连续墙		好	好	好	慢	贵	按计算确定墙厚，适应性强

围护结构按支撑点数可分为悬臂式挡土结构、单支点挡土结构和多支点挡土结构。

(2) 支撑体系类型

支护体系根据基坑(槽)和管沟的挖深、宽度、施工方法和场地条件及有无支撑可分为下列支护形式。

① 悬臂式支护结构〔见图1-39(a)〕。

当基坑(槽)或管沟的开挖深度不大(一般不大于4 m)，或邻近基坑(槽)边无建筑物及地下管线时，可选用此结构。支护结构采用的类型有人工挖孔桩、灌注桩、钢筋混凝土板桩、锁口钢板桩、水泥土墙和地下连续墙。悬臂式支护结构易产生侧向变形、发生强度或稳定性破坏，所以板墙(桩)的入土深度既要满足悬臂结构的强度、抗滑移和抗倾覆的要求，又要满足构造深度和抗渗要求。为了增加其整体强度和稳定性，可在围护结构(挡墙)顶部增设一道冠梁，则可将悬臂长度增加1～2 m。

② 拉锚式支护体系〔见图1-39(b)〕。

为了减小围护墙(桩)的侧向位移，增加其刚度和稳定性，可采用拉锚式挡墙。即：当土方挖至一定深度(锚杆标高)时，用锚杆钻机在要求位置钻孔，放入锚杆，进行灌浆，待达到设计强度、装上锚具后继续挖土。拉锚有单层和多层之分，这种支护方法可使基坑(槽)或管沟的挖土深度达6 m以上。但锚杆宜在黏性土层中使用,如果在砂土、淤泥质土层中使用,其锚固力(抗拔力)不易得到保证,会发生围护结构倾斜破坏。

③ 内撑式支护体系〔见图1-39(c)、(d)〕。

当围护结构为木板桩、钢板桩、钢筋混凝土板桩、钻孔灌注桩、地下连续墙等各种形式时,均可通过增加内支撑来增加挖深,浅则3～7 m(板桩),深可达15 m以上(地下连续墙)。内支撑有钢结构的对撑、角撑,钢筋混凝土的对撑、角撑。内支撑多数为平面组合式,根据开挖深度可设计成单层或多层,形成整体空间刚度。这种有内撑的支护体系,土方开挖难度较大,特别是多层支撑时,机械挖土、运土都很困难。

目前,为了解决内撑式支护体系挖土难、耗用材料多等问题,并且节约支护体系费用,在许多深基坑工程中采用环梁体系作内支撑,而地下结构的施工多采用"逆施法"或"逆支正施法"。逆施法是指先做围护结构,再浇筑地下室顶板,然后地上、地下部分同时进行施工,地下部分采用从上向下挖一层土,做一层结构的施工方法。逆支正施法是指支撑体系从上向下做,而后从底板开始从下向上逐层进行地下结构施工。这两种方法所用的围护结构多采用地下连续墙,在土方开挖时,基坑顶面位移均较小。

④ 简易式支撑〔见图1-39(e)、(f)〕。

对于较浅的基坑(槽)或管沟,可采用先挖土后支撑的方法,对不稳定土体(易滑动部分)进行支护,可大大减少支护费用,但土方开挖量有所增加。

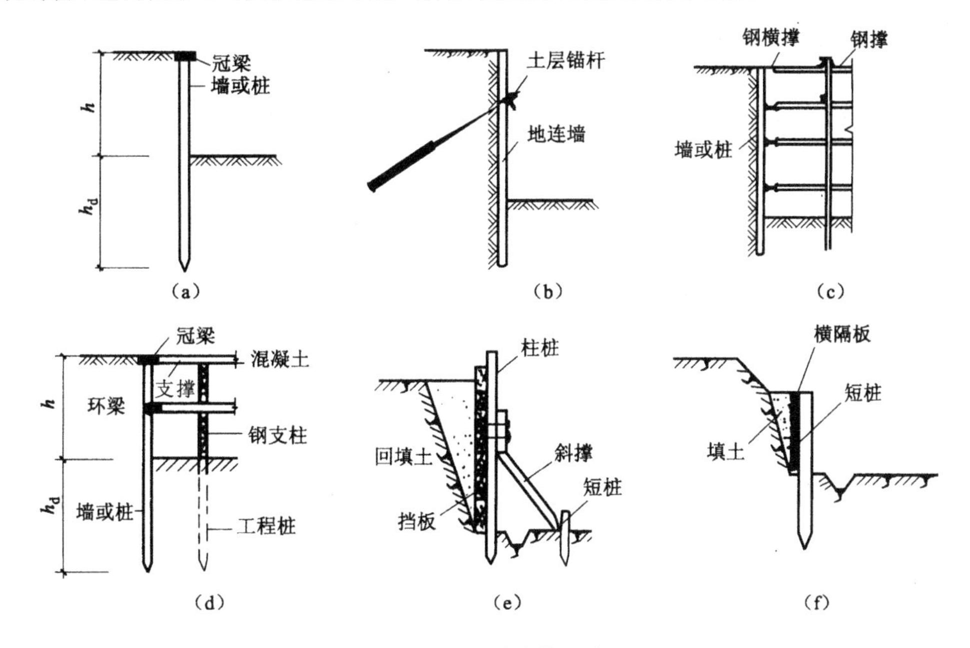

图1-39　各种支护形式

(a)悬臂式支护结构;(b)拉锚式支护体系;(c)、(d)内撑式支护体系;(e)、(f)简易式支撑

2) 支护结构体系的计算

支护结构的计算主要分两部分:即围护结构计算和撑锚结构计算。围护结构计算主要是确定挡墙(桩)的入土深度、截面尺寸、间距和配筋;撑锚结构计算主要是确定撑锚结构的受力状况、截面尺寸、配筋和构造措施。需验算的内容有:边坡的整体抗滑移稳定性;基坑(槽)底部土体隆起、回弹和抗管涌稳定性。

支护结构的计算方法有平面计算法和空间计算法,无论哪种方法均需利用专用程序进行,目前我国的计算已发展为空间计算法。

1.3.4 土方开挖机械和方法

在土方开挖之前应根据工程结构形式、开挖深度、地质条件、气候条件、周围环境、施工工期和地面荷载等有关资料,确定土方开挖和地下水控制施工方案。

基坑(槽)及管沟开挖方案的内容主要包括:确定支护结构的龄期,选择挖土机械,确定开挖时间、分层开挖深度及开挖顺序、坡道位置和车辆进出场道路,制定降排水措施,安排施工进度和劳动组织,制定监测方案、质量和安全措施,以及制订土方开挖对周围建筑物和构筑物需采取的保护措施等。土方开挖常采用的挖土机械有推土机、铲运机、单斗挖土机、多斗挖土机、装载机等。

1. 主要挖土机械及其施工

1) 推土机施工

推土机由动力机械和工作部件两部分组成,其动力机械是拖拉机,工作部件是安装在动力机械前面的推土铲。推土机的行走方式有轮胎式和履带式两种,铲刀的操纵机构也有索式和液压式两种。索式推土机的铲刀借助本身自重切入土中,在硬土中切土深度较小;液压式推土机采用油压操纵,能使铲刀强制切入土中,其切入深度较大。

推土机的特点是操纵灵活、运转方便、所需工作面小、行驶速度快、易于转移、能爬30°左右的缓坡。它主要适用于平整挖土深度不大的场地,铲除腐殖土并推到附近的弃土区,开挖深度不大于1.5 m的基坑(槽),回填基坑(槽)、管沟,推筑高度1.5m内的堤坝、路基,平整其他机械卸置的土堆,推送松散的硬土、岩石和冻土,配合铲运机、挖土机工作等,其推运距离宜在100 m以内,以40～60 m效率最高。

推土机的生产效率主要取决于推土铲刀推移土壤的体积及切土、推土、回程等工作循环时间。为此可采用顺地面坡度下坡推土,2～3台推土机并列推土(两台并列可增加推土量15%～30%),分批集中一次推送(多刀送土),槽形推土(可增加10%～30%的推土量)等方法来提高生产效率。如推运较松的土壤且运距较大时,还可以在铲刀两侧加挡土板。

2) 铲运机施工

铲运机由牵引机械和铲斗组成。按行走方式分为牵引式铲运机和自行式铲运机;按铲斗操纵系统分为液压操纵和机械操纵两种。

铲运机的特点是能综合完成挖土、运土、平土和填土等全部土方施工工序，对行驶道路要求较低，操纵简单灵活、运转方便，生产效率高。在土方工程中铲运机常应用于大面积场地平整，开挖大型基坑、沟槽以及填筑路基、堤坝等；最宜于铲运场地地形起伏不大、坡度在20°以内的大面积场地，土的含水量不超过27%的松土和普通土，平均运距在1 km以内，特别在600 m以内的挖运土方；不适于在砾石层和冻土地带及沼泽区工作。

铲运机的开行路线对提高生产效率影响很大，应根据挖填区的分布情况、具体条件，选择合理的开行路线。工程实践中，铲运机的开行路线常采用以下几种。

(1) 环行路线

对于施工地段较短，地形起伏不大的挖、填工程，适宜采用环形路线〔见图1-40(a)、(b)〕。当挖方和填方交替，而挖填之间距离又较短时，则可采用大环形路线〔见图1-40(c)〕。大环形路线的优点是一次循环能完成多次铲土和卸土，从而减少了铲运机的转弯次数，提高了工作效率。

(2) 8字形路线

在地形起伏较大、施工地段狭长的情况下，宜采用8字形路线〔见图1-40(d)〕，它适用于填筑路基、场地平整工程。

铲运机在坡地行走或工作时，上下纵坡不宜超过25°，横坡不宜超过6°，不能在陡坡上急转弯，工作时应避免转弯铲土，以免铲刀受力不均引起翻车事故。

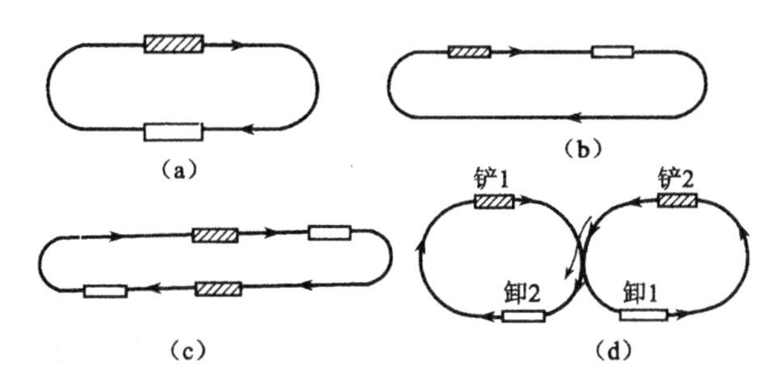

图1-40 铲运机开行路线

(a)、(b)环形路线；(c)大环形路线；(d)8字形路线

铲土；卸土

3) 单斗挖土机施工

单斗挖土机是大型基坑(槽)管沟开挖中最常用的一种土方机械。根据其工作装置的不同，分为正铲、反铲、抓铲和拉铲四种。常用斗容量为0.5～2.0 m³。根据操纵方式，分为液压传动和机械传动两种。在土木工程中，单斗挖土机更换装置后还可以进行装卸、起重、打桩等作业，是土方工程施工中不可缺少的机械设备。

(1) 正铲挖土机

① 正铲挖土机的工作特点、性能及适用范围。

正铲挖土机挖掘能力大，生产效率高。它的工作特点是“前进向上，强制切土”，宜于开挖停机平面以上一类至四类土。正铲挖土机需与汽车配合完成挖运任务。

在开挖基坑(槽)及管沟时,要通过坡道进入地面以下挖土(坡道坡度为1∶8左右),并要求停机面干燥,因此挖土前必须做好排水工作。其机身能回转360°,动臂可升降,斗柄可以伸缩,铲斗可以转动,图1-41所示为正铲液压挖土机的简图及工作状态。

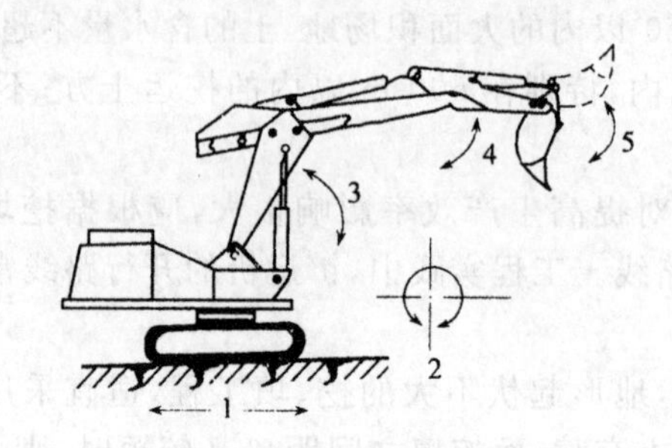

图1-41 单斗液压挖土机的主要工作状态

1—行走;2—回转;3—动臂升降;4—斗柄伸缩;5—铲斗转动

② 正铲挖土机挖卸土方式。

根据挖土机与运输工具的相对位置不同,正铲挖土机挖土和卸土的方式有以下两种。

a. 正向挖土、侧向卸土。挖土机向前进方向挖土,运输工具在挖土机一侧开行、装土〔见图1-42(a)〕,二者可不在同一工作面上,即运输工具可停在挖土机平面上或高于停机平面。这种开挖方式,卸土时挖土机旋转角度小于90°,提高了挖土效率,可避免汽车倒开和转弯多的缺点,因而在施工中常采用此法。

b. 正向挖土、后方卸土。挖土机向前进方向挖土,运输工具停在挖土机的后面装土〔见图1-42(b)〕,二者在同一工作面上,即在挖土机的工作平面内。这种开挖方式挖土高度较大,但由于卸土时必须旋转较大角度,且运输车辆要倒车开入,影响挖土机生产率,故只宜用于基坑(槽)宽度较小,而开挖深度较大的情况。

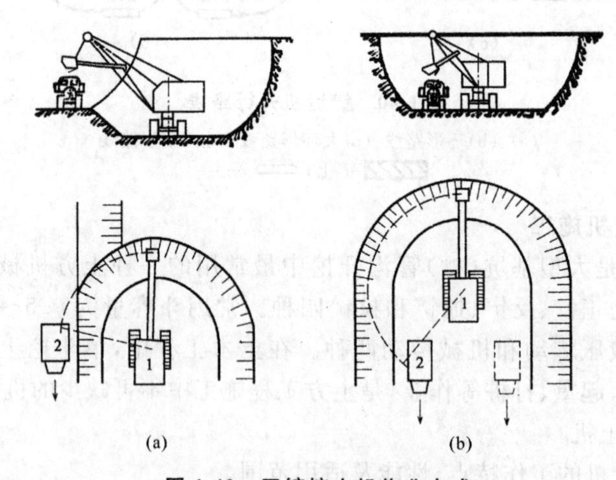

图1-42 正铲挖土机作业方式

(a)正向挖土、侧向卸土;(b)正向挖土、后方卸土

1—正铲挖土机;2—自卸汽车

（2）反铲挖土机

① 反铲挖土机的工作特点、性能及适用范围。

反铲挖土机的工作特点是："后退向下，强制切土"，用于开挖停机平面以下的一类至三类土，不需设置进出口通道。它适用于开挖基坑、基槽和管沟，有地下水的土或泥泞土。一次开挖深度取决于挖土机的最大挖掘深度等技术参数。

表1-10和图1-43为液压反铲挖土机的主要性能及工作尺寸。

表1-10 液压反铲挖土机的主要性能

技术参数	符号	单位	W2-40	W4-60
铲斗容量	Q	m^3	0.4	0.6
最大挖土半径	R	m	7.03	7.3
最大挖土高度	h	m	3.74	3.7
最大挖土深度	H	m	5.98	6.4
最大卸土高度	H_1	m	4.52	4.7

② 反铲挖土机的开行方式。

反铲挖土机的开行方式有沟端开行和沟侧开行两种。

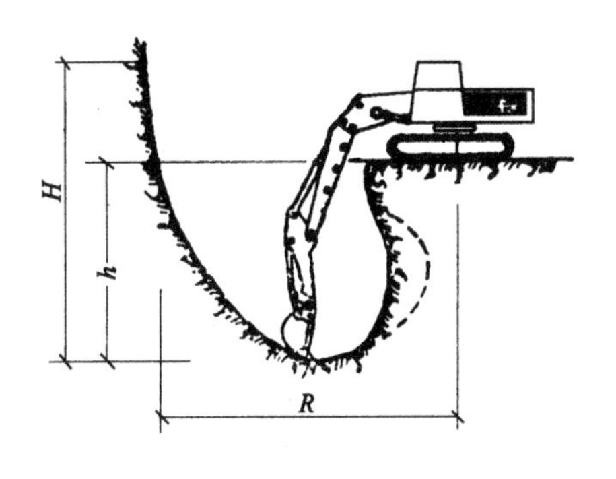

图1-43 液压反铲挖土机工作尺寸

a. 沟端开行〔见图1-44(a)〕。挖土机在基坑（槽）或管沟的一端，向后倒退挖土，开行方向与开挖方向一致，汽车停在两侧装土。其优点是挖土方便，挖土宽度和深度较大，单面装土时宽度为1.3R，两面装土时为1.7R。深度可达最大挖土深度H。当基坑（槽）宽度超过1.7R时，可分次开行或"之"字形路线开挖；当开挖大面积的基坑时，可分段开挖或多机同挖；当开挖深槽时，可采用分段分层开挖。

b. 沟侧开行〔见图1-44(b)〕。挖土机在基坑（槽）一侧挖土、开行。由于挖土机移动方向与挖土方向垂直，所以其稳定性较差，挖土宽度和深度也较小，且不能很好地控制边坡。但当土方需要就近堆放在坑（沟）旁时，此法可将土弃于距坑（沟）较远的地方。

（3）拉铲挖土机

拉铲挖土机的工作特点是"后退向下，自重切土"，用于开挖停机面以下的一、二类土。它工作装置简单，可直接由起重机改装，铲斗悬挂在钢丝绳下而不需刚性斗柄，土斗借自重使斗齿切入土中。其开挖深度和宽度均较大，常用于开挖大型基坑、沟槽和水下挖土等。与反铲挖土机相比，拉铲的挖土深度、挖土半径和卸土半径均较大，但开挖的精确性差，且大多将土弃于土堆，如需卸在运输工具上，则操作技术要求高，且效率降低。

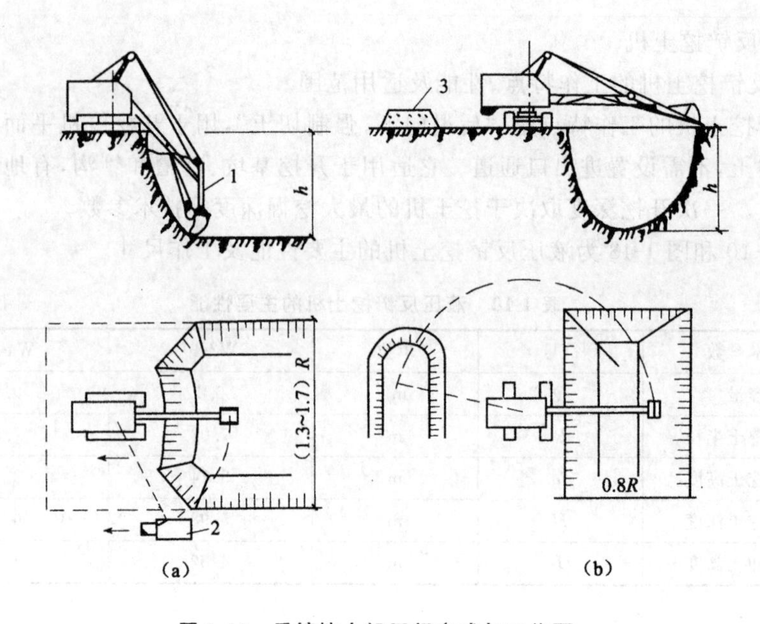

图 1-44　反铲挖土机开行方式与工作面

(a)沟端开行；(b)沟侧开行

1—反铲挖土机；2—自卸汽车；3—弃土堆

拉铲挖土机的开行路线与反铲挖土机开行路线相同(见图 1-45)。

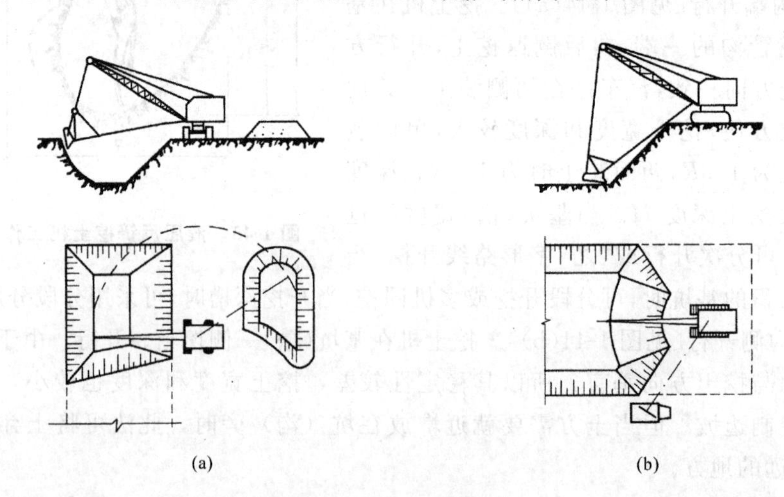

图 1-45　拉铲开行方式

(a)沟侧开行；(b)沟端开行

(4) 抓铲挖土机

抓铲挖土机是在挖土机臂端用钢索或吊杆安装一抓斗，也可由履带式起重机改装。它可用以挖掘一、二类土，宜用于挖掘独立柱基的基坑(见图 1-46)、沉井及开挖面积较小、深度较大的沟槽或基坑，特别适宜于水下挖土。

2. 土方开挖机械的选择

土方开挖机械的选择主要是确定其类型、型号、台数。挖土机械的类型是根据土方开挖类型、工程量、地质条件及挖土机的适用范围而确定的，再根据开挖场地条件、周围环境及工期等确定其型号、台数和配套汽车数量。

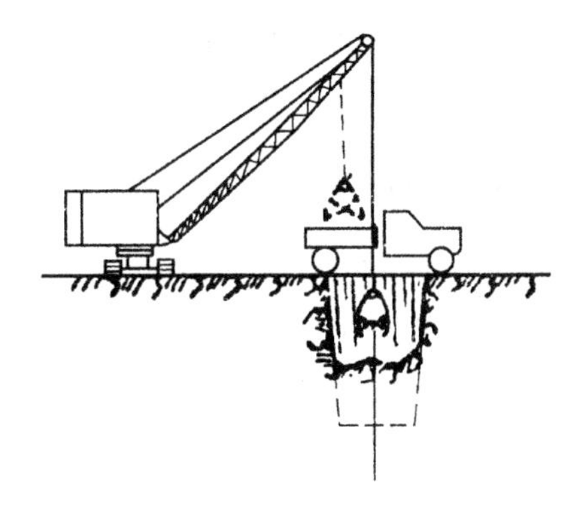

图1-46 抓铲开挖柱基基坑

3. 土方开挖的一般要求

① 土方工程施工前，应对原有地下管线情况进行调查，并事先进行妥善处理，以防止出现触电、煤气泄漏等安全事故或造成停水、停电等事故。

② 土方开挖之前，应检查在基坑或沟槽外所设置的龙门板、轴线控制点有无位移现象，并根据设计图纸校核基础轴线的位置、尺寸及龙门板标高等。

③ 土方开挖应连续进行，并尽快完成。施工时在基坑周围的地面上应进行防水、排水处理，严防雨水等地面水浸入基坑周边土体，亦应防止地面水流入基坑引起塌方或地基土遭到破坏。

④ 开挖基坑(槽)时，若土方量不大，应有计划地堆置在现场，满足基坑(槽)回填土及室内填土的需要。若有余土则应考虑好弃土地点，并及时将土运走，避免二次倒运。开挖出的土方堆置，应距离坑(槽)边在0.8 m以外，且不应超过设计荷载，以免影响施工或造成坑(槽)土壁坍塌、边坡滑移。

⑤ 在开挖过程中，应对土质情况、边坡坡度、地下水位和标高等的变化作定时测量，做好记录，以便随时分析与处理。挖土时不得碰撞或损伤支护结构及降水设施。

⑥ 土方开挖时应防止附近已有建筑物、构筑物、道路、管线等发生下沉和变形。必要时应与设计单位或建设单位协商采取防护措施(如支护)，并在施工中进行沉降和位移等监测，即采用“信息化施工”方法。

⑦ 在开挖基坑(槽)和管沟时，不得扰动地基土而破坏土体结构，降低其承载力。使用推土机、铲运机施工时，可在规定标高以上保留150～200 mm土层不挖；使用正铲、反铲及拉铲挖土机施工时，可保留200～300 mm原土层不挖。所保留土层将在基础施工前由人工铲除，如果基坑(槽)和管沟的深度较大，人工运土困难时，可在机械挖土时铲除，但施工人员必须注意安全。基础垫层应马上施工，避免地基土暴露时间过长，影响地基土的性能。如果人工挖土后不能立即进行基础施工或铺设管道时，可保留150～300 mm的土暂不挖，待下道工序开始前挖除。

⑧ 在土方开挖过程中，若发现古墓及文物等，要保护好现场，并立即通知文物管理部门，经查看处理后方可继续施工。

⑨ 在滑坡地段挖土时，不宜在雨期施工，应尽量遵循先整治后开挖的施工程序，

做好地面上、下的排水工作,严禁在滑坡体上部弃土或堆放材料。为了安全尽量在旱季开挖,并加强支撑。

1.3.5 基坑验槽

基坑(槽)挖至设计标高并清理好后,施工单位必须会同勘察、设计单位和建设单位(或监理单位)共同进行验槽,合格后才能进行基础工程施工。

验槽方法主要以施工经验观察法为主,而对于基底以下的土层不可见部位,要先辅以钎探法配合共同完成。

1. 钎探法

钎探法是用锤将钢钎打入坑底以下的土层内一定深度,根据锤击次数和入土难易程度来判断土的软硬情况及有无墓穴、枯井、土洞、软弱下卧土层等。对钎探出的问题应进行地基处理(详见 1.5 节所述),以免造成建筑物或构筑物的不均匀沉降。钢钎的打入分人工和机械两种。钎探应按下列要求进行。

① 打钎前应根据基坑(槽)平面图,绘制钎探点平面布置图并依次编号。

② 按钎探点顺序号进行钎探施工。

③ 打钎时,同一工程应钎径一致、锤重一致、用力(落距)一致。每贯入 30 cm(通常称为一步),记录一次锤击数,打钎深度为 2.1 m。每打完一个孔,填入钎探记录表内。最后整理成钎探记录。

④ 打钎完成后,要从上而下逐"步"分析钎探记录情况,再横向分析各钎点相互之间的锤击次数,将锤击次数过多或过少的钎点,在钎探点平面图上加以圈注,以备到现场重点检查。

⑤ 钎探后的孔要用砂灌实。

2. 观察法

观察法是根据施工经验对基槽进行现场实际观察,观察的主要内容如下。

① 根据设计图纸检查基坑(槽)开挖的平面位置、尺寸、槽底标高是否符合设计要求。

② 仔细观察槽壁、槽底的土质类别、均匀程度,是否存在异常土质情况,验证基槽底部土质是否与勘察报告相符;观察土的含水量情况,是否过干或过湿;观察槽底土质结构是否被人为破坏。

③ 检查基槽边坡是否稳定,并检查基槽边坡外缘与附近建筑物的距离,分析基坑开挖对建筑物稳定是否有影响。

④ 检查基槽内是否有旧建筑物基础、古墓、洞穴、枯井、地下掩埋物及地下人防设施等。如存在上述情况,应沿其走向进行追踪,查明其在基槽内的范围、延伸方向、长度、深度及宽度。

⑤ 检查、核实、分析钎探资料,对存在的异常点位进行复核检查。

⑥ 验槽的重点应选择在柱基、墙角、承重墙下或其他受力较大的部位。

验槽中若发现有与设计不相符的地质情况，应会同勘察、设计等有关单位制订处理方案。

1.4 土方填筑与压实

1.4.1 填方土料的选择

土壤是由矿物颗粒、水、气体组成的三相体系。其特点是分散性较大，颗粒之间没有较强的连接，水容易浸入，在外力作用下或自然条件下遭受浸水或冻融都会发生变形。因此，为了保证填土的强度和稳定性，必须正确选择土料和填筑方法。填方土料应符合设计要求，如设计无要求时，应符合下列规定。

① 碎石类土、砂土和爆破石碴(粒径不大于每层铺土厚的2/3)，可用于表层下的填料。

② 含水量符合压实要求的黏性土，可用做各层填料。

③ 碎块草皮和有机质含量大于8%的土，仅用于无压实要求的填方。

④ 淤泥和淤泥质土一般不能用做填料，但在软土地区，经过处理后含水量符合压实要求的，可用于填方中的次要部位。

⑤ 水溶性硫酸盐含量大于5%的土，不能用做填料，因为在地下水作用下，硫酸盐会逐渐溶解流失，形成孔洞，影响土的密实性。

⑥ 冻土、膨胀性土等不应作为填方土料。

1.4.2 填土压实方法

填土的压实方法一般有碾压法、夯实法和振动压实法(见图1-47)。

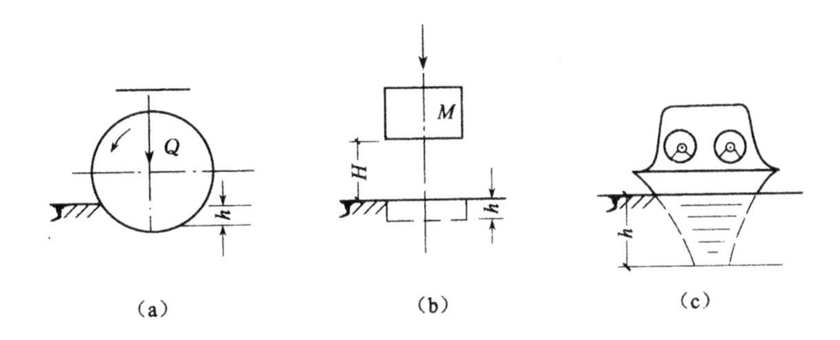

图1-47 填土压实方法

(a)碾压法；(b)夯实法；(c)振动法

1. 碾压法

碾压法是通过碾压机的自重压力，使一定深度范围内的土克服颗粒之间的黏结力和摩擦力而产生相对运动，并排出土空隙中的空气和水分而使填土密实。这种方法适用于大面积填土工程。碾压机械有平碾压路机、羊足碾等。平碾压路机又称光碾压路机,按重量等级分为轻型(3~5 t)、中型(6~10 t)和重型(12~15 t)三种,按其装置形式不同又分为单轮压路机、双轮压路机及三轮压路机等几种,它适用于压实砂类土和黏性土。羊足碾一般无动力,需拖拉机牵引,有单筒、双筒两种,由于它与土的接触面积小,故单位面积的压力较大,压实效果好,适用于压实黏性土。

采用碾压法施工时,在碾压机械碾压之前,宜先用轻型推土机推平,并低速预压4~5遍,使表面平实。碾压机压实时,应控制行驶速度,一般不超过2 km/h,并控制压实遍数。压实机械应与基础或管道保持一定的距离,防止将基础或管道压坏或产生位移。用平碾压路机压实一层后,应用人工或推土机将表面拉毛,土层表面太干时,应洒水湿润后再继续填土,以保证上、下层结合密实。

2. 夯实法

夯实法是利用夯锤自由下落的冲击力来夯实土壤。常用的夯实机械有蛙式打夯机、柴油打夯机等。这两种机械由于体积小、重量轻、操纵机动灵活、夯击能量大、夯实工效较高,在工程中广泛用于建筑(构筑)物的基坑(槽)和管沟的回填,以及各种零星分散、边角部位的小面积填土夯实。夯实法可用于夯实黏性土或非黏性土,对土质适应性较强。

采用夯实方法时也应在夯实前先将填土初步整平,然后按"一定方向、一夯压半夯、夯夯相接、行行相连、相邻两遍纵横交叉、分层夯实"的方法进行。

3. 振动压实法

振动压实法是通过振动压实机械来振动土颗粒,使土颗粒发生相对位移而达到紧密状态,用于振实非黏性土效果较好。常用的机械有平板振动器和振动压路机。平板振动器体形小、轻便、操作简单,但振实深度有限,适宜薄层回填土的振实以及薄层砂卵石、碎石垫层的振实。振动压路机是一种振动和碾压同时作用的高效能压实机械,适用于填料为爆破石碴、碎石类土、杂填土或粉土的大型填方工程。

1.4.3 影响填土压实效果的主要因素

影响填土压实效果的因素有内因和外因两方面。内因指土质和湿度;外因指压实功能及压实时的外界自然和人为的其他因素等。归纳起来主要有以下几方面。

1. 含水量的影响

土中含水量对压实效果的影响比较显著。当含水量较小时,由于颗粒间引力(包括毛细管压力)使土保持着比较疏松的状态或凝聚结构,土中孔隙大都互相连通,水少而气多,在一定的外部压实功能作用下,虽然土孔隙中气体易被排出,但由于水膜润滑作用不明显,土粒相对移动不容易,因此压实效果比较差;当含水量逐渐增大时,水膜变厚,引力缩小,水膜又起着润滑作用,外部压实功能比较容易使土粒移动,压实效果较佳;当土中含水量增加到一定程度后,在外部压实功的作用下,土的压实效果达到最佳,此时土中的含水量称为最佳含水量。在最佳含水量的情况下压实的土，水稳定性最好，土的密实度最大。土中含水量过大时，土体孔隙中出现了自由水，压实功能不能使气体排出，且部分压实功能被自由水所抵消，减小了有效压力，压实效果反而降低，易成橡皮土。由图1-48所示的土的干密度与含水量关系可以看出，对应于最佳含水量处曲线有一峰值，此处的干密度为最大，称为最大干密度 ρ_{dmax}。然而当含水量较小时土粒间引力较大，虽然干密度较小，但其强度可能比最佳含水量还要高。此时因其密实度较低，孔隙多，一经泡水，其强度会急剧下降。因此，工程中用干密度作为填方密实程度的技术指标，且取干密度最大时的含水量为最佳含水量，而不取强度最大时的含水量为最佳含水量。

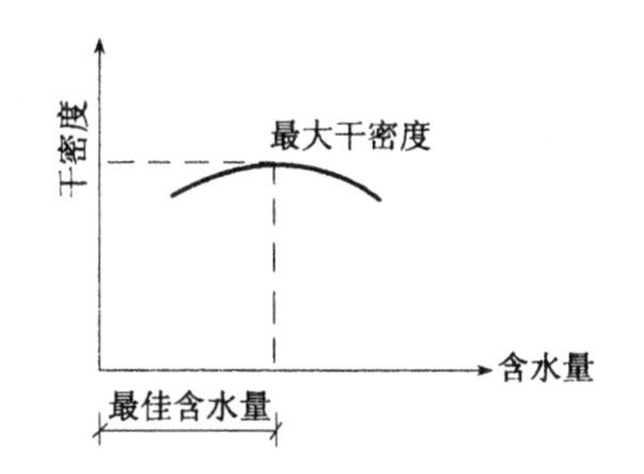

图1-48　土的干密度与含水量的关系

土在最佳含水量时的最大干密度，可由击实试验取得，也可查表1-11确定（仅供参考）。

表1-11　土的最佳含水量和最大干密度（供参考）

项　次	土的种类	最佳含水量(%)	最大干密度(t/m³)
1	砂土	8～12	1.80～1.88
2	粉土	16～22	1.61～1.80
3	粉质黏土	12～15	1.85～1.95
4	黏土	19～23	1.58～1.70

2. 压实功能的影响

压实功能指压实机具的作用力、碾压遍数或锤落高度、作用时间等对压实效果的影响，它是除含水量以外的另一重要因素。当土偏干时，增加压实功能对提高土的干密度影响较大，偏湿时则收效甚微。故对偏湿的土企图用加大压实功能的办法来提高土的密实度是不经济的；若土的含水量过大，此时增大压实功能就会出现“弹簧”现象。从图1-49可以看出，在土的含水量最佳的条件下，土方开始压实时，土的密度急剧增加，待到接近土的最大密度时，压实功虽然增加许多，但土的密度则不发生变化，如果压实功继续增加，将引起土体剪切破坏。所以，在实际施工时，应根据不同的土以及压实密度要求和不同的压实机械来决定压实的遍数（参见表1-12）。此外，松土不宜用重型碾压机直接滚压，否则土层会有强烈的起伏现象，效率不高；如先用轻碾压实，再用重碾就可取得较好效果。

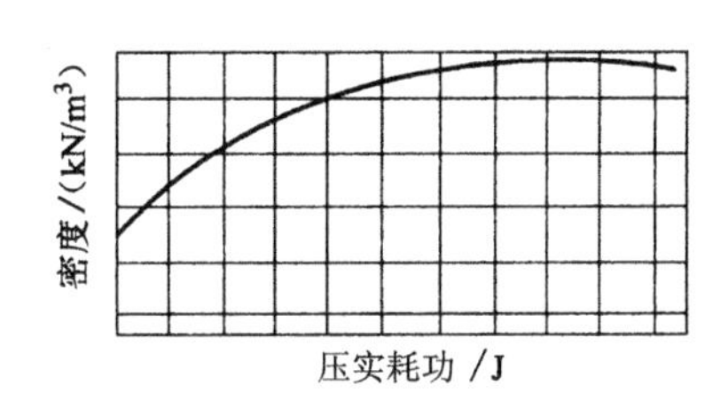

图1-49　土的密度与压实功能的关系

表 1-12　不同压实机械分层填土虚铺厚度及压实遍数

压实方法或压实机械	黏性土		砂　土	
	虚铺厚度(cm)	压实遍数	虚铺厚度(cm)	压实遍数
重型平碾(12 t)	25～30	4～6	30～40	4～6
中型平碾(8～12 t)	20～25	8～10	20～30	4～6
轻型平碾(<8 t)	15	8～12	20	6～10
蛙夯(200 kg)	25	3～4	30～40	8～10
人工夯(50～60 kg)	18～20	4～5		

3. 铺土厚度的影响

铺土厚度对压实效果有明显的影响。相同压实条件下(土质、湿度与功能不变),由实测不同深度土层的密实度得知,密实度随深度递减,表层 50 mm 最高,如图 1-50 所示。如果铺土过厚,下部土体所受压实作用力小于土体本身的黏结力和摩擦力,土颗粒不能相互移动,无论压多少遍,填方也不能被压实;如果铺土过薄,下层土体则会因压实次数过多而受剪切破坏。最优的铺土厚度应是能使填方压实而机械的功耗费又最小。不同压实机械的有效压实深度有所差异,根据压实机械类型、土质及填方压实的基本要求,每层铺筑的厚度有具体规定数值(见表 1-12)。

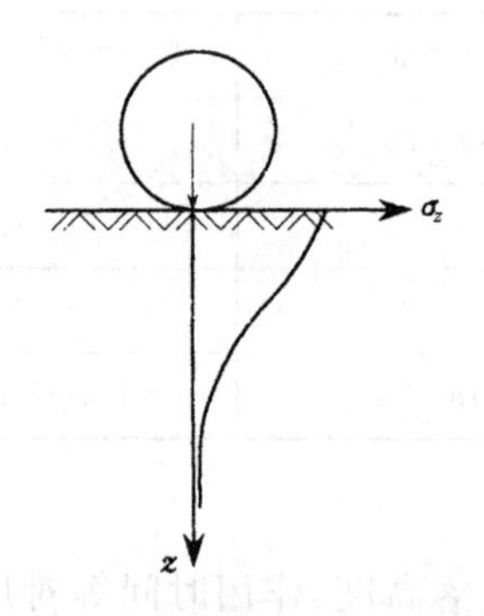

图 1-50　压实作用沿深度的变化

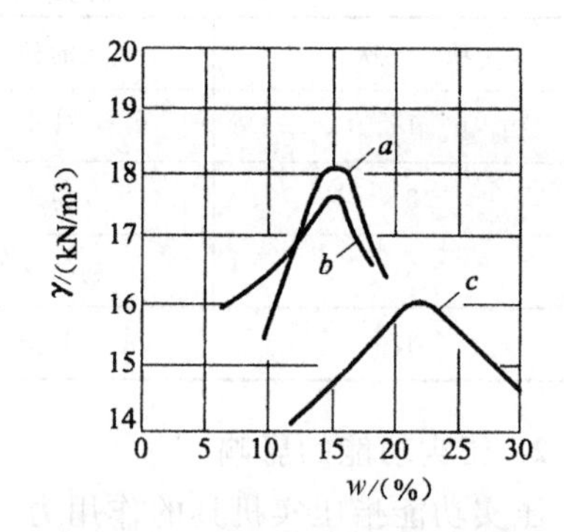

图 1-51　几种土质的压实曲线

a—粉质砂土;b—粉质黏土;c—黏土

4. 土质的影响

在一定压实功能作用下,含粗粒愈多的土,其最大干密度愈大,即随着粗粒土的增多,其击实曲线的峰点愈向左上方移动(见图 1-51)。施工时应根据不同土质,分别确定其最大干密度和最佳含水量。

1.4.4 填土压实的一般要求

① 填土应从最低处开始分层进行,每层铺填厚度和压实遍数应根据所采用的压实机具及土的种类而定。

② 同一填方工程应尽量采用同类土填筑,并宜控制土的含水率在最优含水量范围内。如采用不同类土填筑时,必须按类分层铺筑,应将渗透系数大的土层置于渗

透系数较小的土层之下。若已将渗透系数较小的土填筑在下层，则在填筑上层渗透系数较大的土层之前，应将两层结合面做成中央高、四周低的弧面排水坡度或设置盲沟，以免填土内形成水囊。因此，绝不能将各种土混杂一起填筑。

③ 在地形起伏之处，应做好接槎，修筑1∶2阶梯形边坡，每台阶可取高50 cm、宽100 cm。分段填筑时每层接缝处应做成大于1∶1.5的斜坡，碾迹重叠0.5～1.0 m，上下层错缝距离不应小于1 m。接缝部位不得在基础墙角、柱墩等重要部位。

④ 填土层如有地下水或滞水时，应在四周设置排水沟和集水井，将水位降低；已填好的土如遭水浸，应把稀泥铲除后，方能进行下一道工序；填土区应保持一定横坡，或中间稍高两边稍低，以利排水。

⑤在基坑(槽)回填土方时，应在基础的相对两侧或四周同时进行填筑与夯实，以免挤压基础引起开裂。在回填管沟时，应用人工先在管子周围填土夯实，并从管道两边同时进行，直至管顶0.5 m以上，在不损坏管道的情况下，方可采用机械填土夯实。

⑥ 填方应预留一定的下沉高度，以备在行车、堆重或干湿交替等自然因素作用下，土体逐渐沉落密实。预留沉降量应根据工程性质、填方高度、填料种类、压实系数和地基情况等因素确定。当土方用机械分层夯实时，其预留下沉高度，以填方高度的百分数计，对砂土为1.5%，对粉质黏土为3%～3.5%。

⑦ 当天填土应在当天压实，避免填土干燥或被雨水、施工用水浸泡。

1.4.5 填土压实的质量要求

填土压实的质量要求主要是压实后的密实度要求，密实度要求以压实系数λ_c表示。压实系数λ_c是土的施工控制干密度ρ_d与土的最大干密度ρ_{dmax}的比值。压实系数一般由设计人员根据工程结构性质、填土部位以及土的性质确定，如一般场地平整压实系数λ_c为0.9左右，地基填土为0.91～0.97。

土的最大干密度ρ_{dmax}由试验室击实试验确定，当无试验资料时，可按下式计算

$$\rho_{dmax}=\eta\frac{\rho_w d_s}{1+0.01\omega_{op}d_s} \tag{1-46}$$

式中　η——经验系数，对于黏土取0.95，粉质黏土取0.96，粉土取0.97；

ρ_w——水的密度(g/cm^3)；

d_s——土粒相对密度；

ω_{op}——土的最佳含水量(%)，可按当地经验或取ω_p+2(ω_p为土的塑限)，或参考表1-11取值。

施工中，根据土的最大干密度ρ_{dmax}和设计要求的压实系数λ_c，即可求得填土的施工控制干密度ρ_d之值。

填土压实后的实际干密度ρ_0可采用环刀法取样测定。其取样组数为：基坑回填每20～50 m^{3}取样一组，基槽和管沟回填每层按长度20～50 m取样一组，室内填土

每层按 100～500 m^2 取样一组，场地平整填方每层按 400～900 m^2 取样一组。取样部位一般应在每层压实后的下半部。先称量出土样的湿密度并测出含水量，然后按式(1-47)计算土的实际干密度 ρ_0

$$\rho_0=\frac{\rho}{1+0.01\omega} \tag{1-47}$$

式中 ρ——土的湿密度(g/cm^3)；

ω——土的含水量(%)。

如果按上式计算得土的实际干密度 $\rho_0 \geqslant \rho_d$(施工控制干密度)，则表明压实合格；若 $\rho_0 < \rho_d$，则压实不够。工程中所检查的实际干密度 ρ_0，应有 90%以上符合要求，其余 10%的最低值与控制干密度 ρ_d 之差不得大于 0.08 g/cm^3，且其取样位置应分散，不得集中。否则应采取补救措施，提高填土的密实度，以保证填方的质量。

1.5 地基处理

当结构物的天然地基可能发生下述情况之一或其中几个时，都必须对地基土采用适当的加固或改良措施，提高地基土的承载力，保证地基稳定，减少结构物的沉降或不均匀沉降。

①强度和稳定性问题。即当地基的抗剪强度不能承担上部结构的自重及外荷载时，地基将会产生局部或整体剪切破坏。

②压缩及不均匀沉降问题。当地基在上部结构的自重及外荷载作用下产生过大的变形时，会影响其上部结构的正常使用。沉降量较大时，不均匀沉降也比较大；当超过结构所能容许的不均匀沉降时，结构可能开裂破坏。

③地下水流失及潜蚀和管涌问题。

④动力荷载作用下土的液化、失稳和震陷问题。

地基处理的方法很多，按其处理原理分类和各方法适用范围见表 1-13。

表 1-13　地基处理方法分类及适用范围

<table>
<tr><th>序号</th><th>地基处理方法</th><th>地基处理原理</th><th colspan="2">施工方法</th><th>适用范围</th></tr>
<tr><td rowspan="8">1</td><td rowspan="8">排水固结法</td><td rowspan="8">软黏性土地基在荷载作用下，土中孔隙水排出，孔隙比减小，地基固结变形，超静水压力消散，土的有效应力增大，地基土强度提高</td><td colspan="2">堆载预压法</td><td>软黏土地基</td></tr>
<tr><td rowspan="3">砂井法</td><td>袋装砂井</td><td rowspan="4">透水性低的软弱黏性土地基</td></tr>
<tr><td>塑料排水板</td></tr>
<tr><td>塑料管</td></tr>
<tr><td colspan="2">砂井堆载预压法</td></tr>
<tr><td colspan="2">降低地下水位法</td><td>饱和粉细砂地基</td></tr>
<tr><td colspan="2">真空预压法</td><td>软黏土地基</td></tr>
<tr><td colspan="2">电渗法</td><td>饱和软黏土地基</td></tr>
</table>

续表

序号	地基处理方法	地基处理原理	施工方法	适用范围
2	振动挤密法	采用一定的手段，通过振动、挤压使地基土体孔隙比减小，强度提高	表面压实法	浅层疏松黏性土、松散砂性土、湿陷性黄土及杂填土地基
			重锤夯实法	高于地下水位0.8 m以上稍湿的黏性土、砂土、湿陷性黄土、杂填土和分层填土地基
			强夯法	碎石土、砂土、低饱和度的黏性土、粉土、湿陷性黄土及填土地基的深层加固
			振冲、挤密法	松散的砂性土、小于0.005 mm的黏粒含量＜10％
			灰土挤密桩	地下水位以上、天然含水量12％～25％、厚度5～15 m的素填土、杂填土、湿陷性黄土以及含水率较大的软弱地基
			砂石桩	松散砂土、素填土和杂填土地基
			水泥粉煤灰碎石桩（CFG桩）	黏性土、粉土、砂土和已自重固结的素填土；对淤泥质土应按地区经验或通过现场试验确定其适用性
3	置换及拌入法	以砂、碎石等材料置换软弱地基，或在部分土体内掺入水泥、石灰等形成加固体，与未加固部分形成复合地基，从而提高地基承载力，减小压缩量	换土垫层法	软弱的浅层地基处理
			高压旋喷注浆法	淤泥、淤泥质土、流塑、软塑或可塑黏性土、粉土、砂土、黄土、素填土和碎石土地基
			深层搅拌桩	加固较深较厚的淤泥、淤泥质土、粉土和承载力不大于0.12 MPa的饱和黏土及软黏土、沼泽地带的泥炭土等地基
			振冲置换法（碎石桩）	软弱黏性土地基
			石灰桩	
4	灌浆法	用气压、液压或电化学原理把某些能固化的浆液注入各种介质的裂缝或孔隙，以改善地基物理力学性质	渗入灌浆法	砂及砂砾、湿陷性黄土、黏性土地基
			劈裂灌浆法	
			压密灌浆法	
			电动化学灌浆	
5	加筋法	通过在土层中埋设强度较大的土工聚合物、拉筋、受力杆件等，达到提高地基承载力、减少沉降的目的	土工合成材料法	软弱地基或用做反滤层、排水和隔离材料
			土钉墙	地下水位以上或经人工降低地下水位后的人工填土、黏性土和弱胶结砂土地基
			加筋土	人工填筑的砂性土地基
6	冷热处理法	通过人工冷却，使地基冻结；或在软弱黏性土地基的钻孔中加热，通过焙烧使周围地基减少含水量，提高强度，减少压缩性	冻结法	饱和的砂土或软黏性土层中的临时性措施
			浇结法	—

1.5.1 换土垫层法

当建筑物基础下的持力层比较软弱,不能满足上部荷载对地基的要求时,常采用换土垫层法来处理软弱地基。换土垫层法是先将基础底面以下一定范围内的软弱土层挖去,然后回填强度较高、压缩性较低、并且没有侵蚀性的材料,如中粗砂、碎石或卵石、灰土、素土、石屑、矿渣等,再分层夯实后作为地基的持力层。换土垫层按其回填的材料可分为灰土垫层、砂垫层以及碎(砂)石垫层等。

1. 灰土垫层

灰土垫层是将基础底面下一定范围的软弱土层挖去,用按一定体积比配合的石灰和黏性土拌和均匀后在最优含水量情况下分层回填夯实或压实而成。它适用于地下水位较低,基槽经常处于较干燥状态下的一般黏性土地基的加固。

2. 砂垫层和砂石垫层

砂垫层和砂石垫层是将基础下面一定厚度软弱土层挖除,然后用强度较高的砂或碎石等回填,并经分层夯实至密实,作为地基的持力层,以起到提高地基承载力、减少沉降、加速软弱土层排水固结、防止冻胀和消除膨胀土的胀缩等作用。

施工前应将坑(槽)底浮土清除,且保证边坡稳定,防止塌方。槽底和两侧如有孔洞、沟、井和墓穴等,应在未做垫层前加以处理。施工中应按回填要求进行。

1.5.2 夯实地基法

1. 重锤夯实法

重锤夯实法是用起重机械将夯锤提升到一定高度时,利用自由下落的冲击能重复夯打击实基土表面,使其形成一层比较密实的硬壳层,从而使地基得到加固。

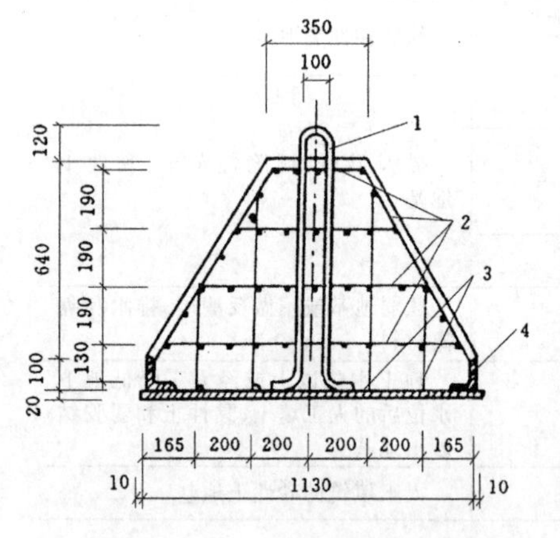

图 1-52 1.5 t 钢筋混凝土夯锤

1—吊环,ϕ 30;2—钢筋网,ϕ 8 网格 100×100;3—锚钉,ϕ 10;4—角钢 100×100×10

1) 重锤夯实设备

重锤夯实使用的起重设备采用带有摩擦式卷扬机的起重机。夯锤形状为一截头圆锥体(见图 1-52),可用 C20 钢筋混凝土制作,其底部可采用 20 mm 厚钢板,以使重心降低。锤底直径一般为0.7～1.5 m,锤重不小于1.5 t。锤重与底面积的关系应符合锤重在底面上的单位静压力为150～200 kPa。

2) 重锤夯实技术要求

重锤夯实的效果与锤重、锤底直径、落距、夯实遍数和土的含水量有关。重锤夯实的影响深度大致相当于锤底直径。落距一般取 2.5～4.5 m。夯打遍数一般取 6～8 遍。

随着夯实遍数的增加，夯沉量逐渐减少。所以，任何工程在正式夯实前，应先进行试夯，确定夯实参数。

在试夯及地基夯实时，必须使土处在最优含水量范围，才能得到最好的夯实效果。基坑(槽)的夯实范围应大于基础底面，每边应比基础设计宽度加宽 0.3 m 以上，以便于底面边角夯打密实。基坑(槽)边坡应适当放缓。夯实前，坑(槽)底面应高出设计标高，预留土层的厚度可为试夯时的总夯沉量再加 50～100 mm。在大面积基坑或条形基槽内夯打时，应按一夯挨一夯的顺序进行。在一次循环中，同一夯位应连夯两击，下一循环的夯位应与前一循环错开 1/2 锤底直径(见图 1-53)，落锤应平稳，夯位应准确。在独立柱基基坑内夯打时，一般采用先周边后中间或先外后里的跳夯法进行(见图 1-54)。夯实完后应将基坑(槽)表面修整至设计标高。

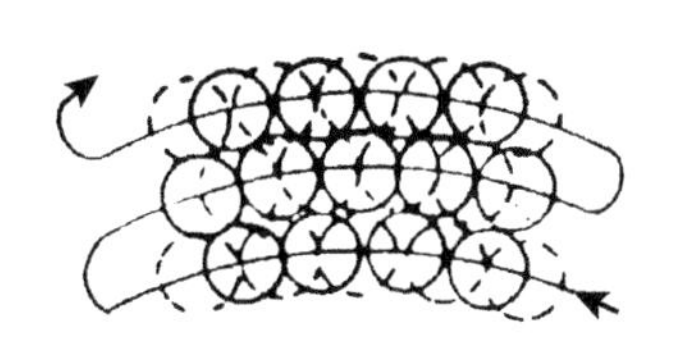

图 1-53　相邻两层夯位搭接示意图

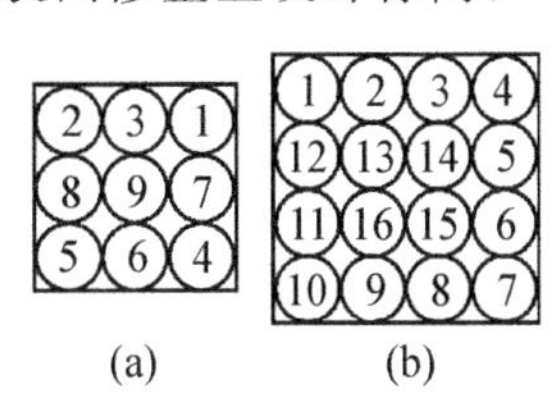

图 1-54　夯打顺序

(a)先外后里跳打法；(b)先周边后中间打法

重锤夯实后应检查施工记录，除应符合试夯最后两遍的平均夯沉量的规定外，并应检查基坑(槽)表面的总夯沉量，以不小于试夯总夯沉量的 90%为合格。

2. 强夯法

强夯法是用起重机械将重锤(一般 10～40 t)吊起从高处(一般 6～30 m)自由落下，对地基反复进行强力夯实的地基处理方法。强夯所产生的振动和噪声很大，对周围建筑物和其他设施有影响，在城市中心不宜采用，必要时应采取挖防震沟(沟深要超过建筑物基础深)等防震、隔振措施。

1）强夯机具设备

强夯法的主要设备包括夯锤、起重设备、脱钩装置等。

(1) 夯锤

夯锤可用钢材制作，或用钢板为外壳、内部焊接骨架后灌注混凝土制成。夯锤底面为方形或圆形(见图 1-55)。锤底面积宜按土的性质确定，锤底接地静压力值可取 25～40 kPa，对于细颗粒土锤底接地静压力宜取较小值。夯锤的底面宜对称设置若干个与其顶面贯通的排气孔，孔径可取 250～300 mm。

(2) 起重机械

宜选用起重能力 15 t 以上的履带式起重机或其他专用起重设备，但必须满足夯锤起吊重量和提升高度的要求，并均需设安全装置，防止夯击时臂杆后仰。

(3) 自动脱钩装置

要求有足够强度，起吊时不产生滑钩；脱钩灵活，能保持夯锤平稳下落；挂钩方

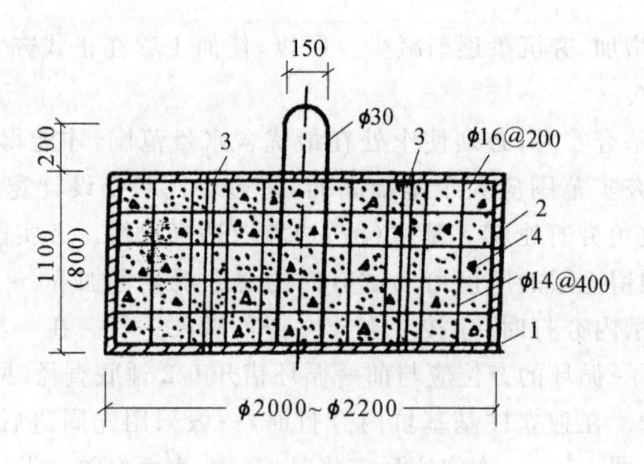

图 1-55　12 t 钢筋混凝土夯锤

1—钢底板，厚 30 mm；2—钢外壳，厚 18 mm；
3—φ 159×5 钢管 6 个；4—C30 钢筋混凝土，钢筋用 A_3F

便、迅速。

(4) 检测设备

检测设备包括标准贯入度、静力触探或轻便触探等设备以及土工常规试验仪器。

2) 施工工艺和技术要求

(1) 工艺流程

场地平整→布置夯位→机械就位→夯锤起吊至预定高度→夯锤自由下落→按设计要求重复夯击→低能量夯实表层松土。

(2) 施工技术要求

强夯施工场地应平整并能承受夯击机械荷载，施工前必须清除所有障碍物及地下管线。

强夯机械必须符合夯锤起吊重量和提升高度要求，并设置安全装置，防止夯击时起重机臂杆在突然卸重时发生后倾和减小臂杆的振动。安全装置一般采用在臂杆的顶部用两根钢丝绳锚系到起重机前方的推土机上。不进行强夯施工时，推土机可作平整场地用。

强夯施工必须严格按照试验确定的技术参数进行控制。强夯时，首先应检验夯锤是否处于中心，若有偏心应采取在锤边焊钢板或增减混凝土等方法使其平衡，防止夯坑倾斜。夯击时，落锤应保持平稳，夯位要正确，如有错位或坑底倾斜度过大，应及时用砂土将坑整平，予以补夯后方可进行下一道工序。夯击深度应用水准仪测量控制，每夯击一遍后，应测量场地下沉量，然后用土将夯坑填平，方可进行下一遍夯实，施工平均下沉量必须符合设计要求。

对于淤泥及淤泥质土地基的强夯，通常采用开挖排水盲沟(盲沟的开挖深度、间距、方向等技术参数应根据现场水文、地质条件确定)，或在夯坑内回填粗骨料进行置换强夯。

强夯时会对地基及周围建筑物产生一定的振动，夯击点宜距现有建筑物 15 m 以上，如间距不足，可在夯点与建筑物之间开挖隔振沟带，其沟深要超过建筑物的基础深度，并有足够的长度，或把强夯场地包围起来。

施工完毕后应按《建筑地基基础工程施工质量验收规范》(GB 50202—2002)规定的项目和标准进行验收，验收合格后方可进行下一道工序的施工。

1.5.3 挤密桩施工法

1. 灰土挤密桩

灰土挤密桩是利用锤击将钢管打入土中，侧向挤密土体形成桩孔，将管拔出后，在桩孔中分层回填 2∶8 或 3∶7 灰土并夯实而成，它与桩间土共同组成复合地基承受上部荷载。

2. 砂石桩

砂桩和砂石桩统称砂石桩，是利用振动、冲击或水冲等方式在软弱地基中成孔后，再将砂或砂卵石(或砾石、碎石)挤压入土孔中，形成大直径的由砂或砂卵(碎)石所构成的密实桩体，以起到挤密周围土层、增加地基承载力的作用。

3. 水泥粉煤灰碎石桩

水泥粉煤灰碎石桩(Cement Fly-ash Gravel Pile)简称 CFG 桩，是近年发展起来的处理软弱地基的一种新方法。它是在碎石桩的基础上掺入适量石屑、粉煤灰和少量水泥，加水拌和后制成的具有一定强度的桩体。

1）主要施工机具设备

CFG 桩施工主要使用的机具设备有长螺旋钻机、振动沉拔管桩机或泥浆护壁成孔桩所采用的钻机和混合料输送泵。

2）材料和质量要求

(1) 水泥

根据工程特点、所处环境以及设计、施工的要求，可选用强度等级 32.5 以上的普通硅酸盐水泥。施工前，对所用水泥应检验其初终凝时间、安定性和强度，作为生产控制和进行配合比设计的依据，必要时应检验水泥的其他性能。

(2) 褥垫层材料

褥垫层材料宜用中砂、粗砂、碎石或级配砂石等，最大粒径不宜大于 30 mm；不宜选用卵石，卵石咬合力差，施工扰动容易使褥垫层厚度不均匀。

(3) 碎石、石屑、粉煤灰

碎石粒径为 20～50 mm，松散密度 1.39 t/m^3，杂质含量小于 5%；石屑粒径为 2.5～10 mm，松散密度 1.47 t/m^3，杂质含量小于 5%；粉煤灰应选用Ⅲ级或Ⅲ级以上等级粉煤灰。

3）施工工艺流程

CFG 桩复合地基技术采用的施工方法有长螺旋钻孔灌注成桩，振动沉管灌注成桩，长螺旋钻孔、管内泵压混合料灌注成桩等。

① 长螺旋钻孔灌注成桩工艺流程(见图 1-56 中非括号部分)。此方法适用于地下水位以上的黏性土、粉土、素填土、中等密实以上的砂土；长螺旋钻孔、管内泵压混

合料灌注成桩适用于黏性土、粉土、砂土以及对噪声或泥浆污染要求严格的场地。其工艺流程同长螺旋钻孔灌注成桩工艺流程。

② 振动沉管灌注成桩工艺流程(见图1-56中有括号部分)。此种方法适用于粉土、黏性土及素填土地基。

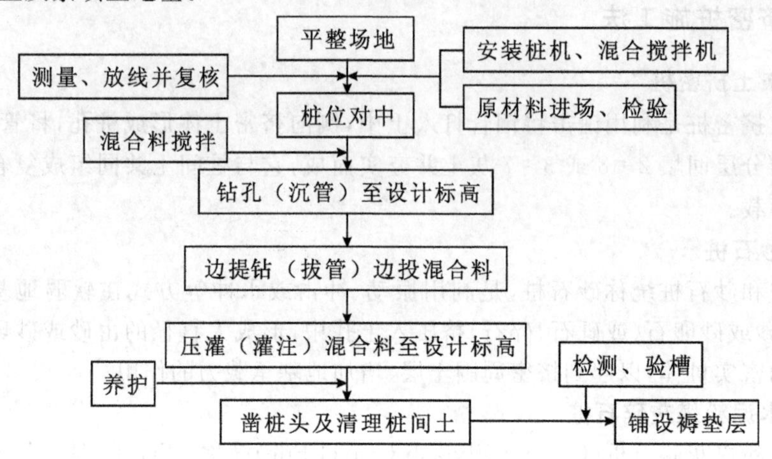

图1-56 长螺旋钻孔压灌成桩(振动沉管灌注成桩)施工流程

4) 施工技术要求

① 施工前应按设计要求由试验室进行配合比试验,施工时按配合比配制混合料。长螺旋钻孔、管内泵压混合料成桩施工的坍落度宜为160～200 mm,振动沉管灌注成桩施工的坍落度宜为30～50 mm,振动沉管灌注成桩后桩顶浮浆厚度应小于200 mm。

② 桩机就位后,应调整沉管与地面垂直,确保垂直度偏差不大于1%;对满堂布桩基础,桩位偏差不应大于0.4倍桩径;对条形布桩,桩位偏差不应大于0.25倍桩径;对单排布桩,桩位偏差不应大于60 mm。

③ 应控制钻孔或沉管入土深度,确保桩长偏差在±100 mm范围内。

④ 长螺旋钻孔、管内泵压混合料成桩施工在钻至设计深度后,应准确掌握提拔钻杆时间,混合料泵送量应与拔管速度相配合,遇到饱和砂土或饱和粉土层时,不得停泵待料;沉管灌注成桩施工拔管速度应宜均匀,宜控制在1.2～1.5 m/min,如遇淤泥土或淤泥质土,拔管速度可适当放慢。

⑤ 施工时,桩顶标高应高出设计标高,高出长度应根据桩距、布桩形式、现场地质条件和施打顺序等综合确定,一般不应小于0.5 m。

⑥ 成桩过程中,抽样做混合料试块,每台机械一天应做一组(3块)试块(边长150 mm立方体),标准养护,测定其立方体28 d的抗压强度。

⑦ 冬期施工时混合料入孔温度不得低于5℃,对桩头和桩间土应采取保温措施。

⑧ 施工完毕待桩体达到一定强度后(一般为3～7 d),方可进行土方开挖。挖至设计标高后,应清除桩间土,剔除多余的桩头。在清土和截桩时,不得造成桩顶标高以下桩身断裂和扰动桩间土。

⑨ 褥垫层厚度宜为150～300 mm，由设计确定。施工时虚铺厚度$h=\Delta H/\lambda$，其中λ为夯填度，一般取0.87～0.90。虚铺完成后宜采用静力压实法至设计厚度；当基础底面下桩间土的含水量较小时，也可采用动力夯实法。对较干的砂石材料，虚铺后可适当洒水再进行碾压或夯实。

1.5.4 深层搅拌法

深层搅拌法是利用水泥浆做固化剂，采用深层搅拌机在地基深部就地将软土和固化剂充分拌和，利用固化剂和软土发生一系列物理、化学反应，使之凝结成具有整体性、水稳性好和较高强度的水泥加固体。它可与天然地基形成竖向承载的复合地基，也可作为基坑工程中的围护挡墙、被动区加固、防渗帷幕以及大体积水泥稳定土等。加固体形状可分为柱状、壁状、格栅状或块状等。

1. 主要施工机具

深层搅拌法所用的施工机具主要有深层搅拌机、起重机、灰浆搅拌机、灰浆泵、冷却泵、机动翻斗车等。常用深层搅拌机主要性能见表1-14。

表1-14　常用深层搅拌机技术性能

功能项目	型号			
	SJB-1	SJB30	SJB40	GPP-5
电机功率(kW)	2×30	2×30	2×40	—
额定电流(A)	—	2×60	2×75	—
搅拌轴转数(r/min)	46	43	43	28、50、92
额定扭矩(N·m)	—	2×6400	2×8500	—
搅拌轴数量(根)	2	2	2	—
搅拌头距离(mm)	—	515	515	—
搅拌头直径(mm)	700～800	700	700	500
一次处理面积(m^2)	0.71～0.88	0.71	0.71	—
加固深度(m)	12	10～12	15～18	12.5
外形尺寸(主机)(mm)	—	950×482×1617	950×482×1737	4140×2230×15490
总重量(主机)(t)	4.5	2.25	2.45	—
最大送粉量(kg/min)	—	—	—	100
储料量(kg)	—	—	—	200
给料方式　叶轮压送式	—	—	—	—
送料管直径(mm)	—	—	—	50
最大送粉压力(MPa)	—	—	—	0.5
外形尺寸(主机)(m)	—	—	—	2.7×1.82×2.45

2. 对材料的要求

深层搅拌桩加固软土的固化剂可选用水泥，掺入量一般为加固土重的7%～15%，每加固1 m^3土体掺入水泥约110～160 kg。SJB-1型深层搅拌机还可用水泥砂浆作固化剂，其配合比为1∶1～1∶2(水泥∶砂)。为增强流动性，可掺入水泥重量0.20%～0.25%的木质素磺酸钙减水剂，另加1%的硫酸钠和2%的石膏以促进速凝、早强。水灰比为0.43～0.50,水泥砂浆稠度为11～14 cm。

3. 施工工艺与施工方法

1) 工艺流程

水泥土搅拌桩的施工程序为:地上(下)清障→深层搅拌机定位、调平→预搅下沉至设计加固深度→配制水泥浆(粉)→边喷浆(粉)边搅拌提升至预定的停浆(灰)面→重复搅拌下沉至设计加固深度→重复喷浆(粉)或仅搅拌、提升至预定的停浆(灰)面→关闭搅拌机、清洗→移至下一根桩。

2) 施工要点

① 施工时,先将深层搅拌机用钢丝绳吊挂在起重机上,用输浆胶管将储料罐、灰浆泵与深层搅拌机接通,开通电动机,借设备自重,以0.38～0.75 m/min的速度沉至要求的加固深度;再以0.3～0.5 m/min的均匀速度提起搅拌机,与此同时开动灰浆泵,将水泥浆从深层搅拌机中心管不断压入土中,由搅拌叶片将水泥浆与深层处的软土搅拌,边搅拌边喷浆直到提至设计标高停浆,即完成一次搅拌过程。用同法再一次重复搅拌下沉和重复搅拌喷浆上升,即完成一根柱状加固体。其外形呈8字形(轮廓尺寸:纵向最大为1.3 m,横向最大为0.8 m),一根接一根搭接,搭接宽度根据设计要求确定,一般宜大于200 mm,以增强其整体性,即形成壁状加固体。几个壁状加固体连成一片,即形成块状体。

② 搅拌桩的桩身垂直偏差不得超过1.5%,桩位的偏差不得大于50 mm,成桩直径和桩长不得小于设计值。当桩身强度及尺寸达不到设计要求时,可采用复喷的方法。搅拌次数以一次喷浆、二次搅拌或二次喷浆、二次搅拌为宜,且最后一次提升搅拌宜采用慢速提升。

③ 施工时设计停浆面一般应高出基础底面标高0.5 m,在基坑开挖时,应将高出的部分挖去。

④ 施工时若因故停喷浆,宜将搅拌机下沉至停浆点以下0.5 m,待恢复供浆时,再喷浆提升。若停机时间超过3 h,应清洗管路。

⑤ 壁状加固时,桩与桩的搭接时间不应大于24 h,如间歇时间过长,应采取钻孔留出榫头或局部补桩、注浆等措施。

⑥ 搅拌桩施工完毕应养护14 d以上才可开挖基坑。基底标高以上300 mm应采用人工开挖。

思 考 题

1-1 什么是土的可松性?土的最初及最终可松性系数如何确定?

1-2 什么是土的渗透性及渗透系数?

1-3 简述场地平整土方量的计算步骤与方法。

1-4 基坑及基槽、管沟土方量应如何计算?

1-5 什么是动水压力?流砂是怎样产生的?如何防治?

1-6　基坑降水方法有哪些？各适用什么范围？

1-7　试述集水井降水法的施工要点。

1-8　轻型井点设备由哪几部分组成？轻型井点系统的平面及高程如何布置？

1-9　如何判定轻型井点系统的井的类型？试述轻型井点系统的设计步骤和方法。

1-10　试分析土方边坡失稳的原因和预防措施。

1-11　土方边坡如何表示？什么是土方边坡系数？确定土方边坡大小时应考虑的因素有哪些？

1-12　试述基坑土壁支护的类型及应用范围。

1-13　单斗挖土机有哪几种类型？其工作特点及适用范围是什么？

1-14　正铲挖土机的作业方式有几种？如何选择？

1-15　反铲挖土机的作业方式有几种？如何选择？

1-16　土方开挖前应做哪些准备工作？土方开挖的一般要求有哪些？

1-17　试述基坑验槽的方法和内容。

1-18　土方填筑时如何选择土料？

1-19　填土压实方法有几种？分别适用什么情况？

1-20　影响填土压实质量的主要因素有哪些？并做出定性分析。

1-21　填土压实的一般要求有哪些？

1-22　地基处理的目的是什么？常用地基处理方法有哪些？

1-23　换土垫层法适用于处理哪些地基？

1-24　重锤夯实法与强夯法有何不同？

1-25　深层搅拌水泥土桩如何施工？适用于什么条件？

习　题

1-1　某建筑物基础下的垫层尺寸为 50 m×30 m，基坑深 3.0 m，场地土为Ⅱ类土。挖土时基底各边留有 0.8 m 的工作面(包括排水沟)，基坑周围允许四面放坡，边坡坡度应为 1∶0.75。试计算：

① 土方开挖工程量；

② 若室外地坪以下的混凝土垫层及基础体积共计 1500 m^3，其余空间用原土回填，应预留回填土(松散土)多少 m^3？

1-2　某建筑物外墙采用毛石基础，其截面尺寸如图 1-57 所示。地基土为黏性土，土方边坡坡度为 1∶0.33。已知土的可松性系数 $K_s=1.30$，$K_s'=1.05$。试计算每 50 m 长度基础施工时的土方挖方量。若留下回填土后，余土方要求全部运走，试计算预留回填土量及弃土量。

1-3　某建筑场地方格网如图 1-58 所示，方格网边长为 20 m，双向泄水 $i_x=i_y=3‰$，土质为黏性土。不考虑土的可松性影响，试根据挖填方平衡的原则，计算场地设计标高、各角点的施工高度及挖、填方总土方量。

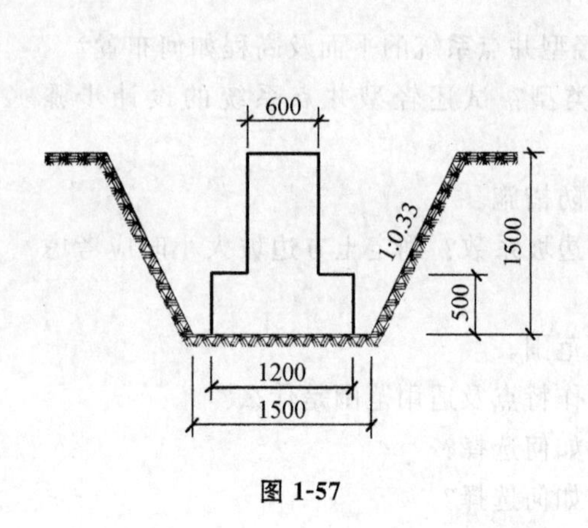

图 1-57

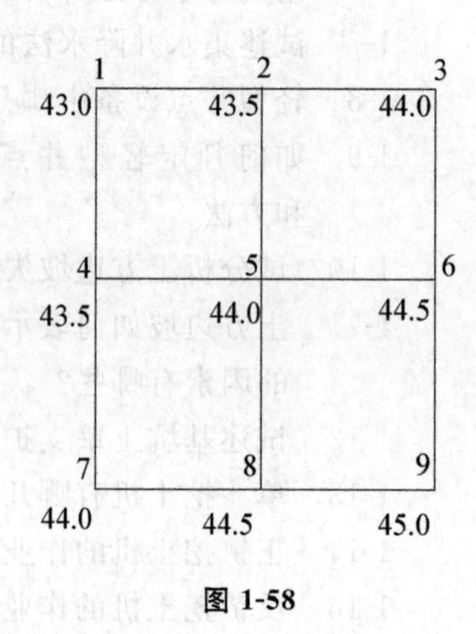

图 1-58

1-4 某工程地下室的平面尺寸为 49.5 m×10.2 m，自然地面标高为－0.30 m，地下水位为－1.8 m，垫层底部标高为－4.5 m，不透层顶标高为－11.5 m。地基土为较厚的细砂层，实测渗透系数 $K=5$ m/d。施工时要求基坑底部每边留出 0.5 m 的工作面，土方边坡坡度为1∶0.5。试选择轻型井点降水方案，并确定轻型井点的平面和高程布置、计算基坑总涌水量、确定井点管的数量和间距。

第2章　桩基础工程

【内容提要和学习要求】

① 钢筋混凝土预制桩施工：熟悉锤击沉桩的打桩顺序、打桩工艺、接桩和质量控制；熟悉静力压桩的施工；了解钢筋混凝土预制桩的制作、起吊、运输和堆放要求；了解锤击沉桩的设备；了解打桩对周围环境的影响及其防治；了解射水沉桩、振动沉桩的施工；了解预制桩施工常见的质量问题及处理方法。

② 灌注桩施工：掌握泥浆护壁成孔灌注桩的施工工艺流程和施工要点；掌握套管成孔灌注桩中锤击沉管法和振动沉管法的施工；熟悉以上两类灌注桩常见质量问题及处理；了解干作业成孔灌注桩施工和爆扩成孔灌注桩施工。

③ 大直径扩底灌注桩的施工：了解人工挖孔桩施工，了解桩孔扩底常用方法。

桩基础是土木工程通常采用的深基础形式，它由桩和承台（一般是低承台）组成。单就施工方法而言，桩分为预制桩和灌注桩两大类。

预制桩是在工厂或施工现场预制，然后运至桩位处，经锤击、静压、振动或水冲等工艺送桩入土就位，预制桩包括钢筋混凝土桩、木桩或钢桩等，桩基础中多采用钢筋混凝土桩。灌注桩是直接在设计桩位成孔，然后在孔内放入钢筋笼、灌注混凝土成桩，根据成孔方法不同，可分为钻孔、沉管成孔、挖孔及冲孔等工艺。工程中一般根据土层情况、周边环境状况及上部荷载大小等确定桩型与施工方法。

2.1 钢筋混凝土预制桩施工

钢筋混凝土预制桩能承受较大的荷载，沉降变形小，施工速度快，故在工程中被广泛应用。常用的有实心方桩和预应力管桩。实心方桩截面边长一般为 200～600 mm；单根桩的最大长度根据打桩架的高度而定，一般在 27 m 以内；如需打入 30 m以上的桩，则将桩预制成几段，在打桩过程中逐段接长。预应力管桩在工厂采用成套钢管胎膜用离心法生产，可大大减轻桩的自重；桩外径多为 400～500 mm，壁厚为 80～100 mm；每节桩长度为 8 m、10 m、12 m 不等；桩段之间可用焊接或法兰螺栓连接，首节桩底端可设桩尖，亦可开口。

本节着重介绍预制钢筋混凝土实心方桩的施工。

2.1.1 预制桩的制作、起吊、运输和堆放

钢筋混凝土预制桩的制作有并列法、间隔法、叠浇法、翻模法等，现场多采用叠

浇法、间隔法制作。制作程序如下:现场布置→场地平整→浇地坪混凝土→支模→绑扎钢筋,安装吊环→浇筑桩混凝土→养护至30%强度拆模→支上层模,涂刷隔离剂→重叠生产浇筑第2层桩→养护→起吊→运输→堆放。

桩的制作场地应平整、坚实,不得产生不均匀沉降。重叠浇筑层数不宜超过4层,水平方向可采用间隔法施工。桩与桩、桩与底模间应涂刷隔离剂,防止黏结。上层桩或邻桩的浇筑必须在下层桩或邻桩的混凝土达到设计强度的30%以后进行。

预制桩一般从通用图集中选取。纵向钢筋直径不宜小于14 mm,配筋率与沉桩方法有关:锤击沉桩不宜小于0.8%,静力压桩不宜小于0.4%。制作时桩的纵向钢筋宜对焊连接,接头位置应相互错开。桩尖一般用钢板或粗钢筋制作,与钢筋骨架焊牢。桩顶设置钢筋网片,上下两端一定范围内的箍筋应加密(见图2-1)。

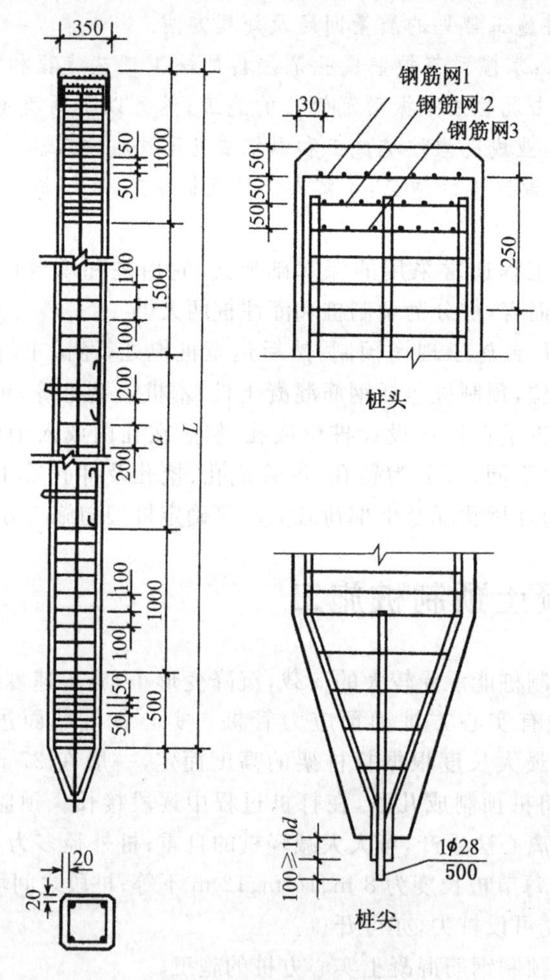

图2-1 预制桩构造示意

桩的混凝土强度等级不宜低于C30(静压法沉桩时不宜低于C20),混凝土浇筑时应由桩顶向桩尖连续浇筑,一次完成,不得中断。洒水养护时间不少于7 d。桩的制作偏差应符合有关规范要求。

当桩的混凝土达到设计强度的 70%后方可起吊，达到 100%后方可运输和打桩。如提前起吊，必须做强度和抗裂度验算，并采取相应的保证措施。由于桩的抗弯能力低，起吊弯矩往往是控制纵向钢筋的主要因素，因此吊点应符合设计规定，满足起吊弯矩最小（或正负弯矩相等）的原则（见图 2-2）。在起吊和搬运时必须做到平稳，不得损坏。如桩未设吊钩，捆绑钢丝绳与桩之间应加衬垫，以免损坏棱角。

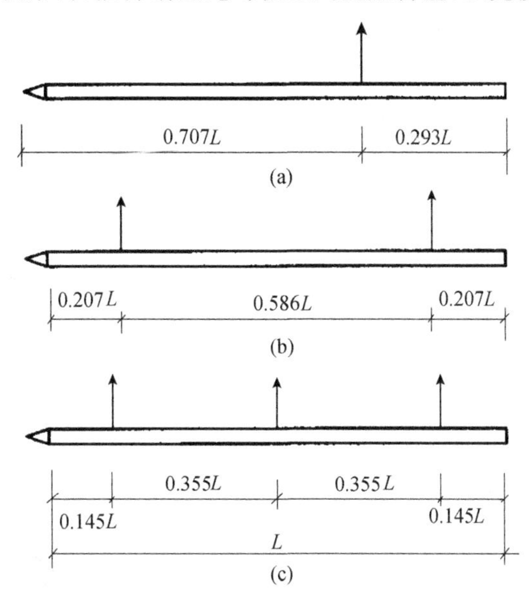

图 2-2　桩的合理吊点位置

（a）一点起吊；（b）二点起吊；（c）三点起吊

打桩前，桩从制作处运到现场以备打桩，可根据打桩顺序随打随运，尽可能避免二次搬运。对于桩的运输方式，在运距不大时，可直接用起重机吊运；当运距较大时，可采用大平板车或轻便轨道平台车运输。

桩堆放时，场地须平整、坚实、排水畅通。垫木间距应与吊点位置相同，各层垫木应位于同一垂直线上。堆放层数不宜超过 4 层；对不同规格、不同材质的桩应分别堆放。

2.1.2 预制桩沉桩

预制桩的沉桩方法有锤击法、振动法、静压法及水冲法等，其中以锤击法与静压法应用较多。

1. 锤击沉桩

1）打桩设备

打桩设备包括桩锤、桩架及动力装置三部分，选择时主要考虑桩锤与桩架。

（1）桩锤

桩锤是对桩施加冲击力、打桩入土的主要机具，有落锤、汽锤、柴油锤、液压锤等。

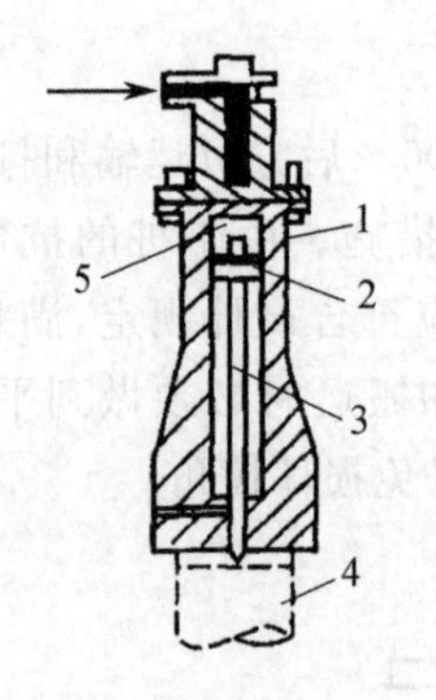

图 2-3　单动汽锤

1—汽缸；2—活塞；3—活塞杆；4—桩；5—活塞上部空腔

① 落锤。

落锤采用人力或卷扬机起吊桩锤，然后使其自由下落，利用锤的重力夯击桩顶，使之入土。落锤为铸铁块，质量0.5～2.0 t。其构造简单，使用方便，费用低，但施工速度慢，效率低，且桩顶易被打坏。落锤适用于施打小直径的钢筋混凝土预制桩或小型钢桩，在软土层中应用较多。

② 汽锤。

汽锤是以蒸汽或压缩空气为动力进行锤击，前者需要配备一套锅炉设备对桩锤外供蒸汽。根据其工作情况又可分为单动汽锤与双动汽锤。单动汽锤(见图 2-3)质量 1～15 t，常用为 3～10 t，冲击体只在上升时耗用动力，下降时依靠自重。单动汽锤冲击力较大，每分钟锤击数为 25～30 次，效率较高，可以施打各种类型的桩。双动汽锤(见图 2-4)质量一般为 1～7 t，其外壳(汽缸)固定在桩头上，锤在外壳内上下运动，冲击体的升降均由蒸汽或压缩空气推动。双动汽锤冲击次数多达每分钟 100～200 次，工作效率高，因此适宜打各种类型的桩，还可用于拔桩、打斜桩及水下打桩。

③ 柴油锤。

柴油锤(见图 2-5)是利用柴油燃烧爆炸，推动锤体往复运动打击桩体。柴油锤按构造分为筒式、活塞式和导杆式三种，重 0.3～10 t。其体积小、锤击能量大、打桩

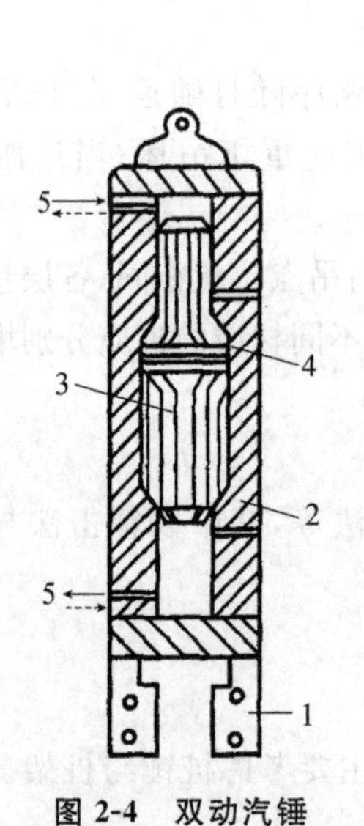

图 2-4　双动汽锤

1—桩帽；2—汽缸；3—活塞；4—活塞杆；5—进汽阀

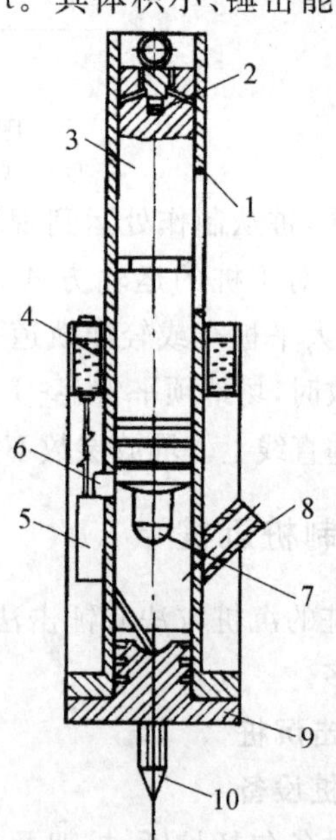

图 2-5　柴油锤构造示意

1—汽缸；2—油箱；3—活塞；4—储油箱；5—油泵；6—杠杆；7—环型头；8—接管；9—锤脚；10—顶尖

迅速，每分钟锤击次数约 40～80 次，施工效率高。柴油锤可用于各类型桩及各种土层，但不适于硬土和松软土作业。在过软的土中作业往往会由于贯入度过大，燃油不易爆发，桩锤不能反跳，造成工作循环中断。此外，由于振动、噪声、废气污染等公害，在城市中施工受到一定限制。

④ 液压锤。

液压锤分单作用液压锤和双作用液压锤。对于前者，冲击缸体通过液压装置提升后快速释放，自由下落打击桩体；对于后者，下落时以液压驱使下落，冲击缸体能获得更大加速度、更高的冲击速度与冲击能量，因此每一击能获得更大的贯入度。液压锤具有很好的工作性能，且无烟气污染，噪声较低，软土中启动性比柴油锤有很大改善。但其结构复杂，维修保养工作量大，价格高，且作业效率比柴油锤低。

用锤击沉桩时，选择桩锤是关键。一是锤的类型，二是锤的质量。锤击应有足够的冲击能量，锤重应大于或等于桩重。实践证明，当锤重为桩重的 1.5～2.0 倍时，效果比较理想。桩锤过重，易将桩打坏。桩锤过轻，锤击能量的很大一部分被桩身吸收，回跃严重。施工中多采用"重锤轻击"方法，落距小、频率高，不易产生回跃与桩头受损，桩容易入土。锤重可参考表 2-1 进行选择。

表 2-1　锤重选择参考

锤　　型			柴油锤(t)					
			2.0	2.5	3.5	4.5	6.0	7.2
锤的动力性能		冲击部分质量(t)	2.0	2.5	3.5	4.5	6.0	7.2
		总质量(t)	4.5	6.5	7.2	9.6	15.0	18.0
		冲击力(kN)	2000	2000～2500	2500～4000	4000～5000	5000～7000	7000～10000
		常用冲程(m)	1.8～2.3					
桩的截面尺寸		混凝土预制桩的边长或直径(cm)	25～35	35～40	40～45	45～50	50～55	55～60
		钢管桩直径(cm)	40			60	90	90～100
持力层	黏性土 粉　土	一般进入深度(m)	1.0～2.0	1.5～2.5	2.0～3.0	2.5～3.5	3.0～4.0	3.0～5.0
		静力触探比贯入阻力 P_s 平均值(MPa)	3	4	5	>5		
	砂　土	一般进入深度(m)	0.5～1.0	0.5～1.5	1.0～2.0	1.5～2.5	2.0～3.0	2.5～3.5
		标准贯入击数 N(未修正)	15～25	20～30	30～40	40～45	45～50	50
常用的控制贯入度(cm/10 击)			—	2～3	—	3～5	4～8	—
设计单位桩极限承载力(kN)			400～1200	800～1600	2500～4000	3000～5000	5000～7000	7000～1000

(2) 桩架

桩架的作用是支持桩身、悬吊桩锤、引导桩和桩锤的方向、保证桩的垂直度，还能起吊并小范围内移动桩。

① 桩架的种类。

按桩架的行走方式分类常有滚管式、履带式、轨道式及步履式等四种。

a. 滚管式桩架：依靠两根滚管在枕木上滚动及桩架在滚管上滑动完成其行走及

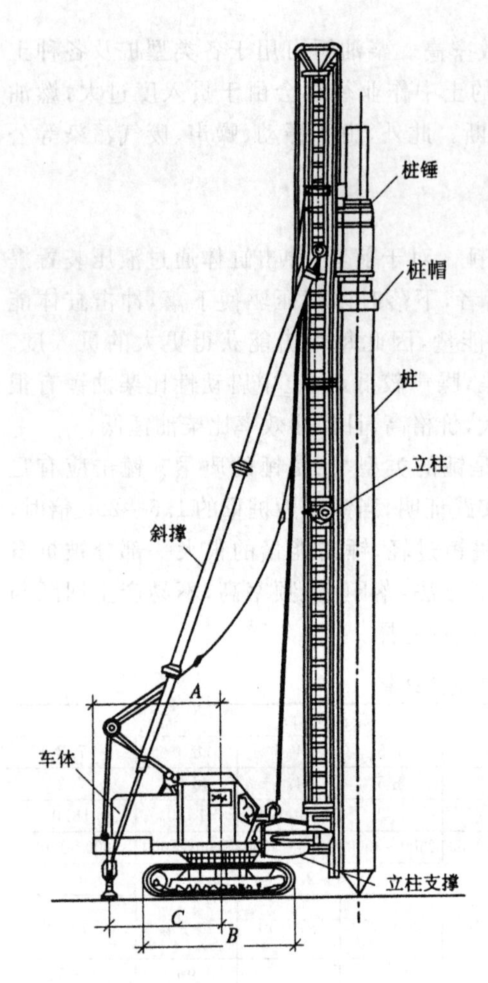

图 2-6　履带式打桩架构造示意

位移。这种桩架的优点是结构比较简单、制作容易、成本低，缺点是平面转向不灵活、操作复杂。

b. 履带式桩架：以履带式起重机为底盘，增加立杆与斜杆用以打桩（见图 2-6）。这种桩架具有垂直度调节灵活、稳定性好、装拆方便、行走迅速、适应性强、施工效率高等优点，适于各种预制桩和灌注桩施工，是目前常用的桩架之一。

c. 轨道式桩架：需设置轨道，采用多电机分别驱动、集中操纵控制。它能吊桩、吊锤、行走、回转移位，导杆能水平微调和倾斜打桩，并装有升降电梯为打桩人员提供良好的操作条件。但这种桩架只能沿轨道开行，机动性能较差，施工不方便。

d. 步履式桩架：通过两个可相对移动的底盘互为支撑、交替走步的方式前进，也可 360 度回转；它不需铺设轨道，移动就位方便，打桩效率高。

② 桩架的选择。

桩架的选择应考虑下述因素：

a. 桩的材料、桩的截面形状及尺寸大小、桩的长度及接桩方式；

b. 桩的数量、桩距及布置方式；

c. 桩锤的形式、尺寸及重量；

d. 现场施工条件、打桩作业空间及周边环境；

e. 施工工期及打桩速率要求。

桩架的高度必须适应施工要求，它一般等于桩长＋桩帽高度＋桩锤高度＋滑轮组高度＋起锤移位高度（取 1～2 m）。

2）打桩施工

打桩前应做好各种准备工作，包括清除障碍物、平整场地、定位放线、水电安装、安设桩机、确定合理打桩顺序等。桩基轴线定位点应设在打桩影响范围之外，水准点至少 2 个以上。依据定位轴线，将图上桩位一一定出，并编号记录在案。

(1) 打桩顺序

打桩顺序的合理与否，影响到打桩速度、打桩质量及周围环境。打桩顺序通常有由一侧向单一方向〔见图 2-7(a)〕、自中间向两个方向〔见图 2-7(b)〕、自中间向四周〔见图 2-7(c)〕等几种。打桩顺序的选择应结合地基土的挤压情况、桩距大小、桩机性能及工作特点、工期要求等因素综合确定。

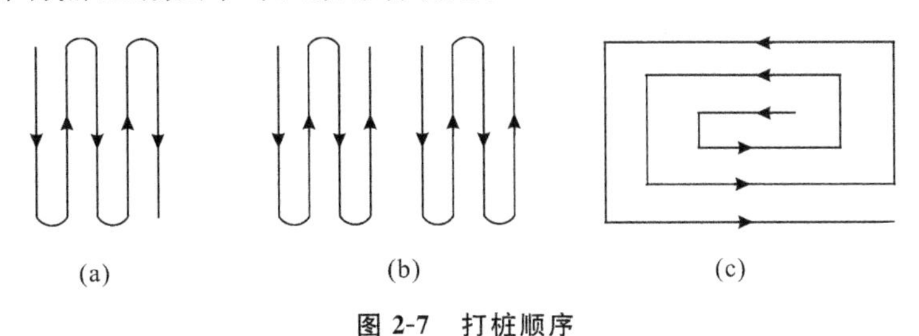

图 2-7　打桩顺序

(a)由一侧向单一方向；(b)自中间向两个方向；(c)自中间向四周

打桩将导致土壤挤压。当桩的中心距大于或等于 4 倍桩径或边长时，打桩顺序与土壤的挤压关系不大，打桩顺序可相对灵活。而当桩的中心距小于 4 倍桩径或边长时，土壤挤压不均匀的现象会很明显。此时，如采用由一侧向单一方向打桩，虽然桩机移动方便，作业效率高，但它会使土壤向一个方向挤压，使后续桩难以入土，出现多种问题，无法保证桩基质量。因此，对于密集群桩，应采用图 2-7(b)、(c)所示的两种打桩顺序。当施工区毗邻建筑物或地下管线时，应由被保护的一侧向另一方向施打，避免建筑物开裂或管线破裂。当基坑较大时，应将基坑划分为数段，并在各段范围内分别按上述顺序打桩。但各种情况下均不应采取自外向内、或自周边向中间的打桩顺序，以避免中间土体挤压过密，使后续桩难以打入，或虽勉强打入，但使邻桩侧移或上冒。

此外，根据桩的设计标高及规格，打桩时宜先深后浅、先大后小、先长后短，这样可以减小后施工的桩对先施工桩的影响。由于已打预制桩可能会留有一段在地面以上，影响了桩机的前进，因此，桩机移动一般是随打随后退。

(2) 打桩工艺

打桩施工是确保桩基工程质量的重要环节，主要工艺过程如下：场地准备→确定桩位→桩机就位→吊起桩锤和桩帽→吊桩和对位→校正垂直度→自重插桩入土→固定桩帽和桩锤→校正垂直度→打桩→接桩→送桩→截桩等。

桩架就位后即可吊桩，将桩垂直对准桩位中心，缓缓送下，插入土中。桩插入时垂直偏差不得超过 0.5%。然后固定桩帽和桩锤，使桩身、桩帽、桩锤在同一铅垂线上。在桩锤和桩帽之间应加弹性衬垫，一般可用硬木、麻袋、草垫等。桩帽或送桩管与桩周围应有 5～10 mm 的间隙，以防损伤桩顶。

打桩宜采用“重锤低击”的方式。刚开始时，桩重心较高，稳定性不好，落距应较小。待桩入土至一定深度(约 2 m)且稳定后，再按规定的落距连续锤击。打桩过程不宜中断，否则，土壤固结会致使桩难以打入。用落锤或单动汽锤打桩时，最大落距不宜大于 1 m；用柴油锤时，应使锤跳动正常。在打桩过程中，遇有贯入度剧变、桩身突然发生倾斜、位移或有严重回弹、桩顶或桩身出现严重裂缝或破碎等异常情况时，应暂停打桩，及时研究处理。

如桩顶标高低于自然地面，则需用送桩管将桩送入土中，桩身与送桩管的纵轴线应在同一直线上，拔出送桩管后，桩孔应及时回填或加盖。

在打桩过程中，应做好沉桩记录，以便工程验收。

(3) 接桩

预制桩的接长方法有焊接法、法兰接以及浆锚法三种。前两种桩可用于各类土层，浆锚法仅适用于软土层。

焊接法接桩目前应用最多，其节点构造如图 2-8 所示。接桩时，检查上下节桩垂直度无误后，先将四角点焊固定，然后应两人同时于对角对称施焊，防止不均匀焊接变形。焊缝应连续饱满，上、下桩段间如有空隙，应用铁片填实焊牢。接长后，桩中心线偏差不得大于 10 mm，节点弯曲矢高不得大于 1‰桩长。

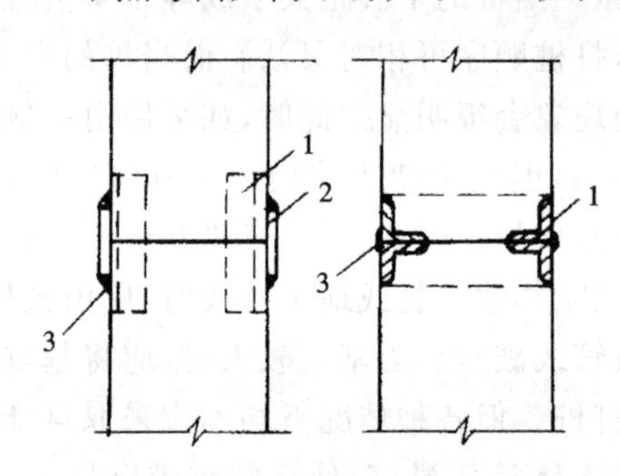

图 2-8　焊接法接桩节点构造

1—角钢与主盘焊接；2—钢板；3—焊缝

法兰接桩节点构造如图 2-9 所示，它是用法兰盘和螺栓联结，用于预应力管桩，接桩速度快。

浆锚法按桩节点构造如图 2-10 所示。上节桩预留锚筋、下节桩预留锚筋孔(孔径为锚筋的 2.5 倍)。接桩时，上下对正，将熔化的硫黄胶泥注满锚筋孔和接头平面，然后将上节桩落下即可。该法不利于抗震，一级建筑的桩基或承受上拔力的桩应谨慎选用。

(4) 打桩的质量控制

打桩的质量检查主要包括沉桩过程中每米进尺的锤击数、最后 1 m 锤击数、最后三阵贯入度以及桩尖标高、桩身垂直度和桩位。

打桩停锤的控制原则为：摩擦桩的入土深度控制，应以设计标高为主，最后贯入度(最后 3 阵，每阵 10 击的平均入土深度，前提条件是打桩作业居于正常)可作参考；对于端承桩，以最后贯入度控制为主，而桩端标高仅作参考；如贯入度已达到设计要求而桩端标高未达到要求时，应继续锤击 3 阵，按每阵 10 击的贯入度不大于设计规定的数值加以确认，必要时应通过实验或与有关单位会商确定。

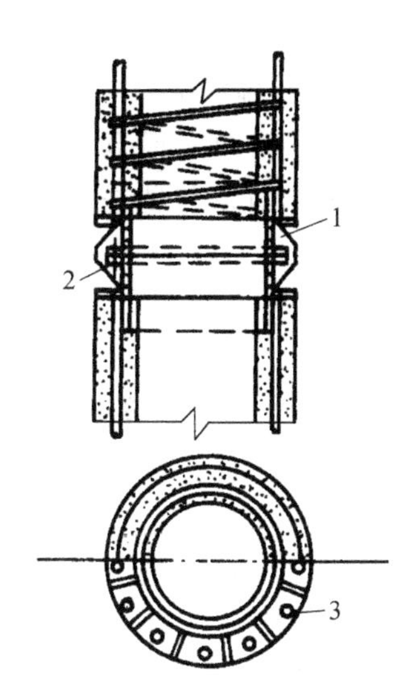

图 2-9　法兰接桩节点构造

1—法兰盘；2—螺栓；3—螺栓孔

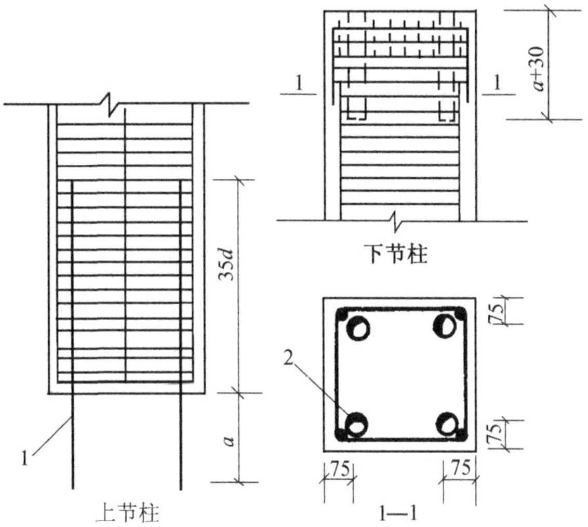

图 2-10　浆锚法接桩节点构造

1—锚筋；2—锚筋孔

桩的垂直偏差应控制在 1%之内；平面位置的允许偏差应根据桩的数量、位置和桩顶标高按有关规范的要求确定，单排桩约为 100～150 mm，多排桩约为 1/3～1/2 桩径或边长。

(5) 打桩对周围环境的影响及其防治

打桩施工时对周围环境产生的不良影响主要有挤土效应、打桩产生的噪声和振动等问题。对环境的不利影响必须认真对待，否则将导致工程事故、经济和社会问题。

① 挤土效应。

挤土效应是指在沉桩时土体中产生很高的超孔隙水压力和土压力，使之侧向位移和向上隆起，导致附近建筑物和市政管线发生变形，严重时甚至发生开裂或倾斜的严重事故。可采取的措施如下。

a. 采用预钻孔沉桩法可减少地基土变位 30%～50%，减少超孔隙压力值 40%～50%。孔深一般为 1/3～1/2 桩长，直径比桩径小 50～100 mm。

b. 设置袋装砂井或塑料排水板，以消除部分超孔隙水压力，减少挤土现象。袋装砂井的直径一般为 70～80 mm，间距 1～1.5 m，深度 10～12 m；塑料排水板的间距及深度与其类似。

c. 采用井点或集水井降水措施降低地下水位，减小超孔隙水压力。

d. 选择合理的打桩设备和打桩顺序，控制打桩速度以及采用先开挖基坑后沉桩的施工顺序。

e. 设置防挤防渗墙，可采用打钢板桩、地下连续墙等措施，结合基坑围护结构综合考虑。

② 打桩振动。

振动会导致相邻建筑物开裂、已沉桩上浮等危害，可采取的措施如下。

a. 在地面开挖防振防挤沟，能有效削弱振动的传播。防振沟一般宽 0.5～0.8 m，深度按沟边坡稳定考虑，宜超过被保护物的埋深，该方法可以与砂井排水等结合使用。

b. 在桩锤与桩顶之间加设特殊缓冲垫材或缓冲器。

c. 采用预钻孔法、水冲法、静压法相结合的施工工艺。

d. 设置减振壁(隔离板桩或地下连续墙)，壁厚为 500～600 mm，深度为 4～5 m，距沉桩区 5～15 m 处，减振效果显著，可减少振动 1/10～1/3。

③ 打桩噪声。

打桩噪声的危害取决于声压的大小，住宅区应控制在 70～75 dB，工商业区可控制在 70～80 dB。当沉桩区声压高于 80 dB 时，应采取如下防护措施，以减少噪声。

a. 控制噪声源，如选用适当的沉桩方法和设备，改进桩帽、垫材以及夹桩器。

b. 采用消声罩将桩锤封隔起来。

c. 采用遮挡防护，遮挡壁高度一般以 15 m 左右较为经济合理。

d. 时间控制防护，如午休和夜间停止沉桩，确保住宅区居民的正常生活和休息。

2. 静力压桩

静力压桩是利用桩机自重及配重来平衡沉桩阻力，在静压力的作用下将桩压入土中。由于施工中无振动、噪声和空气污染，故广泛应用于建筑物、地下管线较密集的地区，但它一般只适用于软弱土层。

静力压桩机分为机械式与液压式两种，前者只用于压桩，后者既能压桩也可拔桩。机械式压桩机如图 2-11 所示，是利用桩架自重和配重，通过滑轮组将桩压入土中，它由底盘、机架、动力装置等几部分组成，作业效率较低。液压式压桩机如图2-12所示，这种桩机采用液压传动，动力大，工作平稳，主要由桩架、液压夹桩器、动力设备及吊桩起重机等组成。压桩机作业时用起重机吊起桩体，通过液压夹桩器夹紧桩身并下压，沉桩入土。当夹桩器向上使力时，即可拔桩。

静力压桩一般分节进行，逐段接长。当第一节桩压入土中，其上端距地面 1 m 左右时将第二节桩接上，继续压入。压桩期间应尽量缩短停歇时间，否则土壤固结阻力大，致使桩压不下去。

3. 射水沉桩

射水沉桩是锤击沉桩的一种辅助方法。它利用高压水流从桩侧面或从空心桩内部的射水管中(见图 2-13)冲击桩尖附近土层，以减少沉桩阻力。施工时一般是边冲边打，在沉入至最后 1～2 m 时停止射水，用锤击沉桩至设计标高，以保证桩的承载力。此法适于砂土和碎石土。

4. 振动沉桩

振动沉桩是将桩与振动锤连接在一起(见图 2-14)，利用振动锤产生高频振动，

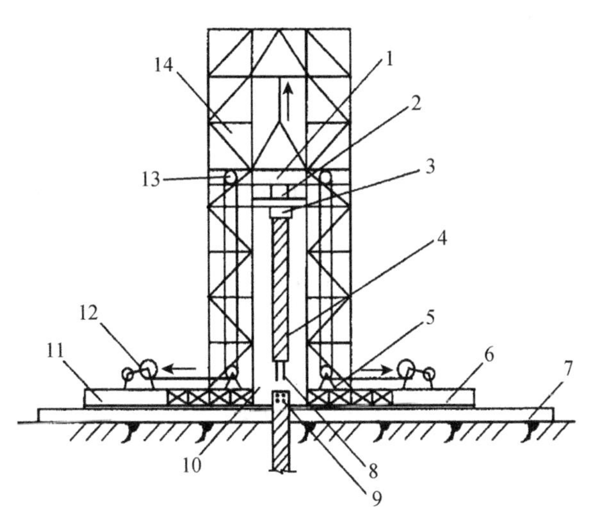

图 2-11　机械式压桩机

1—活动压梁；2—油压表；3—桩帽；
4—上段桩；5—配重；6—底盘；
7—轨道；8—预留锚筋；9—锚筋孔；
10—导笼口；11—操作平台；12—卷扬机；
13—滑轮组；14—桩架导向笼

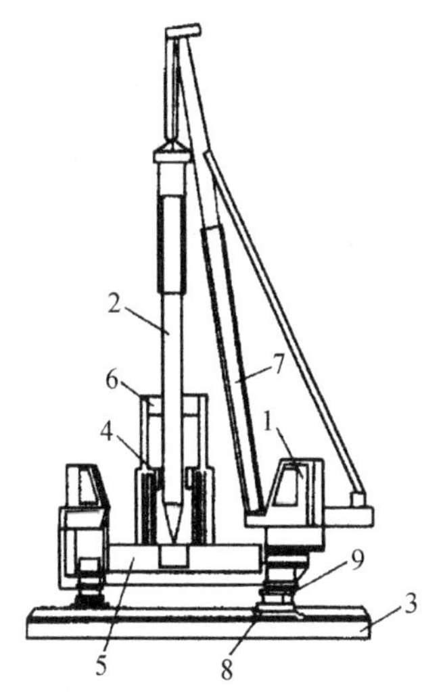

图 2-12　液压式压桩机

1—操作室；2—桩；3—支腿平台；
4—导向架；5—配重；6—夹持装置；
7—吊装拔杆；8—纵向行走装置；
9—横向行走装置

激振桩身并振动土体，使土的内摩擦角减小、强度降低而将桩沉入土中。

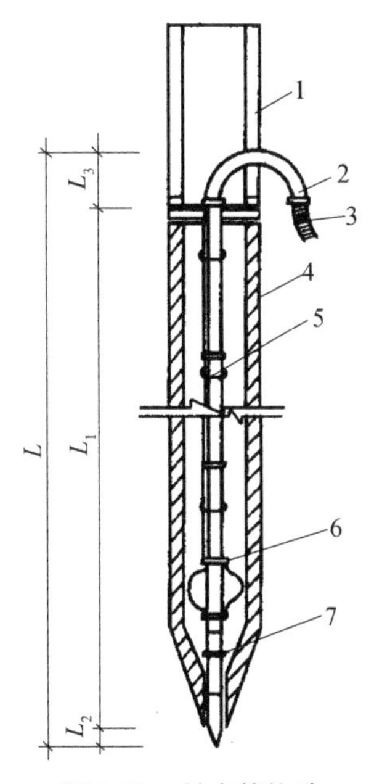

图 2-13　射水管构造

1—送桩管；2—弯管；3—胶管；4—桩管；
5—射水管；6—导向环；7—挡砂板

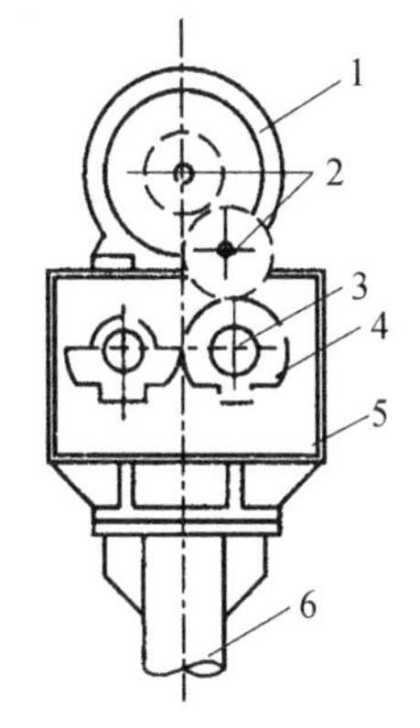

图 2-14　振动沉桩机

1—电动机；2—传动齿轮；3—轴；
4—偏心块；5—箱壳；6—桩

振动沉桩施工速度快、使用维修方便、费用低，但其耗电量大、噪声大。此法适用于软土、粉土、松砂等土层，在硬质土层中不易贯入。

2.1.3 预制桩常见的质量问题及处理

预制桩在施工中常遇到的问题有断桩、浮桩、滞桩、桩身扭转或位移、桩身倾斜或位移、桩急剧下沉等，其分析及处理方法可参考表2-2。

表2-2　预制桩沉桩常见问题的分析及处理

常见问题	主要原因	防止措施及处理方法
桩头打坏	桩头强度低，配筋不当，保护层过厚，桩顶不平；锤与桩不垂直有偏心，锤过轻，落锤过高，锤击过久，桩头所受冲击力不均匀；桩帽顶板变形过大，凹凸不平	严格按质量标准制作桩，加桩垫，垫平桩头；采用纠正垂直度或低锤慢击等措施；桩帽变形进行纠正
断桩	桩质量不符合设计要求；遇硬土层时锤击过度	加钢夹箍用螺栓拧紧后焊固补强；如已符合贯入度要求，可不处理
浮桩	软土中相邻桩沉桩的挤土上拔作用	将浮升量大的桩重新打入，如经静载荷试验不合格时需重打
滞桩	停打时间过长，打桩顺序不当；遇地下障碍物、坚硬土层或砂夹层	正确选择打桩顺序；用钻机钻透硬土层或障碍物，或边射水边打入
桩身扭转或位移	桩尖不对称，桩身不垂直	可用撬棍，慢锤低击纠正，偏差不大可不处理
桩身倾斜或位移	桩尖不正，桩头不平，桩帽与桩身不在同一直线上，桩距太近，邻桩打桩时土体挤压；遇横向障碍物压边，土层有陡的倾斜角	入土不深、偏差不大时，可用木架顶正，再慢锤打入纠正；偏差过大应拔出填砂重打或补桩；障碍物不深时，可挖除填砂重打或作补桩处理
桩急剧下沉	接头破裂或桩尖破裂，桩身弯曲或有严重的横向裂缝；落锤过高，接桩不垂直；遇软土层、土洞	加强沉桩前的检查；将桩拔出检查，改正重打或在靠近原桩位补桩处理
桩身跳动，桩锤回跃	桩身过曲，接桩过长，落锤过高；桩尖遇树根或坚硬土层	采取措施穿过或避开障碍物，换桩重打，如入土不深应拔起换位重打
接桩处松脱开裂	接桩处表面清理不干净，有杂质、油污；接桩铁件或法兰不平，有较大间隙；焊接不牢或螺栓拧不紧，硫黄胶泥配比不当，未按规定操作	清理连接平面；校正铁件平面；焊接或螺栓拧紧后锤击检查是否合格，硫黄胶泥配比应进行试验检查

2.2 灌注桩施工

灌注桩是直接在桩位上就地成孔，然后在孔内安放钢筋笼(也有直接插筋或省缺钢筋的)，再灌注混凝土而成。根据成孔工艺不同，分为干作业成孔、泥浆护壁成孔、套管成孔和夯扩成孔等。灌注桩施工技术近年来发展很快，还出现了夯扩沉管灌注桩、钻孔压浆成桩等一些新工艺。近年来，旋挖钻孔工艺的应用已非常普遍。

灌注桩能适应各种地层的变化，无需接桩，施工时无振动、无挤土、噪声小，宜在建筑物密集地区采用。但与预制桩相比，它也存在操作要求严格、质量不易控制、成孔时排出大量泥浆、桩需养护检测后才能开始下一道作业等缺点。

2.2.1 干作业成孔灌注桩

干作业成孔灌注桩是利用成孔机具，在地下水位以上的土层中成桩的工艺，适用于黏土、粉土、填土、中等密实以上的砂土、风化岩层等土质。

目前常采用螺旋钻机成孔，它是利用动力旋转钻杆，使钻头的螺旋叶片旋转削土体，土块沿螺旋叶片上升排出孔外，如图 2-15 所示。钻头是钻进取土的关键装置，有多种类型，常用的有锥式钻头、平底钻头、耙式钻头等，如图 2-16 所示。锥式钻头适用于黏性土；平底钻头适用于松散土层；耙式钻头适用于杂填土，其钻头边镶有硬质合金刀头，能将碎砖等硬块削成小颗粒。螺旋钻机成孔直径一般为 300～600 mm，钻孔深度为 8～12 m。

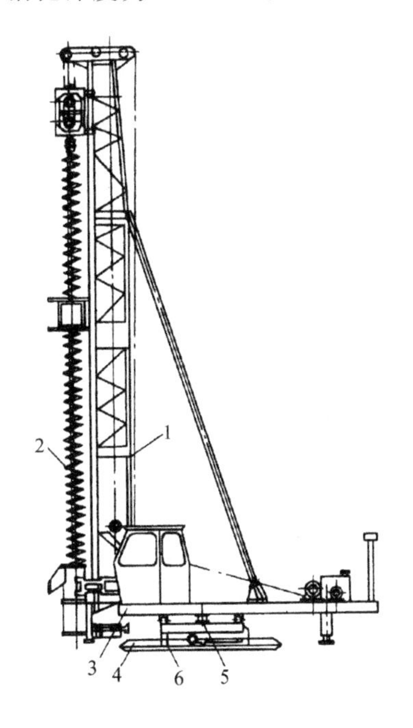

图 2-15　步履式螺旋钻机

1—立柱；2—螺旋钻；3—上底盘；4—下底盘；5—回转滚轮；6—行车滚轮

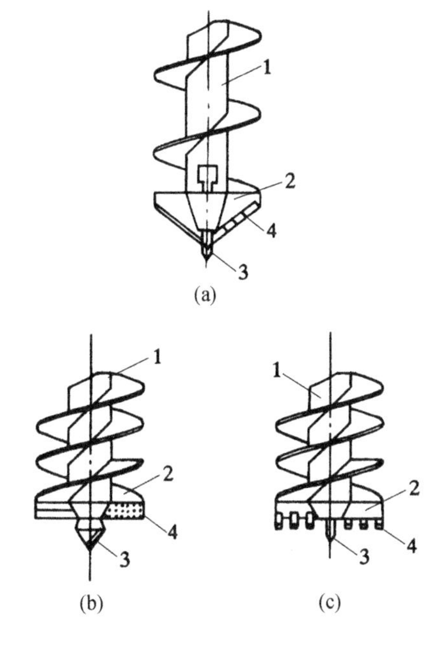

图 2-16　螺旋钻头

(a)锥式钻头；(b)平底钻头；(c)耙式钻头

1—螺旋钻杆；2—切削片；3—导向尖；4—合金刀

干作业成孔灌注桩的工艺流程为：测定桩位→钻孔→清孔→下钢筋笼→浇注混凝土。

钻孔操作时要求钻杆垂直稳固、位置正确。如发现钻杆摇晃或难以钻进时,可能是遇到石块等异物,应立即停机,检查排除。钻孔时应随时清理孔口积土,遇到塌孔、缩孔等异常情况,应及时研究解决。当螺旋钻机钻至设计标高后,应在原位空转清土,以清除孔底回落虚土。钢筋笼应一次扎好,小心放入孔内,防止孔壁塌土。混凝土应连续浇筑,每次浇筑高度控制在 1.5 m 以内。

2.2.2 泥浆护壁成孔灌注桩

泥浆护壁成孔灌注桩是利用原土自然造浆或人工造浆护壁,并通过泥浆循环将被切削的土渣排除而成孔,再吊放钢筋笼,水下灌注混凝土成桩。它不论在地下水位高或低的土层皆适用。

1. 泥浆护壁成孔灌注桩工艺流程

泥浆护壁成孔灌注桩工艺流程如图 2-17 所示。

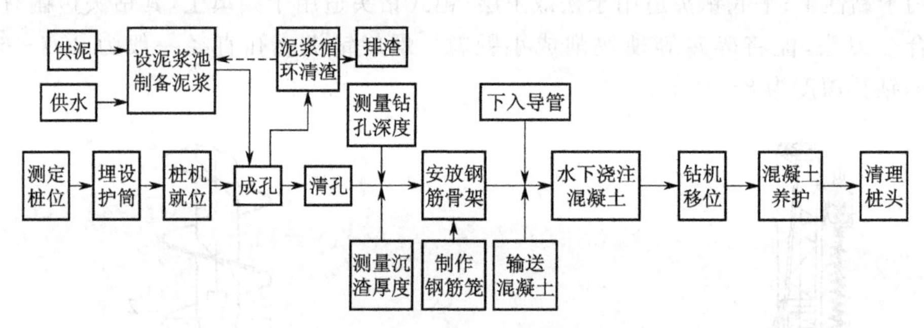

图 2-17　泥浆护壁成孔灌注桩工艺流程

2. 泥浆护壁成孔灌注桩施工要点

1) 埋设护筒

钻孔前需在桩位处埋设钢护筒,护筒的作用有固定桩位、钻头导向、保护孔口、维持泥浆水头及防止地面水流入等。

护筒一般用 4~8 mm 厚钢板制成,内径应比钻头直径大 20 cm 以上。埋设护筒常用挖埋法,埋设深度黏性土不宜小于 1.0 m,砂土中不宜小于 1.5 m,孔口处用黏土密实封填。筒顶高出地面 0.3~0.4 m,泥浆面应保持高出地下水位 1.0 m 以上。

2) 护壁泥浆

泥浆在桩孔内会吸附在孔壁上,甚至渗透进周围土孔隙中,避免内壁漏水。它具有保持孔内水压稳定、保护孔壁以防止塌孔、携带土渣排出孔外以及冷却与润滑钻头的作用。

在砂土中钻孔,需在现场专门制备泥浆注入,泥浆是由高塑性黏土或膨润土和水拌和的混合物,还可在其中掺入其他掺合剂,如加重剂、分散剂、增黏剂及堵漏剂等。在黏土中钻孔,也可采用输入清水,钻进原土自造泥浆的方法。注入的泥浆相对密度应控制在 1.1 左右,排出泥浆的相对密度宜为 1.2~1.4。

3）成孔

成孔机械有回转钻机、潜水钻机、冲击钻机等，其中以回转钻机应用最多。

（1）回转钻机成孔

该钻机由动力装置传动，带动带有钻头的钻杆强制旋转，钻头切削土体成孔。切削形成的土渣通过泥浆循环排出桩孔。根据泥浆循环方式的不同，分为正循环回转钻机和反循环回转钻机。

正循环工艺如图2-18(a)所示。泥浆或高压水由空心钻杆内部注入，并从钻杆底部喷出，携带钻下的土渣沿孔壁向上流动，由孔口将土渣带出流入沉淀池，沉渣后的泥浆循环使用。该法是依靠泥浆向上的流动排渣，其提升力较小，孔底沉渣较多。

反循环工艺如图2-18(b)所示。泥浆带渣流动的方向与正循环工艺相反，它需启动砂石泵在钻杆内形成真空，土渣被吸出流入沉淀池。反循环工艺由于泵吸作用，泥浆上升的速度较快，排渣能力大，但土质较差或易塌孔的土层应谨慎使用。

回转钻机设备性能可靠，噪声和振动较小，钻进效率高，钻孔质量好。它适用于松散土层、黏土层、砂砾层、软质岩层等多种地质条件，应用比较广泛。

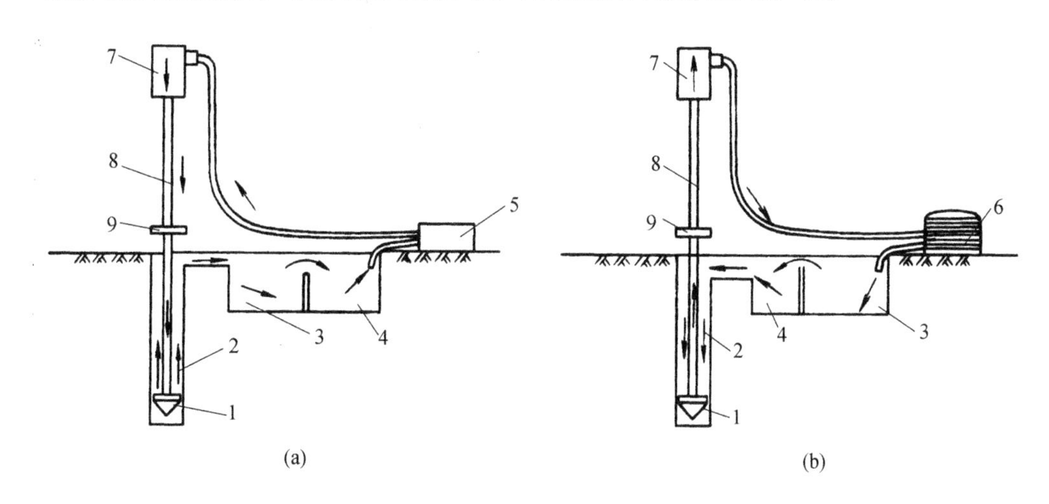

图2-18　泥浆循环成孔工艺

(a)正循环成孔工艺；(b)反循环成孔工艺

1—钻头；2—泥浆循环方向；3—沉淀池；4—泥浆池；

5—泥浆泵；6—砂石泵；7—水龙头；8—钻杆；9—钻机回转装置

（2）潜水钻机成孔

潜水钻机是一种旋转式钻孔机械，其动力、变速机构和钻头连在一起，并加以密封，可下放至孔内地下水中切土成孔，如图2-19所示。它采用正循环工艺注浆、护壁和排渣，适用于淤泥、淤泥质土、黏性土、砂土及强风化岩层，不宜用于碎石土。

（3）冲击钻机成孔

冲击钻机成孔如图2-20所示，它是用动力将冲锥式钻头提升到一定高度后，靠自由下落的冲击力来掘削硬质土和岩层,然后用淘渣筒排除渣浆。它可用于黏性土、粉质黏土,特别适用于坚硬土层和砂砾石、卵漂石及岩层。

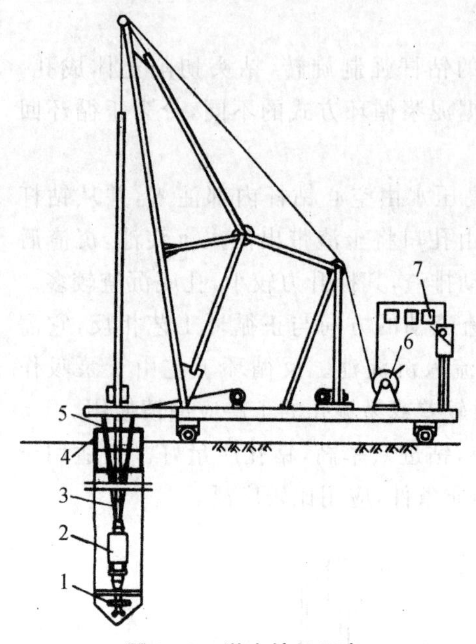

图 2-19　潜水钻机示意

1—钻头;2—潜水钻机;3—钻杆;4—护筒;
5—水管;6—卷扬机;7—控制箱

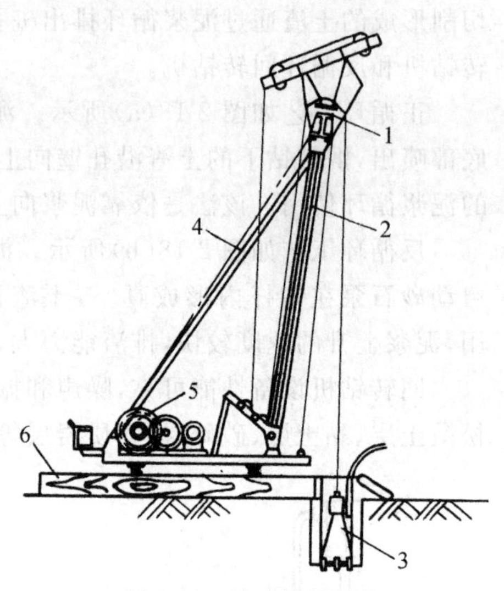

图 2-20　冲击钻机示意

1—滑轮;2—主杆;3—钻头;
4—斜撑;5—卷扬机;6—垫木

4) 清孔

钻孔达设计标高后,应测量沉渣厚度,立即进行清孔。以原土造浆的钻孔,清孔可采用射水法,此时钻头只转不进,待泥浆相对密度降到 1.1 左右即可;注入制备泥浆的钻孔,采用换浆法清孔,即用稀泥浆置换出浓泥浆,待泥浆的相对密度降到 1.15～1.25 即认为清孔合格。在清孔过程中通过置换泥浆,使得孔底沉渣排出。剩余沉渣厚度的控制是:对端承桩不大于 50 mm,对摩擦端承桩及端承摩擦桩不大于 100 mm,对摩擦桩不大于 300 m。

对于孔底余留的块状卵石、碎石,可采用在转盘上焊绕网状钢丝绳,使钻具原位转动,石块便上升到绳网上面,提升钻杆即可排除。

清孔后,应尽快吊放钢筋笼并浇筑混凝土,浇筑混凝土采用导管法,在泥浆和水下作业(详见第 4 章相关内容)。为保证桩顶质量,混凝土应浇筑至超过桩顶设计标高约 500 mm,以便在凿除浮浆层后,桩顶混凝土达到设计强度要求。

3. 泥浆护壁成孔灌注桩常见质量问题及处理

1) 坍孔

坍孔产生的原因主要有:护筒埋置不严密而漏水或埋置太浅;孔内泥浆面低于孔外水位或泥浆密度不够;在流砂、软淤泥、松散砂层中钻进,进尺、转速太快等。避免坍孔的措施有:护筒周围用黏土填封紧密;钻进中及时添加泥浆,使其高于孔外水位；遇流砂、松散土层时，适当加大泥浆密度，且进尺不要太快。

轻度坍孔可加大泥浆密度和提高其水位；严重坍孔时用黏土泥浆投入，待孔壁稳定后采用低速钻进。

2）吊脚桩

吊脚桩即在桩的底部有较厚泥砂而形成松软层。其产生原因有：清渣未净，残留沉渣过厚；清孔后泥浆密度过小，孔壁坍塌或孔底涌进泥砂，或未立即灌筑混凝土；吊放钢筋骨架、导管等物碰撞孔壁，使泥土坍落孔底。防止吊脚桩的措施是：注意泥浆浓度，及时清渣；做好清孔工作，达到要求立即灌筑混凝土；施工中注意保护孔壁，不让重物碰撞。

3）断桩

断桩指因有泥夹层而造成桩体混凝土不连续。造成断桩的原因有：首批混凝土多次灌筑不成功，再灌筑上层时出现一层泥夹层而造成断桩；孔壁坍塌将导管卡住，强力拔管时泥水混入混凝土内；导管接头不良，泥水进入管内。避免断桩的措施是：力争混凝土灌筑一次成功；选用较大密度、黏度和胶体率好的泥浆护壁；控制钻进速度，保持孔壁稳定；导管接头应用方丝扣联结，并设橡胶圈密封。

灌注桩严重塌方或导管无法拔出形成断桩，可在一侧补桩；深度不大时可挖出；对断桩作适当处理后，支模重新浇筑混凝土。

2.2.3 套管成孔灌注桩

套管成孔灌注桩是利用锤击沉管法或振动沉管法，将带有活瓣的钢制桩尖或钢筋混凝土预制桩靴的钢套管沉入土中，吊放钢筋笼，然后灌注混凝土并分段拔管而成。用锤击法沉管、拔管的称为锤击沉管灌注桩，用激振器沉管、拔管的称为振动沉管灌注桩。图 2-21 为沉管灌注桩的施工过程示意图。

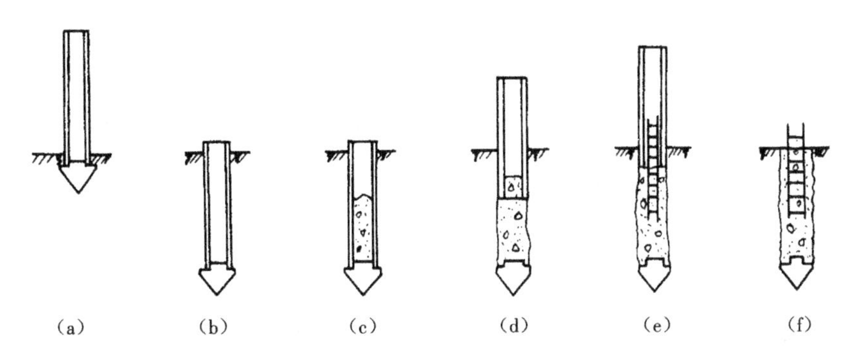

图 2-21　套管成孔灌注桩施工工艺

(a)套管就位；(b)沉入套管；(c)初灌混凝土；

(d)边拔管边灌筑混凝土；(e)插入钢筋笼灌筑混凝土并继续拔管；(f)成桩

1. 锤击沉管灌注桩

在锤击沉管灌注桩施工时，用桩架吊起钢套管，关闭桩尖活瓣或安放到预先设在桩位处的钢筋混凝土预制桩靴上。套管与桩靴连接处要垫以麻、草绳等,以防地下水渗入管内。然后缓缓放下套管,压进土中。套管顶端扣上桩帽,检查套管与桩锤是否在同一垂直线上,其偏斜不大于0.5%时,即可起锤沉套管。先用低锤轻击,若无偏移,才正常施打,直至符合设计要求的贯入度或标高。在检查管内无泥浆或水进入后即可灌注混凝土,套管内混凝土应尽量灌满,然后开始拔管。拔管时应保持连续低锤密击不停。拔管时要均匀,不宜过高过快;拔管的速度对一般土层来说,以不大于1 m/min为宜,在软弱土层及软硬土层交界处应控制在0.8 m/min以内。拔管中要随时探测混凝土落下的扩散情况,注意使管内的混凝土保持略高于地面,直到全管拔出为止。桩的中心距小于5倍桩管外径或小于2 m时,均应采取跳打的方式,且中间空出的桩需待邻桩混凝土达到设计强度的50%以后方可施打,防止因挤土而使前面的桩发生桩身断裂。

为了改善灌注桩的质量、扩大桩径和提高桩承载能力,常采用复打法,包括全长复打和局部复打。复打的施工程序:在第一次灌注桩施工完毕拔出套管后(单打),及时清除管外壁上的泥土和桩孔周围地面的浮土,立即在原桩位安好桩靴和套管或关闭桩端活瓣,进行复打,使未凝固的混凝土向四周挤压扩大桩径,然后第二次浇筑混凝土。拔管方法与单打相同。复打时要注意:前后两次沉管的轴线应重合;复打必须在第一次灌注的混凝土初凝之前进行;如有配筋,钢筋笼应在第二次沉管后灌注混凝土之前就位。

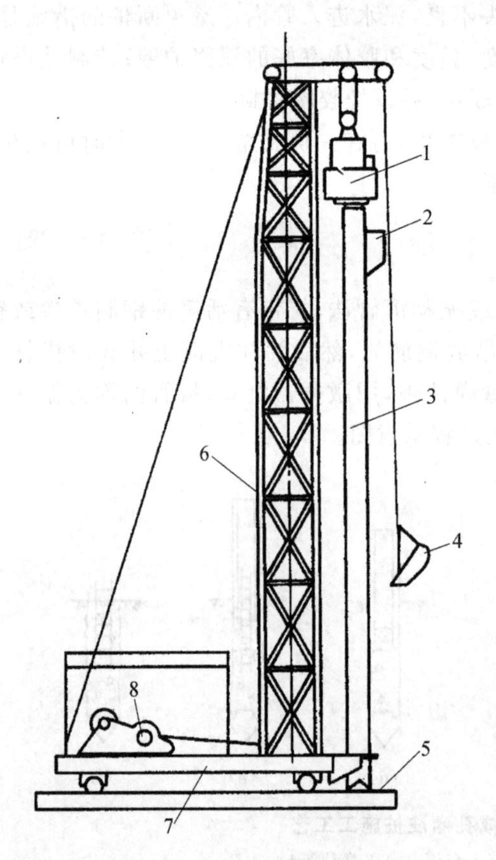

图 2-22 振动沉管设备

1—振动器;2—漏斗;3—套管;4—吊斗;
5—枕木;6—机架;7—架底;8—卷扬机

施工中应做好施工记录,包括每米沉管的锤击数和最后1 m的锤击数;最后3阵,每阵10击的贯入度及落锤高度。

锤击沉管灌注桩适用于一般黏性土、淤泥质土、砂土和人工填土地基。

2. 振动沉管灌注桩

振动沉管灌注桩大多采用激振器(振动锤)沉管,其设备如图2-22所示,其激振器、套管、活瓣桩尖可依次联结在一起,并能利用滑轮组整体提升(故能拔管和反插施工)。施工时,先安装好桩机，关闭活瓣桩尖或安放好钢筋混凝土预制桩靴，徐徐放下套管，压入土中，即可开动激振器沉管。套管受振后与土体之间摩阻力减小，同时在振动锤自重的压力下，即能入土成孔。沉管时，必须严格控制最后两分钟的贯入速度，其值按设计要求，或根据试桩和当地的施工经验确定。

振动沉管灌注桩可采用单打法、复打法或反插法等施工工艺。单打施工时，在沉入土中的套管内灌满混凝土，开动激振器振动5～10 s后开始拔管，然后边振边拔，每拔0.5～1 m，停拔振动5～10 s，如此反复，直至套管全部拔出。单打法施工，在一般土层内拔管速度宜为1.2～1.5 m/min，在较软弱土层中宜控制在0.6～0.8 m/min。在拔管过程中，应分段添加混凝土，保持管内混凝土面高于地面或地下水位1.0～1.5 m。复打法施工与锤击沉管灌注桩相同。反插法施工时，在套管内灌满混凝土后，先振动再开始拔管，每次拔管高度0.5～1.0 m，向下反插深度0.3～0.5 m，如此反复，并始终保持振动，直至套管全部拔出。反插法的拔管速度应小于0.5 m/min。由于反插法能扩大桩径，使混凝土密实，从而提高桩的承载能力，宜用于较差的软土地基。

振动沉管灌注桩的适用范围除与锤击沉管灌注桩相同外，还包括稍密及中密的碎石土地基。

3. 套管成孔灌注桩常见质量问题及处理

1）断桩

断桩一般常见于地面以下1～3 m的软硬土层交接处。其裂痕呈水平或略倾斜，一般都贯通整个截面。产生断桩的原因主要有：桩距过小，邻桩施打时土的挤压所产生的横向水平推力和隆起上拔力造成；软硬土层间传递水平力大小不同，对桩产生剪应力造成；桩身混凝土终凝不久，强度较弱时即承受外力造成。

避免断桩的措施有：考虑合理的打桩顺序，减少对新打桩的影响；采用跳打法或控制时间法以减少对邻桩的影响。

检查断桩的方法为：在2～3 m深度内可用木槌敲击桩头侧面，同时用脚踏在桩头上，如桩已断，会感到浮振；也可采用动测法，由波形曲线和频波曲线图形判断桩的质量与完整程度。断桩一经发现，应将断桩段拔出，将孔清理干净后，略增大面积或加上铁箍连接，再重新灌筑混凝土补做桩身。

2）缩颈

缩颈桩又称瓶颈桩，即桩身局部范围截面缩小，不符合要求。其产生的原因主要有：在含水量大的黏性土中沉管时，土体受强烈扰动和挤压而产生很高的孔隙水压力，桩管拔出后，这种水压力便作用到新灌筑的混凝土桩上，使桩身发生不同程度的颈缩现象；拔管过快、混凝土量少或和易性差，使混凝土出管时扩散性差等。

避免缩颈的措施是：施工中应经常测定混凝土的下落情况，发现问题及时纠正，一般可用复打法处理。

3）吊脚桩

吊脚桩即在桩的底部混凝土隔空或混凝土中混进泥砂而形成松软层。其产生的原因有：预制钢筋混凝土桩靴强度不够，沉管时被破坏变形，水或泥砂进入桩管；桩尖的活瓣未及时打开，套管上拔一段后混凝土才落下。处理吊脚桩的方法为：将套管拔出，修整桩靴或桩尖，用砂回填桩孔后重新沉管。

4）套管进水进泥

套管进水进泥常发生在地下水位高、饱和淤泥或粉砂土层中。原因为桩尖活瓣闭合不严、活瓣被打变形或预制钢筋混凝土桩靴被打坏。处理方法是：拔出套管，清除泥砂，修整桩尖活瓣或桩靴，用砂回填后重打。为避免套管进水进泥，当地下水位高时，可在套管沉至地下水位时先灌入 0.5 m 厚的水泥砂浆封底，再灌 1 m 高混凝土增压，然后继续沉管。

2.2.4 夯扩成孔灌注桩

夯扩成孔灌注桩(简称夯扩桩)是在锤击沉管灌注桩的基础上发展起来的。该工艺增设了内夯管和加颈圈，并用干硬性混凝土替代了桩尖。

夯扩成孔灌注桩的施工工艺流程如图 2-23 所示。施工时，首先在桩位处放置一定量的 C20 干硬性混凝土，利用桩锤将内夯管、外管同步沉入土中，达到设计位置，C20 干硬性混凝土由于内夯管的夯击而变得极为密实，足以替代桩尖，拔出内夯管，分次灌注桩身混凝土，插入内夯管并锤击，可使桩身混凝土密实成型，桩端形成桩头，大大提高单桩承载能力。

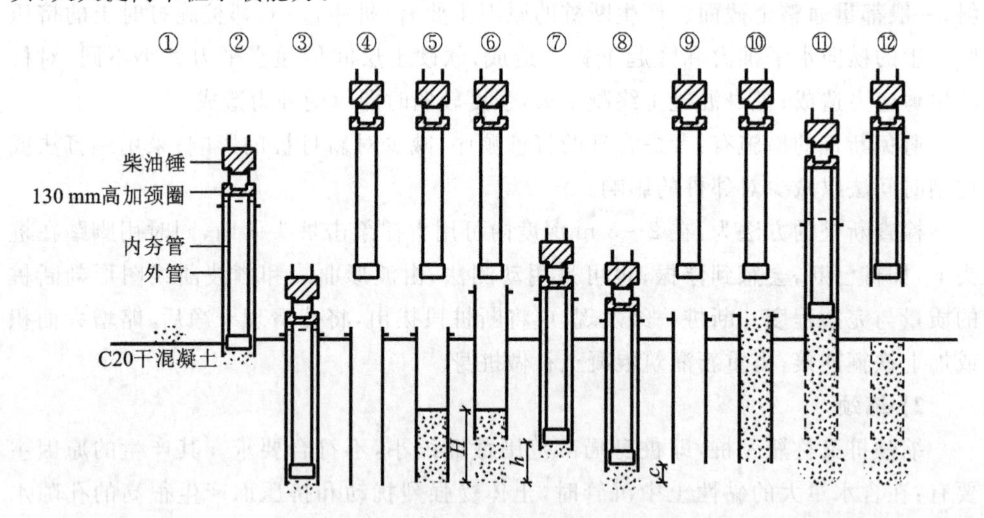

图 2-23　夯扩成孔灌注桩施工工艺流程

夯扩桩桩身直径一般为 400～600 mm，桩头直径可达 500～900 mm，适用于中低压缩性黏土、粉土、砂土、碎石土等土层。

2.2.5 旋挖钻机成孔灌注桩

旋挖钻机是新型的成孔机械，如图2-24、图2-25所示。该钻机通过钻斗的旋转、削土、提升、卸土，反复循环而成孔，具有功率大、钻孔速度快、移位方便、定位准确、噪音小、环保等特点，既可采用干法施工又可采用湿法施工，是替代干作业成孔和泥浆护壁成孔的理想选择。

图2-24　旋转钻机

图2-25　旋转钻机钻头

施工时，桩位旋转开孔，以钻头自重并加压作为钻进动力，当钻斗被旋转挤压充满钻渣后，将其提出地表，装入弃渣车，同时可观察并记录钻孔的地质状况。该法适用于黏性土、粉质土、砂土等土层施工。

2.3 大直径扩底灌注桩施工

大直径扩底灌注桩是以人工或机械的方法成孔并扩大桩孔底部，浇注混凝土而成。桩的直径大于0.8 m，一般在1～5 m，多为一柱一桩。此种桩具有很大的强度和刚度，能承受较大的上部荷载，工程中应用广泛。

大直径扩底灌注桩大多采用人工开挖，因此，亦称为大直径人工挖孔桩或人工挖孔扩底灌注桩。当地下水位高、土层不适宜人工开挖时，可采用泥浆护壁成孔灌注桩工艺成孔，然后采用机械方法扩底。

2.3.1 人工挖孔桩施工

人工挖孔桩即采用人工挖掘方法成孔，而后吊放钢筋笼，浇筑混凝土成桩，如图2-26所示。该方法不得用于软土、流沙地层及地下水较丰富和水压力大的土层中。人工挖孔桩所需的设备简单，施工速度快，土层情况明确，桩底沉渣清除干净，施工质量可靠且成本低廉。但工人在井下作业劳动条件差，必须制订可靠的安全措施，并严格按操作规程施工。挖孔桩的直径除满足承载力要求外，还应考虑施工操作的需要。桩芯直径 D 不宜小于800 mm，桩底扩大头直径一般为1.3～3.0 D，可按$(D_1-D)/2 : h = 1 : 4$，$h_1 \geqslant (D_1-D)/4$进行控制（见图2-26）。

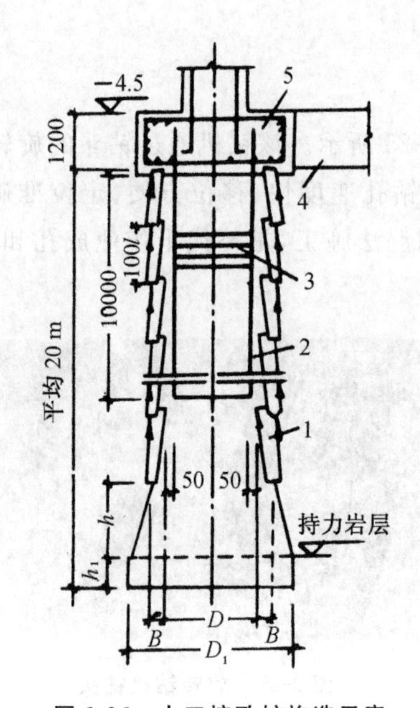

图 2-26　人工挖孔桩构造示意

1—护壁;2—主筋;3—箍筋;4—地梁;5—桩帽

1. 施工机具

人工挖孔桩施工机具简单,主要有电动机、潜水泵、提土桶、鼓风机、输风管、挖孔工具或小型挖土机具、爆破材料,此外还有照明灯、对讲机、电铃等。

2. 施工工艺

为了确保人工挖孔施工的安全,必须进行有效支护,严防土体坍塌。支护的方法很多,例如现浇钢筋混凝土护壁、喷射混凝土护壁、打设型钢或木板桩、采用沉井等。下面以现浇钢筋混凝土护壁为例说明人工挖孔桩的施工工艺。

① 按设计图纸放线、确定桩位。

② 开挖土方:采取分段开挖,每段高度一般为 0.5～1.0 m,开挖范围为设计桩芯直径加护壁的厚度。钢筋混凝土护壁应每节高 1 m,厚度不小于(D/10+5) cm,并有 1∶0.1 的坡度。

③ 支设护壁模板。宜采用工具式钢模板(或木模板)组合而成。

④ 放置操作平台。平台可用角钢和钢板制成半圆形,合起来即为一个整圆,临时安放在模板顶面。

⑤ 浇筑护壁混凝土。护壁混凝土要注意捣实,因为它起着防止土壁坍陷与防水的双重作用。第一节护壁厚度宜增加 10～15 cm,上下节护壁用钢筋拉接。

⑥ 拆除模板继续下一段的施工。当护壁混凝土达到 1.2 MPa,常温下约 24 h 后即可拆除模板,进入下一段的施工。如此循环,直至挖到设计深度。

⑦ 吊放钢筋笼(如果钢筋笼的高度不及孔深,则先浇筑混凝土)。

⑧ 浇筑桩身混凝土。当桩孔内渗水量不大时,抽除孔内积水后,用串筒法浇筑混凝土;如果桩孔内渗水量过大,积水过多不便排干,则应用导管法水下浇筑混凝土。

3. 安全防护

人工挖孔桩在开挖过程中,必须制订专门的安全措施。主要有:施工人员进入孔内,必须戴安全帽;孔内有人施工时,孔口必须设专人监督防护;护壁要高出地面 15～20 cm ,挖出的土不得堆在孔四周 1.2 m 范围内,以防落入孔内;孔周围要设置 0.8 m高的安全防护栏杆,每孔要设置安全绳及安全软梯;孔下照明应为安全用电装置,使用潜水泵要有防漏电装置;桩孔开挖深度超过 10 m 时,应设鼓风机向孔井中输送洁净空气,风量不少于 0.025 m^3/s。

2.3.2 桩孔扩底常用方法

1. 人工挖孔扩底

人工挖孔扩底宜在无地下水或含微量地下水的硬塑至坚硬黏性土、中密至密实砂土、碎石土及风化岩层的持力层中采用。扩底前应在桩孔底面测量桩的中心位置。挖孔时，应四周均匀挖掘，由小而大扩成设计断面和形状，且开挖面应整齐，形状完好，尺寸准确。扩大头挖好后，应把废土清理干净，经检查验收合格后，才能吊放钢筋笼和灌注混凝土。灌注扩大头混凝土时应采取防止产生离析的措施，并应分层捣实。在相邻的群桩中施工时，宜采取跳挖跳灌的方式。施工时应采取绝对安全的防护技术安全措施。

2. 反循环钻孔扩底

采用泥浆护壁钻机成孔时，成孔后则进行机械扩底。通常采用反循环钻机钻孔扩底法，扩底钻具有上开式、下开式、扩刀滑降式及扩刀推降式四种，如图 2-27 所示。

① 上开式扩底：桩孔钻完后，在设计深度处，把扩底刀刃如伞一样反向打开进行扩底，扩底面积按设计尺寸逐步扩大，直至形成扩大头〔见图 2-27(a)〕。

② 下开式扩底：桩孔钻完后，在设计深度处，将关闭的扩底刀刃徐徐打开进行扩底，直至形成扩大头〔见 2-27(b)〕。

③ 扩刀滑降式扩底：桩孔钻完后，在设计深度处，扩幅刀刃在沿着倾斜的固定导架下滑的同时，慢慢掘削成扩大头〔见 2-27(c)〕。

④ 扩刀推出式扩底：桩孔钻完后，在设计深度处，把刀刃的作用面向外侧缓慢伸展，掘削成扩大头〔见 2-27(d)〕。

反循环钻机最大扩底直径为桩身直径的 3 倍。扩底切削下来的土渣采用反循环钻机随泥浆排出。

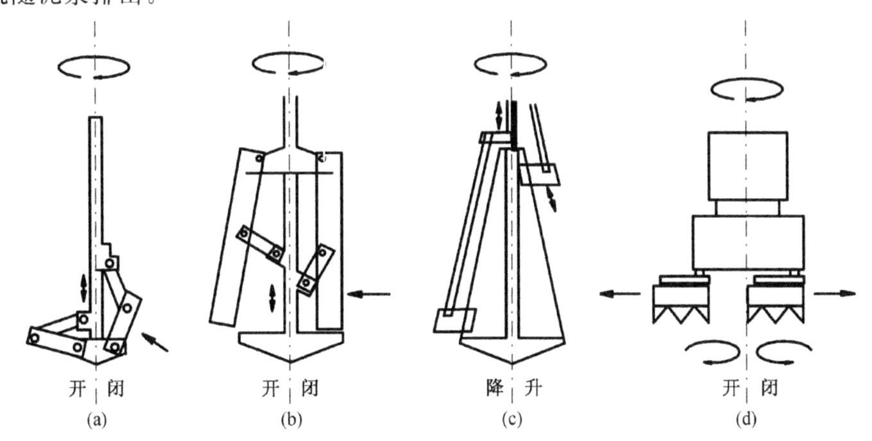

图 2-27　反循环钻孔扩底转钻具形式

(a)上开式；(b)下开式；(c)扩刀滑降式；(d)扩刀推出式

思 考 题

2-1 简述钢筋混凝土预制桩的制作、起吊、运输与堆放的主要工艺要求。

2-2 简述打桩设备的组成,工程中应如何选择锤重和桩架。

2-3 打桩顺序有哪几种? 试分析各种打桩顺序的利弊。

2-4 试述打桩的方法和质量控制标准。

2-5 简述打桩施工对周围环境的影响及其防治。

2-6 简述预制桩在施工中常遇到的质量问题、防止及处理措施。

2-7 简述泥浆护壁成孔灌注桩的施工工艺。

2-8 泥浆护壁成孔灌注桩施工中为何要埋设护筒? 泥浆有何作用? 泥浆循环有哪两种方式,其效果如何?

2-9 简述泥浆护壁成孔灌注桩常见质量问题、防止和处理措施。

2-10 试述套管成孔灌注桩的施工工艺,什么是单打法、复打法及反插法? 复打法与反插法有哪些作用?

2-11 试述套管成孔灌注桩常见的质量问题,分析其原因,提出处理措施。

2-12 试述爆扩成孔灌注桩的工艺原理。

2-13 简述人工挖孔桩的施工工艺及桩孔扩底的方法。

第3章 砌体工程

【内容提要和学习要求】

① 砌体材料：熟悉砌筑砂浆原材料的要求、砂浆的技术要求和砂浆的制备与使用；熟悉块材的种类。

② 砖砌体工程：掌握砖砌体施工工艺，掌握砖砌体工程的质量要求，熟悉砌筑前的准备工作。

③ 混凝土小型空心砌块砌体工程：了解砌筑前的准备工作，了解混凝土小型砌块砌体的施工要点。

④ 填充墙砌体工程：熟悉砌筑前的准备工作，熟悉填充墙砌体工程的施工要点。

⑤ 砌体工程冬期施工：熟悉砌体工程冬期施工的有关规定，了解砌体工程冬期施工方法。

砌体工程包括砂浆制备、材料运输、砌体砌筑、脚手架搭设等施工过程，本章主要介绍砌体砌筑的施工。

3.1 砌体材料

砌体工程所采用的材料主要是块材和砌筑砂浆，还有少量的钢筋。砌体工程所用的材料应有产品的合格证书、产品性能检测报告。块材、水泥、钢筋、外加剂等还应有材料主要性能的进场复验报告。严禁使用国家明令淘汰的材料。

3.1.1 砌筑砂浆

砌筑砂浆常采用水泥砂浆和掺有石灰膏或黏土膏的水泥混合砂浆。水泥砂浆的强度较高，但流动性和保水性稍差，它能够在潮湿环境中硬化，一般用于砌筑基础、地下室和其他地下砌体；水泥混合砂浆则广泛用于地上的砌体结构工程。为了节约水泥和改善砂浆性能，也可用适量的粉煤灰取代砂浆中的部分水泥和石灰膏，制成粉煤灰水泥砂浆和粉煤灰水泥混合砂浆。

1. 原材料要求

① 水泥：砌筑砂浆宜采用普通硅酸盐水泥或矿渣硅酸盐水泥。水泥砂浆中水泥的强度等级不宜大于32.5级，水泥混合砂浆中的水泥不宜大于42.5级。水泥进场使用前应分批对强度、安定性进行复验，检验批应以同一生产厂家、同一编号为一批。当在使用中对水泥质量有怀疑或水泥出厂超过三个月(快硬硅酸盐水泥超过一

个月)时,应进行复查试验,并按其结果使用。不同品种的水泥,不得混合使用。

② 砂:砂浆用砂宜采用中砂,并应过筛,且不得含有有害杂物。砂浆用砂的含泥量应满足下述要求:对水泥砂浆和强度等级不小于M5的水泥混合砂浆,不应超过5%;对强度等级小于M5的水泥混合砂浆,不应超过10%;人工砂、山砂及特细砂,应经试配能满足砌筑砂浆技术条件要求。

③ 石灰膏和黏土膏:石灰膏可用块状生石灰熟化而成,熟化时间不得少于7 d,熟化后应采用孔径不大于3 mm×3 mm的网过滤;对于磨细生石灰粉,其熟化时间不得少于2 d;生石灰粉不得直接使用于砌筑砂浆中。沉淀池中贮存的石灰膏,应防止干燥、冻结和污染,不得使用脱水硬化的石灰膏。黏土膏应使用粉质黏土或黏土制备,制备时宜用搅拌机加水搅拌而成,并通过孔径不大于3 mm×3 mm的网过筛。黏土中的有机物含量可用比色法鉴定,其色泽应浅于标准色。

④ 粉煤灰:粉煤灰品质等级可用Ⅲ级,砂浆中的粉煤灰取代水泥率不宜超过40%,取代石灰膏率不宜超过50%。

⑤ 水:拌制砂浆用水的水质应符合国家现行标准《混凝土用水标准》(JGJ 63—2006)的规定,宜采用饮用水。

⑥ 外加剂:凡在砂浆中掺入有机塑化剂、早强剂、缓凝剂、防冻剂等,应经检验和试配符合要求后,方可使用。有机塑化剂应有砌体强度的形式检验报告。

2. 砌筑砂浆的技术要求

① 流动性(稠度):砂浆的流动性是指砂浆拌和物在自重或外力的作用下是否易于流动的性能。砂浆的流动性以砂浆的稠度表示,即以标准圆锥体在砂浆中沉入的深度来表示。沉入值越大,砂浆的稠度就越大,表明砂浆的流动性越大。拌和好的砂浆应具有适宜的流动性,以便能在砖、石、砌块上铺成密实、均匀的薄层,并很好地填充块材的缝隙。砂浆稠度可按下述指标选用:烧结普通砖砌体为7～9 cm,烧结多孔砖、空心砖砌体为6～8 cm,轻骨料混凝土小型空心砌块砌体为6～9 cm,普通混凝土小型空心砌块、加气混凝土砌块砌体为5～7 cm,石砌体为3～5 cm。

② 保水性:砂浆的保水性是指砂浆拌和物保存的水分不致因泌水而分层离析的性能。砂浆的保水性以分层度表示,其分层度值不得大于30 mm。保水性差的砂浆在运输、存放和使用过程中很容易产生泌水而使砂浆的流动性降低,造成铺砌困难;同时水分也易被块材所吸干而降低砂浆的强度和黏结力。为改善砂浆的保水性,可掺入石灰膏、黏土膏、粉煤灰等无机塑化剂,或微沫剂等有机塑化剂。

③ 强度等级:砂浆的强度等级是用一组(6块)边长为70.7 mm的立方体试块,以标准养护、龄期为28 d的抗压强度为准。砂浆试块应在搅拌机出料口随机取样和制作,同盘砂浆只应制作一组试块。

④ 黏结力:砌筑砂浆必须具有足够的黏结力,才能将块材胶结成为整体结构。砂浆黏结力的大小将直接影响到砌体结构的抗剪强度、耐久性、稳定性和抗震能力等。砂浆的黏结力与砂浆强度有关,还与砌筑底面或块材的潮湿程度、表面清洁程

度及施工养护条件等因素有关。所以，施工中应采取提高黏结力的相应措施，以保证砌体的质量。

3. 砂浆的制备与使用

砌筑砂浆的种类、强度等级应符合设计要求。砂浆应通过试配确定配合比。当砌筑砂浆的组成材料有变更时，其配合比应重新确定。施工中如采用水泥砂浆代替水泥混合砂浆时，应按现行国家标准《砌体结构设计规范》(GB 50003—2011)的有关规定，考虑砌体强度降低的影响，重新确定砂浆强度等级，并以此重新设计配合比。

砌筑砂浆应采用搅拌机搅拌，搅拌时间应为：水泥砂浆和水泥混合砂浆不得少于2 min；水泥粉煤灰砂浆和掺用外加剂的砂浆不得少于 3 min；掺用有机塑化剂的砂浆在 3～5 min 内。砂浆应随拌随用，水泥砂浆和水泥混合砂浆应分别在 3 h 和 4 h 内使用完毕；当施工期间最高气温超过 30℃时，应分别在拌成后 2 h 和 3 h 内使用完毕。对掺用缓凝剂的砂浆，其使用时间可根据具体情况延长。

3.1.2 干混砂浆

干混砂浆(或者称干混料)，英文名称是 Dry Mix Mortar，由专业厂家生产，以水泥为主要胶结料，与干燥筛分处理的骨料(如石英砂)、矿物掺和料、加强材料(如聚合物)和外加剂等按一定比例进行物理混合而成的一种颗粒状或粉状，以袋装或散装的形式运至工地，加水拌和后即可直接使用的物料。

干混砂浆是新兴的干混材料之一，是从 20 世纪五十年代的欧洲建筑市场发展起来的，20 世纪九十年代引入我国，广州、北京、上海等地已推广使用多年，并制定有地方性的应用技术规程，如广东省《干混砂浆应用技术规程》(DBJ/T 15-36-2004)。

干混砂浆已有 50 多个品种，包括砌筑砂浆、抹灰砂浆、修补砂浆、黏结砂浆和灌浆材料等几大类。目前，我国常用的干混砂浆主要是抹灰砂浆和黏结砂浆两大系列，与建筑节能相关的保温体系组成材料的研究和应用最多，包括防护砂浆、黏结砂浆、界面处理剂、保温砂浆、装饰砂浆、外墙腻子等。

干混砂浆可根据产品种类及性能要求设计配合比，并添加多种外加剂进行改性，常用的外加剂有纤维素醚、可再分散乳胶粉、触变润滑剂、消泡剂、引气剂、促凝剂、憎水剂等。改性后的砂浆方便砌筑、抹灰和泵送，提高施工效率，如手工抹灰 10 m^2/h，机械施工 40 m^2/h；砌筑时一次铺浆长度更长。施工层厚度降低，节约材料，扬尘很少，更环保。

图 3-1 生产流水线

干混砂浆由专业厂家生产，生产流水线如图 3-1 所示，用计算机系统控制整个生产过程。烘干控制砂的含水量一般要求不大于 0.5%，除尘控制砂的含泥量一般要求不大于

0.5%,筛分控制砂的级配要求一般生产所需的砂粒粒径小于2.5 mm,并将其分几个区间分别贮存,在生产时再按产品所需进行合理级配。电脑计量控制原材的准确料称量,机械强制拌和,物料混合均匀,充分保证了产品质量。

3.1.3 块材

1. 砖

砌体工程所用砖的种类有烧结普通砖(黏土砖、页岩砖等)、蒸压灰砂砖、粉煤灰砖、烧结多孔砖和烧结空心砖等。因黏土砖的生产会毁坏耕地、污染环境,不符合国家产业政策,早已被严令禁用。烧结页岩砖仍是目前使用最普遍的一种,它与蒸压灰砂砖、粉煤灰砖的规格尺寸均为240 mm×115 mm×53 mm,且均可用作承重砌体。烧结多孔砖的孔洞沿竖直方向,即垂直于砖的大面,其规格较多,长度有290 mm、240 mm、190 mm等,宽度有190 mm、140 mm、115 mm等,高度一般为90 mm,它也可用作承重砌体。烧结空心砖的孔洞较大且沿水平方向,即平行于砖的大面和条面,其长度有290 mm、240 mm等,宽度有240 mm、190 mm、115 mm等,高度有115 mm、90 mm等,它强度较低,只能用于非承重砌体。

2. 砌块

砌块的种类、规格很多,目前常用的砌块有普通混凝土小型空心砌块、轻骨料混凝土小型空心砌块、蒸压加气混凝土砌块和粉煤灰砌块等。普通混凝土空心砌块具有竖向方孔,其主规格尺寸为390 mm×190 mm×190 mm,还有一些长度分别为290 mm、190 mm、90 mm,但宽度与高度不变的辅助规格砌块,以配合主规格砌块使用,此种砌块可用作承重砌体。轻骨料混凝土小型空心砌块的规格尺寸与普通混凝土小型空心砌块完全相同。蒸压加气混凝土砌块的长度为600 mm,宽度为100~240 mm多种,高度有200 mm、250 mm、300 mm等。粉煤灰砌块的长度为880 mm,宽度为240 mm,高度有380 mm、430 mm等。后三种砌块都只能用于非承重砌体。

3. 石材

砌筑用石材分为毛石、料石两类,毛石又分为乱毛石和平毛石两种。乱毛石是指形状不规则的石块;平毛石是指形状不规则、但有两个平面大致平行的石块。料石按其加工面的平整程度分为细料石、半细料石、粗料石和毛料石四种。

3.2 砖砌体工程

砖砌体结构由于其成本低廉、施工简便、并能适用于各种形状和尺寸的建筑物、构筑物,故在土木工程中,仍被广泛采用。本节主要介绍砖基础砌体工程和砖墙砌体工程的施工。

3.2.1 砌筑前的准备工作

1. 材料准备

① 砖的品种、强度等级必须符合设计要求,并且规格应一致;用于清水墙、柱表

面的砖，还应边角整齐、色泽均匀。

② 常温下砌筑时，砖应提前1～2 d浇水湿润，以免砖过多吸走砂浆中的水分而影响其黏结力，并可除去砖表面的粉尘。但若浇水过多而在砖表面形成一层水膜，则会产生跑浆现象，使砌体走样或滑动，流淌的砂浆还会污染墙面。烧结普通砖、多孔砖含水率宜为10%～15%(含水率以水重占干砖重的百分数计)，蒸压灰砂砖、粉煤灰砖含水率宜为8%～12%。现场以将砖砍断后，其断面四周吸水深度达到15～20 mm为宜。

③ 施工时施砌的蒸压灰砂砖、粉煤灰砖的产品龄期不应小于28 d。

2. 技术准备

① 抄平：砌筑基础前应对垫层表面进行抄平，表面如有局部不平，高差超过30 mm处应用C15以上的细石混凝土找平，不得仅用砂浆或在砂浆中掺细碎砖或碎石填平。砌筑各层墙体前也应在基础顶面或楼面上定出各层标高并用水泥砂浆找平，使各层砖墙底部标高符合设计要求。

② 放线：砌筑前应将砌筑部位清理干净并放线。砖基础施工前，应在建筑物的主要轴线部位设置标志板(龙门板)，标志板上应标明基础和墙身的轴线位置及标高；对外形或构造简单的建筑物，也可用控制轴线的引桩代替标志板。然后，根据标志板或引桩在垫层表面上放出基础轴线及底宽线。砖墙施工前，也应放出墙身轴线、边线及门窗洞口等位置线。

砌筑基础前，应校核放线尺寸，允许偏差符合表3-1的规定。

表3-1 放线尺寸的允许偏差

长度 L、宽度 B(m)	允许偏差(mm)	长度 L、宽度 B(m)	允许偏差(mm)
L(或 B)≤30	±5	60<L(或 B)≤90	±15
30<L(或 B)≤60	±10	L(或 B)>90	±20

③ 制作皮数杆：为了控制每皮砖砌筑的竖向尺寸和墙体的标高，应事先用方木或角钢制作皮数杆，并根据设计要求、砖规格和灰缝厚度，在皮数杆上标明砌筑皮数及竖向构造的变化部位。在基础皮数杆上，竖向构造包括底层室内地面、防潮层、大放脚、洞口、管道、沟槽和预埋件等。墙身皮数杆上，竖向构造包括楼面、门窗洞口、过梁、圈梁、楼板、梁及梁垫等。

3.2.2 砖砌体施工工艺

砖砌体施工的一般工艺过程为：摆砖样→立皮数杆→盘角和挂线→砌筑→楼层标高控制等。

1. 摆砖样(撂底)

摆砖样是在放线的基面上按选定的组砌形式用干砖试摆，并在砖与砖之间留出竖向灰缝宽度。摆砖样的目的是为了使纵、横墙能准确地按照放线的位置咬槎搭砌，并尽量使门窗洞口、附墙垛等处符合砖的模数，以尽可能减少砍砖，同时使砌体

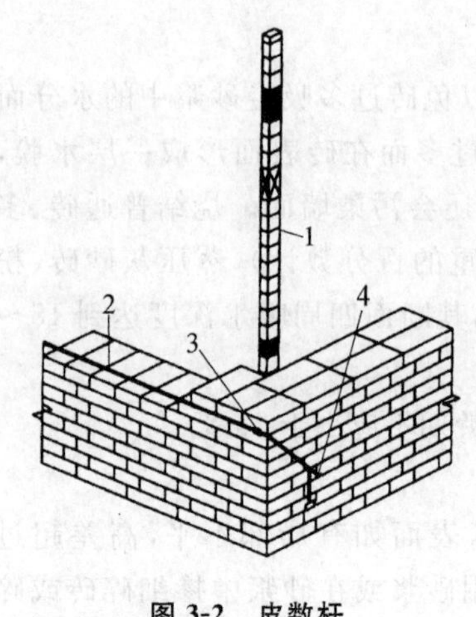

图 3-2　皮数杆

1—皮数杆;2—准线;3—竹片;4—圆铁钉

的灰缝均匀,宽度符合要求。

2. 立皮数杆

砌基础时,应在垫层转角处、交接处及高低处立好基础皮数杆;砌墙体时,应在砖墙的转角处及交接处立起皮数杆(见图 3-2)。皮数杆间距不应超过 15 m。立皮数杆时,应使杆上所示基准标高线与抄平所确定的设计标高相吻合。

3. 盘角和挂线

砌体角部是保证砌体横平竖直的主要依据,所以砌筑时应根据皮数杆在转角及交接处先砌几皮砖,并确保其垂直、平整,此工作称为盘角。每次盘角不应超过五皮砖,然后再在其间拉准线,依准线逐皮砌筑中间部分(见图 3-2)。砌筑一砖半厚及其以上的砌体要双面挂线,其他可单面挂线。

4. 砌筑

砌筑砖砌体时首先应确定组砌方法。砖基础一般采用一顺一丁的组砌方法,实心砖墙根据不同情况可采用一顺一丁、三顺一丁、梅花丁等组砌方法(见图 3-3)。各种组砌方法中,上、下皮砖的垂直灰缝相互错开均应不小于 1/4 砖长(60 mm)。多孔砖砌筑时,其孔洞应垂直于受压面。方型多孔砖一般采用全顺砌法,错缝长度为 1/2 砖长;矩形多孔砖宜采用一顺一丁或梅花丁的组砌方法,错缝长度为 1/4 砖长。此外,240 mm 厚承重墙的每层墙的最上一皮砖和砖砌体的阶台水平面上及挑出层,均应整砖丁砌。

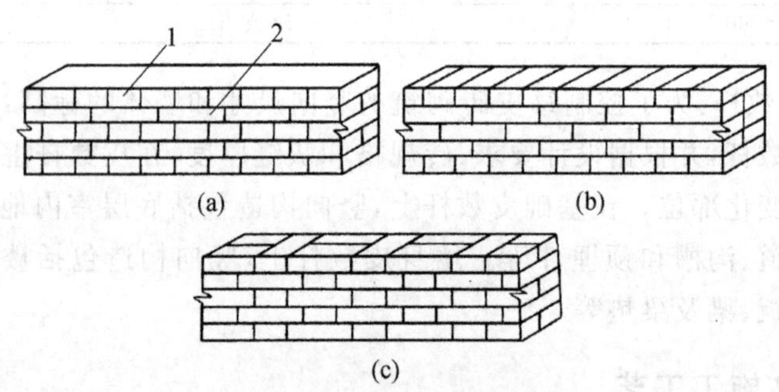

图 3-3　砖的组砌方法

(a)一顺一丁;(b)三顺一丁;(c)梅花丁

1—丁砌砖块;2—顺砌砖块

砌筑操作方法可采用"三一"砌筑法或铺浆法。"三一"砌筑法即一铲灰、一块砖、一挤揉,并随手将挤出的砂浆刮去的操作方法。这种砌筑方法易使灰缝饱满、黏结力好、墙面整洁,故宜采用此法砌砖,尤其是对于有抗震设防要求的工程。当采用铺浆法砌筑时,铺浆长度不得超过 750 mm;当气温超过 30℃时,铺浆长度不得超过

500 mm。

砌体施工中要防止产生过大的不均匀沉降，以免导致墙体开裂，影响结构安全。若房屋相邻部分高差较大，应先建高层部分；分段施工时，砌体相邻施工段的高差不得超过一层楼高，也不得大于4 m；墙体上严禁施加大荷载；为了减少灰缝变形导致砌体沉降，影响稳定性，每天砌筑高度以不超过1.8 m为宜，雨天施工不宜超过1.2 m。

5. 楼层标高控制

楼层的标高除用皮数杆控制外，还可在室内弹出水平线来控制。即：当每层墙体砌筑到一定高度后，用水准仪在室内各墙角引测出标高控制点，一般比室内地面或楼面高200～500 mm。然后根据该控制点弹出水平线，用以控制各层过梁、圈梁及楼板的标高。

6. 楼层轴线引测

为了保证各层纵横墙轴线的位置和施工控制，应根据轴线控制桩或龙门板上标注的轴线位置，将轴线引轴到房屋的外墙基上。二层及以上各层墙的轴线，用锤球或经纬仪引测上去，并同时用钢尺校核。

3.2.3 砖砌体工程的质量要求和保证措施

砖砌体工程的质量要求可概括为十六个字：横平竖直、砂浆饱满、组砌得当、接槎可靠。

1. 横平竖直

横平即要求每一皮砖的水平灰缝平直，且每块砖必须摆平。为此，首先应对基础或楼面进行抄平，砌筑时应严格按照皮数杆层层挂水平准线并将线拉紧，每块砖依准线砌平。

竖直即要求砌体表面轮廓垂直平整，且竖向灰缝垂直对齐。因而，在砌筑过程中要随时用托线板进行检查，做到“三皮一吊、五皮一靠”，以保证砌筑质量。

2. 砂浆饱满

砂浆的饱满程度对砌体质量影响较大。因为砂浆不饱满，一方面会使砖块间不能紧密黏结，影响砌体的整体性；另一方面会使砖块不能均匀传力。水平灰缝的不饱满会使砖块处于局部受弯、受剪的状态而易导致断裂；竖向灰缝的不饱满会明显影响砌体的抗剪强度。所以，为保证砌体的强度和整体性，要求水平灰缝的砂浆饱满度不得小于80%，竖向灰缝不得出现透明缝、瞎缝和假缝。此外，还应保证砖砌体的灰缝厚薄均匀。水平灰缝厚度和竖向灰缝宽度宜为10 mm，既不应小于8 mm，也不应大于12 mm。

3. 组砌得当

为保证砌体的强度和稳定性，对不同部位的砌体应选择采用正确的组砌方法。其基本原则是上、下错缝，内、外搭砌，砖柱不得采用包心砌法。同时，清水墙、窗间墙无竖向通缝,混水墙中长度大于或等于 300 mm 的通缝每间不超过 3 处,且不得位于同一面墙体上。

4. 接槎可靠

接槎是指相邻砌体不能同时砌筑而设置临时间断时,后砌砌体与先砌砌体之间的接合。

砖砌体的转角处和交接处应同时砌筑,严禁无可靠措施的内外墙分砌施工。对不能同时砌筑而又必须留置的临时间断处应砌成斜槎,斜槎水平投影长度不应小于高度的 2/3(见图 3-4)。

非抗震设防及抗震设防烈度为 6 度、7 度地区的临时间断处,当不能留斜槎时,除转角处外,可留直槎,但直槎必须做成凸槎(见图 3-5)。留直槎处应加设拉结钢筋,拉结钢筋的数量为每 120 mm 墙厚放置 1 ϕ 6 拉结钢筋(120 mm 厚墙放置 2 ϕ 6 拉结钢筋),间距沿墙高不应超过 500 mm;埋入长度从留槎处算起每边均不应小于 500 mm,对抗震设防烈度为 6 度、7 度的地区,不应小于 1000 mm,末端应有 90°弯钩。

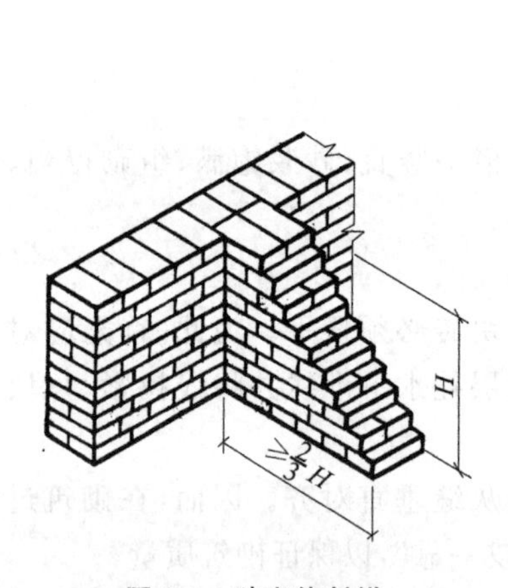

图 3-4　砖砌体斜槎

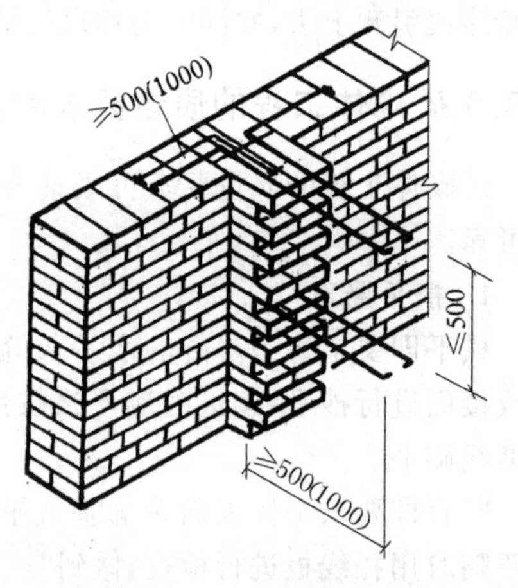

图 3-5　砖砌体直槎

为保证砌体的整体性,在临时间断处补砌时,必须将留设的接槎处表面清理干净,浇水湿润,并填实砂浆,保持灰缝平直。

3.2.4 钢筋混凝土构造柱施工

设置钢筋混凝土构造柱是提高多层砖砌体房屋抗震能力的一项重要措施,为此在《建筑抗震设计规范》(GB 50011—2010)中有具体的规定。为保证房屋的抗震性能,施工中应注意以下施工要点。

① 设有钢筋混凝土构造柱的抗震多层砖房,应先绑扎钢筋,而后砌筑砖墙,最后支模板、浇筑混凝土。必须在该层构造柱混凝土浇筑完毕后,才能进行上一层的施工。

② 构造柱的竖向受力钢筋伸入基础圈梁内的锚固长度，以及绑扎搭接长度，均不应小于35倍钢筋直径。接头区段内的箍筋间距不应大于200 mm。钢筋的保护层厚度一般为20 mm。

③ 构造柱与墙体的连接处应砌成马牙槎。每一马牙槎沿高度方向的尺寸不超过300 mm，退进尺寸不小于60 mm。马牙槎从每层柱脚开始，应先退后进（见图3-6）。马牙槎处沿墙高每隔500 mm设置2ϕ6拉结钢筋，每边伸入墙内不宜小于1 m。拉结钢筋应位置正确，施工中不得任意弯折。

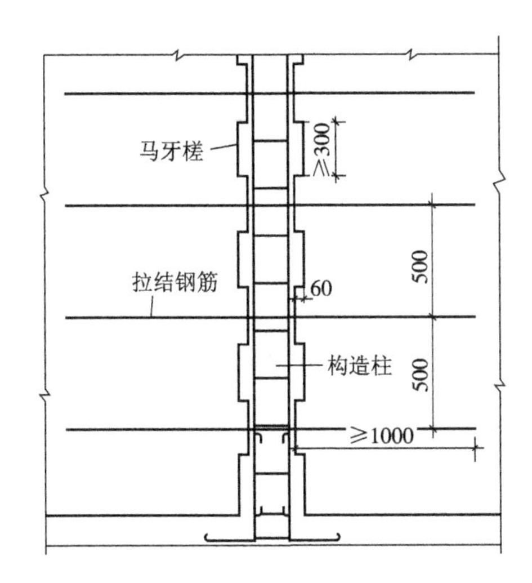

图3-6 砖墙的马牙槎布置

④ 构造柱的模板，必须与所在砖墙面严密贴紧，以防漏浆。在浇筑混凝土前，必须将砌体留槎部位和模板浇水湿润，将模板内的落地灰、砖渣和其他杂物清理干净，并在结合处注入适量与构造柱混凝土成分相同的去石水泥砂浆。

⑤ 浇筑构造柱的混凝土坍落度一般以50～70 mm为宜。浇筑时宜采用插入式振动器，分层捣实，但振捣棒应避免直接触碰钢筋和墙砖，严禁通过砖墙传振，以免砖墙变形和灰缝开裂。

3.3 混凝土小型空心砌块砌体工程

普通混凝土小型空心砌块（以下简称小砌块）因其强度高，体积不大和重量轻，施工操作方便，并能节约砂浆和提高砌筑效率，所以常用做多层混合结构房屋承重墙体的材料。

3.3.1 砌筑前的准备工作

1. 材料准备

① 小砌块使用前应检查其生产龄期，施工时所用的小砌块的产品龄期不应小于

28 d,以保证其具有足够的强度,并使其在砌筑前能完成大部分收缩,有效地控制墙体的收缩裂缝。

② 砌筑小砌块前,应清除表面污物,并应去掉芯柱用小砌块孔洞底部的毛边,以免影响芯柱混凝土的浇筑,还应剔除外观质量不合格的小砌块。

③ 承重墙体严禁使用断裂的小砌块,应严格检查并予以剔除。

④ 底层室内地面以下或防潮层以下的砌体,应提前采用强度等级不低于C20的混凝土灌实小砌块的孔洞。

⑤ 为控制小砌块砌筑时的含水率,普通混凝土小砌块一般不宜浇水,在天气干燥炎热的情况下,可提前洒水湿润。小砌块表面有浮水时不得施工,严禁雨天施工。为此,小砌块堆放时应做好防雨和排水处理。

⑥ 施工时所用的砂浆,宜选用专用的小砌块砌筑砂浆,以提高小砌块与砂浆间的黏结力,且保证砂浆具有良好的施工性能,满足砌筑要求。

2. 技术准备

小砌块砌筑前,其抄平、放线的技术准备工作与砖砌体工程相同,并应根据墙体的高度、小砌块的规格和灰缝厚度确定砌块的皮数,制作皮数杆。

3.3.2 混凝土小型空心砌块砌体的施工要点

混凝土小型空心砌块砌体的施工工艺与砖砌体的工艺基本相同,即:撂底→立皮数杆→盘角和挂线→砌筑→楼层标高控制。为确保砌筑质量,进而保证小砌块墙体具有足够的抗剪强度和良好的整体性、抗渗性,施工中还应特别注意以下砌筑要点。

① 由于混凝土小砌块的墙厚等于砌块的宽度(190 mm),其砌筑形式只有全部顺砌一种。墙体应对孔、错缝搭砌,搭接长度不应小于90 mm。当墙体的个别部位不能满足上述要求时,应在水平灰缝中设置拉结钢筋(2ϕ6)或焊接钢筋网片(2ϕ4、横筋间距不大于200 mm),但竖向通缝仍不得超过2皮小砌块。

② 砌筑时小砌块应底面朝上反砌于墙上。因小砌块制作时其底部的肋较厚,而上部的肋较薄,且孔洞底部有一定宽度的毛边,反砌时便于铺筑砂浆和保证水平灰缝砂浆的饱满度。

③ 砌体的灰缝应横平竖直。水平灰缝可采用铺浆法铺设,一次铺浆长度一般不超过2块主规格砌块的长度。竖缝凹槽部位应采用加浆法将砂浆填实,严禁用水冲浆灌缝。

④ 墙体的水平灰缝厚度和竖向灰缝宽度宜为10 mm,既不应大于12 mm,也不应小于8 mm。水平灰缝的砂浆饱满度,应按净面积计算不得低于90%;竖向灰缝的饱满度不得低于80%;墙体不得出现瞎缝、透明缝。

⑤ 当需要移动砌体中的小砌块或小砌块被撞动时,应重新铺砌。

⑥ 墙体的转角处和纵横墙交接处应同时砌筑。临时间断处应砌成斜槎,斜槎的

水平投影长度不应小于高度的 2/3(见图 3-7)。如留斜槎有困难,在非抗震设防部位,除外墙转角处外,临时间断处可留直槎,但应从墙面伸出 200 mm 砌成凸槎,并应沿墙高每隔 600 mm(3 皮砌块)设置拉结钢筋或钢筋网片,埋入长度从留槎处算起,每边均不应小于 600 mm,钢筋外露部分不得任意弯曲(见图 3-8)。

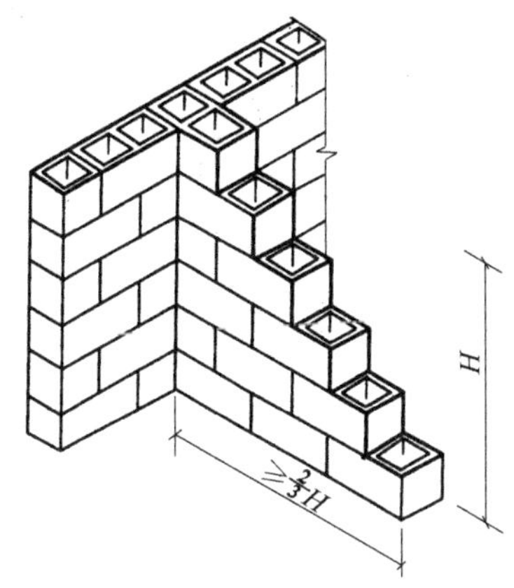

图 3-7　小砌块砌体斜槎

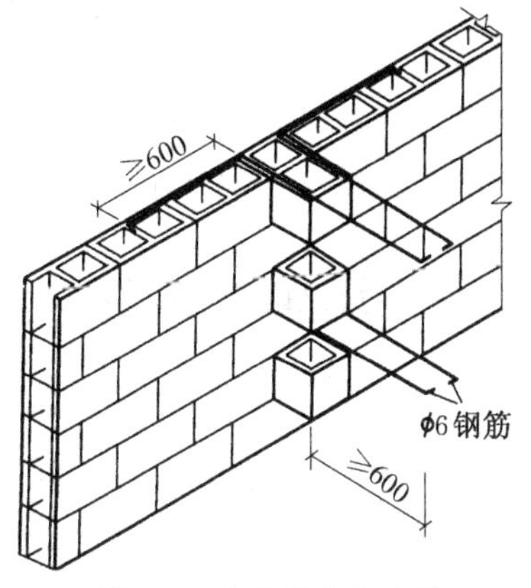

图 3-8　小砌块砌体直槎

⑦ 在砌块墙与后砌隔墙交接处,应沿墙高每隔 400 mm 在水平灰缝内设置不少于 2 ϕ 4、横筋间距不大于 200 mm 的焊接钢筋网片,钢筋网片伸入后砌隔墙内的长度不应小于 600 mm(见图 3-9)。

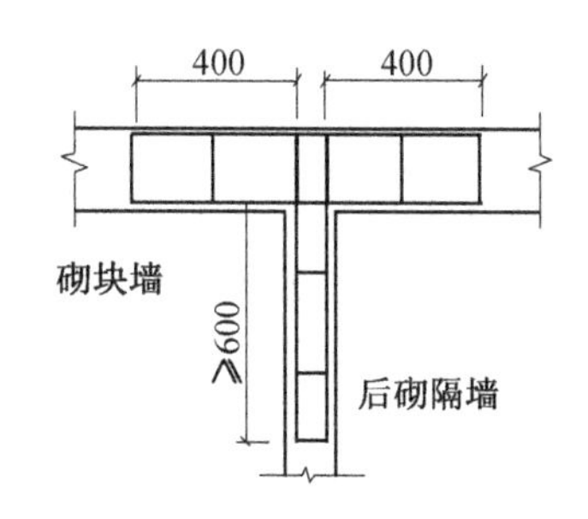

图 3-9　砌块墙与后砌隔墙交接处钢筋网片

⑧ 对设计规定的洞口、管道、沟槽和预埋件,应在砌筑墙体时预留和预埋,不得随意打凿已砌好的墙体。小砌块砌体内不宜设置脚手眼,如需要设置时,可用辅助规格的单孔小砌块(190 mm×190 mm×190 mm)侧砌,利用其孔洞作为脚手眼,墙体完工后用强度等级不低于 C15 的混凝土填实。

⑨ 在常温条件下,普通混凝土小砌块墙体的日砌筑高度应控制在 1.8 m 以内,以保证墙体的稳定性。

3.3.3 钢筋混凝土芯柱、构造柱施工

钢筋混凝土芯柱是按抗震设计要求,在混凝土小砌块房屋的外墙转角或某些内外墙交接处,于砌块的 3～7 个孔洞内插入钢筋,并浇筑混凝土而形成。其施工要点如下。

① 浇筑芯柱的混凝土,宜选用专用的小砌块灌孔混凝土。当采用普通混凝土时,其坍落度不应小于 90 mm。

② 在芯柱部位,每层楼的第一皮砌块,应采用开口小砌块或 U 形小砌块,以形

成清理口。

③ 浇筑混凝土前,应清除孔洞内的砂浆等杂物,并用水冲洗湿润,将积水排出后再用混凝土预制块封闭清理口。

④ 墙体的砌筑砂浆强度大于1 MPa时,方可浇筑芯柱混凝土。

⑤ 浇筑芯柱混凝土前应先注入适量与芯柱混凝土成分相同的去石水泥砂浆,再浇筑混凝土。

混凝土小砌块房屋中也可用钢筋混凝土构造柱代替芯柱。构造柱的施工,与3.2.4中所述相同,在此不再赘述。

3.4 填充墙砌体工程

钢筋混凝土框架结构和框架剪力墙结构以及钢结构房屋中的围护墙和隔墙,在主体结构施工后,常采用轻质材料填充砌筑,称为填充墙砌体。填充墙砌体采用的轻质块材通常有蒸压加气混凝土砌块、粉煤灰砌块、轻骨料混凝土小型空心砌块和烧结空心砖等。

3.4.1 砌筑前的准备工作

1. 材料准备

① 在各类砌块和空心砖的运输、装卸过程中,严禁抛掷和倾倒。进场后应按品种、规格分别堆放整齐,堆置高度不宜超过2 m。对加气混凝土砌块和粉煤灰砌块尚应防止雨淋。

② 各类砌块使用前应检查其生产龄期,施工时所用砌块的产品龄期应超过28 d。

③ 用空心砖砌筑时,砖应提前1～2 d浇水湿润,砖的含水率宜为10%～15%;用轻骨料混凝土小砌块砌筑时,可提前浇水湿润,但表面有浮水时,不得施工;用蒸压加气混凝土砌块、粉煤灰砌块砌筑时,应向砌筑面适量浇水。

2. 技术准备

填充墙砌体砌筑前,其抄平、放线的技术准备工作与砖砌体工程相同。在制作皮数杆时,一方面需考虑地面或楼面至上层梁底或板底的净空高度;另一方面还需考虑到轻骨料混凝土小型空心砌块和烧结空心砖必须整块体使用,不能切割;此外还需预留出墙底部的坎台高度和墙顶部的空隙高度。在综合考虑上述诸因素后,才能准确地确定砌筑的皮数。

3.4.2 填充墙砌体的施工要点

填充墙砌体施工的一般工艺过程为:筑坎台→排块摆底→立皮数杆→挂线砌筑→7 d后塞缝、收尾。填充墙砌体虽为非承重墙体,但为了保证墙体有足够的整体稳定性和良好的使用功能,施工中应注意以下砌筑要点。

① 采用轻质砌块或空心砖砌筑墙体时，墙底部应先砌筑烧结普通砖或多孔砖、或普通混凝土小型空心砌块的坎台，或现浇混凝土坎台，坎台高度不宜小于200 mm。

② 由于加气混凝土砌块和粉煤灰砌块的规格尺寸都较大(前者规格为长×高＝600 mm×200、250、300 mm 三种，后者为长×高＝880 mm×380、430 mm 两种)，为了保证纵、横墙和门窗洞口位置的准确性，砌块砌筑前应根据建筑物的平面、立面图绘制砌块排列图，并根据排列图排块撂底。

③ 在采用砌块砌筑时，各类砌块均不应与其他块材混砌，以便有效地控制因砌块不均匀收缩而产生的墙体裂缝，但对于门窗洞口等局部位置，可酌情采用其他块材补砌。空心砖墙的转角、端部和门窗洞口处，应采用烧结普通砖砌筑，普通砖的砌筑长度不小于 240 mm。

④ 填充墙砌筑时应错缝搭砌，蒸压加气混凝土砌块和粉煤灰砌块的搭砌长度不应小于砌块长度的 1/3；轻骨料混凝土小型空心砌块的搭砌长度不应小于 90 mm；空心砖的搭砌长度为 1/2 砖长。竖向通缝均不应大于 2 皮块体。

⑤ 填充墙砌体的灰缝厚度和宽度应正确。蒸压加气混凝土砌块、粉煤灰砌块砌体的水平灰缝厚度及竖向灰缝宽度分别宜为 15 mm 和 20 mm；轻骨料混凝土小型空心砌块、空心砖砌体的灰缝应为 8～12 mm。各类砌块砌体的水平及竖向灰缝的砂浆饱满度均不得低于 80%；空心砖砌体的水平灰缝的砂浆饱满度不得低于 80%，竖向灰缝不得有透明缝、瞎缝、假缝。

⑥ 为保证填充墙砌体与相邻的主体结构(墙或柱)有可靠的连接，填充墙砌体留置的拉结钢筋或网片的位置应与块体皮数相符合。拉结钢筋或网片应置于灰缝中，其埋置长度应符合设计要求，竖向位置偏差不应超过一皮块体高度。

⑦ 填充墙砌至接近梁、板底时，应留一定空隙，待填充墙砌筑完并应至少间隔 7 d后，再将其补砌挤紧。通常可采用斜砌烧结普通砖的方法来挤紧，以保证砌体与梁、板底的紧密结合。

3.5 砌体工程冬期施工

当室外日平均气温连续 5 d 稳定低于 5℃时，砌体工程应采取冬期施工措施。在冬期施工期限以外，如果当日最低气温低于 0℃时，也应按冬期施工的规定执行。

3.5.1 砌体工程冬期施工的有关规定

1. 所用材料应符合规定

① 砂浆宜优先采用普通硅酸盐水泥拌制。

② 石灰膏、黏土膏和电石膏等应防止受冻，如遭冻结，应经融化后使用；不得使用受冻脱水粉化的石灰膏。

③ 拌制砂浆所用的砂不得含有冰块和直径大于 10 cm 的冻结块。

④ 砌体用砖或其他块材在砌筑前应清除表面污物、冰雪等，不得遭水浸冻。

2. 其他要求

① 拌和砂浆宜采用两步投料法。水的温度不得超过80℃，砂的温度不得超过40℃。砂浆的使用温度应根据所采用的方法，符合相应的规定。

② 对于冬期施工砂浆试块的留置，除应按常温规定要求外，还应增留不少于1组与砌体同条件养护的试块，测试检验28 d强度。

③ 对普通砖、多孔砖和空心砖在气温高于0℃条件下砌筑时，应浇水湿润。在气温低于或等于0℃条件下砌筑时，可不浇水，但必须增大砂浆稠度。对抗震设防烈度为9度的建筑物，在普通砖、多孔砖和空心砖无法浇水湿润时，如无特殊措施，均不得砌筑。

3.5.2 砌体工程冬期施工方法

冬期施工时，砌体中的砂浆会在负温下冻结，停止水化作用，从而失去黏结力。经解冻后，砂浆的强度虽仍可继续增长，但其最终强度显著降低；而且由于砂浆的压缩变形增大，使得砌体的沉降量增大，稳定性随之降低。而当砂浆具有30%以上设计强度，即达到了砂浆允许受冻的临界强度值，再遇到负温也不会引起强度的损失。因此，冬期施工时必须采取有效的措施，尽可能减少对砌体的冻害，以确保砌体工程的质量。冬期施工常用的方法有氯盐砂浆法、掺外加剂法、暖棚法和冻结法，一般多采用氯盐砂浆法。

1. 氯盐砂浆法

氯盐砂浆法是在拌和水中掺入氯盐(如氯化钠、氯化钙)，以降低冰点，使砂浆在砌筑后可以在负温条件下不冻结，继续硬化，强度持续增长，从而不必采取防止砌体沉降变形的措施。采用该法时砂浆的拌和水应加热，砂和石灰膏在搅拌前也应保持正温，确保砂浆经过搅拌、运输，至砌筑时仍具有一定的正温。此种方法施工工艺简单、经济可靠，是砌体工程冬期施工广泛采用的方法。

在采用氯盐砂浆法砌筑时，砂浆的使用温度不应低于+5℃。如设计无要求，当日最低气温等于或低于－15℃时，砌筑承重砌体的砂浆强度等级应按常温施工时提高一级，砌体的每日砌筑高度不宜超过1.2 m。由于氯盐对钢材的腐蚀作用，在砌体中配置的钢筋及钢预埋件，应预先做好防腐处理。

由于掺盐砂浆会使砌体产生析盐、吸湿现象，故氯盐砂浆的砌体不得在下列情况下采用：对装饰工程有特殊要求的建筑物；使用湿度大于80%的建筑物；配筋、钢埋件无可靠的防腐处理措施的砌体；接近高压电线的建筑物(如变电所、发电站等)；经常处于地下水位变化范围内以及在地下未设防水层的结构。

2. 掺外加剂法

砌体工程冬期施工常用的外加剂有防冻剂和微沫剂。砂浆中掺入一定量的外加剂，可改善砂浆的和易性，从而减少拌和砂浆的用水量，以减小冻胀应力；可促使砂浆中的水泥加速硬化及在负温条件下凝结与硬化，从而获得足够的早期强度，提高抗冻能力。

当采用掺外加剂法时，砂浆的使用温度不应低于+5℃。若在氯盐砂浆中掺加微沫剂时，应先加氯盐溶液后再加微沫剂溶液。其施工工艺与氯盐砂浆法相同。

3. 暖棚法

暖棚法是利用简易结构和廉价的保温材料，将需要砌筑的砌体和工作面临时封闭起来，进行棚内加热，则可在正温条件下进行砌筑和养护。暖棚法成本较高，因此仅用于较寒冷地区的地下工程、基础工程和量小又急需使用的砌体。

对暖棚的加热，宜优先采用热风机装置。采用暖棚法施工时，砂浆的使用温度不应低于+5℃；块材在砌筑时的温度不应低于+5℃；距离所砌的结构底面0.5 m处的棚内温度也不应低于+5℃。在暖棚内的砌体养护时间应根据暖棚内温度确定，以确保拆除暖棚时砂浆的强度能达到允许受冻的临界强度值。养护时间的规定如下：棚内温度为+5℃时养护时间不少于6 d，棚内温度为+10℃时不少于5 d，棚内温度为+15℃时不少于4 d，棚内温度为+20℃时不少于3 d。

4. 冻结法

冻结法是在室外用热砂浆砌筑，砂浆中不使用任何防冻外加剂。砂浆在砌筑后很快冻结，到融化时强度仅为零或接近零，转入常温后强度才会逐渐增长。由于砂浆经过冻结、融化和硬化三个阶段，其强度和黏结力都有不同程度的降低，且砌体在解冻时变形大，稳定性差，故使用范围受到限制。混凝土小型空心砌块砌体、承受侧压力的砌体、在解冻期间可能受到振动或动力荷载的砌体以及在解冻时不允许发生沉降的结构等，均不得采用冻结法施工。

为了弥补冻结对砂浆强度的损失，如设计未作规定，当日最低气温高于-25℃时，砌筑承重砌体的砂浆强度等级应提高一级；当日最低气温等于或低于-25℃时，应提高二级。采用冻结法施工时，为便于操作和保证砌筑质量，当室外空气温度分别为0～-10℃、-11～-25℃、-25℃以下时，砂浆使用时的最低温度分别为10℃、15℃、20℃。

当春季开冻期来临前，应从楼板上除去设计中未规定的临时荷载，并检查结构在开冻期间的承载力和稳定性是否有足够的保证，还要检查结构的减载措施和加强结构的方法。在解冻期间，应经常对砌体进行观测和检查，如发现裂缝、不均匀沉降、倾斜等情况，应立即采取加固措施，以消除或减弱其影响。

思　考　题

3-1　对砌筑砂浆的原材料各有什么要求？

3-2　砂浆的流动性、保水性的含义是什么，它对砌筑有何影响？对砌筑砂浆还有哪些技术要求？

3-3　对砂浆的制备与使用有何要求？

3-4 什么是干混砂浆？干混砂浆有哪些类型？为什么宜大力推广使用干混砂浆？

3-5 砖砌体施工前应做好哪些技术准备工作，皮数杆的作用是什么？试述砖砌体的施工工艺。

3-6 砖砌体工程的质量要求有哪些？砖墙临时间断处的接槎方式有哪两种，各有何要求？

3-7 为什么水平灰缝的砌筑砂浆的饱满度要求要高于竖向灰缝的？

3-8 简述墙体内钢筋混凝土构造柱的施工要点。

3-9 简述混凝土小型空心砌块砌体施工中应注意的问题。

3-10 什么是钢筋混凝土芯柱？简述其施工要点。

3-11 试述填充墙砌体施工的工艺过程，并简述其施工要点。

3-12 冬期施工中的砌体材料各应符合什么要求？

3-13 冬期施工常用的方法有哪些，其中采用氯盐砂浆法时应注意哪些问题？

第4章　钢筋混凝土结构工程

【内容提要和学习要求】

① 模板工程：掌握模板的技术要求；掌握各种构件模板的安装与拆除；熟悉组合钢模板、木模板的构造；熟悉模板系统设计；了解模板的类型；了解模板构造中的其他类型模板。

② 钢筋工程：掌握钢筋的配料；掌握钢筋各种连接方法的特点和适用范围；熟悉钢筋的代换；熟悉钢筋的加工；熟悉钢筋的绑扎和安装；熟悉钢筋工程的质量要求；了解钢筋的种类和进场的验收。

③ 混凝土工程：掌握混凝土浇筑中的技术要求，基础、主体结构的浇筑方法；掌握混凝土的自然养护；熟悉施工配合比的确定；熟悉混凝土的拌制，混凝土的运输，浇筑前的准备工作，大体积混凝土、水下混凝土等的浇筑方法；熟悉混凝土密实成型中的机械振动成型；了解混凝土配制中对各种原材料的要求和混凝土配合比的确定；了解混凝土密实成型中的离心法和真空作业法成型；了解蒸汽养护；了解混凝土的质量验收和缺陷的技术处理。

④ 混凝土的冬期施工：掌握混凝土冬期施工的基本概念；熟悉混凝土冬期施工的工艺要求和蓄热法养护，了解其他养护方法。

4.1 模板工程

模板是使混凝土结构和构件按设计的位置、形状、尺寸浇筑成型的模型板。模板系统包括模板和支架两部分，模板工程是指对模板及其支架的设计、安装、拆除等技术工作的总称，是混凝土结构工程的重要内容之一。

模板在现浇混凝土结构施工中使用量大而面广，每1 m^3 混凝土工程模板用量高达4～5 m^2，其工程费用占现浇混凝土结构造价的30%～35%，劳动用工量占40%～50%。因此，正确选择模板的材料、类型和合理组织施工，对于保证工程质量、提高劳动生产率、加快施工速度、降低工程成本和实现文明施工，都具有十分重要的意义。

4.1.1 模板工程概述

1. 模板的技术要求

① 模板及其支架应根据工程结构形式、荷载大小、地基土类别、施工设备和材料供应等条件进行设计。模板及其支架应具有足够的承载能力、刚度和稳定性，能可

靠地承受浇筑混凝土的重量、侧压力以及施工荷载。

② 模板应保证工程结构和构件各部分形状尺寸及相互位置的正确。

③ 模板应构造简单、装拆方便,并便于钢筋的绑扎与安装,符合混凝土的浇筑及养护等工艺要求。

④ 模板的接缝不应漏浆;在浇筑混凝土前,木模板应浇水湿润,但模板内不应有积水。

⑤ 模板与混凝土的接触面应清理干净并涂刷隔离剂,但不得采用影响结构性能或妨碍装饰工程施工的隔离剂;在涂刷模板隔离剂时,不得沾污钢筋和混凝土接槎处。

⑥ 对清水混凝土工程及装饰混凝土工程,应使用能达到设计效果的模板。

2. 模板的类型

① 按所用的材料划分为钢模板、胶合板模板、钢木(竹)组合模板、塑料模板、玻璃钢模板、铝合金模板、压型钢板模板、装饰混凝土模板、预应力混凝土薄板模板等。

② 按施工方法划分为装拆式模板、活动式模板、永久性模板等。装拆式模板由预制配件组成,现场组装,拆模后稍加清理和修理可再周转使用,常用的有胶合板模板和组合钢模板以及大型的工具式定型模板,如大模板、台模、隧道模等。活动式模板是指按结构的形状制作成工具式模板,组装后随工程的进展而进行垂直或水平移动,直至工程结束才拆除,如滑升模板、提升模板、移动式模板等。永久性模板则永久地附着于结构构件上,并与其成为一体,如压型钢板模板、预应力混凝土薄板模板等。

③ 按结构类型划分为基础模板、柱模板、梁模板、楼板模板、墙模板、楼梯模板、壳模板、烟囱模板、桥梁墩台模板等。

现浇混凝土结构中采用高强、耐用、定型化、工具化的新型模板,有利于多次周转使用,安拆方便,是提高工程质量、降低成本、加快进度、取得良好经济效益的重要施工措施。

4.1.2 模板的构造

1. 组合钢模板

组合钢模板是按预定的几种规格、尺寸设计和制作的模板,它具有通用性,且拼装灵活,能满足大多数构件几何尺寸的要求。使用时仅需根据构件的尺寸选用相应规格尺寸的定型模板加以组合即可。组合钢模板由一定模数的钢模板块、连接件和支承件组成。

(1) 钢模板

钢模板的主要类型有平面模板(P)、阴角模板(E)、阳角模板(Y)和连接角模(J)等(见图4-1),常用规格见表4-1。为了模板配板的需要,要用代号表示其类型和规格,如P2012,其中,“P”代表平面模板,“20”指模板宽度为200 mm,“12”指模板长度为1200 mm。

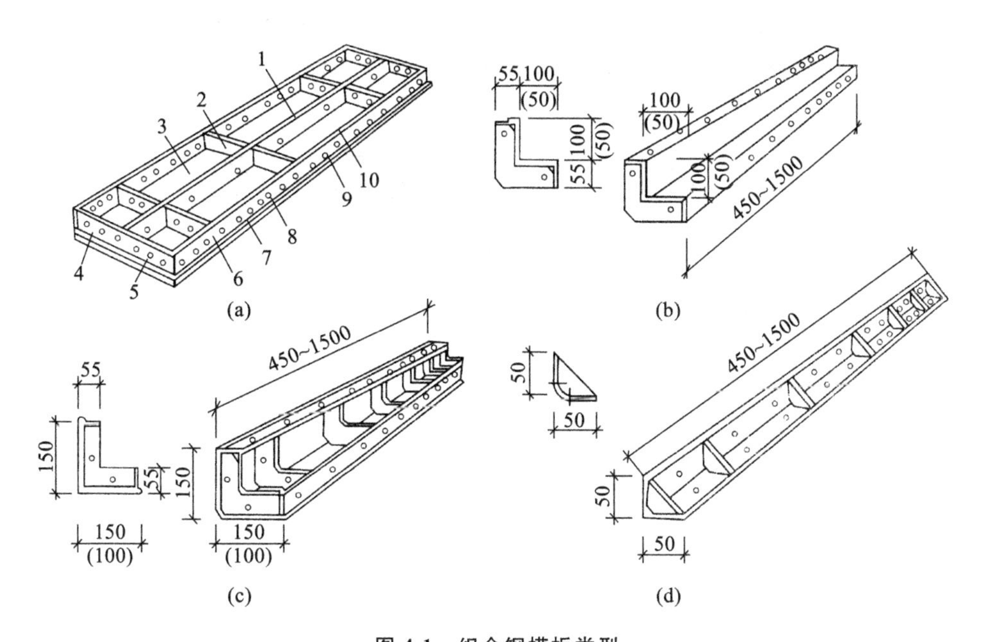

图 4-1　组合钢模板类型

(a)平面模板；(6)阳角模板；(c)阴角模板；(d)连接角模

1—中纵肋；2—中横肋；3—面板；4—横肋；5—插销孔；6—纵肋；

7—凸棱；8—凸鼓；9—形卡孔；10—钉子孔

表 4-1　常用组合钢模板规格　　单位：mm

规格	平面模板	阴角模板	阳角模板	连接角模
宽度	300、250、200、150、100	150×150 100×150	100×100 50×50	50×50
长度	1500、1200、900、750、600、450			
肋高	55			

平面模板由面板和肋条组成，采用 Q235 钢板制成。面板厚 2.3 mm 或 2.5 mm，边框及肋采用 55 mm×2.8 mm 的扁钢，边框开有连接孔。平面模板可用于基础、柱、梁、板和墙等各种结构的平面部位。

转角模板的长度与平面模板相同。其中，阴角模板用于墙体和各种构件的内角(凹角)的转角部位；阳角模板用于柱、梁及墙体等外角(凸角)的转角部位；连接角模亦用于梁、柱和墙体等外角(凸角)的转角部位。

(2) 钢模板连接件

组合钢模板的连接件主要有 U 形卡、L 形插销、钩头螺栓、紧固螺栓、对拉螺栓和扣件等，如图 4-2 所示。相邻模板的拼接均采用 U 形卡，U 形卡安装距离一般不大于 300 mm；L 形插销插入钢模板端部横肋的插销孔内，以增强两相邻模板接头处的刚度和保证接头处板面平整；钩头螺栓用于钢模板与内外钢楞的连接与紧固；紧固螺栓用于紧固内外钢楞；对拉螺栓用于连接墙壁两侧模板；扣件用于钢模板与钢楞或钢楞之间的紧固,并与其他配件一起将钢模板拼装成整体。扣件应与相应的钢楞配套使用,按钢楞的不同形状,分为3形扣件和蝶形扣件。

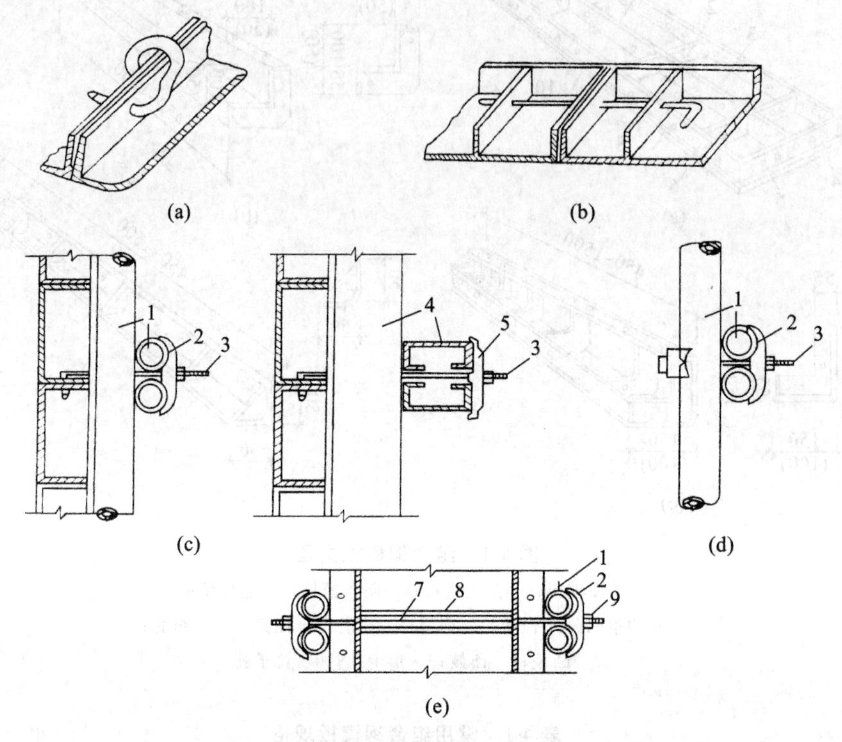

图4-2 钢模板连接件

(a)U形卡连接;(b)L形插销连接;(c)钩头螺栓连接;(d)紧固螺栓连接;(e)对拉螺栓连接

1—圆钢管钢楞;2—3形扣件;3—钩头螺栓;4—内卷边槽钢钢楞;5—蝶形扣件;

6—紧固螺栓;7—对拉螺栓;8—塑料套管;9—螺母

(3) 钢模板支承件

组合钢模板的支承件包括钢楞、支柱、斜撑、柱箍和平面组合式桁架等。

2. 钢框定型模板

钢框定型模板包括钢框木胶合板模板和钢框竹胶合板模板。这两类模板是继组合钢模板后出现的新型模板,它们的构造相同。但钢框木胶合板模板成本较高,使其推广受到限制;而钢框竹胶合板模板是利用我国丰富的竹材资源制成的多层胶合板模板,其成本低、技术性能优良,有利于模板的更新换代和推广应用。

在钢框竹胶合板模板中,用于面板的竹胶合板主要有3~5层竹片胶合板、多层竹帘胶合板等不同类型。模板钢框主要由型钢制作,边框上设有连接孔。面板镶嵌在钢框内,并用螺栓或铆钉与钢框固定,当面板损坏时,可将面板翻面使用或更换新面板。面板表面应做防水处理,制作时板面要与边框齐平。钢框竹胶合板有55系列(即钢框高55 mm)和63、70、75等系列,其中55系列的边框和孔距与组合钢模板相互匹配,可以混合使用。

钢框定型模板具有如下特点：① 用钢量少，比钢模板可节省钢材约 1/2；② 自重轻，比钢模板约轻 1/3，单块模板面积比同重量钢模板增大 40%，故拼装工作量小，拼缝少；③ 板面材料的传热系数仅为钢模板的 1/400 左右，故保温性好，有利于冬期施工；④ 模板维修方便；⑤ 刚度、强度较钢模板差。目前已广泛应用于建筑工程中现浇混凝土基础、柱、墙、梁、板及筒体等结构，以及桥梁和市政工程等，施工效果良好。

3. 胶合板模板

胶合板模板目前在土木工程中被广泛应用，按制作材质又可分为木胶合板和竹胶合板。这类模板一般为散装散拆式，也有加工成基本元件（拼板）在现场拼装的。胶合板模板拆除后可周转使用，但周转次数不多。

胶合板模板通常是将胶合板钉在木楞上而构成，胶合板厚度一般为 12～21 mm，木楞一般采用 50 mm×100 mm 或 100×100 mm 的方木，间距在 200～300 mm 之间。

胶合板模板具有以下优点：①板幅大、自重轻，既可减少安装工作量，又可使模板的运输、堆放、使用和管理更加方便；② 板面平整、光滑，可保证混凝土表面平整，用作清水混凝土模板最为理想；③锯截方便，易加工成各种形状的模板，可用做曲面模板；④保温性能好，能防止温度变化过快，冬期施工有助于混凝土的养护。

4. 大模板

大模板一般由面板、加劲肋、竖楞、穿墙螺栓、支撑桁架、稳定机构和操作平台、穿墙螺栓等组成，是一种用于现浇钢筋混凝土墙体的大型工具式模板，如图 4-3 所示。面板是直接与混凝土接触的部分，多采用钢板制成。加劲肋的作用是固定面板，并把混凝土产生的侧压力传给竖楞。加劲肋可做成水平肋或垂直肋，与金属面板以点焊固定。竖楞的作用是加强大模板的整体刚度，承受模板传来的混凝土侧压力，竖楞通常用 65 号或 80 号槽钢成对放置，两槽钢间留有空隙，以通过穿墙螺栓，竖楞间距一般为 1000～2000 mm。穿墙螺栓则是承受竖楞传来侧压力的主要受力构件。支撑桁架用螺栓或焊接与竖楞连接，其作用是承受风荷载等水平力，防止大模板倾覆，桁架上部可搭设操作平台。稳定机构为大模板两端桁架底部伸出的支腿，其上设置螺旋千斤顶，在模板使用阶段用以调整模板的垂直度，并把作用力传递到地面或楼面上；在模板堆放时用来调整模板的倾斜度，以保证模板稳定。操作平台是施工人员操作的场所，有两种做法：一是将脚手板直接铺在桁架的水平弦杆上，外侧设栏杆，其特点是工作面小，投资少，装拆方便；二是在两道横墙之间的大模板的边框上用角钢连接成为搁栅，再满铺脚手板，其特点是施工安全，但耗钢量大。

大模板在高层剪力墙结构施工中应用非常广泛，配以吊装机械通过合理的施工组织进行机械化施工。其特点是：① 强度、刚度大，能承受较大的混凝土侧压力和其他施工荷载；② 钢板面平整光洁，易于清理，且模板拼缝极少，有利于提高混凝土表面的质量；③ 重复利用率高，一般周转次数在 200 次以上；④ 重量大、耗钢量大、不保温。

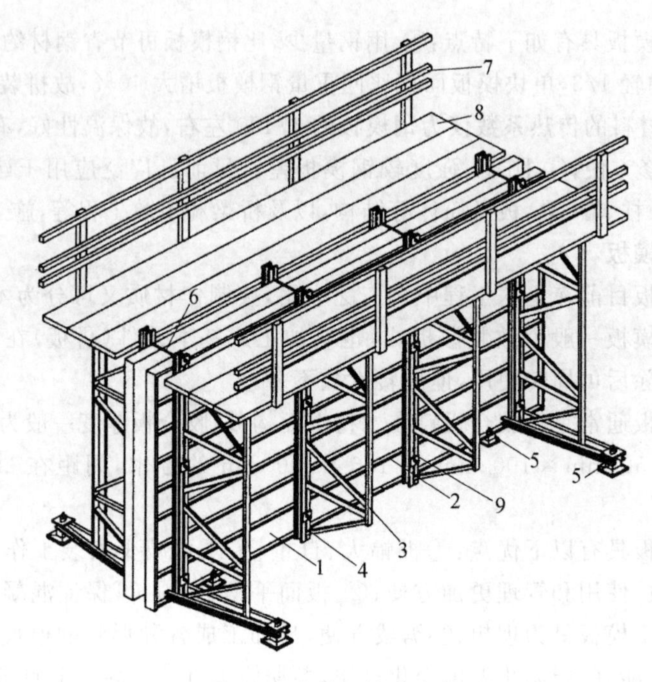

图 4-3　大模板构造示意

1—面板;2—水平加劲肋;3—支撑桁架;4—竖楞;5—调整水平度螺旋千斤顶;
6—固定卡具;7—栏杆;8—脚手板;9—穿墙螺栓

5. 滑升模板

滑升模板是一种工具式模板,常用于浇筑高耸构筑物和建筑物的竖向结构,如烟囱、筒仓、高桥墩、电视塔、竖井、沉井、双曲线冷却塔和高层建筑等。

滑升模板施工的方法是:在构筑物或建筑物的底部,沿结构的周边组装高 1.2 m 左右的滑升模板,随着向模板内不断地分层浇筑混凝土,用液压提升设备使模板不断沿着埋在混凝土中的支撑杆向上滑升,直到需要浇筑的高度为止。

滑升模板主要由模板系统、操作平台系统、液压提升系统三部分组成,如图 4-4 所示。模板系统包括模板、围圈、提升架;操作平台系统包括操作平台(平台桁架和铺板)和吊脚手架;液压提升系统包括支承杆、液压千斤顶、液压控制台、油路系统。

滑升模板施工的特点是:① 可以大大节约模板和支撑材料;② 减少支、拆模板用工,加快施工速度;③ 由于混凝土连续浇筑,可保证结构的整体性;④ 模板一次性投资多、耗钢量大;⑤ 对建筑物立面造型和结构断面变化有一定的限制;⑥ 施工时宜连续作业,施工组织要求较严。

6. 爬升模板

爬升模板是在下层墙体混凝土浇筑完毕后,利用提升装置将模板自行提升到上一个楼层,然后浇筑上一层墙体的垂直移动式模板。它由模板、提升架和提升装置三部分组成,图 4-5 所示是利用电动葫芦作为提升装置的外墙面爬升模板示意图。

爬升模板采用整片式大平模,模板由面板及肋组成,不需要支撑系统;提升设

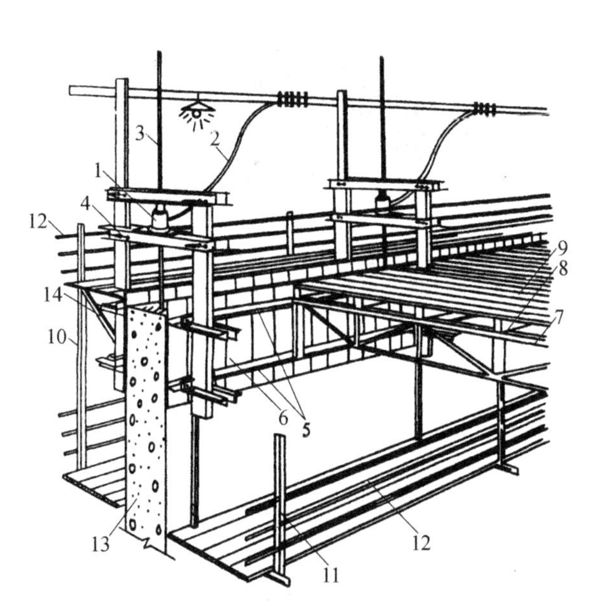

图 4-4　滑升模板构造示意

1—千斤顶；2—高压油管；3—支承杆；4—提升架；
5—上下围圈；6—模板；7—操作平台桁架；8—搁栅；
9—操作平台；10—外吊脚手架；11—内吊脚手架；
12—栏杆；13—混凝土墙体；14—外挑脚手架

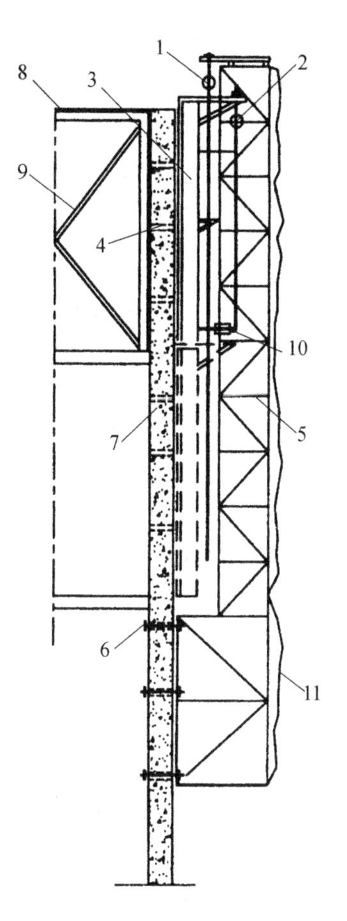

图 4-5　爬升模板结构示意

1—提升外模板的葫芦；2—提升外爬架的葫芦；
3—外爬升模板；4—预留爬架孔；
5—外爬架；6—螺栓；7—外墙；
8—楼板模板；9—楼板模板支撑；
10—模板校正器；11—安全网

备可采用电动螺杆提升机、液压千斤顶或导链。爬升模板是将大模板工艺和滑升模板工艺相结合，既保持了大模板施工墙面平整的优点，又保持了滑模利用自身设备使模板向上提升的优点，即墙体模板能自行爬升而不依赖塔吊。爬升模板适于高层建筑墙体、电梯井壁、管道间混凝土墙体的施工。

7. 台模

台模是浇筑钢筋混凝土楼板的一种大型工具式模板。在施工中可以整体脱模和转运，利用起重机从浇筑完的楼板下吊出，转移至上一楼层，中途不再落地，所以也称“飞模”。

按台模的支撑形式分为支腿式和无支腿式，无支腿式台模悬挂于墙上或柱顶。

支腿式台模由面板、檩条、支撑框架等组成，如图 4-6 所示。面板是直接接触混凝土的部件，可采用胶合板、钢板、塑料板等，其表面应平整光滑，具有较高的强度和刚度。支撑框架的支腿可伸缩或折叠，底部一般带有轮子，以便移动。单座台模面板的面积从 2～6 m^2 到 60 m^2 以上。台模自身整体性好，浇出的混凝土表面平整，施工进度快，适于各种现浇混凝土结构的小开间、小进深楼板。

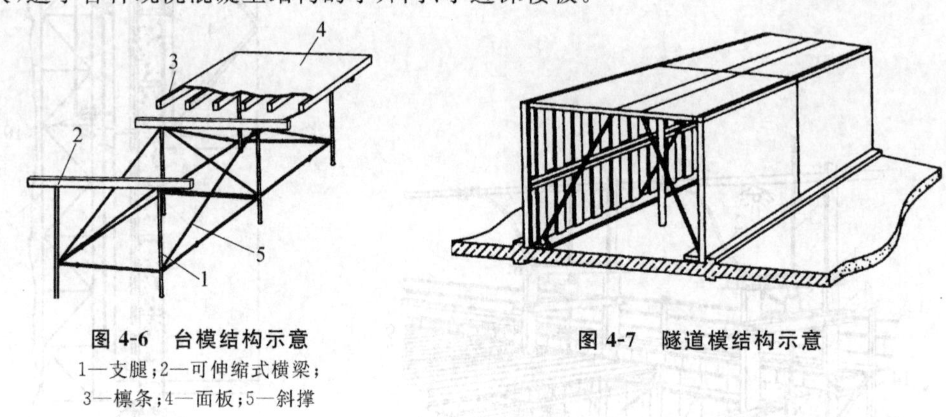

图 4-6　台模结构示意

1—支腿；2—可伸缩式横梁；3—檩条；4—面板；5—斜撑

图 4-7　隧道模结构示意

8. 隧道模

隧道模是将楼板和墙体一次支模的一种工具式模板，相当于将台模和大模板组合起来，用于墙体和楼板的同步施工。隧道模有整体式和双拼式两种。整体式隧道模自重大、移动困难，现应用较少；双拼式隧道模在“内浇外挂”和“内浇外砌”的高、多层建筑中应用较多。

双拼式隧道模由两个半隧道模和一道独立模板组成，独立模板的支撑一般也是独立的，如图 4-7 所示。在两个半隧道模之间加一道独立模板的作用有两个：一是其宽度可以变化，使隧道模适应于不同的开间；二是在不拆除独立模板及支撑的情况下，两个半隧道模可提早拆除，加快周转。半隧道模的竖向墙模板和水平楼板模板间用斜撑连接，在模板的长度方向，沿墙模板底部设行走轮和千斤顶。模板就位后千斤顶将模板顶起，行走轮离开地面，施工荷载全部由千斤顶承担；脱模时松动千斤顶，在自重作用下半隧道模下降脱模，行走轮落到楼板上，可移出楼面，吊升至上一楼层继续施工。

9. 早拆模板体系

早拆模板体系是为实现早期拆除楼板模板而采用的一种支模装置和方法，其工艺原理实质上就是“拆板不拆柱”。早拆支撑利用柱头、立柱和可调支座组成竖向支撑系统，支撑于上下层楼板之间。拆模时使原设计的楼板处于短跨(立柱间距小于 2 m)的受力状态，即保持楼板模板跨度不超过相关规范所规定的拆模的跨度要求。这样，当混凝土强度达到设计强度的 50%(常温下 3～4 d)时即可拆除楼板模板及部分支撑，而柱间、立柱及可调支座仍保持支撑状态。当混凝土强度增大到足以在全跨条件下承受自重和施工荷载时，再拆去全部竖向支撑，如图 4-8 所示。这类施工技术的模板与支撑用量少、投资小、工期短、综合效益显著，所以目前正在大力发展并逐步完善这一施工技术。

在早拆模板支撑体系中，关键的部件是早拆柱头，如图4-9(a)所示。柱头顶板尺寸为50～150 mm，可直接与混凝土接触。两侧梁托可挂住支撑梁的端部，梁托附着在方形管上。方形管可以上下移动115 mm；方形管在上方时，可通过支撑板锁住梁托，用锤敲击支撑板则梁托随方形管下落。可调支座插入立柱的下端，与地面(楼面)接触，用于调节立柱的高度，可调范围为0～50 mm，如图4-9(d)所示。

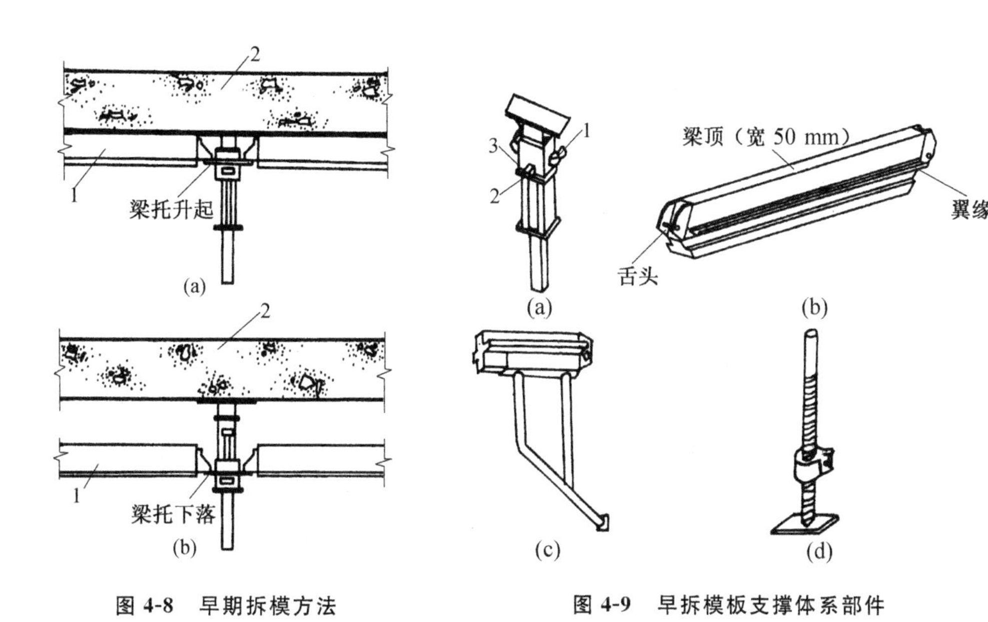

图4-8　早期拆模方法

(a)支模状态；(b)拆模状态

1—模板支撑梁；2—现浇楼板

图4-9　早拆模板支撑体系部件

(a)早拆柱头；(b)模板支撑梁；

(c)模板悬臂支撑梁；(d)可调支座

1—梁托；2—支撑板；3—方形管

4.1.3 模板系统设计

模板系统的设计，包括选型、选材、荷载计算、结构计算、拟订制作安装和拆除方案及绘制模板图等。模板及其支架的设计应根据工程结构形式、荷载大小、地基土类别、施工设备和材料供应等条件进行。

1. 钢模板配板的设计原则

钢模板的配板设计除应满足前述模板的各项技术要求以外，还应遵守以下原则。

① 配制模板时，应优先选用通用、大块模板，使其种类和块数最小，木模镶拼量最少。为了减少钢模板的钻孔损耗，设置对拉螺栓的模板可在螺栓部位改用55 mm×100 mm的刨光方木代替，或使钻孔的模板能多次周转使用。

② 模板长向拼接宜错开布置，以增加模板的整体刚度。

③ 内钢楞应垂直于模板的长度方向布置，以直接承受模板传来的荷载；外钢楞应与内钢楞相互垂直，承受内钢楞传来的荷载并加强模板结构的整体刚度和调整平整度，其规格不得低于内钢楞。

④ 当模板端缝齐平布置时，每块钢模板应有两处钢楞支承；错开布置时，其间距可不受端部位置的限制。

⑤ 支承柱应有足够的强度和稳定性，一般支柱或其节间的长细比宜小于110；对于连续形式或排架形式的支承柱，应配置水平支撑和剪刀撑，以保证其稳定性。

2. 模板的荷载及荷载组合

1）荷载标准值

(1) 模板及支架自重标准值

模板及其支架的自重标准值应根据模板设计图纸确定。对肋形楼板及无梁楼板模板的荷载，可采用表4-2标准值。

表4-2 模板及支架自重标准值 单位：kN/m²

项次	模板构件名称	木模板	定型组合钢模板	钢框胶合板模板
1	平板的模板及小楞	0.30	0.50	0.40
2	楼板模板(其中包括梁的模板)	0.50	0.75	0.60
3	楼板模板及其支架(楼层高度为4 m以下)	0.75	1.10	0.95

(2) 新浇筑混凝土自重标准值

对普通混凝土可采用24 kN/m³，对其他混凝土可根据实际重力密度确定。

(3) 钢筋自重标准值

应根据设计图纸计算确定。一般可按每立方米混凝土的含量计算，其取值为：楼板取1.1 kN/m³，框架梁取1.5 kN/m³。

(4) 施工人员及设备荷载标准值

① 计算模板及直接支承模板的小楞时，对均布荷载取2.5 kN/m²，另应以集中荷载2.5 kN再进行验算，比较两者所得的弯矩值，取其中较大者采用。

② 计算直接支承小楞的结构构件时，均布活荷载取1.5 kN/m²。

③ 计算支架立柱及其他支承结构构件时，均布活荷载取1.0 kN/m²。

对大型浇筑设备，如上料平台、混凝土输送泵等，按实际情况计算；对混凝土堆集料高度超过100 mm以上者，按实际高度计算；当模板单块宽度小于150 mm时，集中荷载可分布在相邻的两块板上。

(5) 振捣混凝土时产生的荷载标准值

对水平面模板取2.0 kN/m²；对垂直面模板取4.0 kN/m²(作用范围在新浇混凝土侧压力的有效压头高度之内)。

(6) 新浇混凝土对模板侧面的压力标准值

当采用内部振捣器时，可按下列两式计算，并取其中的较小值：

$$F=0.22\gamma_c t_0 \beta_1 \beta_2 V^{1/2} \tag{4-1}$$

$$F=\gamma_c H \tag{4-2}$$

式中　F——新浇筑混凝土对模板的最大侧压力(kN/m^2)；

γ_c——混凝土的重力密度(kN/m^3)；

t_0——新浇混凝土的初凝时间(h)，可按实测确定，当缺乏试验资料时，可采用 $t_0=200/(T+15)$ 计算(T 为混凝土的温度℃)；

V——混凝土的浇筑速度(m/h)；

H——混凝土侧压力计算位置处至新浇筑混凝土顶面的总高度(m)；

β_1——外加剂影响修正系数，不掺外加剂时取 1.0，掺入有缓凝作用的外加剂时取 1.2；

β_2——混凝土坍落度影响修正系数，当坍落度小于 30 mm 时取 0.85，50～90 mm 时取 1.0，110～150 mm 时取 1.15。

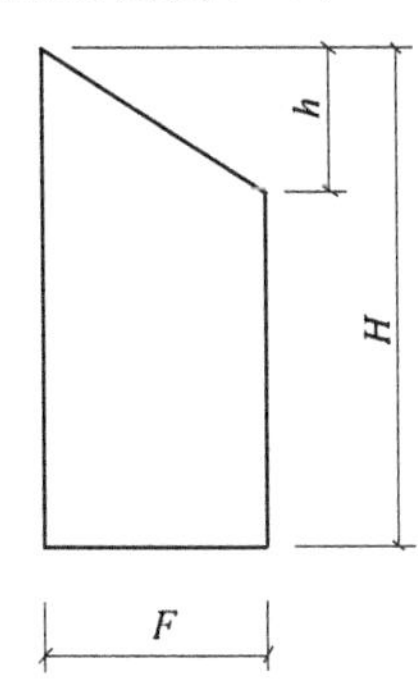

图 4-10　混凝土侧压力

混凝土侧压力的计算分布图形见图 4-10，图中 h 为有效压头高度(m)，可按 $h=F/\gamma_c$ 计算。

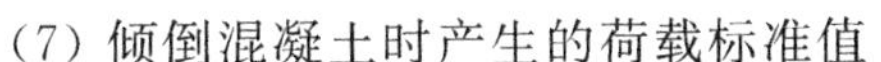

(7) 倾倒混凝土时产生的荷载标准值

倾倒混凝土时对垂直面模板产生的水平荷载标准值，可按表 4-3 采用。

表 4-3　倾倒混凝土时产生的水平荷载标准值

项次	向模板内供料方法	水平荷载(kN/m^2)
1	用溜槽、串筒或导管输出	2
2	用容积小于 0.2 m^3 的运输器具倾倒	2
3	用容积为 0.2～0.8 m^3 的运输器具倾倒	4
4	用容积为大于 0.8 m^3 的运输器具倾倒	6

注：作用范围在有效压头高度以内。

(8) 风荷载标准值

对风压较大地区及受风荷载作用易倾倒的模板，尚需考虑风荷载作用下的抗倾覆稳定性。风荷载标准值按《建筑结构荷载规范》(GB 50009—2012)的规定采用，其中基本风压除按不同地形调整外，可乘以 0.8 的临时结构调整系数，即风荷载标准值为

$$w_k=0.8\beta_z\mu_s\mu_z w_0 \tag{4-3}$$

式中　w_k——风荷载标准值(kN/m^2)；

β_z——高度 z 处的风振系数；

μ_s——风荷载体型系数；

μ_z——风压高度变化系数；

w_0——基本风压(kN/m^2)。

2) 荷载设计值

将上述(1)～(8)项荷载标准值分别乘以表 4-4 中的相应荷载分项系数，即可计算出模板及其支架的荷载设计值。

表 4-4 模板及支架荷载分项系数

项 次	荷载类别	分项系数
1	模板及支架自重	1.2
2	新浇混凝土自重	
3	钢筋自重	
4	施工人员及施工设备荷载	1.4
5	振捣混凝土时产生的荷载	
6	新浇混凝土对模板侧面的压力	1.2
7	倾倒混凝土时产生的荷载、风荷载	1.4

3）荷载组合

模板及其支架的荷载效应应根据结构形式按表 4-5 进行组合。

表 4-5 模板及其支架的荷载组合

项 次	模板类别	参与组合的荷载项	
		计算承载能力	验算刚度
1	平板和薄壳的模板及其支架	1,2,3,4	1,2,3
2	梁和拱模板的底板及支架	1,2,3,5	1,2,3
3	梁、拱、柱(边长≤300 mm)、墙(厚≤100 mm)的侧面模板	5,6	6
4	大体积结构、柱(边长＞300 mm)、墙(厚＞100 mm)的侧面模板	6,7	6

3. 模板设计的计算规定

在进行模板系统设计时,其计算简图应根据模板的具体构造确定,但对不同的构件在设计时所考虑的重点有所不同,例如对定型模板、梁模板、楞木等主要考虑抗弯强度及挠度;对于支柱、排架等系统主要考虑受压稳定性;对于桁架支撑应考虑上弦杆的抗弯能力;对于木构件,则应考虑支座处抗剪及承压等问题。

(1) 荷载折减(调整)系数

模板工程属临时性工程,由于我国目前还没有临时性工程的设计规范,只能按正式工程结构设计规范执行,并进行适当调整。

① 对钢模板及其支架的设计,其荷载设计值可乘以系数 0.85 予以折减;但其截面塑性发展系数取 1.0。

② 采用冷弯薄壁型钢材时,其荷载设计值不应折减,系数为 1.0。

③ 对木模板及其支架的设计,当木材含水率小于 25%时,其荷载设计值可乘以系数 0.90 予以折减。

④ 在风荷载作用下验算模板及其支架的稳定性时,其基本风压值可乘以系数 0.80予以折减。

(2) 模板结构的挠度要求

当验算模板及其支架的刚度时,其最大变形值不得超过下列允许值。

① 对结构表面外露(不做装修)的模板,为模板构件计算跨度的 1/400。

② 对结构表面隐蔽(做装修)的模板,为模板构件计算跨度的 1/250。

③ 对支架的压缩变形值或弹性挠度,为相应的结构计算跨度的 1/1000。

支架的立柱或桁架应保持稳定，并用撑拉杆件固定。当验算模板及其支架在自重和风荷载作用下的抗倾覆稳定性时，其抗倾覆系数不小于1.15，并符合有关的专业规定。

【例4-1】 已知钢筋混凝土梁高0.8 m，宽0.4 m，全部采用定形钢模板，采用C30级混凝土，坍落度为50 mm，混凝土温度为20℃，未采用外加剂，混凝土浇筑速度为1 m/h，试计算梁模板所受的荷载。

【解】

(1)梁侧模板所受的荷载

新浇混凝土侧压力由公式计算得，其初凝时间为

$$t_0=\frac{200}{20+15}\ \text{h}=5.714\ \text{h}$$

$$F_1=0.22\gamma_c\ t_0\ \beta_1\beta_2V^{1/2}=0.22\times24\times5.714\times1\times1\times1^{1/2}\ \text{kN/m}^2=30.17\ \text{kN/m}^2$$

$$F_2=\gamma_c H=24\times0.8\ \text{kN/m}^2=19.2\ \text{kN/m}^2$$

则取较小值： $F=\{30.17,19.2\}_{\min}=19.2\ \text{kN/m}^2$

有效压头 $h=F/\gamma_c=(19.2/24)\ \text{m}=0.8\ \text{m}$，梁模板高0.8 m，即 $H\leqslant h$，说明振捣混凝土时沿整个梁模板高度内的新浇混凝土均处于充分液化状态。且当 $H\leqslant h$ 时，根据荷载组合规定，梁侧模还应叠加由振捣混凝土产生的荷载4 kN/m^2。

故梁侧模所受荷载为 $(19.2+4)\ \text{kN/m}^2=23.2\ \text{kN/m}^2$

(注意：叠加的水平荷载不应超过 F_1 值，即30.17 kN/m^2，现小于 F_1 值，故满足要求。)

(2) 梁底模所受的荷载

钢模板自重：0.75 kN/m^2

新浇混凝土自重：$24\times0.8\times0.4\ \text{kN/m}=7.68\ \text{kN/m}$

钢筋自重：$1.5\times0.8\times0.4\ \text{kN/m}=0.48\ \text{kN/m}$

振捣混凝土产生的荷载(在有效压头范围内)：2 kN/m^2

梁底模所受线荷载：$[(0.75+2)\times0.4+7.68+0.48]\ \text{kN/m}=9.26\ \text{kN/m}$

4.1.4 模板安装与拆除

1. 模板的安装

1) 模板安装方法

模板经配板设计、构造设计和强度、刚度验算后，即可进行现场安装。为加快工程进度，提高安装质量，加速模板周转率，在起重设备允许的条件下，也可将模板预拼成扩大的模板块再吊装就位。

模板安装顺序是随着施工的进程来进行的，其顺序一般为：基础→柱或墙→梁→楼板。在同一层施工时，模板安装的顺序是先柱或墙，再梁、板同时支设。下面分别介绍各部位模板的安装。

(1) 基础模板

基础模板的特点是高度低而体积较大。如土质良好,阶梯形基础的最下一级可不用模板而进行原槽浇筑。

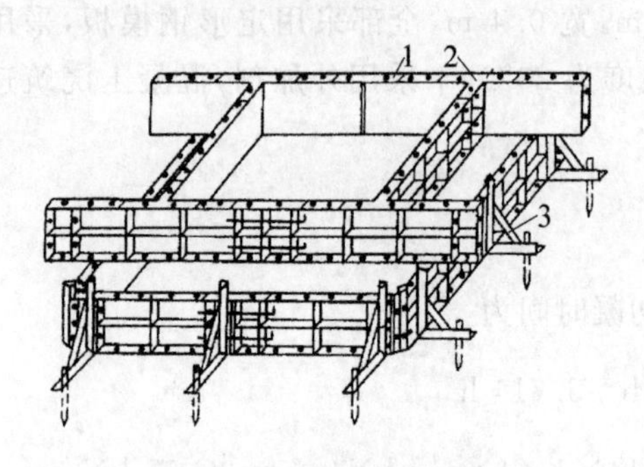

图 4-11 阶梯形基础钢模板

1—扁钢连接件;2—T形连接件;3—角钢三角撑

基础模板一般在现场拼装。拼装时先依照边线安装下层阶梯模板,然后在下层阶梯模板上安装上层阶梯模板。安装时要保证上、下层模板不发生相对位移,并在四周用斜撑撑牢固定。如有杯口还要在其中放入杯口模板。采用钢模板时,其构造如图 4-11 所示。

(2) 柱模板

柱的特点是高度高而断面较小,因此柱模板主要解决垂直度、浇筑混凝土时的侧向稳定及抵抗混凝土的侧压力等问题,同时还应考虑方便浇注混凝土、清理垃圾与钢筋绑扎等问题。

柱模板安装的顺序为:调整柱模板安装底面的标高→拼板就位→安装柱箍→检查并纠偏→设置支撑。

柱模板由四块拼板围成。当采用组合钢模板时,每块拼板由若干块平面钢模板组成,柱模四角用连接角模连接。柱顶梁缺口处用钢模板组合往往不能满足要求,可在梁底标高以下采用钢模板,以上与梁模板接头部分用木板镶拼。其构造如图 4-12所示。采用胶合板模板时,柱模板构造如图 4-13 所示。

根据配板设计图可将柱模板预拼成单片、L 形和整体式三种形式。L 形即为相邻两拼板互拼,一个柱模由两个 L 形板块组成;整体式即由四块拼板全部拼成柱的筒状模板,当起重能力足够时,整体式预拼柱模的效率最高。

为了抵抗浇筑混凝土时的侧压力及保持柱子断面尺寸不变,必须在柱模板外设置柱箍,其间距视混凝土侧压力的大小及模板厚度须通过设计计算确定。柱模板底部应留有清理孔,便于清理安装时掉下的木屑垃圾。当柱身较高时,为方便浇筑、振捣混凝土,通常沿柱高每 2 m 左右设置一个浇筑孔,以保证施工质量。

在安装柱模板时,应采用经纬仪或由顶部用垂球校正其垂直度,并检查其标高位置准确无误后,即用斜撑卡牢固定。当柱高≥4 m 时,一般应四面支撑;柱高超过 6 m时,不宜单根柱支撑,宜几根柱同时支撑连成构架。对通排柱模板,应先安装两端柱模板,校正固定后再在柱模板上口拉通长线校正中间各柱的模板。

(3) 梁模板

梁的特点是跨度较大而宽度一般不大,梁高可达 1 m 以上,工业建筑中有的高达 2 m 以上。梁的下面一般是架空的,因此梁模板既承受竖向压力,又承受混凝土

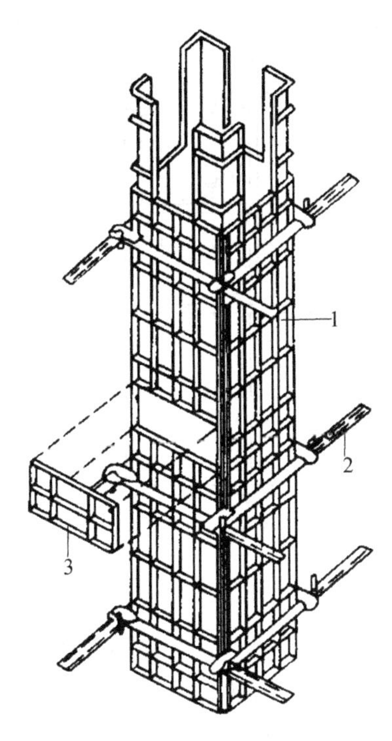

图 4-12　矩形柱钢模板

1—平面钢模板；2—柱箍；

3—浇筑孔盖板

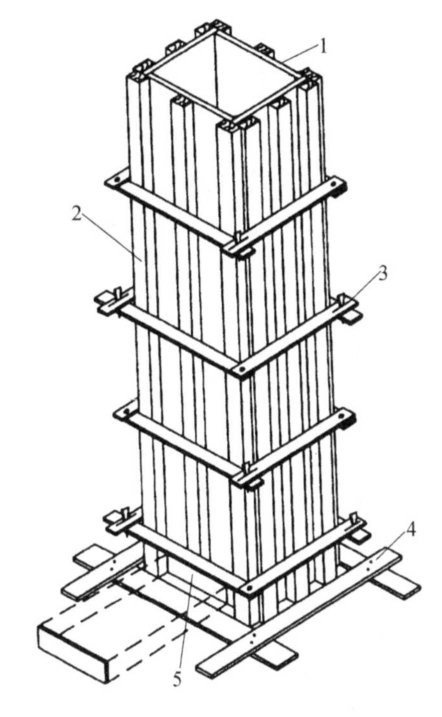

图 4-13　矩形柱胶合板模板

1—胶合板；2—木楞；3—柱箍；

4—定位木框；5—清理孔

的水平侧压力，这就要求梁模板及其支撑系统具有足够的强度、刚度和稳定性，不致产生超过规范允许的变形。

梁模板安装的顺序为：搭设模板支架→安装梁底模板→梁底起拱→安装侧模板→检查校正→安装梁口夹具。

梁模板由三片模板组成。采用组合钢模板时，底模板与两侧模板可用连接角模连接，梁侧模板顶部可用阴角模板与楼板模板相接，如图 4-14 所示。采用胶合板模板的构造如图 4-15 所示。两侧模板之间可根据需要设置对拉螺栓，底模板常用门型支架或钢管支架作为模板支撑架。

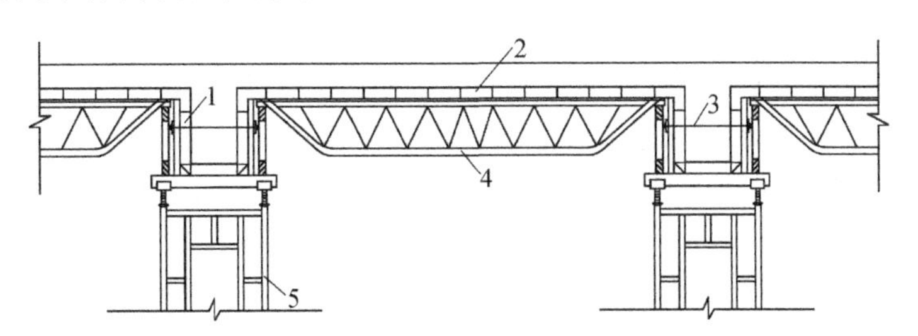

图 4-14　梁和楼板钢模板

1—梁模板；2—楼板模板；3—对拉螺栓；4—平面组合式桁架；5—门型支架

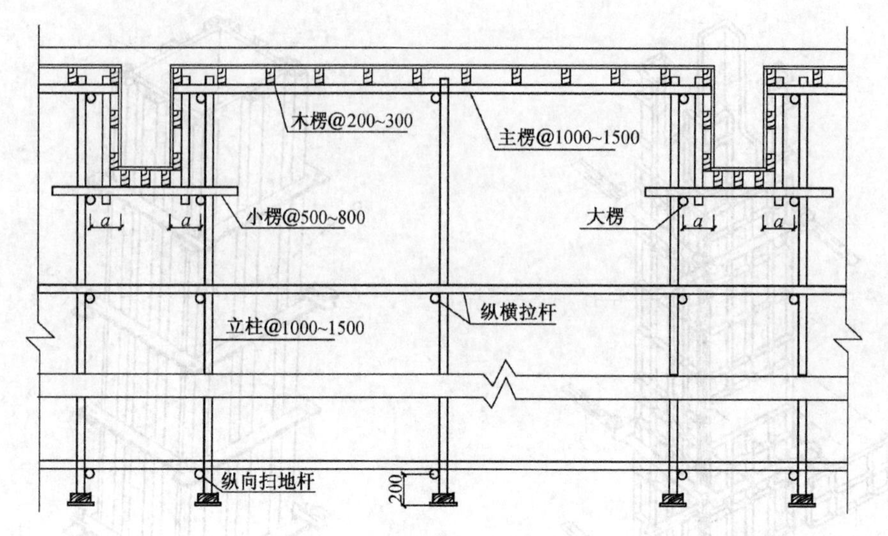

图 4-15　梁和楼板胶合板模板

(a:200～300 mm)

梁模板应在复核梁底标高、校正轴线位置无误后进行安装。安装模板前需先搭设模板支架。支柱(或琵琶撑)安装时应先将其下面的土夯实,放好垫板以保证底部有足够的支撑面积,并安放木楔以便校正梁底标高。支柱间距应符合模板设计要求,当设计无要求时,一般不宜大于 2 m;支柱之间应设水平拉杆、剪刀撑,使之互相联结成一整体,以保持稳定;水平拉杆离地面 500 mm 设一道,以上每隔 2 m 设一道。当梁底距地面高度大于 6 m 时,宜搭设排架支撑,或满堂钢管模板支撑架;对于上下层楼板模板的支柱,应安装在同一条竖向中心线上,或采取措施保证上层支柱的荷载能传递至下层的支撑结构上,以防止压裂下层构件。为防止浇筑混凝土后梁跨中底模下垂,当梁的跨度≥4 m 时,应使梁底模中部略为起拱,如设计无规定,起拱高度宜为全跨长度的 1/1000～3/1000。起拱时可用千斤顶顶高跨中支柱,打紧支柱下楔块或在横楞与底模板之间加垫块。

梁底模板可采用钢管支托或桁架支托,如图 4-16 所示。支托间距应根据荷载计算确定,采用桁架支托时,桁架之间应设拉结条,并保持桁架垂直。梁侧模可利用夹具夹紧,间距一般为 600～900 mm。当梁高在 600 mm 以上时,侧模方向应设置穿通内部的拉杆,并应增加斜撑以抵抗混凝土侧压力。

梁模板安装完毕后,应检查梁口平直度、梁模板位置及尺寸,再吊入钢筋骨架,或在梁板模板上绑扎好钢筋骨架后落入梁内。当梁较高或跨度较大时,可先安装一面侧模,待钢筋绑扎完后再安装另一面侧模进行支撑,最后安装好梁口夹具。

对于圈梁,由于其断面小但很长,一般除窗洞口及某些个别地方架空外,其他部位均设置在墙上。故圈梁模板主要由侧模和固定侧模用的卡具所组成,底模仅在架空部分使用。如架空跨度较大,也可用支柱(或琵琶撑)支撑底模。

(4) 楼板模板

板的特点是面积大而厚度一般不大,因此模板承受的侧压力很小,板模板及其

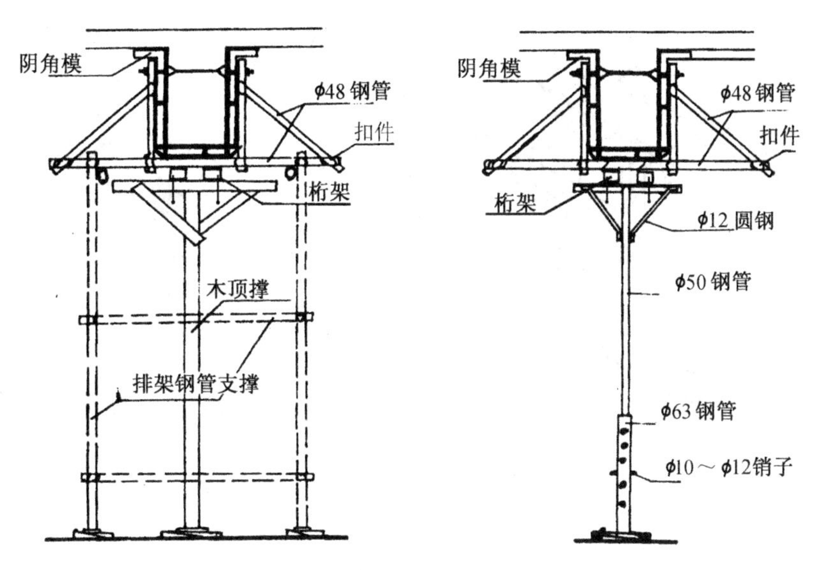

图 4-16　钢管支托和桁架支托

支撑系统主要是抵抗混凝土的竖向荷载和其他施工荷载，保证模板不变形下垂。

板模板安装的顺序为：复核板底标高→搭设模板支架→铺设模板。

楼板模板采用钢模板时，由平面模板拼装而成，其周边用阴角模板与梁或墙模板相连接，如图 4-14 所示。采用胶合板模板的构造如图 4-15 所示。楼板模板可用钢楞及支架支撑，或者采用平面组合式桁架支撑，以扩大板下施工空间。模板的支柱底部应设通长垫板及木楔找平。挑檐模板必须撑牢拉紧，防止向外倾覆，确保施工安全。楼板模板预拼装面积不宜大于 20 m^2，如楼板的面积过大，则可分片组合安装。

（5）墙模板

墙体的特点是高度大而厚度小，其模板主要承受混凝土的侧压力，因此必须加强墙体模板的刚度，并保证其垂直度和稳定性，以确保模板不变形和发生位移。

墙模板安装的顺序为：模板基底处理→弹出中心线和两边线→模板安装→加撑头及对拉螺栓→校正→固定斜撑。

墙模板由两片模板组成，用对拉螺栓保持它们之间的间距。采用钢制大模板时，其构造如图 4-3 所示；若采用胶合板模板时，其构造如图 4-17 所示；若采用组合钢模板拼装时，其构造如图 4-18 所示。后两种墙模板背面均用横、竖楞加固，并设置足够的斜撑来保持其稳定。

墙模板用组合钢模板拼装时，钢模板可横拼也可竖拼；可预拼成大板块吊装也可散拼，即按配板图由一端向另一端，由下而上逐层拼装；如墙面过高，还可分层组装。在安装时，首先沿边线抹水泥砂浆做好安装墙模板的基底处理，弹出中心线和两边线，然后开始安装。墙的钢筋可以在模板安装前绑扎，也可以在安装好一侧的模板后设立支撑，绑扎钢筋，再竖立另一侧模板。为了保持墙体的厚度，墙板内应加

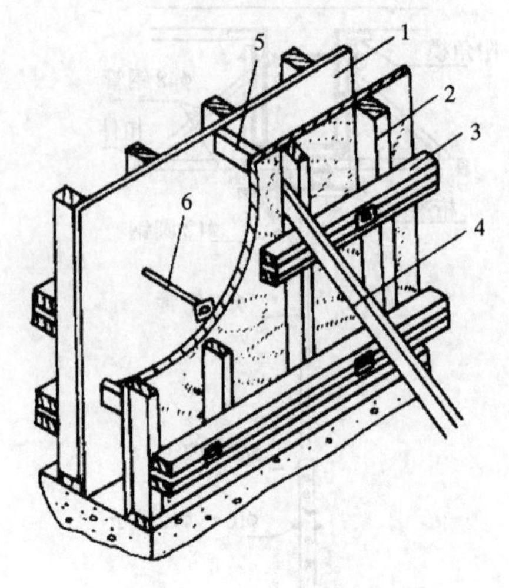

图 4-17 胶合板墙模

1—胶合板;2—内楞;3—外楞;
4—斜撑;5—内撑;6—穿墙螺栓

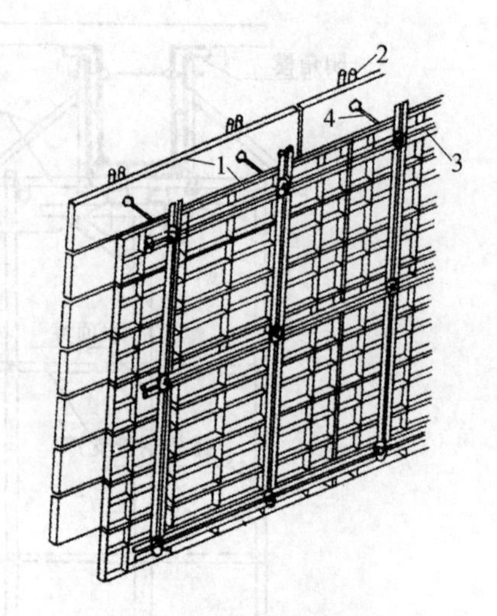

图 4-18 组合钢模板墙模

1—墙模板;2—竖楞;
3—横楞;4—对拉螺栓

撑头及对拉螺栓。对拉螺栓孔需在钢模板上划线钻孔,板孔位置必须准确平直,不得错位;预拼时为了使对拉螺孔不错位,板端均不错开;拼装时不允许斜拉、硬顶。模板安装完毕后在顶部用线坠吊直,并拉线找平后固定斜撑。

(6) 楼梯模板

楼梯模板由梯段底模、外帮侧模和踏步模板组成,如图 4-19 所示。楼梯模板的安装顺序为:安装平台梁及基础模板→安装楼梯斜梁或梯段底模板→楼梯外帮侧模→安装踏步模板。

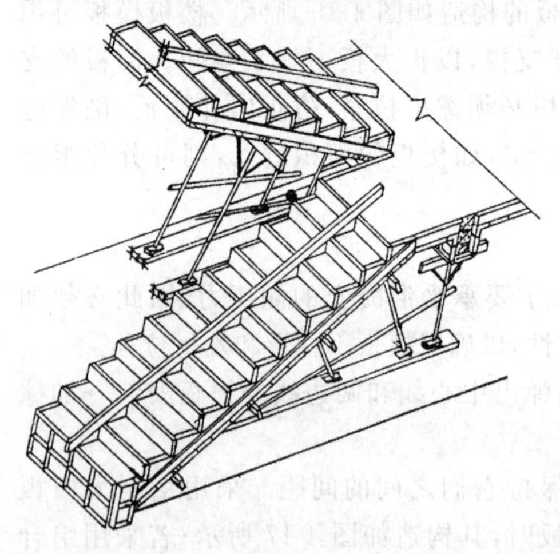
图 4-19 楼梯模板

楼梯模板施工前应根据设计放样,外帮侧模应先弹出楼梯底板厚度线,并画出踏步模板位置线。踏步高度要均匀一致,特别要注意在确定每层楼梯的最下一步及最上一步高度时,必须考虑到楼地面面层的厚度,防止因面层厚度不同而造成踏步高度不协调。在外帮侧模和踏步模板安装完毕后,应钉好固定踏步模板的档木。

2) 模板安装的技术措施

① 施工前应认真熟悉设计图纸、有关技术资料和构造大样图;进行模板设计,编制施工方案;做好技术交底,确保施工质量。

② 模板安装前应根据模板设计图和施工方案做好测量放线工作,准确地标定构

件的标高、中心轴线和预埋件等位置。

③ 应合理地选择模板的安装顺序，保证模板的强度、刚度及稳定性。一般情况下，模板应自下而上安装。在安装过程中，应设置临时支撑使模板安全就位，待校正后方进行固定。

④ 模板的支柱必须坐落在坚实的基土和承载体上。安装上层模板及其支架时，下层楼板应具有承受上层荷载的承载能力，否则应加设支架。上、下层模板的支柱，应在同一条竖向中心线上。

⑤ 模板安装应注意解决与其他工序之间的矛盾，并应互相配合。模板的安装应与钢筋绑扎、各种管线安装密切配合。对预埋管、线和预埋件，应先在模板的相应部位划出位置线，做好标记，然后将它们按设计位置进行装配，并应加以固定。

⑥ 模板在安装全过程中应随时进行检查，严格控制垂直度、中心线、标高及各部分尺寸。模板接缝必须紧密。

⑦ 楼板模板安装完毕后，要测量标高。梁模应测量中央一点及两端点的标高；平板的模板测量支柱上方点的标高。梁底模板标高应符合梁底设计标高；平板模板板面标高应符合模板底面设计标高。如有不符，可打紧支柱下木楔加以调整。

⑧ 浇筑混凝土时，要注意观察模板受荷后的情况，如发现位移、鼓胀、下沉、漏浆、支撑颤动、地基下陷等现象，应及时采取有效措施加以处理。

2. 模板的拆除

1）模板拆除时对混凝土强度的要求

模板和支架的拆除是混凝土工程施工的最后一道工序，与混凝土质量及施工安全有着十分密切的关系。现浇混凝土结构的模板及其支架拆除时的混凝土强度，应符合以下规定。

侧模：应在混凝土强度能保证其表面及棱角不因拆模而受损伤时，方可拆除。

底模及其支架：拆除时的混凝土强度应符合设计要求；当设计无具体要求时，混凝土强度应符合表4-6的规定，且混凝土强度以同条件养护的试件强度为准。

表4-6 底模拆除时的混凝土强度要求

构件类型	构件跨度(m)	达到设计的混凝土立方体抗压强度标准值的百分率(%)
板	≤2	≥50
	>2，≤8	≥75
	>8	≥100
梁、拱、壳	≤8	≥75
	>8	≥100
悬臂构件	—	≥100

已拆除模板及其支架的结构，应在混凝土强度达到设计的混凝土强度等级后，方可承受全部使用荷载。当施工荷载所产生的效应比使用荷载的效应更为不利时，必须经过验算，加设临时支撑，方可施加施工荷载。

2) 模板拆除顺序

模板拆除应按一定的顺序进行。一般应遵循先支后拆、后支先拆、先拆除非承重部位、后拆除承重部位以及自上而下的原则。重大复杂模板的拆除,事前应制订拆除方案。

3) 模板拆除应注意的问题

① 拆模时,操作人员应站在安全处,以免发生安全事故;待该片(段)模板全部拆除后,方可将模板、配件、支架等运出,进行堆放。

② 拆模时不要用力过猛、过急,严禁用大锤和撬棍硬砸硬撬,以避免混凝土表面或模板受到损坏。

③ 模板拆除时,不应对楼层形成冲击荷载。拆下的模板及配件严禁抛扔,要有人接应传递,并按指定地点堆放;要做到及时清理、维修和涂刷好隔离剂,以备待用。

④ 多层楼板施工时,若上层楼板正在浇筑混凝土,下一层楼板模板的支柱不得拆除,再下一层楼板模板的支柱,仅可拆除一部分;跨度 4 m 及 4 m 以上的梁下均应保留支柱,其间距不得大于 3 m。

⑤ 冬期施工时,模板与保温层应在混凝土冷却到 5℃后方可拆除。当混凝土与外界温差大于 20℃时,拆模后应对混凝土表面采取保温措施,如加设临时覆盖,使其缓慢冷却。

⑥ 在拆除模板过程中,如发现混凝土出现异常现象,可能影响混凝土结构的安全和质量问题时,应立即停止拆模,并经处理认证后,方可继续拆模。

4.2 钢筋工程

在钢筋混凝土结构中,钢筋工程的施工质量对结构的质量起着关键性的作用,而钢筋工程又属于隐蔽工程,当混凝土浇筑后,就无法检查钢筋的质量。所以,从钢筋原材料的进场验收,到一系列的钢筋加工和连接,直至最后的绑扎就位,都必须进行严格的质量控制,才能确保整个结构的质量。

4.2.1 钢筋的种类和验收

1. 钢筋的种类

钢筋的种类很多,土木工程中常用的钢筋,一般可按以下几方面分类。

钢筋按化学成分可分为碳素钢筋和普通低合金钢筋。碳素钢筋按含碳量多少又可分为低碳钢筋(含碳量低于 0.25%)、中碳钢筋(含碳量 0.25%～0.7%)和高碳钢筋(含碳量 0.7%～1.4%)。普通低合金钢筋是在低碳钢和中碳钢的成分中加入少量合金元素,如钛、钒、锰等,其含量一般不超过总量的 3%,以便获得强度高和综合性能好的钢种。

钢筋按力学性能可分为 HPB235 级钢筋、HRB335 级钢筋、HRB400 级钢筋和 HRB500 级钢筋等。钢筋级别越高,其强度及硬度越高,但塑性逐级降低。为了便于识别，在不同级别的钢材端头涂有不同颜色的油漆。

钢筋按轧制外形可分为光圆钢筋和变形钢筋（月牙形、螺旋形、人字形钢筋）。

钢筋按供货形式可分为盘圆钢筋（直径不大于 10 mm）和直条钢筋（直径 12 mm 及以上），直条钢筋长度一般为 6～12 m，根据需方要求也可按订货尺寸供应。

钢筋按直径大小可分为钢丝（直径 3～5 mm）、细钢筋（直径 6～10 mm）、中粗钢筋（直径 12～20 mm）和粗钢筋（直径大于 20 mm）。

普通钢筋混凝土结构中常用的钢筋按生产工艺可分为热轧钢筋、冷轧带肋钢筋、冷轧扭钢筋、余热处理钢筋、精轧螺纹钢筋等。

1）热轧钢筋

热轧钢筋是经热轧成型并自然冷却的成品钢筋，分为热轧光圆钢筋和热轧带肋钢筋。目前，HRB400 级钢筋正逐步成为现浇混凝土结构的主导钢筋。热轧钢筋的力学机械性能如表 4-7 所示。

表 4-7 热轧钢筋的力学性能

表面形状	强度代号	钢筋级别	公称直径 d (mm)	屈服点 σ_s (MPa)	抗拉强度 σ_b (MPa)	伸长率 δ_s (%)	冷弯性能	
				不小于			弯曲角度	弯心直径
光圆	HPB235	Ⅰ	8～20	235	370	25	180°	d
月牙肋	HRB335	Ⅱ	6～25 28～50	335	490	16	180° 180°	$3d$ $4d$
	HRB400	Ⅲ	6～25 28～50	400	570	14	180° 180°	$4d$ $5d$
	HRB500	Ⅳ	6～25 28～50	500	630	12	180° 180°	$6d$ $7d$

注：①HRB500 级钢筋尚未列入《混凝土结构设计规范》(GB 50010—2002)。

②当采用直径 $d>40$ mm 的钢筋时，应有可靠的工程经验。

2）冷轧带肋钢筋

冷轧带肋钢筋是由热轧圆盘钢筋经冷轧后，在其表面带有沿长度方向均匀分布的三面或二面横肋的钢筋。分为 CRB550、CRB650、CRB800、CRB970、CRB1170 等五个牌号。CRB550 为普通钢筋混凝土用钢筋，其他牌号为预应力混凝土用钢筋。冷轧带肋钢筋在预应力混凝土构件中是冷拔低碳钢丝的更新换代产品，在普通混凝土结构中可代替 HPB235 级钢筋以节约钢材，是同类冷加工钢材中较好的一种。冷轧带肋钢筋的力学性能如表 4-8 所示。

表 4-8 冷轧带肋钢筋的力学性能

表面形状	强度等级代号	公称直径 d (mm)	抗拉强度 σ_b (MPa)	伸长率(%)		冷弯性能		
				δ_{10}	δ_{100}	弯曲角度	弯心直径	反复弯曲次数
			不小于					
月牙肋	CRB550	4 ～12	550	8.0	—	180°	$3d$	—
	CRB650	4、5、6	650	—	4.0	—	—	3
	CRB800		800	—	4.0	—	—	3
	CRB970		970	—	4.0	—	—	3
	CRB1170		1170	—	4.0	—	—	3

3）冷轧扭钢筋

冷轧扭钢筋也称冷轧变形钢筋，是将低碳钢热轧圆盘钢筋经专用钢筋冷轧扭机调直、冷轧并冷扭一次成型，具有规定截面形状和节距的连续螺旋状钢筋。它具有较高的强度，足够的塑性性能，且与混凝土黏结性能优异，用于工程建设中一般可节约钢材30%以上，有着明显的经济效益。冷轧扭钢筋的力学性能如表4-9所示。

表4-9 冷轧扭钢筋的力学性能

钢筋代号	截面形状	钢筋类型	标志直径 d (mm)	抗拉强度 σ_b (MPa)	伸长率 δ_s (%)	冷弯性能	
						弯曲角度	弯心直径
LZN	矩形	Ⅰ型	6.5～14	≥580	≥4.5	180°	$3d$
	菱形	Ⅱ型	12				

4）余热处理钢筋

余热处理钢筋是热轧成型后立即穿水，进行表面控制冷却，然后利用芯部余热自身完成回火处理所得的成品钢筋。钢筋表面形状为月牙肋，强度代号为KL400，钢筋级别为Ⅲ级，公称直径 d 为8～25 mm、28～40 mm。这种钢筋应用较少。

5）精轧螺纹钢筋

精轧螺纹钢筋是用热轧方法在整根钢筋表面上轧出不带纵肋的螺纹外形钢筋，接长用连接器，端头锚固直接用螺母。该钢筋有40Si2Mn、15M2SiB、40Si2MnV三种牌号，直径有25 mm和32 mm两种。

2. 钢筋进场的验收

钢筋进场时，应有产品合格证、出厂检验报告，并按品种、批号及直径分批验收。验收内容包括钢筋标牌和外观检查，并按有关规定抽取试件进行钢筋性能检验。钢筋性能检验又分为力学性能检验和化学成分检验。

1）外观检查

应对钢筋进行全数外观检查。检查内容包括钢筋是否平直、有无损伤，表面是否有裂纹、油污及锈蚀等，弯折过的钢筋不得敲直后做受力钢筋使用，钢筋表面不应有影响钢筋强度和锚固性能的锈蚀或污染。

常用钢筋的外观检查要求为：热轧钢筋表面不得有裂缝、结疤和折叠，表面凸块不得超过横肋的最大高度，外形尺寸应符合规定；对热处理钢筋，表面无肉眼可见的裂纹、结疤、折叠，如有凸块不得超过横肋高度，表面不得沾有油污；对冷轧扭钢筋要求其表面光滑，不得有裂纹、折叠夹层等，也不得有深度超过0.2 mm的压痕或凹坑。

2）钢筋性能检验

(1) 进场复验

应按《钢筋混凝土用钢　第1部分：热轧光圆钢筋》(GB 1499.1—2008)、《钢筋混凝土用钢　第2部分：热轧带肋钢筋》(GB 1499.2—2007)、《钢筋混凝土用余热处理钢筋》(GB 13014—1991)等标准的规定，抽取试件做力学性能检验，其质量必须符合有关标准的规定。

在钢筋做力学性能检验时，应从每批钢筋中任选两根，每根截取两个试件分别进行拉伸试验(包括屈服点、抗拉强度和伸长率的测定)和冷弯试验。如有一项检验结果不符合规定，则应从同一批钢筋中另取双倍数量的试件重做各项检验；如果仍有一个试件不合格，则该批钢筋为不合格产品，应不予验收或降级使用。

(2) 满足抗震设防要求

对有抗震设防要求的框架结构，其纵向受力钢筋的强度应满足设计要求；当设计无具体要求时，对一、二级抗震等级，检验所得的强度实测值应符合下列规定。

① 钢筋的抗拉强度实测值与屈服强度实测值的比值不应小于1.25。

② 钢筋的屈服强度实测值与强度标准值的比值不应大于1.3。

(3) 其他检验

当发现钢筋脆断、焊接性能不良或力学性能显著不正常等现象时，应对该批钢筋进行化学成分检验或其他专项检验。

4.2.2 钢筋配料

构件中的钢筋，需根据设计图纸准确地下料（即切断），再加工成各种形状。为此，必须了解各种构件的混凝土保护层厚度及钢筋弯曲、搭接、弯钩等有关规定，采用正确的计算方法，按图中尺寸计算出实际下料长度。

1. 钢筋直线下料长度计算

钢筋直线下料长度可按下列公式计算

钢筋直线下料长度＝钢筋外包尺寸之和 － 弯曲量度差 ＋ 弯钩增加长度

箍筋下料长度＝箍筋周长 ＋ 箍筋调整值

1）钢筋外包尺寸

钢筋外包尺寸＝构件外形尺寸 － 保护层厚度

2）弯曲量度差

钢筋弯曲成各种角度的圆弧形状时，其轴线长度不变，但内皮收缩、外皮延伸。而钢筋的量度方法是沿直线量取其外包尺寸，因此弯曲钢筋的量度尺寸大于轴线尺寸（即大于下料尺寸），两者之间的差值称为弯曲量度差。

(1) 弯曲90°时〔见图4-20(b)，弯心直径 $D=2.5d$，外包标注〕

外包尺寸：$2(D/2+d)=2(2.5d/2+d)=4.5d$

中心线尺寸：$(D+d)\pi/4=(2.5d+d)\pi/4=2.75d$

量度差：$4.5d-2.75d=1.75d$

(2) 弯曲45°时〔见图4-20(c)，弯心直径 $D=2.5d$，外包标注〕

外包尺寸：$2(D/2+d)\tan(45°/2)=2(2.5d/2+d)\tan(45°/2)=1.86d$

中心线尺寸：$(D+d)\pi 45°/360°=(2.5d+d)\pi 45°/360°=1.37d$

量度差：$1.86d-1.37d=0.49d$

若 $D=4d$ 时，则量度差为 $0.52d$

(3) 弯曲角为 α 时，弯心直径为 D

外包尺寸：$2(D/2+d)\tan(\alpha/2)$

中心线尺寸：$(D+d)\pi\alpha/360°$

量度差：$2(D/2+d)\tan(\alpha/2)-(D+d)\pi\alpha/360°$

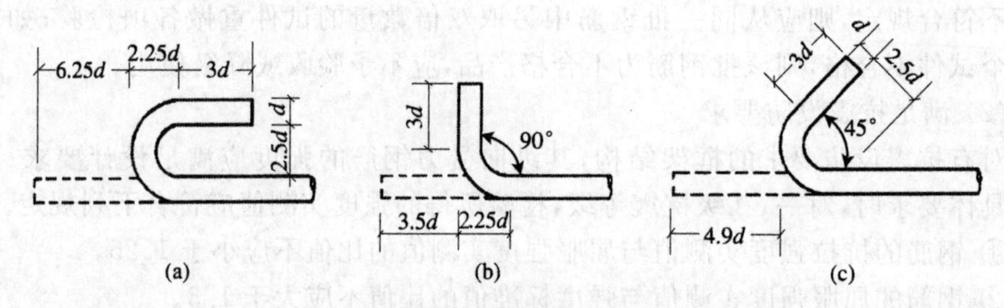

图 4-20　钢筋弯钩计算

(a)半圆弯钩;(b)直弯钩;(c)斜弯钩

根据上述理论推算并结合实际工程经验,弯曲量度差可按表 4-10 取值。

表 4-10　钢筋弯曲量度差值

钢筋弯曲角度	30°	45°	60°	90°	135°
钢筋弯曲量度差值	$0.35d$	$0.5d$	$0.85d$	$2d$	$2.5d$

3) 弯钩增加长度

钢筋弯钩的形式有半圆弯钩(180°)、直弯钩(90°)及斜弯钩(135°),如图 4-20 所示。

弯钩(含箍筋)增加长度可按下列公式计算。

90°:$\frac{\pi}{4}(D+d)-(\frac{D}{2}+d)+$平直长度

135°:$\frac{3\pi}{8}(D+d)-(\frac{D}{2}+d)+$平直长度

180°:$\frac{\pi}{2}(D+d)-(\frac{D}{2}+d)+$平直长度

式中　D——弯心直径;

d——钢筋直径。

当弯心的直径 D 为 $2.5d$,平直部分为 $3d$ 时,半圆弯钩增加长度的计算方法为

弯钩全长:$3d+3.5d\times\pi/2=8.5d$

弯钩增加长度(扣除量度差):$8.5d-2.25d=6.25d$

其余角度弯钩增加长度的计算方法同上,可得到钢筋弯钩增加长度的计算值是:半圆弯钩为 $6.25d$;直弯钩为 $3.0d$;斜弯钩为 $4.9d$。在生产实践中,对半圆弯钩常采用经验数据,见表 4-11。

表 4-11　半圆弯钩增加长度参考值　　单位:mm

钢筋直径 d	≤6	8~10	12~18	20~28	32~36
弯钩增加长度	40	$6d$	$5.5d$	$5d$	$4.5d$

4) 箍筋调整值

箍筋调整值即弯钩增加长度和弯曲量度差两项之差或和,应根据量度得箍筋外包尺寸或内皮尺寸计算,实际工程中可参考表 4-12 计算。

表4-12　箍筋调整值　单位:mm

箍筋量度方法	箍筋直径			
	4～5	6	8	10～12
量外包尺寸	40	50	60	70
量内皮尺寸	80	100	120	150～170

5）保护层厚度

受力钢筋的混凝土保护层厚度，应符合设计要求；当设计无具体要求时，不应小于受力钢筋直径，并应符合表4-13的规定。

表4-13　纵向受力钢筋的混凝土保护层最小厚度　单位:mm

环境与条件	构件名称	混凝土强度等级		
		≤C20	C25～C45	≥C50
室内正常环境	板、墙、壳	20	15	15
	梁	30	25	25
	柱	30	30	30
露天或室内潮湿环境	板、墙、壳	—	20	20
	梁	—	30	30
	柱	—	30	30
有垫层	基础	40		
无垫层		70		

2. 钢筋配料单与料牌

1）钢筋配料单

钢筋配料单是根据设计图中各构件钢筋的品种、规格、外形尺寸及数量进行编号，计算下料长度，并用表格形式表达出来。钢筋配料单是钢筋加工的依据，也是提出材料计划、签发任务单和限额领料单的依据。合理的配料，不但能节约钢材，还能使施工操作简化。

编制钢筋配料单时，首先按各编号钢筋的形状和规格计算下料长度，并根据根数计算出每一编号钢材的总长度；然后再汇总各规格钢材的总长度，算出其总质量。当需要成型的钢筋很长，尚需配有接头时，应根据原材料供应情况和接头形式来考虑钢筋接头的布置，并在计算下料长度时加上接头所需的长度。

钢筋配料单的具体编制步骤为熟悉图纸（构件配筋表）→绘制钢筋简图→计算每种规格钢筋的下料长度→填写和编制钢筋配料单→填写钢筋料牌。

2）钢筋料牌

在钢筋工程施工中，仅有钢筋配料单还不能作为钢筋加工与绑扎的依据，还要对每一编号的钢筋制作一块料牌。料牌可用100 mm×70 mm的薄木板或纤维板等制成。料牌在钢筋加工的各过程中依次传递，最后系在加工好的钢筋上作为标志。施工中必须按料牌严格校核，准确无误，以免返工浪费。

3. 钢筋配料单编制实例

试编制如图4-21所示的简支梁钢筋配料单。

【解】

(1)熟悉图纸(配筋图)。

(2)绘制各编号钢筋的小样图,如图 4-22 所示。

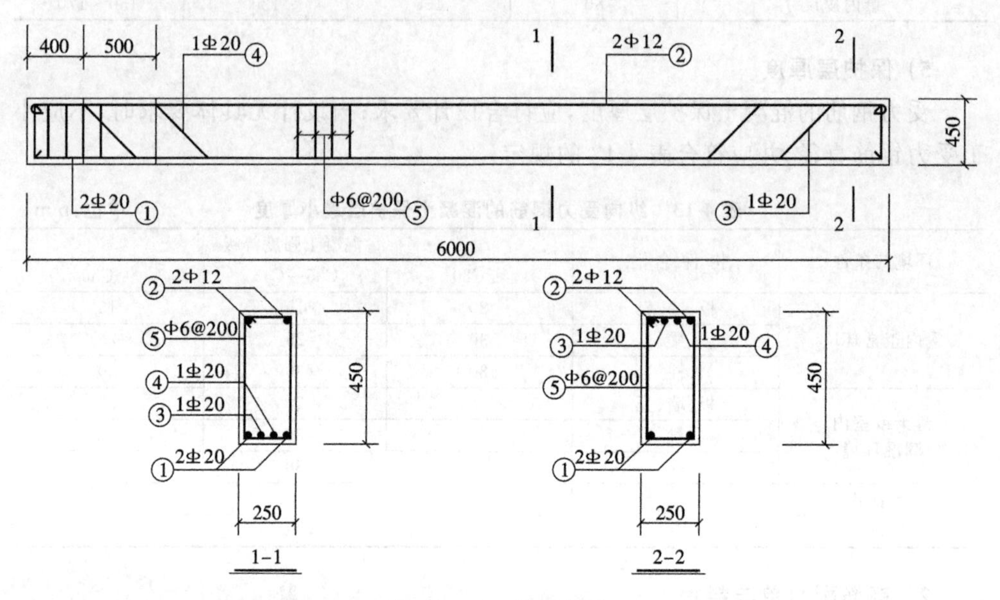

图 4-21 L_1 梁钢筋图

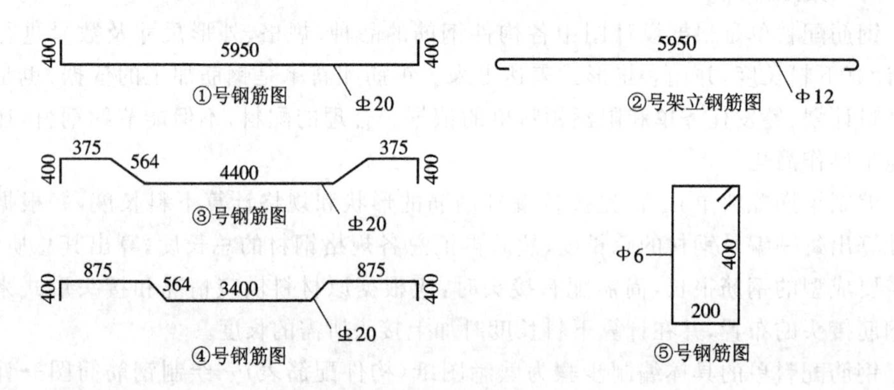

图 4-22 ①～⑤号钢筋图

(3) 计算钢筋下料长度。

钢筋直线下料长度＝外包尺寸之和＋端部弯钩增加长度－弯曲量度差值

① 号钢筋:外包尺寸　竖向部分长度＝(450－2×25)mm＝400 mm

水平部分长度＝(6000－2×25)mm＝5950 mm

弯曲量度差值＝2×2×20 mm ＝80 mm

直线下料长度＝［(400×2＋5950)＋0－80］mm＝6670 mm

② 号钢筋:外包尺寸　水平部分长度＝(6000－2×25)mm＝5950 mm

端部弯钩增加长度＝6.25×12×2 mm ＝150 mm

直线下料长度＝(5950＋150－0)mm＝6100 mm

③ 号钢筋:外包尺寸　竖向部分长度＝(450－2×25)mm＝400 mm

端部平直段长度＝(400－25)mm＝375 mm

斜段长度＝(450－2×25)×1.41＝564 mm

中间直段长度＝(6000－2×25－2×375－2×400)mm
＝4400 mm

弯曲量度差值＝(2×2×20＋4×0.5×20) mm ＝120 mm

直线下料长度＝[(400×2＋375×2＋564×2＋4400)＋0
－120]mm＝6958 mm

④ 号钢筋:外包尺寸　竖向部分长度＝(450－2×25)mm＝400 mm

端部平直段长度＝(400＋500－25)mm＝875 mm

斜段长度＝(450－2×25)×1.41＝564 mm

中间直段长度＝(6000－2×25－2×875－2×400)mm
＝3400 mm

弯曲量度差值＝(2×2×20＋4×0.5×20) mm ＝120 mm

直线下料长度＝[(400×2＋875×2＋564×2＋3400)＋0
－120]mm＝6958 mm

⑤ 号钢筋:箍筋下料长度＝箍筋内皮尺寸＋箍筋调整值
＝[(400＋200)×2＋100] mm＝1300 mm

箍筋数量 n＝(5950/200＋1)个＝31 个

(4) 填写和编制钢筋配料单,如表 4-14 所示。

表 4-14　钢筋配料单

构件名称	钢筋编号	简　图	直径(mm)	钢号	下料长度(m)	单位相数	合计根数	质量(kg)
某教学楼 L_1 梁共 5 根	1	400　5950　400	20	Φ	6.67	2	10	164.7
	2	5950	12	ϕ	6.10	2	10	54.2
	3	400　375　564　4400　375　400	20	Φ	6.96	1	5	86.0
	4	400　875　564　3400　875　400	20	Φ	6.96	1	5	86.0
	5	400　200	6	ϕ	1.30	31	155	44.7
备注	合计 ϕ 6＝41.7 kg；ϕ 12＝54.2 kg；Φ 20＝336.7 kg							

注:此表内容不全,仅作示例。

(5) 填写钢筋料牌

现仅表示出 L_1 梁③号钢筋的料牌，如图 4-23 所示，其他钢筋的料牌也应按此格式填写。

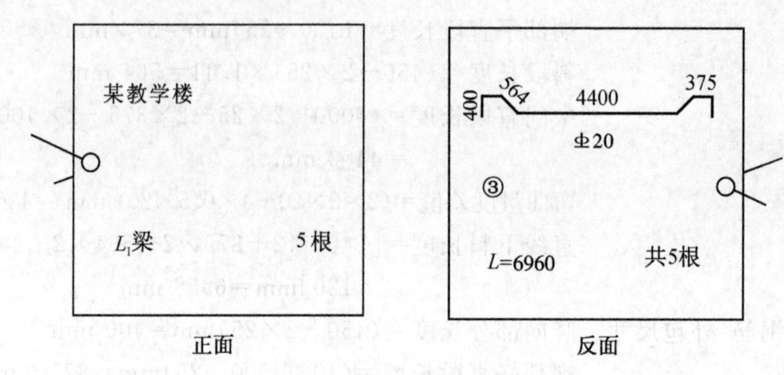

图 4-23 钢筋料牌

4.2.3 钢筋代换

在施工过程中，钢筋的品种、级别或规格必须按设计要求采用，但往往由于钢筋供应不及时，其品种、级别或规格不能满足设计要求，此时为确保施工质量和进度，常需对钢筋进行变更代换。

1. 代换原则和方法

① 当结构构件配筋受强度控制时，钢筋可按强度相等的原则代换。计算方法如下

$$A_{s1} f_{y1} \leqslant A_{s2} f_{y2}$$

即

$$n_1 d_1{}^2 f_{y1} \leqslant n_2 d_2^2 f_{y2}$$

$$n_2 \geqslant \frac{n_1 d_1^2 f_{y1}}{d_2^2 f_{y2}} \tag{4-4}$$

式中 d_1、n_1、f_{y1}——原设计钢筋的直径、根数和设计强度；

d_2、n_2、f_{y2}——拟代换钢筋的直径、根数和设计强度。

② 当构件按最小配筋率配筋时，钢筋可按面积相等的原则代换，即

$$A_{s1} = A_{s2} \tag{4-5}$$

式中 A_{s1}——原设计钢筋的计算面积；

A_{s2}——拟代换钢筋的计算面积。

③ 当结构构件受裂缝宽度或挠度控制时，代换后应进行裂缝宽度或挠度验算。

2. 代换注意事项

① 钢筋的品种、级别或规格需作变更时，应办理设计变更文件。

② 对某些重要构件，如吊车梁、桁架下弦等，不宜用 HPB235 级光圆钢筋代替 HRB335 级和 HRB400 级带肋钢筋。

③ 钢筋代换后，应满足配筋的构造规定，如钢筋的最小直径、间距、根数、锚固长度等。

④ 在同一截面内，可同时配有不同种类和直径的代换钢筋，但每根钢筋的拉力差不应过大（若是相同品种钢筋，直径差值一般不大于 5 mm），以免构件受力不均。

⑤ 梁的纵向受力钢筋与弯起钢筋应分别代换，以保证正截面与斜截面强度。

⑥ 对偏心受压构件（如框架柱、有吊车厂房柱、桁架上弦等）或偏心受拉构件进行钢筋代换时，不应取整个截面的配筋量计算，而应按受力面（受压或受拉）分别代换。

⑦ 当构件受裂缝宽度控制时，如以小直径钢筋代换大直径钢筋，或强度等级低的钢筋代换强度等级高的钢筋，则可不作裂缝宽度验算。

在钢筋代换后，有时由于受力钢筋直径加大或根数增多，而需要增加钢筋的排数，则构件截面的有效高度 h_0 之值会减小，截面强度降低，此时需复核截面强度。

4.2.4 钢筋加工

钢筋加工的基本作业有除锈、调直、切断、连接、弯曲成型等工序。

1. 钢筋除锈

钢筋由于保管不善或存放过久，其表面会结成一层铁锈，铁锈严重将影响钢筋和混凝土的黏结力，并影响到构件的使用效果，因此在使用前应清除干净。钢筋的除锈可在钢筋的冷拉或调直过程中完成（ϕ12 mm 以下钢筋）；也可用电动除锈机除锈，还可采用手工除锈（用钢丝刷，砂盘）、喷砂和酸洗除锈等。

2. 钢筋调直

钢筋调直可采用人工调直、机械调直和冷拉调直等三种方法。

人工调直：ϕ12 mm 以下的钢筋可在工作台上用小锤敲直，也可采用绞磨拉直。粗钢筋一般仅出现一些慢弯，可在工作台上利用扳柱用手扳动钢筋以调直。

机械调直：细钢筋一般采用机械调直，可选用钢筋调直机、双头钢筋调直联动机或数控钢筋调直切断机。机械调直机具有钢筋除锈、调直和切断三项功能，并可在一次操作中完成。其中，数控钢筋调直切断机采用了光电测长系统和光电计数装置，切断长度可以精确到毫米，并能自动控制切断根数。

冷拉调直：粗钢筋常采用卷扬机冷拉调直，且在冷拉时因钢筋变形，其上锈皮自行脱落。冷拉调直时必须控制钢筋的冷拉率。

3. 钢筋切断

钢筋切断常采用手动液压切断器和钢筋切断机。前者能切断 ϕ16 mm 以下的钢筋，且机具体积小、重量轻、便于携带；后者能切断 ϕ6～ϕ40 mm 的各种直径的钢筋。

4. 钢筋弯曲成型

钢筋根据设计要求常需弯折成一定形状。钢筋的弯曲成型一般采用钢筋弯曲机、四头弯筋机（主要用于弯制箍筋），在缺乏机具设备的情况下，也可以采用手摇扳手弯制细钢筋，用卡盘与扳头弯制粗钢筋。对形状复杂的钢筋，在弯曲前应根据钢筋料牌上标明的尺寸划出各弯曲点。

4.2.5 钢筋的连接

钢筋在土木工程中的用量很大,但在运输时却受到运输工具的限制。当钢筋直径 $d<12$ mm 时,一般以圆盘形式供货;当直径 $d\geqslant 12$ mm 时,则以直条形式供货,直条长度一般为 6~12 m,由此带来了钢筋混凝土结构施工中不可避免的钢筋连接问题。目前,钢筋的连接方法有机械连接、焊接连接和绑扎连接三类。机械连接由于具有连接可靠、作业不受气候影响、连接速度快等优点,目前已广泛应用于粗钢筋的连接。焊接连接和绑扎连接是传统的钢筋连接方法,与绑扎连接相比,焊接连接可节约钢材、改善结构受力性能、保证工程质量、降低施工成本,宜优先选用。

1. 钢筋的焊接

焊接连接是利用焊接技术将钢筋连接起来的连接方法,应用广泛。但焊接是一项专门的技术,要求对焊工进行专门培训,持证上岗;焊接施工受气候、电流稳定性的影响较大,其接头质量不如机械连接可靠。

在钢筋焊接连接中,普遍采用的有闪光对焊、电阻点焊、电弧焊、电渣压力焊及埋弧压力焊等。

1) 闪光对焊

闪光对焊是将两根钢筋沿着其轴线,使钢筋端面接触对焊的连接方法。闪光对焊需在对焊机上进行,操作时将两段钢筋的端面接触,通过低电压强电流,把电能转换为热能,待钢筋加热到一定温度后,再施加以轴向压力顶锻,使两根钢筋焊合在一起,接头冷却后便形成对焊接头。对焊原理如图 4-24 所示。

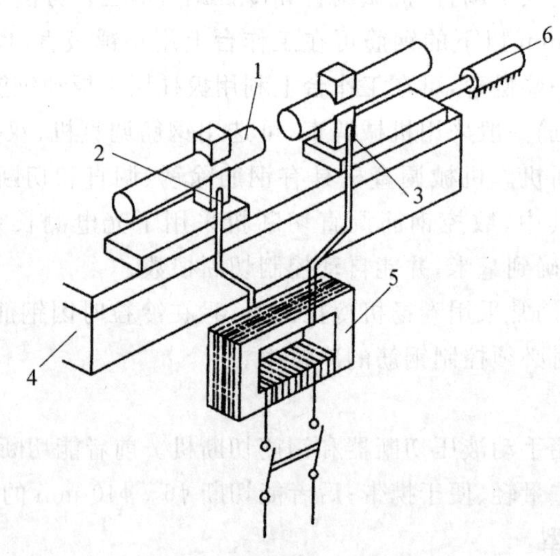

图 4-24 钢筋的对焊原理

1—钢筋;2—固定电极;3—可动电极;

4—机座;5—变压器;6—顶压机构

闪光对焊不需要焊药，施工工艺简单，具有成本低、焊接质量好、工效高的优点。它广泛用于工厂或在施工现场加工棚内进行粗钢筋的对接接长，由于其设备较笨重，不便在操作面上进行钢筋的接长。

闪光对焊根据其工艺不同，可分为连续闪光焊、预热闪光焊、闪光—预热—闪光焊及焊后通电热处理等工艺。

① 连续闪光焊：当对焊机夹具夹紧钢筋并通电出现闪光后，继续将钢筋端面逐渐移近，即形成连续闪光过程。待钢筋烧化完一定的预留量后，迅速加压进行顶锻并立即断开电源，焊接接头即完成。该工艺适宜焊接直径25 mm以下的钢筋。

② 预热闪光焊：它是在连续闪光前增加一个钢筋预热过程，然后再进行闪光和顶锻。该工艺适宜焊接直径大于25 mm且端面比较平整的钢筋。

③ 闪光—预热—闪光焊：它是在预热闪光前再增加一次闪光过程，使不平整的钢筋端面先闪成比较平整的端面，并将钢筋均匀预热。该工艺适宜焊接直径大于25 mm且端面不平整的钢筋。

④ 焊后通电热处理：Ⅳ级钢筋因焊接性能较差，其接头易出现脆断现象。可在焊后进行通电热处理，即待接头冷却至300℃以下时，采用较低变压器级数，进行脉冲式通电加热，以(0.5～1)s/次为宜，热处理温度一般在750～850℃范围内选择。该法可提高焊接接头处钢筋的塑性。

2）电阻点焊

电阻点焊是将交叉的钢筋叠合在一起，放在两个电极间预压夹紧，然后通电使接触点处产生电阻热，钢筋加热熔化并在压力下形成紧密联结点，冷凝后即得牢固焊点，如图4-25所示。电阻点焊用于焊接钢筋网片或骨架，适于直径6～14 mm的HPB235、HRB335级钢筋及直径3～5 mm的钢丝。当焊接不同直径的钢筋，其较小钢筋直径小于10 mm时，大小钢筋直径之比不宜大于3；其较小钢筋的直径为12～14 mm时，大小钢筋直径之比不宜大于2。承受重复荷载并需进行疲劳验算的钢筋混凝土结构和预应力混凝土结构中的非预应力筋不得采用。

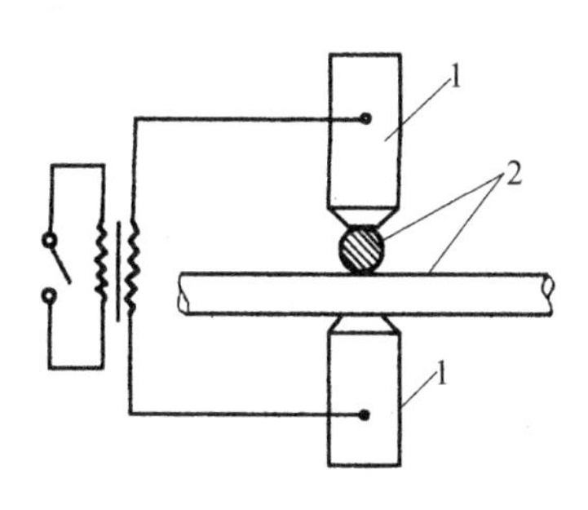

图4-25　点焊机工作原理

1—电极；2—钢丝

3）电弧焊

电弧焊是利用弧焊机在焊条与焊件之间产生高温电弧，使焊条和电弧燃烧范围内的焊件熔化，待其凝固后便形成焊缝或接头，其中电弧是指焊条与焊件金属之间空气介质出现的强烈持久的放电现象。电弧焊使用的弧焊机有交流弧焊机、直流弧焊机两种，常用的为交流弧焊机。

电弧焊的应用非常广泛，常用于钢筋的接长、钢筋骨架的焊接、钢筋与钢板的焊接、装配式钢筋混凝土结构接头的焊接及各种钢结构的焊接等。用于钢筋的接长时，其接头形式有帮条焊、搭接焊和坡口焊等。

(1) 帮条焊

帮条焊适用于直径 10～40 mm 的 HPB235、HRB335、HRB400 级钢筋，帮条焊接头如图 4-26(a)所示。钢筋帮条长度见表 4-15；主筋端面的间隙为 2～5 mm。所采用帮条的总截面积：被焊接的钢筋为 HPB235 级钢筋时，应不小于被焊接钢筋截面积的 1.2 倍；被焊接钢筋为 HRB335、HRB400 级钢筋时，应不小于被焊接钢筋截面积的 1.5 倍。

表 4-15 钢筋帮条长度

项 次	钢筋级别	焊缝形式	帮条长度
1	HPB235 级	单面焊 双面焊	≥8d ≥4d
2	HRB335 级、HRB400 级	单面焊 双面焊	≥10d ≥5d

注：d 为钢筋直径。

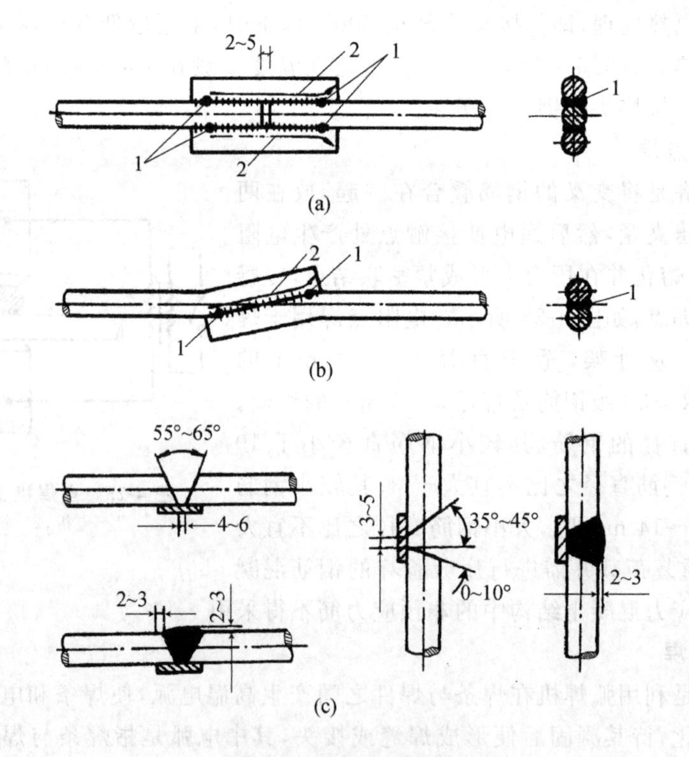

图 4-26 电弧焊接头形式

(a) 帮条焊；(b) 搭接焊；(c) 坡口焊

1—定位焊缝；2—弧坑拉出方位

(2) 搭接焊

搭接焊适用于直径 10～40 mm 的 HPB235、HRB335、HRB400 级钢筋。搭接接

头的钢筋需预弯，以保证两根钢筋的轴线在一条直线上，如图 4-26(b)所示。焊接时最好采用双面焊，对其搭接长度的要求是：HPB235 级钢筋为 $4d$（钢筋直径），HRB335、HRB400 级钢筋为 $5d$；若采用单面焊，则搭接长度均须加倍。

(3) 坡口焊

坡口焊接头多用于装配式框架结构现浇接头的钢筋焊接，分为平焊和立焊两种。钢筋坡口平焊采用 V 形坡口，坡口夹角为 55°～65°，两根钢筋的间隙为 4～6 mm，下垫钢板，然后施焊。钢筋坡口立焊，如图 4-26(c)所示。

4）电渣压力焊

电渣压力焊是利用电流通过渣池产生的电阻热将钢筋端部熔化，然后施加压力使钢筋焊合。它主要用于现浇结构中直径为 14～40 mm 的 HPB235、HRB335、HRB400 级的竖向或斜向（倾斜度在 4∶1 内）钢筋的接长。这种焊接方法操作简单、工作条件好、工效高、成本低，比电弧焊接头节电 80%以上，比绑扎连接和帮条焊、搭接焊节约钢筋 30%，提高工效 6～10 倍。

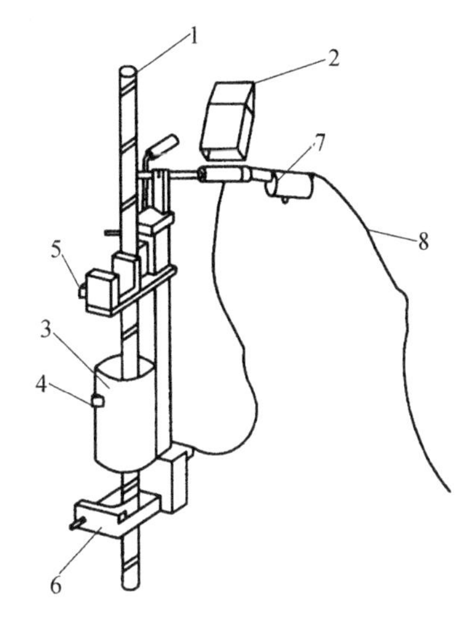

图 4-27　电渣压力焊焊接机头示意

1—钢筋；2—监控仪表；3—焊剂盒；4—焊剂盒扣环；5—活动夹具；6—固定夹具；7—操作手柄；8—控制电缆

(1) 焊接设备及焊剂

电渣压力焊设备包括焊接电源、焊接夹具和焊剂盒等(见图 4-27)。焊接夹具应具有一定刚度，上下钳口同心。焊剂盒呈圆形，由两个半圆形铁皮组成，内径为 80～100 mm，与所焊钢筋的直径相应，焊剂盒宜与焊接机头分开。焊剂除起到隔热、保温及稳定电弧作用外，在焊接过程中还能起到补充熔渣、脱氧及添加合金元素的作用，使焊缝金属合金化。

(2) 焊接工艺

电渣压力焊焊接的工艺包括引弧、造渣、电渣和挤压四个过程，如图 4-27 所示。当焊接完成后，先拆机头，待焊接接头保温一段时间后再拆焊剂盒，特别是在环境温度较低时，可避免发生冷淬现象。

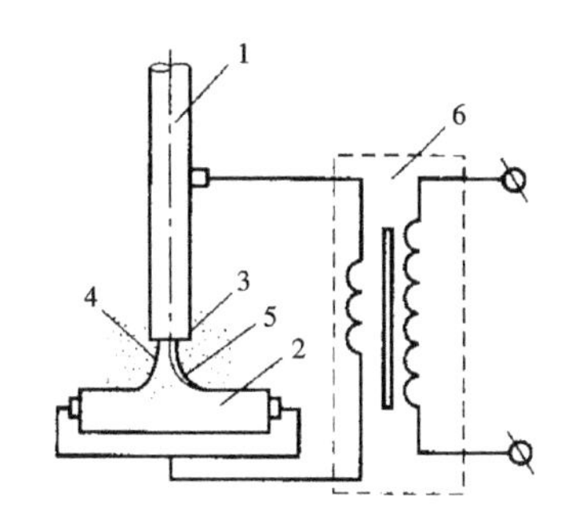

图 4-28　预埋件钢筋埋弧压力焊示意

1—钢筋；2—钢板；3—焊剂；4—电弧；5—熔池；6—焊接变压器

5）埋弧压力焊

埋弧压力焊是将钢筋与钢板安放成 T 形连接形式，利用埋在接头处焊剂层下的高温电弧，熔化两焊件的接触部位形成熔池，然后加压顶锻使两焊件焊合，如图 4-28 所示。它适用于直径

6～8 mm 的 HPB235 级钢筋和直径 10～25 mm 的 HRB335 级钢筋与钢板的焊接。

埋弧压力焊工艺简单，比电弧焊工效高、质量好(焊缝强度高且钢板不易变形)、成本低(不用焊条)，施工中广泛用于制作钢筋预埋件。

钢筋焊接的接头类型及其适用范围，详见表 4-16。

表 4-16　钢筋焊接接头类型与适用范围

<table>
<tr><th colspan="3" rowspan="2">焊接方法</th><th colspan="2">适用范围</th></tr>
<tr><th>钢筋种类与级别</th><th>钢筋直径(mm)</th></tr>
<tr><td colspan="3">电阻点焊</td><td>热轧 HPB235、HRB335 级
消除应力钢丝
冷轧带肋钢筋 CRB550 级</td><td>6～14
4～5
4～12</td></tr>
<tr><td colspan="3">闪光对焊</td><td>热轧 HPB235、HRB335、HRB400 级
热轧 RRB400 级
余热处理钢筋 KL400 级</td><td>10～40
10～25
10～25</td></tr>
<tr><td rowspan="10">电弧焊</td><td rowspan="2">帮条焊</td><td>双面焊</td><td>热轧 HPB235、HRB335、HRB400 级
余热处理钢筋 KL400 级</td><td>10～40
10～25</td></tr>
<tr><td>单面焊</td><td>热轧 HPB235、HRB335、HRB400 级
余热处理钢筋 KL400 级</td><td>10～40
10～25</td></tr>
<tr><td rowspan="2">搭接焊</td><td>双面焊</td><td>热轧 HPB235、HRB335、HRB400 级
余热处理钢筋 KL400 级</td><td>10～40
10～25</td></tr>
<tr><td>单面焊</td><td>热轧 HPB235、HRB335、HRB400 级
余热处理钢筋 KL400 级</td><td>10～40
10～25</td></tr>
<tr><td rowspan="2">坡口焊</td><td>平 焊</td><td>热轧 HPB235、HRB335、HRB400 级
余热处理钢筋 KL400 级</td><td>18～40
18～25</td></tr>
<tr><td>立 焊</td><td>热轧 HPB235、HRB335、HRB400 级
余热处理 KL400 级</td><td>18～40
18～25</td></tr>
<tr><td colspan="2">钢筋与钢板搭接焊</td><td>热轧 HPB235、HRB335 级</td><td>8～40</td></tr>
<tr><td colspan="2">窄间隙焊</td><td>热轧 HPB235、HRB335、HRB400 级</td><td>16～40</td></tr>
<tr><td rowspan="2">预埋件电弧焊</td><td>角 焊</td><td>热轧 HPB235、HRB335 级</td><td>6～25</td></tr>
<tr><td>穿孔塞焊</td><td>热轧 HPB235、HRB335 级</td><td>20～25</td></tr>
<tr><td colspan="3">电渣压力焊</td><td>热轧 HPB235、HRB335 级</td><td>14～40</td></tr>
<tr><td colspan="3">预埋件埋弧压力焊</td><td>热轧 HPB235、HRB335 级</td><td>6～25</td></tr>
</table>

注：电阻点焊时，适用范围的钢筋直径系指较小钢筋的直径。

2. 钢筋的机械连接

钢筋机械连接的优点很多，包括：设备简单、操作技术易于掌握、施工速度快；接头性能可靠，节约钢筋，适用于钢筋在任何位置与方向(竖向、横向、环向及斜向等)的连接；施工不受气候条件影响，尤其在易燃、易爆、高空等施工条件下作业安全可靠。虽然机械连接的成本较高，但其综合经济效益与技术效果显著，目前已在现浇大跨结构、高层建筑、桥梁、水工结构等工程中广泛用于粗钢筋的连接。钢筋机械连接的方法主要有套筒挤压连接和螺纹套筒连接。

1) 套筒挤压连接

钢筋套筒挤压连接的基本原理是：将两根待连接的钢筋插入钢套筒内，采用专用液压压接钳侧向或轴向挤压套筒，使套筒产生塑性变形，套筒的内壁变形后嵌入钢筋螺纹中，从而产生抗剪能力来传递钢筋连接处的轴向力。挤压连接有径向挤压和轴向挤压两种，如图 4-29 所示。它适用于连接直径 20～40 mm 的 HRB335、HRB400 级钢筋。当所用套筒的外径相同时，连接钢筋的直径相差不宜大于两个级差，钢筋间操作净距宜大于 50 mm。

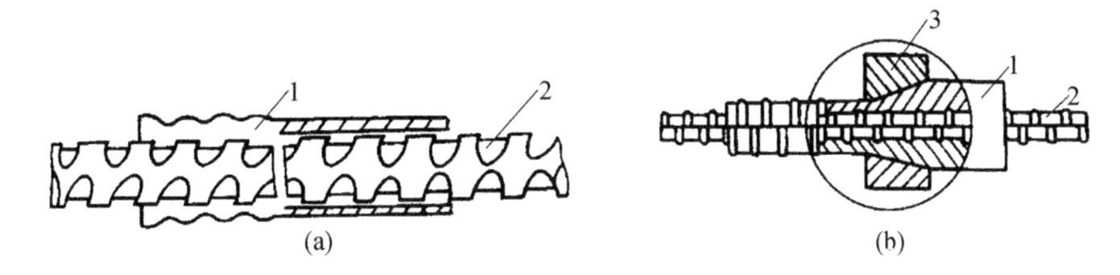

图 4-29　钢筋挤压连接

(a)径向挤压；(b)轴向挤压

1—钢套筒；2—肋纹钢筋；3—压模

钢筋接头处宜采用砂轮切割机断料；钢筋端部的扭曲、弯折、斜面等应予以校正或切除；钢筋连接部位的飞边或纵肋过高时应采用砂轮机修磨，以保证钢筋能自由穿入套筒内。

(1) 径向挤压连接

挤压接头的压接一般分两次进行，第一次先压接半个接头，然后在钢筋连接的作业部位再压接另半个接头。第一次压接时宜在靠套筒空腔的部位少压一扣，空腔部位应采用塑料护套保护；第二次压接前拆除塑料护套，再插入钢筋进行挤压连接。挤压连接基本参数如表 4-17 所示。

表 4-17　采用 YJ650 和 YJ800 型挤压机基本参数

钢筋直径(mm)	钢套筒外径×长度(mm)	挤压力(kN)	每端压接道数
25	43×175	500	3
28	49×196	600	4
32	54×224	650	5
36	60×252	750	6

注：压模宽度为 18 mm、20 mm 两种。

(2) 轴向挤压连接

先用半挤压机进行钢筋半接头挤压，再在钢筋连接的作业部位用挤压机进行钢筋连接挤压。

2) 螺纹套筒连接

钢筋螺纹套筒连接包括锥螺纹连接和直螺纹连接，它是利用螺纹能承受轴向力与水平力密封自锁性较好的原理，靠规定的机械力把钢筋连接在一起。

(1) 锥螺纹连接

锥螺纹连接的工艺是：先用钢筋套丝机把钢筋的连接端加工成锥螺纹，然后通过锥螺纹套筒，用扭力扳手把两根钢筋与套筒拧紧，如图 4-30 所示。这种钢筋接头，可用于连接直径 10～40 mm 的 HRB335、HRB400 级钢筋，也可用于异直径钢筋的连接。

锥螺纹连接钢筋的下料，可用钢筋切断机或砂轮锯，但不准用气割下料，端头不得挠曲或有马蹄形。钢筋端部采用套丝机套丝，套丝时采用冷却液进行冷却润滑。加工好的丝扣完整数要达到要求(见表 4-18)；锥螺纹的牙形应与牙形规吻合，小端直径必须在卡规的允许误差范围内(见图 4-31)。锥螺纹经检查合格后，一端拧上塑料保护帽，另一端旋入连接套筒用扭力扳手拧紧，并扣上塑料封盖。运输过程中应防止塑料保护帽破坏使丝扣损坏。

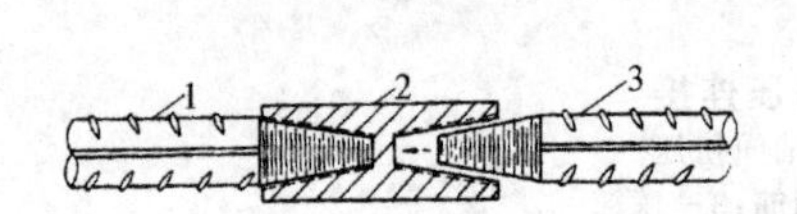

图 4-30　钢筋锥螺纹套筒连接

1—已连接钢筋；2—锥螺纹套筒；3—待连接钢筋

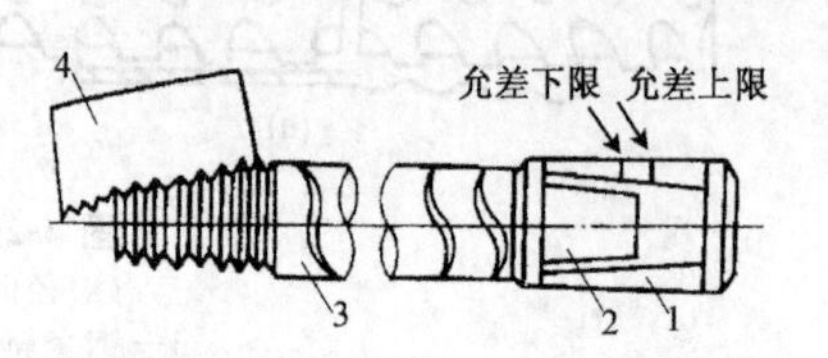

图 4-31　锥螺纹牙形与牙形规

1—卡规；2—锥螺纹；3—钢筋；4—牙形规

表 4-18　钢筋锥螺纹丝扣完整数

钢筋直径(mm)	16～18	20～22	25～28	32	36	40
丝扣完整数	5	7	8	10	11	12

钢筋连接时，分别拧下塑料保护帽和塑料封盖，将带有连接套筒的钢筋拧到待连接的钢筋上，并用扭力扳手按规定的力矩值(见表 4-19)把接头拧紧。连接完毕的接头要求锥螺纹外露不得超过一个完整丝扣，接头经检查合格后随即用涂料刷在套管上做标记。

表 4-19　锥螺纹钢筋接头的拧紧力矩值

钢筋直径(mm)	16	18	20	22	25～28	32	36～40
拧紧力矩(N・m)	118	145	177	216	275	314	343

(2) 直螺纹连接

直螺纹连接包括钢筋镦粗直螺纹和钢筋滚压直螺纹套筒连接，目前前者采用较多。钢筋镦粗直螺纹套筒连接是先将钢筋端头镦粗，再切削成直螺纹，然后用带直螺纹的套筒将两根钢筋拧紧的连接方法。这种工艺的特点是：钢筋端部经冷镦后不仅直径增大，使套丝后丝扣底部的横截面面积不小于钢筋原横截面面积，而且冷镦后钢材强度得到提高，因而使接头的强度大大提高。钢筋直螺纹的加工工艺及连接施工与锥螺纹连接相似，但所连接的两根钢筋相互对顶锁定连接套筒。直螺纹钢筋接头规定的拧紧力矩值见表 4-20。

表 4-20　直螺纹钢筋接头的拧紧力矩值

钢筋直径(mm)	16～18	20～22	25	28	32	36～40
拧紧力矩(N・m)	100	200	250	280	320	350

3. 钢筋的绑扎连接

钢筋绑扎连接主要是使用规格为20～22号镀锌铁丝或绑扎钢筋专用的火烧丝将两根钢筋搭接绑扎在一起。其工艺简单,工效高,不需要连接设备,但因需要有一定的搭接长度而增加钢筋用量,且接头的受力性能不如机械连接和焊接连接,所以规范规定:轴心受拉及小偏心受拉杆件的纵向受力钢筋不得采用绑扎搭接接头,$d>28$ mm的受拉钢筋和$d>32$ mm的受压钢筋,不宜采用绑扎搭接接头。

钢筋绑扎接头宜设置在受力较小处,在接头的搭接长度范围内,应至少绑扎三点以上,绑扎连接的质量应符合规范要求,详见4.2.7节中有关内容。

当焊接骨架和焊接网采用绑扎连接时,应符合下列规定:

① 焊接骨架和焊接网的搭接接头不宜位于构件的最大弯矩处;

② 受拉焊接骨架和焊接网在受力钢筋方向的搭接长度应符合表4-21的规定;受压焊接骨架和焊接网在受力方向的搭设长度为表4-21数值的0.7倍。

③ 焊接网在非受力方向的搭设长度宜为100 mm。

表4-21 受拉焊接骨架和焊接网绑扎接头的搭接长度

项次	钢筋类型	混凝土强度等级		
		C20	C25	≥C30
1	HPB235级钢筋	$30d$	$25d$	$20d$
2	HRB335级钢筋	$40d$	$35d$	$30d$
3	HRB400级钢筋	$45d$	$40d$	$35d$
4	消除应力钢丝	250 mm		

注:①搭接长度除应符合本表规定外,在受拉区不得小于250 mm,在受压区不得小于200 mm;

②当混凝土强度等级低于C20时,对HPB 235级钢筋最小搭接长度不得小于$40d$,HRB335级钢筋不得小于$50d$,HRB400级钢筋不宜采用;

③当月牙纹钢筋直径$d \geqslant 25$ mm时,其搭接长度应按表中数值增加$5d$采用;

④当螺纹钢筋直径$d \leqslant 25$ mm时,其搭接长度应按表中数值减小$5d$采用;

⑤当混凝土在凝固过程中易受扰动时(如滑模施工),搭接长度宜适当增加;

⑥有抗震要求时,对HPB235级钢筋相应增加$10d$,HRB335级钢筋相应增加$5d$。

4.2.6 钢筋的绑扎与安装

1. 钢筋的现场绑扎

钢筋绑扎前,应做好各项准备工作。首先须核对钢筋的钢号、直径、形状、尺寸及数量是否与配料单和钢筋加工料牌相符,如有错漏,应纠正增补;准备好钢筋绑扎用的铁丝,一般采用20～22号铁丝;还需要准备好控制混凝土保护层用的水泥砂浆垫块或塑料卡;为保证钢筋位置的准确性,绑扎前应画出钢筋的位置线,基础钢筋可在混凝土垫层上准确弹放钢筋位置线,板和墙的钢筋可在模板上画线,柱和梁的箍筋应在纵筋上画线。各种构件钢筋绑扎的施工要点如下。

1) 基础钢筋绑扎

① 基础钢筋网绑扎时,四周两行钢筋交叉点应每点扎牢,中间部分交叉点可相隔交错绑扎,但必须保证受力钢筋不位移。双向主筋的钢筋网,则须将全部钢筋相

交点扎牢。绑扎时应注意相邻绑扎点的钢丝扣要成八字形，以免网片歪斜变形。

② 基础底板采用双层钢筋网时，在上层钢筋网下面应设置钢筋撑脚或混凝土撑脚，每隔 1 m 放置一个，以保证钢筋位置的正确。

③ 钢筋的弯钩应朝上，不要倒向一边；但双层钢筋网的上层钢筋弯钩应朝下。

④ 独立柱基础为双向钢筋时，其底面短边的钢筋应放在长边钢筋的下面。

⑤ 现浇柱与基础连接用的插筋，一定要固定牢靠，位置准确，以免造成柱轴线偏移。

⑥ 基础中纵向受力钢筋的混凝土保护层厚度应按设计要求，且不应小于 40 mm，当无混凝土垫层时不应小于 70 mm。

2）柱钢筋绑扎

① 柱钢筋的绑扎，应在模板安装前进行。

② 箍筋的接头(弯钩叠合处)应交错布置在柱四角纵向钢筋上；箍筋转角与纵向钢筋交叉点均应扎牢，箍筋平直部分与纵向钢筋交叉点可间隔扎牢，绑扎箍筋时绑扣相互间应成八字形。

③ 柱中竖向钢筋采用搭接连接时，角部钢筋的弯钩(指 HPB235 级钢筋)应与模板成 45°(多边形柱为模板内角的平分角，圆形柱应与模板切线垂直)，中间钢筋的弯钩应与模板成 90°。如果用插入式振捣器浇筑小型截面柱时，弯钩与模板的角度不得小于 15°。

④ 柱中竖向钢筋采用搭接连接时，下层柱的钢筋露出楼面部分，宜用工具式柱箍将其收进一个柱筋直径，以利上层柱的钢筋搭接。当柱截面有变化时，其下层柱钢筋的露出部分，必须在绑扎梁的钢筋之前，先行收缩准确。

⑤ 框架梁、牛腿及柱帽等钢筋，应放在柱的纵向钢筋内侧。

3）梁、板钢筋绑扎

① 当梁的高度较小时，梁的钢筋可架空在梁顶模板上绑扎，然后再下落就位；当梁的高度较大(≥1.0 m)时，梁的钢筋宜在梁底模板上绑扎，然后再安装梁两侧或一侧模板。板的钢筋在梁的钢筋绑扎后进行。

② 梁纵向受力钢筋采用双层排列时，两排钢筋之间应垫以直径≥25 mm 的短钢筋，以保持其设计距离。箍筋的接头(弯钩叠合处)应交错布置在两根架立钢筋上，其余同柱。

③ 板的钢筋网绑扎与基础相同，但应特别注意板上部的负弯矩钢筋位置，防止被踩下；尤其是雨篷、挑檐、阳台等悬臂板，要严格控制负筋的位置，以免拆模后断裂。绑扎负筋时，可在钢筋网下面设置钢筋撑脚或混凝土撑脚，每隔 1 m 放置一个，以保证钢筋位置的正确。

④ 板、次梁与主梁交叉处，板的钢筋在上，次梁的钢筋居中，主梁的钢筋在下；当有圈梁或垫梁时，主梁的钢筋在上。

⑤ 框架节点处钢筋穿插十分稠密时，应特别注意梁顶面纵筋之间至少保持 30 mm

的净距，以利于混凝土的浇筑。

⑥ 梁板钢筋绑扎时，应防止水电管线影响钢筋的位置。

4）墙钢筋绑扎

① 墙钢筋的绑扎，也应在模板安装前进行。

② 墙的钢筋，可在基础钢筋绑扎之后浇筑混凝土前插入基础内。

③ 墙的竖向钢筋每段长度不宜超过 4 m（钢筋直径≤12 mm 时）或 6 m（直径＞12 mm 时），或层高加搭接长度；水平钢筋每段长度不宜超过 8 m，以利绑扎。

④ 墙的钢筋网绑扎与基础相同，钢筋的弯钩应朝向混凝土内。

⑤ 墙采用双层钢筋网时，在两层钢筋网间应设置撑铁或绑扎架，以固定钢筋的间距。撑铁可用直径 6～10 mm 的钢筋制成，长度等于两层网片的净距，其间距约为 1 m，相互错开排列。

2. 钢筋网片、骨架的制作与安装

为了加快施工速度，常常把单根钢筋预先绑扎或焊接成钢筋网片或骨架，再运至现场安装。

钢筋网片和钢筋骨架的制作，应根据结构的配筋特点及起重运输能力来分段，一般绑扎钢筋网片的分块面积为 6～20 m^2，焊接钢筋网片的每捆重量不超过 2 t；钢筋骨架分段长度为 6～12 m。为了防止绑扎钢筋网片、骨架在运输过程中发生歪斜变形，应采用加固钢筋进行临时加固。钢筋网片和骨架的吊点应根据其尺寸、重量、刚度来确定。宽度大于 1 m 的水平钢筋网片宜采用四点起吊；跨度小于 6 m 的钢筋骨架采用两点起吊；跨度大、刚度差的钢筋骨架应采用横吊梁四点起吊。

在钢筋网片和骨架安装时，对于绑扎钢筋网片、骨架，交接处的做法与钢筋的现场绑扎相同。焊接钢筋网的搭接、构造应符合 4.2.5 节中钢筋绑扎连接的有关规定。当两张焊接钢筋网片搭接时，搭接区中心及两端应用铁丝扎牢，附加钢筋与焊接网连接的每个接点处均应绑扎牢固。

4.2.7 钢筋工程的质量要求

1. 钢筋加工的质量要求

（1）加工前应对所采用的钢筋进行外观检查。钢筋应无损伤，表面不得有裂纹、油污、颗粒状或片状老锈。

（2）钢筋调直宜采用机械方法，也可采用冷拉方法。当采用冷拉方法调直钢筋时，HPB235 级钢筋的冷拉率不宜大于 4%，HRB335 级、HRB400 级和 RRB400 级钢筋的冷拉率不宜大于 1%。

（3）受力钢筋的弯钩和弯折应符合下列规定。

① HPB235 级钢筋末端应做 180°弯钩，其弯弧内直径不应小于钢筋直径的 2.5 倍，弯钩的弯后平直部分长度不应小于钢筋直径的 3 倍。

② 当设计要求钢筋末端需做 135°弯钩时，HRB335 级、HRB400 级钢筋的弯弧内直径不应小于钢筋直径的 4 倍，弯钩的弯后平直部分长度应符合设计要求。

③ 钢筋做不大于 90°的弯折时，弯折处的弯弧内直径不应小于钢筋直径的 5 倍。

(4) 除焊接封闭环式箍筋外,箍筋的末端应做弯钩,弯钩形式应符合设计要求;当设计无具体要求时,应符合下列规定。

① 箍筋弯钩的弯弧内直径除应满足上述第(3)条的规定外,还应不小于受力钢筋直径。

② 箍筋弯钩的弯折角度:对一般结构,不应小于90°;对有抗震等要求的结构,应为135°。

③ 箍筋弯后平直部分长度:对一般结构,不宜小于箍筋直径的5倍;对有抗震等要求的结构,不应小于箍筋直径的10倍。

(5) 钢筋加工的形状、尺寸应符合设计要求,其偏差应符合表4-22的规定。

表4-22　钢筋加工的允许偏差　　单位:mm

项　目	允许偏差
受力钢筋顺长度方向全长的净尺寸	±10
弯起钢筋的弯折位置	±20
箍筋内净尺寸	±5

2. 钢筋连接的质量要求

① 纵向受力钢筋的连接方式应符合设计要求。

② 在施工现场,应按国家现行标准的规定抽取钢筋机械连接接头、焊接接头试件做力学性能检验,其质量应符合有关规程的规定,并应按国家现行标准的规定对接头的外观进行检查,其质量应符合有关规程的规定。

③ 钢筋的接头宜设置在受力较小处。同一纵向受力钢筋不宜设置两个或两个以上接头;接头末端至钢筋弯起点的距离不应小于钢筋直径的10倍。

④ 当受力钢筋采用机械连接接头或焊接接头时,设置在同一构件内的接头宜相互错开。纵向受力钢筋机械连接接头及焊接接头连接区段的长度为$35d$(d为纵向受力钢筋的较大直径)且不小于500 mm。同一连接区段内,纵向受力钢筋的接头面积百分率应符合设计要求。当设计无具体要求时,应符合下列规定:在受拉区不宜大于50%;接头不宜设置在有抗震设防要求的框架梁端、柱端的箍筋加密区;当无法避开时,对等强度高质量机械连接接头,不应大于50%;在直接承受动力荷载的结构构件中,不宜采用焊接接头;当采用机械连接接头时,不应大于50%。

⑤ 同一构件中相邻纵向受力钢筋的绑扎搭接接头宜相互错开。绑扎搭接接头中钢筋的横向净距不应小于钢筋直径,且不宜小于25 mm。钢筋绑扎搭接接头连接区段的长度为$1.3l_1$(l_1为搭接长度)。在同一连接区段内,纵向受拉钢筋搭接接头面积百分率应符合设计要求,当设计无具体要求时,应符合以下规定:对梁类、板类及墙类构件,不宜大于25%;对柱类构件,不宜大于50%;当工程中确有必要增大接头面积百分率时,对梁类构件,不应大于50%,对其他构件,可根据实际情况放宽。

⑥ 在梁、柱类构件的纵向受力钢筋搭接长度范围内,应按设计要求配置箍筋。当无设计要求时,应符合下列规定:箍筋直径不应小于搭接钢筋较大直径的0.25倍;

受拉搭接区段的箍筋间距不应大于搭接钢筋较小直径的 5 倍，且不应大于 100 mm；受压搭接区段的箍筋间距不应大于搭接钢筋较小直径的 10 倍，且不应大于200 mm；当柱中纵向受力钢筋直径大于 25 mm 时，应在搭接接头两个端面外 100 mm 范围内各设置两个箍筋，其间距宜为 50 mm。

3. 钢筋安装的质量要求

① 钢筋安装时，受力钢筋的品种、级别、规格和数量必须符合设计要求。应进行全数检查，检查方法为观察和用钢尺检查。

② 钢筋安装位置的偏差应符合表 4-23 的规定。

表 4-23　钢筋安装位置的允许偏差和检验方法

项　　目			允许偏差(mm)	检验方法
绑扎钢筋网	长、宽		±10	钢尺检查
	网眼尺寸		±20	钢尺量连续三档，取最大值
绑扎钢筋骨架	长		±10	钢尺检查
	宽、高		±5	钢尺检查
受力钢筋	间距		±10	钢尺量两端、中间各一点，取最大值
	排距		±5	
	保护层厚度	基础	±10	钢尺检查
		柱、梁	±5	钢尺检查
		板、墙、壳	±3	钢尺检查
绑扎箍筋、横向钢筋间距			±20	钢尺量连续三档，取最大值
钢筋弯起点位置			20	钢尺检查
预埋件	中心线位置		5	钢尺检查
	水平高差		+3.0	钢尺和塞尺检查

注：①检查预埋件中心线位置时，应沿纵、横两个方向量测，并取其中的较大值；

②表中梁类、板类构件上部纵向受力钢筋保护层厚度的合格率应达到 90%及以上，且不得有超过表中数值 1.5 倍的尺寸偏差。

4.3 混凝土工程

混凝土工程包括配料、搅拌、运输、浇捣、养护等过程。在整个工艺过程中，各工序紧密联系又相互影响，若对其中任一工序处理不当，都会影响混凝土工程的最终质量。对混凝土的质量要求，不但要具有正确的外形尺寸，而且要获得良好的强度、密实性、均匀性和整体性。因此，在施工中应对每一个环节采取合理的措施，以确保混凝土工程的质量。

4.3.1 混凝土的配制

为了使混凝土达到设计要求的强度等级，并满足抗渗性、抗冻性等耐久性要求，同时还要满足施工操作对混凝土拌和物和易性的要求，施工中必须执行混凝土的设计配合比。由于组成混凝土的各种原材料直接影响到混凝土的质量，必须对原材料加以控制，而各种材料的温度、湿度和体积又经常在变化，同体积的材料有时重量相差很大,所以拌制混凝土的配合比应按重量计量,才能保证配合比准确、合理,使拌制的混凝土质量达到要求。

1. 对原材料的要求

组成混凝土的原材料包括水泥、砂、石、水、掺和料和外加剂。

1) 水泥

常用的水泥品种有硅酸盐水泥、普通硅酸盐水泥、矿渣硅酸盐水泥、火山灰质硅酸盐水泥、粉煤灰硅酸盐水泥等五种水泥;某些特殊条件下也可采用其他品种水泥,但水泥的性能指标必须符合现行国家有关标准的规定。水泥的品种和成分不同,其凝结时间、早期强度、水化热、吸水性和抗侵蚀的性能等也不相同,所以应合理地选择水泥品种。

水泥进场时应对其品种、级别、包装或散装仓号、出厂日期等进行检查,并应对其强度、安定性及其他必要的性能指标进行复验,其质量必须符合现行国家标准的规定。当在使用中对水泥质量有怀疑或水泥出厂超过三个月(快硬硅酸盐水泥超过一个月)时,应进行复验,并按复验结果使用。在钢筋混凝土结构、预应力混凝土结构中,严禁使用含氯化物的水泥。

入库的水泥应按品种、强度等级、出厂日期分别堆放,并树立标志。做到先到先用,并防止混掺使用。为了防止水泥受潮,现场仓库应尽量密闭。袋装水泥存放时,应垫起离地约 30 cm 高,离墙间距亦应在 30 cm 以上。堆放高度一般不要超过 10 包。露天临时暂存的水泥也应用防雨篷布盖严,底板要垫高,并采取防潮措施。

2) 细骨料

混凝土中所用细骨料一般为砂,根据其平均粒径或细度模数可分为粗砂、中砂、细砂和特细砂四种。混凝土用砂一般以细度模数为 2.5～3.5 的中、粗砂最为合适,孔隙率不宜超过 45%。因为砂越细,其总表面积就越大,需包裹砂粒表面和润滑砂粒用的水泥浆用量就越多;而孔隙率越大,所需填充孔隙的水泥浆用量又会增多,这不仅将增加水泥用量,而且较大的孔隙率也将影响混凝土的强度和耐久性。为了保证混凝土有良好的技术性能,砂的颗粒级配、含泥量、坚固性、有害物质含量等方面性质必须满足国家有关标准的规定,其中对砂中有害杂质含量的限制如表 4-24 所示。此外,如果怀疑砂中含有活性二氧化硅,可能会引起混凝土的碱—骨料反应时,应根据混凝土结构或构件的使用条件进行专门试验,以确定其是否可用。

表 4-24 砂的质量要求

项目	≥C30 混凝土	<C30 混凝土
含泥量,按质量计(%)	≤3.0	≤5.0
泥块含量,按质量计(%)	≤1.0	≤2.0
云母含量,按质量计(%)	≤2.0	
轻物质含量,按质量计(%)	≤1.0	
硫化物和硫酸盐含量,按质量计(折算为 SO_3)(%)	≤1.0	
有机质含量(用比色法试验)	颜色不应深于标准色。如深于标准色,则应配制成水泥胶砂进行强度对比试验,抗压强度比不应低于 0.95	

3）粗骨料

混凝土中常用的粗骨料（石子）有碎石或卵石。由天然岩石或卵石经破碎、筛分而得的粒径大于5 mm的岩石颗粒，称为碎石；由自然条件作用而形成的粒径大于5 mm的岩石颗粒，称为卵石。

石子的级配和最大粒径对混凝土质量影响较大。级配越好，其孔隙率越小，这样不仅能节约水泥，而且混凝土的和易性、密实性和强度也较高，所以碎石或卵石的颗粒级配应符合规范的要求。在级配合适的条件下，石子的最大粒径越大，其总表面积就越小，这对节省水泥和提高混凝土的强度都有好处。但由于受到结构断面、钢筋间距及施工条件的限制，选择石子的最大粒径应符合下述规定：石子的最大粒径不得超过结构截面最小尺寸的1/4，且不得超过钢筋最小净间距的3/4；对实心板，最大粒径不宜超过板厚的1/3，且不得超过40 mm；在任何情况下，石子粒径不得大于150 mm。故在一般桥梁墩、台等大断面工程中常采用120 mm的石子，而在建筑工程中常采用80 mm或40 mm的石子。

石子的质量要求如表4-25所示。当怀疑石子中因含有活性二氧化硅而可能引起碱—骨料反应时，必须根据混凝土结构或构件的使用条件，进行专门试验，以确定是否可以用。

表4-25 石子的质量要求

项 目	≥C30混凝土	<C30混凝土
针、片状颗粒含量，按质量计(%)	≤15	≤25
含泥量，按质量计(%)	≤1.0	≤2.0
泥块含量，按质量计(%)	≤0.5	≤0.7
硫化物和硫酸盐含量，按质量计(折算为SO_3)(%)	≤1.0	
卵石中有机质含量(用比色法试验)	颜色不应深于标准色。如深于标准色，则应配制成混凝土进行强度对比试验，抗压强度比不应低于0.95	

4）水

拌制混凝土宜采用饮用水；当采用其他水源时，水质应符合国家现行标准的有关规定。

5）矿物掺和料

矿物掺和料也是混凝土的主要组成材料，它是指以氧化硅、氧化铝为主要成分，且掺量不小于5%的具有火山灰活性的粉体材料。它在混凝土中可以替代部分水泥，起着改善传统混凝土性能的作用，某些矿物细掺和料还能起到抑制碱—骨料反应的作用。常用的掺和料有粉煤灰、磨细矿渣、沸石粉、硅粉及复合矿物掺和料等。混凝土中掺用矿物掺和料的质量应符合现行国家标准的有关规定，其掺量应通过试验确定。

6）外加剂

为了改善混凝土的性能，以适应新结构、新技术发展的需要，目前广泛采用在混凝土中掺外加剂的办法。外加剂的种类繁多,按其主要功能可归纳为四类:一是改善混凝土流变性能的外加剂,如减水剂、引气剂和泵送剂等;二是调节混凝土凝结、硬化时间的外加剂,如早强剂、速凝剂、缓凝剂等;三是改善混凝土耐久性能的外加剂,如引气剂、防冻剂和阻锈剂等;四是改善混凝土其他性能的外加剂,如膨胀剂等。商品外加剂往往是兼有几种功能的复合型外加剂。现将常用外加剂及使用要求介绍如下。

(1) 常用外加剂

① 减水剂:减水剂是一种表面活性材料,加入混凝土中能对水泥颗粒起扩散作用,把水泥凝胶体中所包含的游离水释放出来。掺入减水剂后可保证混凝土在工作性能不变的情况下显著减少拌和用水量,降低水灰比,提高其强度或节约水泥;若不减少用水量,则能增加混凝土的流动性,改善其和易性。减水剂适用于各种现浇和预制混凝土,多用于大体积和泵送混凝土。

② 引气剂:引气剂能在混凝土搅拌过程中引入大量封闭的微小气泡,可增加水泥浆体积,减小与砂石之间的摩擦力并切断与外界相通的毛细孔道。因而可改善混凝土的和易性,并能显著提高其抗渗性、抗冻性和抗化学侵蚀能力。但混凝土的强度一般随含气量的增加而下降,使用时应严格控制掺量。引气剂适用于水工结构,而不宜用于蒸养混凝土和预应力混凝土。

③ 泵送剂:泵送剂是流变类外加剂中的一种,它除了能大大提高混凝土的流动性以外,还能使新拌混凝土在60～180 min时间内保持其流动性,从而使拌和物顺利地通过泵送管道,不阻塞、不离析且黏塑性良好。泵送剂适用于各种需要采用泵送工艺的混凝土。

④ 早强剂:早强剂可加速混凝土的硬化过程,提高其早期强度,且对后期强度无显著影响。因而可加速模板周转、加快工程进度、节约冬期施工费用。早强剂适用于蒸养混凝土和常温、低温及最低温度不低于－5℃环境中的有早强或防冻要求的混凝土工程。

⑤ 速凝剂:速凝剂能使混凝土或砂浆迅速凝结硬化,其作用与早强剂有所区别,它可使水泥在2～5 min内初凝,10 min内终凝,并提高其早期强度,抗渗性、抗冻性和黏结能力也有所提高,但7 d以后强度则较不掺者低。速凝剂用于喷射混凝土或砂浆、堵漏抢险等工程。

⑥ 缓凝剂:缓凝剂能延缓混凝土的凝结时间,使其在较长时间内保持良好的和易性,或延长水化热放热时间,并对其后期强度的发展无明显影响。缓凝剂广泛应用于大体积混凝土、炎热气候条件下施工的混凝土以及需较长时间停放或长距离运输的混凝土。缓凝剂多与减水剂复合应用,可减小混凝土收缩,提高其密实性,改善耐久性。

⑦ 防冻剂:防冻剂能显著降低混凝土的冰点,使混凝土在一定负温度范围内,保持水分不冻结,并促使其凝结、硬化,在一定时间内获得预期的强度。防冻剂适用于

负温条件下施工的混凝土。

⑧ 阻锈剂：阻锈剂能抑制或减轻混凝土中钢筋或其他预埋金属的锈蚀，也称缓蚀剂。阻锈剂的适用情况有以氯离子为主的腐蚀性环境中(海洋及沿海、盐碱地的结构)，或使用环境中遭受腐蚀性气体或盐类作用的结构。此外，施工中掺有氯盐等可腐蚀钢筋的防冻剂时，往往同时使用阻锈剂。

⑨ 膨胀剂：膨胀剂能使混凝土在硬化过程中，体积非但不收缩，且有一定程度的膨胀。其适用范围有：补偿收缩混凝土(地下、水中的构筑物，大体积混凝土、屋面与浴厕间防水、渗漏修补等)，填充用膨胀混凝土(结构后浇缝、梁柱接头等)和填充用膨胀砂浆(设备底座灌浆、构件补强、加固等)。

(2) 外加剂使用要求

在选择外加剂的品种时，应根据使用外加剂的主要目的，通过技术经济比较确定。外加剂的掺量，应按其品种并根据使用要求、施工条件、混凝土原材料等因素通过试验确定。该掺量应以水泥重量的百分率表示，称量误差不应超过2%。

此外，有关规范还规定：混凝土中掺用外加剂的质量及应用技术应符合现行国家标准和有关环境保护的规定。在预应力混凝土结构中，严禁使用含氯化物的外加剂。在钢筋混凝土结构中，当使用含氯化物的外加剂时，混凝土中氯化物的总含量应符合现行国家标准的规定。混凝土中氯化物和碱的总含量应符合现行国家标准和设计要求。

2. 混凝土配合比的确定

混凝土应按国家现行标准《普通混凝土配合比设计规程》(JGJ 55—2011)的有关规定，根据混凝土设计强度等级、耐久性和施工和易性等要求进行配合比设计。对有抗冻、抗渗等特殊要求的混凝土，其配合比设计尚应符合国家现行有关标准的专门规定。设计中还应考虑合理使用材料和经济的原则，并通过试配确定。

混凝土的施工配制强度可按下式确定

$$f_{cu,0} \geqslant f_{cu,k} + 1.645\sigma \tag{4-6}$$

式中 $f_{cu,0}$——混凝土的施工配制强度(N/mm^2)；

$f_{cu,k}$——设计的混凝土立方抗压强度标准值(N/mm^2)；

σ——施工单位的混凝土强度标准差(N/mm^2)。

施工单位的混凝土强度标准差σ的取值，若施工单位具有近期同一品种混凝土强度的统计资料时，可按下式计算

$$\sigma = \sqrt{\frac{\sum_{i=1}^{N} f_{cu,i}^2 - N \cdot \mu_{fcu}^2}{N-1}} \tag{4-7}$$

式中 $f_{cu,i}$——统计周期内同一品种混凝土第i组试件的强度值(N/mm^2)；

μ_{fcu}——统计周期内同一品种混凝土N组试件强度的平均值(N/mm^2)；

N——统计周期内同一品种混凝土试件的总组数，$N \geqslant 25$。

当混凝土强度等级为C20或C25时，如计算得到的$\sigma<2.5\ N/mm^2$，则取$\sigma=2.5\ N/mm^2$；当混凝土强度等级等于或高于C30时，如计算得到的$\sigma<3.0\ N/mm^2$，则取$\sigma=3.0\ N/mm^2$。

若施工单位不具有近期同一品种混凝土强度的统计资料时，其混凝土强度标准差σ可按表4-26取用。

表4-26　混凝土强度标准差σ取值

混凝土强度等级	<C15	C20～C35	>C35
$\sigma(N/mm^2)$	4.0	5.0	6.0

为了保证混凝土的耐久性以及施工和易性的要求，混凝土的最大水灰比和最小水泥用量，应符合表4-27的规定。

表4-27　混凝土的最大水灰比和最小水泥用量

混凝土所处的环境条件	最大水灰比		最小水泥用量(kg/m^3)			
			普通混凝土		轻骨料混凝土	
	配筋	无筋	配筋	无筋	配筋	无筋
室内正常环境	0.65	不作规定	225	200	250	225
室内潮湿环境；非严寒和非寒冷地区的露天环境、与无侵蚀性的水或土壤直接接触的环境	0.60	0.70	250	225	275	250
严寒和寒冷地区的露天环境、与无侵蚀性的水或土壤直接接触的环境	0.55	0.55	275	250	300	275
使用除冰盐的环境；严寒和寒冷地区冬季水位变动的环境；滨海室外环境	0.50	0.50	300	275	325	300

注：①表中的水灰比对轻骨料混凝土是指不包括轻骨料1 h吸水量在内的净用水量与水泥用量的比值；
②当采用活性掺和料替代部分水泥时，表中最大水灰比和最小水泥用量为替代前的水灰比和水泥用量；
③当混凝土中加入活性掺和料或能提高耐久性的外加剂时，可适当降低最小水泥用量；
④寒冷地区系指最冷月份平均气温在-5℃～-15℃之间，严寒地区系指最冷月份平均气温低于-15℃。

3. 混凝土施工配合比

1）施工配合比的计算

混凝土的设计配合比是在实验室内根据完全干燥的砂、石材料确定的，但施工中使用的砂、石材料都含有一些水分，而且含水率随气候的改变而发生变化。所以，在拌制混凝土前应测定砂、石骨料的实际含水率，并根据测试结果将设计配合比换算为施工配合比。

若混凝土的实验室配合比为水泥∶砂∶石$=1:S:G$，水灰比为$\frac{W}{C}$，而现场实测砂的含水率为W_S，石子的含水率为W_g，则换算后的施工配合比为

$$1:S(1+W_S):G(1+W_g) \tag{4-8}$$

1 kg水泥需要净加水量为：$\frac{W}{C}-S\cdot W_S-G\cdot W_g$。

【例 4-2】 已知混凝土设计配合比为 $C:S:G:W=439:566:1202:193$（每立方米材料用量），经测定砂子的含水率为 3%，石子的含水率为 1%，计算每立方米混凝土材料的实际用量。

【解】 水泥用量 $C=439$ kg（不变）

砂子用量 $S'=S(1+W_S)=566\times(1+3\%)$ kg $=583$ kg

石子用量 $G'=G(1+W_g)=1202\times(1+1\%)$ kg $=1214$ kg

净加水 $W'=[193-(566\times3\%+1202\times1\%)]$ kg $=164$ kg

故施工配合比为 $C:S':G'=439:583:1214$，每立方米混凝土搅拌时需要净加水 164 kg。

2）施工配料

求出混凝土施工配合比后，还需根据工地现有搅拌机的出料容积计算出材料的每次投料量，进行配制。

【例 4-3】 若选用 JZC350 型双锥自落式搅拌机，其出料容积为 0.35 m^3，计算每搅拌一次（即一盘）混凝土的投料数量。

【解】 水泥 $=439\times0.35$ kg $=153.6$ kg，实用 150 kg（即三袋水泥）

$$砂子=583\times\frac{150}{439}\ \text{kg}=199.2\ \text{kg}$$

$$石子=1214\times\frac{150}{439}\ \text{kg}=414.8\ \text{kg}$$

$$净加水=164\times\frac{150}{439}\ \text{kg}=56\ \text{kg}$$

4.3.2 混凝土的拌制

1. 混凝土搅拌机的选择

混凝土搅拌机按其搅拌原理分为自落式搅拌机和强制式搅拌机两类。根据其构造的不同，又可分为若干种，如表 4-28 所示。自落式搅拌机主要是利用材料的重力机理进行工作，适用于搅拌塑性混凝土和低流动性混凝土。强制式搅拌机主要是利用剪切机理进行工作，适用于搅拌干硬性混凝土及轻骨料混凝土。

表 4-28　混凝土搅拌机类型

自落式	鼓筒式		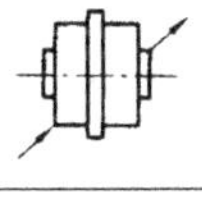
	双锥式	反转出料（JZ）	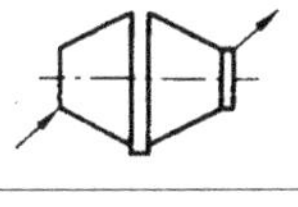
		倾翻出料（JF）	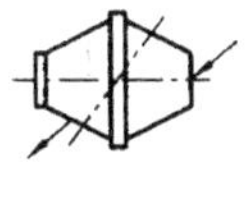

续表

强制式	立轴式	涡桨式(JW)		
		行星式(JX)	定盘式	
			盘转式	
		卧轴式	单卧轴式(JD)	
			双卧轴式(JS)	

混凝土搅拌机一般是以出料容积标定其规格的,常用的有 250 L、350 L、500 L 型等。目前,混凝土普遍采用集中搅拌,按照国家现行标准《混凝土搅拌站(楼)》(GB/T 10171—2005),在施工现场或专业生产企业利用成套系统进行搅拌,该系统包括配套主机、供料系统、储料仓、混凝土贮斗、配料装置、气路系统、液压系统、润滑系统、电气系统,以及钢结构或钢筋混凝土结构等部分。选择搅拌机型号时,要根据工程量大小、混凝土的坍落度要求和骨料尺寸等确定,既要满足技术上的要求,又要考虑经济效益和节约能源。

2. 搅拌制度的确定

为了获得均匀优质的混凝土拌和物,除合理选择搅拌机的型号外,还必须正确地确定搅拌制度,包括搅拌机的转速、搅拌时间、装料容积及投料顺序等,其中搅拌机的转速已由生产厂家按其型号确定。

1) 搅拌时间

从原材料全部投入搅拌筒内起,至混凝土拌和物卸出所经历的全部时间称为搅拌时间,它是影响混凝土质量及搅拌机生产率的重要因素之一。若搅拌时间过短,混凝土拌和不均匀,其强度将降低;但若搅拌时间过长,不仅会降低生产效率,而且会使混凝土的和易性降低或产生分层离析现象。搅拌时间的确定与搅拌机型号、骨料的品种和粒径以及混凝土的和易性等有关。混凝土搅拌的最短时间可按表 4-29 采用。

表 4-29　混凝土搅拌的最短时间

混凝土坍落度（mm）	搅拌机类型	搅拌机出料容积(L)		
		＜250	250～500	＞500
≤30	强制式	60 s	90 s	120 s
	自落式	90 s	120 s	150 s
＞30 s	强制式	60 s	60 s	90 s
	自落式	90 s	90 s	120 s

注：掺有外加剂时，搅拌时间应适当延长。

2）装料容积

搅拌机的装料容积指搅拌一罐混凝土所需各种原材料松散体积的总和。为了保证混凝土得到充分拌和，装料容积通常只为搅拌机几何容积的 1/3～1/2。一次搅拌好的混凝土拌和物体积称为出料容积，为装料容积的 0.5～0.75（又称出料系数）。如 Jl-400 型自落式搅拌机，其装料容积为 400 L，出料容积为 260 L。搅拌机不宜超载，若超过装料容积的 10%，就会影响混凝土拌和物的均匀性；反之，装料过少又不能充分发挥搅拌机的功能，也影响生产效率。所以在搅拌前应确定每盘混凝土中各种材料的投料量。

3）投料方法

在确定混凝土的投料方法时，应考虑如何保证混凝土的搅拌质量，减少混凝土的粘罐现象和水泥飞扬，减少机械磨损，降低能耗和提高劳动生产率等。目前采用的投料方法有一次投料法、二次投料法和水泥裹砂法。

（1）一次投料法

一次投料法是目前广泛使用的一种方法，即将材料按砂子→水泥→石子的顺序投入搅拌筒内加水进行搅拌。这种投料顺序的优点是水泥位于砂石之间，进入搅拌筒时可减少水泥飞扬；同时，砂和水泥先进入搅拌筒形成砂浆，可缩短包裹石子的时间，也避免了水向石子表面聚集而产生的不良影响，可提高搅拌质量；该方法工艺简单，操作方便。

（2）二次投料法

二次投料法又可分为预拌水泥砂浆法和预拌水泥净浆法。预拌水泥砂浆法是先将水泥、砂和水投入搅拌筒搅拌 1～1.5 min 后，再加入石子搅拌 1～1.5 min。预拌水泥净浆法是先将水和水泥投入搅拌筒搅拌 1/2 搅拌时间，再加入砂石搅拌到规定时间。由于预拌水泥砂浆或水泥净浆对水泥有一种活化作用，因而搅拌质量明显高于一次投料法。若水泥用量不变，混凝土强度可提高 15%左右，或在混凝土强度相同的情况下，可减少水泥用量 15%～20%。

（3）水泥裹砂法

水泥裹砂法又称为 SEC 法，用这种方法拌制的混凝土称为造壳混凝土。它主要采取两项工艺措施：一是对砂子的表面湿度进行处理，控制在一定范围内；二是进行两次加水搅拌。第一次加水搅拌称为造壳搅拌，使砂子周围形成黏着性很高的水泥糊包裹层；第二次加入水及石子，经搅拌部分水泥浆便均匀地分散在已经被造壳的砂子及石子周围。国内外的试验结果表明:砂子的表面湿度控制在4%～6%,第一次搅拌加水量为总加水量的20%～26%时,造壳混凝土的增强效果最佳。此外增强效果与造壳搅拌时间也有密切关系,时间过短不能形成均匀的水泥浆壳,时间过长造壳的效果并不十分明显,强度并无较大提高,因而以45～75 s为宜。水泥裹砂法的投料顺序如图4-32所示。

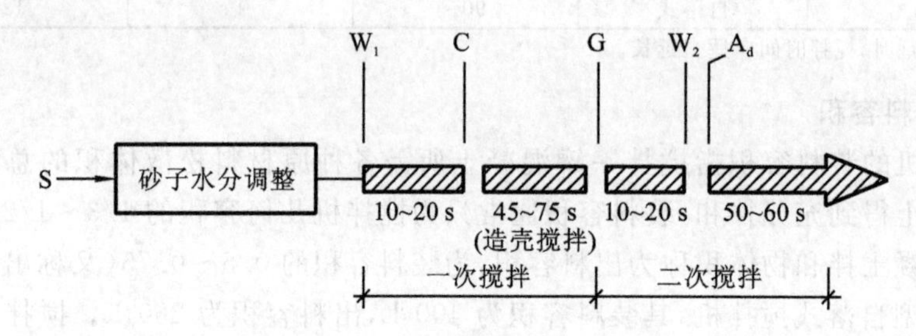

图4-32 水泥裹砂法的投料顺序

S—砂;G—石子;C—水泥;W_1—一次加水;W_2—二次加水;A_d—外加剂

在对二次投料法及造壳混凝土增强机理研究的基础上,我国开发了裹砂石法、裹石法、净浆裹石法等投料方法。这些方法都可以达到节约水泥、提高混凝土强度的目的。裹砂石法的投料顺序如图4-33所示。

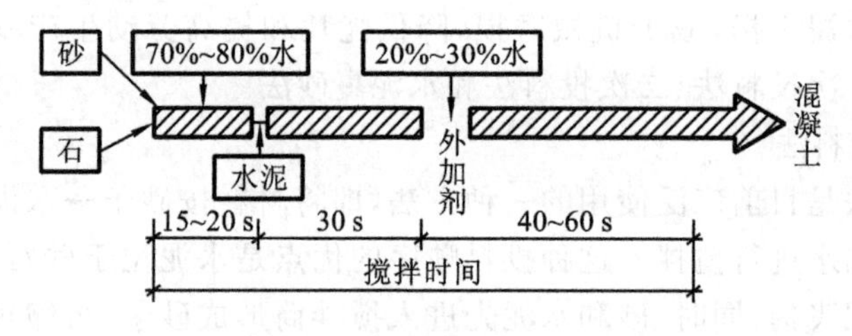

图4-33 裹砂石法的投料顺序

4.3.3 混凝土运输

1. 对混凝土运输的要求

混凝土自搅拌机中卸出后,应及时运至浇筑地点,为了保证混凝土工程的质量,对混凝土运输的基本要求如下。

① 混凝土运输过程中要能保持良好的均匀性,不分层、不离析、不漏浆。

② 保证混凝土浇筑时具有规定的坍落度。

③ 保证混凝土在初凝前有充分的时间进行浇筑并捣实完毕。

④ 保证混凝土浇筑工作能连续进行。

⑤ 转送混凝土时,应注意使拌和物能直接对正倒入装料运输工具的中心部位,以免骨料离析。

2. 混凝土的运输工具

混凝土运输分为地面水平运输、垂直运输和高空水平运输三种方式。

地面水平运输常用的工具有双轮手推车、机动翻斗车、混凝土搅拌运输车和自卸汽车。当混凝土需要量较大，运距较远或使用商品混凝土时，多采用混凝土搅拌运输车和自卸汽车。混凝土搅拌运输车如图 4-34 所示。它是将锥形倾翻出料式搅拌机装在载重汽车的底盘上，可以在运送混凝土的途中继续搅拌，以防止在运距较远的情况下混凝土产生分层离析现象；在运输距离很长时，还可将配好的混凝土干料装入筒内，在运输途中加水搅拌，这样能减少由于长途运输而引起的混凝土坍落度损失。

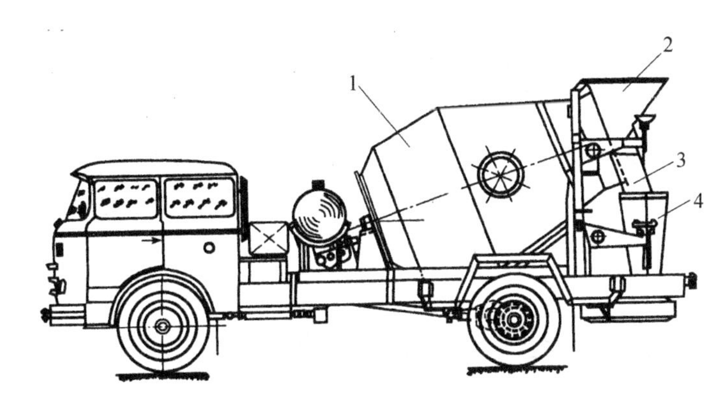

图 4-34　混凝土搅拌运输车外形示意

1—搅拌筒；2—进料斗；3—固定卸料溜槽；4—活动卸料斗

混凝土的垂直运输，多采用塔式起重机、井架运输机或混凝土泵等。用塔式起重机时一般均配有料斗。

混凝土高空水平运输：如垂直运输采用塔式起重机，可将料斗中的混凝土直接卸到浇筑点；如采用井架运输机，则以双轮手推车为主；如采用混凝土泵，则用布料机布料。高空水平运输时应采取措施保证模板和钢筋不变位。

3. 混凝土输送泵运输

混凝土输送泵是一种机械化程度较高的混凝土运输和浇筑设备，它以泵为动力，将混凝土沿管道输送到浇筑地点，可一次完成地面水平、垂直和高空水平运输。混凝土输送泵具有输送能力大、效率高、作业连续、节省人力等优点，目前已广泛应用于建筑、桥梁、地下等工程中。该整套设备包括混凝土泵、输送管和布料装置，按其移动方式又分为固定式混凝土泵和混凝土汽车泵（或称移动泵车）。

采用泵送的混凝土必须具有良好的可泵性。为减小混凝土与输送管内壁的摩阻力，对粗骨料最大粒径与输送管径之比的要求是：泵送高度在 50 m 以内时碎石为 1∶3，卵石为 1∶2.5；泵送高度在 50～100 m 时碎石为 1∶4，卵石为 1∶3；泵送高度在 100 m 以上时碎石为 1∶5，卵石为 1∶4。砂宜采用中砂，通过 0.315 mm 筛孔的砂粒不少于 15%，砂率宜为 35%～45%。为避免混凝土产生离析现象，水泥用量不宜少，且宜掺加矿物掺和料（通常为粉煤灰），水泥和掺和料的总量不宜小于

300 kg/m³。混凝土坍落度宜为10～18 cm。为提高混凝土的流动性,混凝土内宜掺入适量外加剂,主要有泵送剂、减水剂和引气剂等。

在泵送混凝土施工中,应注意以下问题:应使混凝土供应、输送和浇筑的效率协调一致,保证泵送工作连续进行,防止输送管道阻塞;输送管道的布置应尽量取直,转弯宜少且缓,管道的接头应严密;在泵送混凝土前,应先用适量的与混凝土内成分相同的水泥浆或水泥砂浆湿润输送管内壁;泵的受料斗内应经常有足够的混凝土,防止吸入空气引起阻塞;预计泵送的间歇时间超过初凝时间或混凝土出现离析现象时,应立即注入加压水冲洗管内残留的混凝土;输送混凝土时,应先输送至较远处,以便随混凝土浇筑工作的逐步完成,逐步拆除管道;泵送完毕,应将混凝土泵和输送管清洗干净。

4. 混凝土的运输时间

混凝土的运输应以最少的转运次数和最短的时间,从搅拌地点运至浇筑地点,并在初凝前浇筑完毕。混凝土从搅拌机中卸出到浇筑完毕的延续时间不宜超过表4-30的规定。

表4-30　混凝土从搅拌机中卸出到浇筑完毕的延续时间　单位:min

气温	采用搅拌运输车		其他运输设备	
	≤C30	>C30	≤C30	>C30
≤25℃	120	90	90	75
>25℃	90	60	60	45

注:掺有外加剂或采用快硬水泥拌制的混凝土,其延续时间应通过试验确定。

4.3.4 混凝土浇筑

1. 混凝土浇筑前的准备工作

① 检查模板的位置、标高、尺寸、强度、刚度等各方面是否满足要求,模板接缝是否严密。

② 检查钢筋及预埋件的品种、规格、数量、摆放位置、保护层厚度等是否满足要求,并做好隐蔽工程质量验收记录。

③ 模板内的杂物应清理干净,木模板应浇水湿润,但不允许留有积水。

④ 将材料供应、机具安装、道路平整、劳动组织等工作安排就绪,并做好安全技术交底。

2. 混凝土浇筑的技术要求

1) 混凝土浇筑的一般要求

① 混凝土拌和物运至浇筑地点后,应立即浇筑入模,如发现拌和物的坍落度有较大变化或有离析现象时,应及时处理。

② 混凝土应在初凝前浇筑完毕,如已有初凝现象,则需进行一次强力搅拌,使其恢复流动性后方可浇筑。

③ 为防止混凝土浇筑时产生分层离析现象,混凝土的自由倾倒高度一般不宜超

过 2 m，在竖向结构（如墙、柱）中混凝土的倾落高度不得超过 3 m，否则应采用串筒、斜槽、溜管或振动溜管等辅助设施下料。串筒布置应适应浇筑面积、浇筑速度和摊铺混凝土的能力，间距一般应不大于 3 m，其布置形式可分为行列式和交错式两种，以交错式居多。串筒下料后，应用振动器迅速摊平并捣实，如图 4-35 所示。

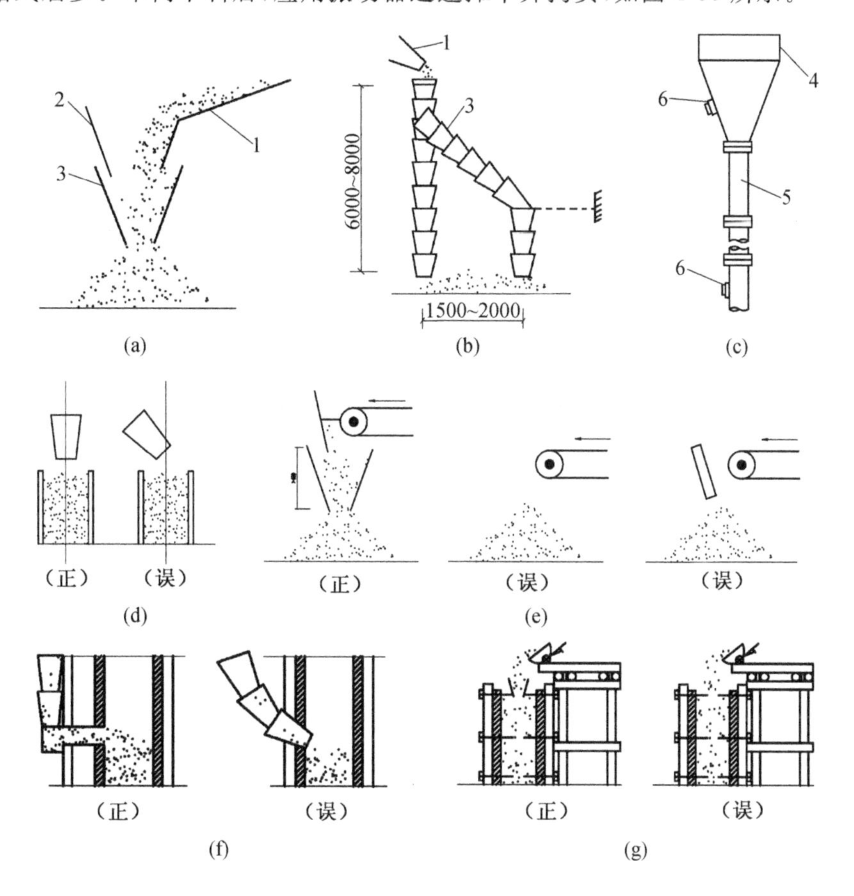

图 4-35　自高处倾落混凝土的方法

(a)溜槽；(b)串筒；(c)振动串筒；(d)串筒浇筑混凝土；
(e)皮带运输机浇筑混凝土；(f)侧向浇筑狭深墙壁；(g)上部浇筑狭深墙壁
1—溜槽；2—挡板；3—串筒；4—漏斗；5—节管；6—振动器

④ 浇筑竖向结构（如墙、柱）的混凝土之前，底部应先浇入 50～100 mm 厚与混凝土成分相同的水泥砂浆，以避免构件底部因砂浆含量较少而出现蜂窝、麻面、露石等质量缺陷。

⑤ 混凝土在浇筑及静置过程中，应采取措施防止产生裂缝；混凝土因沉降及干缩产生的非结构性的表面裂缝，应在终凝前予以修整。

2）浇筑层厚度

为保证混凝土的密实性，混凝土必须分层浇筑、分层捣实，其浇筑层的厚度应符合表 4-31 的规定。

表 4-31 混凝土浇筑层厚度 单位:mm

捣实混凝土的方法		浇筑层厚度
插入式振捣		振捣器作用部分长度的 1.25 倍
表面振动		200
人工捣固	在基础、无筋混凝土或配筋稀疏的结构中	250
	在梁、墙板、柱结构中	200
	在配筋密列的结构中	150
轻骨料混凝土	插入式振捣	300
	表面振动(振动时需加荷)	200

3) 浇筑间歇时间

为保证混凝土的整体性,浇筑工作应连续进行。如必须间歇时,其间歇时间应尽可能缩短,并应在前层混凝土初凝之前,将次层混凝土浇筑完毕。混凝土运输、浇注及间歇的全部时间不应超过混凝土的初凝时间,可按所用水泥品种及混凝土条件确定,或根据表 4-32 确定。若超过初凝时间必须留置施工缝。

表 4-32 混凝土运输、浇筑和间歇的时间 单位:min

混凝土强度等级	气温	
	≤25℃	>25℃
≤C30	210	180
>C30	180	150

注:当混凝土中掺有促凝或缓凝型外加剂时,其允许时间应通过试验确定。

4) 混凝土施工缝

若由于技术上或施工组织上的原因,不能连续将混凝土结构整体浇筑完成,且间歇的时间超过表 4-32 所规定的时间,则应在适当的部位留设施工缝。施工缝是指继续浇筑的混凝土与已经凝结硬化的先浇混凝土之间的新旧结合面,它是结构的薄弱部位,必须认真对待。

施工缝的位置应在混凝土浇筑之前预先确定,设置在结构受剪力较小且便于施工的部位,其留设位置应符合下列规定:①柱子的施工缝留置在基础的顶面、梁或吊车梁牛腿的下面、吊车梁的上面、无梁楼板柱帽的下面(见图 4-36)。②与板连成整体的大截面梁,施工缝留置在板底面以下 20~30 mm 处;当板下有梁托时,留置在梁托下部(见图 4-37)。③单向板的施工缝可留置在平行于板的短边的任何位置(见图 4-38)。④有主次梁的楼板,宜顺着次梁方向浇筑,施工缝应留置在次梁跨度的中间 1/3 范围内;若沿主梁方向浇筑,施工缝应留置在主梁跨度中间的 2/4 与板跨度中间的 2/4 相重合的范围内(见图 4-39)。⑤墙体的施工缝留置在门洞口过梁跨中的 1/3 范围内,也可留置在纵横墙的交接处。⑥双向受力的板、大体积混凝土结构、拱、穹拱、薄壳、蓄水池、斗仓、多层钢架及其他结构复杂的工程,施工缝的位置应按设计要求留置。

在施工缝处继续浇筑混凝土时,需待已浇筑的混凝土抗压强度达到 1.2 N/mm^2 后才能进行,而且必须对施工缝进行必要的处理,以增强新旧混凝土的连接,尽量降

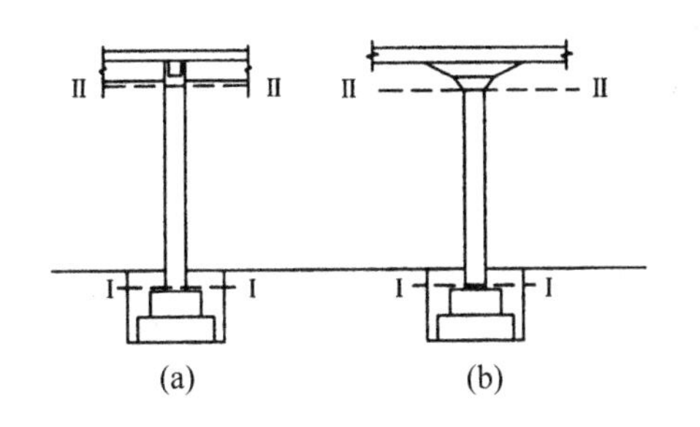

图 4-36　浇筑柱的施工缝位置

(a)梁板式结构；(b)无梁楼盖结构

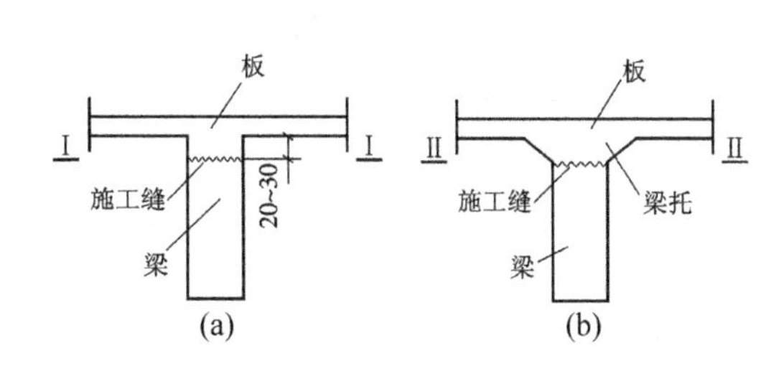

图 4-37　浇筑与板连成整体的梁的施工缝位置

(a)无梁托的整体梁板；(b)有梁托的整体梁板

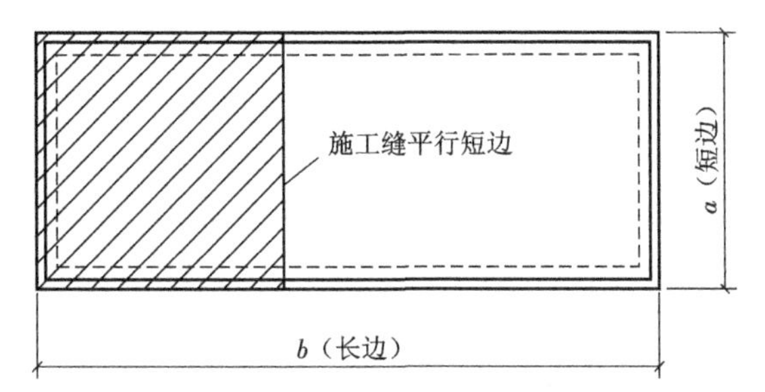

图 4-38　浇筑单向板的施工缝位置($b/a \geqslant 2$)

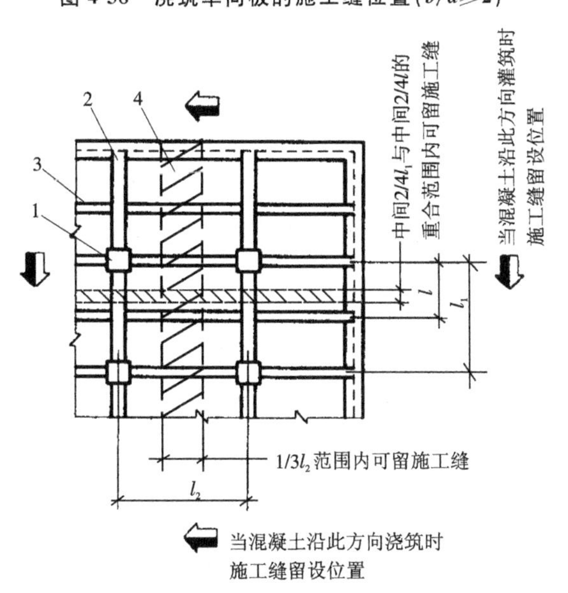

图 4-39　浇筑有主次梁楼板的施工缝位置

1—柱；2—主梁；3—次梁；4—板；l—板跨；l_1—主梁跨度；l_2—次梁跨度

低施工缝对结构整体性带来的不利影响。处理方法是：先在已硬化的混凝土表面清除水泥薄膜、松动石子以及软弱混凝土层，再将混凝土表面凿毛，并用水冲洗干净、充分湿润,但不得留有积水;然后在施工缝处抹一层 10～15 mm 厚与混凝土成分相同的水泥砂浆;继续浇筑混凝土时,需仔细振捣密实,使新旧混凝土接合紧密。

3. 现浇混凝土结构的浇筑方法

1) 基础的浇筑

① 浇筑台阶式基础时,可按台阶分层一次浇筑完毕,不允许留施工缝。每层混凝土的浇筑顺序是先边角后中间,使混凝土能充满模板边角。施工时应注意防止垂直交角处混凝土出现脱空(即吊脚)、蜂窝现象。其措施是:将第一台阶混凝土捣固下沉 2～3 cm 后暂不填平,继续浇筑第二台阶时,先用铁锹沿第二台阶模板底圈内外均做成坡,然后分层浇筑,待第二台阶混凝土灌满后,再将第一台阶外圈混凝土铲平、拍实、抹平。

② 浇筑杯形基础时,应注意杯口底部标高和杯口模板的位置,防止杯口模板上浮和倾斜。浇筑时,先将杯口底部混凝土振实并稍停片刻,然后对称、均衡浇筑杯口模板四周的混凝土。当浇筑高杯口基础时,宜采用后安装杯口模板的方法,即当混凝土浇捣到接近杯口底时再安装杯口模板,并继续浇捣。为加快杯口芯模的周转,可在混凝土初凝后终凝前将芯模拔出,并随即将杯壁混凝土划毛。

③ 浇筑锥形基础时,应注意斜坡部位混凝土的捣固密实,在用振动器振捣完毕后,再用人工将斜坡表面修正、拍实、抹平,使其符合设计要求。

④ 浇筑现浇柱下基础时,应特别注意柱子插筋位置的准确,防止其移位和倾斜。在浇筑开始时,先满铺一层 5～10 cm 厚的混凝土并捣实,使柱子插筋下端和钢筋网片的位置基本固定,然后继续对称浇筑,并在下料过程中注意避免碰撞钢筋,有偏差时应及时纠正。

⑤ 浇筑条形基础时,应根据基础高度分段分层连续浇筑,一般不留施工缝。每段浇筑长度控制在 2～3 m,各段各层间应相互衔接,呈阶梯形向前推进。

⑥ 浇筑设备基础时,一般应分层浇筑,并保证上、下层之间不出现施工缝,分层厚度为 20～30 cm,并尽量与基础截面变化部位相符合。每层浇筑顺序宜从低处开始,沿长边方向自一端向另一端推进,也可采取自中间向两边或自两边向中间推进的顺序。对一些特殊部位,如地脚螺栓、预留螺栓孔、预埋管道等,浇筑时要控制好混凝土上升速度,使两边均匀上升,同时避免碰撞,以免发生歪斜或移位。对螺栓锚板及预埋管道下部的混凝土要仔细振捣,必要时采用细石混凝土填实。对于大直径地脚螺栓,在混凝土浇筑过程中宜用经纬仪随时观测,发现偏差及时纠正。预留螺栓孔的木盒应在混凝土初凝后及时拔出,以免硬化后再拔出会损坏预留孔附近的混凝土。

2) 主体结构的浇筑

主体结构的主要构件有柱、墙、梁、楼板等。在多、高层建筑结构中,这些构件是沿垂直方向重复出现的,因此一般按结构层分层施工;如果平面面积较大,还应分段进行,以便各工序流水作业。在每层、每段的施工中,浇筑顺序为先浇筑柱、墙,后浇筑梁、板。

（1）柱子混凝土的浇筑

柱子混凝土的浇筑宜在梁板模板安装完毕、钢筋绑扎之前进行，以便利用梁板模板来稳定柱模板，并用做浇筑混凝土的操作平台。浇筑一排柱子的顺序，应从两端同时开始向中间推进，不宜从一端推向另一端，以免因浇筑混凝土后模板吸水膨胀而产生横向推力，累积到最后一根柱造成弯曲变形。当柱截面在 40 cm × 40 cm 以上且无交叉箍筋、柱高不超过 3.5 m 时，可从柱顶直接浇筑；超过 3.5 m 时需分段浇筑或采用竖向串筒输送混凝土。当柱截面在 40 cm × 40 cm 以内或有交叉箍筋时，应在柱模板侧面开不小于 30 cm 高的门子洞作为浇筑口，装上斜溜槽分段浇筑，每段高度不超过 2 m（如图 4-40、图 4-41 所示）。柱子应沿高度分层浇筑，并一次浇筑完毕，其分层厚度应符合表 4-31 的规定。

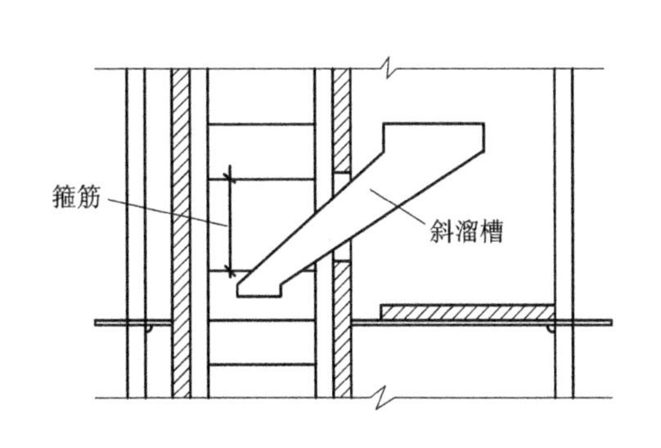

图 4-40　从门子洞处浇筑混凝土

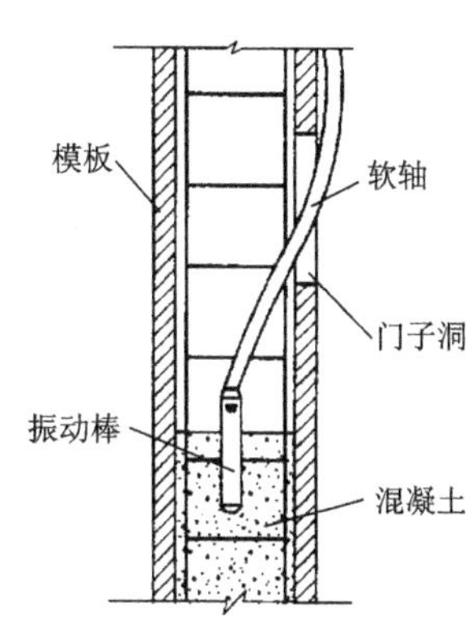

图 4-41　从门子洞伸入振捣

（2）剪力墙混凝土的浇筑

剪力墙混凝土的浇筑除遵守一般规定外，在浇筑门窗洞口部位时，应在洞口两侧同时浇筑，且使两侧混凝土高度大体一致，以防止门窗洞口部位模板的移动；窗户部位应先浇筑窗台下部混凝土，停歇片刻后再浇筑窗间墙处。当剪力墙的高度超过 3 m 时，亦应分段浇筑。

（3）梁与板的混凝土的浇筑

浇筑时先将梁的混凝土分层浇筑成阶梯形，当达到板底位置时即与板的混凝土一起浇筑，随着阶梯形的不断延长，板的浇筑也不断向前推进。倾倒混凝土的方向应与浇筑方向相反，如图 4-42 所示。当梁的高度大于 1 m 时，可先单独浇筑梁，在距板底以下 2～3 cm 处留设水平施工缝。

在浇筑与柱、墙连成整体的梁、板时，应在柱、墙的混凝土浇筑完毕后停歇 1～1.5 h，使其初步沉实，排除泌水后，再继续浇筑梁、板的混凝土。

3）大体积混凝土的浇筑

大体积混凝土是指厚度大于或等于 1 m、且长度和宽度都较大的结构，如高层建筑中钢筋混凝土箱形基础的底板、工业建筑中的设备基础、桥梁的墩台等。大体积混凝土结构的施工特点：一是整体性要求高，一般都要求连续浇筑，不允许留设施工

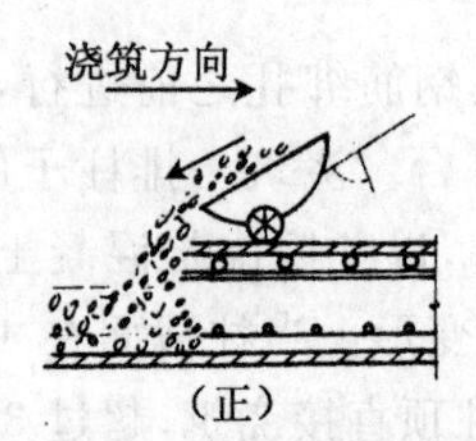

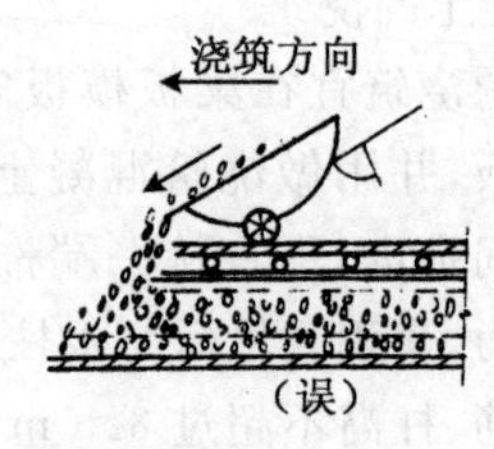

图 4-42　混凝土的倾倒方向

缝;二是由于结构的体积大,混凝土浇筑后产生的水化热量大,且聚积在内部不易散发,从而形成较大的内外温差,引起较大的温差应力,导致混凝土出现温度裂缝。因此,大体积混凝土施工的关键是:为保证结构的整体性应确定合理的混凝土浇筑方案,为避免产生温度裂缝应采取有效的措施降低混凝土内外温差。

(1) 浇筑方案的选择

为了保证混凝土浇筑工作能连续进行,应在下一层混凝土初凝之前,将上一层混凝土浇筑完毕。因此,在组织施工时,首先应按下式计算每小时需要浇筑混凝土的数量,即浇筑强度

$$V=BLH/(t_1-t_2) \tag{4-9}$$

式中　V——每小时混凝土的浇筑量(m^3/h);

B、L、H——分别为浇筑层的宽度、长度、厚度(m);

t_1——混凝土的初凝时间(h);

t_2——混凝土的运输时间(h)。

根据混凝土的浇筑量,计算所需搅拌机、运输工具和振动器的数量,并据此拟定浇筑方案和进行劳动力组织。大体积混凝土的浇筑方案需根据结构大小、混凝土供应等实际情况决定,一般有全面分层、分段分层和斜面分层三种方案(见图 4-43)。

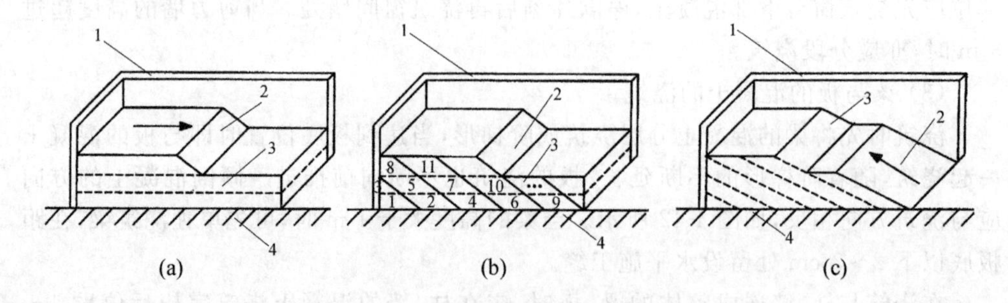

图 4-43　大体积混凝土的浇筑方案

(a) 全面分层;(b) 分段分层;(c) 斜面分层

1—模板;2—新浇筑的混凝土;3—已浇筑的混凝土;4—基底

① 全面分层〔见图 4-43(a)〕:它是在整个结构内全面分层浇筑混凝土,要求每一层的混凝土浇筑必须在下层混凝土初凝前完成。此浇筑方案适用于平面尺寸不太

大的结构，施工时宜从短边开始，沿长边方向推进，必要时也可从中间开始向两端推进或从两端向中间推进。

② 分段分层〔见图 4-43(b)〕：若采用全面分层浇筑，混凝土的浇筑强度太高，施工难以满足时，则可采用分段分层浇筑方案。它是将结构从平面上分成几个施工段，厚度上分成几个施工层，混凝土从底层开始浇筑，进行一定距离后就回头浇筑第二层，如此依次向前浇筑以上各层。施工时要求在第一层第一段末端混凝土初凝前，开始第二段的施工，以保证混凝土接合良好。该方案适用于厚度不大而面积或长度较大的结构。

③ 斜面分层〔见图 4-43(c)〕：当结构的长度超过厚度的三倍时，宜采用斜面分层浇筑方案。施工时，混凝土的振捣应从浇筑层下端开始，逐渐上移，以保证混凝土的施工质量。

(2) 混凝土温度裂缝的产生原因及防治措施

大体积混凝土在凝结硬化过程中会产生大量的水化热。在混凝土强度增长初期，蓄积在内部的大量热量不易散发，致使其内部温度显著升高，而表面散热较快，这样就形成较大的内外温差。该温差使混凝土内部产生压应力，而使混凝土外部产生拉应力，当温差超过一定程度后，就易在混凝土表面产生裂缝。在浇筑后期，当混凝土内部逐渐散热冷却产生收缩时，由于受到基岩或混凝土垫层的约束，接触处将产生很大的拉应力。一旦拉应力超过混凝土的极限抗拉强度，便会在约束接触处产生裂缝，甚至形成贯穿整个断面的裂缝。这将严重破坏结构的整体性，对于混凝土结构的承载能力和安全极为不利，在施工中必须避免。

为了有效地控制温度裂缝，应设法降低混凝土的水化热和减小混凝土的内外温差，一般将温差控制在25℃以下，则不会产生温度裂缝。降低混凝土水化热的措施有：选用低水化热水泥配置混凝土，如矿渣水泥、火山灰水泥等；尽量选用粒径较大、级配良好的骨料，控制砂石含泥量，以减少水泥用量，并可减小混凝土的收缩量；掺加粉煤灰等掺和料和减水剂，改善混凝土的和易性，以减少用水量，相应可减少水泥用量；掺加缓凝剂以降低混凝土的水化反应速度，可控制其内部的升温速度。减小混凝土内外温差的措施有：降低混凝土拌和物的入模温度，如夏季可采用低温水(地下水)或冰水搅拌，对骨料用水冲洗降温，或对骨料进行覆盖或搭设遮阳装置，以避免曝晒；必要时可在混凝土内部预埋冷却水管，通入循环水进行人工导热；冬季应及时对混凝土覆盖保温、保湿材料，避免其表面温度过低而造成内外温差过大；扩大浇筑面和散热面，减小浇筑层厚度和适当放慢浇筑速度，以便在浇筑过程中尽量多地释放出水化热，从而降低混凝土内部的温度。

此外，为了控制大体积混凝土裂缝的开展，在某些情况下，可在施工期间设置作为临时伸缩缝的“后浇带”，将结构分为若干段，以有效降低温度收缩应力。待混凝土经过一段时间的养护收缩后，再在后浇带中浇筑补偿收缩混凝土，将分段的混凝土连成整体。在正常的施工条件下，后浇带的间距一般为20～30 m，带宽0.7～1.0

m,混凝土浇筑 30～40 d 后用比原结构强度等级提高 1～2 个等级的混凝土填筑,并保持不少于 15 d 的潮湿养护。

4) 水下混凝土的浇筑

在钻孔灌注桩、地下连续墙等基础工程以及水利工程施工中常需要直接在水下浇筑混凝土,而且灌注桩与地下连续墙是在泥浆中浇筑混凝土。水下或泥浆中浇筑混凝土一般采用导管法,其特点是:利用导管输送混凝土并使其与环境水或泥浆隔离,依靠管中混凝土自重挤压导管下部管口周围的混凝土,使其在已浇筑的混凝土内部流动、扩散,边浇筑边提升导管,直至混凝土浇筑完毕。采用导管法,不但可以避免混凝土与水或泥浆的接触,而且可保证混凝土中骨料和水泥浆不分离,从而保证了水下浇筑混凝土的质量。

导管法浇筑水下混凝土的主要设备有金属导管、盛料漏斗和提升机具等(见图 4-44)。导管一般由钢管制成,管径为 200～300 mm,每节管长 1.5～2.5 m。导管下部设有球塞,球塞可用软木、橡胶、泡沫塑料等制成,其直径比导管内径小 15～20 mm。盛料漏斗固定在导管顶部,起着盛混凝土和调节导管中混凝土量的作用,盛料漏斗的容积应足够大,以保证导管内混凝土具有必需的高度。盛料漏斗和导管悬挂在提升机具上,常用的提升机具有卷扬机、起重机、电动葫芦等,可操纵导管的下降和提升。

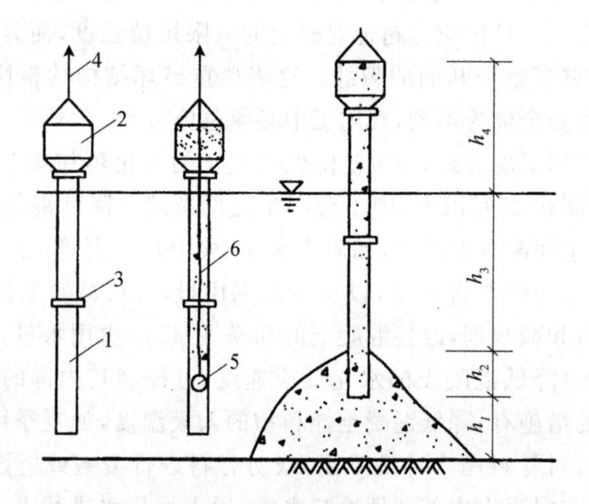

图 4-44　导管法浇筑水下混凝土示意

1—导管;2—盛料漏斗;3—接头;4—提升吊索;5—球塞;6—铁丝

施工时,先将导管沉入水中底部距水底约 100 mm 处,导管内用铁丝或麻绳将球塞悬吊在水位以上 0.2 m 处,然后向导管内浇筑混凝土。待导管和盛料漏斗装满混凝土后,即可剪断吊绳,水深 10 m 以内时可立即剪断,水深大于 10 m 时可将球塞降到导管中部或接近管底时再剪断吊绳。此时混凝土靠自重推动球塞下落,冲出管底后向四周扩散,形成一个混凝土堆,并将导管底部埋于混凝土中。当混凝土不断从盛料漏斗灌入导管并从其底部流出扩散后，管外混凝土面不断上升，导管也相应提升，每次提升高度应控制在150～200 mm范围内，以保证导管下端始终埋在混凝土内，其最小埋置深度如表4-33所示，最大埋置深度不宜超过5 m，以保证混凝土的浇筑顺利进行。

表4-33　导管的最小埋入深度

混凝土水下浇筑深度(m)	导管埋入混凝土的最小深度(m)	混凝土水下浇筑深度(m)	导管埋入混凝土的最小深度(m)
≤10	0.8	15～20	1.3
10～15	1.1	＞20	1.5

当混凝土从导管底部向四周扩散时，靠近管口的混凝土均匀性较好、强度较高，而离管口较远的混凝土易离析，强度有所下降。为保证混凝土的质量，导管作用半径取值不宜大于4 m，当多根导管同时浇筑时，导管间距不宜大于6 m，每根导管浇筑面积不宜大于30 m^2。采用多根导管同时浇筑时，应从最深处开始，并保证混凝土面水平、均匀地上升，相邻导管下口的标高差值不应超过导管间距的1/20～1/15。

混凝土的浇筑应连续进行，不得中断。应保证混凝土的供应量大于管内混凝土必须保持的高度所需要的混凝土量。

采用导管法浇筑时，由于与水接触的表面一层混凝土结构松软，故在浇筑完毕后应予以清除。软弱层的厚度，在清水中至少按0.2 m取值，在泥浆中至少按0.4 m取值。因此，浇筑混凝土时的标高控制，应比设计标高超出此值。

4.3.5 混凝土密实成型

混凝土灌入模板以后，由于骨料间的摩阻力和水泥浆的黏滞力，使其不能自行填充密实，因而内部是疏松的，且有一定体积的空洞和气泡，不能达到所要求的密实度，从而影响混凝土的强度和耐久性。因此，混凝土入模后，必须进行密实成型，以保证混凝土构件的外形及尺寸正确、表面平整，强度和其他性能符合设计及使用要求。混凝土密实成型的途径有三种：一是借助于机械外力（如机械振动）来克服拌和物内部的摩阻力而使之液化后密实；二是在拌和物中适当增加水分以提高其流动性，使之便于成型，成型后用离心法、真空抽吸法将多余的水分和空气排出；三是在拌和物中添加高效减水剂，使其坍落度大大增加，实现自流浇注成型，这是一种有发展前途的方法。目前施工中多采用机械振动成型的方法。

1. 机械振动成型

常用的混凝土振动机械按其工作方式分为内部振动器、外部振动器、表面振动器和振动台，如图4-45所示。

1）内部振动器施工

内部振动器又称插入式振动器，常用的有电动软轴内部振动器（见图4-46）和直联式内部振动器（见图4-47）。电动软轴内部振动器由电动机、软轴、振动棒、增速器

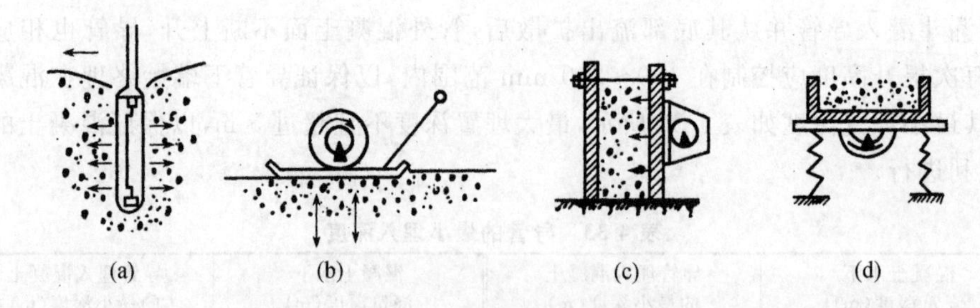

图 4-45 振动机械示意

(a)内部振动器;(b)表面振动器;(c)外部振动器;(d)振动台

等组成。其振捣效果好,且构造简单,维修方便,使用寿命长,是土木工程施工中应用最广泛的一种振动器。

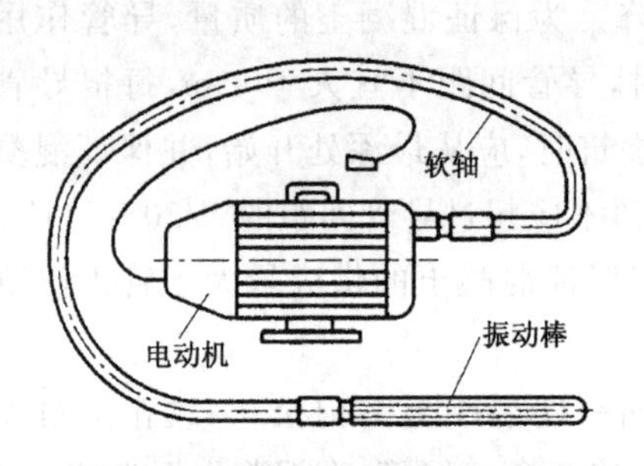

图 4-46 电动软轴内部振动器

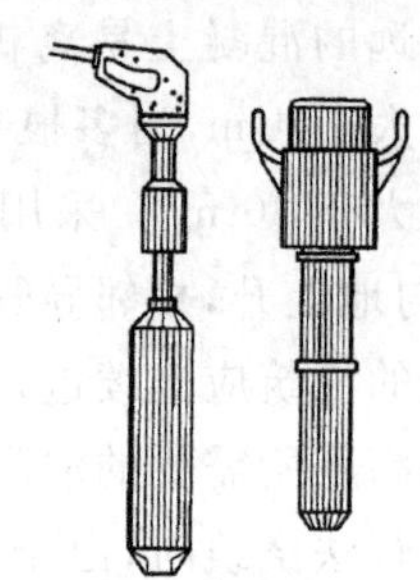

图 4-47 直联式内部振动器

插入式振动器常用于振捣基础、柱、梁、墙及大体积结构混凝土。使用时一般应垂直插入,并插到下层尚未初凝的混凝土中 50～100 mm,如图 4-48 所示。

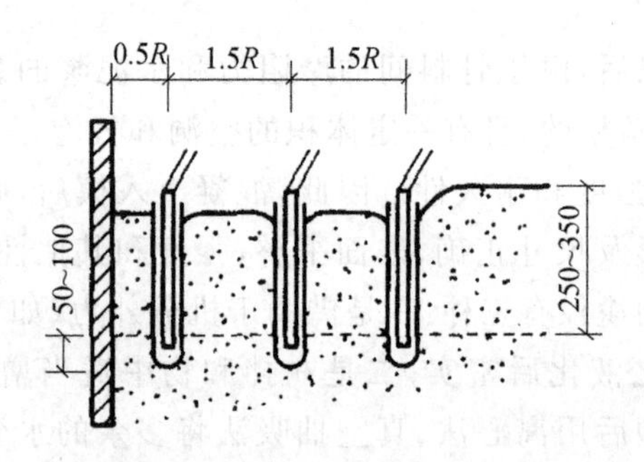

图 4-48 插入式振动器插入深度

为使上、下层混凝土互相结合,操作时要做到快插慢拔。如插入速度慢,会先将表面混凝土振实,与下部混凝土发生分层离析现象;如拔出速度过快,则由于混凝土来不及填补而在振动器抽出的位置形成空洞。振动器的插点要均匀排列,排列方式有行列式和交错式两种,如图 4-49 所示。插点间距不应大于 1.5 R(R 为振动器的作用半径),振动器与模板距离不应大于 0.5 R,且振动中应避免碰振钢筋、模板、吊环及预埋件等。每一插点的振动时间一般为 20～30 s,用高频振动器时不应小于

10 s,过短不易振实,过长可能使混凝土分层离析。若混凝土表面已停止排出气泡,拌和物不再下沉并在表面呈现浮浆时,则表明已被充分振实。

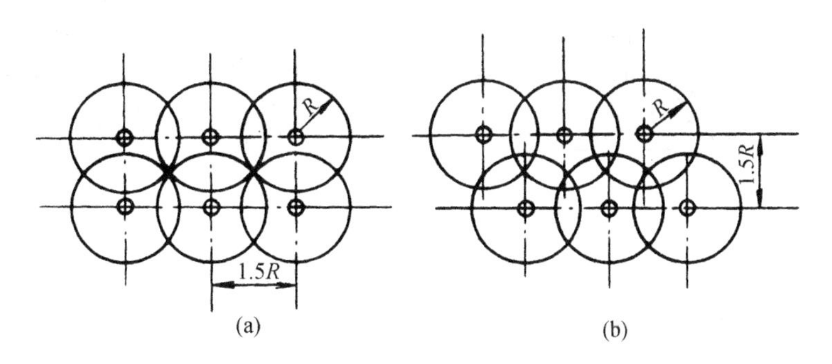

图 4-49　插点布置

(a)行列式;(b)交错式

2)外部振动器施工

外部振动器又称附着式振动器,如图 4-50 所示。它适用于振实钢筋较密、厚度在 300 mm 以下的柱、梁、板、墙以及不宜使用插入式振动器的结构。

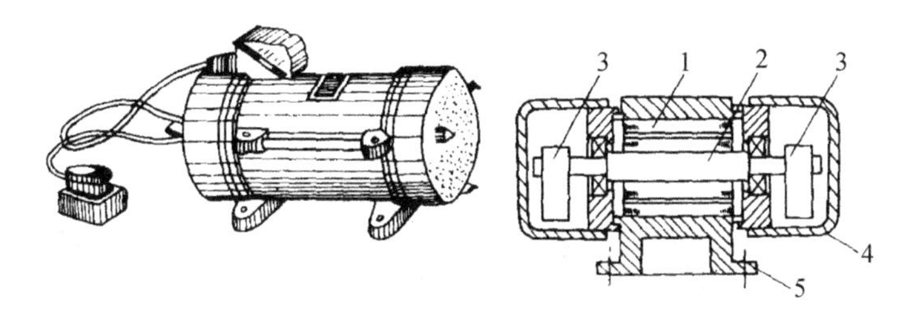

图 4-50　附着式振动器

1—电动机;2—轴;3—偏心块;4—护罩;5—机座

使用附着式振动器时模板应支设牢固,振动器应与模板外侧紧密连接,以便振动作用能通过模板间接地传递到混凝土中。振动器的侧向影响深度约为 250 mm,如构件较厚时,需在构件两侧同时安装振动器,振动频率必须一致,其相对应的位置应错开,以便振动均匀。当混凝土浇筑入模的高度高于振动器安装部位后方可开始振动。振动器的设置间距(有效作用半径)及振动时间宜通过试验确定,一般距离 1.0～1.5 m设置一台,振动延续时间则以混凝土表面成水平面且不再出现气泡时为止。

3)表面振动器施工

表面振动器又称平板式振动器,是将振动器固定在一块底板上而成,如图 4-51 所示。它适用于振动平面面积大、表面平整而厚度较小的构件,如楼板、地面、路面和薄壳等构件。

使用表面振动器时应将混凝土浇筑区划分若干排,依次按排平拉慢移,顺序前

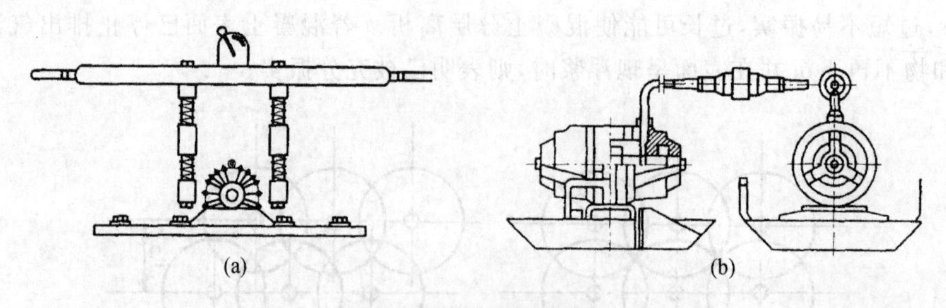

图 4-51 表面式振动器
(a)有缓冲弹簧的振动器；(b)带槽形平板的振动器

进。移动间距应使振动器的平板覆盖已振完混凝土的边缘 30～50 mm，以防漏振。最好振动两遍，且方向互相垂直，第一遍主要使混凝土密实，第二遍主要使其表面平整。振动倾斜表面时，应由低处逐渐向高处移动，以保证混凝土振实。平板振动器在每一位置上的振动延续时间一般为 25～40 s，以混凝土停止下沉、表面平整并均匀出现浆液为止。平板振动器的有效作用深度，在无筋及单层配筋平板中约为 200 mm，在双层配筋平板中约 120 mm。

4）振动台施工

振动台是一个支承在弹性支座上的平台，平台下有振动机械，模板固定在平台上，如图 4-52 所示。它一般用于预制构件厂内振动干硬性混凝土以及在试验室内制作试块时的振实。

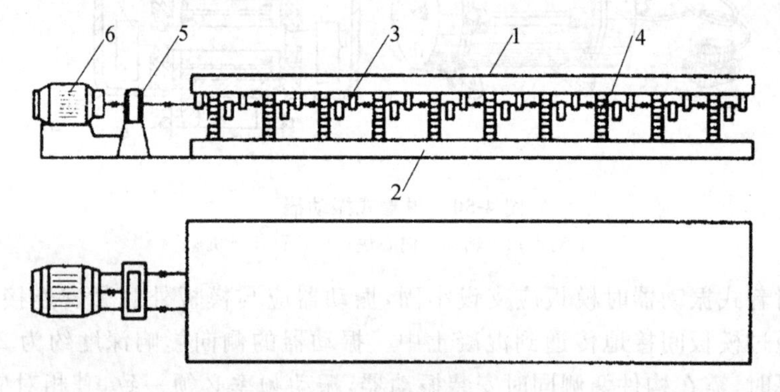

图 4-52 振动台
1—振动平台；2—固定框架；3—偏心振动子；4—支承弹簧；5—同步器；6—电动机

采用机械振动成型时，混凝土经振动后表面会有水分出现，称泌水现象。泌水不宜直接排走，以免带走水泥浆，应采用吸水材料吸水，必要时可进行二次振捣，或二次抹光。如泌水现象严重，应考虑改变配合比，或掺用减水剂。

2. 离心法成型

离心法是将装有混凝土的模板放在离心机上，使模板以一定转速绕自身的纵轴旋转，模板内的混凝土由于离心力作用而远离纵轴，均匀分布于模板内壁，并将混凝土中的部分水分挤出，使混凝土密实，如图 4-53 所示。此方法一般用于制作混凝土管道、电线杆、管桩等具有圆形空腔的构件。

离心机有滚轮式和车床式两类，都具有多级变速装置。离心成型过程分为两个阶段：第一阶段是使混凝土沿模板内壁分布均匀，形成空腔，此时转速不宜太高，以免造成混凝土离析现象；第二阶段是使混凝土密实成型，此时可提高转速，增大离心力，以压实混凝土。

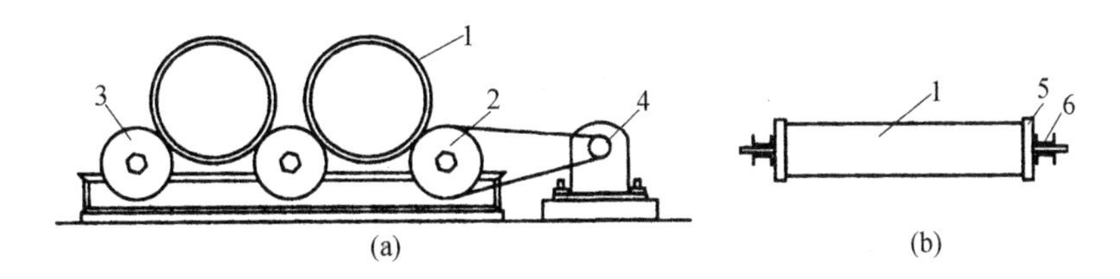

图4-53 离心法成型示意

(a)滚轮式离心机；(b)车床式离心机

1—模板；2—主动轮；3—从动轮；4—电动机；5—卡盘；6—支承轴承

3. 真空作业法成型

真空作业法是借助于真空负压，将水分从已初步成型的混凝土拌和物中吸出，并使混凝土密实成型的一种方法，如图4-54所示。它可分为表面真空作业与内部真空作业两种。此方法适用预制平板和现浇楼板、道路、机场跑道；薄壳、隧道顶板；墙壁、水池、桥墩等混凝土的成型。

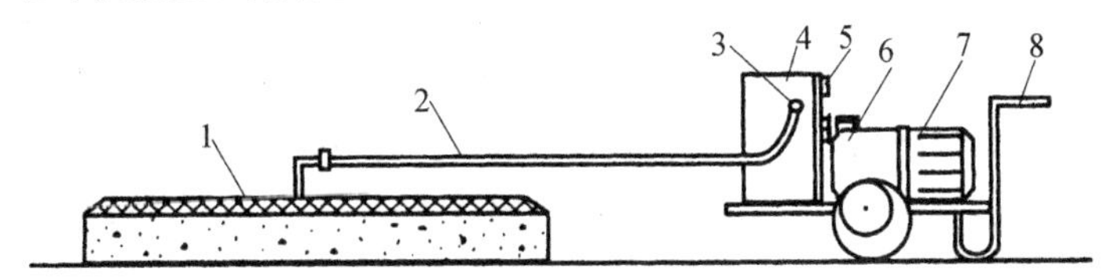

图4-54 真空作业法成型示意

1—真空吸水装置；2—软管；3—吸水进口；4—集水箱；

5—真空表；6—真空泵；7—电动机；8—手推小车

4.3.6 混凝土养护

混凝土的凝结硬化，主要是水泥水化作用的结果，而水化作用需要适当的湿度和温度。混凝土浇筑后，如气候炎热、空气干燥而湿度过小，混凝土中的水分会蒸发过快而出现脱水现象，使已形成凝胶体的水泥颗粒不能充分水化，不能转化为稳定的结晶，缺乏足够的黏结力，从而会在混凝土表面出现片状或粉状剥落，影响混凝土的强度。同时，水分过早蒸发还会使混凝土产生较大的收缩变形，出现干缩裂缝，影响混凝土结构的整体性和耐久性。若温度过低，混凝土强度增长缓慢，则会影响混凝土结构和构件尽快投入使用。

所谓混凝土的养护，就是为混凝土硬化提供必要的温度和湿度条件，以保证其在规定的龄期内达到设计要求的强度,并防止产生收缩裂缝。目前混凝土养护的方法有自然养护、蒸汽养护、热拌混凝土热模养护、太阳能养护、远红外线养护等。自然养护成本低,简单易行,但养护时间长、模板周转率低、占用场地大;而蒸汽养护时间可缩短到十几个小时,热拌热模养护时间可减少到5~6 h,模板周转率相应提高,占用场地大大减少。下面着重介绍自然养护和蒸汽养护。

1. 自然养护

混凝土的自然养护,即指在平均气温高于5℃的自然气温条件下,于一定时间内使混凝土保持湿润状态。自然养护分为覆盖浇水养护和塑料薄膜养护两种方法。

覆盖浇水养护是用吸水保湿能力较强的材料,如草帘、麻袋、锯末等,将混凝土裸露的表面覆盖,并经常洒水使其保持湿润。

塑料薄膜养护是用塑料薄膜将混凝土表面严密地覆盖起来,使之与空气隔绝,防止混凝土内部水分的蒸发,从而达到养护的目的。塑料薄膜养护又有两种方法:薄膜布直接覆盖法和喷洒塑料薄膜养护液法。后者是指将塑料溶液喷涂在混凝土表面,溶剂挥发后结成一层塑料薄膜。这种养护方法用于不易洒水养护的高耸构筑物、大面积混凝土结构以及缺水地区。

对于一些地下结构或基础,可在其表面涂刷沥青乳液或用湿土回填,以代替洒水养护。对于表面积大的构件(如地坪、楼板、屋面、路面等),也可用湿土、湿砂覆盖,或沿构件周边用黏土等围住,在构件中间蓄水进行养护。

混凝土的自然养护应符合下列规定。

① 应在浇筑完毕后的12 h以内对混凝土加以覆盖并保湿养护。

② 混凝土浇水养护的时间:对采用硅酸盐水泥、普通硅酸盐水泥或矿渣硅酸盐水泥拌制的混凝土,不得少于7 d;对掺用缓凝型外加剂或有抗渗性要求的混凝土,不得少于14 d。

③ 浇水次数应能保持混凝土处于润湿状态;当日平均气温低于5℃时,不得浇水;混凝土养护用水应与拌制用水相同。

④ 采用塑料薄膜覆盖养护混凝土,其敞露的全部表面应覆盖严密,并应保证塑料布内有凝结水。

⑤ 混凝土强度达到1.2 MPa以前,不得在其上踩踏或安装模板及支架。

2. 蒸汽养护

蒸汽养护是将混凝土构件放置在充满饱和蒸汽或蒸汽与空气混合物的养护室内,在较高的温度和相对湿度的环境中进行养护,以加速混凝土的硬化,使其在较短的时间内达到规定的强度。蒸汽养护的过程分为静停、升温、恒温、降温四个阶段。

静停阶段:混凝土构件成型后在室温下停放养护一段时间,以增强混凝土对升温阶段结构破坏作用的抵抗力。对普通硅酸盐水泥制作的构件来说,静停时间一般应为2~6 h,对火山灰质硅酸盐水泥或矿渣硅酸盐水泥则不需静停。

升温阶段:即构件的吸热阶段。升温速度不宜过快,以免构件表面和内部产生过大温差而出现裂缝。升温速度，对薄壁构件（如多肋楼板、多孔楼板等）不得超过25℃/h，其他构件不得超过 20℃/h，用于硬性混凝土制作的构件不得超过 40℃/h。

恒温阶段：即升温后温度保持不变的时间。此阶段混凝土强度增长最快，应保持 90%～100%的相对湿度。恒温阶段的温度，对普通水泥的混凝土不超过 80℃，矿渣水泥、火山灰水泥的可提高到 85～90℃。恒温时间一般为 5～8 h。

降温阶段：即构件的散热阶段。降温速度不宜过快，否则混凝土会产生表面裂缝。一般情况下，构件厚度在 10 cm 左右时，降温速度不超过 20～30℃/h。此外，出室构件的温度与室外温度之差不得大于 40℃/h；当室外为负温时，不得大于 20℃/h。

4.3.7 混凝土的质量验收和缺陷的技术处理

1. 混凝土的质量验收

混凝土的质量验收包括施工过程中的质量检查和施工后的质量验收。

1）施工过程中混凝土的质量检查

① 混凝土拌制过程中应检查其组成材料的质量和用量，每工作班至少 1 次。原材料每盘称量的允许偏差是：水泥、掺和料为±2%；粗、细骨料为±3%；水、外加剂为±2%。当遇雨天或含水率有显著变化时，应增加含水率检测次数，并及时调整水和骨料的用量。

② 应检查混凝土在拌制地点及浇筑地点的坍落度，每工作班至少检查 2 次。对于预拌（商品）混凝土，也应在浇筑地点进行坍落度检查。实测的混凝土坍落度与要求坍落度之间的允许偏差是：要求坍落度＜50 mm 时，为±10 mm；要求坍落度 50～90 mm 时，为±20 mm；要求坍落度＞90 mm 时，为±30 mm。

③ 当混凝土配合比由于外界影响有变动时，应及时进行检查。

④ 对混凝土的搅拌时间，也应随时进行检查。

2）施工后混凝土的质量验收

混凝土的质量验收，主要包括对混凝土强度和耐久性的检验、外观质量和结构构件尺寸的检查。

① 结构混凝土的强度等级必须符合设计要求。用于检查结构构件混凝土强度的试件，应在混凝土的浇筑地点随机抽取。取样与试件留置应符合下列规定：每拌制 100 盘且不超过 100 m^3 的同配合比的混凝土，取样不得少于一次；每工作班拌制的同一配合比的混凝土不足 100 盘时，取样不得少于一次；当一次连续浇筑超过1000 m^3时，同一配合比的混凝土每 200 m^3 取样不得少于一次；每一层楼、同一配合比的混凝土，取样不得少于一次；每次取样应至少留置一组标准养护试件，同条件养护试件的留置组数应根据实际需要确定。

当混凝土试件强度评定不合格时，可采用非破损或局部破损的检测方法，对结构和构件的混凝土强度进行推定。非破损的方法有回弹法、超声波法和超声波回弹综合法，局部破损的方法通常采用钻芯取样检验法。

② 对有抗渗要求的混凝土结构,其混凝土试件应在浇筑地点随机取样。同一工程、同一配合比的混凝土,取样不应少于一次,留置组数可根据实际需要确定。

③ 混凝土结构拆模后,应对其外观质量进行检查,即检查其外观有无质量缺陷。现浇结构的外观质量缺陷有露筋、蜂窝、孔洞、夹渣、疏松、裂缝、连接部位缺陷、外形缺陷(缺棱掉角、棱角不直、翘曲不平、飞边凸肋等)和外表缺陷(构件表面麻面、掉皮、起砂、沾污等)。

现浇结构的外观质量不应有严重缺陷。对已经出现的严重缺陷,应由施工单位提出技术处理方案,并经监理(建设)单位认可后实施。对经处理的部位,应重新检查验收。

现浇结构的外观质量不宜有一般缺陷。对已经出现的一般缺陷,应由施工单位按技术处理方案进行处理,并重新检查验收。

④ 混凝土结构拆模后,还应对其外观尺寸进行检查。现浇结构尺寸检查的内容有轴线位置、垂直度、标高、截面尺寸、表面平整度、预埋设施中心线位置和预留洞中心线位置。设备基础尺寸检查的内容有坐标位置、不同平面的标高、平面外形尺寸、凸台上平面外形尺寸、凹穴尺寸、平面水平度、垂直度、预埋地脚螺栓(标高、中心距)、预留地脚螺栓孔(中心线位置、深度、孔垂直度)和预埋活动地脚螺栓锚板(标高、中心线位置、锚板平整度)。

现浇结构不应有影响结构性能和使用功能的尺寸偏差。混凝土设备基础不应有影响结构性能和设备安装的尺寸偏差。其尺寸允许偏差和检验方法应按国家现行有关规范的规定执行。对超过尺寸允许偏差且影响结构性能和安装、使用功能的部位,应由施工单位提出技术处理方案,并经监理(建设)单位认可后实施。对经处理的部位,应重新检查验收。

2. 混凝土缺陷的技术处理

在对混凝土结构进行外观质量检查时,若发现缺陷,应分析原因,并采取相应的技术处理措施。常见缺陷的原因及处理方法有以下几种。

① 数量不多的小蜂窝、麻面。其主要原因是:模板接缝处漏浆;模板表面未清理干净,或钢模板未满涂隔离剂,或木模板湿润不够;振捣不够密实。处理方法是:先用钢丝刷或压力水清洗表面,再用1∶2～1∶2.5的水泥砂浆填满、抹平并加强养护。

② 蜂窝或露筋。其主要原因是:混凝土配合比不准确,浆少石多;混凝土搅拌不均匀,或和易性较差,或产生分层离析;配筋过密,石子粒径过大使砂浆不能充满钢筋周围;振捣不够密实。处理方法是:先去掉薄弱的混凝土和突出的骨料颗粒,然后用钢丝刷或压力水清洗表面,再用比原混凝土强度等级高一级的细石混凝土填满,仔细捣实,并加强养护。

③ 大蜂窝和孔洞。其主要原因是:混凝土产生离析,石子成堆;混凝土漏振。处理方法是:在彻底剔除松软的混凝土和突出的骨料颗粒后,用压力水清洗干净并保持湿润状态72 h,然后用水泥砂浆或水泥浆涂抹结合面,再用比原混凝土强度等级

高一级的细石混凝土浇筑、振捣密实，并加强养护。

④ 裂缝。构件产生裂缝的原因比较复杂，如：养护不好，表面失水过多；冬季施工中，拆除保温材料时温差过大而引起的温度裂缝，或夏季烈日暴晒后突然降雨而引起的温度裂缝；模板及支撑不牢固，产生变形或局部沉降；拆模不当，或拆模过早使构件受力过早；大面积现浇混凝土的收缩和温度应力过大等。处理方法应根据具体情况确定：对于数量不多的表面细小裂缝，可先用水将裂缝冲洗干净后，再用水泥浆抹补；如裂缝较大较深(宽1 mm以内)，应沿裂缝凿成凹槽，用水冲洗干净，再用1∶2～1∶2.5的水泥砂浆或用环氧树脂胶泥抹补；对于会影响结构整体性和承载能力的裂缝，应采用化学灌浆或压力水泥灌浆的方法补救。

4.4 混凝土的冬期施工

4.4.1 混凝土冬期施工的基本概念

我国规范规定：根据当地多年气温资料统计，当室外日平均气温连续5 d稳定低于5℃时，即进入冬期施工；当室外日平均气温连续5 d高于5℃时，解除冬期施工。在冬期施工期间，混凝土工程应采取相应的冬期施工措施。

1. 温度与混凝土硬化的关系

温度的高低对混凝土强度的增长有很大影响。在湿度合适的条件下，温度越高，水泥水化作用就越迅速、完全，强度就越高；当温度较低时，混凝土硬化速度较慢，强度就较低；当温度降至0℃以下时，混凝土中的水会结冰，水泥颗粒不能和冰发生化学反应，水化作用几乎停止，强度也就无法增长。

2. 冻结对混凝土质量的影响

混凝土在初凝前或刚初凝时遭受冻结，此时水泥来不及水化或水化作用刚刚开始，本身尚无强度，水泥受冻后处于“休眠”状态。恢复正常养护后，其强度可以重新发展直到与未受冻的基本相同，几乎没有强度损失。

若混凝土在初凝后，本身强度很小时遭受冻结，此时混凝土内部存在两种应力：一种是水泥水化作用产生的黏结应力；另一种是混凝土内部自由水结冻，体积膨胀8%～9%所产生的冻胀应力。当黏结应力小于冻胀应力时，已形成的水泥石内部结构就很容易被破坏，产生一些微裂纹，这些微裂纹是不可逆的；而且冰块融化后会形成孔隙，严重降低混凝土的密实度和耐久性。在混凝土解冻后，其强度虽然能继续增长，但已不可能达到原设计的强度等级，从而极大地影响结构的质量。

3. 混凝土受冻临界强度

若混凝土达到某一强度值以上后再遭受冻结，此时其内部水化作用产生的黏结应力足以抵抗自由水结冰产生的冻胀应力，则解冻后强度还能继续增长，可达到原设计强度等级，对强度影响不大，只不过是增长缓慢而已。因此，为避免混凝土遭受冻结所带来的危害，必须使混凝土在受冻前达到这一强度值，这一强度值通常称为混凝土受冻的临界强度。

临界强度与水泥的品种、混凝土强度等级等有关。规范规定：冬期浇筑的混凝土，其受冻临界强度为：普通混凝土采用硅酸盐水泥或普通硅酸盐水泥配制时，应为设计的混凝土强度标准值的30%；采用矿渣硅酸盐水泥配制时，应为设计的混凝土强度标准值的40%，但混凝土强度等级为C10及以下时，不得小于5.0 MPa；掺用防冻剂的混凝土，当室外最低气温不低于−15℃时不得小于4.0 MPa，当室外最低气温不低于−30℃时不得小于5.0 MPa。

在冬期施工中，应尽量使混凝土不受冻，或受冻时已使其达到临界强度值而可保证混凝土最终强度不受到损失。

4.4.2 混凝土冬期施工方法

1. 混凝土材料的选择及要求

配制冬期施工的混凝土，应优先选用硅酸盐水泥和普通硅酸盐水泥。水泥强度等级不应低于42.5级，最小水泥用量不应少于300 kg/m^3，水灰比不应大于0.6。使用矿渣硅酸盐水泥时，宜采用蒸汽养护。

拌制混凝土所采用的骨料应清洁，不得含有冰、雪、冻块及其他易冻裂物质。在掺用含有钾、钠离子的防冻剂混凝土中，不得采用活性骨料或在骨料中混有这类物质的材料。

采用非加热养护法施工所选用的外加剂，宜优先选用含引气剂成分的外加剂，含气量宜控制在2%～4%。在钢筋混凝土中掺用氯盐类防冻剂时，氯盐掺量不得大于水泥重量的1%(按无水状态计算)。掺用氯盐的混凝土应振捣密实，且不宜采用蒸汽养护。掺用防冻剂、引气剂或引气减水剂的混凝土施工，应符合现行国家标准的有关规定。

2. 混凝土材料的加热

冬期施工中要保证混凝土结构在受冻前达到临界强度，就需要混凝土早期具备较高的温度，以满足强度较快增长的需要。温度升高所需要的热量，一部分来源于水泥的水化热，另外一部分则只有采用加热材料的方法获得。加热材料最有效、最经济的方法是加热水，当加热水不能获得足够的热量时，可加热粗、细骨料，一般采用蒸汽加热。任何情况下不得直接加热水泥，可在使用前把水泥运入暖棚，使其温度缓慢均匀地升高。

由于温度较高时会使水泥颗粒表面迅速水化，结成外壳，阻止内部继续水化，形成“假凝”现象，而影响混凝土强度的增长，故规范对原材料的最高加热温度作了限制，如表4-34所示。

若水、骨料达到规定温度仍不能满足要求时，水可加热到100℃，但水泥不得与80℃以上的水直接接触。

冬期施工中，混凝土拌和物所需要的温度应根据当时的外界气温和混凝土入模温度等因素确定，再通过热工计算来确定原材料所需要的加热温度。

表 4-34 拌和水及骨料加热最高温度　　单位：℃

项　　目	拌和水	骨料
强度等级小于52.5级的普通硅酸盐水泥、矿渣硅酸盐水泥	80	60
强度等级等于或大于52.5级的硅酸盐水泥、普通硅酸盐水泥	60	40

3. 混凝土的搅拌与运输

混凝土搅拌前，应用热水或蒸汽冲洗搅拌机。投料顺序为先投入骨料和已加热的水，再投入水泥，以避免水泥“假凝”。混凝土搅拌时间应比常温下延长50%，以使拌和物的温度均匀。混凝上拌和物的出机温度不宜低于10 ℃，入模温度不得低于5℃。施工中应经常检查混凝土拌和物的温度及和易性，若有较大差异，应检查材料加热的温度和骨料含水率是否有误，并及时加以调整。在运输过程中应减少运输时间和距离，使用大容量的运输工具并加以保温，以防止混凝土热量的散失和冻结。

4. 混凝土的浇筑

混凝土在浇筑前，应清除模板和钢筋上的冰雪和污垢。冬期不得在强冻胀性地基上浇筑混凝土；在弱冻胀性地基上浇筑混凝土时，基土不得遭冻；在非冻胀性地基土上浇筑混凝土时，混凝土在受冻前的抗压强度不得低于临界强度。

对于加热养护的现浇混凝土结构，应注意温度应力的危害。加热养护时应合理安排混凝土的浇筑程序和施工缝的位置，以避免产生较大的温度应力；当加热养护温度超过40℃时，应征得设计单位同意，并采取一系列防范措施，如梁支座可处理成活动支座而允许其自由伸缩，或设置后浇带，分段进行浇筑与加热。

分层浇筑大体积混凝土时，为防止上层混凝土的热量被下层混凝土过多吸收，分层浇筑的时间间隔不宜过长。已浇筑层的混凝土温度在未被上一层混凝土覆盖前，不应低于按热工计算的温度，且不应低于2℃。采用加热养护时，养护前的温度也不得低于2℃。

5. 混凝土冬期的养护方法

混凝土浇筑后应采用适当的方法进行养护，保证混凝土在受冻前至少已达到临界强度，才能避免其强度损失。冬期施工中混凝土养护的方法很多，有蓄热法、蒸汽加热法、电热法、暖棚法、掺外加剂法等。

1）蓄热法

蓄热法是利用原材料预热的热量及水泥水化热，通过适当的保温措施，延缓混凝土的冷却，保证混凝土在冻结前达到所要求强度的一种冬期施工方法。该方法适用于室外最低温度不低于−15℃的地面以下工程，或表面系数（指结构冷却的表面积与其全部体积的比值）不大于5 m^{-1}的结构。

蓄热法养护具有施工简单、不需外加热源、节能、费用低等特点。因此，在混凝土冬期施工时应优先考虑采用，只有当确定蓄热法不能满足要求时，才考虑选择其他方法。

蓄热法养护的三个基本要素是混凝土的入模温度、围护层的总传热系数和水泥水化热值,应通过热工计算调整以上三个要素,使混凝土冷却到 0℃时,强度能达到临界强度的要求。

采用蓄热法时,宜选用强度等级高、水化热大的硅酸盐水泥或普通硅酸盐水泥,掺用早强型外加剂;适当提高入模温度;选用传热系数较小、价廉耐用的保温材料,如草帘、草袋、锯末、谷糠及炉渣等;保温层覆盖后要注意防潮和防止透风,对边、棱角部位要特别加强保温。此外,还可采用其他一些有利蓄热的措施,如地下工程可用未冻结的土壤覆盖;用生石灰与湿锯末均匀拌和覆盖,利用保温材料本身发热来保温;充分利用太阳的热能,白天有日照时,打开保温材料,夜间再覆盖等。

2) 蒸汽加热法

蒸汽加热养护分为湿热养护和干热养护两类。湿热养护是让蒸汽与混凝土直接接触,利用蒸汽的湿热作用来养护混凝土,常用的有棚罩法、蒸汽套法以及内部通汽法;而干热养护则是将蒸汽作为热载体,通过某种形式的散热器,将热量传导给混凝土使其升温,有毛管法和热模法等。

(1) 棚罩法(蒸汽室法)

棚罩法是在现场结构物的周围制作能拆卸的蒸汽室,如在地槽上部加盖简易的盖子或在预制构件周围用保温材料(木材、篷布等)做成密闭的蒸汽室,通入蒸汽加热混凝土。棚罩法设施灵活、施工简便、费用较少,但耗气量大,温度不易均匀,适用于加热地槽中的混凝土结构及地面上的小型预制构件。

(2) 蒸汽套法

蒸汽套法是在构件模板外再用一层紧密不透气的材料(如木板)做成蒸汽套,蒸汽套与模板间的空隙约为 150 mm,通入蒸汽加热混凝土。采用蒸汽套法时能适当控制温度,其加热效果取决于保温构造,但设施较复杂、费用较高,可用于现浇柱、梁及肋形楼板等整体结构的加热。

(3) 内部通汽法

内部通汽法是在混凝土构件内部预留直径为 13～50 mm 的孔道,再将蒸汽送入孔内加热混凝土,当混凝土达到要求的强度后,排除冷凝水,随即用砂浆灌入孔道内加以封闭。内部通汽法节省蒸汽,费用较低,但进汽端易过热而使混凝土产生裂缝,适用于梁、柱、框架单梁等结构件的加热。

(4) 毛管法

毛管法是在模板内侧做成沟槽,其断面可做成三角形、矩形或半圆形,间距 200～250 mm,在沟槽上盖以 0.5～2 mm 的铁皮,使之成为通蒸汽的毛管,通入蒸汽进行加热。毛管法用汽少,但仅适用于以木模浇筑的结构,对于柱、墙等垂直构件加热效果好,而对于平放的构件不易加热均匀。

(5) 热模法

热模法是在模板外侧配置蒸汽管,管内通蒸汽加热模板,向混凝土进行间接加热。为了减少热量损失，模板外面再设一层保温层。热模法加热均匀、耗用蒸汽少、温度易控制、养护时间短，但设备费用高，适用于墙、柱及框架结构的养护。

3）电热法

电热法施工主要有电极法、电热毯法、工频涡流加热法、远红外线养护法等。

（1）电极法

在混凝土内部或表面每隔100～300 mm的间距设置电极（直径6～12的短钢筋或厚1～2 mm、宽30～60 mm的扁钢），通以低压电流，由于混凝土的电阻作用，使电能变为热能，产生热量对混凝土进行加热。电极的布置应使混凝土温度均匀，通电前应覆盖混凝土的外露表面，以防止热量散失。为保证施工安全，电极与钢筋的最小距离应符合表4-35的规定，否则应采取适当的绝缘措施，振动混凝土时要避免接触电极及其支架。电极法仅适用于以木模浇筑的结构，且用钢量较大，耗电量也较高，只在特殊条件下采用。

表4-35 电极与钢筋之间的最小距离

工作电压（V）	65	87	106
电极与钢筋的最小距离（mm）	50～70	80～100	120～150

（2）电热毯法

电热毯法采用设置在模板外侧的电热毯作为加热元件，适用于以钢模板浇筑的构件。电热毯由四层玻璃纤维布中间夹以电阻丝制成，其尺寸应根据钢模板外侧龙骨组成的区格大小而定，约为300 mm×400 mm，电压宜为60～80 V，功率宜为每块75～100 W。电热毯外侧应设置耐热保温材料（如岩棉板等）。在混凝土浇筑前先通电将模板预热，浇筑后根据混凝土温度的变化可连续或断续通电加热养护。

（3）工频涡流加热法

工频涡流加热法是在钢模板外侧设置钢管，钢管内穿单根导线，利用导线通电后产生的涡流在管壁上产生热效应，并通过钢模板对混凝土进行加热养护。工频涡流法加热混凝土温度比较均匀，控制方便，但需制作专用模板，故模板投资大，适用于以钢模板浇筑的墙体、梁、柱和接头。

（4）远红外线养护法

远红外线养护法是采用远红外辐射器向混凝土辐射远红外线，对混凝土进行辐射加热的养护方法。产生远红外线的能源除电源外，还可以用天然气、煤气、石油液化气和热蒸汽等，可根据具体条件选择。远红外线养护法具有施工简便、升温迅速、养护时间短、降低能耗、不受气温和结构表面系数的限制等特点，适用于薄壁结构、装配式结构接头处混凝土的加热等。

4）暖棚法

在所要养护的结构或构件周围用保温材料搭起暖棚，棚内设置热源，以维持棚内的正温环境，可使混凝土的浇筑和养护如同在常温下一样。暖棚内的加热宜优先选用热风机，可采用强力送风的移动式轻型热风机。采用暖棚法养护混凝土时，棚内温度不得低于5℃,并应保持混凝土表面湿润。因搭设暖棚需大量材料和人工,能耗大,费用较高,故暖棚法一般只用于地下结构工程和混凝土量比较集中的结构工程。

5) 掺外加剂法

在冬期混凝土施工中掺入适量的外加剂,可使其强度尽快增长,在冻结前达到要求的临界强度,或改善混凝土的某些性能,以满足冬期施工的需要。这是冬期施工的有效方法,可简化施工工艺、节约能源、降低成本,但掺用外加剂应符合冬期施工工艺要求的有关规定。目前冬期施工中常用的外加剂有早强剂、防冻剂、减水剂和引气剂。

(1) 防冻剂和早强剂

在冬期施工中,常将防冻剂与早强剂共同使用。防冻剂的作用是降低混凝土液相的冰点,使混凝土在负温下不冻结,并使水泥的水化作用能继续进行;早强剂则能提高混凝土的早期强度,使其尽快达到临界强度。

施工中须注意,掺有防冻剂的混凝土应严格控制水灰比;混凝土的初期养护温度不得低于防冻剂的规定温度,若达不到规定温度时应采取保温措施;对于含有氯盐的防冻剂,由于氯盐对钢筋有锈蚀作用,故应严格遵守规范对氯盐的使用及掺量的有关规定。

(2) 减水剂

减水剂具有减水及增强的双重作用。混凝土中掺入减水剂,可在不影响其和易性的情况下,大量减少拌和用水,使混凝土孔隙中的游离水减少,因而冻结时承受的破坏力就明显减少;同时,由于拌和用水的减少,可提高混凝土中防冻剂和早强剂的溶液浓度,从而提高混凝土的抗冻能力。

(3) 引气剂

在混凝土中掺入引气剂,能在搅拌时引入大量微小且分布均匀的封闭气泡。当混凝土具有一定强度后受冻时,孔隙中的部分水会被冰的冻胀压力挤入气泡中,从而缓解了冰的冻胀压力和破坏性,故可防止混凝土遭受冻害。

思考题

4-1 混凝土工程中对模板有哪些技术要求?

4-2 试述组合钢模板的特点和组成,简述其他常用模板的构造和特点。

4-3 组合钢模板配板设计时应遵循哪些原则?

4-4 试分析不同结构模板(基础、柱、梁、板、墙、楼梯)的受力状况,模板安装中各应解决什么问题,如何解决?

4-5 现浇结构模板拆除时对混凝土强度有何要求,拆模时应注意哪些问题?

4-6 关于模板拆除顺序的规定,其出发点是什么?

4-7 常用的普通钢筋按生产工艺可分为哪几种? 钢筋进场验收的主要内容有

哪些？

4-8　如何进行钢筋下料长度的计算？

4-9　试述钢筋代换的原则和方法。

4-10　钢筋加工时有哪几道基本工序？

4-11　钢筋连接常用的方法有哪些，如何进行合理的选择？

4-12　简述各种结构构件（基础、柱、梁、板、墙）的钢筋现场绑扎的施工要点，如何控制混凝土保护层的厚度及保证钢筋的正确位置？

4-13　简述混凝土常用外加剂的种类，各适用于什么情况？

4-14　混凝土配料时为什么要进行施工配合比的计算，如何计算？

4-15　混凝土搅拌制度包括哪些内容？

4-16　对混凝土的运输有何基本要求？泵送混凝土施工中应注意哪些问题？

4-17　混凝土浇筑前应做好哪些准备工作？

4-18　混凝土浇筑时应注意哪些事项？

4-19　什么是施工缝，如何正确留设施工缝，对施工缝如何处理？

4-20　如何进行主体结构（柱、墙、梁与板）混凝土的浇筑？

4-21　简述大体积混凝土的浇筑方案，如何有效地控制混凝土温度裂缝。

4-22　如何进行水下混凝土的浇筑？

4-23　混凝土机械振动成型的设备有哪几种类型？说明各自的适用范围，施工中如何使混凝土振捣密实？

4-24　试述混凝土自然养护的概念和方法，以及自然养护时应注意的事项。

4-25　混凝土的质量验收主要包括哪几方面的内容？

4-26　试述混凝土冬期施工的概念，何谓混凝土的受冻临界强度？

4-27　混凝土冬期施工中，对混凝土的各施工工艺有何特殊要求？

4-28　混凝土冬期施工中常用的养护方法有哪几类，如何进行蓄热法养护？

习　题

4-1　某框架结构现浇钢筋混凝土楼板，厚度为 100 mm，其支模尺寸为 3.3 m×4.95 m，楼层高度为 4.5 m。采用组合钢模板及钢管支架支模。试作配板设计及模板结构布置与验算。

4-2　已知某简支梁的配筋如图 4-55 所示，试计算各钢筋的下料长度。

4-3　已知某梁截面尺寸为 250 mm×500 mm，混凝土为 C20，其受力纵筋设计为 5 根直径 20 mm 的 HRB335 级钢筋。由于无此钢筋，拟用 HPB235 级钢筋代换，试计算代换后的钢筋直径和根数。

4-4　已知某混凝土的实验室配合比为 1∶2.55∶5.12，水灰比为 0.65，经测定现场砂的含水量率为 3%，石子的含水率为 1%，试计算其施工配合比。若使用 J－400L 搅拌机（出料容量 0.26 m^3）进行搅拌。每立方米混凝土的水泥用量为 295 kg，试计算每次搅拌时宜投入水泥量为多少？其余材料投料量为多少？

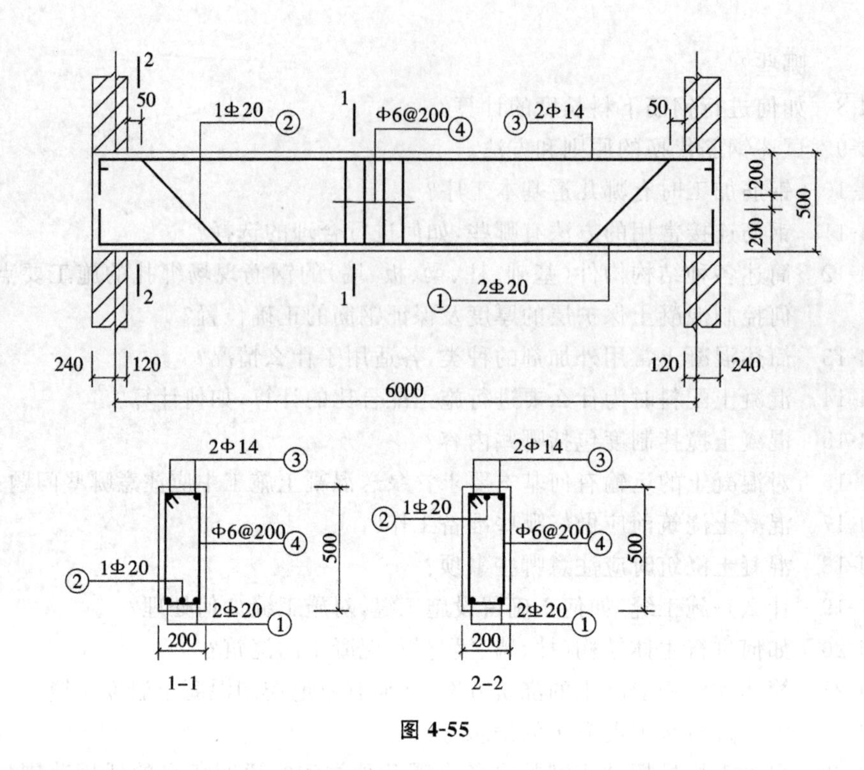
1Φ20 ②
Φ6@200 ④
③ 2Φ14
50
50
200
200
500
① 2Φ20
240
120
120
240
6000
2Φ14 ③
1Φ20
Φ6@200 ④
500
② 1Φ20
2Φ20 ①
200
1-1
2-2

图 4-55

第5章　预应力混凝土工程

【内容提要和学习要求】

① 概述：掌握预应力混凝土按施加预应力方法的分类；了解预应力混凝土的特点。

② 先张法预应力混凝土施工：熟悉常用的先张法预应力筋；熟悉先张法预应力混凝土的施工工艺；了解先张法预应力混凝土的施工设备、机具。

③ 后张法预应力混凝土施工：掌握后张法有黏结预应力混凝土施工工艺，掌握后张法无黏结预应力混凝土施工；熟悉常用的后张法预应力筋和锚具；了解张拉设备。

5.1 概述

5.1.1 预应力混凝土的特点

普通钢筋混凝土结构具有很多优点，但它也存在一些缺点，如开裂过早、刚度较小、不能充分利用高强度材料等，从而影响了钢筋混凝土结构在土木工程中的应用。

由于混凝土的极限拉应变一般只有0.0001～0.000 15，因而要使混凝土不开裂，受拉钢筋的应力只能达到20～30 MPa；当裂缝宽度限制在0.2～0.3 mm时，受拉钢筋的应力也只能达到150～250 MPa，这就使钢筋的强度未能充分地发挥。同时，开裂后构件刚度降低、变形增大，也使处于高湿度或侵蚀性环境中的构件耐久性降低。

为了克服普通钢筋混凝土结构的上述缺点，目前最好的方法是对混凝土施加预应力。即：在构件承受荷载之前，对构件受拉区域通过张拉钢筋的方法将钢筋的回弹力施加给混凝土，使得混凝土获得预压应力。这样，在构件承受荷载后，此预压应力就可以抵消荷载所产生的大部分或全部拉应力，从而延缓了裂缝的产生，抑制了裂缝的开展。

总的来说，预应力混凝土与普通钢筋混凝土相比，其优点是：构件抗裂性高、刚度大、耐久性好；可充分利用高强度钢筋和高强度等级的混凝土；可减小构件截面尺寸，减轻自重，节约材料；可扩大混凝土结构的使用功能，综合经济效益好。但是，预应力混凝土的施工，需要专门的机械设备；工艺比较复杂，要求技术水平较高；对材料要求也很严格。当然，随着施工技术的不断发展，预应力混凝土的施工工艺也将进一步成熟和完善。

目前,在建筑工程中,预应力混凝土除在屋架、吊车梁、大型屋面板和大跨度空心楼板等单个构件中应用之外,还成功地应用于现浇框架结构体系、现浇楼板结构体系、整体预应力装配式板柱结构体系等整体结构中。而在大跨度桥梁结构中,绝大多数都采用预应力混凝土。此外,在筒仓、贮液池、电视塔、核电站安全壳等技术难度较高的特种结构中,预应力混凝土也得到了广泛的应用。预应力混凝土的使用范围和数量,已成为一个国家土木工程技术水平的重要标志之一。

5.1.2 预应力混凝土的分类

预应力混凝土若按预加应力的大小可分为全预应力混凝土和部分预应力混凝土。全预应力混凝土是在全部使用荷载下受拉边缘的混凝土不允许出现拉应力,它适用于要求混凝土不开裂的结构。部分预应力混凝土是在全部使用荷载下受拉边缘的混凝土允许出现一定的拉应力或允许开裂,其综合性能较好,成本较低,适用面广。

预应力混凝土按施工方法不同可分为预制预应力混凝土、现浇预应力混凝土和叠合预应力混凝土等。

预应力混凝土按施加预应力的方法不同又可分为先张法预应力和后张法预应力。先张法是在混凝土浇筑前张拉钢筋,依靠钢筋与混凝土之间的黏结力将钢筋中的预应力传递给混凝土;后张法是在浇注混凝土并达到一定强度后张拉钢筋,依靠锚具传递预应力。在后张法中,按预应力筋的黏结状态又可分为有黏结预应力混凝土和无黏结预应力混凝土。前者在张拉后通过孔道灌浆使预应力筋与混凝土黏结在一起,共同工作;后者由于预应力筋涂有油脂,与混凝土接触面之间不存在黏结作用,此时锚具的作用显得更为重要。

5.2 先张法预应力混凝土施工

先张法是在浇注混凝土前张拉预应力筋,并用夹具将其临时锚固在台座或钢模上,然后浇注混凝土。待混凝土达到一定强度后再放张或切断预应力筋。先张法生产过程如图 5-1 所示。这种方法广泛用于中小型预制构件的生产。

先张法生产构件又有长线台座法和短线台模法两种。用台座法生产时,各道施工工序都在台座上进行,预应力筋的张拉力由台座承受。台模法为机组流水、传送带生产方法,预应力筋的张拉力由钢台模承受。台座法不需要复杂的机械设备,能适宜多种产品生产,故应用较广。本节将介绍台座法生产的施工方法。

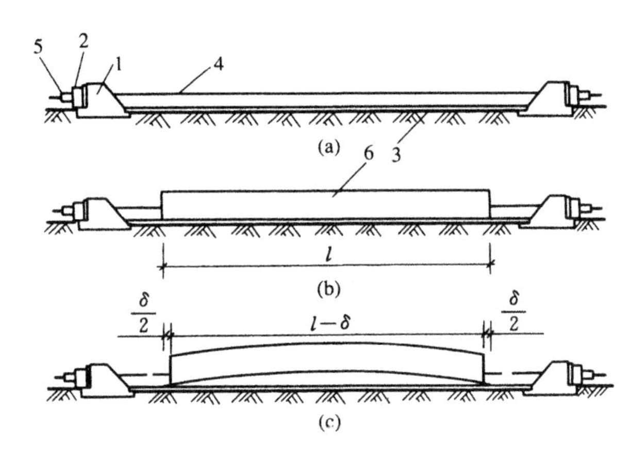

图 5-1　先张法生产示意

(a)张拉预应力筋;(b)制作混凝土构件;(c)放张预应力筋

1—台座;2—横梁;3—台面;4—预应力筋;5—夹具;6—混凝土构件

5.2.1 先张法预应力筋和施工设备、机具

1. 预应力筋

在先张法构件生产中,目前常采用的预应力筋为钢丝和钢绞线。钢丝是消除应力钢丝,并采用其中的螺旋肋钢丝和刻痕钢丝,以保证钢丝与混凝土的黏结力。钢绞线按捻制结构不同分为 1×3 钢绞线和 1×7 钢绞线;按深加工不同又分为标准型钢绞线和刻痕钢绞线,后者是由刻痕钢丝捻制而成,增加了钢绞线与混凝土的黏结力。

2. 台座

台座是先张法生产中的主要设备之一,它承受预应力筋的全部张拉力。因此,台座应具有足够的强度、刚度和稳定性,以免因台座的变形、倾覆和滑移而造成预应力的损失。台座按构造不同可分为墩式台座和槽式台座两类。

1) 墩式台座

墩式台座由承力台墩、台面与横梁组成,其长度宜为 50～150 m,宽度一般不大于 2 m。目前常用的墩式台座是将台墩与台面相连,共同受力。台座的荷载应根据构件张拉力的大小来确定,一般可按台座每米宽为 200～500 kN 的力来设计。

(1) 承力台墩

承力台墩一般埋置在地下,由现浇钢筋混凝土制成。台墩应具有足够的承载力、刚度和稳定性。台墩的稳定性验算包括抗倾覆验算和抗滑移验算。

台墩的抗倾覆验算如图 5-2 所示,按下式进行计算

$$K=\frac{M_1}{M}=\frac{GL+E_p e_2}{Ne_1}\geqslant 1.5 \tag{5-1}$$

式中　K——抗倾覆安全系数,应不小于 1.50;

M——倾覆力矩,由预应力筋的张拉力产生;

N——预应力筋的张拉力;

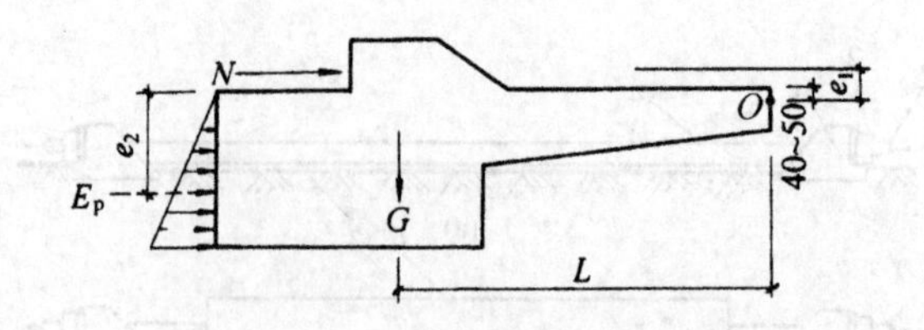

图 5-2　承力台墩抗倾覆计算简图

e_1——预应力筋张拉力的合力作用点至倾覆点的力臂；

M_1——抗倾覆力矩，由台墩自重和主动土压力等产生；

G——台墩的自重；

L——台墩重心至倾覆点的力臂；

E_p——台墩后面主动土压力的合力，当台墩埋置深度较浅时，可忽略不计；

e_2——主力土压力合力重心至倾覆点的力臂。

台墩的倾覆点 O 的位置，对于与台面共同工作的台墩，理论上应在台面的表面处。但考虑到台墩的倾覆趋势使得台面端部顶点处有可能出现应力集中现象，以及混凝土面抹面层的强度不足的影响，因此，实际计算中倾覆点宜取在混凝土台面下 40～50 mm 处。

台墩的抗滑移验算，可按下式进行

$$K_C=\frac{N_1}{N}\geqslant 1.30 \tag{5-2}$$

式中　K_C——抗滑移安全系数，应不小于 1.3；

N_1——抗滑移的力，对独立的台墩，由台墩前面的被动土压力和底部摩阻力等产生。

对于与台面共同工作的台墩，可不进行抗滑移验算，而应验算台面的承载力。

台墩的承载力计算，包括支承横梁的牛腿和台墩与台面接触的外伸部分的设计计算，应分别按钢筋混凝土结构的牛腿和偏心受压构件进行计算及配筋。

(2) 台面

台面一般是在夯实的碎石垫层上浇筑一层厚度为 60～100 mm 的混凝土而成。其水平承载力 F 可按下式计算

$$F=\frac{\varphi\cdot A\cdot f_c}{K_1\cdot K_2}\geqslant N \tag{5-3}$$

式中　φ——轴心受压构件稳定系数，可取 $\varphi=1$；

A——台面截面面积；

f_c——混凝土轴心抗压强度设计值；

K_1——台面承载力超载系数，取 1.25；

K_2——考虑台面截面不均匀和其他影响因素的附加安全系数，取 1.5。

台面伸缩缝可根据当地温差和经验设置，一般约为每 10 m 长设置一道。也可采用预应力混凝土滑动台面，不留伸缩缝。

（3）横梁

台座的两端设置有固定预应力筋的横梁，一般用型钢制作。横梁按承受均布荷载的简支梁计算，除满足在张拉力作用下的强度要求外，其挠度应控制在 2 mm 以内，并不得产生翘曲，以减少预应力损失。

2）槽式台座

生产吊车梁、箱梁等中型构件时，由于张拉力和倾覆力矩都较大，大多采用槽式台座。槽式台座由通长的钢筋混凝土压杆、端部上下横梁及台面组成，如图 5-3 所示。台座的长度一般不超过 50 m，宽度随构件外形及制作方式而定，一般不小于 1 m。在台座上加砌砖墙，加盖后还可以进行蒸汽养护。为便于浇筑混凝土和蒸汽养护，槽式台座一般多低于地面。在施工现场还可利用已预制好的柱、桩等构件，装配成简易的槽式台座。

设计槽式台座时，也应进行抗倾覆稳定性验算和承载力计算。

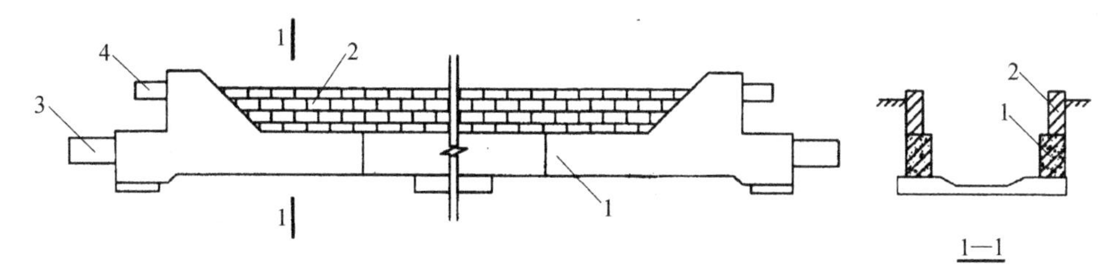

图 5-3　槽式台座构造示意

1—钢筋混凝土压杆；2—砖墙；3—下横梁；4—上横梁

3. 夹具

在先张法施工中，夹具是进行预应力筋张拉和临时锚固的工具，夹具应工作可靠、构造简单、施工方便。根据夹具的工作特点，可将其分为张拉夹具和锚固夹具。

1）单根钢丝夹具

（1）锥销夹具

锥销夹具适用于夹持单根直径 4～5 mm 的钢丝。锥销夹具由套筒与锚塞组成，如图 5-4 所示。套筒采用 45 号钢，锚塞采用倒齿形。

（2）夹片夹具

夹片夹具适用于夹持单根直径 5 mm 的钢丝。夹片夹具由套筒和夹片组成，如图 5-5 所示。其中，图(a)夹具用于固定端；图(b)夹具用于张拉端，其套筒内装有弹簧圈，随时将夹片顶紧，以确保成组张拉时夹片不滑脱。

（3）镦头夹具

预应力钢丝的固定端常采用镦头夹具，它适用于直径 7 mm 的钢丝，镦头可采用冷墩法制作。镦头夹具见图 5-6，夹具材料采用 45 号钢。

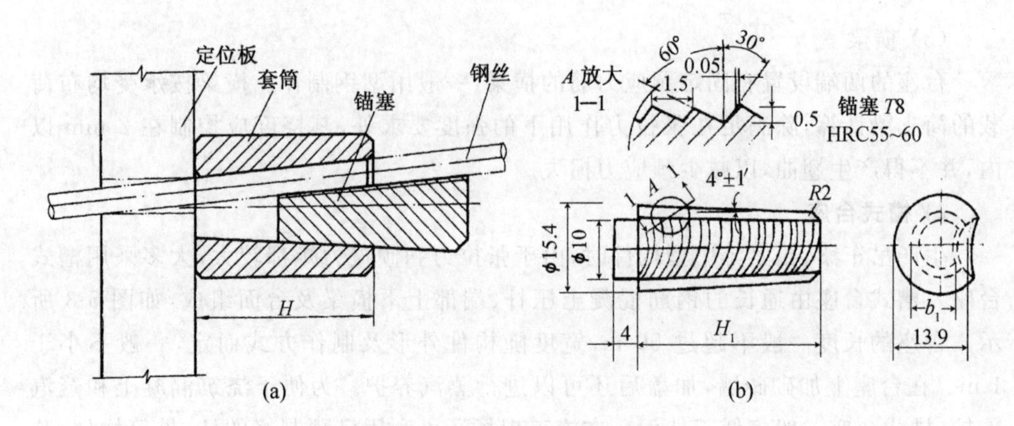

图 5-4 单根钢丝锥销夹具

(a)装配图;(b)齿槽式锚塞

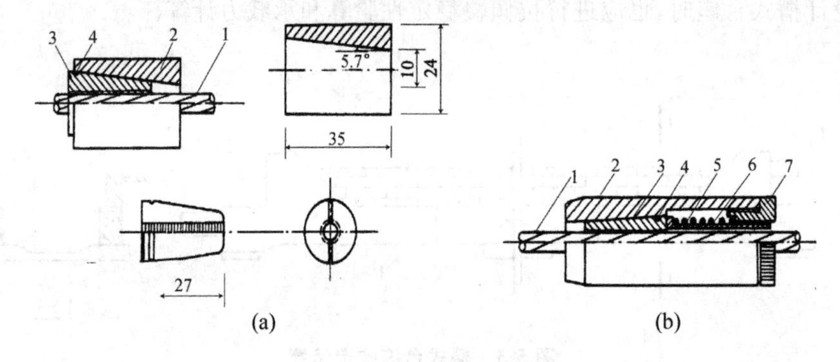

图 5-5 单根钢丝夹片夹具

(a)固定端夹片夹具;(b)张拉端夹片夹具

1—钢丝;2—套筒;3—夹片;4—钢丝圈;5—弹簧圈;6—顶杆;7—顶盖

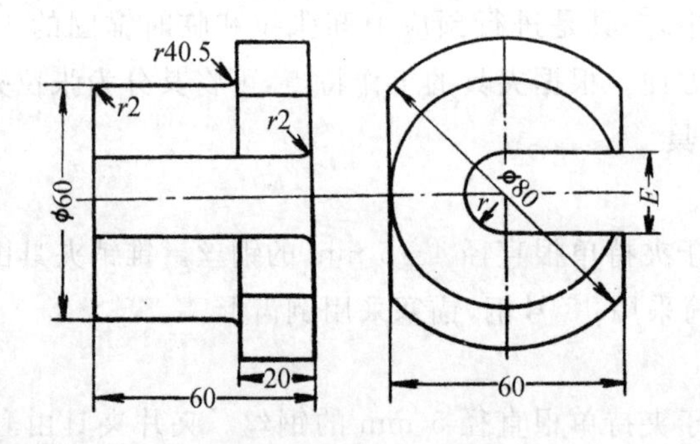

图 5-6 单根镦头夹具

2) 单根钢绞线夹具

先张法中的钢绞线均采用单孔夹片锚具,它由锚环与夹片组成,如图 5-7 所示。夹片的种类按片数可分为三片式和二片式,二片式夹片的背面上部常开有一条弹性槽,以提高锚固性能;夹片按开缝形式可分为直开缝与斜开缝,直开缝夹片最为常用,斜开缝偏转角的方向与钢绞线的扭角相反。锚具的锚环采用 45 号钢;夹片采用

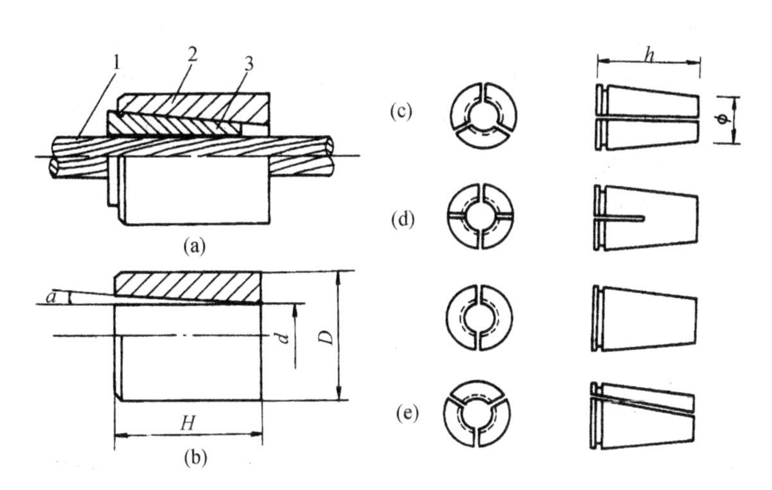

图 5-7 单孔夹片锚具

(a)组装图;(b)锚环;(c)三片式夹片;(d)二片式夹片;(e)斜开缝夹片

1—钢绞线;2—锚环;3—夹片

合金钢 20CrMnTi,齿形为斜向细齿。

4. 张拉机具

先张法施工中预应力钢丝的张拉既可单根张拉,也可多根张拉。在台座上生产时多进行单根张拉,由于张拉力较小,一般采用电动螺杆张拉机或小型电动卷扬机。预应力钢绞线的张拉则常采用穿心式千斤顶。

1) 电动螺杆张拉机

电动螺杆张拉机的构造如图 5-8 所示,为了便于工作和转移,将其装置在带轮的

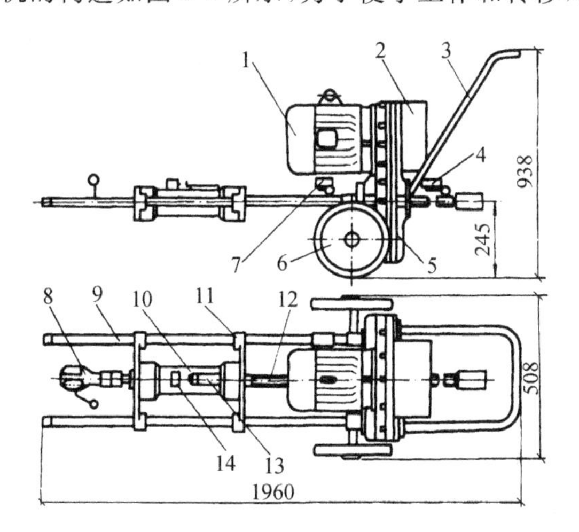

图 5-8 电动螺杆张拉机构造

1—电动机;2—配电箱;3—手柄;4—前限位开关;5—减速箱;6—胶轮;
7—后限位开关;8—钢丝钳;9—支撑杆;10—弹簧测力计;11—滑动架;
12—梯形螺杆;13—计量标尺;14—微动开关

小车上。电动螺杆张拉机操作时,按张拉力的数值首先调整好测力计标尺,再用钢丝钳夹住钢丝,开动电动机,螺杆向后运动,钢丝即被张拉。当达到张拉力数值时,电动机自动停止转动。待锚固好钢丝后,使电动机反向旋转,螺杆就向前运动,放松钢丝,完成一次张拉操作。

2) 电动卷扬张拉机

电动卷扬张拉机主要由电动卷扬机、弹簧测力计、电器自动控制装置及专用夹具等组成。操作时按张拉力预先标定弹簧测力计,开动卷扬机张拉钢丝,当达到预定张拉力时电源自动切断,实现张拉力自动控制。

3) 穿心式千斤顶

预应力钢绞线的张拉常采用 YC-20 型穿心式千斤顶,这是一种多功能的轻型穿心式千斤顶,主要用于张拉单根 $\phi^S 12.7$ 或 $\phi^S 15.2$ 的钢绞线。穿心式千斤顶的构造及工作过程如图5-9所示。

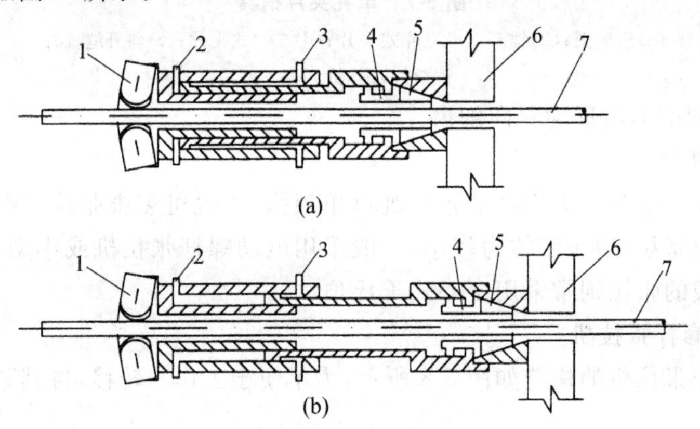

图 5-9 YC-20 型穿心式千斤顶

1—偏心夹具;2—后油嘴;3—前油嘴;4—弹性顶压头;
5—锚具;6—台座横梁;7—预应力筋

5.2.2 先张法预应力混凝土施工工艺

先张法预应力混凝土构件在台座上生产时,一般工艺流程如图 5-10 所示。

1. 预应力筋铺设

在铺设预应力筋之前,为便于构件的脱模,台座的台面和模板上应涂刷非油质类隔离剂。同时,为避免铺设预应力筋时因其自重而下垂,破坏隔离剂和沾污预应力筋,从而影响预应力筋与混凝土的黏结,应在台面上安放垫块或定位钢筋。预应力钢丝宜用牵引车铺设。如果钢丝需要接长,可借助钢丝拼接器用 20~22 号铁丝密排绑扎搭接。其绑扎长度,对螺旋肋钢丝不应小于 $45d$,对刻痕钢丝不应小于 $80d$,钢丝搭接长度应比绑扎长度大 $10d$。

2. 预应力筋的张拉

预应力筋的张拉工作是施工中的关键工序,预应力筋的张拉应力应严格按照设

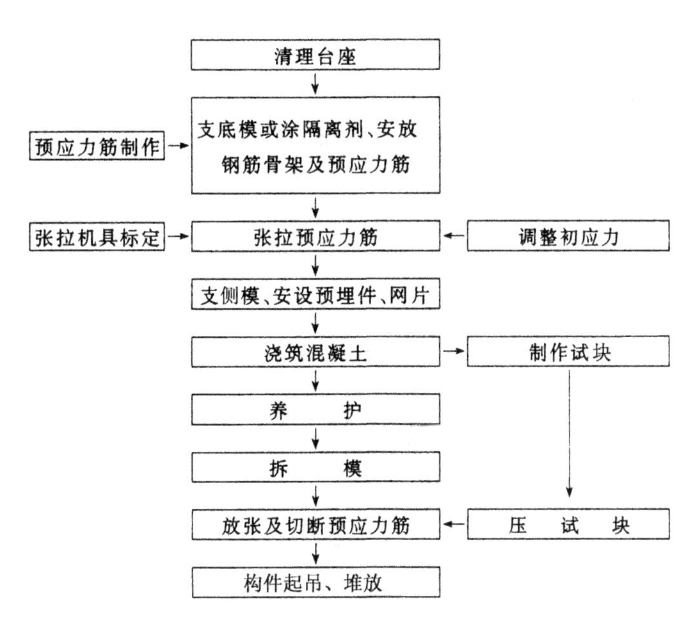

图 5-10　先张法预应力施工工艺流程

计要求加以控制。

1）张拉方法

先张法生产中预应力筋的张拉一般采用单根张拉的方法。当预应力筋数量较多且密集布筋，张拉设备拉力亦较大时，可采用多根成组张拉的方法，此时应先调整各预应力筋的初应力，使其长度和松紧一致，以保证张拉后各预应力筋的应力一致。

2）张拉顺序

在确定预应力筋的张拉顺序时，应考虑尽可能减小台座的倾覆力矩和偏心力。预制空心板梁的张拉顺序为先张拉中间的一根，再逐步向两边对称张拉。预制梁的张拉顺序应为左右对称进行，如梁顶预拉区配有预应力筋，则应先进行张拉。

3）张拉程序

预应力钢丝的张拉，由于张拉工作量大，宜采用一次张拉的程序

$$O \longrightarrow 1.03 \sim 1.05\sigma_{con} \text{锚固}$$

其中，σ_{con} 为设计规定的张拉控制应力，系数 1.03～1.05 是考虑弹簧测力计的误差、台座横梁或定位板刚度不足、台座长度不符合设计取值、工人操作影响等而采用。

预应力钢绞线的张拉，当采用普通松弛钢绞线时宜采取超张拉，当采用低松弛钢绞线时，可采取一次张拉，张拉程序分别如下

超张拉　　$O \longrightarrow 1.05\sigma_{con} \xrightarrow{\text{持荷 2 min}} \sigma_{con}$ 锚固

一次张拉　　$O \longrightarrow \sigma_{con}$ 锚固

4）预应力值校核

对预应力钢绞线的张拉应力，一般校核其伸长值。《混凝土结构工程施工质量

验收规范》(GB 50204—2011)中规定:预应力筋的实际伸长值与设计计算理论伸长值的相对允许偏差为±6%。

对于预应力钢丝,则在张拉锚固后,应采用钢丝内力测定仪检查其预应力值。图5-11所示是2CN-1型双控钢丝内力测定仪。测定时用测钩勾住钢丝,扭动旋钮对钢丝施加横向力,当挠度表上的读数表明钢丝的挠度为2 mm时,读取内力表上的读数,即为钢丝的内力值。一根钢丝要重复测定4次,取后3次的平均值作为钢丝的内力值。

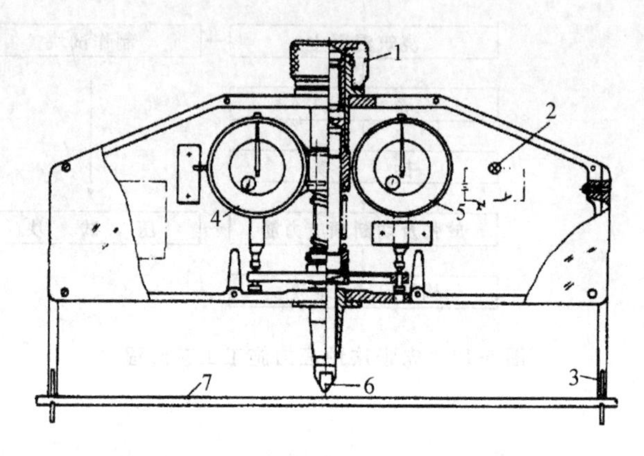

图5-11 2CN-1型双控钢丝内力测定仪

1—旋钮;2—指示灯;3—测钩;4—内力表;
5—挠度表;6—测头;7—钢丝

检测工作应在钢丝张拉锚固1 h后进行,因为此时锚固损失已完成,钢筋应力松弛损失也部分完成。《混凝土结构工程施工质量验收规范》(GB 50204—2011)中规定:预应力筋张拉锚固后实际建立的预应力值与设计规定检验值的相对允许偏差为±5%。

此外,张拉工作中还应注意的是:预应力筋张拉后的位置与设计位置的偏差不得大于5 mm,且不得大于构件截面短边边长的4%。在浇筑混凝土前,预应力筋发生断裂或滑脱的,必须予以更换。

3. 混凝土的浇筑与养护

预应力筋张拉完毕后,应尽快进行非预应力筋的绑扎、侧模的安装及混凝土的浇筑工作。在确定混凝土配合比时,应采用低水灰比,并控制水泥用量和采用良好级配的骨料,以尽量减少混凝土的收缩和徐变,从而减少由此引起的预应力损失。混凝土的浇筑必须一次完成,不允许留设施工缝。浇筑中振动器不得碰撞预应力筋,并保证混凝土振捣密实,尤其是构件端部更应确保浇筑质量,以使混凝土与预应力筋之间具有良好的黏结力,保证预应力的传递。

混凝土可采用自然养护或湿热养护,但在台座上进行预应力构件的湿热养护时,应采取正确的养护制度,以减少由温差而引起的预应力损失。通常可采取二次升温制,即初次升温的养护温度与张拉钢筋时的温度之差不超过20℃,当混凝土强度达到7.5~10 MPa后,再继续升温养护。

4. 预应力筋的放张

1）放张要求

预应力筋放张时，混凝土的强度应符合设计要求；当设计无具体要求时，不应低于设计的混凝土立方体抗压强度标准值的75%。放张前，应拆除侧模，使构件放张时能自由压缩，以免损坏模板或构件开裂。

2）放张顺序

预应力筋的放张顺序，应符合设计要求；如设计未规定，可按下列顺序进行：

①对承受轴心预压力的构件（如拉杆），所有预应力筋应同时放张；

②对承受偏心预压力的构件（如梁），应先同时放张预压力较小区域的预应力筋，再同时放张预压力较大区域的预应力筋；

③若不能按上述顺序放张时，应分阶段、对称、交错地放张，以防止在放张过程中构件产生弯曲、裂纹及预应力筋断裂等现象。

3）放张方法

总的来说，在预应力筋放张时，宜缓慢地放松锚固装置，使得各根预应力筋同时得以缓慢放松。对于配有数量不多的钢丝的板类构件，钢丝的放张可直接用钢丝钳或氧一乙炔焰切断。放张工作宜从长线台座的中间处开始，以减少回弹量且利于脱模；对每一块板，应从外向内对称切割，以免构件扭转而端部开裂。若构件中的钢丝数量较多，所有钢丝应同时放张，不允许采用逐根放张的方法，否则最后的几根钢丝将因承受过大的拉力而突然断裂，导致构件端部开裂。对于配筋量较多且张拉力较大的钢绞线，也应同时放张。多根钢丝或钢绞线的放张，可采用砂箱整体放张法和楔块整体放张法。砂箱装置（见图5-12）或楔块装置（见图5-13）均放置在台座与横梁之间，起到了控制放张速度的作用，且工作可靠、施工方便。

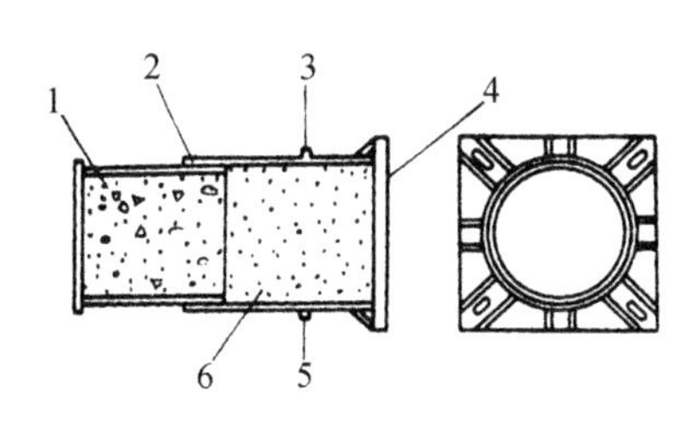

图5-12 砂箱构造

1一活塞；2一钢套箱；3一进砂口；4一钢套箱底板；5一出砂口；6一砂

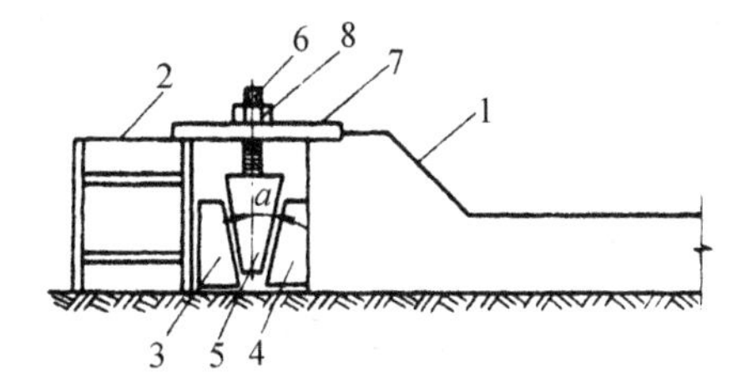

图5-13 楔块放张示意

1一台座；2一横梁；3、4一钢块；5一钢楔块；6一螺杆；7一承力板；8一螺母

5.3 后张法预应力混凝土施工

后张法是先制作构件或结构，待混凝土达到一定强度后，在构件或结构上张拉预应力筋并用锚具锚固，通过锚具对混凝土施加预应力。后张法预应力施工，不需要台座设备，灵活性大，广泛用于生产大型预制预应力混凝土构件和现浇预应力混凝土结构的

施工现场。后张法预应力混凝土又分为有黏结预应力和无黏结预应力两类。

有黏结预应力构件或结构制作时，需预先留设孔道，预应力筋穿入孔道并张拉锚固，最后进行孔道灌浆，其生产过程如图 5-14 所示。这种方法，通过孔道灌浆使预应力筋与混凝土相互黏结，减轻了锚具传递预应力的作用，提高了锚固的可靠性与耐久性，广泛用于主要承重构件或结构。

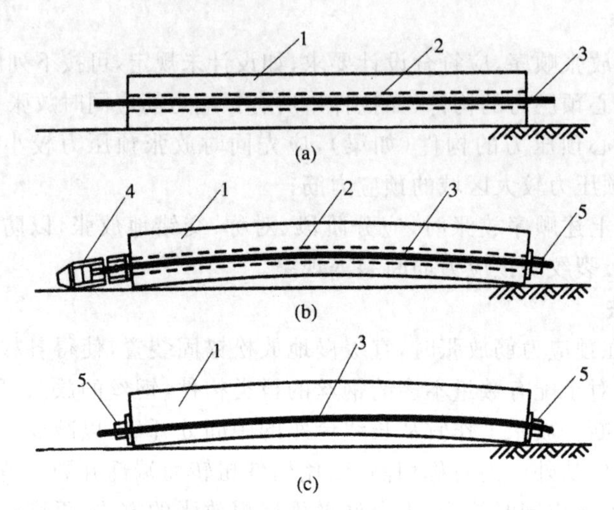

图 5-14　后张法生产示意

(a)制作构件预留孔道；(b)张拉预应力筋；(c)锚固和孔道灌浆

1—混凝土构件；2—预留孔道；3—预应力筋；4—千斤顶；5—锚具

无黏结预应力构件或结构制作时，直接铺设无黏结预应力筋，待混凝土达到一定强度后，张拉预应力筋并锚固。这种方法不需要留孔和灌浆，施工方便，但预应力只能永久地依靠锚具传递给混凝土，宜用于分散配置预应力筋的楼板、墙板、次梁及低预应力度的主梁等。

5.3.1 后张法预应力筋和施工设备、机具

1. 预应力筋(有黏结预应力)

在后张法有黏结预应力施工中，目前预应力钢材主要采用消除应力光面钢丝和 1×7 钢绞线，有时也采用精轧螺纹钢筋，在低预应力度构件中也可采用热轧 HRB400 和 RRB400 级钢筋。预应力钢丝按力学性能不同分为普通松弛钢丝和低松弛钢丝。预应力钢绞线则可采用标准型钢绞线和模拔钢绞线(见图 5-15)。模拔钢绞线是在捻制成型后再经模拔处理制成，这种钢绞线内的钢丝在模拔时被压扁，使钢绞线外径减小，可减小孔道直径或在相同直径的孔道内增加钢绞线数量，而且各钢丝之间及与锚具间由点接触成为面接触，接触面较大而易于锚固。精轧螺纹钢筋是用热轧方法在整根钢筋表面上轧出无纵肋而横肋为不连续的螺纹，如图 5-16 所示。该钢筋在任意截面处都能用带内螺纹的连接器接长或用螺母进行锚固，具有无需焊接、锚固简便的特点。

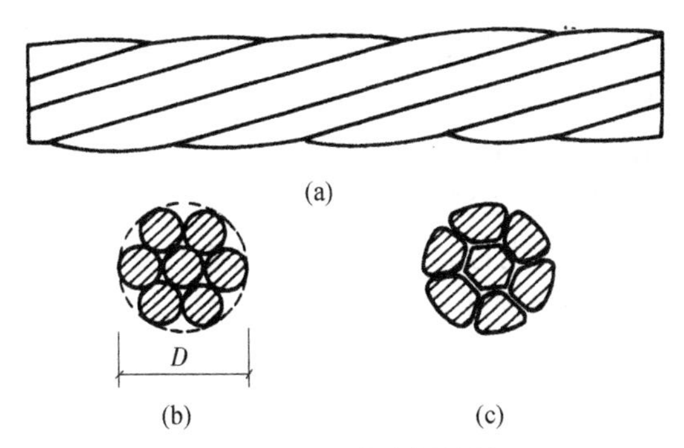

图 5-15 预应力钢绞线

(a)钢绞线外形;(b)标准型钢绞线截面;(c)模拔钢绞线截面

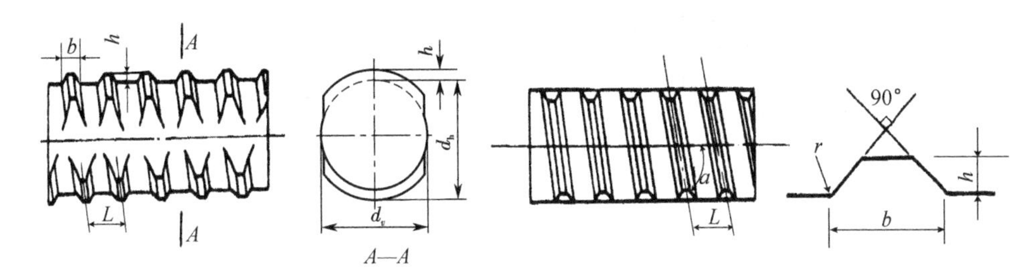

图 5-16 精轧螺纹钢筋外形

以上各种预应力钢材在有黏结预应力结构或构件中的应用可归纳为三种类型，即钢丝束、钢绞线束和单根粗钢筋。

2. 锚具

在后张法结构或构件中，锚具是为保持预应力筋拉力并将其传递到混凝土上的永久性锚固装置。锚具应具有可靠的锚固能力，且应构造简单、操作方便、体形较小、成本较低。锚具按其锚固方式不同，可分为夹片式(单孔与多孔夹片锚具)、支承式(镦头锚具、螺母锚具等)、锥塞式(钢质锥形锚具等)和握裹式(挤压锚具、压花锚具等)四类。按所锚固预应力筋的类型不同，可分为钢绞线用锚具、钢丝束锚具和粗钢筋锚具，现分别介绍如下。

1) 钢绞线锚具

(1) 单孔夹片锚具

单孔夹片锚具的组成与类型见 5.2.1 节中图 5-7。在后张法施工中，此种锚具与承压钢板、螺旋筋共同组成单孔夹片锚固体系，如图 5-17 所示。单孔夹片锚固体系适用于锚固单根无黏结预应力钢绞线，常用于锚固直径为 $\phi^S 12.7$ 或 $\phi^S 15.2$ 的钢绞线；锚具下承压钢板的尺寸宜为 80 mm×80 mm×12 mm；螺旋筋采用 ϕ 6 钢筋，直

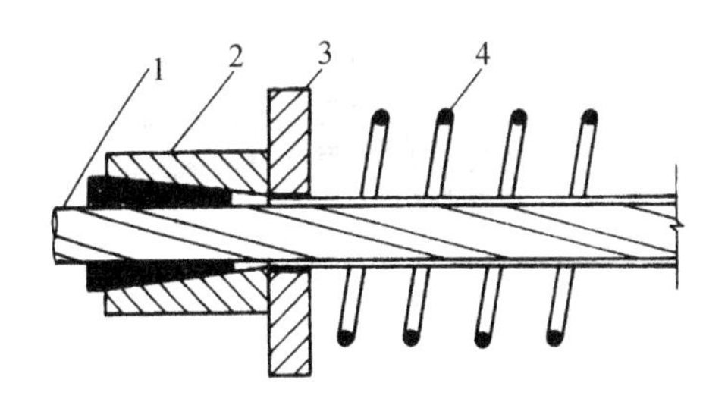

图 5-17 单孔夹片锚固体系

1—钢绞线；2—单孔夹片锚具；3—承压钢板；4—螺旋筋

径 70,共 4 圈。此外,也可将单孔夹片锚具的锚环与承压钢板合一,采用铸钢制成。

(2) 多孔夹片锚具

多孔夹片锚具是在一块多孔的锚板上利用每个锥形孔装一副夹片,夹持一根钢绞线。其优点是任何一根钢绞线锚固失效,都不会引起整体锚固失效,因而锚固可靠。多孔夹片锚具与锚垫板(也称铸铁喇叭管、锚座)、螺旋筋等组成多孔夹片锚固体系,如图 5-18 所示。此种锚固体系在后张法有黏结预应力混凝土中,用于锚固钢绞线束,每束钢绞线的根数不受限制,对锚板与夹片的要求,与单孔夹片锚具相同。

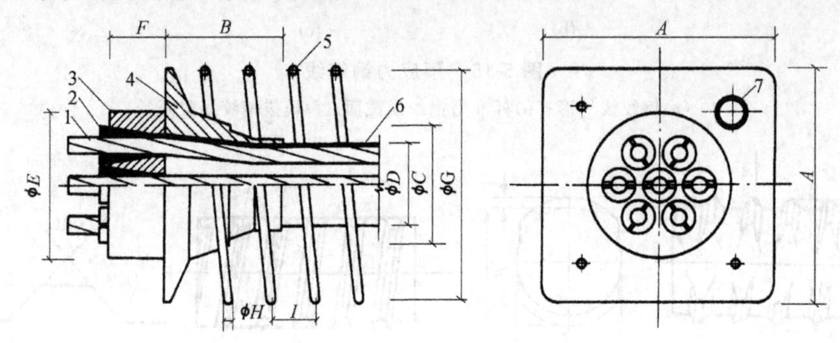

图 5-18　多孔夹片锚固体系

1—钢绞线;2—夹片;3—锚板;4—锚垫板;5—螺旋筋;6—金属波纹管;7—灌浆孔

多孔夹片锚具目前在施工中被广泛应用,其品种有 QM 型、OVM 型、HVM 型和 B&S 型等多种型号,可分别锚固 $\phi^{S}12.7$～$\phi^{S}15.7$ 的强度为 1570～1860 MPa 的各类钢绞线。

(3) 固定端锚具

钢绞线用固定端锚具有挤压锚具、压花锚具等。

挤压锚具是在钢绞线端部安装异形钢丝衬圈和挤压套,利用专用挤压机将挤压套挤过模孔后,使套筒变细,而握紧钢绞线,形成可靠的锚固头。挤压锚具下设钢垫板与螺旋筋,形成锚固体系,它既适用于有黏结预应力钢绞线束(见图 5-19)也适用于无黏结预应力单根钢绞线,应用范围最广。

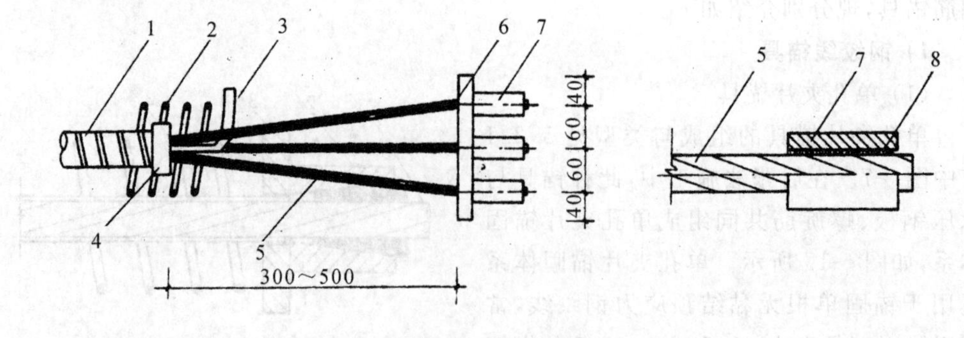

图 5-19　挤压锚具

1—金属波纹管;2—螺旋筋;3—排气管;4—约束圈;
5—钢绞线;6—锚垫板;7—挤压锚具;8—异形钢丝衬圈

压花锚具是利用专用压花机将钢绞线端头压成梨形散花头并埋入混凝土内的一种握裹式锚具，如图 5-20 所示。混凝土强度不低于 C30。多根钢绞线的梨形头应分排埋置在混凝土内。为提高压花锚四周及散花头根部混凝土的抗裂强度，在散花头头部配置构造筋，在散花头根部配置螺旋筋。此种锚具仅用于固定端空间较大的有黏结钢绞线，但成本最低。

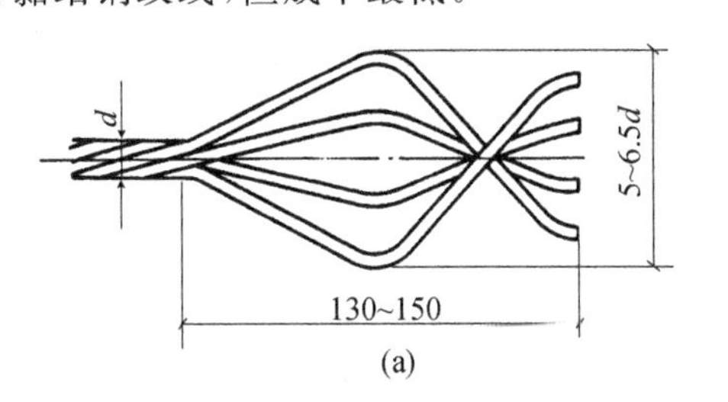

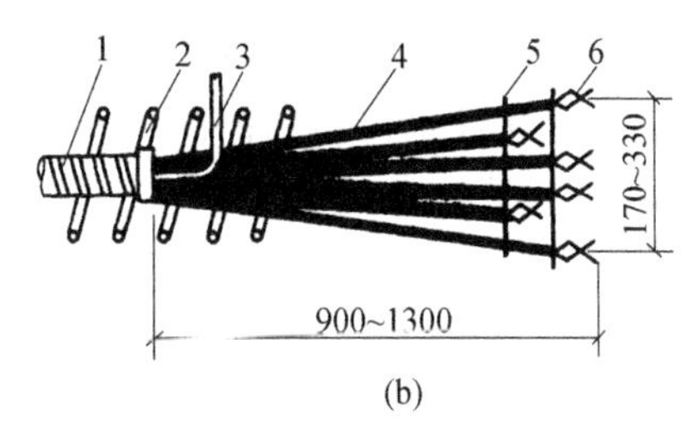

图 5-20　压花锚具

1—波纹管；2—螺旋筋；3—排气管；4—钢绞线；5—构造筋；6—压花锚具

2）钢丝束锚具

（1）镦头锚具

镦头锚具是利用钢丝两端的镦粗头来锚固预应力钢丝束的一种锚具。镦头锚具分为 A 型与 B 型，如图 5-21 所示。A 型由锚杯与螺母组成，用于张拉端，锚杯的内外壁均有丝扣，内丝扣用于连接张拉设备的螺丝杆，外丝扣用于拧紧螺母以锚固钢丝束。B 型为锚板，用于固定端。钢丝采用液压冷镦器镦头，施工时钢丝束一端可在制束时将头镦好，另一端则待穿束后镦头。镦头锚具适用于锚固任意根数的 ϕ^P5 与 ϕ^P7 钢丝束，其孔数、间距及形式可根据钢丝束根数自行设计。此种锚具加工简便、张拉方便、锚固可靠、成本较低，但对钢丝束的等长要求较严。

（2）钢质锥形锚具

钢质锥形锚具由锚环和锚塞组成，用于锚固以锥锚式千斤顶张拉的钢丝束。锚环内孔的锥度与锚塞的锥度严格保持一致，均应 5°，锚塞表面刻有细齿槽，以夹紧钢丝，如图 5-22 所示。为防止钢丝在锚具内卡伤或卡断，锚环两端出口处均有倒角，锚塞小头处还有 5 mm 长无齿段。这种锚具适用于锚固 6～30 根 ϕ^P5 和 12～24 根 ϕ^P7 的钢丝束。

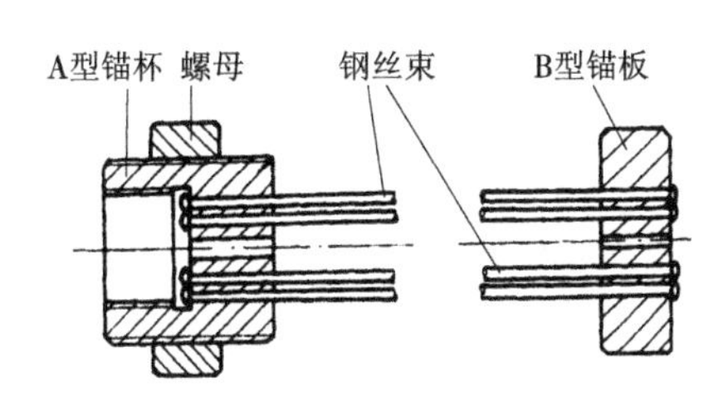

图 5-21　钢丝束镦头锚具

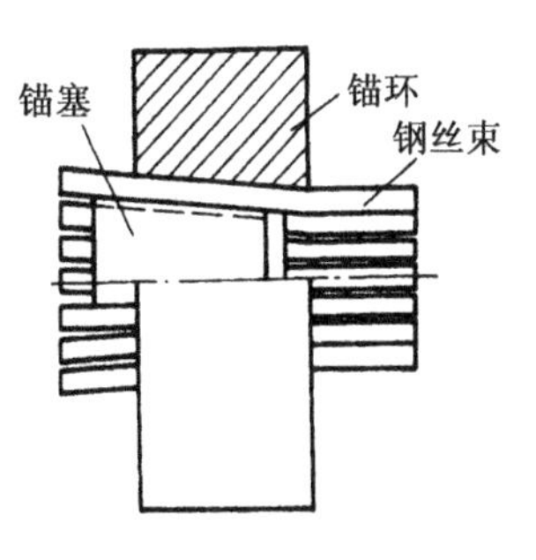

图 5-22　钢质锥形锚具

3）粗钢筋锚具

预应力筋中的粗钢筋目前采用的是精轧螺纹钢筋。精轧螺纹钢筋锚具是利用与该钢筋的螺纹相匹配的特制螺母进行锚固的一种支承式锚具，螺母下有垫板。螺母分为平面螺母和锥面螺母两种，相应的垫板也分为平面垫板和锥面垫板两种，如图 5-23(a)、(b)所示。锥面螺母可通过螺母上锥体与垫板上锥孔的配合，保证预应力筋的准确对中，螺母上开缝的作用是增强其对预应力筋的夹持力。精轧螺纹钢筋连接器的内螺纹也与钢筋的螺纹相匹配，可方便地进行钢筋的接长，如图 5-23(c)所示。

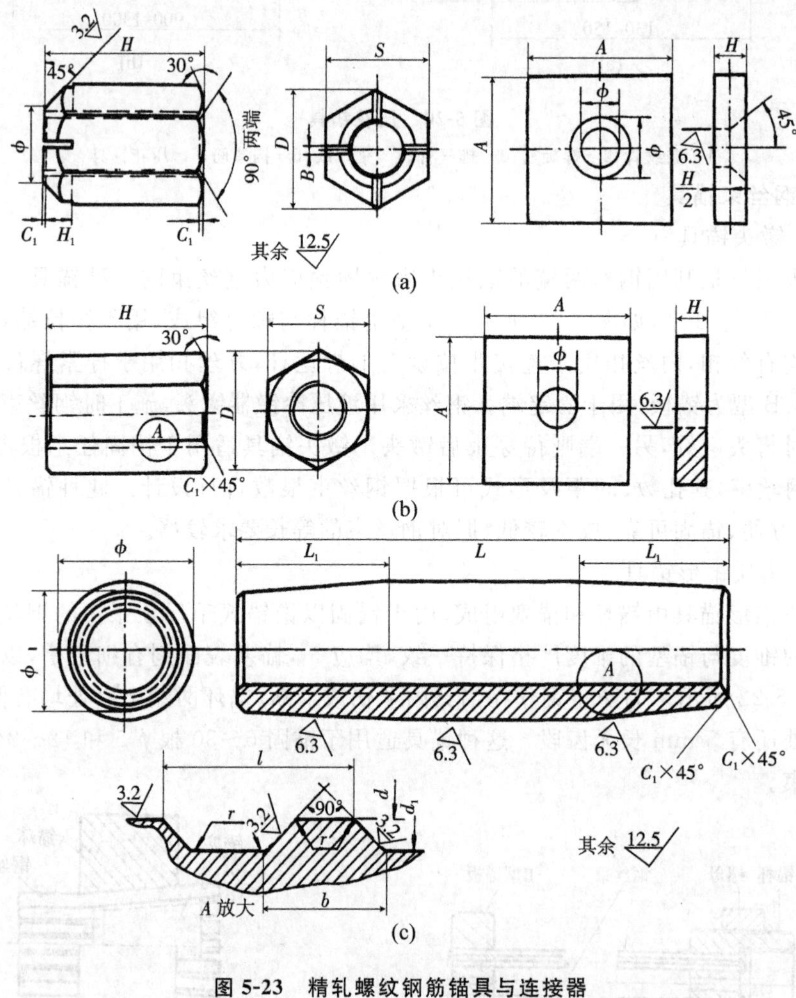

图 5-23　精轧螺纹钢筋锚具与连接器

(a)锥面螺母与垫板；(b)平面螺母与垫板；(c)连接器

3. 张拉设备

在后张法预应力混凝土施工中，预应力筋的张拉均采用液压张拉千斤顶，并配有电动油泵和外接油管，还需装有测力仪表。液压张拉千斤顶按机型不同可分为拉杆式千斤顶、穿心式千斤顶、锥锚式千斤顶等；按使用功能不同可分为单作用千斤顶和双作用千斤顶；按张拉吨位大小可分为小吨位（≤250 kN）、中吨位（＞250 kN，＜1000 kN）和大吨位（≥1000 kN）千斤顶。由于拉杆式千斤顶是单作用千斤顶，且只能张拉吨位≤600 kN的支承式锚具，已逐步被多功能的穿心式千斤顶代替。现将目前常用的千斤顶介绍如下。

1）穿心式千斤顶

穿心式千斤顶是一种利用双液缸张拉预应力筋和顶压锚具的双作用千斤顶，它主要由张拉油缸、顶压油缸、顶压活塞、回程弹簧等组成。张拉前需将预应力筋穿过千斤顶固定在其尾部的工具锚上。目前该系列产品有YC20D型、YC60型和YC120型等，YC60型千斤顶的构造及工作原理见图5-24。穿心式千斤顶适应性强，既适用于张拉需要顶压的夹片式锚具；配上撑脚与拉杆后，也可用于张拉螺杆锚具和镦头锚具；在前端装上分束顶压器后还可张拉钢质锥形锚具。

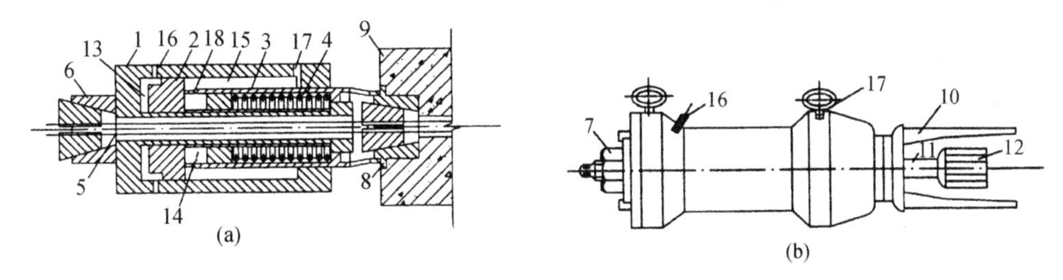

图5-24　YC60型千斤顶

（a）构造与工作原理；（b）加撑脚后的外貌

1—张拉油缸；2—顶压油缸；3—顶压活塞；4—弹簧；5—预应力筋；6—工具锚；7—螺母；8—锚环；9—构件；10—撑脚；11—张拉杆；12—连接器；13—张拉工作油室；14—顶压工作油室；15—张拉回程油室；16—张拉缸油嘴；17—顶压缸油嘴；18—油孔

2）锥锚式千斤顶

锥锚式千斤顶是一种具有张拉、顶锚和退楔功能的三作用千斤顶，仅用于张拉采用钢质锥形锚具的钢丝束。锥锚式千斤顶由张拉油缸、顶压油缸、锥形卡环、楔块和退楔装置等组成，如图5-25所示。目前，该系列产品有YZ38型、YZ60型、YZ85型和YZ150型千斤顶等。

3）前置内卡式千斤顶

前置内卡式千斤顶是一种将工具锚安装在千斤顶前部的穿心式千斤顶。这种千斤顶的优点是可减小预应力筋的外伸长度，从而节约钢材；且其使用方便、效率高。目前，该系列产品有YDCQ型前卡式和YDCN型内卡式千斤顶，每一型号又有多种规格产品。

4）大孔径穿心式千斤顶

大孔径穿心式千斤顶又称群锚千斤顶，是一种具有一个大口径穿心孔，利用单

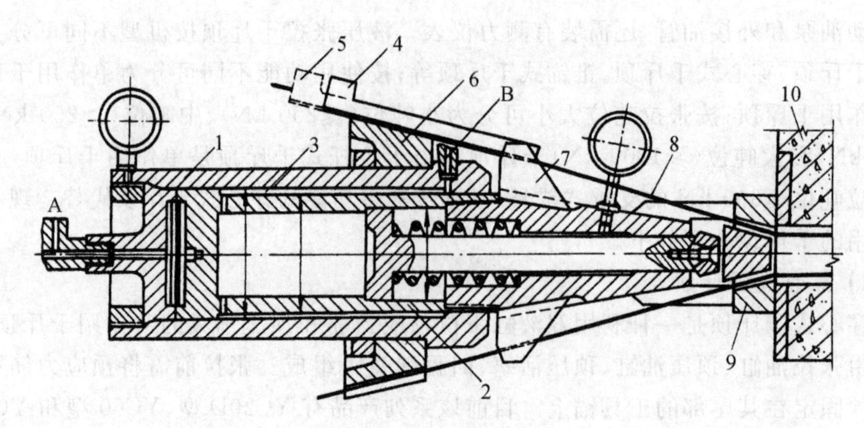

图 5-25 锥锚式千斤顶

1—张拉缸;2—顶压缸;3—退楔缸;4—楔块(张拉时位置);5—楔块(退出时位置);6—锥形卡环;7—退楔翼片;8—钢丝;9—锥形锚具;10—构件;A、B—油嘴

液缸张拉预应力筋的单作用千斤顶。这种千斤顶被广泛用于张拉大吨位钢绞线束;配上撑脚与拉杆后,也可作为拉杆式穿心千斤顶。目前该系列产品有 YCD 型、YCQ 型和 YCW 型千斤顶,每一型号又有多种规格产品。

5.3.2 后张法有黏结预应力混凝土施工工艺

后张法有黏结预应力混凝土的施工工艺流程,如图 5-26 所示。

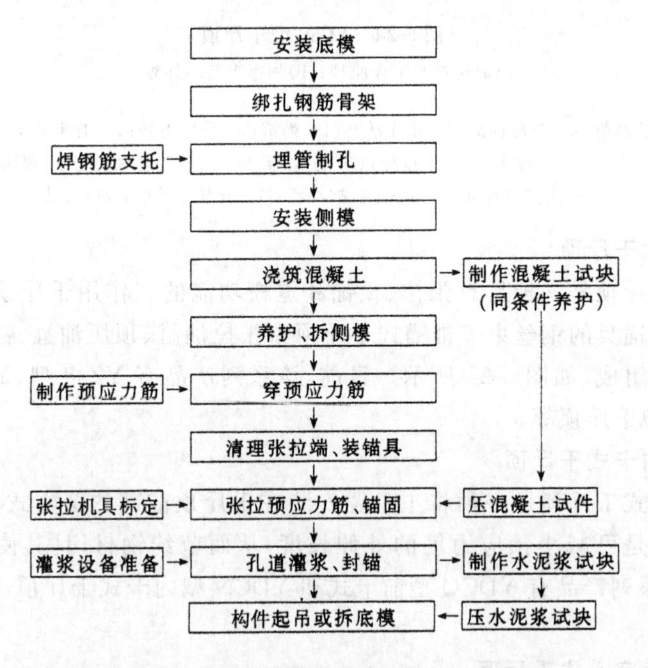

图 5-26 后张法有黏结预应力施工工艺流程

1. 孔道留设

1）预埋金属螺旋管留孔

预埋金属螺旋管留孔法是目前在有黏结预应力施工中应用最广泛的一种方法，尤其在现浇预应力混凝土结构中更为普遍。金属螺旋管又称波纹管，是用冷轧钢带或镀锌钢带经压波后螺旋咬合而成。它具有重量轻、刚度好、连接简便、摩擦系数小、与混凝土黏结良好等优点，可在构件中布置成直线、曲线和折线等各种形状的孔道，是留设孔道的理想材料。

螺旋管外形按照相邻咬口之间的凸出部分（即波纹）的数量分为单波和双波纹〔见图 5-27(a)、(b)〕；按照截面形状分为圆形和扁形〔见图 5-27(c)〕；按照径向刚度分为标准型和增强型。

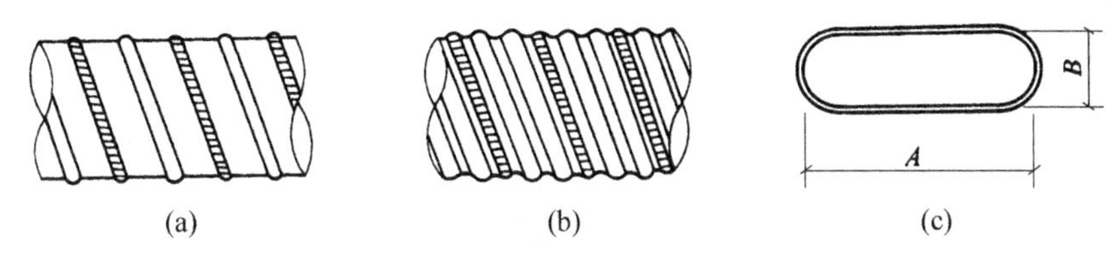

图 5-27　金属螺旋管

(a)圆形单波纹管(b)圆形双波纹管(c)扁形管

标准型圆形螺旋管用途最广，扁形螺旋管仅用于板类构件。圆形螺旋管有多种规格，管内径 40～120 mm；螺旋管的长度由于运输关系，每根为 4～6 m。螺旋管在构件中的连接，是采用大一号的同型螺旋管作为接头管。接头管的长度为 200～300 mm，两端用密封胶带或塑料热缩管封裹，如图 5-28 所示。

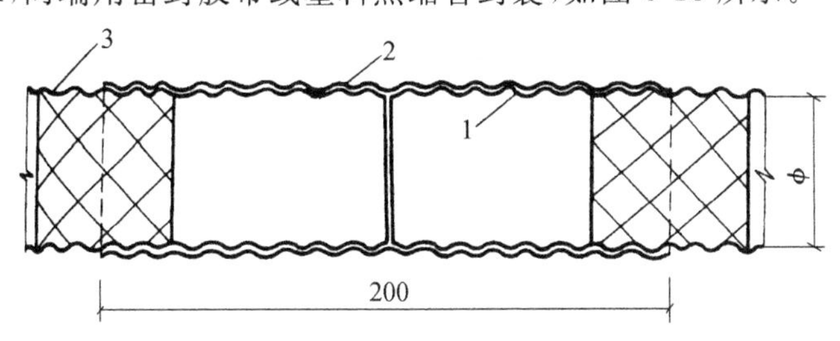

图 5-28　金属螺旋管的连接

1—螺旋管；2—接头管；3—密封胶带

螺旋管安装时，应事先按设计图中预应力筋的直线或曲线位置在箍筋上划线标出，以螺旋管底为准。然后将钢筋支托焊在箍筋上，支托间距为 0.8～1.2 m，箍筋底部要用垫块垫实，如图 5-29 所示。螺旋管在托架上安装就位后，必须用铁丝绑牢，以防浇筑混凝土时螺旋管上浮而造成质量事故。

2）抽拔芯管留孔

(1) 钢管抽芯法

在制作预制预应力混凝土构件时，也可采用钢管抽芯法。该方法是：在预应力

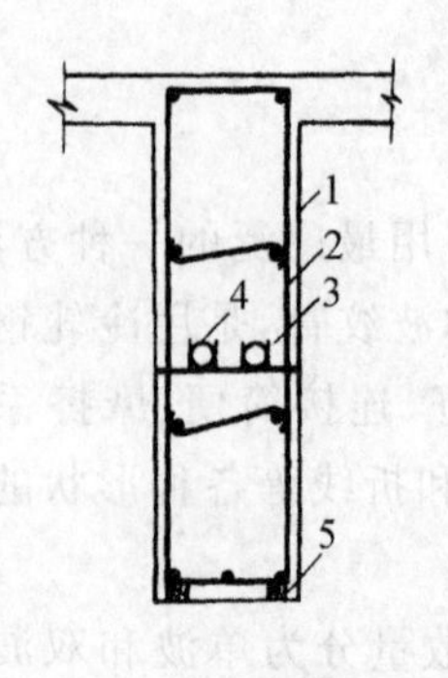

图 5-29 金属螺旋管的固定

1—梁侧模;2—箍筋;3—钢筋支托;4—螺旋管;5—垫块

筋的位置预先埋设钢管;在混凝土浇筑后,每隔一定时间缓慢转动钢管,使之不与混凝土黏结;待混凝土初凝后、终凝前抽出钢管,即形成孔道。为防止浇筑混凝土时钢管发生位移,应每隔 1 m 用钢筋井字架将钢管固定,井字架则与构件中的钢筋骨架扎牢。钢管接头处可用长度为 300~400 mm 的铁皮套管连接。钢管抽芯法仅适用于留设直线形孔道。

(2) 胶管抽芯法

制作预制预应力混凝土构件,还可采用胶管抽芯法。该方法是:在预应力筋的位置预先埋设帆布胶管,胶管两端有密封装置;浇筑混凝土前向胶管内充入压力为 0.6~0.8 MPa 的压缩空气或压力水,使管径增大约 3 mm;待混凝土初凝后、终凝前放出空气或水,管径则缩小与混凝土脱离,即可拔出胶管。胶管抽芯法可用于留设直线或曲线形孔道。留直线孔道时固定胶管的钢筋井字架间距约为 0.6 m,曲线段孔道则应适当加密。

2. 预应力筋的制作

预应力筋制作时,应采用砂轮锯或切断机切断下料,不得采用电弧切割。预应力筋的下料长度,则应根据所采用钢材品种、锚具类型和张拉工艺等计算确定。

1) 钢丝束下料长度

(1) 采用钢质锥形锚具,以锥锚式千斤顶在构件上张拉时,钢丝的下料长度 L 按图 5-30 所示计算。

① 两端张拉 $$L=l+2(l_1+l_2+80) \tag{5-4}$$

② 一端张拉 $$L=l+2(l_1+80)+l_2 \tag{5-5}$$

式中 l——构件的孔道长度;

l_1——锚环厚度;

l_2——千斤顶分丝头至卡盘外端距离,对 YZ85 型千斤顶为 470 mm。

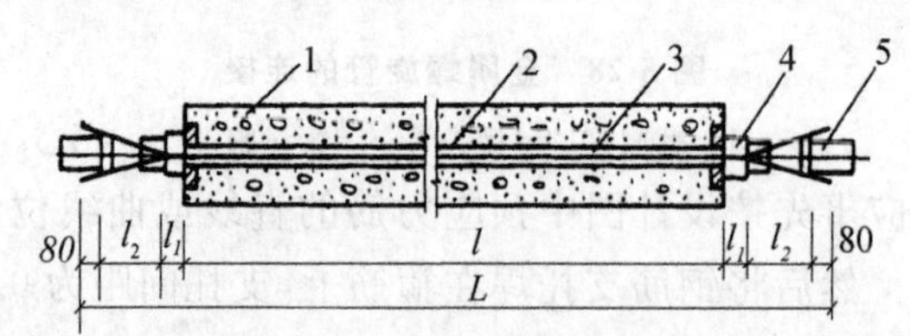

图 5-30 采用钢质锥形锚具时钢丝下料长度计算简图

1—混凝土构件;2—孔道;3—钢丝束;4—钢质锥形锚具;5—锥锚式千斤顶

(2) 采用镦头锚具,以拉杆穿心式千斤顶在构件上张拉时,钢丝下料长度 L 的计算,应考虑钢丝束张拉锚固后螺母位于锚杯的中部,即按图 5-31 所示计算。

$$L=l+2(h+\delta)-k(H-H_1)-\Delta L-C \tag{5-6}$$

式中　l——构件的孔道长度，按实际丈量；

h——锚杯底部厚度或锚板厚度；

δ——钢丝镦头预留量，对 $\phi^{P}5$ 取 10 mm；

k——系数，一端张拉时取 0.5，两端张拉时取 1.0；

H——锚杯高度；

H_1——螺母高度；

ΔL——钢丝束张拉伸长值；

C——张拉时构件混凝土弹性压缩值。

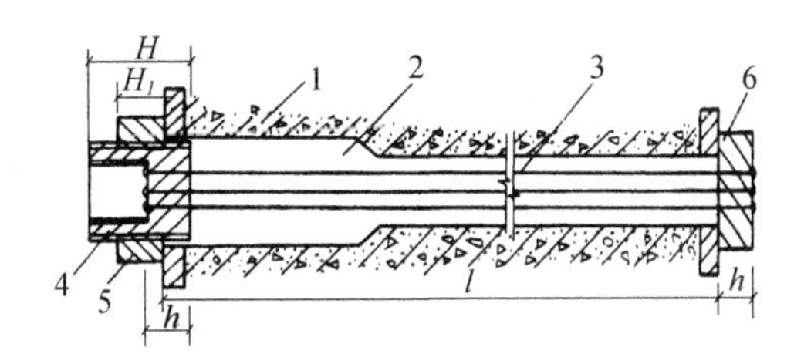

图 5-31　采用镦头锚具时钢丝下料长度计算简图

1—混凝土构件；2—孔道；3—钢丝束；4—锚杯；5—螺母；6—锚板

采用镦头锚具时，同束钢丝应等长下料，其相对误差不应大于 $L/5000$，且不得大于 5 mm。为了达到这一要求，可采用钢管限位法下料，即将钢丝穿入小直径钢管（其内径比钢丝直径大 3～5 mm），利用钢管将钢丝调直并固定于工作台上再下料，便可提高下料的精度。

2）钢绞线（束）下料长度

采用夹片式锚具，以穿心式千斤顶在构件上张拉时，钢绞线束的下料长度 L 按图 5-32 所示计算。

① 两端张拉　　$L=l+2(l_1+l_2+l_3+100)$　　(5-7)

② 一端张拉　　$L=l+2(l_1+100)+l_2+l_3$　　(5-8)

式中　l——构件的孔道长度；

l_1——夹片式工作锚厚度；

l_2——穿心式千斤顶长度；

l_3——夹片式工具锚厚度。

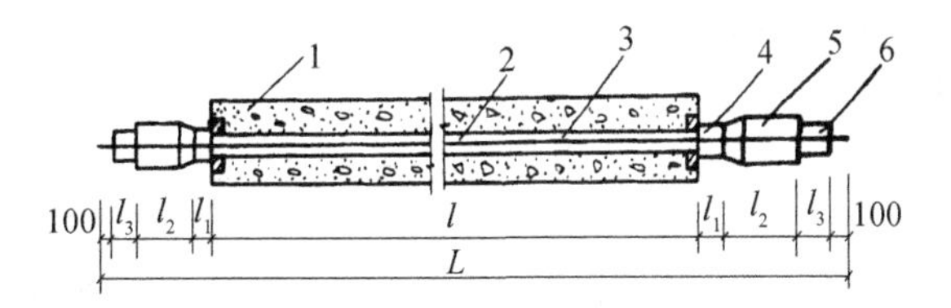

图 5-32　钢绞线下料长度计算简图

1—混凝土构件；2—孔道；3—钢绞线；4—夹片式工作锚；5—穿心式千斤顶；6—夹片式工具锚

3. 预应力筋张拉

1) 张拉要求

预应力筋的张拉是后张法预应力施工中的关键。张拉时构件或结构的混凝土强度应符合设计要求;当设计无具体要求时,不应低于设计强度的75%。张拉前,应将构件端部预埋钢板与锚具接触处的焊渣、毛刺、混凝土残渣等清除干净。

2) 张拉方式

① 一端张拉。一端张拉的方式适用于长度不大于30 m的直线形预应力筋。当同一截面中有多根一端张拉的预应力筋时,张拉端宜分别设置在结构的两端。

② 两端张拉。两端张拉的方式适用于曲线形预应力筋和长度大于30 m的直线形预应力筋。两端张拉时,可在结构两端安置设备同时张拉同一束预应力筋,张拉后宜先将一端锚固,再将另一端补足张拉力后进行锚固;也可先在结构一端安置设备,张拉并锚固后,再将设备移至另一端,补足张拉力后锚固。

3) 张拉顺序

当结构或构件配有多束预应力筋时,需进行分批张拉。分批张拉的顺序应符合设计要求;当设计无具体要求时,应遵循对称张拉的顺序,以免构件在偏心压力下出现侧弯或扭转。分批张拉时,由于后批预应力筋张拉所产生的混凝土弹性压缩会对先批张拉的预应力筋造成预应力损失,所以,先批张拉的预应力筋的张拉力应补足改损失值$\Delta\sigma$(即应力增加值)。

$$\Delta\sigma = \frac{E_S}{E_C} \cdot \frac{(\sigma_{con} - \sigma_I)A_p}{A_n} \tag{5-9}$$

式中 $\Delta\sigma$——先批张拉预应力筋的应力增加值;

E_S——预应力筋弹性模量;

E_C——混凝土弹性模量;

σ_{con}——预应力筋张拉控制应力;

σ_I——后批张拉预应力筋的第一批应力损失(包括锚具与摩擦损失);

A_p——(次特指)后批张拉的预应力筋面积;

A_n——构件混凝土净截面面积(包括非预应力纵向钢筋折算面积)。

对于在施工现场平卧重叠制作的构件,其张拉顺序宜先上后下逐层进行。为了减少上下层之间因摩阻力引起的预应力损失,可逐层加大张拉力。根据重叠构件的层数和隔离剂的不同,增加的张拉力为1%~5%。

4) 张拉操作程序

预应力筋的张拉操作程序,主要根据构件类型、张拉锚固体系、松弛损失等因素确定。

① 采用普通松弛预应力筋时,为减少预应力筋的应力松弛损失,应采用下列超张拉程序进行操作。

对镦头锚具等可卸载锚具为 $0 \longrightarrow 1.05\sigma_{con} \xrightarrow{\text{持荷 2 min}} \sigma_{con}$ 锚固

对夹片锚具等不可卸载锚具为 0 ⟶ $1.03\sigma_{con}$ 锚固

② 采用低松弛钢丝和钢绞线时，可采取一次张拉，张拉操作程序为 0 ⟶ σ_{con} 锚固

5）张拉伸长值校核

预应力筋的张拉宜采用应力控制法进行控制，但同时应校核预应力筋的伸长值。通过此项校核可以综合反映张拉力是否足够，孔道摩擦损失是否偏大，以及预应力筋是否有异常现象等。实际伸长值与计算伸长值的误差在±6%以内为正常，否则应暂停张拉，查明原因并采取措施进行调整后，方可继续张拉。

预应力筋的计算伸长值 ΔL 可按下式计算

$$\Delta L=\frac{PL_{T}}{A_{P}E_{S}} \tag{5-10}$$

式中　P——预应力筋的平均张拉力，取张拉端的拉力与计算截面处扣除孔道摩擦损失后的拉力平均值；

L_T——预应力筋的实际长度；

A_P——预应力筋的截面面积；

E_S——预应力筋的弹性模量。

预应力筋的实际张拉伸长值，宜在初应力为张拉控制应力的 10%左右时开始量测，其实际伸长值 ΔL 应按下式确定

$$\Delta L'=\Delta L_1+\Delta L_2-(A+B+C) \tag{5-11}$$

式中　ΔL_1——从初应力至最大张拉力之间的实测伸长值；

ΔL_2——初应力以下的推算伸长值，可根据弹性范围内张拉力与伸长值成正比的关系，用计算法或图解法确定；

A——张拉过程中锚具楔紧引起的预应力筋内缩值；

B——千斤顶体内预应力筋的张拉伸长值；

C——施加预应力时，构件混凝土的弹性压缩值（其值微小时可略去不计）。

4. 孔道灌浆和封锚

预应力筋张拉、锚固完成后，应立即进行孔道灌浆工作。孔道灌浆的作用，一是可保护预应力筋，以免其锈蚀；二是使预应力筋能与构件混凝土有效地黏结在一起，故称为有黏结预应力。有黏结预应力可控制构件裂缝的开展，并减轻梁端锚具的负荷，因此必须重视孔道灌浆的质量。

1）灌浆材料

孔道灌浆应采用强度等级不低于 42.5 的普通硅酸盐水泥配制的水泥浆，水泥浆的水灰比为 0.4～0.45。水泥浆应具有较大的流动性、较小的干缩性和泌水性，搅拌后 3 h 的泌水率不宜大于 2%，且不应大于 3%。为改善水泥浆性能，可掺入适量减水剂，如掺入占水泥重量 0.25%的木质素磺酸钙，但严禁掺入含氯化物或对预应力筋有腐蚀作用的外加剂。

灌浆用水泥浆的试块用边长为 70.7 mm 的立方体试模制作。试块 28 d 的抗压

强度不应低于 30 MPa。起吊构件或拆除底模时,水泥浆试块强度不应低于 15 MPa。

2)灌浆施工

灌浆前应全面检查预应力筋孔道及灌浆孔、泌水孔、排气孔是否洁净、畅通。对抽拔芯管所成孔道,可采用压力水冲洗、湿润孔道;对预埋管所成孔道,必要时可采用压缩空气清孔。

灌浆用水泥浆应采用机械搅拌,且水泥浆须过滤(网眼不大于 5 mm),灌浆中还应不断搅拌,以免泌水沉淀。灌浆设备可采用电动或手动灰浆泵。灌浆的顺序宜先灌下层孔道,再灌上层孔道。灌浆工作应缓慢均匀地进行,不得中断,并应排气通畅。在灌满孔道至两端冒出浓浆并封闭排气孔后,宜再继续加压至 0.5~0.7 N/mm²,稳压 2 min 后再封闭灌浆孔。当孔道直径较大且水泥浆中未掺入微膨胀剂或减水剂时,可采用二次压浆法,其间隙时间宜为 30~40 min,以提高灌浆的密实性。

3)端头封锚

预应力筋锚固后的外露长度应不小于 30 mm,且钢绞线不宜小于其直径的 1.5 倍,多余部分宜用砂轮锯切割。孔道灌浆后应及时将锚具用混凝土封闭保护。封锚混凝土宜采用比构件设计强度高一等级的细石混凝土,其尺寸应大于预埋钢板尺寸,锚具的保护层厚度不应小于 50 mm。锚具封闭后与周边混凝土之间不得有裂纹。

5. 张拉实例

【例 5-1】 某预应力屋架长 24 m,采用后张法施工,下弦截面如图 5-33 所示,孔道长 23.8 m,预应力筋为精轧螺纹钢 4ϕ^{T}25,$f_{py}=785$ N/mm²,弹性模量 $E_S=2.0\times10^5$ N/mm²,混凝土 C40,$E_C=3.25\times10^4$ N/mm²,两端张拉,$\sigma_{con}=0.70f_{pyk}$,螺母锚具采用两批对称张拉。试求,第一批预应力筋张拉时的应力增加值 $\Delta\sigma$、张拉力、油表读数和理论伸长值。

【解】 选用 YC 60 型千斤顶,分两批对角对称张拉,采用 $0\rightarrow1.03\sigma_{con}$ 张拉顺序。

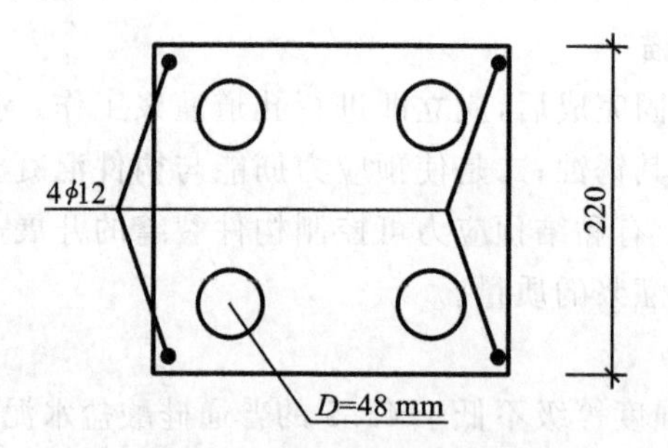

图 5-33 某屋架下弦截面示意

应力增加值 $\Delta\sigma$

已知 $E_S=2.0\times10^5$ N/mm², $E_C=3.25\times10^4$ N/mm², $\sigma_{con}=0.70f_{pyk}=549.5$ N/mm²,第一批预应力损失

$$\sigma_{\mathrm{I}}=\sigma_{1}=30.3\ \mathrm{N/mm^2},\quad A_{\mathrm{P}}=982\mathrm{mm^2}$$

$$A_{\mathrm{n}}=240\times220-\frac{4\pi\times48^2}{4}+4\times113\times\frac{200000}{32500}=48347\ \mathrm{mm^2}$$

则

$$\Delta\sigma=\frac{E_{\mathrm{S}}}{E_{\mathrm{C}}}\cdot\frac{(\sigma_{\mathrm{con}}-\sigma_{\mathrm{I}})A_{\mathrm{P}}}{A_{\mathrm{n}}}=\frac{200000}{32500}\times\frac{(549.5-30.3)\times982}{48352}\ \mathrm{N/mm^2}$$

$$=64.9\ \mathrm{N/mm^2}$$

第一批预应力筋张拉应力及张拉力为

$$\sigma=(549.5+64.9)\times1.03\ \mathrm{N/mm^2}=632.8\ \mathrm{N/mm^2}<0.9f_{\mathrm{py}}=706.5\ \mathrm{N/mm^2}$$

$$N=1.03\times632.8\times491\ \mathrm{N}=320.03\ \mathrm{kN}$$

油表读数 $P=320030\div16200=19.75\ \mathrm{N/mm^2}$

理论伸长值 $\Delta L=\dfrac{320030\times24000}{491\times2\times10^5}\mathrm{mm}=78.2\ \mathrm{mm}$

5.3.3 后张法无黏结预应力混凝土施工

无黏结预应力混凝土是后张法预应力技术的发展与重要分支，它是指配有无黏结预应力筋并完全依靠锚具传递预应力的一种混凝土结构。无黏结预应力的施工过程是：将无黏结预应力筋如同普通钢筋一样铺设在模板内，然后浇筑混凝土，待混凝土达到设计规定的强度后进行张拉并锚固。这种预应力工艺的特点是：①无需留孔与灌浆，施工简便；②张拉时摩擦力较小；③预应力筋易弯成曲线形状，最适于曲线配筋的结构；④对锚具要求较高。目前，无黏结预应力技术在单、双向大跨度连续平板和密肋板中应用较多，也比较经济合理；在多跨连续梁中也有发展前途。

1. 无黏结预应力筋

无黏结预应力筋由钢绞线、涂料层和外包层组成，如图 5-34 所示。

钢绞线一般采用 1×7 结构，直径有 9.5 mm、12.7 mm、15.2 mm 和 15.7 mm 等几种。

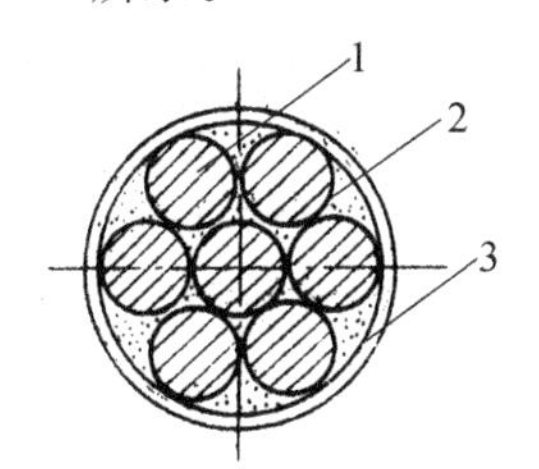

图 5-34 无黏结预应力筋

1—钢绞线；2—涂料层；3—外包层

涂料层的作用是使预应力筋与混凝土隔离，减少张拉时的摩擦力，并防止预应力筋腐蚀。涂料层多采用防腐润滑油脂。对其性能的要求是：①具有良好的化学稳定性，对周围材料无侵蚀作用；②不透水、不吸湿；③抗腐蚀性能好；④润滑性能好、摩阻力小；⑤在 −20～+70℃ 温度范围内高温不流淌、低温不变脆，并有一定韧性。

无黏结预应力筋的外包层常采用高密度聚乙烯塑料制作，因其具有足够的抗拉强度、韧性和抗磨性，能保证预应力筋在运输、储存、铺设和浇筑混凝土的过程中不易发生破损。

无黏结预应力筋在工厂制作成型后整盘供应。现场存放时应堆放在通风干燥处，露天堆放应搁置在板架上，并加以覆盖。使用时可按所需长度及锚固形式下料、铺设。

2. 无黏结预应力筋的铺设

在无黏结预应力筋铺设前,应仔细检查其外包层,对局部轻微破损处,可用防水胶带缠绕补好,严重破损的应予剔除。

1) 铺设顺序

无黏结预应力筋的铺设应严格按设计要求的曲线形状就位。在单向连续板中,无黏结筋的铺设比较简单,与非预应力筋基本相同。在双向板中,由于无黏结筋需配制成两个方向的悬垂曲线,两个方向的筋相互穿插,给施工操作带来困难。因此,必须事先逐根对各交叉点处相应的两个标高进行比较,编制出无黏结筋的铺设顺序。

无黏结预应力筋的铺设,通常是在底部普通钢筋铺设后进行,水电管线宜在无黏结筋铺设后进行,支座处非预应力负弯矩筋则在最后铺设。

2) 就位固定

无黏结筋的竖向位置宜用支撑钢筋或钢筋马凳控制,其间距为 1～2 m,以保证无黏结筋的曲率符合设计要求。板类结构中其矢高的允许偏差为±5 mm。无黏结筋的水平位置应保持顺直。在对无黏结筋的竖向、水平位置检查无误后,要用铅丝将其与非预应力钢筋及马凳绑扎牢固,避免在浇筑混凝土的过程中发生位移和变形。

3) 端部固定

张拉端的无黏结筋应与承压钢板垂直,固定端的挤压锚具应与承压钢板贴紧。曲线段的起始点至端部锚固点应有不小于 300 mm 的直线段。当张拉端采用凹入式方法时,可采用塑料穴模、泡沫塑料、木块等形成凹口。

3. 无黏结预应力筋的张拉

1) 张拉顺序

无黏结预应力混凝土楼盖结构总体的张拉顺序是宜先张拉楼板,后张拉楼面梁。板中的无黏结筋可单根依次张拉,张拉设备宜选用前置内卡式千斤顶,锚具宜选用单孔夹片式锚具。梁中的无黏结筋宜对称张拉。

2) 张拉程序和方式

无黏结筋张拉操作的程序与有黏结后张法基本相同。当无黏结筋的长度小于 35 m 时,可采取一端张拉的方式,但张拉端应交错设置在结构的两端。若无黏筋的长度超过 35 m 时,应采取两端张拉,此时宜先在一端张拉锚固,再在另一端补足张拉后锚固。为减小无黏结筋的摩擦损失,张拉中宜先用千斤顶往复抽动 1～2 次,再张拉至所需的张拉力。

3) 张拉伸长值校核

无黏结预应力筋张拉伸长值的校核与有黏结预应力筋相同。

4. 锚固区密封处理

在无黏结预应力结构中,预应力筋中张拉力的保持和对混凝土的传递完全依靠其端部的锚具,因此对锚固区的要求比有黏结预应力更高。

锚固区必须有严格的密封防腐措施,严防水汽锈蚀预应力筋和锚具。

无黏结预应力筋锚固后的外露长度不小于 30 mm,多余部分宜用手提砂轮锯切割。为了使无黏结筋端头全封闭,在锚具与垫板表面应涂以防水涂料,外露无黏结筋和锚具端头涂以防腐润滑油脂后,罩上封端塑料盖帽。对凹入式锚固区,经上述处理后,再用微膨胀混凝土或低收缩防水砂浆,将锚固处密封。对凸出式锚固区,可采用外包钢筋混凝土圈梁封闭。锚固区密封构造,如图 5-35 所示,对锚固区混凝土或砂浆净保护层厚度的要求是梁中不小于 25 mm、板中不小于 20 mm。

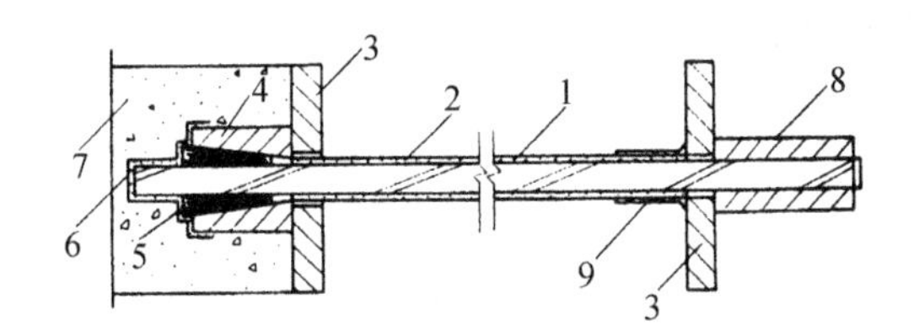

图 5-35　无黏结预应力筋全密封构造

1—外包层;2—钢绞线;3—承压钢板;4—锚环;5—夹片;6—塑料帽;
7—封头混凝土;8—挤压锚具;9—塑料套管或黏胶带

思　考　题

5-1　施加预应力的方法有几种?其预应力值是如何传递的?

5-2　在先张法和后张法施工中,常用的预应力筋有哪些?

5-3　试叙先张法生产中台座和夹具的作用。

5-4　简述先张法预应力混凝土的主要施工工艺过程。

5-5　先张法预应力筋的张拉程序有哪几种?何时可以放张预应力筋?怎样进行放张?

5-6　在后张法施工中,锚具、张拉设备应如何与预应力筋配套使用?

5-7　简述后张法有黏结预应力混凝土的主要施工工艺过程。

5-8　在后张法施工中,孔道留设的方法有哪几种?应注意哪些问题?

5-9　在制作后张法预应力筋时,如何计算其下料长度?

5-10　试叙后张法预应力筋的张拉方法和张拉程序,张拉时为什么要校核其伸长值?

5-11　预应力筋张拉后为什么应及时进行孔道灌浆?如何进行孔道灌浆?

5-12　试述无黏结预应力筋的施工工艺,铺设无黏结筋时应注意哪些问题?

5-13　对无黏结筋的锚固区应如何进行密封处理?

第6章 结构安装工程

【内容提要和学习要求】

① 索具设备：了解结构安装工程中需采用的滑轮组、卷扬机和钢丝绳的选择。

② 起重机械与设备：掌握塔式起重机的类型、特点和选用；熟悉自行杆式起重机的类型、技术性能和特点；了解桅杆式起重机的构造和特点。

③ 钢筋混凝土单层工业厂房结构安装工程：掌握结构安装方案中结构吊装的方法和起重机的选择；熟悉结构安装前的准备工作；熟悉构件安装工艺；了解现场预制构件的平面布置。

④ 钢结构安装工程：熟悉钢结构单层工业厂房和钢结构高层建筑安装；了解钢构件的制作与堆放。

6.1 索具设备

6.1.1 滑轮组

滑轮组由一定数量的定滑轮和动滑轮组成，它既能省力又可以改变力的方向。

滑轮组中共同负担构件重量的绳索根数称为工作线数，也就是在动滑轮上穿绕的绳索根数。滑轮组起重省力的多少，主要取决于工作线数和滑动轴承的摩阻力大小。滑轮组的绳索跑头可分为从定滑轮引出〔见图6-1(a)〕和从动滑轮上引出〔见图6-1(b)〕两种。滑轮组引出绳头（又称跑头）的拉力，可用下式计算

$$N=KQ \tag{6-1}$$

式中 N——跑头拉力；

Q——计算荷载，等于吊装荷载与动力系数的乘积；

K——滑轮组省力系数。

当绳头从定滑轮引出时

$$K=\frac{f^n\times(f-1)}{f^n-1} \tag{6-2}$$

当绳头从动滑轮引出时

$$K=\frac{f^{n-1}\times(f-1)}{f^n-1} \tag{6-3}$$

式中 f——单个滑轮组的阻力系数，滚珠轴承 $f=1.02$；

青铜轴套轴承 $f=1.04$；无轴套轴承，$f=1.06$；

n——工作线数。

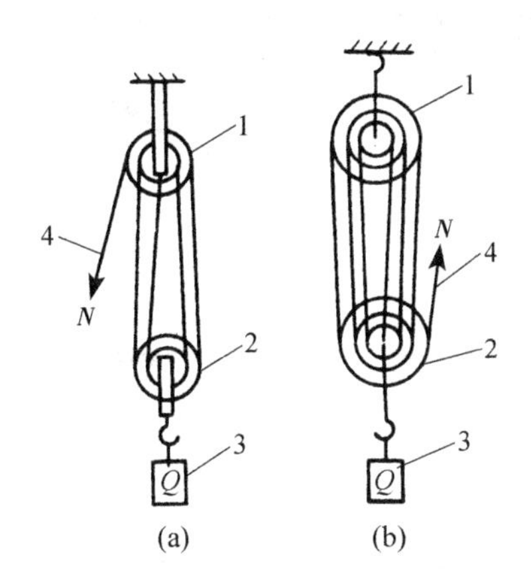

图 6-1　滑轮组

(a)跑头从定滑轮引出；(b)跑头从动滑轮引出

1—定滑轮；2—动滑轮；3—重物；4—钢丝绳

6.1.2 卷扬机

建筑施工中常用的电动卷扬机有快速和慢速两种。慢速卷扬机(JJM 型)主要用于吊装结构、冷拉钢筋和张拉预应力筋；快速卷扬机(JJK 型)主要用于垂直运输、水平运输以及打桩作业。

卷扬机在使用时必须用地锚固定，以防作业时产生滑动或倾覆。固定卷扬机的方法有螺栓锚固法、水平锚固法、立桩锚固法和压重锚固法四种，如图 6-2 所示。

6.1.3 钢丝绳

1. 钢丝绳的规格和种类

1）钢丝绳规格

钢丝绳是由直径相同的光面钢丝捻成钢丝股，再由六股钢丝股和一股绳芯搓捻而成，钢丝绳按每股钢丝的根数可分为三种规格。

① 6×19+1：即 6 股钢丝股，每股 19 根钢丝，中间加一根绳芯。这种钢丝粗、硬而且耐磨，不易弯曲，一般用做揽风绳。

② 6×37+1：即 6 股钢丝股，每股 37 根钢丝，中间加一根绳芯。这种钢丝细、较柔软，用于穿滑车组和作吊索。

③ 6×61+1：即 6 股钢丝股，每股 61 根钢丝，中间加一根绳芯。这种钢丝质地软，用于重型起重机械。

2）钢丝绳种类

按钢丝和钢丝股搓捻方向不同可分为顺捻绳和反捻绳两种。顺捻绳：每股钢丝

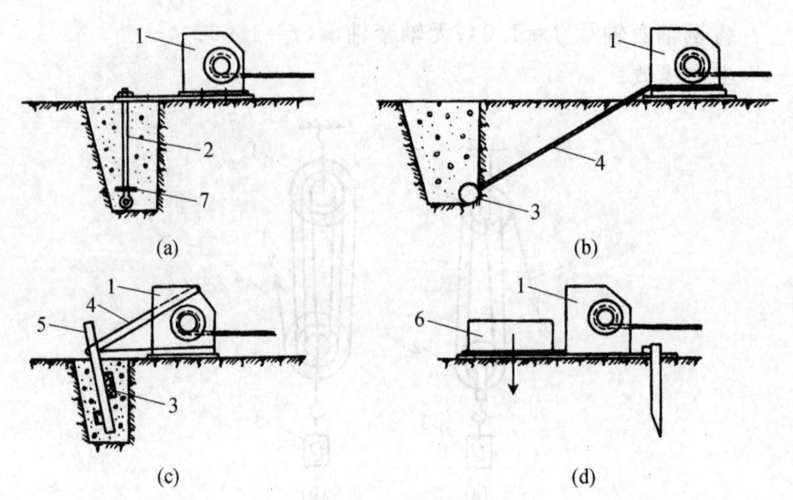

图 6-2　卷扬机的固定方法

(a)螺栓锚固法；(b) 水平锚固法 ；(c) 立桩锚固法 ；(d) 压重锚固法
1—卷扬机；2—地脚螺栓；3—横木；4—拉索；5—木桩；6—压重；7—压板

的搓捻方向与钢丝股的搓捻方向相同，其柔性好、表面平整、不易磨损，但易松散和扭结卷曲，吊重物时易使重物旋转，一般用于拖拉或牵引装置。反捻绳：每股钢丝的搓捻方向与钢丝股的搓捻方向相反，钢丝绳较硬，不易松散，吊重物不扭结旋转，多用于吊装工作。

2. 钢丝绳允许拉力

钢丝绳的允许拉力按下式计算

$$[F_g] \leqslant \frac{\alpha F_g}{K} \tag{6-4}$$

式中　$[F_g]$——钢丝绳的最大工作拉力(kN)；

F_g——钢丝绳的钢丝破断拉力总和(kN)；

α——钢丝绳破断拉力换算系数，按表 6-1 取用；

K——钢丝绳安全系数，按表 6-2 取用。

表 6-1　钢丝绳破断拉力换算系数

钢丝绳结构	换算系数
6×19	0.85
6×37	0.82
6×61	0.80

表 6-2　钢丝绳的安全系数

用　途	安全系数	用　途	安全系数
作缆风	3.5	作吊索、无弯曲	6～7
用于手动起重设备	4.5	作捆绑吊索	8～10
用于机动起重设备	5～6	用于载人的升降机	14

6.2 起重机械与设备

6.2.1 桅杆式起重机

桅杆式起重机具有制作简单、装拆方便、起重量较大(可达100 t以上)、受地形限制小的优点,能用于其他起重机械不能安装的一些特殊结构和设备的吊装。但其服务半径小,移动困难,需要拉设较多的缆风绳,故一般仅用于安装工程量集中的工程。桅杆式起重机按其构造不同,可分为独脚拔杆、人字拔杆、悬臂拔杆和牵缆式桅杆起重机等几种,如图6-3所示。

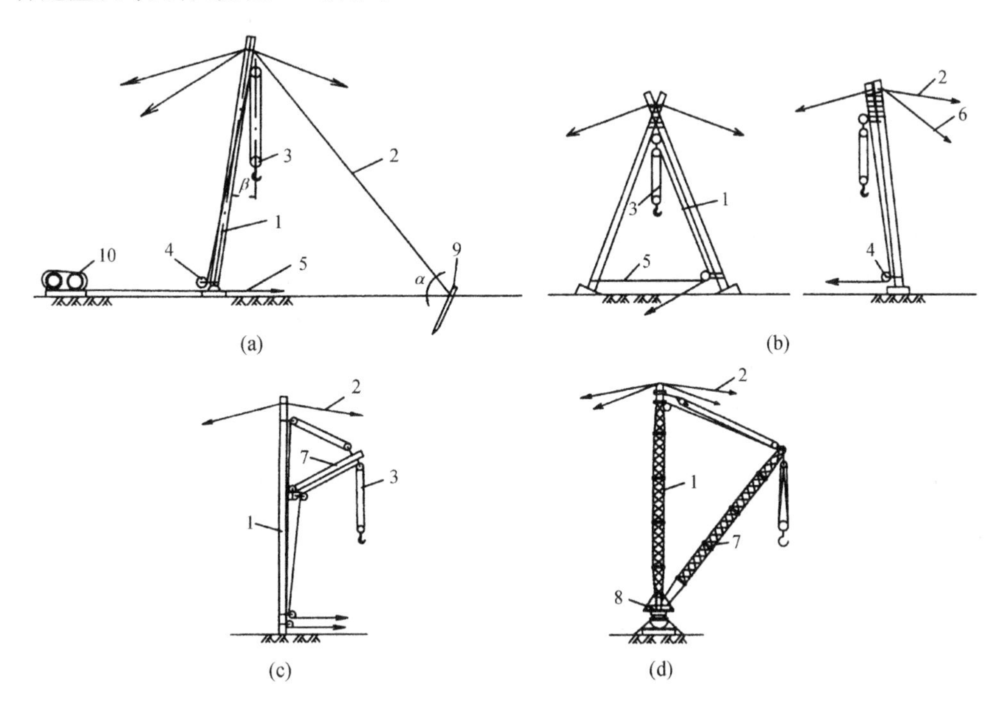

图6-3　桅杆式起重机

(a)独脚拔杆;(b)人字拔杆;(c)悬臂拔杆;(d)牵缆式桅杆起重机

1—拔杆;2—缆风绳;3—起重滑轮组;4—导向装置;5—拉索;

6—主缆风绳;7—起重臂;8—回转盘;9—锚碇;10—卷扬机

1. 独脚拔杆

独脚拔杆是由拔杆、起重滑轮组、卷扬机、缆风绳和锚碇等组成〔见图6-3(a)〕,其拔杆可用圆木、钢管或金属格构柱制成。

2. 人字拔杆

人字拔杆是由两根圆木、钢管或金属格构柱的独脚拔杆,在顶部以钢丝绳绑扎或铁件绞接而成〔见图6-3(b)〕。人字拔杆的侧向稳定性较好,缆风绳较少;但由于构件起吊后的活动范围较小,一般仅用于安装重型构件或重型设备。

3. 悬臂拔杆

悬臂拔杆是在独脚拔杆的中部或高度的 2/3 处装一根用做起重的臂,以加大起重高度和服务半径〔见图 6-3(c)〕。它使用方便,但起重量较小,多用于轻型构件的吊装。

4. 牵缆式桅杆起重机

牵缆式桅杆起重机是在独脚拔杆的下端装一个可以回转和起伏的起重臂〔见图 6-3(d)〕。它的机身可以回转 360°,灵活性好,起重量和起重半径较大,能在较大的服务范围内将构件吊到需要位置上。

6.2.2 自行杆式起重机

自行杆式起重机具有灵活性大、移动方便、适用范围广等优点。常用的自行杆式起重机有履带式起重机、轮胎式起重机和汽车式起重机三种。

1. 履带式起重机

履带式起重机是一种通用的起重机械,它由行走装置、回转机构、机身及起重臂等部分组成(见图 6-4)。行走装置为链式履带,以减少对地面的压力;回转机构为装在底盘上的转盘,使机身可回转 360°;机身内部有动力装置、卷扬机及操纵系统;起重臂是用角钢组成的格构式杆件,下端铰接在机身的前面,随机身回转,起重臂可分节接长,其顶端设有两套滑轮组(起重滑轮组及变幅滑轮组),钢丝绳通过滑轮组连接到机身内部的卷扬机上。履带式起重机具有较大的起重能力和工作速度,在平整坚实的道路上还可负载行走;但其行走时速度较慢,且履带对路面的破坏性较大,故当进行长距离转移时,需用平板拖车运输。常用的履带式起重机起重量为 100～500 kN,目前最大的起重量达 3000 kN,最大起重高度可达 135 m,广泛用于单层工业厂房、旱地桥梁等结构的安装工程,以及其他吊装工程中。

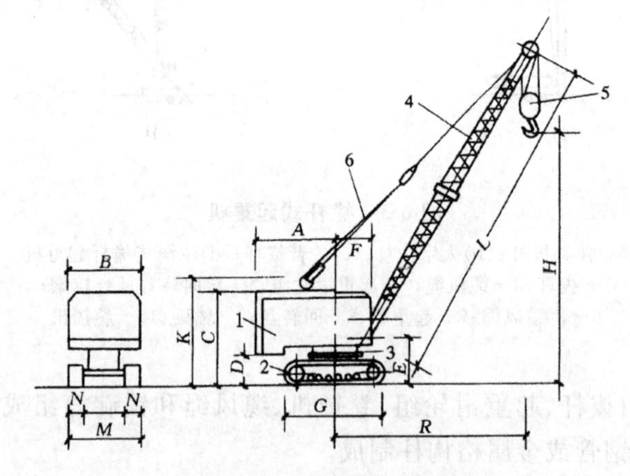

图 6-4　履带式起重机外形图

1—机身;2—行走装置;3—回转机构;
4—起重臂;5—起重滑轮组;6—变幅滑轮组

1）履带式起重机的技术性能

履带式起重机的主要技术性能包括三个主要参数：起重量 Q、起重半径 R 和起重高度 H。起重量 Q 是指起重机安全工作所允许的最大起重物的质量，一般不包括吊钩的重量；起重半径 R 是指起重机回转中心至吊钩的水平距离；起重高度 H 是指起重吊钩中心至停机面的垂直距离。

起重量 Q、起重半径 R 和起重高度 H 这三个参数之间存在相互制约的关系，且与起重臂的长度 L 和仰角 α 有关。当臂长一定时，随着起重臂仰角的增大，起重量 Q 增大，起重半径 R 减小，起重高度 H 增大；当起重臂仰角一定时，随着起重臂臂长的增加，起重量 Q 减小，起重半径 R 增大，起重高度 H 增大。常用履带式起重机的技术性能如表6-3所示。

表6-3 履带式起重机机械性能

参数		型号											
		W1-50			W1-100		W200A、WD200A			西北78D(80D)			
起重臂长度(m)		10	18	18带鸟嘴	13	23	15	30	40	18.3	24.4	30.25	37
最大起重半径(m)		10.0	17.0	10.0	12.0	17.0	14.0	22.0	30.0	18.0	18.0	17.0	17.0
最小起重半径(m)		3.7	4.5	6.0	4.5	6.5	4.5	8.0	10.0	4.7	7.5	8.0	10.0
起重量	最小起重半径时(t)	10.0	7.5	2.0	15.0	8.0	50.0	20.0	8.0	20.0	10.0	9.0	3.0
	最大起重半径时(t)	2.6	1.0	1.0	3.7	1.7	9.4	4.8	1.5	3.3	2.9	3.5	1.0
起重高度	最小起重半径时(m)	9.2	17.2	17.2	11.0	19.0	12.1	26.5	36.0	18.0	23.0	29.1	36.0
	最大起重半径时(m)	3.7	7.6	14.0	6.5	16.0	5.0	19.8	25.0	7.0	16.4	24.3	34.0

2）履带式起重机的操作要求

为了保证履带式起重机安全工作，在使用中应注意以下事项。

① 吊装时，起重机吊钩中心到起重臂顶部定滑轮之间应保持一定的安全距离，一般为2.5～3.5 m。

② 满载起吊时，起重机必须置于坚实的水平地面上，先将重物吊离地面20～30 cm，检查并确认起重机的稳定性、制动器的可靠性和起吊构件绑扎的牢固性后，才能继续起吊。起吊时动作要平稳，并禁止同时进行两种及以上动作。

③ 对无提升限定装置的起重机，起重臂最大仰角不得超过78°。

④ 起重机行驶的道路应平整坚实，允许的最大坡度不应超过3°。

⑤ 双机抬吊构件时，构件的重量不得超过两台起重机所允许起重量总和的75%。

3）履带式起重机稳定性验算

起重机的稳定性是指整个机身在起重作业时的稳定程度。起重机在正常条件下工作时，可以保证机身的稳定，但在进行超负荷吊装或接长吊臂时，需进行稳定性验算，以保证起重机在吊装过程中不会发生倾覆事故。在图 6-5 所示的情况下（起重臂与行驶方向垂直），起重机的稳定性最差。此时，应以履带中心点 A 为倾覆中心，验算起重机的稳定性。

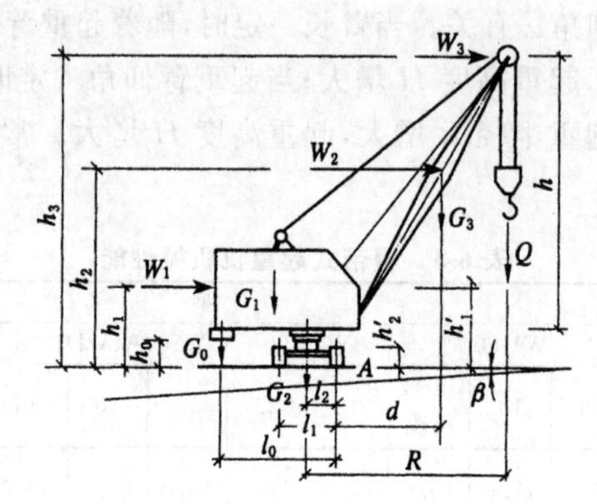

图 6-5　履带式起重机的稳定性验算

① 当考虑吊装荷载及附加荷载（风荷载、刹车惯性力和回转离心力）时，起重机的稳定性应满足

$$K_1 = M_{稳}/M_{倾} \geqslant 1.15 \tag{6-5}$$

② 当仅考虑吊装荷载，不考虑附加荷载时，起重机的稳定性应满足

$$K_2 = M_{稳}/M_{倾} \geqslant 1.4 \tag{6-6}$$

在以上两式中，K_1、K_2 为稳定安全系数。为计算方便，“倾覆力矩”取由吊重一项所产生的倾覆力矩；而“稳定力矩”则取全部稳定力矩与其他倾覆力矩之差。在施工现场中，为计算简单，常采用 K_1 验算。

2. 汽车式起重机

汽车式起重机是把起重机构安装在普通载重汽车或专用汽车底盘上的一种自行式起重机。其行驶的驾驶室与起重操纵室是分开的，如图 6-6 所示。起重臂的构造形式有桁架臂和伸缩臂两种，目前普遍使用的是液压伸缩臂起重机。汽车式起重机的优点是行驶速度快，转移方便，对路面损伤小。因此，特别适用于流动性大，经常变换地点的作业。其缺点是起重作业时必须将可伸缩的支腿落地，且支腿下需安放枕木，以增大机械的支撑面积，并保证必要的稳定性。这种起重机不能负荷行驶，也不适于在松软或泥泞的地面上工作。它广泛用于构件运输、装卸作业和结构安装工程中。

3. 轮胎式起重机

轮胎式起重机是把起重机构安装在加重型轮胎和轮轴组成的特制底盘上的一种全回转式起重机，其上部构造与履带式起重机基本相同，但行走装置为轮胎，如图

6-7所示。起重机设有四个可伸缩的支腿，在平坦地面上进行小起重量吊装时，可不用支腿并吊物低速行驶，但一般情况下均使用支腿以增加机身的稳定性，并保护轮胎。与汽车式起重机相比其优点有横向尺寸较宽、稳定性较好、车身短、转弯半径小等。但其行驶速度较汽车式慢，故不宜做长距离行驶，也不适于在松软或泥泞的地面上工作。它适用于作业地点相对固定而且作业量较大的场合。

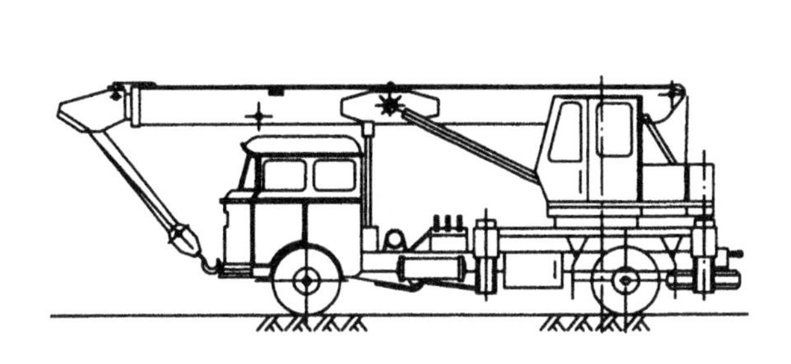

图 6-6　QY-8 型汽车式起重机

图 6-7　轮胎式起重机

6.2.3 塔式起重机

1. 塔式起重机的特点

塔式起重机简称塔吊，是一种塔身直立、起重臂安装在塔身顶部并可作 360°回转的起重机械。除用于结构安装工程外，也广泛用于多层和高层建筑的垂直运输。

塔式起重机的类型很多，按其在工程中使用和架设方法的不同可分为轨道式起重机、固定式起重机、附着式起重机和内爬式起重机四种，如图 6-8 所示。

① 轨道式塔式起重机：该起重机在直线或曲线轨道上均能运行，且可负荷运行，生产效率高。它作业面大，覆盖范围为长方形空间，适合于条状的建筑物或其他结构物。轨道式塔吊塔身的受力状况较好、造价低、拆装快、转移方便、无需与结构物拉结；但其占用施工场地较多，且铺设轨道的工作量大，因而台班费用较高。

② 固定式塔式起重机：该起重机的塔身固定在混凝土基础上。它安装方便，占用施工场地小，但起升高度不大，一般在 50 m 以内，适合于多层建筑的施工。

③ 附着式塔式起重机：该起重机的塔身固定在建筑物或构筑物近旁的混凝土基础上，且每隔 20 m 左右的高度用系杆与近旁的结构物用锚固装置连接起来。因其稳定性好，故而起升高度大，一般为 70～100 m，有些型号可达 160 m 高。起重机依靠顶升系统，可随施工进程自行向上顶升接高。它占用施工场地很小，特别适合在较狭窄工地施工，但因塔身固定，服务范围受到限制。

④ 内爬式塔式起重机：该起重机安装在建筑物内部的结构上(常利用电梯井、楼梯间等空间)，借助于爬升机构随建筑物的升高而向上爬升，一般每隔 1～2 层楼便爬升一次。由于起重机塔身短，用钢量省，因而造价低。它不占用施工场地，不需要轨

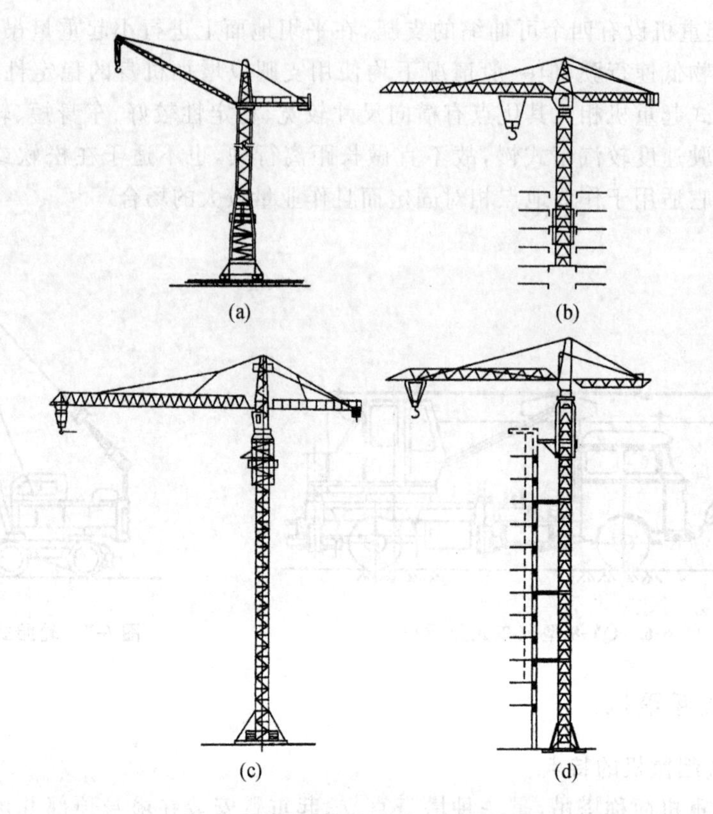

图 6-8　常用塔式起重机的几种主要类型示意

(a)轨道式;(b)内爬式;(c)固定式;(d)附着式

道和附着装置,但须对结构进行相应的加固,且不便拆卸。内爬式塔式起重机适用于施工场地非常狭窄的高层建筑的施工;当建筑平面面积较大时,采用内爬式起重机也可扩大服务范围。

2. 塔式起重机的爬升

1) 内爬式塔式起重机

内爬式塔式起重机由底座、套架、塔身、塔顶、起重臂和平衡臂等组成。其爬升过程如图 6-9 所示,可分为如下四个步骤。

①将平衡重和起重小车移至靠近塔身,放下起重钩。

②用起重钩将套架提升到一个塔位处予以固定〔见图 6-9(b)〕。

③松开塔身底座梁与建筑结构构件(梁)的连接螺栓,收回支腿,将塔身提至需要位置〔见图 6-9(c)〕。

④旋出支腿,扭紧连接螺栓,完成爬升,即可再次进行安装作业〔见图 6-9(a)〕。

2) 附着式塔式起重机

附着式塔式起重机的自升系统包括顶升套架、长行程液压千斤顶、承座、顶升横梁及定位销等。长行程液压千斤顶的缸体安装在塔顶底部的承座上,其爬升过程如

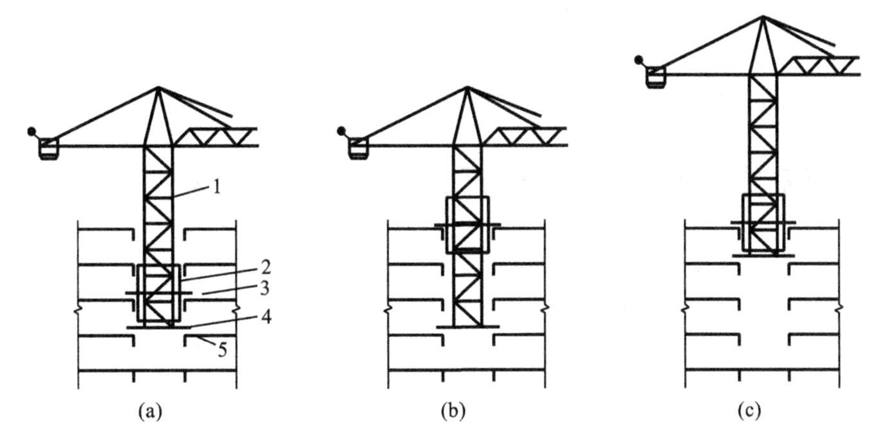

图 6-9　内爬式塔式起重机的爬升过程示意图

(a)工作位置;(b)爬升套架;(c)提升塔身

1—塔身;2—套架;3—套架梁;4—塔身底座梁;5—建筑物楼盖梁

图 6-10 所示,可分为如下五个步骤。

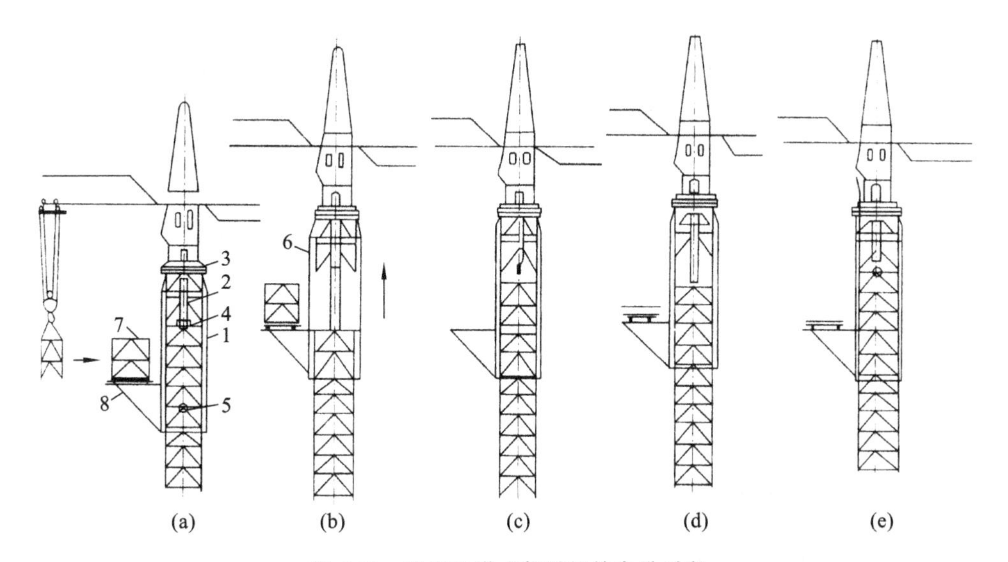

图 6-10　附着式塔式起重机的自升过程

(a)准备状态;(b)顶升塔顶;(c)推人标准节;(d)安装标准节;(e)塔顶与塔身联成整体

①将标准节吊到摆渡小车上,并将过渡节与塔身标准节相连的螺栓松开,准备顶升。

②开动液压千斤顶,将塔式起重机上部结构,包括顶升套架向上升到超过一个标准节的高度,然后用定位销将套架固定,这时,塔式起重机的上部重量便通过定位销传给塔身。

③将液压千斤顶回缩,形成引进空间,此时,将装有标准节的摆渡小车推入。

④用千斤顶提起接高的标准节,退出摆渡小车,将待接的标准节平稳地落到下面的塔身上,用螺栓拧紧。

⑤拔出定位销,下降过渡节,使之与已接高的塔身联成整体。

6.3 钢筋混凝土单层工业厂房结构安装工程

单层工业厂房常采用装配式钢筋混凝土结构,主要承重构件中除基础现浇外,柱、吊车梁、屋架、天窗架和屋面板等均为预制构件。根据构件的尺寸、重量及运输构件的能力,预制构件中较大的一般在现场就地制作,中小型的多集中在工厂制作。结构安装工程是单层工业厂房施工的主导工种工程。

6.3.1 结构安装前的准备工作

结构安装前的准备工作包括清理场地,铺设道路,构件的运输、堆放、拼装、加固、检查、弹线、编号,基础的准备等。

1. 构件的运输与堆放

1) 构件的运输

在工厂制作或在施工现场集中制作的构件,吊装前要运到吊装地点就位。构件的运输一般采用载重汽车、半托式或全托式的平板拖车。构件在运输过程中必须保证构件不倾倒、不变形、不破坏,为此有如下要求:构件的强度,当设计无具体要求时,不得低于混凝土设计强度标准值的75%;构件的支垫位置要正确,数量要适当,装卸时吊点位置要符合设计要求;运输道路要平整,有足够的宽度和转弯半径。

2) 构件的堆放

构件应按平面图规定的位置堆放,避免二次搬运。构件堆放应符合下列规定:堆放构件的场地应平整坚实,并具有排水措施;构件就位时,应根据设计的受力情况搁置在垫木或支架上,并应保持稳定;重叠堆放的构件,吊环应向上,标志朝外;构件之间垫以垫木,上下层垫木应在同一垂直线上;重叠堆放构件的堆垛高度应根据构件和垫木强度、地面承载力及堆垛的稳定性确定;采用支架靠放的构件必须对称靠放和吊运,上部用木块隔开。

2. 构件的拼装和加固

为了便于运输和避免扶直过程中损坏构件,天窗架及大型屋架可制成两个半榀,运到现场后拼装成整体。

构件的拼装分为平拼和立拼两种。前者将构件平放拼装,拼装后扶直,一般适用于小跨度构件,如天窗架,如图6-11所示。后者适用于侧向刚度较差的大跨度屋架,构件拼装时在吊装位置呈直立状态,可减少移动和扶直工序,图6-12是拼装30～36 m跨度预应力混凝土屋架的示意图。

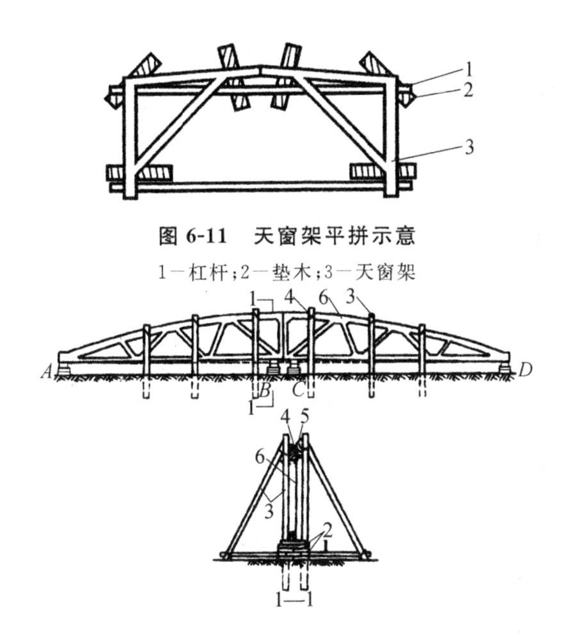

图 6-11　天窗架平拼示意

1—杠杆；2—垫木；3—天窗架

图 6-12　30～36 m 预应力混凝土屋架拼装示意

1—砖砌支垫；2—方木或钢筋混凝土垫块；
3—三脚架；4—8 号铅丝；5—木楔；6—屋架块体

对于一些侧向刚度较差的天窗架、屋架，在拼装、焊接、翻身扶直及吊装过程中，为了防止变形和开裂，一般都用横杆进行临时加固。

3. 构件的质量检查

在吊装之前应对所有构件进行全面检查，检查的主要内容如下。

① 构件的外观：包括构件的型号、数量、外观尺寸（总长度、截面尺寸、侧向弯曲）、预埋件及预留洞位置以及构件表面有无空洞、蜂窝、麻面、裂缝等缺陷。

② 构件的强度：当设计无具体要求时，一般柱子要达到混凝土设计强度的 75%，大型构件（大孔洞梁、屋架）应达到 100%，预应力混凝土构件孔道灌浆的强度不应低于 15 MPa。

4. 构件的弹线与编号

构件在质量检查合格后，即可在构件上弹出吊装的定位墨线，作为吊装时定位、校正的依据。

① 在柱身的三个面上弹出几何中心线，此线应与基础杯口顶面上的定位轴线相吻合，此外，在牛腿面和柱顶面弹出吊车梁和屋架的吊装定位线（见图 6-13）。

② 屋架上弦顶面弹出几何中心线，并延至屋架两端下部，再从屋架中央向两端弹出天窗架、屋面板的吊装定位线。

③ 吊车梁应在梁的两端及顶面弹出吊装定位准线。

在对构件弹线的同时，应依据设计图纸对构件进行编号，编号应写在明显的部位，对上下、左右难辨的构件，还应注明方向，以免吊装时出错。

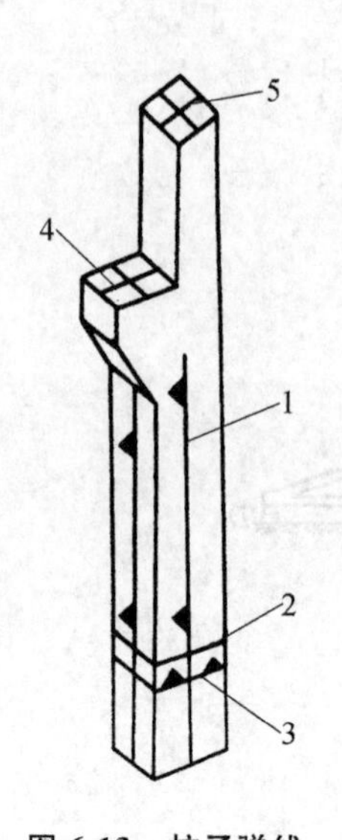

图 6-13 柱子弹线

1—柱子中心线;2—基础标高线;3—基础顶面线;4—吊车梁定位线;5—柱顶中心线

5. 基础准备

装配式混凝土柱的基础一般为杯形基础,基础准备工作的内容主要包括以下两种。

① 杯口弹线:在杯口顶面弹出纵、横定位轴线,作为柱对位、校正的依据。

② 杯底抄平:为了保证柱牛腿标高的准确,在吊装前需对杯底的标高进行调整(抄平)。调整前先测量出杯底原有标高,小柱可测中点,大柱则测四个角点;再测量出柱脚底面至牛腿顶面的实际距离,计算出杯底标高的调整值;然后用水泥砂浆或细石混凝土填抹至需要的标高。杯底标高调整后,应加以保护,以防杂物落入。

6.3.2 构件安装工艺

装配式钢筋混凝土单层工业厂房中,各结构构件的安装过程为:绑扎→吊升→对位→临时固定→校正→最后固定。

1. 柱的安装

1) 柱的绑扎

绑扎柱的工具主要有吊索、卡环和横吊梁等。为使其在高空中脱钩方便,宜采用活络式卡环。为避免吊装柱子时吊索磨损柱表面,要在吊索与构件之间垫麻袋或木板等。

绑扎点的数量和位置应根据柱的形状、断面、长度、配筋和起重机性能等情况确定。对中、小型柱(≤130 kN)采用一点绑扎,绑扎点一般选在牛腿下;对重型柱或细而长的柱子,需采用两点绑扎,绑扎点的位置应使两根吊索的合力作用线高于柱子的重心,这样才能保证柱子起吊后自行回转直立。

常用的绑扎方法有斜吊绑扎法和直吊绑扎法两种。

① 斜吊绑扎法:当柱子平放起吊的抗弯强度满足要求时,可采用此法。柱子在平放状态下绑扎并直接从底模起吊,柱起吊后柱身略呈倾斜状态(见图 6-14),吊索在柱子的宽面一侧,吊钩可低于柱顶。斜吊绑扎法的特点是柱不需翻身,起重臂长和起重高度都可以小一些,但由于柱吊离地面后呈倾斜状态,对位不大方便。

② 直吊绑扎法:当柱子平放起吊的抗弯强度不能满足要求时,需先将柱子翻身,以提高柱截面的抗弯能力。柱起吊后柱身呈垂直状态,吊索分别在柱子两侧并通过横吊梁与吊钩相连(见图 6-15)。这种绑扎法的特点是柱起吊后呈垂

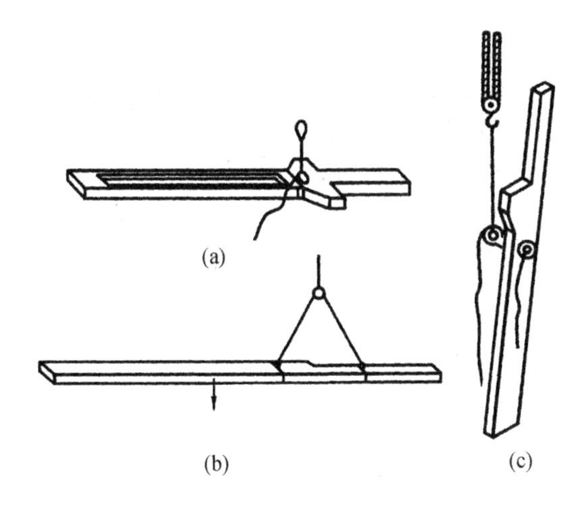

图 6-14 斜吊绑扎法

(a)一点用卡环绑扎；(b)两点用卡环绑扎；(c)一点用柱销绑扎

直状态，对位容易；吊钩在柱顶之上，需较大的起重高度，因此所要求的起重臂比斜吊法长。

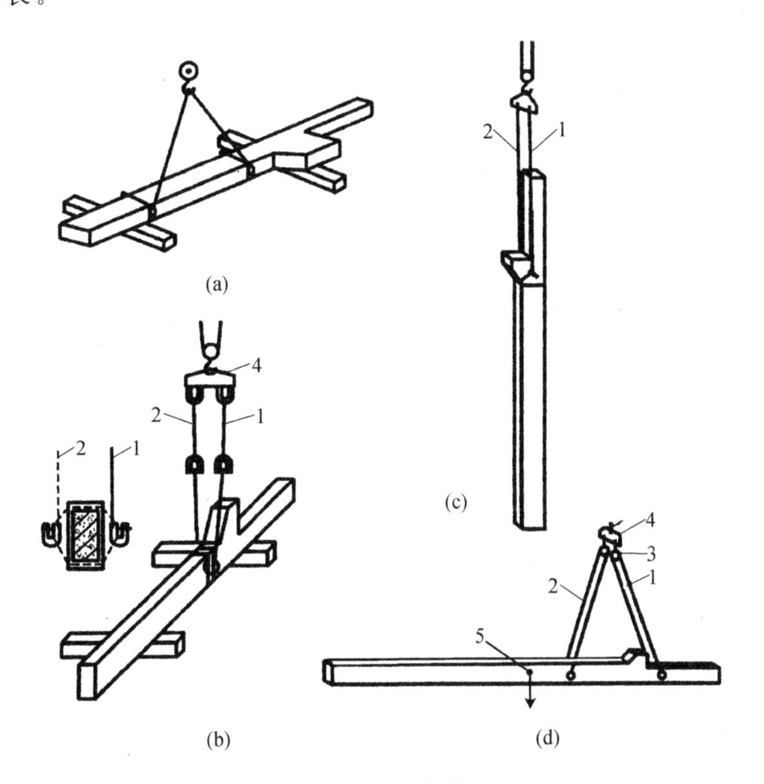

图 6-15 直吊绑扎法

(a)柱翻身时绑扎方法；(b)一点绑扎直吊法；(c)起吊后状态；(d)两点绑扎直吊法

1—第一支吊索；2—第二支吊索；3—滑轮；4—横吊梁；5—重心

2) 柱的吊升

柱的吊升方法根据柱在吊升过程中的运动特点分为旋转法和滑行法两种。

① 旋转法:采用旋转法吊升柱时,起重机边收钩边回转,使柱子绕着柱脚旋转成直立状态,然后吊离地面,略转动起重臂,将柱放入基础杯口。旋转法吊升时,柱在吊升过程中受震动小,吊装效率高,但对起重机的机动性能要求较高,需同时完成收钩和回转的操作。采用自行杆式起重机时,宜采用此法。

② 滑行法:滑行法吊升柱时,起重机只收钩,柱脚沿地面滑行,在绑扎点位置柱身呈直立状态,然后吊离地面,略转动起重臂,将柱放入基础杯口。滑行法吊升时,柱受震动较大,应对柱脚采取保护措施。但滑行法对起重机的机动性能要求较低,只需完成收钩上升一个动作,因此当采用桅杆式起重机时,常采用此法。

3) 柱的对位和临时固定

柱脚插入杯口后,并不立即降入杯底,而是在离杯底30~50 mm处进行对位。对位的方法是用八块木楔或钢楔从柱的四周放入杯口,每边放两块,用撬棍拨动柱脚或通过起重机操作,使柱的吊装准线对准杯口上的定位轴线,并保持柱的垂直,如图6-16所示。

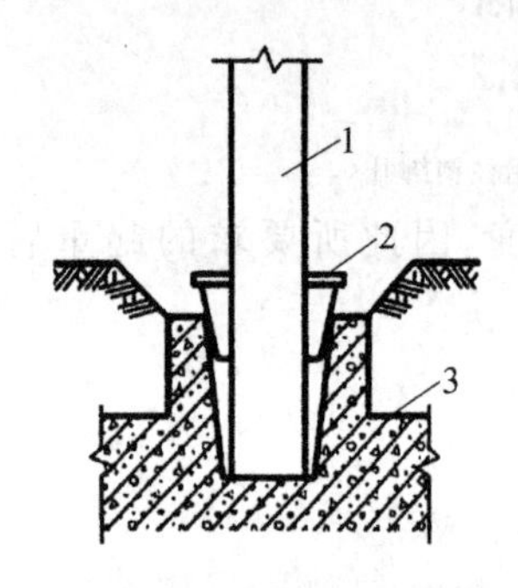

图6-16 柱的临时固定

1—柱子;2—楔块;3—基础

柱对位后,放松吊钩,柱沉至杯底。再复核吊装准线的对准情况后,对称地打紧楔块,将柱临时固定。然后起重机脱钩,拆除绑扎索具。当柱较高、基础杯口深度与柱长度之比小于1/20,或柱的牛腿较大时,仅靠柱脚处的楔块不能保证临时固定柱子的稳定,这时可采取增设缆风绳或加斜撑的方法来加强柱临时固定时的稳定性。

4) 柱的校正

柱的校正内容包括平面位置、标高和垂直度三个方面。由于柱的标高校正已在基础抄平时完成,平面位置校正在对位过程中也已完成,因此柱的校正主要是指垂直度的校正。

柱垂直度的控制方法是用两台经纬仪在柱相邻的两边检查柱吊装准线的垂直度。其允许偏差值:当柱高 $H<5$ m时,为5 mm;柱高 $H=5\sim10$ m时,为10 mm;柱高 $H>10$ m时,为 $(1/1000)H$ 且不大于20 mm。

柱垂直度的校正方法:当柱的垂直偏差较小时,可用打紧或放松楔块的方法或用钢钎来纠正;偏差较大时,可用螺旋千斤顶斜顶、平顶、钢管支撑斜顶等方法纠正(见图6-17)。

5) 柱的最后固定

柱的校正完成后应立即进行最后固定。最后固定的方法是在柱脚与基础杯口间的空隙内灌注细石混凝土,其强度等级应比构件混凝土强度等级提高两级。细石混凝土的浇筑分两次进行:第一次浇筑到楔块底部;第二次在第一次浇筑的混凝土

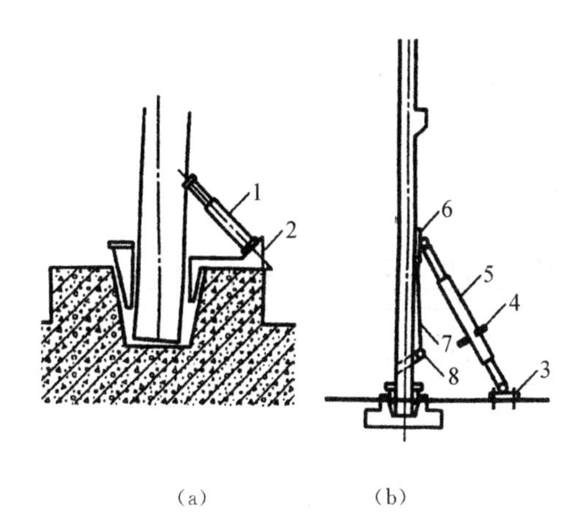

图 6-17　柱垂直度校正方法

(a)螺旋千斤顶斜顶；(b)钢管千斤顶斜顶
1—螺旋千斤顶；2—千斤顶支座；3—底板；4—转动手柄；
5—钢管；6—头部摩擦板；7—钢丝绳；8—卡环

强度达 25%设计强度后，拔出楔块，将杯口灌满细石混凝土。

2. 吊车梁的安装

吊车梁的安装应在柱子杯口第二次浇筑的细石混凝土强度达到设计强度的 75%以后进行。

1）吊车梁的绑扎、吊升、对位和临时固定

吊车梁的绑扎点应对称设在梁的两端，使吊钩的垂线对准梁的重心，起吊后吊车梁保持水平状态。在梁的两端设溜绳控制梁的转动，以免与柱相碰。对位时应缓慢降钩，将梁端的安装准线与柱牛腿顶面的吊装定位线对准(见图 6-18)。一般来说，吊车梁的自身稳定性较好，对位后不需进行临时固定，但当吊车梁的高宽比大于 4 时，为防止吊车梁的倾倒，可用铁丝将吊车梁临时固定在柱上。

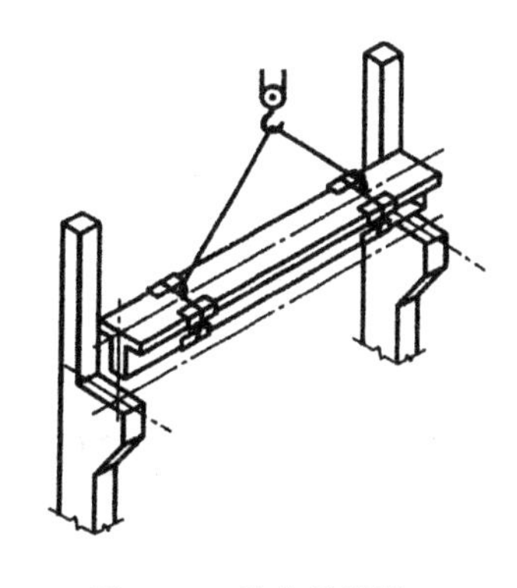

图 6-18　吊车梁吊装

2）吊车梁的校正和最后固定

吊车梁的校正内容包括标高、平面位置和垂直度。标高校正在基础抄平时已基本完成。吊车梁的平面位置和垂直度的校正，对一般的中小型吊车梁，校正工作应在厂房结构校正和固定后进行。这是因为，在安装屋架、支撑及其他构件时，可能引起吊车梁位置的变化，影响吊车梁位置的准确性。对于较重的吊车梁，由于脱钩后校正困难，可边吊边校，但屋架等构件固定后，需再复查一次。

吊车梁的垂直度用线坠检查，当偏差超过规范规定的允许值(5 mm)时，在梁的两端与柱牛腿面之间垫斜垫铁予以纠正。

吊车梁平面位置的校正主要是检查吊车梁纵向轴线的直线度是否符合要求。常用方法主要有通线法和平移轴线法。

① 通线法：通线法又称拉钢丝法。它是根据定位轴线，在厂房两端的地面上定

出吊车梁的安装轴线位置并打入木桩,用钢尺检查两列吊车梁的轨距是否满足要求;然后用经纬仪将厂房两端的四根吊车梁的位置校正正确;最后在柱列两端的吊车梁上设高约 200 mm 的支架,拉钢丝通线,根据此通线检查并用撬棍拨正吊车梁的中心线,如图 6-19 所示。

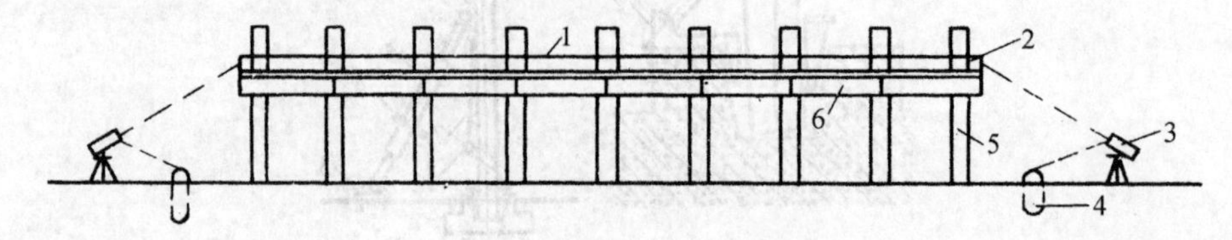

图 6-19 通线法校正吊车梁

1—通线;2—支架;3—经纬仪;4—木桩;5—柱子;6—吊车梁

② 平移轴线法:平移轴线法是在柱列两边设置经纬仪,逐根将杯口上柱的吊装准线投射到吊车梁顶面处的柱面上,并做出标志,如图 6-20 所示。若标志线至柱定位轴线的距离为 a,则标志距吊车梁定位轴线的距离为 $\lambda-a$,其中 λ 为柱定位轴线到吊车梁定位轴线之间的距离。据此逐根拨正吊车梁的中心线,并检查两列吊车梁间的轨距是否满足要求。这种方法适用于同一轴线上吊车梁数量较多的情况。

吊车梁校正后,立即用电焊与柱进行最后固定,并在吊车梁与柱的空隙处灌注细石混凝土。

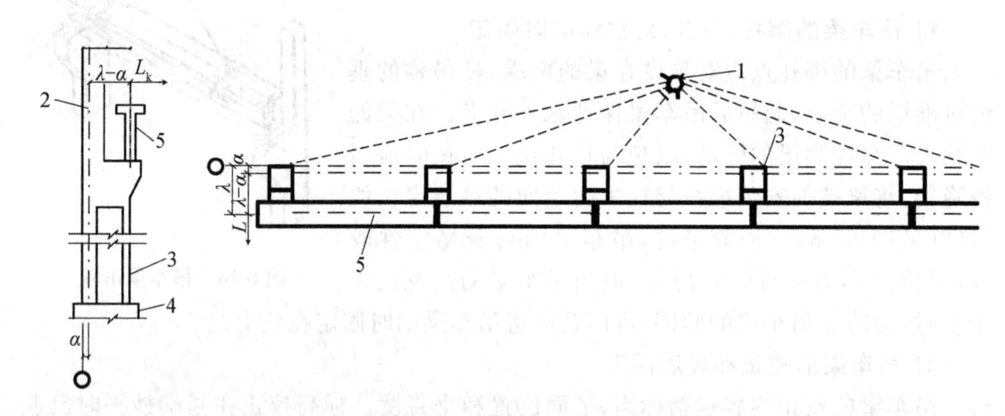

图 6-20 平移轴线法

1—经纬仪;2—标志;3—柱子;4—柱基础;5—吊车梁

3. 屋架的安装

1) 屋架的扶直与就位

单层工业厂房的屋架一般均在施工现场平卧叠浇,因此,在吊装屋架前,需将平卧制作的屋架扶成直立状态,然后吊放到设计规定的位置,这个施工过程称为屋架的扶直与就位。

2) 屋架的绑扎

屋架的绑扎点应选在上弦节点处,左右对称,并且绑扎吊索的合力作用点(绑扎中心)应高于屋架重心,这样屋架起吊后不宜倾覆和转动。绑扎时,绑扎吊索与构件的水平夹角在扶直时不宜小于 60°,吊升时不宜小于 45°,以免屋架承受较大的横向压力。为减少屋架的起重高度和横向压力,可采用横吊梁进行吊装。

一般来说,屋架跨度小于 18 m 时,采用两点绑扎;屋架跨度大于 18 m 时,用两根吊索四点绑扎;当跨度大于 30 m 时,应考虑采用横吊梁,以减小起重高度;对三角形组合屋架等刚性较差的屋架,由于下弦不能承受压力,绑扎时也应采用横吊梁,如图 6-21 所示。

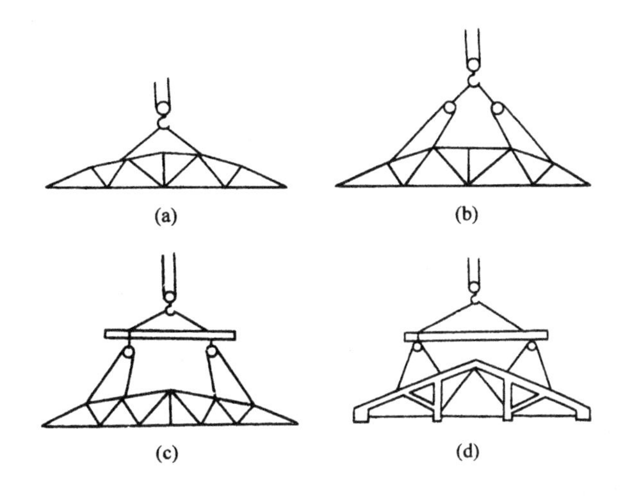

图 6-21　屋架绑扎

(a) 跨度≤18 m;(b) 跨度>18 m;(c) 跨度≥30 m;(d) 三角形组合屋架

3) 屋架的吊升、对位与临时固定

屋架的吊升是先将屋架吊离地面 500 mm,再将其吊至超过柱顶 300 mm,然后将屋架缓缓地降至柱顶,进行对位。屋架对位以建筑物的轴线为准,对位前事先将建筑物轴线用经纬仪投放到柱顶面上。对位后立即进行临时固定,然后起重机脱钩。

第一榀屋架的临时固定方法是:用四根缆风绳从两边拉牢。若已吊装完抗风柱,可将屋架与抗风柱连接。第二榀屋架及以后的屋架用屋架校正器临时固定在前一榀屋架上,每榀屋架至少需要两个屋架校正器。

4) 屋架的校正与最后固定

屋架的校正内容是检查并校正其垂直度,检查采用经纬仪或垂球,校正用屋架校正器或缆风绳。

① 经纬仪检查:在屋架上安装三个卡尺,一个安装在屋架上弦中央,另两个安装在屋架的两端,卡尺与屋架的平面垂直。从屋架上弦的几何中心线量取 500 mm 并在卡尺上做标志,然后在距屋架中心线 500 mm 处的地面上设置一台经纬仪,检查三个卡尺上的标志是否在同一垂直面上,如图 6-22 所示。

② 垂球检查:卡尺设置与经纬仪检查方法相同。从屋架上弦的几何中心线向卡

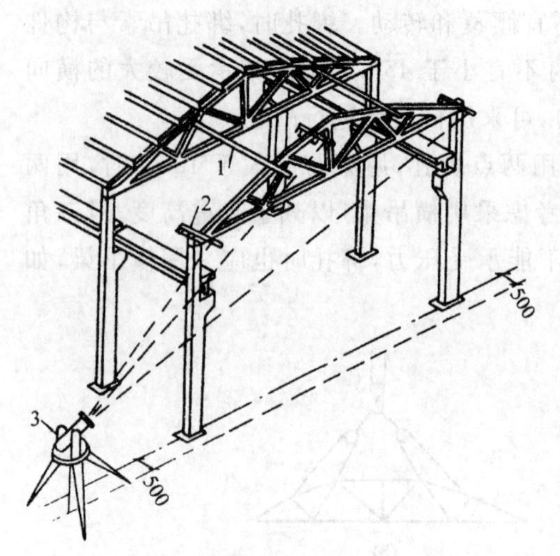

图 6-22 屋架临时固定与校正

1—工具式支撑;2—卡尺;3—经纬仪

尺方向量 300 mm 并在三个卡尺上做出标志,然后在两端卡尺的标志处拉一条通线,在中央卡尺标志处向下挂垂球,检查三个卡尺上的标志是否在同一垂直面上。

屋架校正后,立即用电焊做最后固定。

4. 屋面板的安装

屋面板一般预埋有吊环,用带钩的吊索钩住吊环进行吊装。屋面板的安装顺序应自檐口两边左右对称地逐块铺向屋脊,避免屋架受力不均。屋面板对位后,立即用电焊固定。

5. 天窗架的安装

天窗架的吊装应在天窗架两侧的屋面板吊装完成后进行,其吊装方法与屋架的吊装基本相同。

6.3.3 结构安装方案

1. 结构吊装方法

单层工业厂房的结构吊装方法有分件吊装法和综合吊装法。

1) 分件吊装法

分件吊装法是指起重机每开行一次,只吊装一种或几种构件。通常分三次开行安装完毕:第一次开行吊装柱,并逐一进行校正和最后固定;第二次吊装吊车梁、连系梁及柱间支撑等;第三次以节间为单位吊装屋架、天窗架和屋面板等构件。

分件吊装法由于每次吊装的基本上是同类构件,可根据构件的重量和安装高度选择不同的起重机;同时在吊装过程中不需要频繁更换索具,容易熟练操作,所以吊装速度快,能充分发挥起重机的工作性能;另外,构件的供应、现场的平面布置以及校正等比较容易组织。因此,目前一般单层工业厂房多采用分件吊装法。但分件吊装法由于起重机开行路线长,停机点多,不能及早为后续工程提供工作面。

2) 综合吊装法

综合吊装法是指起重机只开行一次,以节间为单位安装所有的构件。具体做法是:先吊 4～6 根柱子,接着就进行校正和最后固定;然后吊装该节间的吊车梁、连系梁、屋架、屋面板和天窗架等构件。

综合吊装法的特点是起重机开行路线短,停机点少,能及早为后续工程提供工作面。但由于同时吊装各类构件,索具更换频繁,操作多变,影响生产效率的提高,不能充分发挥起重机的性能;另外,构件供应、平面布置复杂,且构件校正和最后固定的时间紧张,不利于施工组织。所以,一般情况下不采用这种吊装方法,只有当采用桅杆式等移动困难的起重机时,才采用此法。

2. 起重机的选择

1) 起重机类型的选择

起重机类型的选择应根据厂房的结构形式、构件的重量、安装高度、吊装方法及现有起重设备条件来确定,要综合考虑其合理性、可行性和经济性。对中小型厂房,一般采用自行杆式起重机,其中履带式起重机最为常用。当缺乏上述起重设备时,可采用自制桅杆式起重机。重型厂房跨度大、构件重、安装高度大,厂房内设备安装往往与结构吊装同时进行,所以,一般选用大型自行杆式起重机以及重型塔式起重机与其他起重机械配合使用。

2) 起重机型号的选择

起重机的型号要根据构件的尺寸、重量和安装高度确定。所选起重机的三个工作参数,即起重量、起重高度和起重半径都必须满足构件吊装的要求。

(1) 起重量 Q

起重机的起重量必须大于或等于所安装构件的重量与索具重量之和,即

$$Q \geqslant Q_1 + Q_2 \tag{6-7}$$

式中 Q——起重机的起重量(kN);

Q_1——构件的重量(kN);

Q_2——索具的重量(kN)。

(2) 起重高度 H

起重机的起重高度,必须满足吊装构件安装高度的要求,如图6-23所示,即

$$H \geqslant h_1 + h_2 + h_3 + h_4 \tag{6-8}$$

式中 H——起重机的起重高度(从停机面至吊钩中心的距离)(m);

h_1——停机面至安装支座顶面的距离(m);

h_2——安装间隙,视具体情况定,一般为0.2～0.3 m;

h_3——绑扎点至起吊后构件底面的距离(m);

h_4——索具高度(从绑扎点至吊钩中心距离)(m)。

(3) 起重半径 R

起重半径的确定一般分为两种情况。

情况一:当起重机能不受限制地开到吊装位置附近时,不需验算起重半径 R。根据计算的起重量 Q 和起重高度 H,查阅起重机性能曲线或性能表,即可选择起重机的型号和起重臂长度 L;并可查得相应起重量和起重高度下的起重半径 R,作为确定起重机开行路线和停机点位置的依据。

情况二:当起重机不能直接开到吊装位置附近时,就需根据实际情况确定吊装时的最小起重半径 R。根据起重量 Q、起重高度 H 和起重半径 R 三个参数参阅起重机性能曲线或性能表,选择起重机的型号和起重臂长度 L。

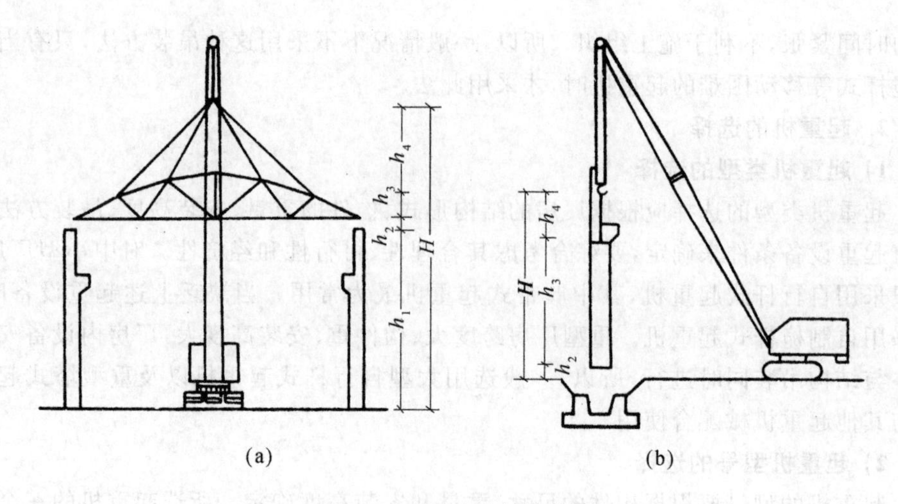

图 6-23 起重高度计算简图

(a)安装屋架;(b)安装柱子

(4)起重臂最小杆长 L

当起重机的起重臂需要跨越已安装好的结构去吊装构件时,如跨过屋架吊装屋面板时,为使起重臂不与已安装好的结构相碰,需要确定起重机吊装该构件时的最小起重臂长度 L 及相应的起重半径 R,并据此及起重量 Q、起重高度 H 查阅起重机性能曲线或性能表,选择起重机的型号和起重臂长度 L。

确定起重机的最小起重臂长的方法有数解法和图解法。其中,数解法如图 6-24 所示的几何关系,起重臂的最小长度可按下式计算

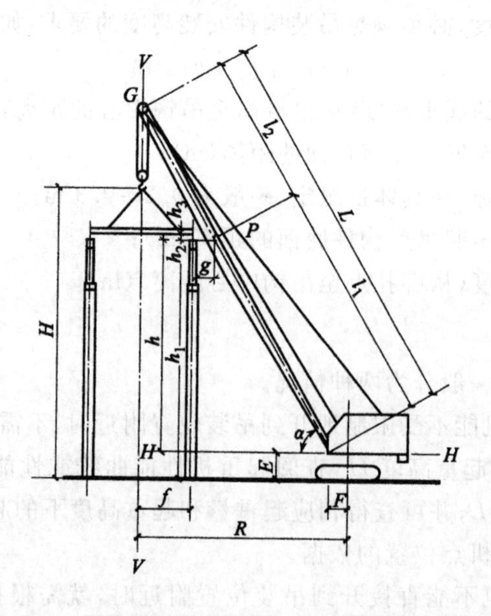

图 6-24 吊装屋面板时起重机最小臂长的计算简图

$$L \geqslant l_1 + l_2 = \frac{h}{\sin\alpha} + \frac{f+g}{\cos\alpha} \tag{6-9}$$

式中 L——起重臂的长度(m)；

h——起重臂底铰至构件吊装支座顶面的距离($h=h_1-E$)(m)；

h_1——停机面至构件吊装支座顶面的高度(m)；

E——起重臂底铰至停机面的距离(m)；

f——起重吊钩需跨越已安装好结构的水平距离(m)；

g——起重臂轴线与已安装好结构间的水平距离，一般不小于 1 m。

为求得最小起重臂长，可对式(6-9)进行微分，并令 $\mathrm{d}l/\mathrm{d}\alpha=0$，即

$$\frac{\mathrm{d}l}{\mathrm{d}\alpha} = \frac{-h\cos\alpha}{\sin^2\alpha} + \frac{(f+g)\sin\alpha}{\cos^2\alpha} = 0$$

$$\alpha = \arctan\sqrt[3]{\frac{h}{f+g}} \tag{6-10}$$

将 α 值代入式(6-9)即可求出所需的最小起重臂长。然后由实际采用的 L 及 α 值计算出起重半径

$$R = F + L\cos\alpha \tag{6-11}$$

式中 F——起重机回转中心至起重臂铰的距离(m)；

其他符号同上。

3. 现场预制构件的平面布置

现场预制构件的平面布置是单层工业厂房吊装工程中一件很重要的工作。构件布置得合理，可以免除构件在场内的二次搬运，充分发挥起重机械的效率。构件的平面布置与吊装方法、起重机械性能、构件制作方法等有关，主要要求如下。

① 每跨构件尽可能布置在跨内，如确有困难时，可考虑布置在跨外而便于吊装的地方。

② 构件布置方式应满足吊装工艺要求，尽可能布置在起重机的起重半径之内，尽量减少起重机负重行走的距离及起重臂起伏的次数。

③ 构件布置时应满足吊装顺序的要求，并注意构件安装时的朝向，避免在空中调头，影响施工进度和安全。

④ 构件之间应留有一定的距离(一般不小于 1 m)，以便于支模和浇注混凝土。预应力构件还应考虑抽管、穿筋的操作场所。

⑤ 各种构件均应力求占地最少，保证起重机械、运输车辆运行道路的畅通，并保证起重机械回转时不致与构件碰撞。

⑥ 所有构件应布置在坚实的地基上，防止新填土的地基沉陷，以免影响构件的质量。

6.4 钢结构安装工程

6.4.1 钢构件的制作与堆放

1. 钢构件的制作

钢构件加工制作的工艺流程为:放样→号料与矫正→划线→切割→边缘加工→制孔→组装→连接→摩擦面处理→涂装。

① 放样:放样工作包括核对图纸各部分的尺寸,制作样板和样杆作为下料、制弯、制孔等加工的依据。

② 号料与矫正:号料是指核对钢材的规格、材质、批号,若其表面质量不满足要求,应对钢材进行矫正。

③ 划线:划线是指按照加工制作图,并利用样板和样杆在钢材上划出切割、弯曲、制孔等加工位置。

④ 切割:钢材切割的方法有气割、等离子切割等高温热源的方法,也有使用剪切、切削、摩擦热等机械加工的方法。

⑤ 边缘加工:对尺寸要求严格的部位或当图纸有要求时,应进行边缘加工。边缘和端部加工的方法主要有铲边、刨边、铣边、碳弧气刨、气割和坡口机加工等。

⑥ 制孔:钢材机械制孔的方法有钻孔和冲孔,钻孔设备通常有钻床、数控钻床、磁座钻及手提式电钻等。

⑦ 组装:钢构件的组装是把制备完成的半成品和零件按图纸规定的运输单元,组装成构件和其部件。组装的方法有地样法、仿形复制装配法、立装法、卧装法、胎膜装配法等。

⑧ 连接:钢构件连接的方法有焊接、铆接、普通螺栓连接和高强度螺栓连接等。连接是加工制作中的关键工艺,应严格按规范要求进行操作。

⑨ 摩擦面处理:采用高强度螺栓连接时,其连接节点处的钢材表面应进行处理,处理后的抗滑移系数必须符合设计文件的要求。摩擦面处理的方法一般有喷砂、喷丸、酸洗、砂轮打磨等。

⑩ 涂装:钢构件在涂层之前应进行除锈处理。涂料、涂装遍数、涂层厚度均应符合设计文件的要求。涂装时的环境温度和相对湿度应符合涂料产品说明书的要求。

钢构件涂装后,应按设计图纸进行编号,编号的位置应符合便于堆放、便于安装、便于检查的原则。对大型构件还应标明重量、重心位置和定位标记。

2. 钢构件的堆放

构件堆放的场地应平整坚实,排水通畅,同时有车辆进出的回路。在堆放时应对构件进行严格的检查,若发现有变形不合格的构件,应进行矫正,然后再堆放。已堆放好的构件要进行适当保护。不同类型的钢构件不宜堆放在一起。

6.4.2 钢结构单层工业厂房安装

1. 安装前的准备工作

1）施工组织设计

在安装前应进行钢结构安装工程的施工组织设计。其内容包括：计算钢结构构件和连接件数量；选择起重机械；确定构件吊装方法；确定吊装流水程序；编制进度计划；确定劳动组织；布置构件的平面位置；确定质量保证措施、安全保证措施等。

2）基础准备

钢柱基础的顶面通常设计为一平面，通过地脚螺栓将钢柱与基础连成整体。施工时应保证基础顶面标高及地脚螺栓位置的准确。其允许偏差为：基础顶面标高差为±2 mm，倾斜度为 1/1000；地脚螺栓位置允许偏差，在支座范围内为 5 mm。施工时可用角钢做成固定架，将地脚螺栓安置在与基础模板分开的固定架上。

为保证基础顶面标高的准确，施工时可采用一次浇筑法或二次浇筑法进行。

一次浇筑法：基础表面混凝土一次浇筑至设计标高以下 20～30 mm 处，然后在设计标高处设角钢或槽钢制作的导架，准确测定其标高，再以导架为依据，用水泥砂浆仔细铺筑支座表面，如图 6-25 所示。

二次浇筑法：基础表面混凝土先浇筑至距设计标高 50～60 mm 处，柱子吊装时，在基础面上安放钢垫板（不得多于三块）以调整标高，待柱子吊装就位后，再在钢柱脚底板下浇筑细石混凝土，如图 6-26 所示。这种方法钢柱的校正比较容易，多用于重型钢柱的吊装。

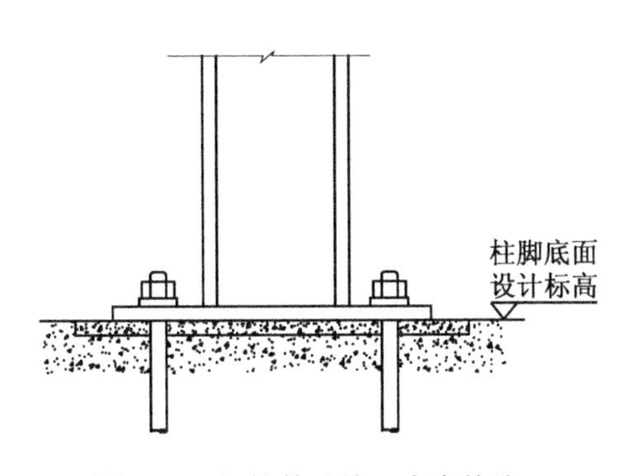

图 6-25　钢柱基础的一次浇筑法

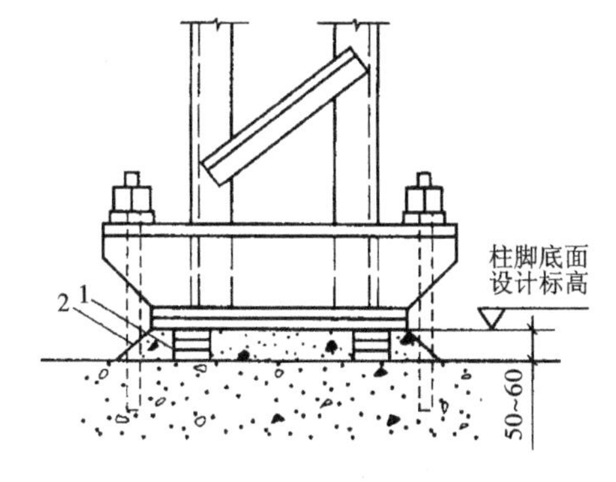

图 6-26　钢柱基础的二次浇筑法

1—调整柱子用的钢垫板；
2—柱子安装后浇筑的细石混凝土

3）构件的检查与弹线

在吊装钢构件之前，应检查构件的外形和几何尺寸，如有偏差应在吊装前设法消除。

在钢柱的底部和上部标出两个方向的轴线，在底部适当高度处标出标高准线，以便校正钢柱的平面位置、垂直度、屋架和吊车梁的标高等。对不易辨别上下、左右的构件,应在构件上加以标明,以免吊装时出错。

2. 构件安装工艺

1) 钢柱的安装

① 钢柱的吊升:钢柱的吊升可采用自行杆式或塔式起重机,用旋转法或滑行法吊升。当钢柱较重时,可采用双机抬吊,即用一台起重机抬柱的上吊点,一台起重机抬下吊点,采用双机并立相对旋转法进行吊装。钢柱经过初校,待垂直度偏差控制在 20 mm 以内方可使起重机脱钩。

② 钢柱的校正与固定:钢柱的校正包括标高、平面位置和垂直度校正。标高的校正是在钢柱底部设置标高控制块〔见图 6-27(b)〕。平面位置的校正应用经纬仪从两个方向检查钢柱的安装准线(见图 6-28)。对于重型钢柱可用螺旋千斤顶加链条套环托座(见图 6-28),沿水平方向顶校钢柱。钢柱的垂直度用经纬仪检测,如有偏差用螺旋千斤顶或油压千斤顶进行校正〔见图 6-27(a)〕。在校正过程中,应随时观察柱底部和标高控制块之间是否脱空,以防校正中造成水平标高的误差。

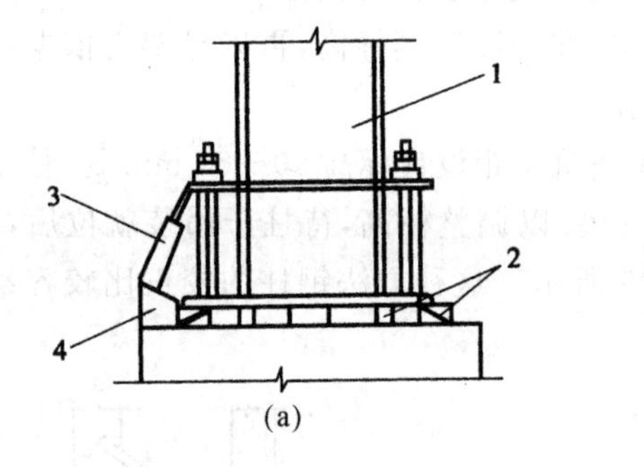

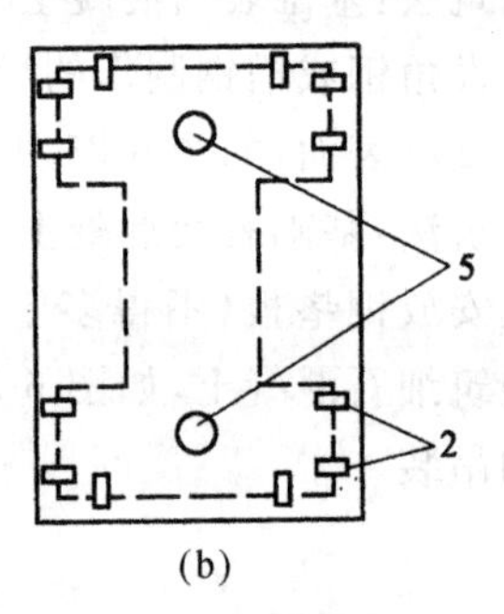

图 6-27 钢柱垂直度校正及承重块布置

1—钢柱;2—承重垫块;3—千斤顶;4—钢托座;5—标高控制块

校正后为防止钢柱位移,应在柱底板四边用 10 mm 厚钢板定位,并用电焊固定。钢柱复校后,紧固地脚螺栓,并将承重垫块上下点焊固定,防止移动。

2) 钢吊车梁的安装

在钢柱吊装完成经校正固定于基础上之后,即可安装吊车梁。安装顺序应从有柱间支撑的节间开始。钢吊车梁均为简支梁,梁端之间应留有 10 mm 左右的间隙。梁的搁置处与柱牛腿面之间留有空隙,并设钢垫板。梁和牛腿用螺栓连接固定,梁与制动架之间用高强螺栓连接。

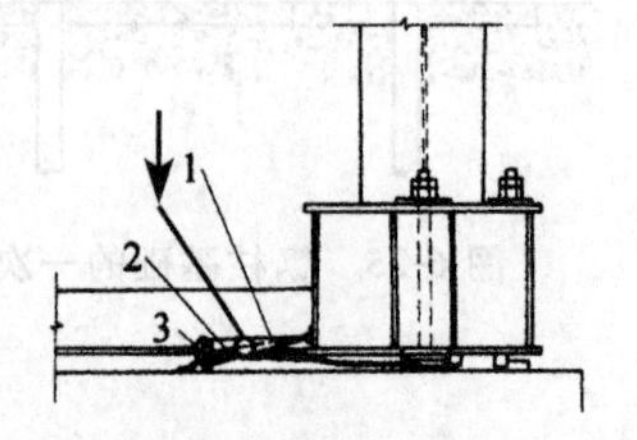

图 6-28 钢柱位置校正

1—螺旋千斤顶;2—链条;3—千斤顶托座

① 钢吊车梁的吊升:钢吊车梁可用自行杆式起重机吊装,也可以用塔式起重机、桅杆式起重机等进行吊装,对重量很大的吊车梁,可用双机抬吊。

② 钢吊车梁的校正与固定：吊车梁校正的内容包括标高、垂直度、轴线和跨距的校正。标高的校正可在屋盖吊装前进行，其他项目的校正可在屋盖安装完成后进行，因为屋盖的吊装可能会引起钢柱的变位。吊车梁标高的校正，用千斤顶或起重机对梁作竖向移动，并垫钢板，使其偏差在允许范围内。吊车梁轴线的校正同钢筋混凝土吊车梁。

3）钢屋架的安装与校正

① 钢屋架的拼装、翻身扶直：钢屋架的侧向稳定性差，如果起重机的起重量、起重臂的长度允许时，应先拼装两榀屋架及其上部的天窗架、檩条、支撑等成为整体，然后再一次吊装。这样可以保证吊装的稳定性，同时也可提高吊装效率。钢屋架吊升时，为加强其侧向刚度，必要时应绑扎几道杉木杆，作为临时加固措施。

② 钢屋架的吊升：钢屋架的吊装可采用自行杆式起重机、塔式起重机或桅杆式起重机等。根据屋架的跨度、重量和安装高度的不同，选用不同的起重机械和吊装方法。

③ 钢屋架的临时固定：屋架的临时固定可用临时螺栓和冲钉。

④ 钢屋架的校正与固定：钢屋架的校正内容主要包括垂直度和弦杆的正直度，垂直度用垂球检验，弦杆的正直度用拉紧的测绳进行检验。屋架的最后固定可用电焊或高强度螺栓。

3. 钢结构的连接与固定

钢结构的连接方法通常有焊接、铆接和螺栓连接三种。对于焊接和高强度螺栓并用的连接，当设计无特殊要求时，应按先螺栓后焊接的顺序施工。钢构件的连接接头应经检查合格后方可紧固或焊接。

螺栓连接有普通螺栓和高强度螺栓两种。高强度螺栓又有高强度大六角头螺栓和扭剪型高强度螺栓。钢结构所用的扭剪型高强度螺栓连接包括一个螺栓、一个螺母和一个垫圈。扭剪型高强度螺栓的优点是：受力好，耐疲劳，能承受动力荷载；施工方便，可拆换；可目视判定是否终拧，不易漏拧，安全度高。下面主要介绍高强度螺栓连接的施工。

1）摩擦面处理

高强度螺栓连接时，必须对构件摩擦面进行加工处理。在制造厂进行处理可采用喷砂、喷丸、酸洗或砂轮打磨等方法。处理好的摩擦面应有保护措施，不得涂油漆或被污损。制造厂处理好的摩擦面，进场后应逐个进行所附试件抗滑移系数的复验，合格后方可安装。摩擦面抗滑移系数应符合设计要求。

2）连接板安装

高强度螺栓连接板的接触面要平整，板面不能翘曲变形，安装前应认真检查，对变形的连接板应矫正平整。因被连接构件的厚度不同，或制作和安装偏差等原因造成连接面之间的间隙，小于 1.0 mm 的间隙可不处理；1.0～3.0 mm 的间隙，应将高出的一侧磨成 1∶10 的斜面，打磨方向应与受力方向垂直；大于 3.0 mm 的间隙应加垫板，垫板两面的处理方法应与构件相同。

3) 高强度螺栓安装

① 高强度螺栓的选用:高强度螺栓的形式、规格应符合设计要求。施工前,高强度大六角头螺栓连接副应按出厂批号复验扭矩系数;扭剪型高强度螺栓连接副应按出厂批号复验预拉力,复验合格后方可使用。选用螺栓长度时应考虑被连接构件的厚度、螺母厚度、垫圈厚度,且紧固后要露出三扣螺纹的余长。

② 高强度螺栓连接副的存放:高强度螺栓连接副应按批号分别存放,并应在同批号内配套使用。在储存、运输、施工过程中不得混放,要防止锈蚀、污垢和碰伤螺纹等可能导致扭矩系数变化的情况发生。

③ 安装要求:钢结构安装前,应对连接摩擦面进行清理。高强度螺栓连接摩擦面应保持干燥、整洁,不应有飞边、毛刺、焊接飞溅物、焊疤、氧化铁皮、污垢等,除设计要求外摩擦面不应涂漆。

④ 临时螺栓连接:高强度螺栓连接时接头处应采用冲钉和临时螺栓连接。临时螺栓的数量应为接头上螺栓总数的1/3,并不少于两个;冲钉的使用数量不宜超过临时螺栓数量的30%。安装冲钉时不得因强行击打而使螺栓孔变形造成飞边。严禁使用高强度螺栓代替临时螺栓,以防因损伤螺纹造成扭矩系数增大。对错位的螺栓孔应采用铰刀或粗锉刀进行处理规整,不应采用气割扩孔。处理时应先紧固临时螺栓主板,至板间无间隙,以防切屑落入。钢结构应在临时螺栓连接状态下进行安装精度的校正。

⑤ 高强度螺栓安装:钢结构的安装精度经调整达到标准规定后,便可安装高强度螺栓。首先安装接头中那些未安装临时螺栓和冲钉的螺孔。高强度螺栓应能自由穿入螺栓孔,穿入方向应该一致。每个螺栓端部不得垫2个及以上的垫圈,不得采用大螺母代替垫圈。已安装的高强度螺栓用普通扳手充分拧紧后,再逐个用高强度螺栓换下冲钉和临时螺栓。在安装过程中,连接副的表面如果涂有过多的润滑剂或防锈剂,应使用干净的布轻轻擦拭掉,防止其安装后流到连接摩擦面中,不得用清洗剂清洗,否则会造成扭矩系数的变化。

4) 高强度螺栓的紧固

为了使每个螺栓的预拉力均匀相等,高强度螺栓的拧紧可分为初拧和终拧。对于大型节点应分为初拧、复拧和终拧,复拧扭矩应等于初拧扭矩。

初拧扭矩值宜为终拧扭矩的50%。终拧扭矩值可按下式计算

$$T_c = K(P + \Delta p)d \tag{6-12}$$

式中 T_c——终拧扭矩值(N·m);

P——高强度螺栓设计预拉力(kN);

Δp——预拉力损失值(kN),取设计预拉力的10%;

d——高强度螺栓螺杆直径(mm);

K——扭矩系数,扭剪型高强度螺栓取=0.13。

高强度螺栓多用电动扳手进行紧固,电动扳手不能使用的地方,用测力扳手进

行紧固。紧固后用鲜明色彩的涂料在螺栓尾部涂上终拧标记以备查。高强度螺栓的紧固应按一定顺序进行，宜由螺栓群中央依次向外拧紧，并应在当天终拧完毕。

高强度螺栓连接副终拧后，螺栓丝扣外露应为2～3扣，其中允许有10%的螺栓丝扣外露1扣或4扣。

对已紧固的螺栓，应逐个检查验收。对终拧用电动扳手紧固的扭剪型高强度螺栓，应以目测尾部梅花头拧掉为合格。对于用测力扳手紧固的高强度螺栓，仍用测力扳手检查是否紧固到规定的终拧扭矩值。高强度大六角头螺栓采用转角法施工时，初拧结束后应在螺母与螺杆端面同一处刻划出终拧角的起始线和终值线，以待检查；采用扭矩法施工时，检查时应将螺母回退30°～50°再拧至原位，测定终拧扭矩值，其偏差不得大于±10%。欠拧、漏拧者应及时补拧，超拧者应予更换。

6.4.3 钢结构高层建筑安装

钢结构具有强度高、抗震性能好、施工速度快等优点，因而广泛用于高层和超高层建筑。其缺点是用钢量大、造价高、防火要求高。

1. 钢结构安装前的准备工作

1）钢构件的预检和配套

结构安装单位对钢构件预检的项目主要有构件的外形几何尺寸、螺栓孔大小和间距、连接件位置、焊缝剖口、高强度螺栓节点摩擦面、构件数量规格等。构件的内在制作质量以制造厂质量报告为准。至于构件预检的数量，一般情况下关键构件全部检查，其他构件抽查10%～20%，预检时应记录一切预检的数据。

构件的配套应按安装流水顺序进行，以一个结构安装流水段（一般高层钢结构工程的安装是以一节钢柱框架为一个安装流水段）为单元，将所有钢构件分别由堆场整理出来，集中到配套场地。在数量和规格齐全之后进行构件预检和处理修复，然后根据安装顺序，分批将合格的构件由运输车辆供应到工地现场。配套中应特别注意附件（如连接板等）的配套，否则小小的零件将会影响到整个安装进度，一般对零星附件是采用螺栓或铅丝直接临时捆扎在安装节点上。

2）钢柱基础的检查

由于第一节钢柱直接安装在钢筋混凝土柱基的顶板上，故钢结构的安装质量和工效与柱基的定位轴线、基准标高直接有关。柱基的预检重点是定位轴线及间距、柱基顶面标高和地脚螺栓预埋位置。

① 定位轴线检查：定位轴线从基础施工起就应重视，首先要做好控制桩。待基础混凝土浇筑后再根据控制桩将定位轴线引测到柱基钢筋混凝土板的顶面上，然后预检定位线是否同原定位线重合、封闭，每根定位轴线总尺寸误差值是否超过控制数，纵横定位轴线是否垂直、平行。定位轴线预检是在弹过线的基础上进行。

② 柱间距检查：柱间距检查是在定位轴线确定的前提下进行，采用标准尺实测柱距（应是通过计算调整过的标准尺）。柱间距偏差值应严格控制在±3 mm范围

内。因为定位轴线的交点是柱基的中心点，是钢柱安装的基准点，钢柱竖向间距以此为准。框架钢梁的连接螺孔的孔洞直径一般比高强螺栓直径大 1.5～2.0 mm，如柱距过大或过小，直接影响到整个竖向结构中框架梁的安装连接和钢柱的垂直度，安装中还会有安装误差。

③ 单独柱基中心线检查：检查单独柱基的中心线与定位轴线之间的误差，调整柱基中心线使其与定位轴线重合，然后以柱基中心线为依据，检查地脚螺栓的预埋位置。

④ 柱基地脚螺栓检查：检查内容为螺栓长度、垂直度及间距，确定基准标高。

⑤ 基准标高实测：在柱基中心表面和钢柱底面之间，考虑到施工因素，规定有一定的间隙作为钢柱安装前的标高调整，该间隙规范规定为 50 mm。基准标高点一般设置在柱底板的适当位置，四周加以保护，作为整个高层钢结构施工阶段标高的依据。以基准标高点为依据，对钢柱的柱基表面进行标高实测，将测得的标高偏差用平面图表示，作为临时支承标高块调整的依据。

3）标高控制块的设置及柱底灌浆

为了精确控制钢结构上部的标高，在钢柱吊装之前，要根据钢柱预检的结果(实际长度、牛腿间距离、钢柱底板平整度等)，在柱子基础表面浇筑标高控制块(见图 6-29)。标高块用无收缩砂浆支模板浇筑，其强度不宜小于 30 N/mm²，标高块表面须埋设厚度为 16～20 mm 的钢板。浇筑标高块之前应凿毛基础表面，以增强黏结。

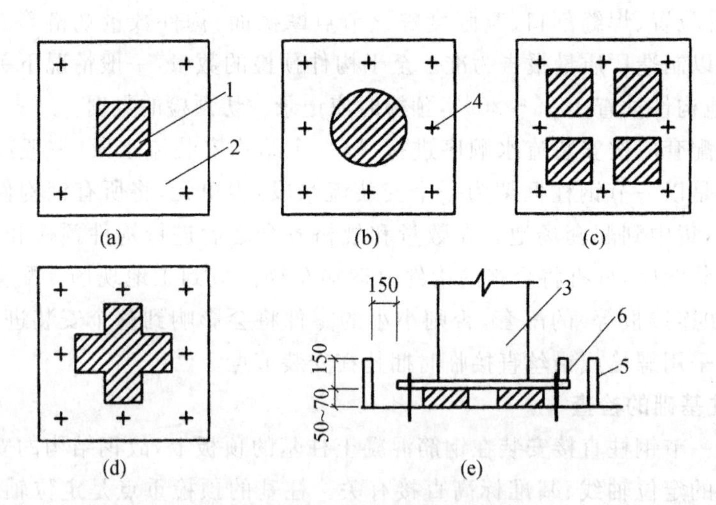

图 6-29　临时支撑标高块的设置

(a)单独方块形；(b)单独圆块形；(c)四块形；(d)十字形；(e)立模灌浆

1—标高块；2—基础表面；3—钢柱；4—地脚螺栓；5—模板；6—灌浆口

待第一节钢柱吊装、校正和锚固螺栓固定后，要进行底层钢柱的柱底灌浆。灌浆前应在钢柱底板四周立模板，用水清洗基础表面，排除多余积水后再灌浆。灌浆用砂浆基本上保持自由流动，灌浆从一边进行，连续灌注。灌浆后用湿草包或麻袋等遮盖保护。

4）钢构件的现场堆放

按照安装流水顺序由中转堆场配套运入现场的钢构件，宜利用现场的装卸机械，尽量将其就位到安装机械的回转半径内。由运输造成的构件变形，在施工现场要加以矫正。

5）安装机械的选择

高层钢结构的安装均采用塔式起重机。塔式起重机应具有足够的起重能力，其臂杆长度应具有足够的覆盖面，以满足不同部位构件吊装的需要；多机作业时，臂杆要有足够的高差，以保证不碰撞的安全运转；各塔式起重机之间还应有足够的安全距离，确保臂杆不与塔身相碰。

6）安装流水段的划分

高层钢结构安装需按照建筑物的平面形状、结构形式、安装机械数量和位置等划分流水段。

平面流水段的划分应考虑钢结构安装过程中的整体稳定性和对称性，安装顺序一般由中央向四周扩展，以减少焊接误差。

立面流水段的划分以一节钢柱高度内的所有构件作为一个流水段。一个立面流水段内的安装顺序如图6-30所示。

2. 构件安装工艺

1）钢柱的安装

（1）绑扎与起吊

钢柱的吊点在吊耳处（柱子在制作时于吊点部位焊有吊耳，吊装完毕再割去）。根据钢柱的重量和起重机的起重量，钢柱的吊装可用双机抬吊或单机吊装（见图6-31）。单机吊装时需在柱子底部垫以垫木，以回转法起吊，严禁柱底拖地。双机抬吊时，钢柱吊离地面后在空中进行回直。

（2）安装与校正

钢结构高层建筑的柱子，多为3～4层一节，节与节之间用坡口焊连接。

在吊装第一节钢柱时，应在预埋的地脚螺栓上加设保护套，以免钢柱就位时破坏地脚螺栓的丝牙。钢柱吊装前，应预先在地面上将操作挂篮、爬梯等固定在施工需要的柱子部位上。

钢柱就位后，先调整标高，再调整位移，最后调整垂直度。柱子要按规范规定的数值进行校正，标准柱子的垂直偏差应校正到零。当上柱与下柱发生扭转错位时，可在连接上下柱的耳板处加垫板进行调整。

为了控制安装误差，对高层钢结构须预先确定标准柱（能控制框架平面轮廓的少数柱子），一般选择平面转角柱为标准柱。正方形框架取4根转角柱，长方形框架当长边与短边之比大于2时取6根柱，多边形框架则取转角柱为标准柱。

标准柱的检查一般取其柱基中心线为基准点，用激光经纬仪以基准点为依据对

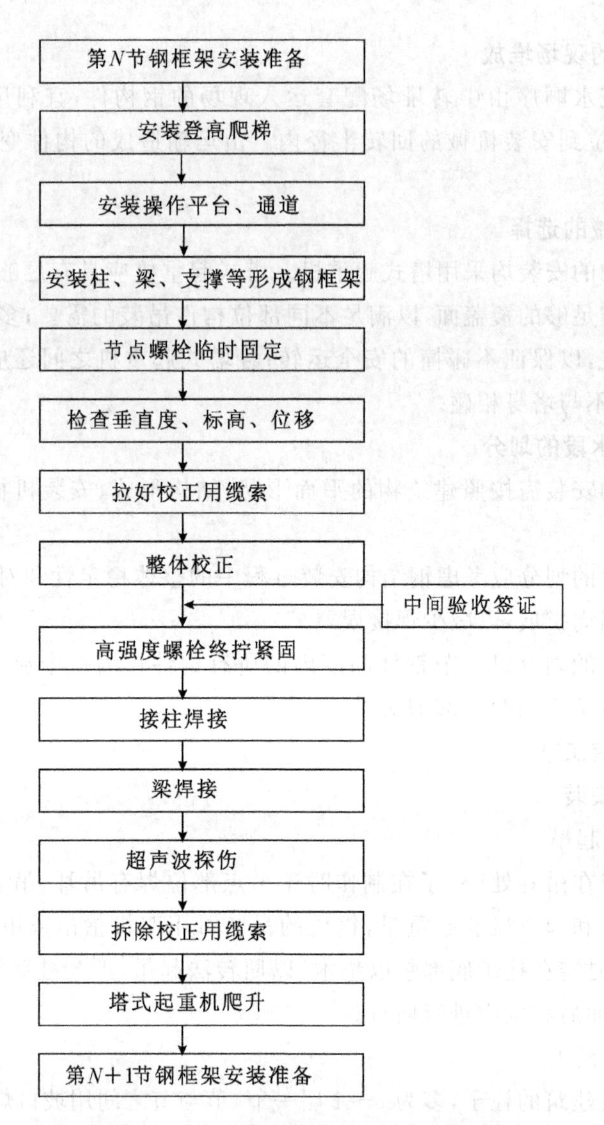

图 6-30　一个立面安装流水段内的安装顺序

标准柱的垂直度进行观测,在柱子顶部固定有测量目标(见图 6-32)。激光仪测量时,为了纠正由于钢结构振动产生的误差和仪器安置误差、机械误差等,激光仪每测一次转动 90°,在目标上共测 4 个激光点,以这 4 个激光点的相交点为准,量测安装误差。为使激光束通过,在激光仪上方的金属或混凝土楼板上皆需固定或埋设一个小钢管。激光仪设在地下室底板上的基准点处。

除标准柱外,其他柱子的误差量测不用激光经纬仪,通常用丈量法,即以标准柱为依据,在角柱上沿柱子外侧拉设钢丝绳,组成平面封闭状方格,用钢尺丈量距离。超过允许偏差者则进行调整(见图 6-33)。

钢柱标高的调整是在每安装一节钢柱后,对柱顶标高进行一次实测。标高误差

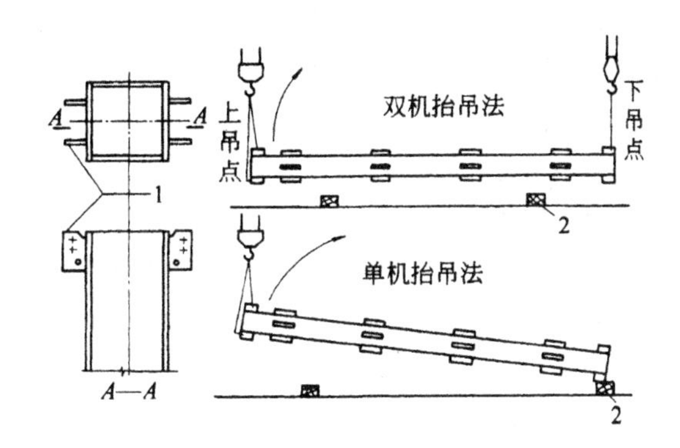

图 6-31　钢柱吊装

1—吊耳；2—垫木

超过 6 mm 时，需进行调整，多用低碳钢钢板垫到规定的要求。如误差过大（大于 20 mm）不宜一次调整，可先调整一部分，待上节柱再调整，否则一次调整过大会影响支撑的安装和钢梁表面的标高。框架中柱的标高宜稍高些，因为钢框架安装工期较长，结构自重不断增大，中柱承受的结构荷载较大，基础沉降亦大。

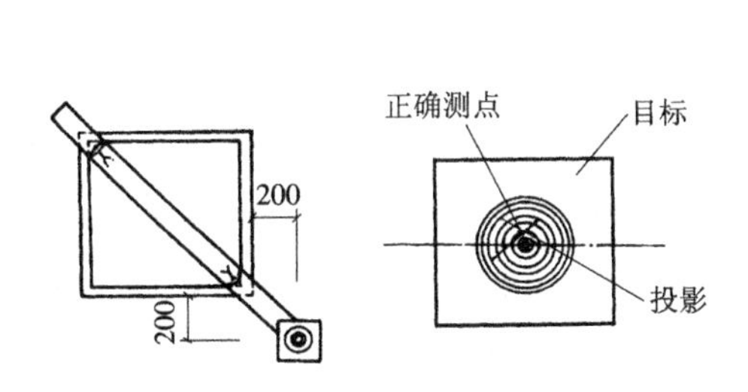

图 6-32　钢柱顶的激光测量目标

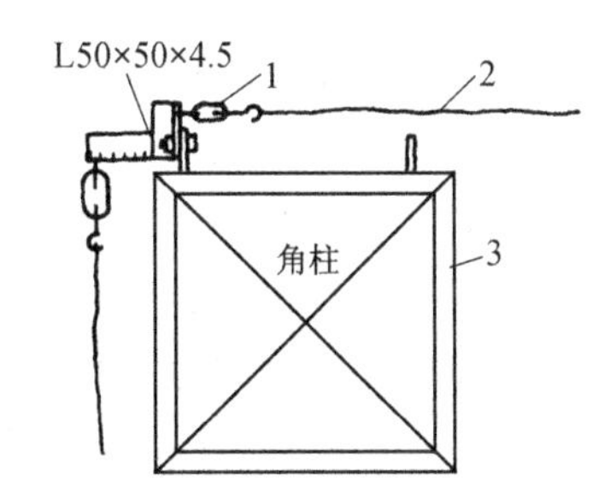

图 6-33　钢柱校正用钢丝绳

1—花篮螺丝；2—钢丝绳；3—角柱

钢柱轴线位移的校正是以下节钢柱顶部的实际柱中心线为准，所安装钢柱的底部对准下节钢柱的中心线即可。校正位移时应注意钢柱的扭转，钢柱扭转对框架安装很不利。

2）钢梁的安装

钢梁安装前应于柱子牛腿处检查标高和柱子间距。主梁安装前应在梁上装好扶手杆和扶手绳，待主梁安装就位后将扶手绳与钢柱系牢，以保证施工人员的安全。

钢梁一般在上翼缘处开孔，作为吊点。吊点位置取决于钢梁的跨度。为加快吊装速度，对重量较小的次梁和其他小梁，可利用多头吊索一次吊装数根构件。

安装框架主梁时，要根据焊缝收缩量预留焊缝变形量。安装主梁时对柱子垂直度的监测，除监测安放主梁的柱子两端的垂直度变化外，还要监测相邻的与主梁连接的各根柱子垂直度的变化情况，以保证柱子除预留焊缝收缩值外，各项偏差均符合规范规定。

安装楼层压型钢板时,先在梁上画出压型钢板铺放的位置线。铺放时要对正相邻两排压型钢板端头的波形槽口,以便使现浇混凝土层中的钢筋能顺利通过。

在每一节柱子高度范围内的全部构件安装、焊接、螺栓连接完成并验收合格后,才能从地面引测上一节柱子的定位轴线。

3. 钢结构构件的连接施工

钢构件的现场连接是钢结构施工中的重要问题。对连接的基本要求是:提供设计要求的约束条件,应有足够的强度和规定的延性,制作和施工简便。

目前高层钢结构的现场连接,主要是采用高强度螺栓和焊接。各节钢柱间多为坡口电焊连接。梁与柱、梁与梁之间的连接视约束要求而定,有的采用高强度螺栓连接,有的则是坡口焊和高强度螺栓连接共用。

高层钢结构柱与柱、柱与梁电焊连接时,应重视其焊接顺序。正确的焊接顺序能减少焊接变形,保证焊接质量。一般情况下应从中心向四周扩散,采用结构对称、节点对称的焊接顺序。钢结构焊接后,必须进行焊缝外观检验及超声波检验。

思 考 题

6-1 常用卷扬机有哪些类型?卷扬机的锚固方法有几种?

6-2 结构安装中常用的钢丝绳有哪些规格?如何计算其允许拉力?

6-3 简述桅杆式起重机的种类和应用。

6-4 自行杆式起重机有哪几种类型,各有何特点?

6-5 履带式起重机有哪几个主要的技术参数,各参数之间有何相互关系?如何进行起重机的稳定性验算?

6-6 塔式起重机有哪几种类型?试述各自的适用范围;如何根据其技术参数来选用塔式起重机?

6-7 单层工业厂房结构安装工程中,安装前应进行哪些准备工作?

6-8 柱子吊装时,柱的绑扎有哪几种方法?如何进行柱的对位、临时固定、校正垂直度和最后固定?

6-9 试述吊车梁垂直度的校正方法,如何进行最后固定?

6-10 屋架扶直就位和吊装时,如何确定绑扎点?如何进行屋架的临时固定、校正和最后固定?

6-11 钢筋混凝土单层工业厂房结构吊装的方法有哪两种,各有什么特点?如何进行起重机械的选择?

6-12 简述钢构件加工制作时的工作内容。

6-13 在钢结构单层工业厂房和高层建筑安装工程中,如何做好钢柱基础的准备工作?

6-14 采用高强度螺栓进行钢构件连接时,应注意哪些问题?

6-15 在高层钢结构安装工程中,如何进行柱垂直度和标高的控制?

第7章　防 水 工 程

【内容提要和学习要求】

① 屋面防水工程：掌握常用的卷材防水屋面、涂膜防水屋面的施工工艺和方法；熟悉刚性防水屋面的施工；了解卷材防水、涂膜防水常用材料的种类、性能。

② 地下防水工程：掌握钢筋混凝土结构自防水和卷材防水层的构造、施工工艺和方法；熟悉涂膜防水层和水泥砂浆抹面防水层的施工；了解防、排水结合法的构造。

③ 室内防水工程：掌握采用涂膜材料时室内防水施工的工艺程序和要点；了解房间渗漏的处理。

防水工程是保证工程结构不受水侵蚀的一项重要工程，土木工程防水质量的好坏与设计、材料、施工有着密切的关系，并直接影响到土木工程的使用寿命。

防水工程按其构造做法分为结构自防水和防水层防水两大类。结构自防水主要是依靠结构材料自身的密实性及某些构造措施（如设坡度、埋设止水带等），使其起到防水作用；防水层防水是在结构和构件的迎水面或背水面及接缝处附加防水材料，构成防水层，以此起到防水作用。

防水层防水按材料的性能又分为：柔性防水，如卷材防水、涂膜防水等；刚性防水，如细石混凝土防水、水泥砂浆防水层等。

防水工程按其结构部位分为屋面防水、地下工程防水、地上墙身防水（本章省略）及室内防水等。

防水工程施工工艺要求严格细致，在施工工期安排上应避开雨季和冬季施工。

7.1 屋面防水工程

建筑屋面防水工程是房屋建筑工程中的一项重要内容，其质量的优劣，不仅关系到建筑物的使用寿命，而且还直接影响到生产和生活的正常进行。

屋面防水工程根据建筑物的性质、重要程度、使用功能要求以及防水层合理使用年限，按不同等级进行设防。国家标准《屋面工程技术规范》（GB 50345—2012）中，将屋面防水划分为四个等级，并规定了不同等级的设防要求及防水层厚度，如表7-1、表7-2所示。

表 7-1 屋面防水等级和设防要求

项目	屋面防水等级			
	Ⅰ	Ⅱ	Ⅲ	Ⅳ
建筑物类别	特别重要或对防水有特殊要求的建筑	重要的建筑和高层建筑	一般的建筑	非永久性的建筑
防水层合理使用年限	25 年	15 年	10 年	5 年
设防要求	三道或三道以上防水设防	二道防水设防	一道防水设防	一道防水设防
防水层选用材料	宜选用合成高分子防水卷材、高聚物改性沥青防水卷材、金属板材、合成高分子防水涂料、细石防水混凝土等材料	宜选用高聚物改性沥青防水卷材,合成高分子防水卷材、金属板材、合成高分子防水涂料、高聚物改性沥青防水涂料、细石防水混凝土、平瓦、油毡瓦等材料	宜选用高聚物改性沥青防水卷材、合成高分子防水卷材、三毡四油沥青防水卷材、金属板材、高聚物改性沥青防水涂料、合成高分子防水涂料、细石防水混凝土、平瓦、油毡瓦等材料	可选用二毡三油沥青防水卷材、高聚物改性沥青防水涂料等材料

表 7-2 防水层厚度选用规定

屋面防水等级	Ⅰ	Ⅱ	Ⅲ	Ⅳ
合成高分子防水卷材	≥1.5 mm	≥1.2 mm	≥1.2 mm	—
高聚物改性沥青防水卷材	≥3 mm	≥3 mm	≥4 mm	—
沥青防水卷材	—	—	三毡四油	二毡三油
高聚物改性沥青防水涂料	—	≥3 mm	≥3 mm	≥2 mm
合成高分子防水涂料	≥1.5 mm	≥1.5 mm	≥2 mm	—
细石混凝土	≥40 mm	≥40 mm	≥40 mm	—

7.1.1 卷材防水屋面施工

卷材防水屋面是指采用胶粘材料将柔性卷材粘贴于屋面基层,形成一整片不透水的覆盖层,从而起到防水的作用。卷材防水屋面的一般构造如图 7-1 所示。其优点是自重轻,防水性能力好;防水层的柔韧性好,能适应结构一定程度的振动和胀缩变形。但也存在施工工序多,防水层易老化、起鼓,出现渗漏时修补较困难,且造价较高等缺点。

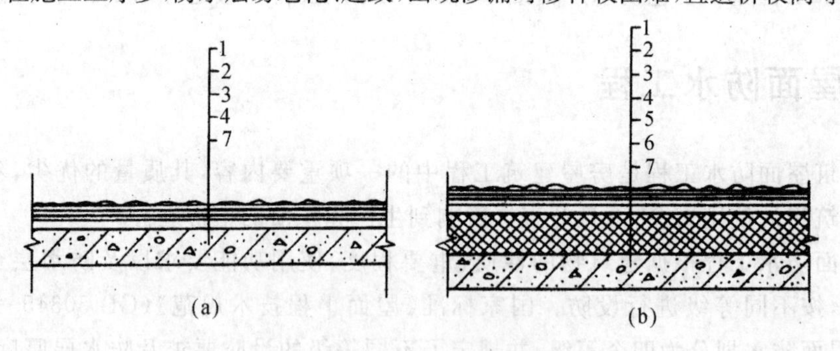

图 7-1 卷材防水屋面构造示意图

(a)不保温卷材防水屋面;(b)保温卷材防水屋面

1—保护层;2—卷材防水层;3—结合层;4—找平层;5—保温层;6—隔气层;7—结构层

1. 卷材防水常用材料

1）基层处理剂

基层处理剂是为了增强防水材料与基层之间的黏结力，在防水层施工之前，预先涂刷在基层上的稀质防水涂料。常用的基层处理剂有冷底子油及与高聚物改性沥青卷材和合成高分子卷材配套的底胶，冷底子油具有较高的渗透性和憎水性。

2）胶黏剂

用于粘贴卷材的胶黏剂，可分为基层与卷材粘贴剂、卷材与卷材搭接的胶黏剂、黏结密封胶带等三种；按其组成材料又可分为沥青胶黏剂和合成高分子胶黏剂。

3）防水卷材

常用防水卷材的主要品种及物理性能如表7-3所示。

表7-3 防水卷材的主要品种及物理性能

材料分类		品种	性能指标					特点
			拉伸强度	延伸率(%)	耐高温性(℃)	低温柔性(℃)	不透水性	
合成高分子防水卷材	硫化橡胶类	三元乙丙橡胶卷材(EPDM) 氯化聚乙烯橡胶共混卷材(CPE) 再生胶类卷材	≥6 MPa	≥400	—	−30	≥0.3 MPa ≥30 min	强度高，延伸率大，耐低温好，耐老化
	树脂类	聚氯乙烯卷材(PVC) 氯化聚乙烯卷材(CPE) 聚乙烯卷材(HDPE、LDPE)	≥10 MPa	≥200	—	−20	≥0.3 MPa ≥30 min	强度高，延伸率大，耐低温好，耐老化
	橡塑共混类	乙丙橡胶—聚丙烯共混卷材(TPO)	≥6 MPa	≥400	—	−40	≥0.3 MPa ≥30 min	强度高，延伸率大，耐低温好，施工方便
		自黏卷材(无胎)	≥100 N/5 cm	≥200	≥80	−20	≥0.2 MPa ≥30 min	延伸率大，施工方便
		自黏卷材(有胎)	≥250 N/5 cm	≥30	≥80	−20	≥0.2 MPa ≥30 min	强度较高，耐低温好，施工方便
高聚物改性沥青防水卷材		弹性体改性沥青卷材(SBS)	≥450 N/5 cm	≥30	≥90	−18	≥0.3 MPa ≥30 min	强度高，耐低温好，耐老化好
		塑性体改性沥青卷材(APP)	≥450 N/5 cm	≥30	≥110	−5	≥0.3 MPa ≥30 min	强度高，适合高温地区
		自黏改性沥青卷材	≥350 N/5 cm	≥30	≥70	−20	≥0.3 MPa ≥30 min	强度高，耐低温好，施工方便

续表

材料分类	品种	性能指标					特点
		拉伸强度	延伸率(%)	耐高温性(℃)	低温柔性(℃)	不透水性	
沥青防水卷材	350 号沥青卷材	≥340 N/5 cm	—	≥85	—	≥0.1 MPa ≥30 min	强度较高,施工方便
	500 号沥青卷材	≥440 N/5 cm	—	≥85	—	≥0.15 MPa ≥30 min	强度高,施工方便
金属卷材	铅锡合金卷材	≥20 MPa	≥30	—	−30	—	耐老化优越,耐腐蚀能力强

2. 卷材防水施工工艺和方法

卷材防水层施工的一般工艺流程为:清理、修补基层(找平层)表面→喷、涂基层处理剂→节点附加层增强处理→定位、弹线、试铺→铺贴卷材→收头处理、节点密封→清理、检查、调整→保护层施工。其施工要点如下。

1) 找平层施工

找平层是铺贴防水卷材的基层,应具有足够的强度和刚度,可采用 1∶2.5~1∶3水泥砂浆、C15 细石混凝土或 1∶8 沥青砂浆,其厚度为 15~35 mm。找平层表面应压实平整,其排水坡度应符合设计要求。一般天沟、檐沟纵向坡度不应小于1%,水落口周围直径 500 mm 范围内坡度不应小于 5%。采用水泥砂浆找平层时,水泥砂浆抹平收水后应二次压光和充分养护,不得有酥松、起砂、起皮现象。

在屋面基层与突出屋面结构(女儿墙、立墙、天窗壁、变形缝、烟囱等)的交接处,以及基层的转角处(水落口、檐口、天沟、檐沟、屋脊等),找平层均应做成圆弧。内部排水的水落口周围找平层应做成略低的凹坑。为避免找平层开裂,找平层宜设分格缝,缝宽为20~30 mm,缝内嵌填密封材料或缝口上空铺 100 mm 宽的卷材条。若分格缝兼作排气屋面的排气通道时,可适当加宽并应与保温层连通,其纵横最大间距为 6 m。

2) 基层处理剂的喷涂

喷、涂基层处理剂前应首先检查找平层的质量和干燥程度,并清扫干净,符合要求后才可施工。在大面积喷、涂前,应先用毛刷对屋面节点、周边、转角等处先行涂刷。基层处理剂可采取喷涂法或涂刷法施工,喷、涂应厚薄均匀,不得有空白、麻点或气泡。待其干燥后应及时铺贴卷材。

3) 卷材防水层的铺贴

(1) 卷材铺贴的一般要求

① 铺贴方向。

卷材的铺贴方向应根据屋面坡度和屋面是否有振动来确定。当屋面坡度≤3%时,卷材宜平行于屋脊铺贴;屋面坡度在 3%~15%时,卷材可平行或垂直于屋脊铺贴;屋面坡度>15%或屋面受震动时,沥青防水卷材应垂直于屋脊铺贴,高聚物改性沥青防水卷材和合成高分子防水卷材可平行或垂直于屋脊铺贴;屋面坡度>25%时,卷材应垂直于屋脊铺贴,并应采取固定措施,固定点还应密封。上下层卷材不得相互垂直铺贴。

② 铺贴顺序。

施工时应先做好节点、附加层和屋面排水比较集中等部位的处理，然后进行大面积铺贴。平行于屋脊铺贴时，从檐口开始向屋脊进行；垂直于屋脊铺贴时，则应从屋脊开始向檐口进行。当铺贴连续多跨的层面时，应按先高跨后低跨、先远处后近处的次序进行。

③ 搭接方法及宽度要求。

各幅卷材之间应互相搭接。平行于屋脊的搭接缝应顺流水方向搭接；垂直于屋脊的搭接缝应顺年主导风向搭接。屋脊处不能留设搭接缝，必须使卷材相互跨越屋脊交错搭接，以增强屋脊的防水性和耐久性。上下层及相邻两幅卷材的搭接缝应错开。各种卷材的搭接宽度应符合表 7-4 的要求。

表 7-4 卷材搭接宽度 单位：mm

<table>
<tr><td colspan="2">搭接方向</td><td colspan="2">短边搭接</td><td colspan="2">长边搭接</td></tr>
<tr><td colspan="2" rowspan="2">卷材种类</td><td colspan="4">铺贴方法</td></tr>
<tr><td>满粘法</td><td>空铺、点粘、条粘法</td><td>满粘法</td><td>空铺、点粘、条粘法</td></tr>
<tr><td colspan="2">沥青防水卷材</td><td>100</td><td>150</td><td>70</td><td>100</td></tr>
<tr><td colspan="2">高聚物改性沥青防水卷材</td><td>80</td><td>100</td><td>80</td><td>100</td></tr>
<tr><td colspan="2">自粘聚合物改性沥青防水卷材</td><td>60</td><td>—</td><td>60</td><td>—</td></tr>
<tr><td rowspan="4">合成高分子防水卷材</td><td>胶粘剂</td><td>80</td><td>100</td><td>80</td><td>100</td></tr>
<tr><td>胶粘带</td><td>50</td><td>60</td><td>50</td><td>60</td></tr>
<tr><td>单焊缝</td><td colspan="4">60，有效焊接宽度不小于 25</td></tr>
<tr><td>双焊缝</td><td colspan="4">80，有效焊接宽度 10×2+空腔宽</td></tr>
</table>

④ 卷材与基层的粘贴方法。

卷材与基层的粘贴方法可分为空铺法、条粘法、点粘法和满粘法等形式。施工中应按设计要求选择适用的工艺方法。当卷材防水层上有重物覆盖或基层变形较大时，应优先采用前三种形式。

空铺法铺贴卷材防水层时，卷材与基层仅在四周一定宽度内黏结，其余部分不黏结；条粘法铺贴防水卷材时，卷材与基层黏结面不少于两条，每条宽度不小于 150 mm；点粘法铺贴防水卷材时，卷材或打孔卷材与基层采用点状黏结，每平方米黏结不少于 5 点，每点面积为 100 mm×100 mm。

无论采用空铺、条粘还是点粘法，施工时都必须注意：在檐口、屋脊和屋面的转角处及突出屋面的交接处，防水层与基层应满粘，其宽度不得小于 800 mm，保证防水层四周与基层黏结牢固；叠层铺贴的各层卷材之间也应满粘，并保证搭接严密。

(2) 卷材铺贴的方法

① 沥青防水卷材的铺贴。

沥青防水卷材一般采用热沥青胶结料(热玛瑶脂)粘贴，浇涂玛瑶脂常采用浇油法和涂刷法。无论采用何种方法，叠层铺贴防水卷材时每粘贴层玛瑶脂的厚度宜为 1～1.5 mm，面层玛瑶脂厚度宜为 2～3 mm。玛瑶脂应涂刮均匀，不得过厚或堆积。

② 高聚物改性沥青防水卷材的铺贴。

高聚物改性沥青防水卷材的铺贴方法有热熔法、冷粘法和自粘法三种。目前使用最多的是热熔法。

热熔法施工是采用火焰加热器将热熔型防水卷材底面的热熔胶熔化后,卷材直接与基层粘贴,而不需涂刷胶粘剂。这种方法施工时受气候影响小,对基层表面干燥程度的要求相对较宽松,但烘烤时对火候的掌握必须适度。热熔卷材可采用满粘法和条粘法铺贴,铺贴时要稍紧一些,不能太松弛。

冷粘法施工是采用胶粘剂或冷玛瑞脂进行卷材与基层、卷材与卷材的黏结,不需要加热施工。

自粘法施工是采用带有自粘胶的防水卷材,不用热施工,也不需涂刷胶结材料而进行黏结。

③ 合成高分子防水卷材的铺贴。

合成高分子卷材的铺贴方法有冷粘法、自粘法、热风焊接法和机械固定法。目前多采用冷粘法施工。

冷粘法施工时应注意各种胶粘剂性能的不同,有的可以在涂刷后立即粘贴卷材,有的需待到溶剂挥发一部分后才能粘贴卷材,尤以后者居多,因此要控制好胶粘剂涂刷与卷材铺贴的间隔时间。其间隔时间与胶粘剂性能及气温、湿度、风力等因素有关,通常为10～30 min,一般要求基层与卷材上涂刷的胶粘剂达到表干程度即可。

4) 屋面特殊部位的附加增强层及其铺贴要求

① 泛水、檐口与卷材收头:泛水是指屋面与立墙的转角部位,应在这些部位加铺一层卷材或涂刷防水涂料作为附加增加层。卷材铺贴完成后,将铺贴到檐口端头的卷材裁齐,压入预留的凹槽内,用金属压条钉压平服,再用密封材料嵌填密实,最后用水泥砂浆封抹凹槽。

② 天沟、檐沟及水落口:天沟、檐沟处铺设卷材前,应先对水落口进行密封处理,且水落口周围直径500 mm范围内要用防水涂料或密封材料涂封作为附加增加层,厚度不小于2 mm。在天沟或檐沟的转角处也应先用密封材料涂封,每边宽度不小于30 mm,干燥后再增铺一层卷材或涂刷涂料作为附加增加层

③ 变形缝:屋面变形缝处附加墙与屋面交接处的泛水部位,应做好附加增强层。接缝两侧的卷材防水层应铺贴至缝边,然后在缝中嵌填宽度略大于缝宽的补垫材料(如聚苯乙烯泡沫塑料板),再在变形缝上铺贴盖缝卷材,并延伸至附加墙立面,延伸宽度不小于100 mm。

④ 排气孔与伸出屋面管道:排气孔与屋面交角处卷材的铺贴方法和立墙与屋面转角处相似,所不同的是流水方向不应有逆槎,排气孔阴角处卷材应增加附加层,上部剪口交叉贴实或者涂刷涂料增强。伸出屋面管道卷材铺贴与排气孔相似,但应加铺两层附加层。防水层铺贴后,上端用沥青麻丝或细铁丝扎紧,最后用沥青材料密封,或焊上薄钢板泛水增强。

5) 卷材保护层施工

卷材铺设完毕经检查合格后,应立即进行保护层的施工,以免卷材防水层受到

损伤。保护层施工的质量对延长防水层的使用年限有很大影响,必须认真对待。

(1)保护层

① 绿豆砂保护层:该种保护层广泛应用于沥青卷材防水屋面。因绿豆砂材料价格低廉,不但对沥青卷材起到保护作用,还有一定的降低辐射热的作用。施工时,应将清洁的绿豆砂预热至100℃左右,随刮涂热玛瑞脂,随铺撒热绿豆砂。绿豆砂应铺撒均匀,并滚压使其与玛瑞脂黏结牢固。未黏结的绿豆砂应清除。

② 云母或蛭石保护层:该种保护层也主要用于沥青防水卷材屋面。云母或蛭石应先筛去粉料,再随刮涂冷玛瑞脂随撒铺云母或蛭石。撒铺应均匀,不得露底,待溶剂基本挥发后,再将多余的云母或蛭石清除。

③ 浅色反射涂料保护层:该种保护层主要用于高聚物改性沥青和合成高分子防水卷材屋面。保护层施工时,应待卷材铺贴完成,并经检验合格后进行。涂刷前应清扫防水层表面的浮灰,涂层应与卷材黏结牢固、厚薄均匀,不得漏涂。

④ 预制块体材料保护层:该种保护层可用于各种防水卷材屋面。块体材料的结合层宜采用砂或水泥砂浆,采用水泥砂浆时应设置隔离层。铺设块体材料时,应根据结构情况用木板条或泡沫条设置分隔缝,其纵横间距不宜大于10 m,分隔缝宽度不宜小于20 mm。块体材料铺砌时应根据屋面排水坡度的要求挂线,铺砌的块体应横平竖直。上人屋面的预制块体材料,应按楼地面工程质量的要求选用,结合层应选用1∶2水泥砂浆。

⑤ 水泥砂浆保护层:该种保护层可用于各种防水卷材屋面。铺抹水泥砂浆时,应设表面分隔缝,分隔缝面积宜为1 m^2。保护层表面应抹平压光,排水坡度应符合设计要求。

⑥ 细石混凝土保护层:该种保护层可用于各种防水卷材屋面。浇筑细石混凝土时,应按设计要求留设分格缝,设计无要求时,其纵横间距不宜大于6 m,分格缝宽为10～20 mm。一个分格缝内的混凝土应连续浇注,不留施工缝,混凝土应振捣密实,表面抹平压光。细石混凝土保护层浇注完毕后应及时进行养护,养护时间不应少于7d。

(2)隔离层

当采用预制块体材料、水泥砂浆、细石混凝土等刚性材料作保护层时,保护层与防水层之间应设置隔离层,使刚性保护层与防水层的变形互不受约束。隔离层可采用干铺塑料膜、土工布、卷材或涂刷石灰水等薄质低黏结力涂料。采用刚性材料作保护层时,保护层与女儿墙之间应预留宽度为30 mm的缝隙,并用密封材料嵌填严密。

3.卷材防水施工注意事项

① 各种防水卷材严禁在雨天、雪天施工,五级风及其以上时不得施工,环境气温低于5℃时不宜施工。若施工中途下雨、下雪,应做好已铺卷材周边的防护工作。

② 夏季施工时,屋面如有潮湿露水,应待其干燥后方可铺贴卷材,并避免在高温烈日下施工。

③ 应采取措施保证沥青胶结料的使用温度和各种胶粘剂配料称量的准确性。

④ 卷材防水层的找平层应符合质量要求,铺设卷材前,找平层必须干净、干燥。

⑤ 卷材铺贴时应排除卷材与基层间的空气,并辊压粘贴牢固。卷材铺贴应平整

顺直,搭接尺寸准确,不得扭曲、皱折。

⑥ 水落口、天沟、檐沟、檐口及立面卷材收头等节点部位,必须仔细铺平、贴紧、压实、收头牢靠,并加铺附加增强层,应符合设计要求和屋面工程技术规范的有关规定。

7.1.2 涂膜防水屋面施工

涂膜防水屋面是在屋面基层上涂刷防水涂料,经固化后形成一层有一定厚度和弹性的整体结膜,从而达到防水的目的。其优点是:自重轻,温度适应性良好;操作简单,施工速度快;大多采用冷施工,改善了劳动条件;易于修补且价格低廉。但其缺点是涂膜的厚度在施工中较难保持均匀一致。

1. 涂膜防水材料

为满足屋面防水工程的需要,防水涂料及其形成的结膜防水层应满足的要求:①有一定的固体含量;②优良的防水能力;③耐久性好;④耐高低温性能好;⑤有较高的强度和延伸率;⑥施工性能好;⑦对环境污染少。

按成膜物质的主要成分,可将防水涂料分成沥青基防水涂料、高聚物改性沥青防水涂料和合成高分子防水涂料三种。常用防水涂料的主要品种及性能如表 7-5 所示。

表 7-5 常用防水涂料的主要品种及性能

类别	名称	主要性能
高聚物改性沥青防水涂料	丁基橡胶改性沥青防水涂料	固体含量:≥43% 耐热度:80℃ 低温柔性:-20℃ 不透水性:不透水 拉伸延伸率:≥100%
	丁苯橡胶改性沥青防水涂料	固体含量:≥45% 耐热度:85℃ 低温柔性:-10℃ 不透水性:不透水 延伸性:≥10 mm
	APP 改性沥青防水涂料	固体含量:≥60% 耐热度:90℃ 低温柔性:-10℃ 不透水性:不透水 抗裂性:≥0.4 mm
	溶剂型 SBS 改性沥青防水涂料	固体含量:≥43% 耐热度:80℃ 低温柔性:-10℃ 不透水性:不透水 延伸性:≥4.5 mm
	水乳型 SBS 改性沥青防水涂料	固体含量:≥48% 耐热度:80℃ 低温柔性:-10℃ 不透水性:不透水 延伸性:≥20 mm
高聚物改性沥青防水涂料	溶剂型氯丁橡胶沥青防水涂料	固体含量:≥43% 耐热度:80℃ 低温柔性:-10℃ 不透水性:不透水 延伸性:≥4.5 mm(无处理) ≥3.5 mm(无处理)
	热熔型改性沥青防水涂料	固体含量≥98% 耐热度:65℃ 低温柔性:-20℃ 不透水性:不透水 延伸率:≥300%
合成高分子防水涂料	丙烯酸防水涂料	固体含量:≥65% 拉伸强度:≥1.5 MPa 断裂延伸率:≥300% 低温柔性:-20℃ 不透水性:不透水
	硅橡胶防水涂料	固体含量:≥60% 拉伸强度:≥1.5 MPa 断裂延伸率:≥300% 低温柔性:-30℃ 不透水性:不透水
	聚氨酯防水涂料	固体含量:≥94% 拉伸强度:≥1.65 MPa 断裂延伸率:≥350% 低温柔性:-30℃ 不透水性:不透水

施工时根据涂料的品种和屋面构造形式的需要，可在涂膜防水层中增设胎体增强材料；胎体增强材料可选用聚酯无纺布、化纤无纺布或玻纤网格布。

2. 涂膜防水层施工工艺和方法

涂膜防水层施工的工艺流程为：清理、修理基层表面→喷涂基层处理剂（底涂料）→特殊部位附加增强处理→涂布防水涂料及铺贴胎体增强材料→清理与检查修整→保护层施工。

1）涂膜防水层施工的一般要求

① 涂膜防水层的施工应按“先高后低，先远后近”的原则进行。遇高低跨屋面时，一般先涂布高跨屋面，后涂布低跨屋面；对相同高度屋面，要合理安排施工段，先涂布距离上料点远的部位，后涂布近处；对同一屋面上，先涂布排水较集中的水落口、天沟、檐沟、檐口等节点部位，再进行大面积的涂布。

② 涂膜防水层施工前，应先对水落口、天沟、檐沟、泛水、伸出屋面管道根部等节点部位进行增强处理，铺设带有胎体增强材料的附加层，然后再进行大面积涂布。

③ 防水涂膜应分遍涂布，待先涂布的涂料干燥成膜后，方可涂布后一遍涂料，且前后两遍涂料的涂布方向应相互垂直。

④ 需铺设胎体增强材料时，当屋面坡度小于15%时，可平行屋脊铺设；当坡度大于15%时，应垂直于屋脊铺设，并由屋面最低处开始向上铺设。胎体增强材料长边搭接宽度不得小于50 mm，短边搭接宽度不得小于70 mm。采用二层胎体增强材料时，上下层不得相互垂直铺设，搭接缝应错开，其间距不应小于幅宽的1/3。

⑤ 涂膜防水层的收头，应用防水涂料多遍涂刷或用密封材料封严。

⑥ 涂膜防水层在未做保护层前，不得在其上进行其他施工作业或直接堆放物品。

2）涂膜防水层施工方法

（1）涂刷基层处理剂

基层处理剂有水乳型防水涂料、溶剂型防水涂料和高聚物改性沥青三种。水乳型防水涂料可用掺0.2%～0.5%乳化剂的水溶液或软化水将涂料稀释；溶剂型防水涂料，由于其渗透能力较强，可直接薄涂一层涂料作为基层处理，如涂料较稠，可用相应的溶剂稀释后使用；高聚物改性沥青或沥青基防水涂料也可用沥青溶液（即冷底子油）作为基层处理剂。

基层处理剂应配比准确，充分搅拌；涂刷时应用刷子用力薄涂，使其尽量刷进基层表面的毛细孔中，并涂刷均匀，覆盖完全；基层处理剂干燥后方可进行涂膜施工。

（2）涂布防水涂料

涂布防水涂料时，厚质涂料宜采用铁抹子或胶皮板涂刮施工；薄质涂料可采用棕刷、长柄刷、圆滚刷等进行人工涂布，也可采用机械喷涂，用刷子涂刷一般采用蘸刷法，也可边倒涂料边用刷子刷匀。

涂料涂布时应先涂立面，后涂平面，涂立面最好采用蘸刷法。屋面转角及立面的涂膜应薄涂多遍,不得有流淌和堆积现象。平面涂布应分条或按顺序进行,分条进行时,每条宽度应与胎体增强材料宽度相一致。

涂膜层致密是保证屋面防水质量的关键。涂布涂料时应按规定的涂层厚度(控制涂料的单方用量)分遍涂刷。每涂层的厚薄应均匀、不露底、无气泡、表面平整,然后待其干燥。涂布后遍涂料前应检查前遍涂层是否有缺陷,如有缺陷应先进行修补。各道涂层之间的涂刷方向应相互垂直,以提高防水层的整体性和均匀性。涂层之间的接槎,在每遍涂刷时应退槎 50～100 mm,接槎时应超过 50～100 mm,避免在搭接处发生渗漏。

(3) 铺设胎体增强材料

在第二遍涂料涂刷时或第三遍涂料涂刷前,即可加铺胎体增强材料。胎体增强材料可采用干铺法或湿铺法铺贴。湿铺法施工时,先在已干燥的涂层上,用刷子或刮板将涂料仔细涂布均匀,然后将成卷的胎体增强材料平放在屋面上,逐渐推滚铺贴并用滚刷滚压一遍,使全部布眼浸满涂料,以保证上下两层涂料能良好结合。干铺法施工是在上道涂层干燥后,边干铺胎体增强材料,边在已展平的表面上用刮板均匀满刮一道涂料,应使涂料浸透胎体到已固化的涂膜上并覆盖完全,不得有胎体外露现象。

胎体增强材料铺设后,应严格检查其质量,胎体应铺贴平整,排除气泡,并与涂料黏接牢固。最上面的涂层厚度:高聚物改性沥青涂料不应小于 1.0 mm,合成高分子涂料不应小于 0.5 mm。

(4) 收头处理

为了防止收头部位出现翘边现象,所有收头均应用密封材料压边,压边宽度不小于 10 mm。收头处的胎体增强材料应裁剪整齐,如有凹槽时应压入凹槽内,不得出现翘边、皱折、露白等现象。

(5) 涂膜保护层施工

涂膜防水层施工完毕经质量检查合格后,应进行保护层的施工。常用的涂膜保护层材料有细砂、云母或蛭石保护层,浅色反射涂料保护层,预制块体材料保护层,水泥砂浆保护层,细石混凝土保护层等。

当采用细砂、云母或蛭石等撒布材料做保护层时,应先筛去粉料,在涂布最后一遍涂料时,应边涂布边撒布均匀,不得露底,然后进行辊压粘牢,待干燥后将多余的撒布材料清除。当采用浅色反射涂料做保护层时,应在涂膜固化后进行。当采用预制块体材料、水泥砂浆、细石混凝土做保护层时,其施工方法与卷材防水层保护层相同。

7.1.3 刚性防水屋面施工

刚性防水屋面是指利用刚性防水材料作为防水层的屋面,主要有普通细石混凝土防水屋面、补偿收缩混凝土防水屋面、纤维混凝土防水屋面、预应力混凝土防水屋面等。现仅介绍普通细石混凝土防水屋面的施工,其一般构造形式如图 7-2 所示。防水层的厚度不应小于 40 mm,防水层内严禁埋设管线。这种刚性防水与卷材和涂膜防水相比具有材料易得，价格低廉，耐久性好，施工和维修方便等优点；但材料的表观密度大，抗拉强度低，易受混凝土的温度变形、干湿变形和结构变形的影响而产生裂缝。故其主要适用于Ⅲ级防水屋面，也可用作Ⅰ、Ⅱ级防水屋面多道防水设防中的一道防水层。

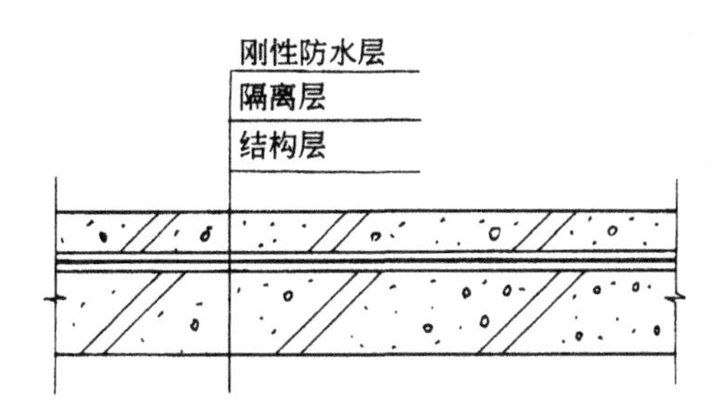

图7-2　刚性防水屋面构造

1. 隔离层的设置

刚性防水层和结构层之间应脱离，即在结构层与刚性防水层之间应设置隔离层，使两者的变形互不受约束，以免因结构变形造成刚性防水层的开裂。常用的隔离层有：黏土砂浆隔离层、石灰砂浆隔离层、水泥砂浆找平层上干铺卷材或塑料薄膜隔离层。

因隔离层强度较低，在隔离层上继续施工时，要注意对隔离层加强保护。绑扎钢筋时不得扎破其表面，防水层混凝土运输时应采取铺垫板等措施，振捣混凝土时更不能振酥隔离层。

2. 分格缝留置

为了减少由于温差、混凝土干缩、徐变、荷载和振动、地基沉陷等变形造成刚性防水层的开裂，应按设计要求设置分格缝。如设计无要求时应按下述原则留置：分格缝应设在屋面板的支撑端、屋面转折处、防水层与突出屋面结构的交接处，并应与板缝对齐；分格缝的纵横间距不宜大于6 m，或“一间一分格”，其面积不超过36 m^2。

分隔缝的宽度宜为5～30 mm。可采用木板在浇注混凝土之前支设，混凝土初凝后取出，起条时不得损坏分隔缝处的混凝土；当采用切割法施工时，其切割深度宜为防水层厚度的3/4。分隔缝内应嵌填密封材料，上部应设置保护层。

3. 钢筋网片铺设

防水层内应按设计要求配置钢筋网片，一般配置直径为4～6 mm、间距为100～200 mm的双向钢筋网片，网片采用绑扎和焊接均可。钢筋网片在分隔缝处应断开，其保护层厚度不小于10 mm，施工时应放置在混凝土中的上部。

4. 细石混凝土防水层施工

细石混凝土防水层的施工中应注意下列事项。

① 材料要求：防水层的细石混凝土宜采用普通硅酸盐水泥或硅酸盐水泥，不得使用火山灰质硅酸盐水泥；当采用矿渣硅酸盐水泥时，应采取减少泌水性的措施。

混凝土水灰比不应大于 0.55,每立方米混凝土的水泥和掺和料用量不应小于 330 kg,砂率宜为 35%～40%,灰砂比宜为 1：2～1：2.5。混凝土宜掺外加剂(膨胀剂、减水剂、防水剂)以及掺和料。

② 细石混凝土防水层施工环境气温宜为 5～35℃,并应避免在负温或烈日暴晒下施工。

③ 每个分隔缝范围内的混凝土应一次浇筑完成,不得留施工缝。

④ 混凝土宜采用小型机械振捣,表面泛浆后用铁抹子压实抹平,并确保防水层的厚度和排水坡度。抹压时不得在表面洒水、加水泥浆或干撒水泥。混凝土收水初凝后,应用铁抹子进行二次压光。

⑤ 混凝土浇筑后应及时进行养护,养护时间不宜少于 14 d;养护初期屋面不得上人。

5. 屋面特殊部位处理

刚性防水层与山墙、女儿墙以及突出屋面结构的交接处,应留设宽度为 30 mm 的缝隙,并应用密封材料嵌填;泛水处应铺设卷材或涂膜附加层。伸出屋面管道与刚性防水层交接处亦应留设缝隙,用密封材料嵌填,并应加设卷材或涂膜附加层。天沟、檐沟应用水泥砂浆找坡,找坡厚度大于 20 mm 时宜采用细石混凝土。

7.2 地下防水工程

地下防水工程的设计和施工应遵循"防、排、截、堵相结合,刚柔相济,因地制宜,综合治理"的原则。现行规范规定了地下工程防水等级及其相应的适用范围,如表 7-6 所示。

表 7-6　地下工程防水等级及其适用范围

防水等级	标　准	适用范围
一级	不允许渗水,结构表面无湿渍	人员长期停留的场所;因有少量湿渍会使物品变质、失效的贮物场所及严重影响设备正常运转和危及工程安全运营的部位;极重要的战备工程
二级	不允许漏水,结构表面可有少量湿渍。 工业与民用建筑:总湿渍面积不应大于总防水面积(包括顶板、墙面、地面)的 1/1000;任意 100 m^2 防水面积上的湿渍不超过 1 处,单个湿渍的最大面积不大于 0.1 m^2。 其他地下工程:总湿渍面积不应大于总防水面积的 6/1000;任意 100 m^2 防水面积上的湿渍不超过 4 处,单个湿渍的最大面积不大于0.2 m^2	人员经常活动的场所;在有少量湿渍的情况下不会使物品变质、失效的贮物场所及基本不影响设备正常运转和工程安全运营的部位;重要的战备工程
三级	有少量漏水点,不得有线流和漏泥砂。 任意 100 m^2 防水面积上的漏水点数不超过 7处,单个漏水点的最大漏水量不大于 2.5 L/d,单个湿渍的最大面积不大于 0.3 m^2	人员临时活动的场所;一般战备工程

续表

防水等级	标　准	适用范围
四级	有漏水点，不得有线流和漏泥砂。 整个工程平均漏水量不大于2 L/(m^2·d)；任意100 m^{2}防水面积的平均漏水量不大于4 L/(m^2·d)	对渗漏水无严格要求的工程

地下工程的防水方案，大致可分为三大类：防水混凝土结构方案，即利用提高混凝土结构本身的密实性和抗渗性来进行防水；附加防水层方案，即在结构表面设防水层，使地下水与结构隔离，以达到防水目的；防、排水结合方案，即利用盲沟、渗排水层等措施，将地下水排走，以辅助防水结构达到防水要求。

7.2.1 混凝土结构自防水施工

钢筋混凝土结构自防水是工程结构本身采用防水混凝土，使得结构的承重、围护和防水功能合为一体。它具有施工简便、工期较短、防水可靠、耐久性好、成本较低等优点，因而在地下工程中应用广泛。

1. 防水混凝土的配制

防水混凝土主要有普通防水混凝土和外加剂防水混凝土。

1）普通防水混凝土

配制普通防水混凝土通常以控制水灰比，适当增加砂率和水泥用量的方法，来提高混凝土的密实性和抗渗性。水灰比一般不大于0.55，水泥用量不少于320 kg/m^3，砂率宜为35%～45%，灰砂比宜为1∶2～1∶2.5，坍落度不宜大于50 mm(采用泵送工艺时坍落度宜为100～140 mm)。防水混凝土的配合比不仅要满足结构的强度要求，还要满足结构的抗渗要求，需通过试验确定，而且一般按设计抗渗等级提高0.2 MPa来选定施工配合比。

2）外加剂防水混凝土

① 引气剂防水混凝土：在混凝土拌和物中掺入引气剂后，会产生大量微小、密闭、稳定而均匀的气泡，使其黏滞性增大，不易松散和离析，可显著改善混凝土的和易性，并抑制了沉降离析和泌水作用，减少混凝土的结构缺陷。同时，由于大量气泡的存在，使得毛细管的形状及分布发生改变，切断了渗水通路，从而提高了混凝土的密实性和抗渗性。

② 减水剂防水混凝土：减水剂具有强烈的分散作用，能使水泥成为细小的单个粒子，均匀分散于水中。因此，混凝土中掺入减水剂后，在满足和易性的条件下，可大大减少拌和用水量，使其硬化后的毛细孔减少，即可提高混凝土的抗渗性。此外，由于高度分散的水泥颗粒能更加充分地水化，使得水泥石结构更加密实，从而提高了混凝土的密实性和抗渗性。

③ 三乙醇胺防水混凝土：混凝土拌和物中掺入三乙醇胺防水剂后，能增强水泥颗粒的吸附分散与化学分散作用，加速水泥的水化，水化生成物增多，水泥石结晶变细，结构密实，因此提高了混凝土的抗渗性，抗渗压力可提高3倍以上。

④ 氯化铁防水混凝土:由于氯化铁防水剂可与水泥水化析出物产生化学反应,其生成物能填充混凝土内部孔隙,堵塞和切断贯通的毛细孔道,因而增加了混凝土的密实性,使其具有良好的抗渗性。

2. 防水混凝土施工

防水混凝土工程质量的优劣,除了与材料因素有关以外,还主要取决于施工的质量。因此,对施工中的各个环节,均应严格遵守施工操作规程和验收规范的规定,精心地组织施工。

1) 模板工程

防水混凝土工程的模板应表面平整,吸水性小,拼缝严密不漏浆,并应牢固稳定。采用对拉螺栓固定模板时,为防止水沿螺栓渗入,须采取一定措施,其做法如下。

① 螺栓加焊止水环做法:在对拉螺栓中部加焊止水环,止水环与螺栓必须满焊严密。拆模后应沿混凝土结构边缘将螺栓割断(见图 7-3)。

② 螺栓加堵头做法:在结构两侧螺栓的周围做凹槽,拆模后将螺栓沿平凹底割去,再用膨胀水泥砂浆将凹槽封堵(见图 7-4)。

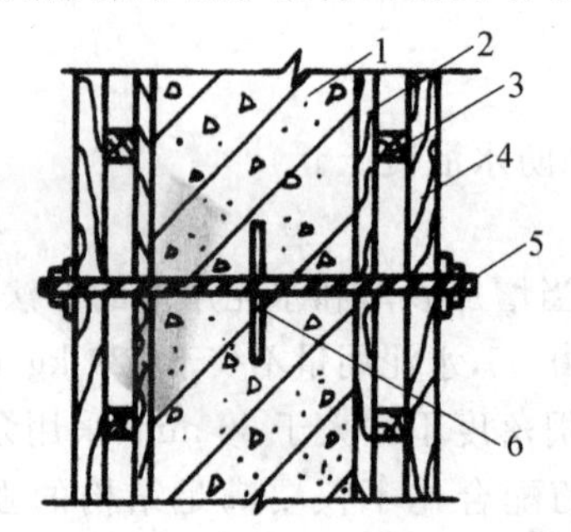

图 7-3 螺栓加焊止水环示意

1—防水结构;2—模板;3—小龙骨;4—大龙骨;5—螺栓;6—止水环

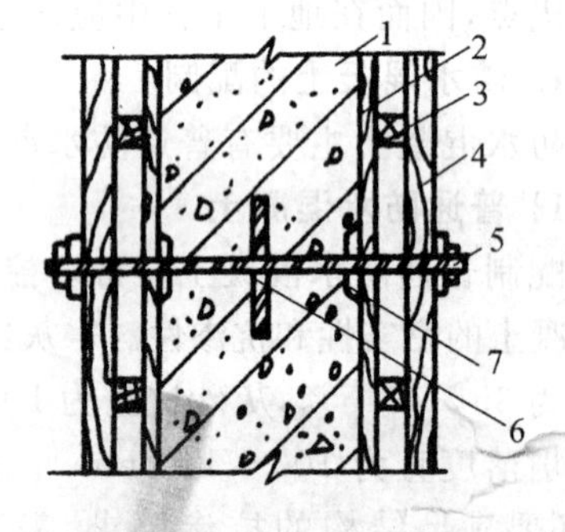

图 7-4 螺栓加堵头示意

1—防水结构;2—模板;3—小龙骨;4—大龙骨;5—螺栓;6—止水环;7—堵头

③ 预埋套管加焊止水环做法:套管采用钢管,其长度等于墙厚(或其长度加上两端垫木的厚度之和等于墙厚),兼具有撑头的作用,以保证模板之间的设计尺寸。止水环与套管必须满焊严密。支模时在预埋套管内穿入对拉螺栓固定模板,拆模后将螺栓抽出,套管内用膨胀水泥砂浆封堵密实。套管两端有垫木的,拆模时连同垫木一并拆除,垫木留下的凹槽同套管一起用膨胀水泥砂浆封实。此法螺栓可周转使用,用于抗渗要求一般的结构(见图 7-5)。

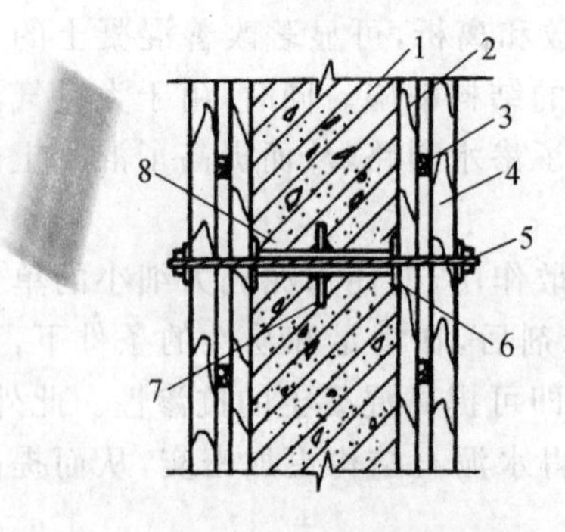

图 7-5 预埋套管支撑示意

1—防水结构;2—模板;3—小龙骨;4—大龙骨;5—螺栓;6—垫木;7—止水环;8—预埋套管

2）防水混凝土工程

在防水混凝土工程施工中，应注意下列事项。

① 防水混凝土必须采用机械搅拌。搅拌时间不应小于 120 s。掺外加剂时，应根据外加剂的技术要求确定搅拌时间。

② 混凝土运输过程中应采取措施防止混凝土拌和物产生离析以及坍落度和含气量的损失，同时要防止漏浆。

③ 浇筑混凝土时的自由下落高度不得超过 1.5 m，否则应使用溜槽、串筒等工具进行浇筑。

④ 混凝土应分层浇筑，每层厚度不宜超过 300～400 mm，相邻两层浇筑的时间间隔不应超过 2 h，夏季应适当缩短。

⑤ 防水混凝土必须采用高频机械振捣，振捣时间宜为 20～30 s，以混凝土泛浆和不冒气泡为准。

⑥ 防水混凝土的养护对其抗渗性能影响极大，特别是早期湿润养护更为重要，一般在混凝土进入终凝后（浇筑后 4～6 h）即应覆盖浇水，浇水湿润养护的时间不少于 14 d。

⑦ 完工后的混凝土自防水结构，严禁在其上打洞。

3）防水混凝土施工缝的留置

防水混凝土应连续浇筑，应尽量不留或少留施工缝。当留设施工缝时，应遵循下列规定。

① 顶板、底板不宜留施工缝；墙体与底板间的水平施工缝，应留在高出底板表面不小于 300 mm 的墙体上；顶板与墙体间的施工缝，应留在顶板以下 150～300 mm 处；当墙体上有孔洞时，施工缝距孔洞边缘不宜小于 300 mm。

② 施工缝必须加强防水措施，其构造可按图 7-6 选用。

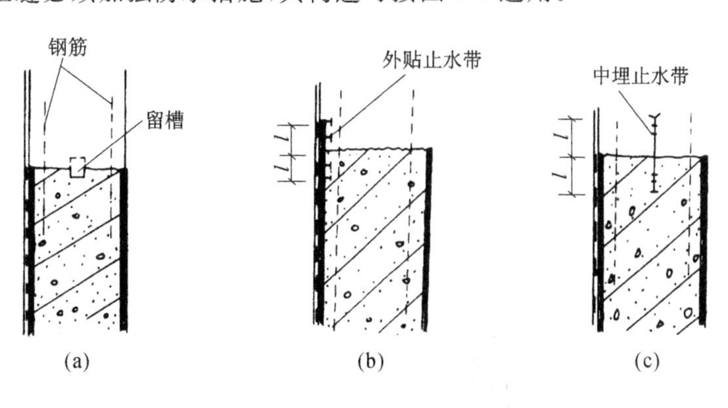

图 7-6　施工缝构造示意

(a)施工缝中设置遇水膨胀止水条；(b)外贴止水带；(c)中埋止水带

③ 垂直施工缝应避开地下水和裂隙水较多的地段，并与变形缝（或后浇带）相结合，且必须加强防水措施。

4）后浇带的设置

当地下结构面积较大时，为避免结构中因过大的温度和收缩应力而产生有害裂缝，可设置后浇带将结构临时分为若干段；或对结构中须设置沉降缝的部位，也可用后浇带取代沉降缝。后浇带宽度一般为 700～1000 mm，两条后浇带间距一般为 30～60 m。对于收缩性后浇带，可采取外贴止水带的措施以加强后浇带处的防水，其做法如图 7-7 所示；对于沉降性后浇带，为避免后浇带两侧底板产生沉降差后，使得防水层受拉伸而断裂，应局部加厚垫层并附加钢筋，其构造如图 7-8 所示。

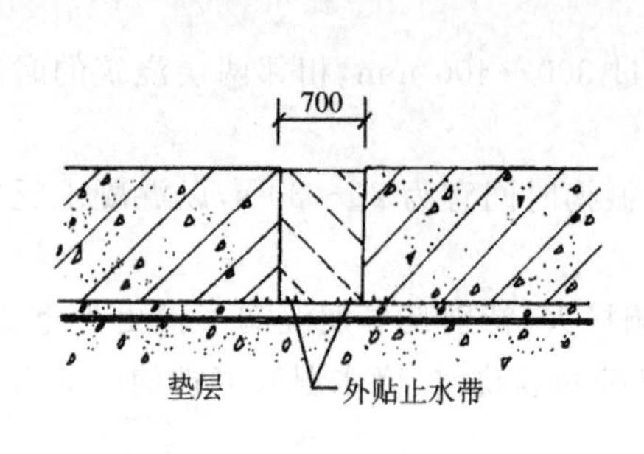

图 7-7 后浇带做法(一)

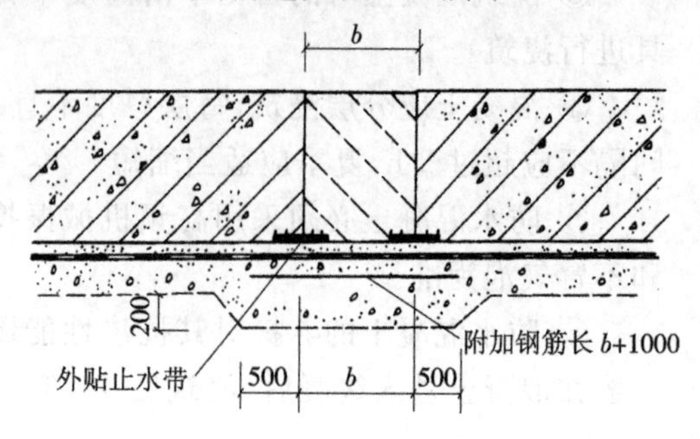

图 7-8 后浇带做法(二)

后浇带的填筑时间：对于收缩性后浇带，应在混凝土浇筑 30～40 d，其两侧的混凝土基本停止收缩后再浇筑；对于沉降性后浇带，则应待整个主体结构完工，其两侧的沉降基本完成后再浇筑。后浇带在浇筑混凝土前，必须将整个混凝土表面按照施工缝的要求进行处理。填筑后浇带的混凝土宜采用微膨胀或无收缩水泥，也可采用普通水泥加相应外加剂配制，但其强度均应比原结构强度提高一个等级，并保持不少于 15 d 的湿润养护。

7.2.2 附加防水层施工

附加防水层方案是在结构的迎水面做一层防水层的方法。附加防水层有卷材防水层、涂膜防水层、水泥砂浆防水层等，可根据不同的工程对象、防水要求和施工条件选用。

1. 卷材防水层施工

地下卷材防水层是一种柔性防水层，一般把卷材防水层设置在地下结构的外侧(迎水面)，称为外防水。它具有较好的防水性和良好的韧性，能适应结构的振动和微小变形，并能抵抗侵蚀性介质的作用。地下防水工程的卷材应选用高聚物改性沥青防水卷材或合成高分子防水卷材，卷材的铺贴方法与屋面防水工程相同。

卷材外防水有两种设置方法：即外防外贴法和外防内贴法。

1）外防外贴法

外防外贴法是将立面卷材防水层直接铺贴在需防水结构的外墙外表面，如图7-9所示。其施工程序如下。

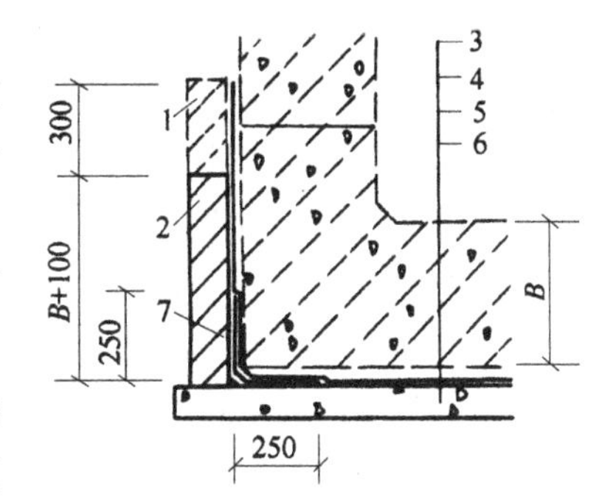

图7-9　外防外贴法示意

1—临时保护墙；2—永久性保护墙；3—细石混凝土保护层；4—卷材防水层；5—水泥砂浆找平层；6—混凝土垫层；7—卷材附加层

① 先浇筑需防水结构的底面混凝土垫层。

② 在垫层上砌筑立面卷材防水层的永久性保护墙，墙下干铺一层油毡。墙的高度不小于需防水结构底板厚度再加100 mm。

③ 在永久性保护墙上用石灰砂浆接砌临时保护墙，墙高约为300 mm。

④ 在底板垫层和永久性保护墙上抹1∶3水泥砂浆找平层，在临时保护墙上抹石灰砂浆找平层，并刷石灰浆。如用模板代替临时保护墙，应在其上涂刷隔离剂。

⑤ 待找平层基本干燥后，即可根据所选用卷材的施工要求铺贴卷材。在大面积铺贴前，应先在转角处粘贴一层卷材附加层，然后进行大面积铺贴，先铺平面后铺立面。在垫层和永久性保护墙上应将卷材防水层空铺，而在临时保护墙（或模板）上应将卷材防水层临时贴附，并分层临时固定在其顶端。当不设保护层时，从底面折向立面的卷材接槎部位应采取可靠的保护措施。

⑥ 在底板卷材防水层上浇筑细石混凝土保护层，其厚度不应小于50 mm，侧墙卷材防水层上应铺抹20 mm厚水泥砂浆保护层，然后进行需防水结构的混凝土底板和墙体的施工。

⑦ 墙体拆模后，在需防水结构的外墙外表面抹水泥砂浆找平层。

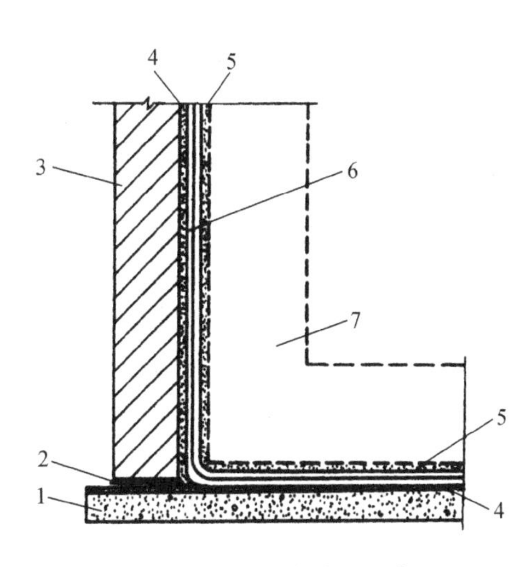

图7-10　外防内贴法示意

1—混凝土垫层；2—干铺油毡；3—永久性保护墙；4—水泥砂浆找平层；5—保护层；6—卷材防水层；7—需防水的结构

⑧ 拆除临时保护墙，揭开接槎部位的各层卷材，并将其表面清理干净，依次逐层在外墙外表面上铺贴立面卷材防水层。卷材接槎的搭接长度：高聚物改性沥青卷材为150 mm，合成高分子卷材为100 mm。当使用两层卷材时，卷材应错槎接缝，上层卷材应盖过下层卷材。

⑨ 待卷材防水层施工完毕，并经过检查验收合格后，即应及时做好卷材防水层的保护结构。

2）外防内贴法

外防内贴法是浇筑混凝土垫层后，在垫层上将立面卷材防水层的永久性保护墙全部砌好，将卷材防水层铺贴在垫层和永久性保护墙上，如图7-10所示。其施工程序如下。

① 在已施工好的混凝土垫层上砌筑永久性保护墙,保护墙与垫层之间需干铺一层油毡。在垫层和永久性保护墙上抹1∶3水泥砂浆找平层。

② 找平层干燥后即涂刷基层处理剂,待其干燥后即可铺贴卷材防水层。铺贴时应先铺立面后铺平面,先铺转角后铺大面,在全部转角处应铺贴卷材附加层。

③ 卷材防水层铺贴完经检查验收合格后即应做好保护层,立面可抹水泥砂浆或贴塑料板,平面应浇筑不小于50 mm厚的细石混凝土保护层。

④ 最后进行需防水结构的混凝土底板和墙体的施工,将防水层压紧。此时永久性保护墙可作为一侧模板。

内贴法与外贴法相比,卷材防水层施工较简便,底板与墙体的防水层可一次铺贴完而不必留接槎;但结构的不均匀沉降对防水层影响大,易出现渗漏水现象且修补较困难。工程中只有当施工条件受限制时,才采用内贴法施工。

2. 涂膜防水层施工

涂膜防水层施工具有较大的随意性,无论是形状复杂的基面,还是面积窄小的节点,凡是能涂刷到的部位,均可做涂膜防水层,因此在地下工程中广泛应用。地下工程涂膜防水层的设置有内防水、外防水和内外结合防水。

1) 基层要求及处理

① 基层应坚实,具有一定强度。

② 基层表面应平整、光滑、无松动,对于残留的砂浆块或突起物应用铲刀削平,不允许有凹凸不平或起砂现象。

③ 基层的阴阳角处应抹成圆弧形,管道根部周围也应抹平压光。

④ 对于不同基层衔接部位、施工缝处,以及基层因变形可能开裂或已经开裂的部位,均应用密封材料嵌补缝隙并进行补强。

⑤ 涂布防水层时基层应干燥、清洁,对基层表面的灰尘、油污等污物,应在涂布防水层之前彻底清除。

2) 涂膜防水层施工工艺和方法

地下工程涂膜防水层施工的一般程序为:清理、修理基层→涂刷基层处理剂→节点部位附加增强处理→涂布防水涂料及铺贴胎体增强材料→清理及检查修理→平面部位铺贴油毡保护隔离层→平面部位浇筑细石混凝土保护层→立面部位粘贴聚乙烯泡沫塑料保护层→基坑回填。

地下工程涂膜防水层的施工方法和施工一般要求与屋面工程基本相同。要保证涂膜防水层的质量,涉及的因素较多,主要有:应合理选择涂膜材料及其配套的胎体增强材料;注意基层条件和施工的自然条件;做好保护层的设置;更重要的是应严格按照工艺规定进行施工操作,如确定涂膜防水层的总厚度、涂布的遍数和每层的厚度、胎体增强材料的铺设、涂刷的间隔时间等。只有精心施工,才能满足防水工程的质量要求。

3. 水泥砂浆抹面防水层施工

水泥砂浆抹面防水层是一种刚性防水层，即在需防水结构的底面和侧面分层抹压一定厚度的水泥砂浆和素灰（纯水泥浆），各层的残留毛细孔道互相堵塞，阻止了水分的渗透，从而达到抗渗防水的效果。但这种防水层抵抗变形的能力差，故不适用于受震动荷载影响的工程和结构上易产生不均匀沉降的工程。

为了提高水泥砂浆防水层的抗渗能力，可掺入外加剂。常用的水泥防水砂浆有掺小分子防水剂的砂浆、掺塑化膨胀剂的砂浆、聚合物水泥防水砂浆等。

1）基层处理

基层处理十分重要，它是保证防水层与基层表面结合牢固，不空鼓和密实不透水的关键。基层处理包括清理、浇水、刷洗、补平等工作，使基层表面平整、坚实、粗糙、清洁并充分湿润、无积水。

2）水泥砂浆防水层施工

水泥砂浆防水层的总厚度宜为 15～20 mm，其构造有三层做法和五层做法，施工时水泥浆和水泥砂浆须分层交替抹压均匀密实。

（1）操作方法

采用五层交替抹面的具体做法是：第一、三层为素灰层，每层厚度为 2 mm，每层均须分两次抹压密实，主要起防水作用。第二、四层为水泥砂浆层，每层厚度为 4～6 mm，它主要起着对素灰层的保护、养护和加固作用，同时也起一定的防水作用。第五层为水泥浆层，厚度为 1 mm，在第四层水泥砂浆抹压两遍后，用毛刷均匀涂刷水泥浆一道并随第四层抹平压光。在结构阴阳角处的防水层，均须抹成圆角，阴角直径为 50 mm，阳角直径为 10 mm。

（2）施工缝

水泥砂浆防水层各层宜连续施工，不留施工缝。如必须设施工缝时，留槎应符合下列规定：平面留槎采用阶梯坡形槎（见图 7-11），接槎要依层次顺序操作，层层紧密搭接；地面与墙面防水层的接槎一般留在地面上，也可留在墙面上，但均需离开阴阳角处 200 mm，转角处留槎与接槎（见图 7-12）。

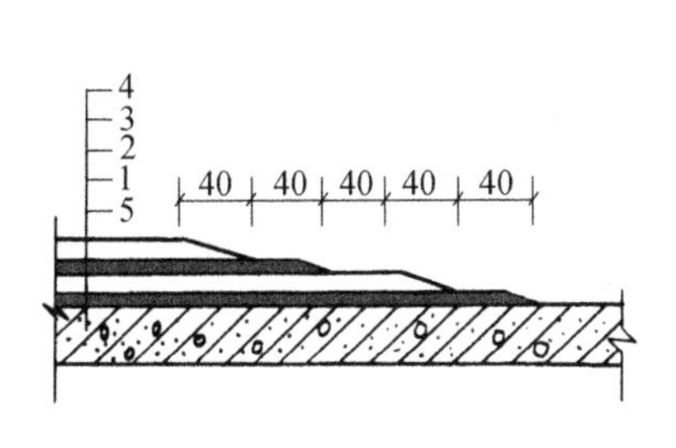

图 7-11 平面留槎示意

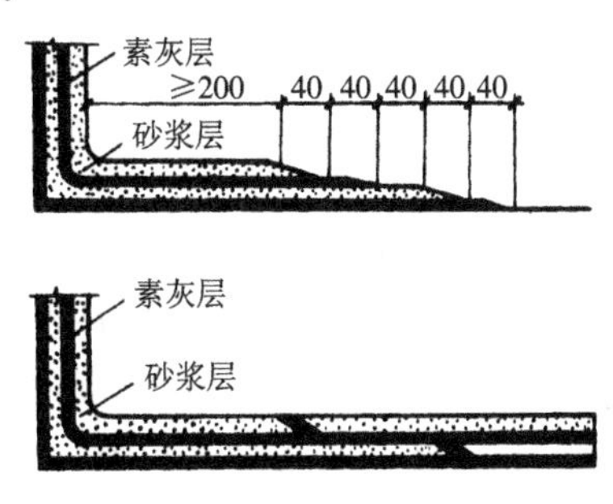

图 7-12 转角留槎示意

1、3—素灰层;2、4—砂浆层;5—结构基层

7.2.3 防、排水法施工

防、排结合法是在防水的同时,利用疏导的方法将地下水有组织地经过排水系统排走,以削弱地下水对结构的压力,减小水的渗透作用,从而辅助地下防水工程达到防水目的。

1. 渗排水

渗排水层设置在工程结构底板下面,由粗砂过滤层与集水管组成,如图 7-13 所示。渗排水层总厚度一般不小于 300 mm,如较厚时应分层铺填,每层厚度不得超过 300 mm,并拍实铺平。在粗砂过滤层与混凝土垫层之间应设隔浆层,可采用 30～50 mm的水泥砂浆或干铺一层卷材。集水管可采用无砂混凝土管,或选用壁厚为 6 mm、内径为 100 mm 的硬质塑料管,沿管周按六等分、间隔 150 mm、隔行交错钻 12 mm直径的孔眼制成透水管。集水管的坡度不宜小于 1%,其间距宜为 5～10 m。

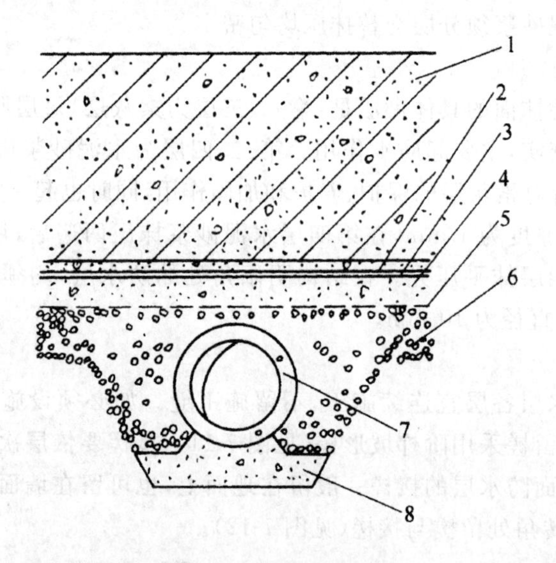

图 7-13　渗排水层构造

1—结构底板;2—细石混凝土;3—底板防水层;4—混凝土垫层;
5—隔浆层;6—粗砂过滤层;7—集水管;8—集水管座

2. 盲沟排水

盲沟排水尽可能利用自流排水条件,使水排走;当不具备自流排水条件时,水可经过集水管流至集水井,用水泵抽走。盲沟排水构造如图 7-14 所示,其集水管采用硬质塑料管,做法与渗排水相同。

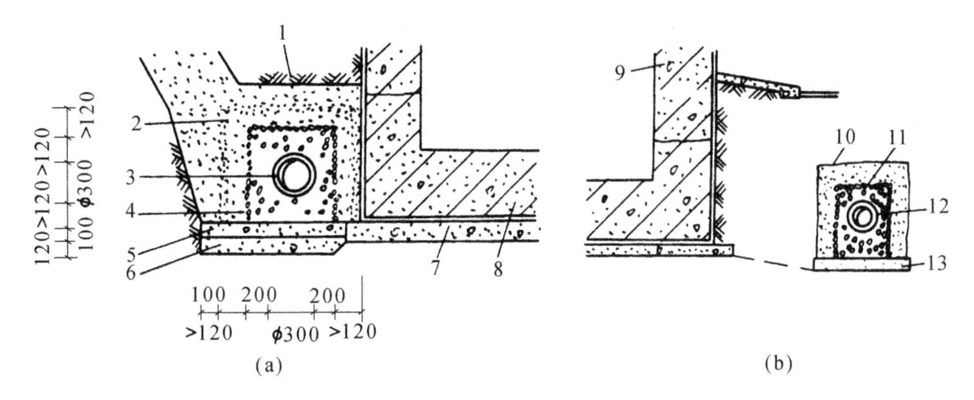

图 7-14 盲沟排水构造

(a)贴墙盲沟；(b)离墙盲沟

1—素土夯实；2—中砂反滤层；3—集水管；4—卵石反滤层；
5—水泥、砂、碎砖层；6—碎砖夯实层；7—混凝土垫层；8—主体结构；
9—主体结构；10—中砂反滤层；11—卵石反滤层；12—集水管；13—水泥、砂、碎砖层

7.3 室内防水工程

室内防水工程是指卫生间、浴室、厨房、某些实验室和工业建筑中的各种用水房间等的防水工程。

7.3.1 防水材料选择

室内防水工程与屋面、地下防水工程相比的特点是：防水层不受自然气候的影响，温差变形小，耐水压力也小，因此对防水材料的温度及厚度要求较小；但室内平面形状较复杂，施工空间相对狭小；穿过楼地面或墙体的管道较多，阴阳角也较多，防水层施工不易操作；防水材料直接或间接与人接触，要求防水材料无毒、难燃、环保，满足施工和使用的安全要求。

综合考虑上述室内防水的特点，一般均采用施工方便、无接缝的涂膜防水做法。根据工程性质与使用标准可选用高、中、低档的防水涂料。常用的防水涂料有：高弹性的聚氨酯防水涂料、弹塑性的氯丁胶乳沥青防水涂料、聚合物水泥防水涂料、聚合物乳液防水涂料等，必要时也可增设胎体增强材料。这样就可以使室内的地面和墙面形成一个封闭严密的整体防水层，从而确保其防水效果。

7.3.2 室内防水工程施工

室内防水工程施工的工艺程序一般为：管件安装→用水器具安装→找平层施工→防水层施工→第一次蓄水试验→保护层施工→饰面层施工→第二次蓄水试验→工程质量验收。其施工要点如下。

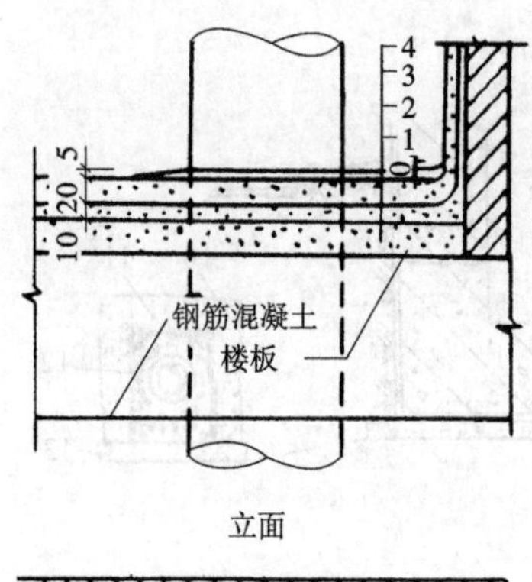

立面

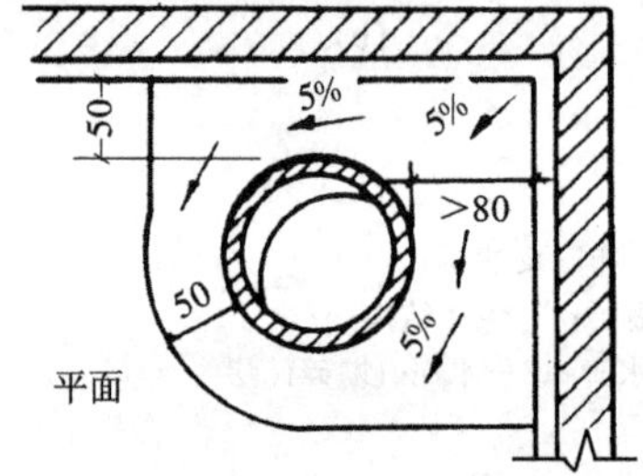

平面

图 7-15　下水管转角处立墙面及平面图

1—垫层;2—找平层;3—防水层;4—抹面层

1. 管件安装

穿过楼地面或墙壁的管件(如套管、地漏等)必须安装牢固,下水管转角处的坡度及其与立墙面之间的距离,应按图 7-15 所示施工。管件定位后应将管件与周围结构间的缝隙用 1∶3 水泥砂浆堵严,当缝隙大于 20 mm 时,可用掺有膨胀剂的细石混凝土,并应吊底模嵌填浇筑严实。在管道根部处应留设凹槽,槽深 10 mm、宽 20 mm,凹槽内用中高档密封材料嵌填封闭,并向上刮涂 30～50 mm 的高度。

2. 用水器具的安装

用水器具的安装要平稳,安装位置应准确,用水器具周边必须用中高档密封材料进行封闭。

3. 找平层施工

找平层一般用 1∶2.5 或 1∶3 水泥砂浆,厚度 20 mm。找平层应平整、光滑、坚实,不应有空鼓、起砂、掉灰现象。找平层的坡度以 1%～2%为宜,在管道根部的周围应使其略高于地面,在地漏的周围应做成略低于地面的凹坑。所有转角处应作成半径不小于 10 mm 的均匀一致的平滑小圆角。

4. 防水层施工

当找平层基本干燥,含水率不大于 9%时,才能进行防水层施工。施工前应将找平层表面的尘土、杂物彻底清扫干净。地面与墙面的阴阳角、穿过楼板的管道根部和地漏等部位易发生渗漏,必须先进行附加增强处理,可增设胎体增强材料并增加涂布防水涂料。涂布防水涂料时,穿过楼地面管道四周处应向上涂刷,并超过套管上口;地面周围与墙面连接处,防水涂料应向墙面上涂布,高出面层 200～300 mm;有淋浴设施的卫生间墙面,防水层高度不应小于 1.8 m,并应先做墙面后做地面。涂膜的厚度:当使用高档防水涂料时,成膜厚度应≥1.5 mm;使用中档防水涂料时,成膜厚度≥2 mm;使用低档防水涂料时,成膜厚度≥3 mm。在最后一道涂膜固化前可稀撒少许干净的粗砂,以增加涂膜与水泥砂浆保护层之间的黏结。

5. 蓄水试验

防水层施工完毕且阴干后应进行 24 h 蓄水试验,蓄水高度应达到找坡最高点水位 20～30 mm 以上,确认防水层无渗漏后才可进行保护层、饰面层的施工。当设备与饰面层施工完毕后还应在其上继续进行第二次 24 h 蓄水试验,达到最终无渗漏和排水畅通为合格,方可进行正式验收。

6. 保护层施工

在蓄水试验合格和防水层完全固化后，即可铺设一层厚度为15～25 mm 的1∶2水泥砂浆保护层，并对保护层进行保湿养护。

7. 饰面层施工

在水泥砂浆保护层上可铺贴地面砖或其他面层装饰材料。铺贴面层时所采用的水泥砂浆中宜加108胶，同时砂浆要充填密实，不得有空鼓和高低不平现象。施工时应注意房间内的排水坡度和坡向，在地漏周边50 mm处，排水坡度可适量加大。

7.3.3 室内楼地面渗漏处理

室内楼地面发生渗漏，主要现象有：楼地面裂缝引起渗漏，管道穿过楼地面部位出现渗漏。

1. 楼地面裂缝引起渗漏的处理

对于楼地面裂缝引起的渗漏，根据裂缝情况可分别采用贴缝法、填缝法和填缝加贴缝法进行处理。贴缝法主要适用于宽度小于0.5 mm的微小裂缝，施工时可沿裂缝剔除40 mm宽的饰面层，在裂缝处涂刷防水涂料并铺贴胎体增强材料进行处理。填缝法主要用于宽度小于2 mm的较显著裂缝，处理时沿裂缝剔除40 mm宽的饰面层后，将裂缝扩展成10 mm×10 mm左右的V形槽，清除裂缝中浮灰杂物后嵌填密封材料。填缝加贴缝法用于宽度大于2 mm的裂缝，此时应沿裂缝局部清除饰面层和防水层，沿裂缝剔凿出宽度和深度均不小于10 mm的沟槽，清除浮灰杂物后，在沟槽内嵌填密封材料，并在表面铺设带胎体增强材料的涂膜防水层，再与原防水层搭接封严。当渗漏不严重时，也可不铲除饰面层，在清理裂缝表面后，直接沿裂缝涂刷两遍宽度不小于100 mm的无色或浅色合成高分子涂膜防水涂料即可。对裂缝进行修补后，均应进行蓄水检查，无渗漏后方可修复面层。

2. 管道穿过楼地面部位渗漏的处理

管道穿过楼地面部位出现渗漏的原因主要有管道根部积水、管道与楼地面间裂缝和穿过楼地面的套管损坏三种情况。对于管道根部积水渗漏，应沿管道根部轻轻剔凿出宽度和深度均不小于10 mm的沟槽，清理浮灰杂物后，槽内嵌填密封材料，并在管道与地面交接部位涂刷无色或浅色合成高分子防水涂料，沿管道涂刷的高度及沿地面的宽度均不小于100 mm，涂刷厚度不小于1 mm。对于管道与楼地面间的裂缝，应将裂缝部位清理干净后，绕管道及管道根部地面涂刷两遍合成高分子防水涂料，涂刷的高度及宽度均不小于100 mm，厚度不小于1 mm。对因套管损坏引起的漏水，应更换套管，对所更换的套管应封口，并高出楼地面20 mm以上，其根部应进行密封处理。

思 考 题

7-1 试述卷材防水屋面的构造。

7-2 屋面防水卷材有哪几类？各有何性能？

7-3 卷材防水屋面基层应如何处理？为什么找平层要留分格缝？

7-4 如何确定卷材的铺贴方向、铺贴顺序？不同卷材各有哪些铺贴方法？

7-5 卷材保护层的做法有哪几种？各适用于哪类卷材？

7-6 常用的防水涂料有哪几种？防水涂料应满足哪些要求？

7-7 试简述涂膜防水层的施工方法。

7-8 普通细石混凝土刚性防水屋面施工中，如何设置隔离层？如何留置分格缝？细石混凝土施工时应注意哪些问题？

7-9 地下工程防水方案有哪些？

7-10 防水混凝土工程对模板系统有何要求？试述防水混凝土的防水原理，防水混凝土施工中应如何留设施工缝和后浇带？

7-11 地下防水层的卷材铺贴方案有哪两种？各有何特点？

7-12 水泥砂浆抹面防水层的防水原理是什么？如何进行防水层施工？

7-13 试述室内防水工程施工的一般工艺程序。如何进行蓄水试验？

7-14 试简述处理楼地面裂缝引起渗漏的方法。

第8章　装饰装修工程

【内容提要和学习要求】

① 抹灰工程：掌握一般抹灰的施工工艺；熟悉抹灰工程材料要求；熟悉一般抹灰的分类、要求及组成；了解装饰抹灰的施工。

② 建筑地面工程：掌握水泥砂浆面层和板块面层施工；熟悉水磨石面层施工；了解木地板面层施工。

③ 饰面板(砖)工程：熟悉饰面砖粘贴施工；了解饰面板安装施工。

④ 幕墙工程：熟悉玻璃幕墙施工；了解金属幕墙和石材幕墙施工。

⑤ 吊顶、轻质隔墙与门窗工程：熟悉吊顶的施工；熟悉门窗安装施工；了解轻质隔墙施工。

⑥ 涂饰和裱糊工程：熟悉涂料涂饰施工；了解油漆涂饰施工；了解裱糊施工。

装饰装修工程包括室内和室外的装饰与装修。装饰装修工程的特点是：项目繁多，涉及面广，工程量大，工序复杂，工期长(一般占项目总工期的30%～50%)，质量要求高。因此，为加快施工进度，降低成本，满足装饰功能，增强装饰效果，应大力发展新型装饰材料，实现结构与装饰合一，不断提高工业化和专业化施工水平，多采用干法作业，优化施工方法和施工工艺。

8.1 抹灰工程

抹灰工程包括室内抹灰和室外抹灰；按工程部位可分为墙面抹灰(内墙、外墙)和顶棚抹灰；按使用材料和装饰效果可分为一般抹灰和装饰抹灰。

8.1.1 抹灰工程材料要求

抹灰工程常用材料有水泥、石灰膏或石灰、石膏等胶结材料；砂、石粒等集料；麻刀、纸筋、稻草等纤维材料。

抹灰用的水泥应采用不小于32.5级的普通硅酸盐水泥、矿渣硅酸盐水泥以及白水泥。不同品种水泥不得混用，出厂超过3个月的水泥应经试验合格后方可使用。抹灰用的石灰膏可用块状生石灰熟化，熟化时须用孔径不大于3 mm的筛子过滤，并储存在沉淀池中，常温下熟化时间不应少于15 d；罩面用的磨细生石灰粉的熟化期不应少于3 d。石膏宜采用乙级建筑石膏，并应磨成细粉无杂质。

抹灰用砂最好是中砂，或粗砂与中砂混合掺用。砂子使用前应过筛，不得含有泥土及杂质。装饰抹灰用的集料，如彩色石粒、彩色瓷粒等，应耐光坚硬，使用前必须冲洗干净。

纤维材料在抹灰中起拉结和骨架作用。麻刀应均匀、坚韧、干燥、不含杂质，长度以 20～30 mm 为宜。纸筋应洁净、捣烂、用清水浸透，罩面用纸筋宜用机碾磨细。稻草、麦秸切成长度不大于 30 mm 的段，并经石灰水浸泡 15 d 后使用较好。

8.1.2 一般抹灰施工

一般抹灰是指采用水泥砂浆、石灰砂浆、水泥混合砂浆、聚合物水泥砂浆，麻刀石灰或纸筋石灰、粉刷石膏等抹灰材料进行涂抹的施工。

1. 一般抹灰的分类、要求及组成

1）一般抹灰的分类和要求

一般抹灰按使用要求、操作工序和质量标准不同，分为普通抹灰和高级抹灰。

普通抹灰为一层底灰、一层中层和一层面层（或一层底层、一层面层）；施工时需阳角找方，设置标筋，分层赶平、修整，表面压光；质量要求为表面应光滑、洁净、接搓平整、分格缝应清晰。高级抹灰为一层底灰，数层中层和一层面层；施工时需阴、阳角找方，设置标筋，分层赶平、修整，表面压光；质量要求为表面应光滑、洁净、颜色均匀、无抹纹，分格缝和灰线应清晰美观。

2）一般抹灰的组成

一般抹灰层的组成如图 8-1 所示。

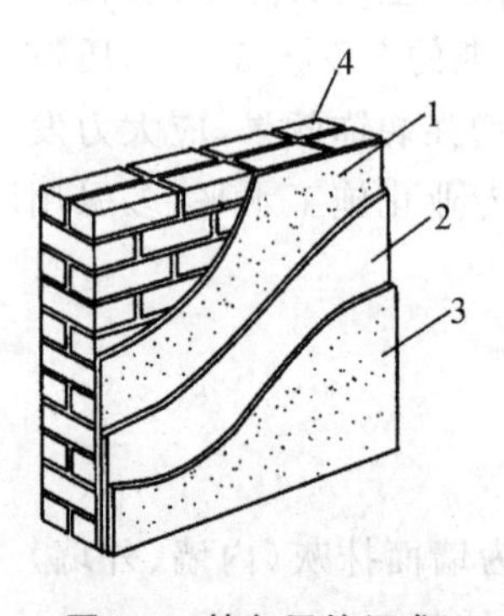

图 8-1 抹灰层的组成
1－底层；2－中层；
3－面层；4－基层

（1）底层

底层主要起与基层黏结和初步找平的作用，厚度为 5～9 mm。其所用材料与基层有关：对于砖墙基层，室内墙面一般用石灰砂浆或水泥混合砂浆打底，室外墙面宜用水泥砂浆或水泥混合砂浆打底；对于混凝土基层，宜先刷一道素水泥浆，再用水泥砂浆或混合砂浆打底，高级装修的顶棚宜用乳胶水泥浆打底；对于加气混凝土基层，打底前先刷一遍胶水溶液，宜用水泥混合砂浆、聚合物水泥砂浆或掺增稠粉的水泥砂浆打底；对于硅酸盐砌块基层，宜用水泥混合砂浆或掺增稠粉的水泥砂浆打底。

（2）中层

中层主要起找平作用，厚度为 5～9 mm。其所用材料与底层基本相同，砖墙则采用麻刀灰、纸筋灰或粉刷石膏。一般可一次抹成，亦可分遍进行。

（3）面层

面层亦称罩面，主要起装饰作用，厚度为 2～5 mm。室内一般用麻刀灰、纸筋灰或粉刷石膏，高级墙面用石膏灰。对于平整光滑的混凝土基层，如顶棚、墙体基层，可不抹灰，采用刮粉刷石膏或刮腻子处理。室外墙面的面层常用水泥砂浆。面层须仔细操作，确保表面平整、光滑、无裂痕。

各抹灰层厚度应根据基层材料、砂浆种类、墙面平整度、抹灰质量要求以及气候、温度条件而定。抹灰层平均总厚度，一般为 15～20 mm，最厚不超过 25 mm，均应符合规范要求。

2. 一般抹灰施工工艺

一般抹灰的施工程序为：基层处理→润湿基层→阴阳角找方→设置标筋→抹护角→抹底层灰→抹中层灰→检查修整→抹面层灰并修整→表面压光。其施工要点如下。

1）基层处理

为使抹灰砂浆与基层表面黏结牢固，防止抹灰层产生空鼓现象，抹灰前应对基层进行必要的处理。对基层表面的凸凹不平处，要先剔平或用 1∶3 水泥砂浆补齐，表面太光滑时要凿毛，或用掺 108 胶的水泥浆薄抹一层。

墙面脚手眼孔洞应堵塞严密，门窗口与墙体交接的缝隙处、水暖或通风管道通过的墙洞和楼板洞，应用水泥砂浆或水泥混合砂浆（加少量麻刀）嵌填密实。基层表面的尘土、污垢、油渍等应清除干净（油污严重的应用 10%浓度的碱水洗刷），并应洒水湿润。两种不同基层材料（如砖或砌块与混凝土结构）交接处应先铺钉一层金属网或纤维布，搭接宽度从交接处起每侧不小于 100 mm，以免抹灰层因基层温度变化而胀缩不一时产生裂缝。对砖砌体的基层，应待砌体充分沉降后方可抹底层灰，以防砌体沉降而拉裂抹灰层。

钢筋混凝土板的顶棚抹灰前，应用清水湿润并刷水泥浆一道，必要时水泥浆中可掺入 108 胶，以使抹灰层与基层黏结牢固。

2）弹线、设置标筋和抹护角

为了控制抹灰层的厚度和平整度，在抹灰前还须先找好规矩，即四角规方、横线找平、竖线吊直。墙面上应弹出各准线，并做出标志（灰饼）和标筋（冲筋），以便找平，如图 8-2 所示。顶棚抹灰前应在四周墙顶弹出水平线，以此线作为抹顶棚的依

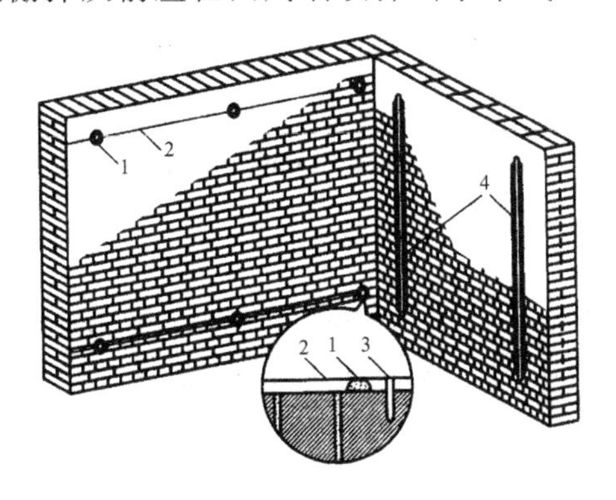

图 8-2　灰饼、标筋做法示意图

1—灰饼；2—引线；3—钉子；4—标筋

据。易受碰撞的室内墙面、柱面和门洞口的阳角做法应符合设计要求,设计无要求时,应采用 1∶2 水泥砂浆做暗护角,其高度不应低于 2 m,每侧宽度不应小于 50 mm。

3) 抹灰施工

抹灰层施工采用分层涂抹,多遍成活,抹灰层与基层之间及各抹灰层之间必须黏结牢固。如采用水泥砂浆或混合砂浆时,应待前一抹灰层凝结后再涂抹后一层;如采用石灰砂浆,则应待前一层达到 7～8 成干后再抹后一层。中层砂浆凝固前,可在层面上每隔一定距离交叉划出斜痕,以增强与面层的黏结。采用水泥砂浆面层时,应注意接槎,表面压光不得少于两遍,罩面后次日进行洒水养护;采用纸筋灰或麻刀灰罩面时,宜在石灰砂浆或混合砂浆底灰达 5～6 成干时进行,若底灰过干应浇水湿润,罩面灰一般分两遍抹平压光;采用石灰膏罩面时宜在石灰砂浆或混合砂浆底灰尚潮湿的情况下刮抹石灰膏,刮抹后约 2 h,待石灰膏尚未干时压实赶光,使表面光滑不裂。各种砂浆抹灰层,在凝结前应防止快干、水冲、撞击和振动,在凝结后应采取措施防止玷污和损坏。

顶棚抹灰时应先抹顶棚四周,依水平线圈边找平,再抹顶棚中部。顶棚表面应平顺,并压实压光,不应有抹纹、气泡和接槎不平现象,顶棚与墙面相交的阴角线应顺直。

冬期抹灰时,应采取保温防冻措施。抹灰时砂浆的温度不宜低于 5℃。气温低于 5℃时,室外不宜抹灰。做涂料墙面的抹灰砂浆内,不得掺入食盐和氯化钙来降低冰点。室内抹灰的环境温度也不应低于 5℃,抹灰时可采取加温措施以加速干燥,若采用热空气加温时,应注意通风,排除湿气。

4) 机械喷涂抹灰

机械喷涂抹灰能提高功效、减轻劳动强度和保证工程质量。施工时,应根据所喷涂的部位、材料确定喷涂顺序和路线,一般可按先顶棚后墙面,先室内后过道、楼梯间的顺序进行喷涂。机械喷涂前墙面亦需设置灰饼和标筋。喷涂厚度一次不超过 8 mm,当超过时应分遍进行。

机械喷涂抹灰目前只用于底层和中层,而喷涂后的找平、修补、罩面和压光等工艺性较强的工序仍需手工操作。

8.1.3 装饰抹灰施工

装饰抹灰的种类有水刷石、干粘石、斩假石、假面砖、喷涂饰面、弹涂饰面等。前三种装饰抹灰现已很少采用,本节仅介绍后三种装饰抹灰的施工。装饰抹灰时底层和中层的做法与一般抹灰基本相同,均为 1∶3 水泥砂浆打底,仅面层的材料和做法不同。

1. 假面砖饰面施工

假面砖抹灰是用水泥、石灰膏配合一定量的矿物颜料制成彩色砂浆涂抹面层而成。

假面砖的施工过程是：面层砂浆涂抹前，要浇水湿润中层，并弹出水平线；然后在中层上抹厚度为 3 mm 的 1∶1 水泥砂浆垫层，随即抹 3～4 mm 厚的砂浆面层；面层稍收水后，用铁梳子沿靠尺板由上向下竖向划纹，深度不超过 1 mm；再根据设计假面砖的宽度，用铁钩子沿靠尺板横向划沟，深度以露出垫层砂浆为准；最后清扫墙面。

假面砖的质量要求是：表面应平整、沟纹清晰、留缝整齐、色泽一致，应无掉角、脱皮、起砂等缺陷。

2. 喷涂饰面施工

喷涂饰面是用喷枪将聚合物水泥砂浆均匀喷涂在底层上形成面层装饰效果。施工时通过调整砂浆的稠度和喷射压力的大小，可喷成砂浆饱满、波纹起伏的“波面”，或表面不出浆而布满细碎颗粒的“粒状”，也可在表面涂层上再喷以不同色调的砂浆点，形成“花点套色”。

喷涂饰面的施工过程是：首先用 1∶3 水泥砂浆打底 10～13 mm 厚；在喷涂前，先喷或刷一道胶水溶液(108 胶∶水＝1∶3)，以保证喷涂层黏结牢固；然后喷涂 3～4 mm 厚饰面层，饰面喷涂必须连续操作，粒状喷涂应连续三遍成活；待饰面层收水后，按分格位置用铁皮刮子沿靠尺板刮出分格缝，缝内可涂刷聚合物水泥浆；面层干燥后，再喷罩一层有机硅憎水剂，以提高涂层的耐久性和减少对饰面的污染。

喷涂饰面的质量要求是：表面应平整，颜色一致、花纹均匀，无接槎痕迹。

3. 弹涂饰面施工

弹涂饰面是用电动弹涂机分几遍将聚合物水泥色浆弹到墙面上，形成 1～3 mm 大小的扁圆状色点。由于色浆一般由 2～3 种颜色组成，不同色点在墙面上相互交错、相互衬托，犹如水刷石、干粘石的效果；也可做成单色光面、细麻面、小拉毛拍平等多种形式。

弹涂饰面施工可在墙面上抹底灰，再做弹涂饰面；也可直接弹涂在基层较平整的混凝土板、加气混凝土板、石膏板、水泥石棉板等板材上。其施工程序为：基层找平修整或抹水泥砂浆底灰→喷刷底色浆一道(掺 108 胶)→弹涂第一道色点→弹涂第二道色点→局部补弹找均匀→喷涂树脂罩面防护层。

8.2 建筑地面工程

建筑地面工程是房屋建筑底层地面(即地面)和楼层地面(即楼面)的总称。它主要由基层和面层两大基本构造层组成，基层起着承受和传递来自面层的荷载的作用，面层则根据生产、工作、生活的特点和不同的使用要求采用不同的材料和施工方法。本节仅介绍地面面层的施工。

地面面层按施工方法不同可分为三大类：一是整体面层，如水泥砂浆面层、水磨石面层等；二是板块面层，如陶瓷地砖面层、花岗石和大理石面层、预制水磨石板块面层等；三是木地板面层，如实木地板面层、实木复合地板面层、中密度(强化)复合地板面层等。

8.2.1 整体面层施工

1. 水泥砂浆面层

水泥砂浆地面面层是在普通房屋建筑的地面中采用最广泛的面层之一。其材料要求和施工要点如下。

① 水泥砂浆面层的厚度不应小于 20 mm。水泥宜采用硅酸盐水泥、普通硅酸盐水泥，其强度等级不应低于 32.5；砂应采用中砂或粗砂；砂浆配合比宜为水泥：砂 = 1：2～1：2.5。

② 水泥砂浆面层施工前应清理基层，基层表面应粗糙、洁净、密实、平整，不允许有凹凸不平和起砂现象。面层铺设前一天应洒水湿润，以利于面层与基层结合牢固。

③ 水泥砂浆铺设前，应在基层表面涂刷一层水泥浆作黏结层，随刷随铺设砂浆拌和料。摊铺水泥砂浆后，用刮尺将水泥砂浆按控制标高刮平，并用木抹子拍实、搓平，再用钢抹子做好面层的抹平和压光。施工时必须掌握好在水泥砂浆初凝前完成抹平、终凝前完成压光。当面层需分格时，可做成假缝，应在水泥初凝后进行弹线分格。

④ 水泥砂浆面层铺设好并压光 24 h 后，即应开始养护工作。一般采用满铺湿润材料覆盖浇水养护，在常温下养护 5～7d，这是保证水泥砂浆面层不开裂、不起砂的重要措施。

水泥砂浆面层的质量要求是：面层与下一层应结合牢固，无空鼓、裂纹；面层表面应洁净，无裂纹、脱皮、麻面、起砂等缺陷。

2. 水磨石面层

水磨石面层的特点是：表面平整光滑、外观华美、不起灰，又可按设计和使用要求做成各种彩色图案，因此应用范围较广。其材料要求和施工要点如下。

① 水磨石面层的厚度(不含结合层)宜为 12～18 mm。水磨石拌和料的配合比为水泥：石粒=1：1.5～1：2.5。其中的水泥，本色或深色的水磨石面层宜采用强度等级不低于 32.5 的硅酸盐水泥、普通硅酸盐水泥或矿渣硅酸盐水泥，白色或浅色的水磨石面层应采用白水泥。石粒应采用坚硬可磨的岩石加工而成，且应有棱角、洁净、无杂物，其粒径宜为 6～15 mm。颜料应采用耐光、耐碱的矿物颜料，掺入量宜为水泥重量的 3%～6%。面层的分格条应采用铜条或玻璃条。

② 水磨石面层施工前应处理好基层，并铺设 10～15 mm 厚的 1：3 水泥砂浆或 1：3.5 干硬性水泥砂浆结合层(找平层)。结合层应平整、密实并做好毛面，以利于

与面层黏结牢固。

③ 水磨石面层铺设前，应在水泥砂浆结合层上按设计要求的分格和图案进行弹线分格，分格间距以 1 m 为宜。分格嵌条用素水泥浆固定，其高度比嵌条上口低 3 mm，如图 8-3 所示。分格嵌条稳好后，洒水养护 3～4 d，再铺设面层。

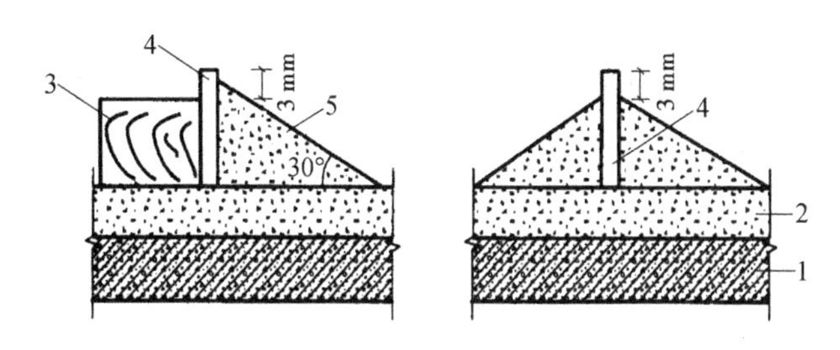

图 8-3 水磨石地面镶嵌条示意

1—混凝土基层；2—水泥砂浆底层；3—靠尺板；4—嵌条；5—素水泥浆灰埂

④ 面层铺设前底层应洒水湿润，并刷一遍与面层颜色相同的水灰比为 0.4～0.5 的水泥浆黏结层。随后将具有一定色彩的水泥石子拌和料铺设在分格中，其厚度比嵌条高出 1～2 mm，应铺设平整，并用滚筒滚压密实，待表面出浆后用抹子抹平。面层铺完 1 d 后洒水养护，根据气温和水泥品种养护 1～5 d 便可进行磨光工作。

⑤ 磨光前应先试磨，当表面石粒不松动时方可用磨石机开磨。水磨石面层分为粗磨、中磨和细磨三遍进行。第一遍粗磨采用 54～70 号油石，边磨边加水冲洗，磨至全部分格嵌条外露和石子显露，表面平整；粗磨后将泥浆冲洗干净，用同色水泥浆满涂抹，以填补表面的细小孔隙和凹痕。常温下养护 2～3 d 后再第二遍中磨，中磨采用 90～120 号油石，要求磨至表面光滑为止，其余同第一遍。第三遍细磨采用 180～240 号油石，要求磨至表面石子粒径显露、平整光滑，无砂眼细孔。面层细磨后用水冲洗晾干，再用草酸溶液擦洗干净。水磨石面层的上蜡工作应在不影响面层质量的其他工作全部完成后进行，将蜡包在薄布内，在面层上薄薄涂一层，稍干后用打蜡机打磨，直至光滑洁亮为止。地面上蜡后应铺锯末进行保护。

现浇水磨石面层的质量要求是：面层与下一层的结合应牢固，无空鼓、裂纹。面层表面应光滑；无明显裂纹、砂眼和磨纹；石粒密实，显露均匀；颜色图案一致，不混色；分格条牢固、顺直和清晰。

水磨石面层可在现场制作，也可在工厂预制成板块。其工序基本相同，只是在预制时要按设计规定的尺寸、形状制成模框，并在底层中加入钢筋，然后将水磨石板块运至现场铺设。

8.2.2 板块面层施工

1. 陶瓷地砖面层

陶瓷地砖面层具有强度高、致密坚实、抗腐耐磨、耐污染易清洗、平整光洁、规格与色泽多样等多方面优点，其装饰效果好，且施工方便，故广泛应用于室内地面的装饰。其施工要点如下。

① 铺设陶瓷地砖采用水泥砂浆作为结合层时，结合层厚度宜为 10～15 mm。水泥应采用强度等级不低于 32.5 级的硅酸盐水泥、普通硅酸盐水泥或矿渣硅酸盐水泥；砂应采用洁净、无有机杂质的中砂或粗砂。

② 在铺设前，应对陶瓷地砖的规格尺寸、外观质量、色泽等进行预选(配)，并事先在水中浸泡或淋水湿润后晾干待用。

③ 铺设时，应清理基层，浇水湿润，抄平放线。结合层宜采用 1∶3 或 1∶4 干硬性水泥砂浆，水泥砂浆表面要求拍实并抹成毛面。铺贴面砖应紧密、坚实，砂浆要饱满。严格控制面层的标高，并注意检测泛水。面砖的缝隙宽度：当紧密铺贴时不宜大于 1 mm；当虚缝铺贴时一般为 5～10 mm；应避免出现板块小于 1/4 边长的边角料。大面积施工时，应进行分段，顺序铺贴，按标准拉线镶贴，严格控制方正，并随时做好铺砖、砸平、拔缝、修整等各道工序的检查和复验工作，以保证铺贴面层的质量。

④ 地砖面层铺贴后 24 h 内，应用素水泥浆进行擦缝或勾缝工作。擦缝和勾缝应采用同品种、同等级、同颜色的水泥，同时应随做随清理面层的水泥浆。

⑤ 面层铺设后，表面应覆盖、湿润，养护时间不应少于 7 d。当面层的水泥砂浆结合层的抗压强度达到设计要求后，方可正常使用。

陶瓷地砖面层的质量要求是：面层与下一层的结合(黏结)应牢固、无空鼓。砖面层的表面应洁净、图案清晰，色泽一致，接缝平整，深浅一致，周边顺直。板块无裂纹、掉角和缺楞等缺陷。面层邻接处的镶边用料及尺寸应符合设计要求，边角整齐、光滑。

2. 花岗石、大理石面层

花岗石和大理石面层的特点是：质地坚硬、密度大、抗压强度高、耐磨性和耐久性好、吸水率小、抗冻性强，其颜色和花纹的装饰效果好，故广泛应用于高等级的公共场所和民用建筑以及耐化学反应的生产车间等建筑地面工程。但某些天然花岗石石材含有微量放射性元素，选用材料时应严格按照有关标准进行控制。而且，对天然石材饰面板，应进行防碱背涂处理，否则会产生泛碱现象，影响地面面层的装饰效果。天然石材面层的施工要点如下。

① 铺设花岗石和大理石的结合层厚度：当采用水泥和砂时宜为 20～30 mm，其体积比宜为水泥∶砂＝1∶4～1∶6，铺设前应淋水拌和均匀；当采用水泥砂浆时宜为 10～15 mm。对水泥和砂的要求与陶瓷地砖面层相同。

② 花岗石和大理石板材在铺设前，应根据石材的颜色、花纹、图案、纹理等按设计要求试拼编号，尽可能使楼、地面的整体图面与色调和谐统一，体现花岗石和大理石饰面建筑的高级艺术效果。

③ 面层铺设前应弹线找中、找方，并将相连房间的分格线连接起来，同时弹出楼、地面标高线，以控制面层表面的平整度。放线后，应先铺若干条干线作为基准，

起标筋作用。铺设方法一般是由房间中部向两侧退步铺设。凡有柱子的大厅，宜先铺设柱子与柱子之间的部分，然后向两边展开。

④ 板材在铺设前应浸湿，阴干或擦干后备用。结合层与板材应分段同时铺设，铺设时要先进行试铺，待合适后，将板材揭起，再在结合层上均匀撒布一层干水泥面并淋水一遍，亦可采用水泥浆作黏结，同时在板材背面洒水，正式铺设。铺设时板材要四角同时下落，并用木槌或橡皮锤敲击平实，注意随时找平、找直，要求四角平整，纵横缝隙对齐。花岗石和大理石板材之间，应接缝严密，其缝隙宽度不应大于 1 mm 或按设计要求。

⑤ 面层铺设后 1～2 d 内进行灌浆和擦缝。应根据板材的颜色选择相同颜色的矿物颜料与水泥拌和均匀，调成稀水泥浆灌入板材之间缝隙中。灌浆 1～2 h 后，用原稀水泥浆擦缝，与板面擦平，同时将板面上水泥浆擦净。

⑥ 面层铺设完后，其表面应进行养护并加以保护。待结合层（含灌缝）的水泥砂浆强度达到要求后，方可进行打蜡，以达到光滑洁亮。

花岗石和大理石面层的质量要求是：面层与下一层应结合牢固，无空鼓。花岗石、大理石面层的表面应洁净、平整、无磨痕，且应图案清晰、色泽一致、接缝均匀、周边顺直、镶嵌正确，板块无裂纹、掉角、缺楞等缺陷。

3. 预制水磨石板块面层

预制水磨石板块面层具有强度高、花色品种多、美观适用，与整体水磨石面层相比湿作业量小、施工方便和速度快等特点，在建筑地面工程中广泛应用，更适用于有防潮要求的地面工程。其施工要点如下。

① 铺设预制水磨石板块面层的水泥砂浆结合层，厚度应为 10～15 mm，可采用 1∶2 普通水泥砂浆，亦可采用 1∶4 干硬性水泥砂浆。对水泥和砂的要求与陶瓷地砖面层相同。

② 预制板块在铺设前应先用水浸湿，待表面无明水方可铺设。基层处理后，预制板块面层应分段同时铺砌，找好标高，按标准挂线，随浇水泥浆随铺砌。铺砌方法一般从中线开始向两边分别铺砌。

③ 水磨石板块面层铺砌时，应进行试铺，对好纵横缝，用橡皮锤敲击板块中间，振实砂浆，锤击至铺设高度。试铺合适后掀起板块，用砂浆填补空虚处，满浇水泥浆黏结层。再铺板块时要四角同时落下，用木槌或橡皮锤轻敲结实，并随时用水平尺和直线板找平、找直。水磨石板块间的缝隙宽度不应大于 2 mm。

④ 水磨石板块面层铺砌后 2 d 内，用稀水泥浆或 1∶1 稀水泥细砂砂浆灌缝 2/3 高度，再用同色水泥浆擦缝。然后用覆盖材料保护，至少养护 3 d。待缝内的水泥浆或水泥砂浆凝结后，应将面层擦拭干净。

预制水磨石板块面层的质量要求是：面层与下一层应结合牢固、无空鼓。预制水磨石板块表面应无裂缝、掉角、翘曲等明显缺陷。板块面层应平整洁净，图案清晰，色泽一致，接缝均匀，周边顺直，镶嵌正确。面层邻接处的镶边用料尺寸应符合设计要求,边角整齐、光滑。

8.2.3 木地板面层施工

1. 实木地板面层

实木地板面层是采用条材和块材实木地板或采用拼花实木地板,以空铺或实铺方式在基层上铺设而成。这种面层具有弹性好、导热系数小、干燥、易清洁和不起尘、高雅美观等特点,是一种理想的建筑地面面层。

实木地板面层可采用单层和双层面层铺设。单层木地板是在木搁栅上直接钉企口木板,它适用于中、高档民用建筑和高洁度实验室。双层木地板是在木搁栅上先钉一层毛地板,再钉一层企口木板;或将拼花木板铺钉或粘贴于毛地板上而成为拼花木地板。双层木地板适用于高级民用建筑,特别是拼花木地板可用于室内体育比赛、训练用房和舞厅、舞台等公共建筑。实木地板面层的施工要点如下。

① 铺设实木地板时,其木格栅的截面尺寸、间距和稳固方法等应符合设计要求。木格栅应垫实钉牢,与墙面之间留出 30 mm 的缝隙,表面应平直。

② 毛地板铺设时,木材髓心应向上,其板间缝隙不应大于 3 mm,与墙面之间应留有 8～12 mm 的空隙,表面应刨平。

③ 实木地板面层铺设时,面板与墙面之间应留有 8～12 mm 的缝隙,并按下述方法铺设。

a. 单层条状木板面层铺设时,每块长条木板应钉牢在每根木格栅上。

b. 企口木板(单层木板或双层木板上层)铺设时,应从靠门较近的一边开始铺钉,每铺设 600～800 mm 宽度应弹线找直修正,再依次向前铺钉。铺钉时应与格栅成垂直方向钉牢,板端接缝应间隔错开。企口木板面层表面不平处应进行刨光。

c. 铺设拼花木板面层前,应在毛地板上从房间中央起弹线、分格、定位,并距墙面留出 200～300 mm 宽以作镶边。拼花木板的接缝可采用企口接缝、截口接缝或平头接缝形式,如图 8-4 所示,缝隙不应大于 0.3 mm。在毛地板上铺钉拼花地板,应结合紧密。用胶粘剂铺贴薄型拼花木板面层时,应注意随铺贴随在木板面上加压,使之黏结牢固,防止翘曲。拼花木板面层应进行刨光。

图 8-4 拼花木板接缝

实木地板面层的质量要求是:面层所采用的材质和铺设时的木材含水率必须符合设计要求。木格栅、垫木和毛地板等必须做防腐、防蛀处理。木格栅安装应牢固、平直。面层铺设应牢固;黏结无空鼓。实木地板面层应刨光、磨平,无明显刨痕和毛刺等现象;图案清晰、颜色均匀一致。面层缝隙应严密;接头位置应错开、表面洁净。

拼花地板接缝应对齐，粘、钉严密；缝隙宽度均匀一致；表面洁净，胶粘无溢胶。

2. 实木复合地板面层

实木复合地板面层是采用条材和块材实木复合地板或采用拼花式实木复合地板，以空铺或实铺方式在基层上铺设而成。其板材是以表层采用优质硬木配以芯板板材为原料，经运用技术配方和科学的结构层加工而成。

实木复合地板面层既具有普通实木地板面层的优点，又有效地调整了木材之间的内应力，不易翘曲开裂；既适合普通地面铺设，又适合地热采暖地板铺设。这种面层木纹自然美观，达到豪华、典雅的装饰效果和使用功能，亦是一种理想的建筑地面面层，适用范围同实木地板面层。实木复合地板面层的施工要点如下。

① 实木复合地板面层的木格栅和毛地板的铺设，与上述实木地板面层中相同。

② 实木复合地板面层也可采用整贴法和点贴法直接黏结在水泥类基层上。黏结材料应采用具有耐老化、防水、防菌、无毒等性能的材料。

③ 实木复合地板面层下铺设防潮隔声衬垫时，两幅拼缝之间结合处不得显露出基层。

④ 铺设实木复合地板面层时，相邻板材的接头位置应协调，且应错开不小于300 mm 的距离；与墙面之间应留有不小于 10 mm 的空隙。铺设前应将板材边缘多余的油漆处理干净，以保证板缝接口处平整严密。大面积铺设实木复合地板面层（长度大于 10 m）时，应分段铺设，分段缝的处理应符合设计要求。

实木复合地板面层的质量要求是：面层所采用的条材和块材，其技术等级及质量要求应符合设计要求。木格栅、垫木和毛地板等必须做防腐、防蛀处理。木格栅安装应牢固、平直。面层铺设应牢固；黏结无空鼓。实木复合地板面层图案和颜色应符合设计要求，图案清晰，颜色一致，板面无翘曲。面层的接头应错开、缝隙严密、表面洁净。

3. 中密度（强化）复合地板面层

中密度（强化）复合地板面层是采用条材和块材中密度（强化）复合地板以悬浮或锁扣方式在基层上铺设（拼装）而成。其板材是以一层或多层专用纸浸渍热固性氨基树脂，铺装在中密度纤维板的人造板基材表面，背面加平衡层，正面加耐磨层经热压而成的木质地板材，亦称强化木地板。

中密度（强化）复合地板面层不但具有普通实木地板面层的优点，而且表面耐磨性高、阻燃性能好、耐污染腐蚀能力强，同时铺设方便、价格便宜，但其脚感较生硬、可修复性差。这种面层能达到表面浮雕图案的装饰效果，亦是一种理想的建筑地面面层，其适用范围同实木地板面层。中密度（强化）复合地板面层的施工要点如下。

① 基层表面的平整度应控制在每平方米不超过 2 mm，未达到要求时必须二次找平。

② 基层表面应进行清洁并干燥后，再满铺衬垫层。衬垫层接口处宜搭接不小于20 cm 宽的重叠面，并用防水胶带封好。

③ 中密度(强化)复合地板面层铺设时,相邻条板端头应错开不小于 300 mm 的距离;衬垫层及面层与墙之间应留有不小于 10 mm 宽的缝隙。铺设时将胶水均匀连续地涂在板材两边的企口内,以确保其紧密黏结,并将挤压拼缝处溢出的多余胶水立即擦掉,保持地板面层洁净。铺设面层的面积达 70 m^2 或房间长度达 8 m 时,宜在每间隔 8 m 宽处放置铝合金条,以防止整体地板受热变形。

④ 中密度(强化)复合地板面层铺设完毕后,应保持房间通风,夏季 24 h、冬季 48 h 后方可正式使用。

中密度(强化)复合地板面层的质量要求是:面层所采用的材料,其技术等级及质量要求应符合设计要求。面层铺设应牢固。面层图案和颜色应符合设计要求,图案清晰,颜色一致,板面无翘曲。面层的接头应错开、缝隙严密、表面洁净。

8.3 饰面板(砖)工程

饰面板(砖)工程是将饰面板(砖)铺贴或安装在基层上的一种装饰方法。按面层材料和施工工艺的不同,分为饰面砖粘贴工程和饰面板安装工程。

8.3.1 饰面砖粘贴工程

饰面砖粘贴工程适用于内墙饰面砖的粘贴,和高度不大于 100 m、抗震设防烈度不大于 8 度、采用满粘法施工的外墙饰面砖粘贴。目前常用于内墙饰面的为釉面内墙砖;用于外墙饰面的为陶瓷外墙面砖。按其表面处理又分为彩色釉面陶瓷砖和无釉陶瓷砖;此外还有一些新品种面砖,如劈离砖、麻面砖、玻化砖、渗花砖等。

1. 饰面砖抹浆粘贴法施工

饰面砖抹浆(水泥砂浆、水泥浆)粘贴法为传统施工方法,主要工序为:基层处理、湿润基层表面→水泥砂浆打底→选砖、浸砖→放线和预排→粘贴面砖→勾缝→清洁面层。其施工要点如下。

① 基层处理和打底:基层表面应平整而粗糙,粘贴面砖前应清理干净并洒水湿润。然后用 1∶3 水泥砂浆打底,厚 7～10 mm,表面需找平划毛。底灰抹完后一般养护 1～2 d 方可粘贴面砖。

② 选砖和浸砖:铺贴的面砖应进行挑选,即挑选规格一致、形状平整方正、无缺陷的面砖。饰面砖应在清水中浸泡,釉面内墙砖需浸泡 2 h 以上,陶瓷外墙面砖则要隔夜浸泡,然后取出阴干备用。

③ 放线和预排:铺贴面砖前应进行放线定位和预排,接缝宽一般为 1～1.5 mm,非整砖应排在次要部位或墙的阴角处。常见内墙面砖的排列方法如图 8-5 所示,外墙面砖排缝方法示意如图 8-6 所示。预排后用废面砖按黏结层厚度用混合砂浆粘贴标志块,其间距一般为 1.5 m 左右。

④ 粘贴面砖:粘贴面砖宜采用 1∶2 水泥砂浆,厚度宜为 6～10 mm,或采用聚合

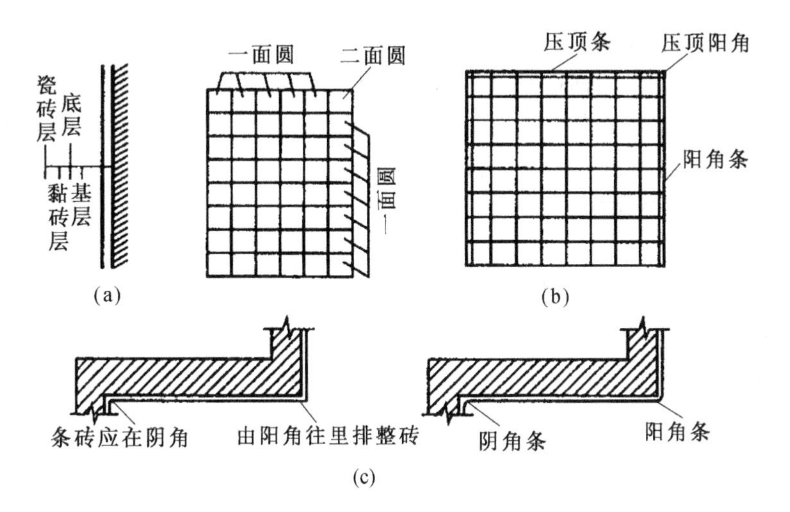

图 8-5　内墙面砖排列示意

(a) 纵剖面;(b) 立面;(c) 横剖面

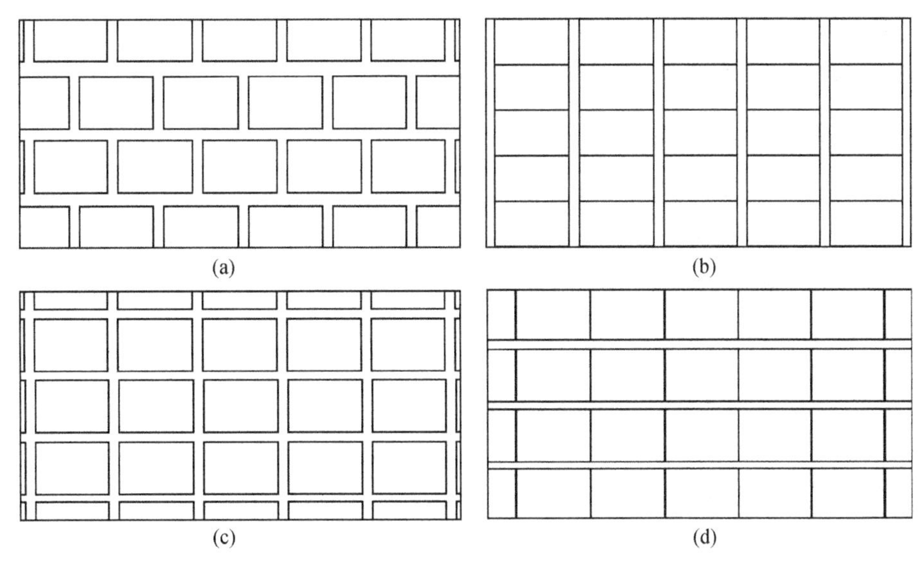

图 8-6　外墙面砖排缝示意

(a)错缝;(b)竖通缝;(c)通缝;(d)横通缝

物水泥浆(水泥∶108 胶∶水＝10∶0.5∶2.6)。黏贴面砖时,先浇水湿润墙面,再根据已弹好的水平线,在最下面一皮面砖的下口放好垫尺板(平尺板),作为贴第一皮砖的依据,由下往上逐层粘贴。粘贴时应将砂浆满铺在面砖背面,逐块进行粘贴,一般从阳角开始,使非整砖留在阴角,即先贴阳角大面,后贴阴角、凹槽等部位。粘贴的砖面应平整,砖缝须横平竖直,应随时检查并进行修整。

粘贴后的每块面砖,可轻轻敲击或用手轻压,使其与基层黏结密实牢固。凡遇黏结不密实、缺灰情况时,应取下重新粘贴,不得在砖缝处塞灰,以防空鼓。要注意随时将缝中挤出的浆液擦净。

⑤ 勾缝和清洁面层:面砖粘贴完毕后应进行质量检查。然后用清水将面砖表面擦洗干净,接缝处用与面砖同色的白水泥浆擦嵌密实。全部工作完成后要根据不同污染情况,用棉纱清理或用稀盐酸刷洗,随即用清水冲刷干净。

2. 饰面砖胶粘法施工

饰面砖胶粘法施工即利用胶粘剂将饰面砖直接粘贴于基层上。这种施工方法具有工艺简单、操作方便、黏结力强、耐久性好、施工速度快等特点,是实现装饰工程干法施工的有效措施。

施工时要求基层坚实、平整、无浮灰及污物,饰面材料亦应干净、无灰尘及污垢。粘贴时先在基层上涂刷胶粘剂,厚度不宜大于 3 mm,然后铺贴饰面砖,揉挤定位。定位后用橡皮锤敲实,使气泡排出。施工时应由下往上逐层粘贴,并随即清除板面上的余胶。粘贴完毕 3～4d 后便可用白水泥浆进行灌浆擦缝,并用湿布将饰面砖表面擦拭干净。

饰面砖粘贴工程的质量要求是:饰面砖粘贴必须牢固。满粘法施工的饰面砖工程应无空鼓、裂缝。饰面砖表面应平整、洁净、色泽一致,无裂痕和缺损。饰面砖接缝应平直、光滑,填嵌应连续、密实;宽度和深度应符合设计要求。

8.3.2 饰面板安装工程

饰面板安装工程适用于内墙饰面板安装,和高度不大于 24 m、抗震设防烈度不大于 7 度的外墙饰面板安装。目前常用的饰面板有石材饰面板、金属饰面板、塑料饰面板,还可将墙板结构与饰面结合,一次成型为饰面墙板。

1. 石材饰面板安装施工

石材饰面板,包括天然石材(花岗石、大理石、青石板等)饰面板、人造石材饰面板、预制水磨石饰面板等。采用湿作业法施工的天然石材饰面板,应进行防碱背涂处理,否则会产生泛碱现象,严重影响石材饰面板的装饰效果。

1) 饰面板湿法安装

饰面板湿法安装是一种传统的安装方法,它适用于普通大规格板材。饰面板湿法安装的工艺如图 8-7 所示,其施工要点如下。

① 绑扎钢筋:首先按设计要求在基层表面绑扎钢筋网,钢筋网应与结构的预埋件连接牢固,钢筋网中横向钢筋的位置应与饰面板的尺寸相应。

② 钻孔、剔槽:在石材饰面板材上、下边的侧面钻孔,并在石材背面的同位置横向打孔,再轻剔一道槽,同孔眼形成“象鼻眼”,以便与钢筋网连接。

③ 安装饰面板:安装前要按照事先弹好的水平、垂直控制线进行预排,然后由下往上安装。安装时每层从中间或一端开始,用铜丝或不锈钢丝从孔眼中穿过将饰面板与钢筋网绑扎固定。板材与基层间的缝隙一般为 20～50 mm。

④ 灌浆:饰面板与基层间需灌浆黏结。灌浆前应先用石膏或泡沫塑料条临时封

闭石材板缝，以防漏浆。然后用1∶2.5水泥砂浆分层灌注，每层高度为200～300 mm，待下层初凝后再灌上层，直到距上口50～100 mm处为止。每日安装固定后应将饰面板清理干净，如饰面层光泽受到影响，可以重新打蜡出光。

⑤ 表面擦缝：全部板材安装完毕后，清洁表面，并用与饰面板材相同颜色调制的水泥浆嵌填缝隙，边嵌边擦，使嵌缝密实、色泽一致。

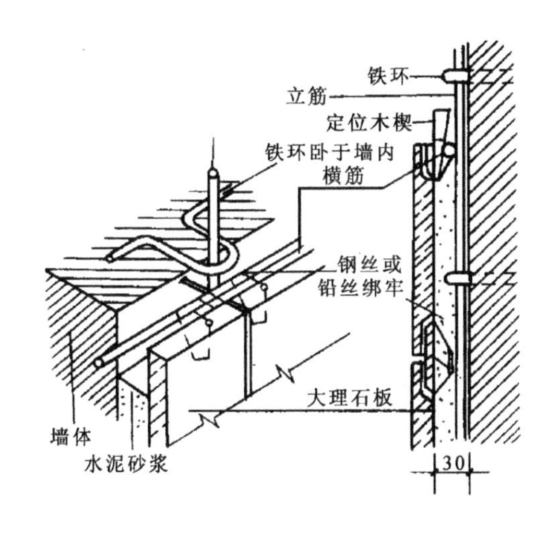

图8-7 饰面板湿法安装示意

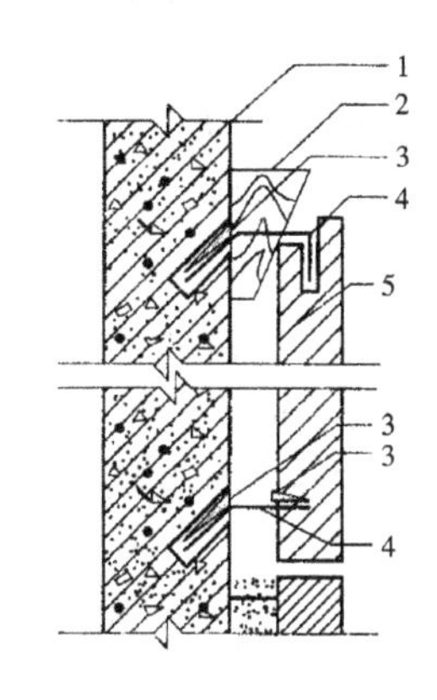

图8-8 饰面板楔固法安装示意

1—基体；2—大木楔；3—硬木楔；4—不锈钢钉；5—石材饰面板

2）饰面板楔固法安装

饰面板楔固法安装是传统的湿作业改进法，其安装工艺如图8-8所示。

楔固法工艺是在饰面板材上打直孔，在基体上对应于板材上下直孔的位置，用冲击钻钻出与板材孔数相等的斜孔，斜孔成45°角，孔径6 mm，孔深40～50 mm。然后现场制作直径5 mm的不锈钢钉，不锈钢钉的形式如图8-8中的两种形状。不锈钢钉一端钩进石材饰面板内，随即用硬木小木楔楔紧；另一端钩进基体斜孔内，在校正饰面板的上下口及板面的垂直度和平整度，检查与相邻板材结合是否严密后，随即将基体斜孔内的不锈钢钉楔紧。接着用大木楔紧固于饰面板与基体之间，以紧固不锈钢钉。饰面板位置校正准确、临时固定后，即可按传统的湿作业法的灌浆要求分层灌浆及表面擦缝。

3）饰面板粘贴法安装

饰面板粘贴法安装适用于薄型小规格板材。其施工要点如下。

① 抹底层灰：在进行基层处理后需抹底层灰，一般采用1∶2.5水泥砂浆分两次涂抹，厚度约10～20 mm，随即抹平搓实，并吊垂直、找规矩。

② 镶贴石板：底层灰干燥后，在墙面上按设计图纸进行分块弹线，并进行石板试摆和调整。镶贴时在底层灰上用水泥胶粘剂（或专用胶泥）进行拉毛处理，在石板的背面涂抹2～3 mm水泥胶粘剂（或专用胶泥）进行镶贴，然后用木槌轻敲板面使其黏

洁牢固,并用靠尺板找平整、找垂直。

③ 表面擦缝:石板安装完成后清洁表面,按设计要求的颜色调制水泥色浆进行擦缝,边嵌缝边擦干净,使缝隙密实、均匀、干净、颜色一致。

2. 金属饰面板安装施工

金属饰面板,常用的有铝合金板、彩色涂层钢板、彩色不锈钢板、镜面不锈钢饰面板、塑铝板等多种,其安装方法主要有木衬板粘贴薄金属面板和龙骨固定面板两种方法。

1) 木衬板粘贴薄金属面板

木衬板粘贴法是利用大芯板作为衬板,在其表面用胶粘剂粘贴薄金属板,一般用于室内墙面的装饰。该方法施工的要点是:控制衬板安装的牢固性、衬板本身表面的质量、衬板安装的平整度和垂直度,以及控制表面金属板胶粘剂涂刷的均匀性和掌握好金属板粘贴时间。

2) 龙骨安装金属饰面板

安装金属饰面板的龙骨一般采用型钢或铝合金型材做支承骨架,以采用型钢骨架较多。横、竖骨架与结构的固定,可采用与结构的预埋件焊接,也可采用在结构上打入膨胀螺栓连接。

饰面板的安装方法按照固定原理可分为以下两种。一种是固结法,多用于外墙金属饰面板的安装,此方法是将条板或方板用螺钉或铆钉固定到支承骨架上,铆钉间距宜为 100～150 mm;另一种是嵌卡法,多用于室内金属饰面板的安装,此方法是将饰面板做成可嵌插的形状,与用镀锌钢板冲压成型的嵌插母材——龙骨嵌插,再用连接件将龙骨与墙体锚固。

金属饰面板之间的间隙,一般为 10～20 mm,需用橡胶条或密封胶等弹性材料嵌填密封。

各种饰面板安装工程的质量要求是:饰面板安装必须牢固。采用湿作业法施工的饰面板工程,石材应进行防碱背涂处理。饰面板与基体之间的灌注材料应饱满、密实。饰面板表面应平整、洁净、色泽一致,无裂痕和缺损。石材表面应无泛碱等污染。饰面板嵌缝应密实、平直,宽度和深度应符合设计要求,嵌填材料色泽应一致。

8.4 幕墙工程

建筑幕墙是由支承结构体系与玻璃、金属、石材等面板组成的,可相对主体结构有一定位移能力,但不分担主体结构荷载与作用的建筑外围护结构或装饰性结构。它装饰效果好、自重小、安装速度快,是建筑物外墙轻型化、装配化的较为理想的形式,因而在现代建筑中得到广泛应用。幕墙的主要结构如图 8-9 所示,由面板构成的幕墙构件连接在横梁上,横梁连接在立柱上,立柱悬挂在主体结构上。为使立柱在温度变化及主体结构变形时可自由伸缩,立柱上下由活动接头连接。

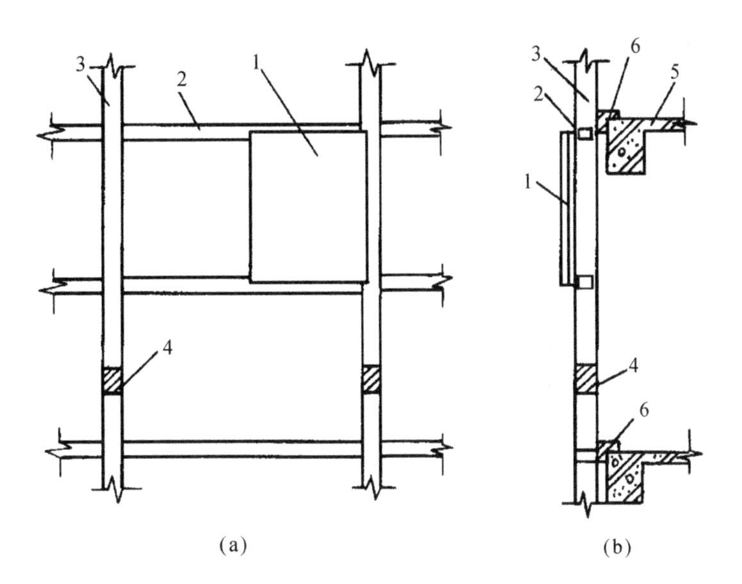

图8-9　幕墙组成示意

1—幕墙面板；2—横梁；3—立柱；4—立柱活动接头；
5—主体结构；6—立柱悬挂点

8.4.1 玻璃幕墙施工

1. 玻璃幕墙分类

玻璃幕墙按结构及构造形式不同，有明框玻璃幕墙，全隐框玻璃幕墙、半隐框玻璃幕墙和全玻璃幕墙等。

① 明框玻璃幕墙：此种幕墙若采用型钢作为幕墙的骨架，玻璃板镶嵌在铝合金框内，再将铝合金框与骨架固定；若采用特殊断面的铝合金型材作为幕墙的骨架，则玻璃直接镶嵌在骨架的凹槽内。两种做法均形成铝框分隔明显的立面。明框玻璃幕墙是传统的形式，其工作性能可靠，相对于隐框玻璃幕墙更容易满足施工技术水平的要求，应用广泛。

② 全隐框玻璃幕墙：此种幕墙是将玻璃面板用硅酮结构密封胶预先黏结在铝合金玻璃框上，铝框固定在骨架上，铝框及骨架体系全部隐蔽在玻璃面板后面，玻璃板之间则用硅酮耐候密封胶密封，形成大面积的全玻璃镜面幕墙。全隐框幕墙的全部荷载均由玻璃面板通过结构胶传递给铝框，因此，结构胶是保证隐框玻璃幕墙安全的关键因素。

③ 半隐框玻璃幕墙：此种幕墙是将玻璃的两对边粘贴在铝合金玻璃框上，而另外两对边镶嵌在铝框的凹槽中，铝框固定在骨架上，则形成半隐框玻璃幕墙。其中，立柱外露、横梁隐蔽的称横向半隐框玻璃幕墙；横梁外露、立柱隐蔽的称竖向半隐框玻璃幕墙。

④ 全玻璃幕墙(也称无框玻璃幕墙)：此种幕墙的骨架除主框架采用金属之外，

次骨架均采用玻璃肋，玻璃及次骨架用结构胶固定。玻璃本身既是饰面材料，又是承受荷载的结构构件。它常用于建筑物首层、顶层及旋转餐厅的外墙，有时采用大面积玻璃板，使幕墙更具有透明性。

2. 玻璃幕墙主要材料

玻璃幕墙常用材料包括骨架及配件材料、面板材料、黏结材料、密封嵌缝材料和其他材料等。幕墙作为建筑物外围护结构，经常受自然环境不利因素的影响，因此，要求幕墙材料有足够的耐气候性和耐久性。

玻璃是玻璃幕墙的主要材料之一，它直接影响幕墙的各项性能，同时也是幕墙艺术风格的主要体现者。幕墙所采用的玻璃通常有：钢化玻璃、夹层玻璃、双层中空玻璃、热反射玻璃、吸热玻璃、夹丝玻璃和防火玻璃等。幕墙玻璃应具有防风雨、防日晒、防撞击和保温隔热等功能。

玻璃幕墙所采用密封胶有两种：一种是硅酮结构密封胶（也称结构胶），它用于玻璃板材与金属骨架、板材与板材、板材与玻璃肋等结构之间的黏结，应具有较高的强度、延性和黏结性能；另一种是硅酮耐候密封胶（也称建筑密封胶），它用于各种幕墙面板之间的嵌缝，也用于幕墙面板与结构面、金属框架之间的密封，应具有较强的耐大气变化、耐紫外线、耐老化性能。所以两者不得相互代用。

3. 玻璃幕墙安装施工

玻璃幕墙现场安装施工有单元式和分件式两种方式：单元式是将立柱、横梁和玻璃面板在工厂拼装成一个安装单元（一般为一个楼层高度），然后到现场整体吊装就位；分件式是将立柱、横梁、玻璃面板等分别运到工地，在现场逐件进行安装。

分件式安装的施工程序为：测量放线定位→检查预埋件→安装骨架→安装玻璃面板→密封处理→清洗维护。其施工要点如下。

1）测量放线定位

测量放线定位是将骨架的位置线弹到主体结构上。放线工作应根据施工现场提供的结构轴线及标高控制点进行。对于由立柱、横梁组成的幕墙骨架，一般先在结构上弹出立柱位置线，再确定立柱的锚固点，待立柱通长安装完后，再将横梁线弹到立柱上。如果是全玻璃幕墙安装，则应先将玻璃的位置线弹到地面上，再根据外缘尺寸确定锚固点。

2）检查预埋件

为保证幕墙与主体结构连接可靠，幕墙的金属框架与主体结构应通过预埋件连接，预埋件应在主体结构混凝土施工时，按设计要求的数量、规格、位置和防腐处理进行埋设。安装骨架前，应检查各连接位置预埋件是否齐全，位置是否准确。若有遗漏、倾斜、位置偏差过大等情况时，应采取补救措施。当没有条件采用预埋件连接时，应采用其他可靠的连接措施，并应通过试验确定其承载力。

3）安装骨架

骨架的安装依据放线位置进行。为使立柱与主体结构的连接具有一定的相对位移能力,立柱应先用螺栓与连接件(角码)连接,连接件再与主体结构预埋件固定。凡是两种不同金属的接触面之间,除不锈钢外,都应设绝缘隔离柔性垫片,以防止不同金属接触后产生双金属腐蚀。上、下立柱之间应留有不小于 15 mm 的缝隙,并通过活动接头连接,缝隙间打注硅酮耐候胶。

横梁一般分段与立柱连接。横梁与立柱间的连接可采用不锈钢螺栓、螺钉等连接紧固件。为防止幕墙构件连接部位产生摩擦噪声,横梁与立柱连接处应设置柔性垫片或预留 1～2 mm 的缝隙,缝隙内填塞耐候密封胶。

4) 安装玻璃面板

各种幕墙玻璃面板的安装要点如下。

① 明框玻璃幕墙的玻璃面板镶嵌在铝框内,安装时玻璃不得与框构件直接接触,其四周与构件凹槽底部应保持一定的空隙。每块玻璃下部应至少放置两块宽度与槽口相同、长度不小于 100 mm 的弹性定位垫块。玻璃四周与框空隙间嵌入橡胶条,橡胶条镶嵌应平整、密实。

② 半隐框、隐框玻璃幕墙的玻璃板块应在工厂制作,即应将玻璃面板与铝框之间打注结构胶黏结,并经过抽样剥离试验和质量检验合格后,方可运至现场。

③ 固定半隐框、隐框玻璃幕墙的玻璃板块应采用压块或勾块,其规格和间距应符合设计要求,固定点的间距不宜大于 300 mm。不得采用自攻螺钉固定玻璃板块。

④ 由于隐框和横向半隐框玻璃幕墙的玻璃板块完全依靠结构胶承受玻璃自重,所以安装时为保证安全,应在每块玻璃板块下端设置两个铝合金或不锈钢托条,托条上应设置衬垫。

5) 密封处理及清洗维护

玻璃面板安装完毕后,须及时用硅酮耐候密封胶嵌缝密封,以保证玻璃幕墙的气密性、水密性等性能。嵌缝前应将板缝清洁干净,并保持干燥。密封胶注满后应检查胶缝,如有气泡、空心、断裂、夹杂等缺陷,应及时处理。幕墙工程安装完成后,应选择无腐蚀性的清洁剂对幕墙表面及外露构件进行清洗维护。

玻璃幕墙工程的主要质量要求是:玻璃幕墙结构胶和密封胶的打注应饱满、密实、连续、均匀、无气泡,宽度和厚度应符合设计要求和技术标准的规定。玻璃幕墙表面应平整、洁净;整幅玻璃的色泽应均匀一致;不得有污染和镀膜损坏。明框玻璃幕墙的外露框或压条应横平竖直,颜色、规格应符合设计要求,压条安装应牢固。单元玻璃幕墙的单元拼缝或隐框玻璃幕墙的分格玻璃拼缝应横平竖直、均匀一致。幕墙的密封胶缝应横平竖直、深浅一致、宽窄均匀、光滑顺直。

8.4.2 金属幕墙施工

金属幕墙由金属饰面板和骨架组成,骨架的立柱、横梁通过连接件与主体结构固定。铝合金饰面板是金属饰面板中比较典型的一种,因其强度高、质量轻,易加工成型且精度高,防火、防腐性能好,装饰效果典雅庄重、质感丰富,是一种高档次的建筑外墙装饰。铝合金板有各种定型产品,也可按设计要求与厂家协商定做,其断面如图 8-10 所示。

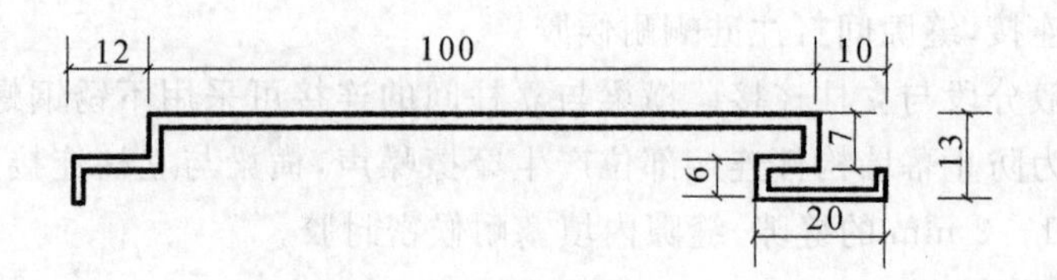

图 8-10 铝板断面示意(单位:mm)

铝合金饰面板幕墙的施工程序为:放线定位→安装连接件→安装骨架→安装饰面板→收口构造处理。

放线定位是按设计要求将骨架的位置线弹放到墙面基层上,以保证骨架安装的准确性。

幕墙的承重骨架多为铝合金型材或型钢制作,型钢骨架应预先作防腐处理。为使幕墙骨架与主体结构的连接具有一定的相对位移能力,立柱应采用螺栓先与连接件(角码)连接,再通过角码与主体预埋铁件或膨胀螺栓连接;横梁也应通过角码、螺钉或螺栓与立柱连接,使横梁与立柱之间有一定的相对位移能力。

铝合金饰面板与骨架的连接,根据其截面形式,可直接用螺钉将铝板固定到骨架上,也可采用特制的卡具将铝板卡在骨架上。铝板安装要求稳固、平整,无翘曲、卷边现象。铝合金饰面板之间的缝隙一般为 10～20 mm,应采用硅酮耐候密封胶或橡胶条等弹性材料嵌缝。

饰面板安装后,对水平部位的压顶、端部的收口、变形缝处以及不同材料的交接处,须采用配套专用的铝合金成型板进行妥善处理,否则会直接影响幕墙的美观和功能。

8.4.3 石材幕墙施工

石材幕墙亦称为干挂石材,其安装工艺有直接干挂式和骨架式干挂。直接干挂式是将石材饰面板通过金属挂件直接安装固定在钢筋混凝土结构的墙体上,如图 8-11 所示。骨架式干挂石材用于框架结构,因轻质填充墙体不能作为承重结构,需通过金属骨架与框架结构的梁、柱连接,并通过金属挂件悬挂石材饰面板,其骨架的安装及要求同金属幕墙。

安装石材饰面板时需在板材上开槽,将石屑用水冲干净后,用不锈钢连接件及挂件将板材与埋在混凝土墙体内的膨胀螺栓连接,或与金属骨架连接。板材与挂件间应用环氧树脂型石材专用结构胶黏结。石材饰面板全部安装完毕后,进行表面清理,随即用石材专用的中性硅酮耐候密封胶嵌缝,板缝宽度一般在 8 mm 左右。

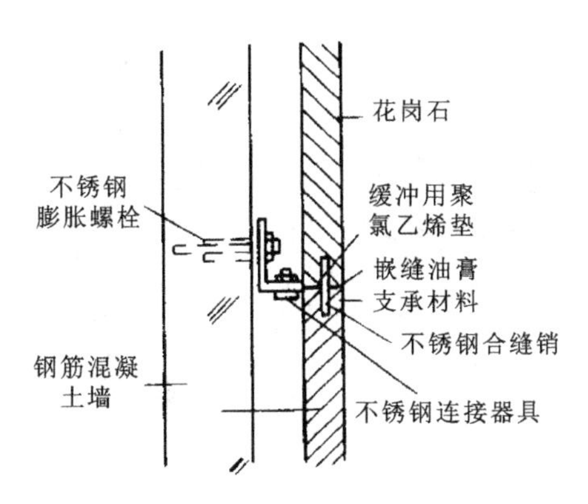

图 8-11　直接干挂石材幕墙构造

8.5 吊顶、轻质隔墙与门窗工程

8.5.1 吊顶工程

吊顶是室内装饰的重要组成部分，它直接影响建筑室内空间的装饰风格和效果，同时还起着隔声、吸声、保温、隔热的作用，也是安装照明、通风、通讯、防火、报警等设备管线的隐蔽层。

吊顶主要由吊杆、龙骨和饰面板三部分组成，按其构造可分为明龙骨吊顶（又称活动式吊顶）和暗龙骨吊顶（又称隐蔽式吊顶）。前者的龙骨是外露或半外露的，饰面板明摆浮搁在龙骨上，便于更换；后者的龙骨不外露，饰面板表面呈整体形式。吊顶的安装应在墙面抹灰工程或饰面板（砖）工程之后进行。

1. 固定吊杆

吊杆是吊顶与基层连接的构件，为吊顶的支撑部分，由吊杆和吊头组成。吊杆的材料及固定方法可采用：在吊点位置钉入带孔射钉，孔内穿入镀锌铁丝；用金属膨胀螺栓、射钉固定钢筋作吊杆；顶板预埋铁件，然后焊接轻钢杆件作吊杆。吊杆的间距应小于 1.2 m，吊杆距主龙骨端部距离不得大于 300 mm，当大于 300 mm 时应增加吊杆。后置埋件、金属吊杆应进行防腐处理。

2. 安装龙骨

吊顶龙骨可用方木、轻钢或铝合金等材料制作，目前工程中采用较多的是轻钢和铝合金龙骨。轻钢和铝合金龙骨由主龙骨、次龙骨、横撑龙骨组成，其断面形式有 U 形、T 形、L 形等数种，每根长 2～3 m，可在现场用拼接件拼接加长。U 形轻钢龙骨吊顶构造如图 8-12 所示，用于暗龙骨吊顶；LT 形铝合金龙骨吊顶构造如图 8-13 所示，可用于明龙骨吊顶。

安装龙骨前，应按设计要求对房间净高、洞口标高和吊顶内管道、设备及其支架的标高进行交接检验。轻钢和铝合金龙骨安装的工序为：弹线→安装吊杆→安装主

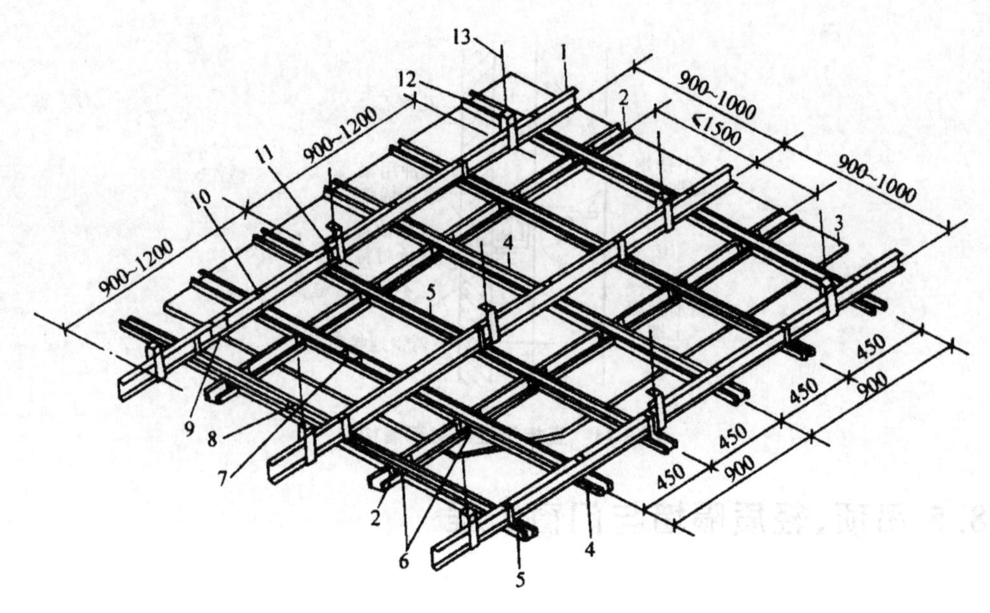

图 8-12　U形轻钢龙骨吊顶示意

1—BD 大龙骨；2—UZ 横撑龙骨；3—吊顶板；4—UZ 龙骨；
5—UX 龙骨；6—UZ_3 支托连接；7—UZ_2 连接件；
8—UX_2 连接件；9—BD_2 连接件；10—UZ_1 吊挂；
11—UX_1 吊挂；12—BD_1 吊件；13—吊杆 $\phi8\sim\phi10$

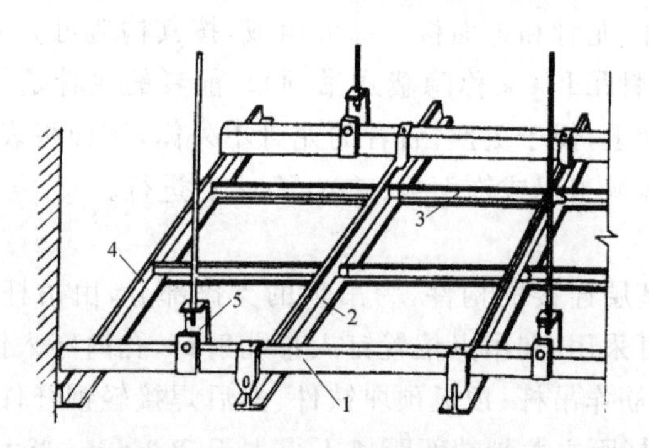

图 8-13　LT 形铝合金龙骨吊顶示意

1—主龙骨；2—次龙骨；3—横撑龙骨；
4—角条；5—大吊挂件

龙骨→安装次龙骨→安装横撑龙骨。

安装龙骨时，应在墙面、柱面上弹出顶棚标高水平线，并在墙上划好主龙骨的中心线。吊杆固定后，将主龙骨通过吊挂件与吊杆连接固定。安装时应以房间为单元，拉线调整主龙骨的高度，中间起拱高度一般为房间短跨的 1/300～1/200。次龙骨通过连接件垂直吊挂在主龙骨上，并使其固定严密，次龙骨的间距应按饰面板的尺寸和接缝要求准确确定。横撑龙骨(可由次龙骨截取)与次龙骨连接，横撑龙骨的间距应按饰面板尺寸确定，暗龙骨系列的横撑龙骨应用连接件将其两端连接在通长次龙骨上，明龙骨系列的横撑龙骨与通长次龙骨搭接处的间隙不得大于 1 mm，组装好的横撑龙骨与次龙骨底面应平齐。四周墙边的龙骨用射钉固定在墙上，间距为 1 m。

一般轻型灯具可固定在次龙骨或横撑龙骨上，大于 3 kg 的重型灯具、电扇及其他重型设备严禁安装在吊顶工程的龙骨上，应另设吊钩安装。

3. 安装饰面板

安装饰面板前，应完成吊顶内管道和设备的调试及验收。

饰面板的种类很多，如石膏板、矿棉板、塑料板、玻璃板、装饰吸声板、金属装饰板及格栅等，各类饰面板又有很多不同的品种和规格(如条板状和方板状)。不同种类和规格的饰面板安装方法并不相同，但归纳起来有以下几种方法。

① 钉固法：该方法是将饰面板用螺钉、自攻螺钉、射钉等连接固定在龙骨上。其中自攻螺钉钉固法主要用于石膏板、塑料板、矿棉板的安装。

② 粘贴法：粘贴法又分为直接粘贴法和复合粘贴法。直接粘贴法是将饰面板用胶黏剂直接粘贴在龙骨上；复合粘贴法是将石膏板等基层板钉固在龙骨上，再将饰面板黏贴在基层板上，饰面板与基层板的接缝应错开，并不得在同一根龙骨上接缝。

③ 嵌入法：该方法是将饰面板加工成企口暗缝，安装时将饰面板的企口暗缝与 T 形龙骨插接。

④ 搁置法：该方法是将饰面板直接搁置在 T 形龙骨组成的格栅框内，适用于明龙骨吊顶的安装，搁置时要求饰面板与龙骨的搭接宽度应大于龙骨受力面宽度的 2/3。考虑到有些轻质饰面板会被风掀起，宜用木条、卡子等固定。

⑤ 卡固法：该方法是将饰面板与龙骨采用配套卡具卡接固定，多用于金属装饰板的安装。

各种饰面板安装时应对称于顶棚的中心线，并由中心向四个方向推进，不可由一边推向另一边安装。饰面板安装的质量要求是：饰面材料表面应洁净、色泽一致，不得有翘曲、裂缝及缺损。压条应平直、宽窄一致。饰面板与明龙骨的搭接应平整、吻合。饰面板上的灯具、烟感器、喷淋头、风口篦子等设备的位置应合理、美观，与饰面板的交接应吻合、严密。

8.5.2 轻质隔墙工程

轻质隔墙是指非承重的轻质内隔墙，这种隔墙的特点是自重轻、墙身薄、装拆方便、节能环保，有利于建筑工业化施工。隔墙的种类很多，按其构造方法可分为砌筑隔墙、板材隔墙、骨架隔墙等。砌筑隔墙不包括在建筑装饰工程范围内，其施工见第 3 章砌体工程中所述。本节仅介绍后两种隔墙的施工。

1. 板材隔墙施工

板材隔墙是指由隔墙板材自承重，将预制的隔墙板材直接固定于建筑主体结构上的一种隔墙。常用的隔墙板材有加气混凝土板、增强石膏条板、增强水泥条板、轻质陶粒混凝土条板、GRC空心混凝土板等。

板材隔墙安装的方法主要有刚性连接和柔性连接。刚性连接是用黏结砂浆将板材顶端与主体结构黏结,下端与地面间先用木楔顶紧,然后空隙中填塞1∶2水泥砂浆或细石混凝土进行固定;柔性连接是在板材顶端与主体结构的缝隙间垫以弹性材料,并在两块板材顶端拼缝处设U形或L形钢板卡与主体结构连接。刚性连接适用于非抗震设防地区的内隔墙安装,柔性连接适用于抗震设防地区的内隔墙安装。板与板间的拼缝以黏结砂浆连接,缝宽不得大于5 mm,拼接时挤出的砂浆应及时清理干净。

隔墙板安装时应确定合理的安装顺序。当有门洞口时,应从门洞处向两侧依次进行安装;当无门洞口时,应从一端向另一端顺序安装。

为防止隔墙板材接缝处开裂,板缝表面应粘贴50～60 mm宽的纤维布带,阴阳角处粘贴200 mm宽纤维布(每边各100 mm宽),并用石膏腻子刮平,总厚度应控制在3 mm内。

板材隔墙施工的质量要求是:隔墙板材安装必须牢固。板材安装应垂直、平整、位置正确,板材不应有裂缝或缺损。板材隔墙表面应平整光滑、色泽一致、洁净,接缝应均匀、顺直。

2. 骨架隔墙施工

骨架隔墙是指在隔墙龙骨两侧安装墙面板以形成墙体的轻质隔墙,其龙骨作为受力骨架固定于建筑主体结构上。目前大量应用的轻钢龙骨石膏板隔墙就是典型的骨架隔墙。龙骨骨架中根据隔声、保温要求可设置填充材料,根据设备安装要求也可安装一些设备管线等。

石膏板隔墙施工的一般工序为:墙基(垫)施工→安装沿地、沿顶龙骨→安装竖向龙骨→固定各种洞口及门→安装一侧石膏板→安装各种管线→安装另一侧石膏板→接缝处理。其安装工艺如图8-14所示。

当采用水泥、水磨石、陶瓷地砖、花岗石等踢脚板时,墙的下端应做混凝土墙垫;如采用木质或塑料踢脚板时,则墙的下端可直接与地面连接。在沿地、沿顶龙骨与地、顶接触处要铺填一层橡胶条或沥青泡沫塑料条。边框龙骨与主体结构的固定可采用射钉或膨胀螺栓,按中距0.6～1.0 m布置。石膏板与龙骨应采用自攻螺钉固定,安装时应按从中部向四周的顺序,其对接缝应错开,隔墙两侧的板横缝也应错开。

石膏板之间的接缝有明缝和暗缝两种:对于一般建筑的房间可采用暗缝,并采用楔形棱边石膏板;对公共建筑大房间可采用明缝,并采用直角边石膏板。两种接缝的构造如图8-15所示。

骨架隔墙施工的质量要求是:边框龙骨必须与基体结构连接牢固,并应平整、垂直、位置正确。骨架隔墙的墙面板应安装牢固,无脱层、翘曲、折裂及缺损。隔墙表面应平整光滑、色泽一致、洁净、无裂缝,接缝应均匀、顺直。

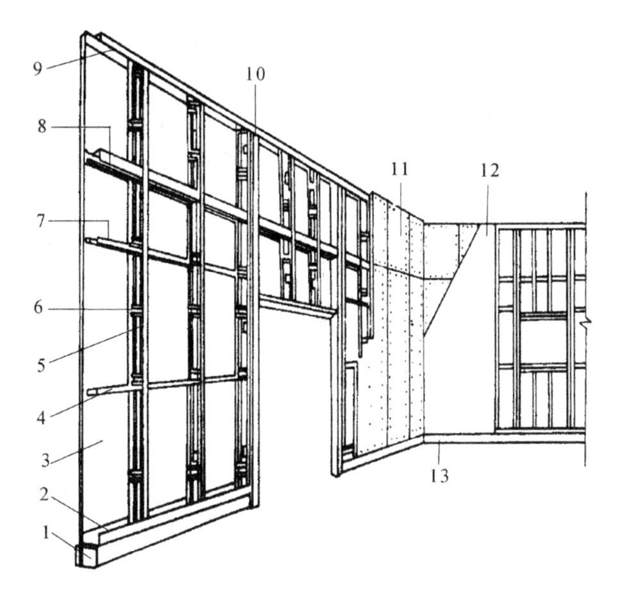

图 8-14　石膏板轻钢龙骨隔墙安装示意

1—混凝土墙垫；2—沿地龙骨；3—石膏板；4、7、8—横撑龙骨；5—贯通孔；
6—支撑卡；9—沿顶龙骨；10—加强龙骨；11—石膏板；12—塑料壁纸；13—踢脚板

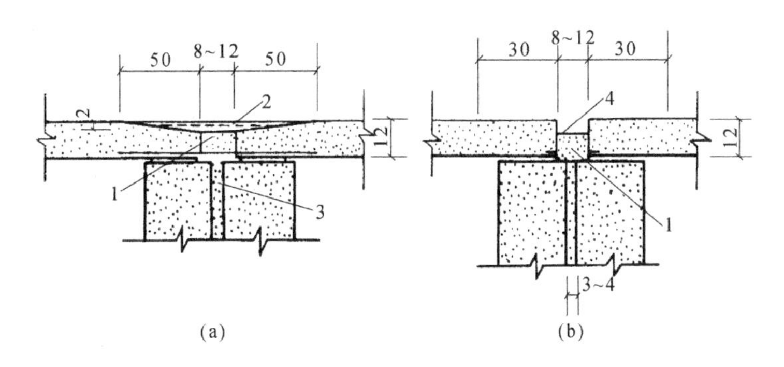

图 8-15　石膏板接缝做法示意

(a)暗缝做法；(b)明缝做法

1—石膏腻子；2—接缝纸带；3—108 胶水泥砂浆；4—明缝

8.5.3 门窗工程

门窗工程是装饰工程的重要组成部分。常用的门窗材料有木门窗、钢门窗、铝合金门窗、塑料门窗等。目前内墙上多采用木门窗，外墙上多采用铝合金门窗和塑料门窗。

1. 木门窗安装

木门窗一般在木构件厂制作，运到现场安装。木门窗框通常采用后塞口的方法安装，即将门窗框塞入墙体预留的门窗洞口内。安装时，先用木楔临时固定，同一层门窗应拉通线调整其水平,上、下层门窗应位于一条垂线上。然后用钉子将门窗框固定在墙内预埋的木砖上,上、下横框用木楔楔紧。

木门窗扇的安装应先量好门窗扇裁口尺寸,然后刨去多余部分,并刨光、刨平直,再将门窗扇放入框内试装。试装合格后,剔出合页槽,用螺钉将合页与门窗扇和边框相连接。

木门窗安装的质量要求是:门窗框的安装必须牢固。预埋木砖的防腐处理、木门窗框固定点的数量、位置及固定方法应符合设计要求。木门窗扇必须安装牢固,并应开关灵活,关闭严密,无倒翘。木门窗表面应洁净,不得有刨痕、锤印。

2. 铝合金门窗安装

铝合金门窗一般也采用后塞口法安装,门窗框安装应在主体结构基本结束后进行,门窗扇的安装则应在室内外装修基本结束后进行。

安装时,先将铝合金框用木楔临时固定,待检查其垂直度、水平度及上下左右间隙均符合要求后,再将镀锌锚板固定在门窗洞口内。镀锌锚板是铝合金门窗框与墙体固定的连接件,其固定方法是:对钢筋混凝土墙可采用预埋铁件连接法、射钉固定法、膨胀螺栓固定法;对砖墙也可采用膨胀螺栓固定法,或施工时预留孔洞埋设燕尾铁脚。铝合金门窗框与墙体之间的缝隙,用石棉条或玻璃棉毡条分层填塞,使之弹性连接,缝隙表面留 5～8 mm 深的槽口,嵌填密封材料。

安装门窗扇时,先撕掉门窗上的保护膜,再安装门窗扇。然后进行检查,使之达到缝隙严密均匀、启闭平稳自如,扣合紧密。

铝合金门窗安装的质量要求是:门窗框和副框的安装必须牢固。预埋件的数量、位置、埋设方式、与框的连接方式必须符合设计要求。门窗扇必须安装牢固,并应开关灵活,关闭严密,无倒翘。门窗表面应洁净、平整、光滑。大面应无划痕、碰伤。

3. 塑料门窗安装

塑料门窗运到现场后,应存放在有靠架的室内,并避免受热变形。安装前应进行检查,不得有开焊、断裂等损坏。

塑料门窗安装时,先在门窗框连接固定点的位置安装镀锌连接件。门窗框放入洞口后,用木楔将门窗框四角塞牢临时固定,并调整平直,然后将镀锌连接件与洞口四周固定。镀锌连接件固定的方法是:对钢筋混凝土墙可采用塑料膨胀螺钉固定,也可将其焊接在预埋铁件上;对砖墙采用塑料膨胀螺钉或水泥钉固定,并固定在胶粘圆木楔上,设有防腐木砖的墙面,也可用木螺钉固定在防腐木砖上。塑料门窗框与墙体的缝隙内,应采用闭孔弹性材料如泡沫塑料条填嵌饱满,表面应采用密封胶密封。塑料门窗安装节点如图 8-16 所示。

塑料门窗安装的质量要求是:门窗框、副框和扇的安装必须牢固。固定片或膨胀螺栓的数量与位置应正确,连接方式应符合设计要求。门窗扇应开关灵活,关闭严密,无倒翘。门窗表面应洁净、平整、光滑。大面应无划痕、碰伤。

4. 门窗玻璃安装

门窗玻璃宜集中裁割,边缘不得有缺口和斜曲等缺陷。安装前,应将门窗裁口内的污垢清除干净，畅通排水孔，接缝处的玻璃、金属或塑料表面必须清洁、干燥。木门窗的玻璃可用钉子或钢丝卡固定；当安装长边大于1.5 m或短边大于1.0 m的玻璃时，应采用橡胶垫并用压条和螺钉镶嵌固定；玻璃镶嵌入框、扇内后再用腻子填实抹光。安装铝合金、塑料门窗的玻璃时，其边缘不得和框、扇及其连接件直接相接触，所留间隙应符合规定，并用嵌条或橡胶垫片固定；安装中空玻璃或面积大于0.65 m^2的玻璃时，应将玻璃搁置在定位垫块上，再用嵌条固定；玻璃镶嵌入框、扇内后，必须用密封条或密封胶封填饱满。

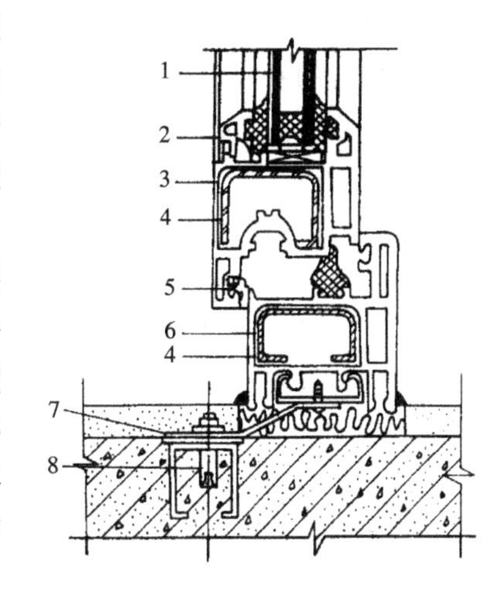

图8-16　塑料门窗安装节点示意图

1—玻璃；2—玻璃压条；3—内扇；4—内钢衬；5—密封条；6—外框；7—地脚；8—膨胀螺栓

门窗玻璃安装的质量要求是：玻璃裁割尺寸应正确。安装后的玻璃应牢固，不得有裂纹、损伤和松动。木门窗玻璃的腻子应填抹饱满、黏结牢固；腻子边缘与裁口应平齐；固定玻璃的卡子不应在腻子表面显露。铝合金、塑料门窗玻璃的密封条与玻璃、玻璃槽口的接触应紧密、平整，密封胶与玻璃、玻璃槽口的边缘应黏结牢固、接缝平齐。玻璃表面应洁净，不得有腻子、密封胶、涂料等污渍。中空玻璃内外表面均应洁净，玻璃中空层内不得有灰尘和水蒸气。

8.6 涂饰和裱糊工程

8.6.1 涂饰工程

涂饰工程包括油漆涂饰和涂料涂饰。它是将胶体的溶液涂敷在物体表面，使之与基层黏结，形成一层完整而坚韧的保护薄膜，以达到装饰、美化和保护基层免受外界侵蚀的目的。

1. 油漆涂饰施工

油漆涂饰可用于木材、金属、抹灰层和混凝土等基层表面。油漆涂饰施工的工序为：基层处理→打底子→抹腻子→涂饰油漆。其施工要点如下。

1）基层处理

为使油漆和基层表面黏结牢固，节约材料，必须对需涂饰的基层表面进行处理。对木材基层表面，应将表面的灰尘、污垢清除干净，表面上的缝隙、毛刺、节疤和凹陷处修整后，需用腻子补平。对金属基层表面，应清除表面的锈斑、尘土、油渍、焊渣等杂物。对抹灰层和混凝土基层表面，要求表面干燥、洁净，不得有起皮和松散等缺陷，粗糙的表面应磨光，缝隙和小孔应用腻子刮平。

2) 打底子

在处理好的基层表面上刷底子油一遍(可适当加色),并使其厚薄均匀一致,以保证整个油漆面的色泽均匀。

3) 抹腻子

腻子是由油料加上填料(石膏粉、大白粉)、水或松香水拌制成的膏状物。抹腻子的目的是使表面平整,待其干燥后用砂纸打磨。对于高级油漆施工,需在基层上全部抹一层腻子,打磨后再抹腻子,再打磨,直至表面平整光滑为止。有时,还要和涂饰油漆交替进行。

4) 涂饰油漆

油漆施工按质量要求不同分为普通、中级和高级三个等级。一般松软木材面、金属面多采用普通或中级油漆;硬质木材面、抹灰面则采用中级或高级油漆。涂饰的方法有刷涂、喷涂、擦涂、揩涂及滚涂等多种。

刷涂法是用棕刷蘸油漆涂刷在物体的表面上。此方法设备简单、操作方便、节省油漆、不受物体形状大小的限制,但工效低,不适宜快干型和扩散性不良的油漆施工。

喷涂法是用喷雾器或喷浆机将油漆均匀喷射在物体表面上,一次不能喷得过厚,需分几次喷涂,以达到厚而不流。此方法优点是工效高、漆膜分散均匀、平整光滑、干燥快,但油漆消耗量大,施工时还应采取通风、防火、防爆等安全措施。

擦涂法是用棉花团外包纱布蘸取油漆在物体表面上擦涂几遍,待漆膜稍干后再连续揩擦多遍,直到均匀擦亮为止。此方法漆膜光亮、质量好,但工效低。

揩涂法仅用于生漆的施工,它是用布或丝团浸油漆后在物体表面上来回左右滚动,反复搓揩,以达到漆膜均匀一致。

滚涂法系用羊皮、橡皮或其他吸附材料制成的滚筒滚上油漆后,再滚涂于物体表面上。此方法漆膜均匀,可使用较稠的油料,适用于墙面滚花涂饰。

在整个涂刷油漆的过程中,油漆不得任意稀释,最后一遍油漆不宜加催干剂。涂刷施工中,应待前一遍油漆干燥后方可涂刷后一遍油漆。

2. 涂料涂饰施工

涂料涂饰适用于抹灰层、混凝土、加气混凝土板材和纸面石膏板等基层表面。涂料涂饰施工的工序为:基层处理→刮腻子→涂饰涂料。其施工要点如下。

1) 基层处理

对基层处理的要求是:① 基层应先进行养护,常温下砂浆抹面需养护 7 d 以上,现浇混凝土需养护 28 d 以上,方可涂饰涂料,否则会出现粉化或色泽不均匀等现象;② 基层要求平整,但又不应太光滑,太光滑的表面对涂料黏结性能有影响,太粗糙的表面涂料消耗量大;③ 基层上的孔洞和不必要的沟槽应提前进行修补,修补材料可采用 108 胶加水泥和适量水调制而成;④ 新建筑物的混凝土或抹灰基层应涂刷抗碱封闭底漆,旧墙面应清除疏松的旧装修层,并涂刷界面剂。

2）刮腻子

刮腻子的目的是将表面气孔、裂缝及凹凸不平之处嵌平。腻子材料通常由涂料制造厂配套生产供应，应尽量选用现成的配套腻子。对于普通涂装，应满刮一遍腻子并磨平；中级涂装，除满刮一遍腻子并磨平外，在涂饰第一遍涂料后需再复补腻子并磨平；高级涂装，则应满刮腻子和磨平两遍，并在涂饰第一遍涂料后亦需复补腻子并磨平。基层腻子应平整、坚实、牢固，无粉化、起皮和裂缝。

3）涂饰涂料

在涂饰涂料前，一般要先喷、刷一道与涂料体系相适应的稀释乳液，稀释乳液渗透能力强，可使基层坚实、干净，黏结性能好并节省涂料。外墙面涂饰时，一般均应由上而下、分段分步进行涂饰，风雨天不宜施工，以免涂料被风吹跑或被雨水冲淋掉。内墙面涂饰时，应在顶棚涂饰完毕后进行，由上而下分段涂饰。涂饰的方法有刷涂、喷涂、滚涂、弹涂等。

刷涂法施工时，其涂刷方向和行程长短均应一致，接槎最好在分格缝处。涂刷层次，一般不少于两度，在前一度涂层表干后才能进行后一度涂刷。

喷涂法施工时，对涂料稠度、空气压力、喷射距离、喷枪运行的角度和速度等方面均有一定要求，应按操作规程进行。室内喷涂一般两遍成活，间隔时间约为 2 h；外墙喷涂一般亦为两遍，较好的饰面为三遍。

滚涂法施工时，在滚辊上蘸少量涂料后，再在被滚的墙面上轻缓平稳地上下来回滚动，应保证涂层厚度一致、色泽一致、质感一致。

弹涂法施工时，应在基层表面先刷 1～2 度涂料，作为底色涂层。待底色涂层干燥后，才能进行弹涂。弹涂是用电动弹涂机的弹力器分几遍将不同色彩的涂料弹在底色涂层上，形成 1～3 mm 大小的扁圆形花点。对于压花型彩弹，在弹涂以后，还应进行批刮压花。

涂饰工程的质量要求是：涂饰的颜色、光泽、图案应符合设计要求。涂饰的颜色、光泽应均匀一致、黏结牢固，不得漏涂、透底、起皮、反锈、掉粉。

8.6.2 裱糊工程

裱糊工程是将壁纸或墙布用胶黏剂裱糊在室内墙面、柱面及顶棚的一种装饰。此种装饰具有色彩丰富、质感性强、既耐用又易清洗的特点，且施工速度快、湿作业少，多用于高级室内装饰。从表面效果看，有仿锦缎、静电植绒、印花、压花、仿木和仿石等。

裱糊施工的一般工序为：基层处理→弹线和裁料→湿润和刷胶黏剂→裱糊→赶压胶黏剂、气泡→擦净挤出的胶液→清理修整。其施工要点如下。

1. 基层处理

各种基层，只要具有一定强度、表面平整光洁、不疏松掉面都可粘贴裱糊材料，如水泥石灰砂浆、石灰砂浆、石膏灰、纸筋灰等抹灰面层以及石膏板、石棉水泥板等板材表面均可。

对基层的要求是:坚固密实,表面平整光洁、无粉化和剥落;无孔洞、大裂缝、毛刺和起鼓;表面颜色应一致,否则应进行基层处理。为防止基层吸水过快,引起胶黏剂脱水而影响黏结,可在基层表面刷一道用水稀释的108胶作为底胶进行封闭处理。

2. 弹线和裁料

为使裱糊的壁纸或墙布粘贴的花纹、图案、线条纵横连贯,应先弹好分格线。裱糊墙面时应从墙的阳角开始,按裱糊材料宽度弹垂直线,作为裱糊时的操作准线;裱糊顶棚时,也应弹出能起到准线作用的直线。

裁料时应根据实际弹线尺寸统筹规划,并进行编号,以便按顺序粘贴。

3. 湿润和刷胶黏剂

以纸为底层的壁纸遇水会受潮膨胀,干燥后又会收缩,因此壁纸施工前应浸水湿润几分钟,再黏贴上墙,可以使壁纸粘贴平整。裱糊墙面时,应在基层表面涂刷胶黏剂;裱糊顶棚时,基层和壁纸背面均应涂刷胶黏剂。

裱糊墙布时,应先将墙布背面清理干净。由于墙布无吸水膨胀的特点,故不需用水湿润。除纯棉墙布应在其背面和基层同时刷胶黏剂外,玻璃纤维、化纤墙布和无纺墙布只需在基层刷胶黏剂即可。

涂刷胶黏剂要求薄而均匀、不漏刷。在基层表面的涂刷宽度应比裱糊材料宽出20~30 mm,涂刷一段,裱糊一张。

4. 裱糊

裱糊的方法有搭接法、拼接法和推贴法。

搭接法多用于壁纸的裱糊,此方法是在壁纸上墙后,先对花拼缝并使相邻的两幅重叠,然后在搭接处的中间将双层壁纸切透,再分别撕掉切断的两幅壁纸边条。

拼接法可用于壁纸和墙布的裱糊,此方法是在裱糊材料上墙前先按对花拼缝裁料,上墙后,相邻的两幅裱糊材料直接拼缝、对花。

推贴法多用于顶棚的裱糊,先将裱糊材料卷成一卷,裱糊时一人推着前进,另一人将其赶平、赶密实。采用推贴法时胶黏剂宜刷在基层上,不宜刷在材料背面。

无论采用何种方法,裱糊后各幅拼接应横平竖直。每次裱糊2~3幅后,要吊线检查垂直度,以防造成累积误差。

5. 赶压胶黏剂、气泡

裱糊材料拼缝对齐后,要将胶黏剂赶平压实,挤出气泡。一般可用刮板刮平,但发泡和复合壁纸则不得使用刮板,只能用毛巾、海绵或毛刷赶平。

6. 擦净挤出的胶液

裱糊好的壁纸、墙布压实后,应将挤出的多余胶黏剂用湿棉丝及时揩擦干净,表面不得有气泡、斑污,斜视时应无胶痕。

7. 清理修整

整个房间裱糊完成后,应进行全面细致的检查。对未贴好的局部应进行清理修整，并要求修整后不留痕迹。

裱糊工程的质量要求是：壁纸、墙布应粘贴牢固，不得有漏贴、补贴、脱层、空鼓和翘边；裱糊后各幅拼接应横平竖直，拼接处花纹、图案应吻合，不离缝，不搭接，不显拼缝；裱糊后的壁纸、墙布表面应平整，色泽一致，不得有波纹起伏、气泡、裂缝、皱折及斑污；壁纸、墙布边缘应平直整齐，不得有纸毛、飞刺；阴角处搭接应顺光，阳角处应无接缝。

思考题

8-1 抹灰工程常用材料有哪些？各有何质量要求？

8-2 试述一般抹灰的分类、组成以及各层的作用。

8-3 试述一般抹灰的施工程序及施工要点，大面积墙面抹灰前应做好哪些准备工作？

8-4 简述目前常见的装饰抹灰的做法。

8-5 建筑地面面层的做法有哪几类？各类中又有哪些常见的面层？简述各种地面面层的施工要点。

8-6 试述饰面砖抹浆粘贴法的施工工序及施工要点，以及饰面砖胶黏法的施工方法。

8-7 石材饰面板有哪几种安装方法？简述它们的施工要点。金属饰面板有哪两种安装方法？

8-8 玻璃幕墙有哪几类，各有什么特点？

8-9 玻璃幕墙采用的密封胶有哪两种？试述它们各自的特点及应用情况。

8-10 幕墙的金属骨架应如何安装？为什么？

8-11 简述金属幕墙的安装方法。简述石材幕墙的安装方法。

8-12 试述轻钢和铝合金龙骨吊顶的构造及安装过程，其饰面板的安装有哪几种方法？

8-13 板材隔墙的安装有哪两种方法？各适用于什么情况？

8-14 简述轻钢龙骨石膏板隔墙的安装工艺。

8-15 简述木门窗、铝合金门窗、塑料门窗的安装方法。

8-16 油漆涂饰施工包括哪些工序？简述涂料涂饰的施工工艺。

8-17 裱糊工程施工包括哪些工序？

第9章　脚手架与垂直运输设备

【内容提要和学习要求】

① 脚手架:熟悉对脚手架的基本要求、脚手架地基与基础的要求;熟悉扣件式钢管脚手架主要组成部件及作用、构造要点及其搭设与拆除;熟悉碗扣式脚手架构造特点、主构件规格及其搭设要点;了解门式脚手架、附着升降式脚手架的搭设;了解常用里脚手架的种类。

② 垂直运输设备:熟悉龙门架、施工电梯的应用;了解井架的构造、搭设与使用。

9.1 脚手架

9.1.1 概述

脚手架是在施工现场为工人操作、堆放材料、安全防护和解决高空水平运输而搭设的工作平台或作业通道,是施工临时设施,也是施工企业常备的施工工具。

脚手架种类很多,按用途分有结构作业脚手架、装修作业脚手架和支撑脚手架等;按搭设位置分有外脚手架和里脚手架;按使用材料分有木、竹脚手架和金属脚手架;按构造形式分有扣件式、碗扣式、框组式、悬挑式、吊式及附墙升降式等脚手架。本节仅介绍几种常用的脚手架。

对脚手架的基本要求是:应有适当的宽度、步架高度、离墙距离,能满足工人操作、材料堆置和运输的要求;脚手架结构应有足够的强度、刚度、稳定性,保证施工期间在可能出现的使用荷载(规定限值)的作用下,脚手架应不倾斜、不摇晃、不变形;还应构造简单,装拆方便,能多次周转使用;应与垂直运输设施和楼层或作业面高度相适应,以确保材料垂直运输转入水平运输的需要。

脚手架的自重及其上的施工荷载完全由脚手架基础传至地基。为使脚手架保持稳定不下沉,保证其牢固和安全,必须要有一个坚实可靠的脚手架基础。对脚手架地基与基础的要求如下。

① 脚手架地基与基础的施工必须根据脚手架的搭设高度、搭设场地土质情况与现行国家标准的有关规定进行。

② 应清除搭设场地杂物,平整搭设场地,并使排水畅通。

③ 脚手架底座底面标高宜高于自然地坪 50 mm。立于土地面之上的立杆底部应加设宽度≥200 mm、厚度≥50 mm 的垫木、垫板或其他刚性垫块,每根立杆底部

的支垫面积应符合设计要求，且不得小于 0.15 m^2。

④ 若脚手架搭设在结构的楼面、挑台上时，除立杆底座下应铺设垫板或垫块外，并应对楼面、挑台等结构进行承载力验算。

⑤ 当脚手架基础下有设备基础、管沟时，在脚手架使用过程中不应开挖，否则必须采取加固措施。

9.1.2 扣件式钢管脚手架

扣件式钢管脚手架有很多优点：装拆方便，搭设灵活，能适应结构平面及高度的变化，通用性强；承载能力大，搭设高度高，坚固耐用，周转次数多；材料加工简单，一次投资费用低，比较经济。故在土木工程施工中使用最为广泛。除脚手架外，其钢管及扣件还可用以搭设井架、上料平台和栈桥等。但它也存在一些缺点，如扣件（如螺杆、螺母）易丢易损，螺栓的紧固程度对受力有一定影响，节点处力作用线之间有偏心或有交汇距离等。

1. 扣件式钢管脚手架主要组成部件及作用

扣件式钢管脚手架由钢管杆件、扣件、底座、脚手板和安全网等部件组成，如图 9-1 所示。

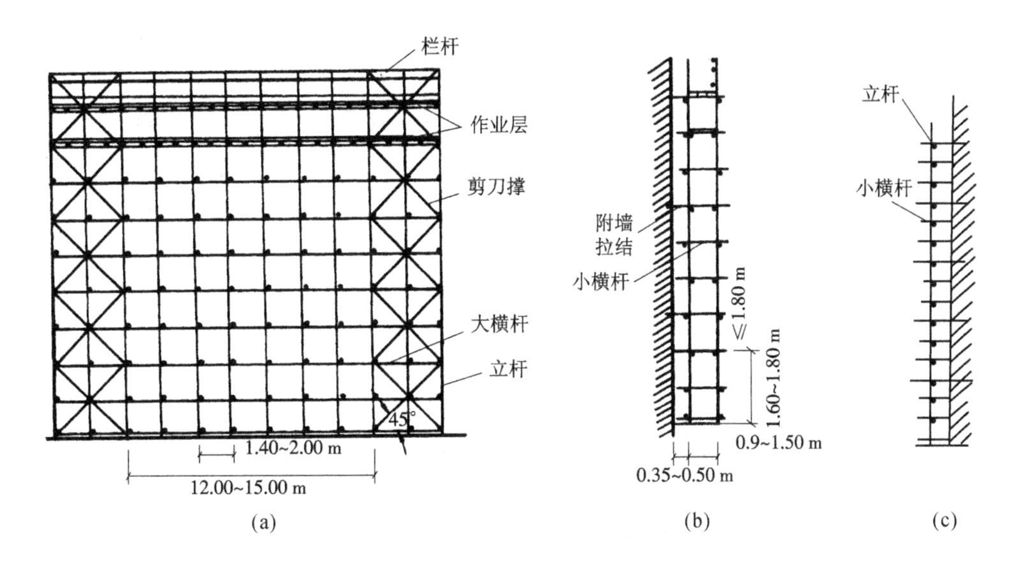

图 9-1　扣件式钢管外脚手架

(a)立面；(b)侧面(双排架)；(c)侧面(单排架)

① 钢管杆件：杆件一般采用外径 48 mm、壁厚 3.5 mm 的焊接钢管或无缝钢管，也可用外径为 50～51 mm、壁厚 3～4 mm 的焊接钢管。根据杆件在脚手架中的位置和作用不同，可分为立杆、纵向水平杆（大横杆）、横向水平杆（小横杆）、连墙杆、剪刀撑、水平斜拉杆、纵向水平扫地杆、横向水平扫地杆等。

② 扣件：它是钢管与钢管之间的连接件，有可锻铸铁铸造扣件和钢板压制扣件

两种,其基本形式有三种,如图 9-2 所示。直角扣件用于两根垂直相交钢管的连接,它依靠扣件与钢管表面间的摩擦力来传递荷载;回转扣件用于两根任意角度相交钢管的连接;对接扣件则用于两根钢管对接接长的连接。

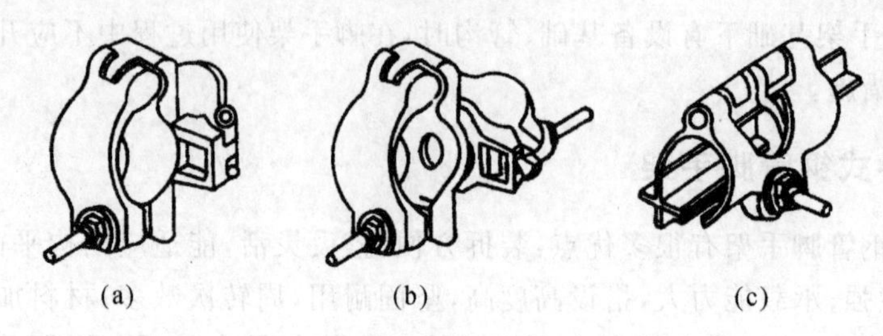

图 9-2　扣件形式

(a)直角扣件;(b)旋转扣件;(c)对接扣件

③ 底座:底座设在立杆下端,是用于承受立杆荷载并将其传递给地基的配件。底座可用钢管与钢板焊接而成,也可用铸铁制成(见图 9-3)。

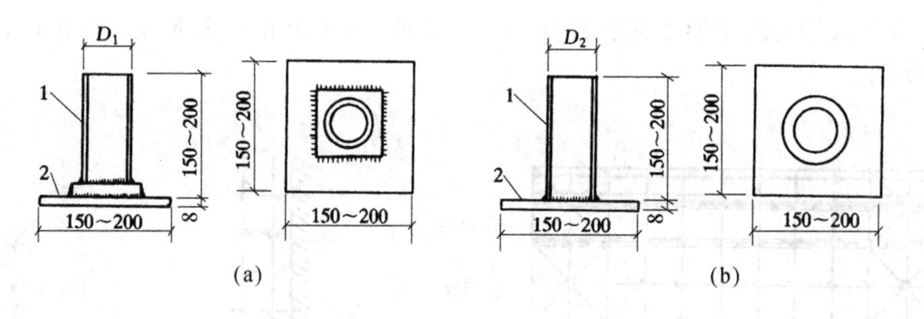

图 9-3　扣件钢管架底座(单位:mm)

(a)内插式底座;(b)外套式底座

1—承插钢管;2—钢板底座

④ 脚手板:脚手板是提供施工操作条件并承受和传递荷载给纵横水平杆的板件,当设于非操作层时起安全防护作用。脚手板可用竹、木、钢板等材料制成。

⑤ 安全网:安全网是保证施工安全和减少灰尘、噪音、光污染的设施,包括立网和平网两部分。

2. 扣件式钢管脚手架构造要点

钢管外脚手架有双排脚手架和单排脚手架两种搭设方案〔见图 9-1(b)、(c)〕。

1) 双排脚手架

(1) 立杆

立杆横距通常为 1.20～1.50 m,纵距为 1.20～2.0 m。每根立杆底部均应设置底座或垫板。立杆接长除顶层顶步可采用搭接外,其余各层各步接头必须用对接扣件连接。立杆上的对接扣件应交错布置:两根相邻立杆的接头不应设置在同一步距内;同步内隔一根立杆的两个相隔接头在高度方向错开的距离不宜小于 500 mm;各接头中心至主接点的距离不宜大于 1/3 步距(见图 9-4)。采用搭接时搭接长度不应小于 1 m,并用不少于两个旋转扣件扣牢。脚手架必须设置纵、横向扫地杆,纵向扫地杆距底座上皮不大于 200 mm,横向扫地杆紧靠其下方。立杆顶端应高出女儿墙上皮 1.0 m,高出檐口上皮 1.50 m。

(2) 纵向水平杆(大横杆)

纵向水平杆宜设置于在立杆的内侧,其长度不宜少于三跨,用直角扣件与立杆扣紧,其步距为 1.20～1.8 m。纵向水平杆接长宜采用对接扣件连接,也可采用搭接。对接扣件应交错布置:两根相邻纵向水平杆的接头不宜设在同步或同跨内;其相邻接头的水平距离不应小于 500 mm;接头中心至最近主接点的距离不宜大于 1/3 纵距(见图 9-4)。采用搭接时搭接长度不应小于 1 m,并用不少于三个旋转扣件扣牢。

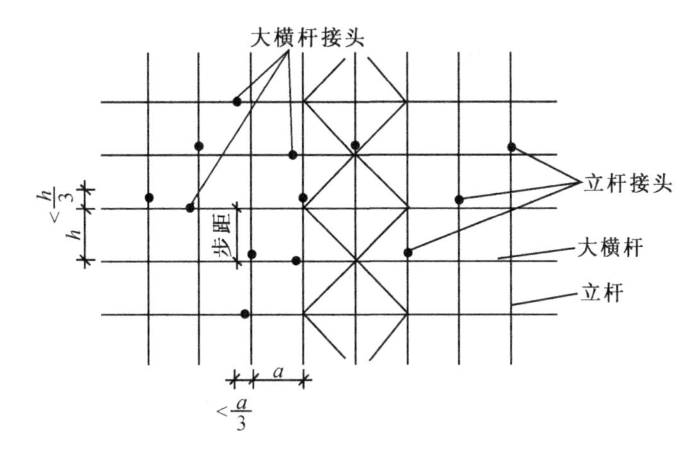

图 9-4　立杆、纵向水平杆的接头位置

(3) 横向水平杆(小横杆)

脚手架每一立杆节点处必须设置一根横向水平杆,搭接于纵向水平杆之上,用直角扣件扣紧且严禁拆除。在双排架中横杆靠墙一端的外伸长度不应大于 2/5 杆长,且不应大于 500 mm。操作层上中间节点处的横向水平杆宜按脚手板的需要等间距设置,但最大间距不应大于 1/2 立杆纵距。

(4) 剪刀撑

当单、双排架高度≤24 m 时,必须在脚手架外侧立面的两端各设置一道剪刀撑,并应由底至顶连续设置;中间每隔 15 m 设置一道(见图 9-5)。其宽度不应小于 4 跨,且不应小于 6 m,斜杆与地面间的倾角为 45°～60°。当双排架高度＞24 m 时,应在外侧立面整个长度和高度上连续设置剪刀撑。剪刀撑斜杆应用旋转扣件与立杆或横向水平杆的伸出端扣牢,旋转扣件距脚手架节点不宜大于 150 mm。剪刀撑斜杆接长宜采用搭接,搭接长度不小于 1 m,并用不少于两个旋转扣件扣牢。

(5) 连墙件

脚手架的稳定性取决于连墙件的布置形式和间距大小,脚手架倒塌的事故大多

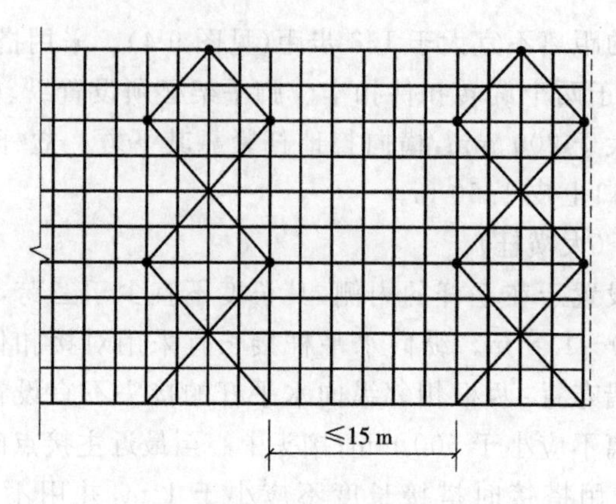

图 9-5 剪刀撑布置

是因连墙件设置不足或被拆掉而引起的。连墙件的数量和间距应满足设计的要求。连墙件必须采用可承受拉力和压力的构造(见图 9-6)。采用拉筋必须配用顶撑,顶撑应可靠地顶在混凝土圈梁、柱等结构部位。高度超过 24 m 的双排脚手架,必须采用刚性连墙件与建筑物可靠连接。

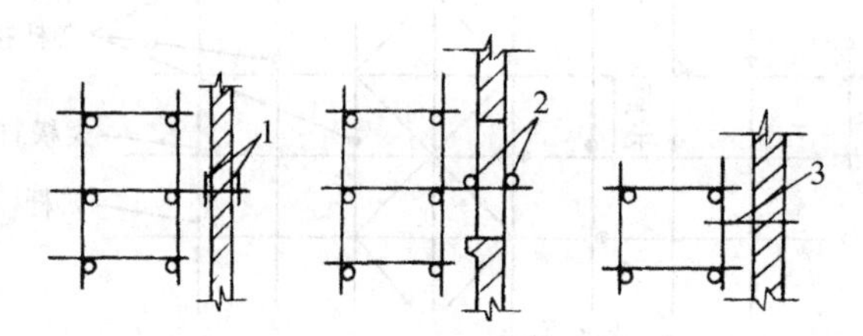

图 9-6 连墙杆

1—两只扣件;2—两根短管;3—拉筋与墙内埋设的钢环拉住

(6) 横向斜撑

一字形、开口型双排脚手架的两端均必须设置横向斜撑,中间宜每隔 6 跨设置一道;高度在 24 m 以上的封闭型脚手架,除拐角应设置横向斜撑外,中间应每隔 6 跨设置一道。横向斜撑应在同一节间,由底至顶层呈“之”字形连续布置。

(7) 护栏和挡墙板

操作层必须设置高 1.20 m 的防护栏杆和高 0.18 m 的挡脚板,搭设在外排立杆的内侧。

(8) 脚手板

脚手板一般应设置在 3 根横向水平杆上。当板长度小于 2 m 时,允许设置在 2 根横向水平杆上,但应将板两端可靠固定,严防倾翻。自顶层操作层往下计,宜每隔 12 m 满铺一层脚手板。作业层脚手板应铺满、铺稳,离开墙面 120~150 mm。

2) 单排脚手架

单排脚手架仅在外侧有立杆,其横向水平杆的一端与纵向水平杆或立杆相连,另一端则搁在内侧的墙上,插入墙内的长度应≥180 mm。单排脚手架与双排脚手架在构造要求方面基本相同。由于单排脚手架的整体刚度差，承载力低，故不适用于下列情况。

① 墙体厚度小于或等于 180 mm；

② 建筑物高度超过 24 m；

③ 空斗砖墙、加气块墙等轻质墙体；

④ 砌筑砂浆强度等级小于或等于 M1.0 的砖墙。

3. 扣件式钢管脚手架搭设与拆除

1）脚手架搭设要点

① 脚手架搭设顺序：放置纵向水平扫地杆→逐根竖立立杆（随即与扫地杆扣紧）→安装横向水平扫地杆（随即与立杆或纵向水平扫地杆扣紧）→安装第一步纵向水平杆（随即与各立杆扣紧）→安装第一步横向水平杆→安装第二步纵向水平杆→安装第二步横向水平杆→加设临时斜撑杆（上端与第二步纵向水平杆扣紧，在装设两道连墙杆后可拆除）→安装第三、四步纵、横向水平杆→安装连墙杆、接长立杆、加设剪刀撑→铺设脚手板→挂安全网。

② 脚手架必须配合施工进度搭设，一次搭设高度不应超过相邻连墙杆以上两步。

③ 每搭完一步脚手架后，应按有关规范的要求校正步距、纵距、横杆及立杆的垂直度。

④ 底座、垫板均应准确地放在定位线上；垫板宜采用长度不少于 2 跨、厚度不小于 50 mm 的木垫板，也可采用槽钢。

⑤ 立杆搭设严禁将外径 48 mm 与 51 mm 的钢管混合使用；开始搭设立杆时应每隔 6 跨设置一根抛撑，直至连墙件安装稳定后，方可根据情况拆除。

⑥ 当搭至有连墙杆的构造点时，在搭设完该处的立杆、纵向水平杆、横向水平杆后，应立即设置连墙杆；连墙点的数量、位置要正确，连接牢固，无松动现象。

⑦ 在封闭型脚手架的同一步中，纵向水平杆应四周交圈，用直角扣件与内外角部立杆固定。

⑧ 搭设单排外脚手架时，在下列部位不得留设脚手眼：

a. 设计上不允许留脚手眼的部位；

b. 过梁上与过梁两端成 60 °角的三角形范围内及过梁净跨度 1/2 的高度范围内；

c. 宽度小于 1 m 的窗间墙；

d. 梁或梁垫下及其两侧各 500 mm 的范围内；

e. 砖砌体的门窗洞口两侧 200 mm 和转角处 450 mm 的范围内，其他砌体的门窗洞口两侧 300 mm 和转角处 600 mm 的范围内；

f. 独立或附墙砖柱。

⑨ 剪刀撑、横向斜撑应随立杆、纵向和横向水平杆等同步搭设，各底层斜杆下端

均必须支承在垫块或垫板上。

⑩ 扣件规格必须与钢管外径(ϕ48 mm 或 ϕ51 mm)相同;螺栓拧紧力矩不应小于40 N·m,且不应大于65 N·m。在主节点处固定横向水平杆、纵向水平杆、剪刀撑、横向斜撑等用的直角扣件、旋转扣件的中心点的相互距离不应大于150 mm,对接扣件开口应朝上或朝内。各杆件端头伸出扣件盖板边缘的长度不应小于100 mm。

2) 脚手架拆除要点

① 拆架时应划出工作区标志和设置围栏,并派专人看守,严禁行人进入。拆架时统一指挥、上下呼应、动作协调,当解开与另一人有关的接头时应先行告知对方,以防其坠落。

② 拆除作业必须由上而下逐层进行,严禁上下同时作业。

③ 连墙杆必须随脚手架逐层拆除,严禁先将连墙件整层或数层拆除后再拆脚手架;分段拆除高差不应大于2步,如高差大于2步,应增设连墙件加固;当脚手架拆至下部最后一根长立杆的高度(约6.5 m)时,应先在适当位置搭设临时抛撑加固后,再拆除连墙杆。

④ 当脚手架采取分段、分立面拆除时,对不拆除的脚手架两端,应先设置连墙件和横向斜撑加固。

⑤ 各构配件严禁抛掷至地面。

⑥ 运至地面的构配件应及时检查、整修与保养,并按品种、规格随时码堆存放。

9.1.3 碗扣式钢管脚手架

碗扣式钢管脚手架是一种多功能脚手架,其杆件接点处均采用碗扣承插锁固式轴向连接,具有承载力大、结构稳定可靠、通用性强、拼拆迅速方便,配件完善且不易丢失,易于加工、运输和管理等优点,故应用广泛。

1. 碗扣式脚手架构造特点

碗扣式脚手架是在一定长度的 ϕ48 mm×3.5 mm 钢管立杆和顶杆上,每隔600 mm焊有下碗扣及限位销,上碗扣则对应套在立杆上并可沿立杆上下滑动。安装时将上碗扣的缺口对准限位销后,即可将上碗扣抬起(沿立杆向上滑动),把横杆接头插入下碗扣圆槽内,随后将上碗扣沿限位销滑下,并沿顺时针方向旋转,以扣紧横杆接头,与立杆牢固地连接在一起,形成框架结构。每个下碗扣内可同时装4个横杆接头,位置任意,如图9-7所示。

2. 碗扣式脚手架杆配件规格及用途

碗扣式钢管脚手架的杆配件按其用途可分为主构件、辅助构件以及专用构件三种。

1) 主构件

① 立杆:立杆用做脚手架的垂直承力杆。它由一定长度的 ϕ48 mm×3.5 mm 钢管上每隔0.6 m安装碗扣接头,并在其顶端焊接立杆连接管制成。立杆有3.0 m和

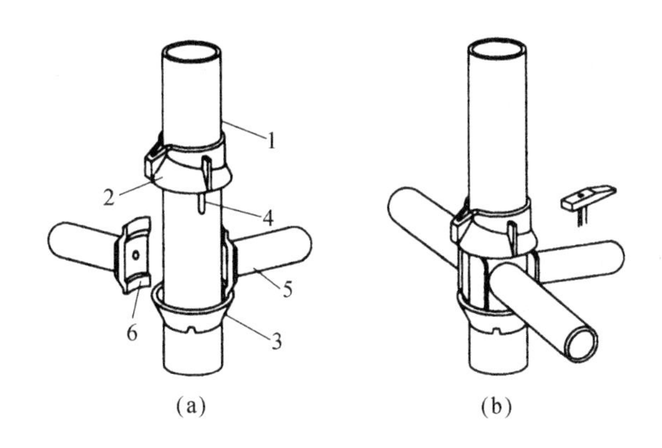

图 9-7　碗扣接头

(a)连接前;(b)连接后

1—立杆;2—上碗扣;3—下碗扣;4—限位销;5—横杆;6—横杆接头

1.8 m 两种规格。

② 顶杆:顶杆即顶部立杆,其顶端设有立杆连接管,以便在顶端插入托撑。顶杆用做支撑架、支撑柱和物料提升架等的顶端垂直承力杆。顶杆有 2.1 m、1.5 m 和 0.9 m三种规格。

若将立杆和顶杆相互配合接长使用,就可构成任意高度的脚手架。立杆接长时,接头应当错开,至顶层后再用两种长度的顶杆找平。

③ 横杆:横杆是用于立杆横向连接的杆件,或框架水平承力杆。它由一定长度的ϕ 48 mm×3.5 mm 钢管两端焊接横杆接头制成。横杆有 2.4 m、1.8 m、1.5 m、1.2 m、0.9 m、0.6 m 和 0.3 m 七种规格。

④ 单排横杆:单排横杆用做单排脚手架的横向水平杆。它仅在 ϕ 48 mm×3.5 mm钢管一端焊接横杆接头,有 1.8 m 和 1.4 m 两种规格。

⑤ 斜杆:斜杆用于增强脚手架的稳定强度性,提高脚手架的承载力。它是在 ϕ 48 mm×2.2 mm 钢管两端铆接斜杆接头制成。斜杆有 3.0 m、2.546 m、2.343 m、2.163 m 和 1.69 m 五种规格,可适用于五种框架平面。

⑥ 底座:底座安装在立杆的根部,用做防止立杆下沉并将上部荷载分散传递给地基。底座有一般垫座,其由 150 mm×150 mm×8 mm 的钢板在中心焊接连接杆制成,还有立杆可调座和立杆粗细调座等。

2)辅助构件

辅助构件系用于作业面及附壁拉结等的杆部件,有多种类别和规格。其中主要有以下三种。

① 间横杆:间横杆是为满足普通钢或木脚手板的需要而专设的杆件,可搭设于主架横杆之间的任意部位,用以减小支承间距或支撑挑头脚手板。

② 架梯:架梯是用于作业人员上下脚手架的通道,由钢踏步板焊在槽钢上制成,

两端带有挂钩,可牢固地挂在横杆上。

③ 连墙撑:连墙撑是用于脚手架与墙体结构间的连接件,以加强脚手架抵抗风荷载及其他永久性水平风荷载的能力,防止脚手架倒塌和增强稳定性。

3) 专用构件

专用构件是用做专门用途的构件。常用的有支撑柱专用构件(包括支撑柱垫座、转角座、可调座)、提升滑轮、悬挑架、爬升挑梁等。

3. 碗扣式脚手架搭设要点

1) 搭设顺序

搭设顺序为:安设立杆底座→竖立杆→安横杆→安斜杆→接头锁紧→铺脚手板→竖上层立杆→插立杆连接销→安横杆……

2) 搭设注意事项

① 应在已处理好的地基上按设计位置安放立杆垫座(或可调底座),其上再交错安装 3.0 m 和 1.8 m 的长立杆,调整立杆或底座,使同一层立杆接头不在同一平面内。

② 搭设中应注意控制架体的垂直度,总高的垂直度偏差不得超过 100 mm。

③ 连墙件应随脚手架的搭设而及时在设计位置设置,并尽量与脚手架和建筑物外表面垂直。

④ 脚手架应随结构物升高而随时搭设,但不应超过结构物 2 个步架。

9.1.4 门式脚手架

门式钢管脚手架(简称门式脚手架)的基本受力单元是由钢管焊接而成的门形刚架(简称门架),是通过剪刀撑、脚手板(或水平梁)、连墙杆以及其他连接杆、配件组装成的逐层叠起的脚手架,它与结构物拉结牢固,形成整体稳定的脚手架结构。

门式脚手架的主要特点是尺寸标准,结构合理,承载力高,安全可靠,装拆容易并可调节高度,特别适用于搭设使用周期短或频繁周转的脚手架。但由于其组装件接头大部分不是螺栓紧固性的连接,而是插销或扣搭形式的连接,因此搭设较高大或荷重较大的支架时,必须附加钢管拉结紧固,否则会摇晃不稳。

门式脚手架的搭设高度 H 为:当两层同时作业的施工总荷载标准值≤3 kN/m^2 时,H≤60 m;当总荷载为 3~5 kN/m^2 时,H≤45 m。当架高为 19~38 m 时,可三层同时作业;当架高≤17 m 时,可四层同时作业。

1. 门式脚手架主要组成部件

门式脚手架由门架、剪刀撑(交叉支撑)和水平梁架(平行架)或脚手板构成基本单元,如图 9-8(a)所示。将基本单元相互连接起来并增加梯子、栏杆等部件即构成整片脚手架,如图 9-8(b)所示。

① 门架:门架是用于构成脚手架的基本单元。它有多种形式,标准型是最基本的形式,标准门架宽度为 1.219 m,高有 1.9 m 和 1.70 m。门架在垂直方向之间的

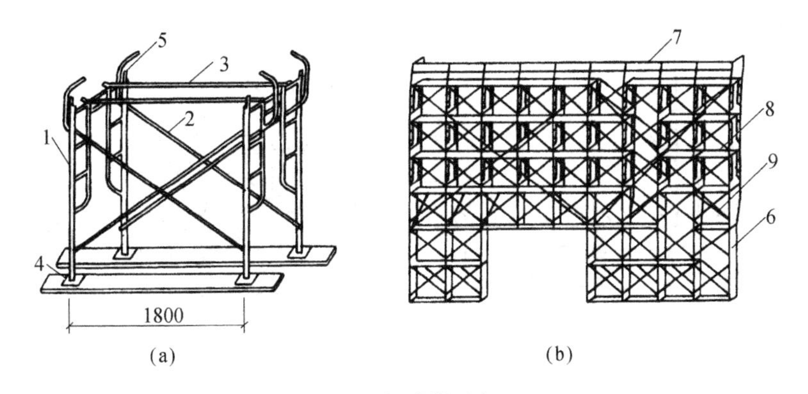

图 9-8　门式脚手架

(a)基本单元;(b)门式外脚手架

1—门架;2—交叉支撑;3—水平梁架;4—调节螺栓;5—锁臂;6—梯子;

7—栏杆;8—脚手板;9—交叉斜杆

连接用连接棒和锁臂。

② 水平梁架:水平梁架用于连接门架顶部成为水平框架,以增加脚手架的刚度。

③ 剪刀撑:剪刀撑是用于纵向连接两榀门架的交叉形拉杆。

④ 底座和托座:底座用于扩大脚手架的支撑面积和传递竖向荷载,它分为固定底座、可调底座和带轮底座。其中可调底座可调节脚手架的高度及整体水平度、垂直度;带轮底座多用于操作平台,以方便移动。托座有平板和 U 形两种,置于门架的上端,多带有丝杠以调节高度,主要用于支模架。

⑤ 脚手板:脚手板采用钢定型脚手板,在板的两端装有挂扣,搁置在门架的横杆上并扣紧。此种脚手板不但提供操作平面,还可增加门架的刚度,因此,即使是无作业层,也应每隔 3～5 层设置一层脚手板。

⑥ 其他部件:其他部件有连接棒、锁臂、连墙杆、脚手板托架、钢梯、栏杆等。

2. 门式脚手架构造要点

① 门架之间必须满设剪刀撑和水平梁架(或脚手板),并连接牢固。在脚手架外侧应设长剪刀撑,其高度和宽度为 3～4 个步距,与地面倾角 45°～60°,相邻长剪刀撑之间相隔 3～5 个架距。

② 整片脚手架必须适量设置水平加固杆(即大横杆),一般采用 $\phi48$ mm 的钢管,下面三层步架宜隔层设置,三层以上则每隔 3～5 层设置一道。水平加固杆用扣件与门架立杆扣紧。

③ 应设置连墙件与结构拉结牢固。一般情况下,在垂直方向每隔 3 个步距和在水平方向每隔 4 个架距设一点,在转角处应适当加密。

④ 做好脚手架的转角处理。脚手架在转角处必须连接牢固并与墙拉结好,以确保脚手架的整体性。处理方法是利用钢管和扣件把处于角部两边的门架连接起来,连接杆可沿边长方向或斜向设置(见图 9-9)。

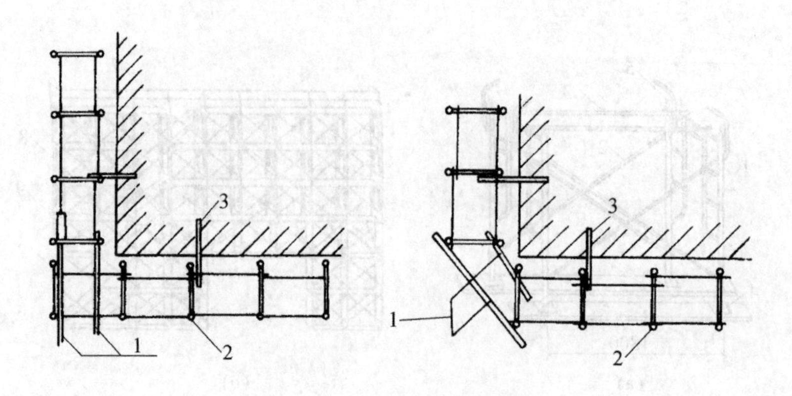

图 9-9　转角处脚手架连接

1—连接钢管;2—门架;3—连墙件

3. 门式脚手架搭设要点

1）搭设顺序

搭设顺序为:铺放垫木→拉线、放底座→自一端起立门架并随即安装剪刀撑→安装水平梁架(或脚手板)→安装梯子→(需要时安装加强用通长大横杆)→安装连墙杆→插上连接棒、安装上一步门架、并装上锁臂→照上述步骤逐层向上安装→安装加强整体刚度的长剪刀撑→安装顶部栏杆。

2）搭设注意事项

① 交叉支撑、水平架、脚手板、连接棒和锁臂的设置应符合规范要求;不配套的门架与配件不得混合使用于同一脚手架中。

② 门架安装应自一端向另一端延伸,并逐层改变搭设方向,不得相对进行。搭完一步架后,应按规范要求检查并调整其水平度与垂直度。

③ 交叉支撑、水平架或脚手板应紧随门架的安装及时设置,连接门架与配件的锁臂、搭钩必须处于锁住状态。水平架或脚手板应在同一步内连续设置,脚手板要铺满。

④ 连墙件的搭设必须随脚手架搭设同步进行,严禁滞后设置或搭设完毕后补做;连墙件应连于上、下两榀门架的接头附近,且垂直于墙面、锚固可靠。当脚手架操作层高出相邻连墙件以上两步时,应采用确保脚手架稳定的临时拉结措施,直到连墙件搭设完毕后方可拆除。

⑤ 水平加固杆、剪刀撑必须与脚手架同步搭设;水平加固杆应设于门架立杆内侧,剪刀撑应设于门架立杆外侧并连接牢固。

⑥ 脚手架应沿结构物周围连续、同步搭设升高,在结构物周围形成封闭结构;如不能封闭时,在脚手架两端应按规范要求增设连墙件。

9.1.5 附着升降式脚手架

近年来,随着高层建筑、高耸结构的不断涌现和在工程建设中脚手架所占比重的迅速扩大，人们对施工过程中用的脚手架在施工速度、安全性能和经济效益等方面提出了更高的要求。附着升降式脚手架是附着于工程结构，并依靠自身带有的升降设备，实现整体或分段升降的悬空脚手架。它的结构整体性好、升降快捷方便、机械化程度高且经济效益显著，是一种很有推广价值的外脚手架。按其附着支承方式可分为以下 7 种：套框式、导轨式、导座式、挑轨式、套轨式、吊套式、吊轨式。导轨式附着升降式脚手架的爬升过程示意如图 9-10 所示。附着升降式脚手架由架体、附着支承、提升机构和设备、安全装置和控制系统等 4 个基本部分构成。

1. 架体

附着升降脚手架的架体由竖向主框架、水平梁架和架体板构成(见图 9-11)。竖向主框架既是构成架体的边框架，也是与附着支承构件连接、并将架体荷载传给工程结构的传载构件。水平梁架一般设于底部，承受架体板传下来的架体荷载并将其传给竖向主框架，同时水平梁架的设置也是加强架体整体性和刚度的重要措施。除竖向主框架和水平梁架的其余架体部分称为“架体板”，在承受风荷载等侧向水平荷载时，它相当于两端支承于竖向主框架之上的一块板。架体板应设置剪刀撑，以确保传载和安全工作的要求。

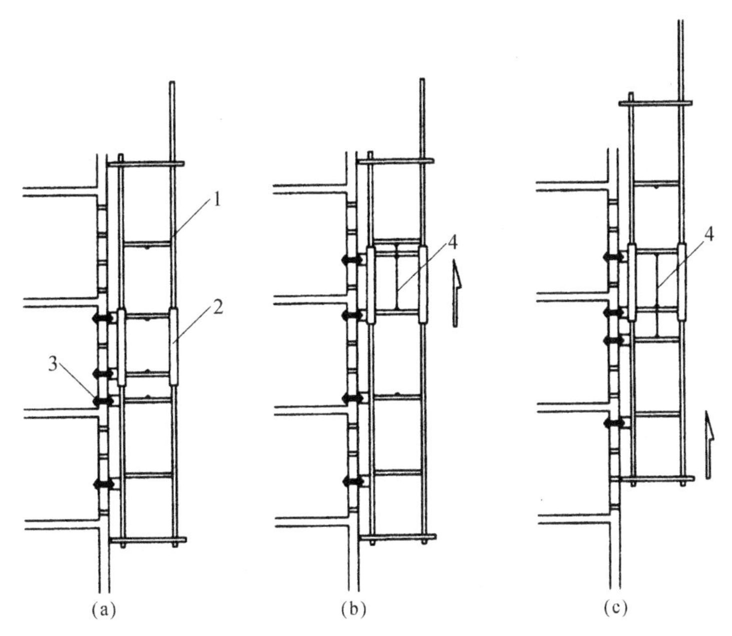

图 9-10　附着升降式脚手架爬升示意

(a)爬升前位置；(b)活动架爬升(半个层高)；(c)固定架爬升(半个层高)

1—固定架；2—活动架；3—附墙螺栓；4—倒链

2. 附着支承

附着支承是为了确保架体在使用和升降时处于稳定状态，避免晃动和抵抗倾覆作用的装置。它应达到以下要求：架体在任何状态(使用、上升或下降)下，与工程结构之间必须有不少于两处的附着支承点；必须设置防倾覆装置。

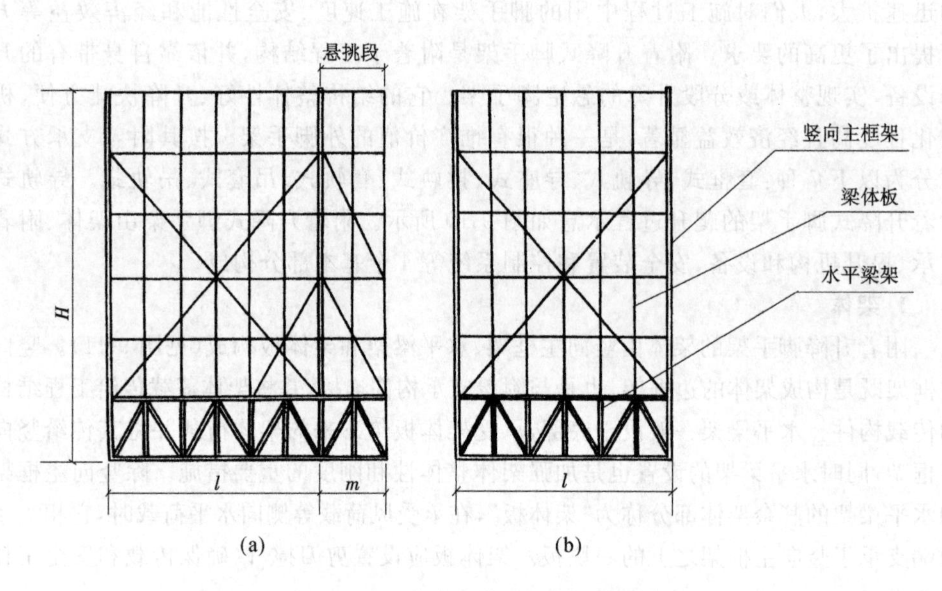

图 9-11 附着升降脚手架的架体构成

3. 提升机构和设备

附着升降脚手架的提升机构取决于提升设备,共有吊升、顶升和爬升等三种方式。吊升式是挂置电动葫芦或手动葫芦,以链条或拉杆吊着架体沿导轨滑动而上升;提升设备为小型卷扬机时,则采用钢丝绳、依靠导向滑轮进行架体的提升。顶升式是通过液压缸活塞杆的伸长,使导轨上升并带动架体上升。爬升式是通过上下爬升箱带着架体沿导轨自动向上爬升。提升机构和设备应确保处于完好状况,且要工作可靠、动作稳定。

4. 安全装置和控制系统

附着升降脚手架的安全装置包括防坠和防倾装置。防倾装置是采用防倾导轨及其他部件来控制架体水平位移的部件。防坠装置则是为了防止架体坠落的装置,即一旦因断链(杆、绳)等造成架体坠落时,能立即动作、及时将架体制停在防坠杆等支持结构上。

附着升降式脚手架的设计、安装及升降操作必须符合有关的规范和规定。其技术关键是:①与建筑物有牢固的固定措施;②升降过程均有可靠的防倾覆措施;③设有安全防坠落装置和措施;④具有升降过程中的同步控制措施。

9.1.6 里脚手架

里脚手架是搭设在建筑物内部的一种脚手架,用于在地面或楼层上进行砌筑、装修等作业。里脚手架种类较多,在无需搭设满堂脚手架时,可采用各种工具式脚手架。这种脚手架具有轻便灵活、搭设方便、周转容易、占地较少等特点。下面介绍几种常用的里脚手架。

1. 折叠式里脚手架

角钢折叠式里脚手架如图 9-12 所示，它采用角钢制成，每个重 25 kg；钢管（筋）折叠式里脚手架如图 9-13 所示，它采用钢管或钢筋制成，每个重 18 kg。这些折叠式里脚手架搭设时在脚手架上铺脚手板即可，其架设间距为：砌筑作业时小于 1.80 m，装修作业时小于 2.20 m。该种脚手架可架设两步，第一步为 1 m，第二步为 1.65 m。

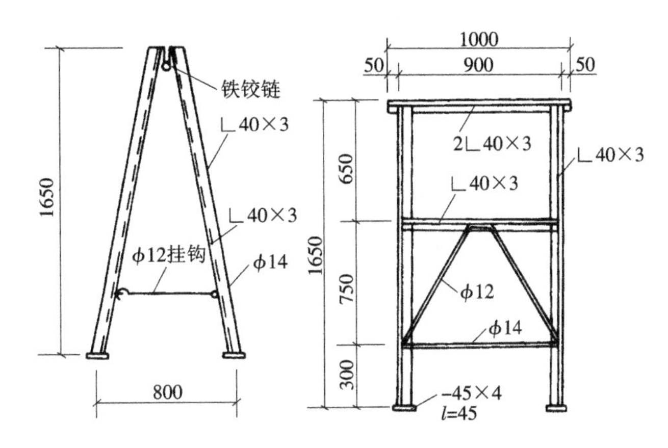

图 9-12　角钢折叠式里脚手架

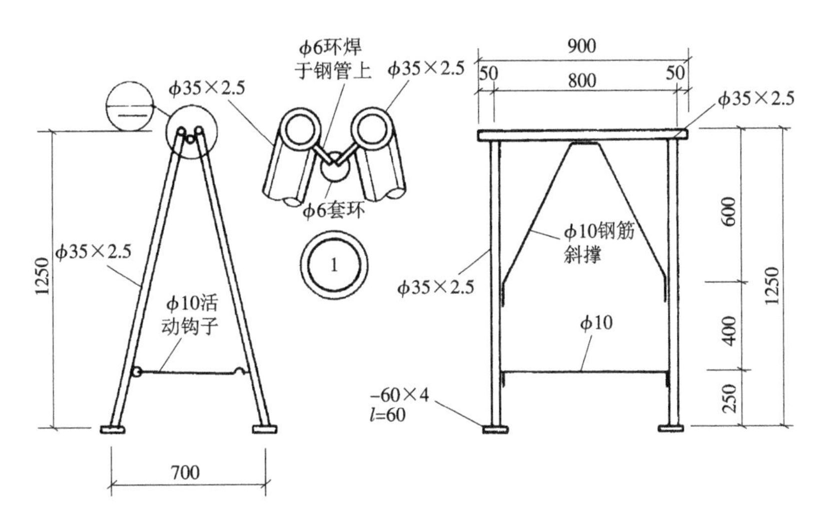

图 9-13　钢管折叠式里脚手架

2. 支柱式里脚手架

支柱式里脚手架是由支柱及横杆组成，上铺脚手板。其搭设间距为：砌筑作业时小于等于 2 m，装修作业时小于等于 2.50 m。套管式支柱如图 9-14 所示，每个支柱重14 kg。搭设时插管插入立杆中，以销孔间距调节高度，在插管顶端的 U 形支托内搁置方木横杆用以铺设脚手板,其架设高度为1.57～2.17 m。承插式钢管支柱如图9-15所示,每个支柱重13.7 kg,横杆重5.6 kg。其架设高度为1.2 m、1.6 m和1.9 m,搭设第三步时要加销钉以保证安全。

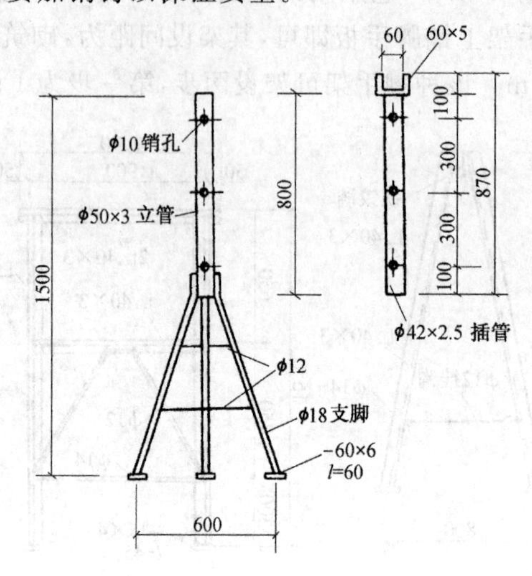

图 9-14 套管式钢支柱

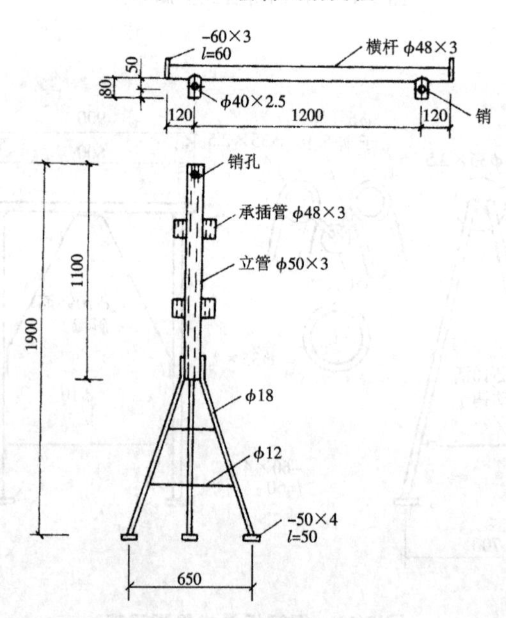

图 9-15 承插式钢管支柱

此外还有马凳式里脚手架、伞脚折叠式里脚手架、梯式支柱里脚手架、门架式里脚手架以及平台架、移动式脚手架等里脚手架,广泛用于各种室内砌筑及装饰工程中。

9.2 垂直运输设备

垂直运输设备是指担负运输工程材料和施工人员上下的机械设备。土木工程施工中这类设备的作业量很大，常用的有井架、龙门架、施工电梯和塔式起重机，有时也采用自行杆式起重机。塔式起重机与自行杆式起重机的具体内容详见本书6.2节中的介绍，在此不再赘述。本节仅介绍井架、龙门架和施工电梯这三种垂直运输设备。

9.2.1 井架

井架是建筑工程中进行砌筑和装修施工时最常用的垂直运输设备，它可用型钢或钢管加工成定型产品，或用其他脚手架部件（如扣件式、门式和碗扣式钢管脚手架等）搭设。一般井架为单孔，也可构成双孔或三孔。井架构造简单、加工容易、安装方便、价格低廉、稳定性好，且当设置有附着杆件与建筑物拉结时，无需设置缆风绳。

图9-16为普通型钢井架的示意图。在井架内设有吊盘（或混凝土料斗），其吊重可达1～3 t，由卷扬机带动其升降。当双孔或三孔井架时，可同时设吊盘及料斗，以满足同时运输多种材料的需要。型钢井架的搭设高度可达60 m。当井架高度小于或等于15 m时，须设缆风绳一道；当高度大于15 m时，每增高10 m增设一道。每道缆风绳为4根，采用ϕ9 mm的钢丝绳，其与地面夹角为45°。为了扩大起重运输服务范围，常在井架上安装悬臂桅杆，桅杆长5～10 m，起重荷载0.5～1 t，工作幅度2.5～5 m。

井架在使用中应注意下列事项。

① 井架必须立于可靠的地基和基座之上。井架立柱底部应设底座和垫木，其处理要求同外脚手架。

② 在雷雨季节使用的、高度超过30 m的钢井架，应装设避雷电装置；没有装设避雷装置的井架，在雷雨天气应暂停使用。

③ 井架自地面5 m以上的四周（出料口除外），应使用安全网或其他遮挡材料（竹笆、篷布等）进行封闭，避免吊盘上材料坠落伤人。卷扬机司机操作观察吊盘升降的一面只能使用安全网。

④ 井架上必须有限位自停装置，以防吊盘上升时“冒顶”。

⑤ 吊盘内不要装长杆材料和零乱堆放的材料，以免材料坠落或长杆材料卡住井架酿成事故。吊盘不得长时间悬于井架中，应及时落至地面。

9.2.2 龙门架

龙门架是由两根立杆及天轮梁（横梁）构成的门式架（见图9-17）。它构造简单，制作容易，用材少，装拆方便。适用于中小型工程。但由于其立杆刚度和稳定性较差，一般常用于低层建筑。如果分节架设，逐步增高，并加强与建筑物的连接，也可以架设较大的高度。龙门架的构造，按其立杆的组成来分，目前常用的有组合立杆龙门架(如角钢组合、钢管组合、角钢与钢管组合、圆钢组合等)和钢管龙门架等。组合立杆龙门架具有强度高、刚度大的优点，其提升荷载为 0.6～1.2 t，提升高度可达 20～35 m。钢管龙门架是以单根杆件作为立杆而构成的，制作安装均较简便，但稳定性较差，在低层建筑中使用较为适合。

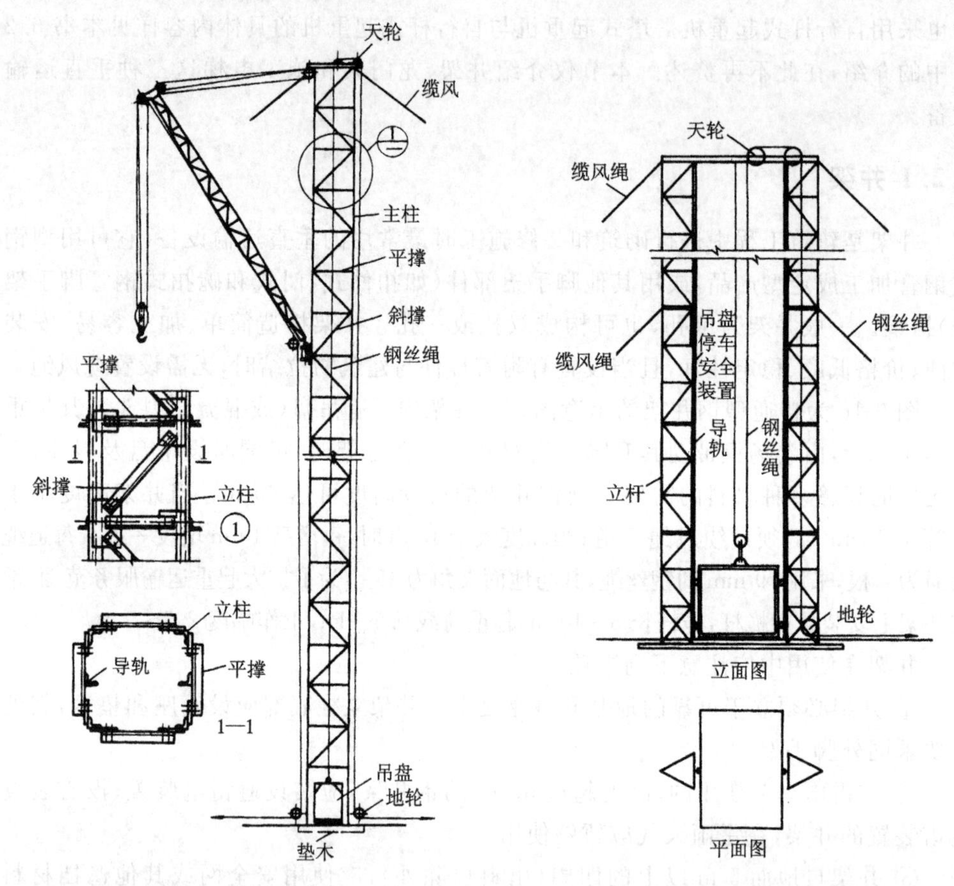

图 9-16　普通型钢井架　　　图 9-17　龙门架的基本构造形式

龙门架一般单独设置。在有外脚手架的情况下，可设在外脚手架的外侧或转角部位，其稳定性靠四个方向的缆风绳来解决；亦可设在外脚手架的中间，用拉杆将龙门架的立杆与外脚手架拉结起来，以确保龙门架和外脚手架的稳定，但在垂直于外脚手架的方向仍需设置缆风绳并设置附墙拉结。与龙门架相连的外脚手架，应加设必要的剪刀撑予以加强。龙门架的安全装置必须齐全，正式使用前应进行试运转。

9.2.3 建筑施工电梯

建筑施工电梯是人、货两用的垂直运输设备，其吊笼装在立柱外侧，如图 9-18 所示。按传动形式分为齿轮齿条式、钢丝绳式和混合式三种。施工电梯可载货 1.0～1.2 t，可乘 12～15 人。由于它附着在建筑物外墙或其他结构部位上，故稳定性很好，并可随主体结构的施工逐步往上接高，架设高度可达 200 m 以上。目前，施工电梯已广泛应用于高层建筑施工中。

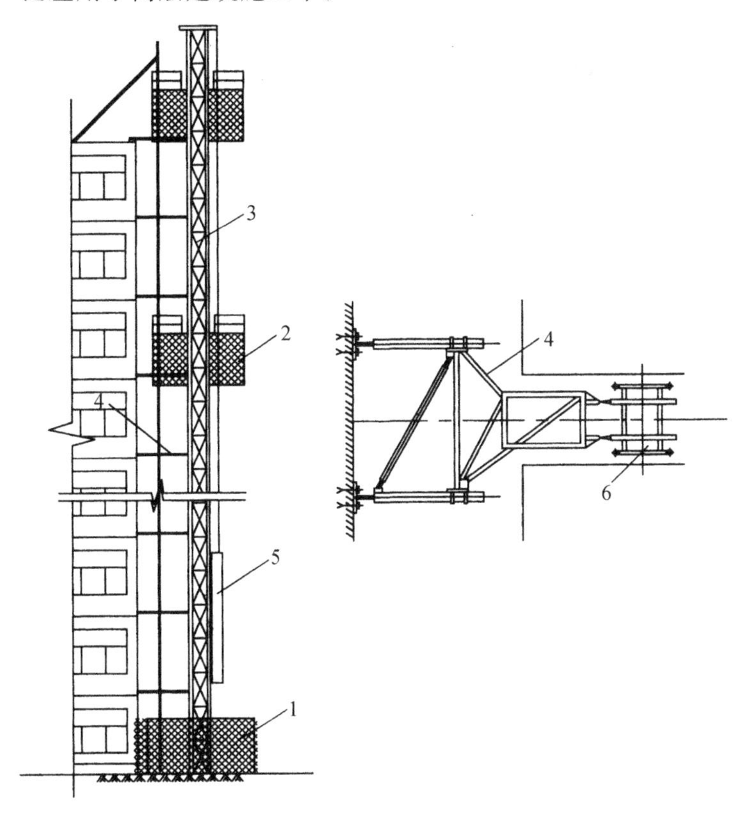

图 9-18　建筑施工电梯

1—底笼；2—吊笼；3—立柱；4—附墙支撑；5—平衡箱；6—立柱导轨架

思　考　题

9-1　对脚手架的基本要求是什么？对脚手架的地基与基础又有哪些要求？

9-2　简述扣件式钢管脚手架的主要组成部件及各部件的作用。

9-3　扣件式钢管外脚手架的立杆、纵向水平杆、横向水平杆、剪刀撑、连墙件等构件应怎样设置，有哪些构造要求？

9-4　搭设单排外脚手架时，哪些部位不得留设脚手眼？

9-5　试述碗扣式脚手架的构造特点和优点。

9-6　简述门式脚手架的主要组成部件。

9-7　附着升降式脚手架由哪几部分组成？此种脚手架的技术关键是什么？

9-8　常用的垂直运输设备有哪些？它们各自的适用范围是什么？

第10章 桥梁工程

【内容提要和学习要求】

① 围堰施工：了解围堰的种类与构造。

② 管柱基础施工：熟悉管柱下沉与钻岩，管柱内水下浇筑混凝土；了解管柱的制作，下沉管柱的导向设备。

③ 梁桥结构施工：掌握预应力混凝土梁桥悬臂拼装法施工，预应力混凝土连续梁桥顶推法施工；熟悉装配式梁桥施工的各种方法，熟悉预应力混凝土梁桥悬臂浇筑法施工。

④ 拱桥结构施工：掌握拱桥有支架施工的基本方法和现浇钢筋混凝土拱圈施工，了解拱架的种类、卸落与拆除；了解装配式钢筋混凝土拱桥施工，钢管混凝土及劲性骨架拱圈的施工。

⑤ 斜拉桥施工：了解斜拉桥索塔施工、主梁施工，了解斜拉索的制作、防护与安装。

⑥ 悬索桥施工：了解悬索桥施工准备的内容，了解锚锭、索塔和主缆的施工，了解加劲梁的架设。

10.1 围堰施工

10.1.1 围堰施工概述

围堰属于临时性结构，其主要作用是为桥梁主体工程及附属设施的施工提供正常的作业条件，确保它们在修建过程中不受水流侵袭。为此，围堰的修筑需考虑主体工程所在位置、现场情况和实际需要等问题，同时还必须对施工期间的由各种情况（雨水、潮汐、风浪、季节等）带来的影响和航行、灌溉等有关因素进行综合考虑。

常见的围堰有墩台施工围堰、河宽限制上下游围堰以及驳岸挡墙施工围堰等几种。

1. 墩台施工围堰

当在河流中修建墩台或其他构筑物时，为了保证主航道的顺利通航，常采用墩台基础在围堰内施工的方法（见图10-1）。

2. 河宽限制上下游围堰

在宽度不大的河流中修建中、小型桥梁时，由于受地形限制，为维持水流与正常

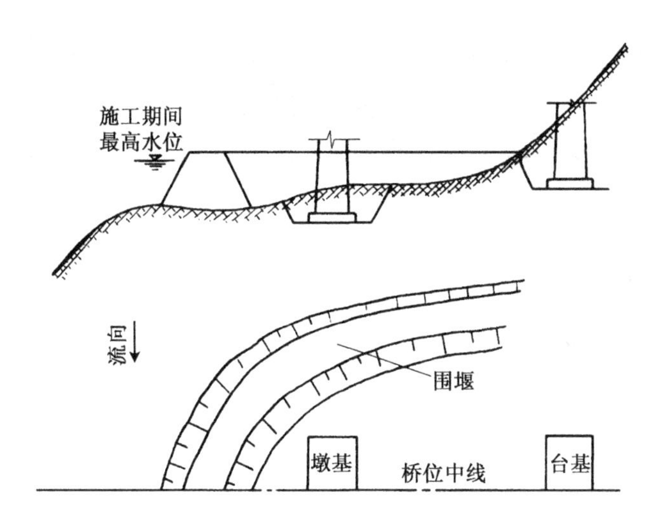

图 10-1　墩台施工围堰

通航等要求，往往在上、下游均修筑围堰，并设置临时引渠，将水流引开，以便于主要结构物所在位置处的施工。

3. 驳岸挡土墙施工围堰

在沿河流修建挡土墙、驳岸时，为防止遭到水流的侵袭，常在施工地段修建临时围堰，以保证施工的顺利进行（见图 10-2）。

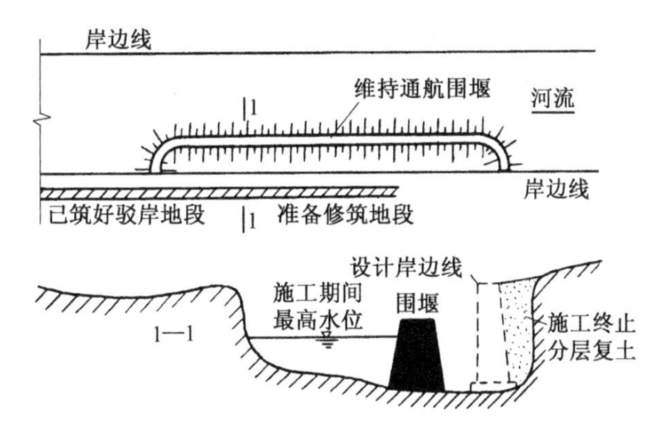

图 10-2　驳岸挡土墙围堰

10.1.2 围堰构造

围堰根据材料和构造的不同，可以分为土围堰、土袋围堰、单行板桩围堰、双行板桩围堰、木桩土围堰、竹笼围堰以及钢板桩围堰等几种，其构造如图 10-3 所示。

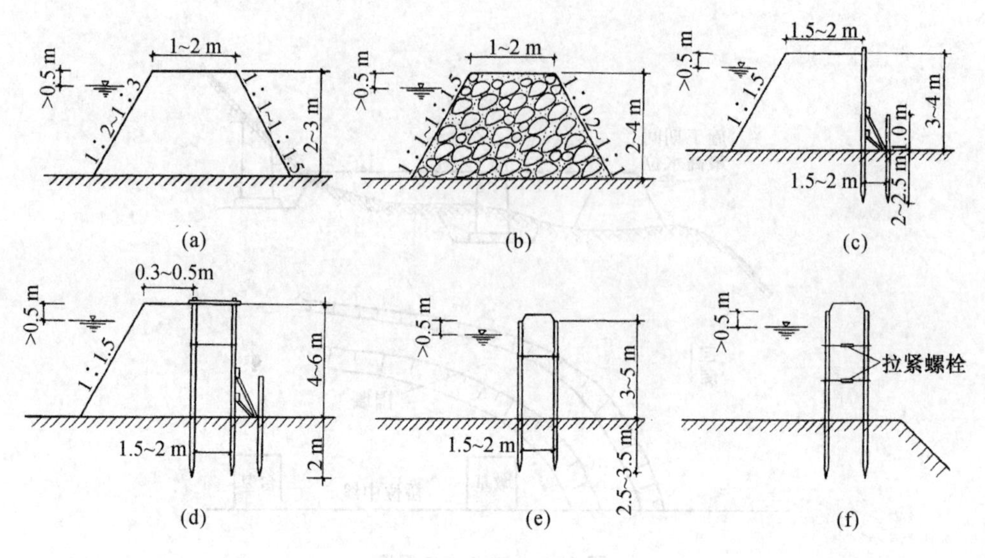

图 10-3　围堰构造示意

(a)土围堰;(b)土袋围堰;(c)单行板桩围堰;(d)双行板桩围堰;(e)木桩土围堰;(f)钢板桩围堰

10.2 管柱基础施工

10.2.1 管柱基础概述

管柱基础施工是使用专用机械设备,在水面上进行桥墩基础的施工。它具有不受季节限制、能改善劳动条件、加快施工进度、降低工程成本的优点。管柱基础适用于各种土质条件,尤其是在深水、岩面不平、无覆盖层或覆盖层很厚的自然条件下,不宜修建其他类型基础时,可采用管柱基础。

管柱基础可采用单根或多根形式,按施工方法又可分为:需要设置防水围堰的低承台或高承台基础;不需设置防水围堰的低承台或高承台基础。

10.2.2 管柱制作

管柱按材料可分为钢筋混凝土管柱、预应力钢筋混凝土管柱和钢管柱三种。钢筋混凝土管柱适用于入土深度不大于 25 m 的管柱基础,常用直径有 1.55 m、3.0 m、3.6 m 和 5.8 m 几种。预应力钢筋混凝土管柱可用于下沉深度大于 25 m 的管柱基础,常用直径有 3.0 m 和 3.6 m 两种。钢管柱的直径有 1.4 m、1.6 m 、1.8 m、3.0 m 和3.2 m 几种。

管柱可根据其类型和施工条件来分节预制,分节长度视运输设备、起重能力及构件情况而定。管柱节间的连接一般采用法兰盘连接。管柱最底一节下口设有刃脚,以便于管柱下沉时能穿越覆盖层或切入基底风化岩中,故要求刃脚具有足够的强度和刚度。

10.2.3 下沉管柱的导向设备

1. 导向设备及拼装

导向设备是一种临时辅助结构，主要作用是在管柱的下沉过程中，将管柱固定在设计位置。其形式和高度应根据基础尺寸、管柱直径、管柱下沉深度、河水深度及流速等条件而定，一般分为两类：浅水中的导向框架和深水中的整体围笼结构。框架和围笼中的一般杆件，多采用万能杆件拼装。

导向框架一般可一次拼装完成，运至桥墩位置处，起吊就位后予以固定。整体围笼也宜采用一次拼装方案；限于条件时，也可采用分层拼装方案，即在岸边先拼装下部几层，运至墩位处起吊下沉就位后，再接高上部各层。

2. 导向设备的浮运和就位

导向框架和围笼拼装完成后，需进行浮运和就位。在浮运前应做好定位船、导向船、拖轮、锚锭设备和浮运的准备工作。浮运现场应根据情况配备必要的安全设备和备用船只，以便于及时调用。浮运宜在白天天气良好时进行，在潮汐河流中宜选择在高低潮前进行，争取浮运船组在平潮流速时间内完成导向设备的定位和连接工作。

10.2.4 管柱下沉与钻岩

1. 管柱下沉施工

管柱下沉施工应根据覆盖层土质和管柱下沉的深度，采用振动法、管柱内除土（吸泥）法和管柱内射水法等交替进行，使管柱下沉。必要时还可以采用管柱外射水、射风等辅助措施。为做好下沉管柱的施工准备，除参考以往施工经验外，重大工程应先进行试沉。

2. 管柱钻岩与清孔

在钻岩前应掌握基础范围内的岩石性质、岩面标高及其倾斜度、风化层厚度等有关地质资料，以便选择合适的钻岩设备和采取相应的技术措施。管柱刃脚接近岩面时，应查明刃脚周围与岩面接触情况，并采取必要的措施。

管柱钻孔完毕后，应将附着于管柱内壁的泥浆冲洗干净，并将孔底钻渣、泥砂等沉淀物取出。清孔的方法可采用空气或水力吸泥机，必要时辅以高压射水或射风。为防止翻砂，管柱刃脚上下 0.5 m 范围内不得吸泥、射水、射风，且管柱内水位必须保持比管柱外水面高出 1.5～2.0 m 的高度。

10.2.5 管柱内水下浇筑混凝土

在浇筑管柱内混凝土时，应先检查钢筋的埋置长度是否符合要求。为防止流砂涌入孔内，在每个孔钻孔完成后，应尽快进行清孔和浇筑混凝土。管柱内水下浇筑混凝土应采用导管法，且浇筑工作应连续进行，使导管下口的混凝土始终处于塑性状态，直至预定标高。

若管柱基底的岩盘因钻孔而破碎时,为防止水下混凝土和砂浆流入相邻孔内,在已成孔未浇筑混凝土前,相邻管柱不得钻孔;若邻孔已钻,应重新扫孔、清孔,孔深符合设计要求后,再下钢筋骨架、水下浇筑混凝土。

10.3 梁桥结构施工

10.3.1 装配式梁桥施工

装配式桥梁施工包括构件的预制、运输和安装等过程。该方法可以节约支架、模板,减少混凝土收缩、徐变对结构的影响,有利于保证工程质量,缩短现场施工工期,但这种施工方法需要大型吊装设备。桥梁结构的架设方法主要有以下几种。

1. 移动式支架架设法

移动式支架架设法是在架设桥孔的地面上,沿桥轴线方向铺设轨道,在其上设置可移动的支架。预制梁的前端搭在支架上,通过牵引支架,将梁移运到要求的位置后,用龙门架或扒杆进行安装,或在桥墩上组成枕木垛,用千斤顶将其卸下,再横移就位。

2. 人字扒杆悬吊架设法

人字扒杆悬吊架设法又称吊鱼架设法,是利用人字扒杆来架设梁桥上部结构构件,而不需要特殊的脚手架或木排架。架设方法有人字扒杆架设法,人字扒杆两梁连接悬吊架设法和人字扒杆、托架架设法三种。

人字扒杆架设法又有一副扒杆和两副扒杆架设两种。在两副扒杆架设中,前扒杆设有吊鱼滑车组,用以将预制梁前端悬空拖曳,并通过绞车牵引其前进。后扒杆的主要作用是预制梁吊装就位时,配合前扒杆吊起梁的后端,以便抽出木垛,落梁就位。一副扒杆架设的基本方法同两副扒杆,但采用千斤顶顶起预制梁的后端,抽出木垛后落梁就位。

人字扒杆两梁连接悬吊架设法,是用两根梁拼接吊装,前梁为架设梁,后梁作为平衡重。悬吊时,梁的平衡主要靠后梁及其尾部的压重,并通过后扒杆及其拉索构成的三角横架来控制。前梁的架设方法同上。

人字扒杆、托架架设法是在桥墩之间,先用吊鱼法悬吊托架,利用托架上的滚筒将梁拖拉移运至桥孔位置。再以两副人字扒杆来吊升梁,吊升后,需移开托架以便落梁就位。

3. 自行式吊机架设法

由于自行式吊机本身有动力,不需要临时动力设备以及任何架设设备,故安装方便、迅速,它适用于中小跨径预制梁的吊装。自行式吊机架设法可采用一台吊机架设、两台吊机架设和吊机与绞车配合架设。

4. 联合架桥机架设法

在墩高、水深的情况下,可使用联合架桥机进行预制梁的架设。该方法还具有作业中不影响桥下通航的优点。联合架桥机由一根两跨长的钢导梁、两套龙门架和一个托架组成。其架设预制梁的程序如下。

① 在桥头路堤轨道上拼装钢导梁，并用绞车将其纵向牵引就位；在导梁上用托架分别将龙门架托运至两个墩台处就位。

② 在导梁上用平车移运预制梁，使预制梁的两端位于龙门架下。

③ 用龙门架吊起预制梁，并横移下落就位。

④ 将导梁牵引至前方跨，如图10-4(a)所示；用龙门架将未安装到位的预制梁吊起安装就位，然后进行各梁的焊接连接，如图10-4(b)所示；用托架托运龙门架至前方跨，如图10-4(c)所示；用同样的程序吊装前方跨预制梁，如图10-4(d)所示。

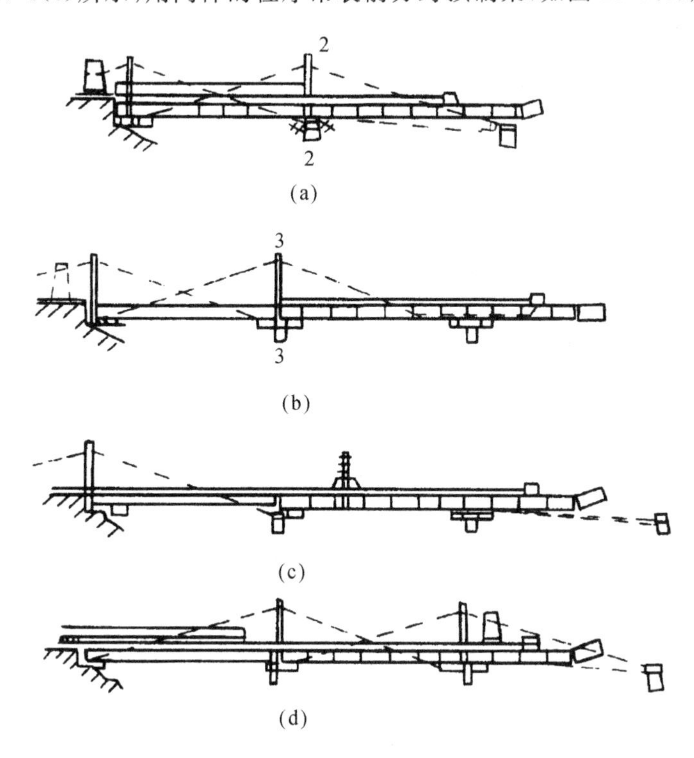

图10-4　联合架桥机架设程序

5. 双导梁穿行式架设法

双导梁穿行式架设法是在架设跨间设置两组导梁，导梁上配置有悬吊预制梁的轨道平车和起重行车或移动式龙门架。将预制梁在双导梁内吊运到指定位置后，再落梁、横移就位。其安装程序为：在桥头路堤上拼装双导梁和行车→在导梁内吊运预制梁→横移预制梁和导梁→先安装两个边梁，再安装中间各梁→全跨安装完毕横向焊接连接后，将导梁推向前进，安装下一跨。

6. 拼装式双导梁架桥机架设法

此架桥机是用万能杆件拼装而成，其三个支点下面均设有铰支座。预制梁横移时,架桥机桁架不需移动,但桥墩应较桥面稍宽,以便搁置架桥机桁架。拼装式双导梁架桥机架设法的安装程序与联合架桥机架设法和双导梁穿行式架设法基本相同。

10.3.2 预应力混凝土梁桥悬臂法施工

预应力混凝土梁桥的悬臂法施工分为悬臂浇筑(简称悬浇)法和悬臂拼装(简称悬拼)法两种。悬浇法是在桥墩上安装钢桁架并向两侧伸出悬臂以供垂吊挂篮,在挂篮上进行施工,对称浇筑混凝土,最后合拢;悬拼法是将预制块件在桥墩上逐段进行悬臂拼装,并穿束和张拉预应力筋,最后合拢。悬臂施工适用于梁的上翼缘承受拉应力的桥梁形式,如连续梁、悬臂梁、T形刚构梁、连续刚构梁等桥型。

1. 悬臂浇筑法

悬臂浇筑法的主要工作内容包括:在墩顶浇筑起步梁段(0号块);在起步梁段上拼装悬浇挂篮,并依次分段悬浇梁段;悬浇最后节段及总体合拢(见图10-5)。

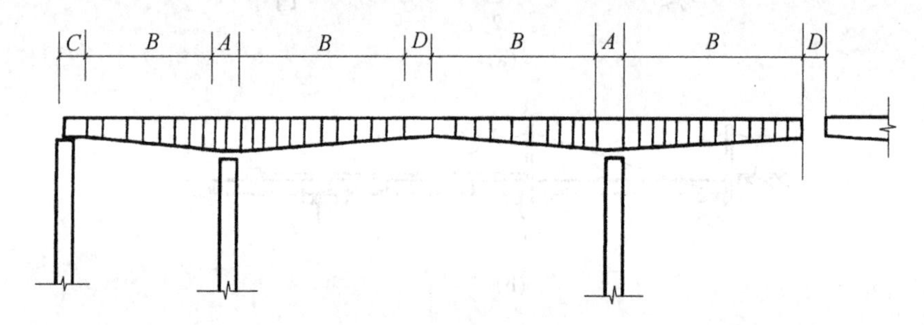

图10-5 悬浇分段示意

A—墩顶梁段;B—对称悬浇梁段;C—支架现浇梁段;D—合拢梁段

悬臂施工法中的挂篮是一个能沿梁顶滑动或滚动的承重构架,悬挂并锚固在已施工的前端梁段上。在挂篮上可进行下一梁段的模板、钢筋、预应力管道的安设、混凝土浇筑、预应力筋张拉和孔道灌浆等工作。每完成一个梁段的施工后,挂篮即可前移并固定,进行下一节梁段的施工,依次前移直至悬浇完成。

2. 悬臂拼装法

悬臂拼装法是将主梁划分成适当长度并预制成块件,将其运至施工地点进行安装,经施加预应力后使块件连接成整体桥梁。预制块件的长度主要取决于悬拼吊机的起重能力,一般为2～5 m。

1) 混凝土块件的预制

混凝土块件的预制方法有长线预制法、短线预制法和卧式预制等三种。箱形梁的块件通常采用长线预制或短线预制法,桁架式梁段常采用卧式预制,且要求块件的预制尺寸准确,拼装接缝处应密贴,预应力孔道的对接应通畅。

2) 分段吊装施工

在桥墩上先施工0号块件,以便为预制块件的安装提供必要的施工工作面。安装挂篮或吊机,并从桥墩两侧同时、对称地安装预制块件,以保证桥墩平衡受力,减少弯曲力矩。常用的吊装设备有移动式吊车、悬臂式吊车、桁式吊车、缆索吊车、浮式吊车等。施工时，先将预制梁段从桥下或水上运至桥位处，然后用吊车吊装就位。图 10-6 所示为移动式吊车悬拼施工示意图。

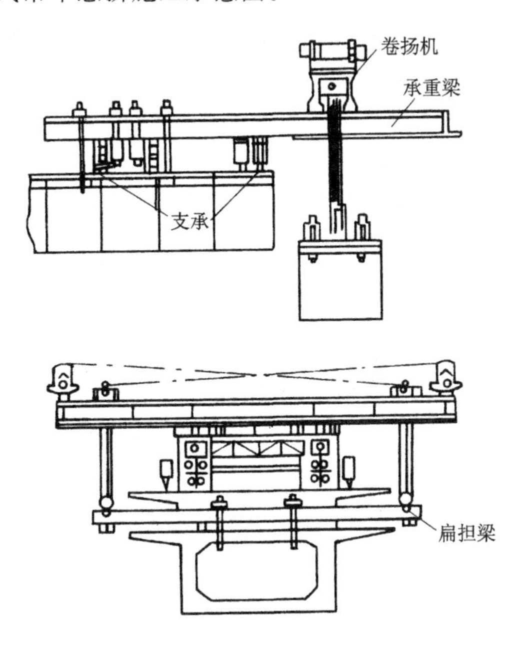

图 10-6　移动式吊车悬拼施工

3）悬臂拼装接缝施工

悬臂拼装时，预制块件接缝的处理分为湿接缝和胶接缝两大类。湿接缝是采用高强度细石混凝土或水泥砂浆连接，胶接缝通常采用环氧树脂胶为黏结材料。不同的施工节段和不同的部位，采用不同的接缝形式。由于 1 号块件的施工精度直接影响到以后各节段的相对位置和标高，故 1 号块件与 0 号块件之间采用湿接缝处理，接缝宽度一般为 0.1～0.2 m。2 号块件及以后各节段的拼装接缝则采用胶接缝。

湿接缝施工程序为：块件定位，测量中线及高程→焊接接头钢筋→安放湿接缝模板→浇筑湿接缝细石混凝土或砂浆→养护湿接缝→脱模、穿 1 号块预应力筋（束）、张拉、锚固。

胶接缝施工程序为：将块件吊升至拼装高度，就位试拼，移开块件形成 40 mm 左右的缝隙→穿预应力筋（束），测量中线和高程后接缝处涂胶，正式定位→按设计要求张拉一定数量的钢筋（束）后放松吊机→全部钢筋（束）张拉完毕后，进行孔道压浆。

10.3.3 预应力混凝土连续梁桥顶推法施工

顶推法施工是：沿桥梁纵轴方向，在桥台后方（或引桥上）设置预制场，浇筑梁段混凝土；待混凝土达到设计强度后施加预应力，并用千斤顶向前顶推；空出的底座继续浇筑梁段，随后施加预应力与前一段梁联结，直至将整个桥梁的梁段浇筑并顶推完毕;最后进行体系转换而形成连续梁桥。顶推法施工概貌及辅助设施如图 10-7 所示。

顶推法施工工艺流程如下:预制场准备工作,安装顶推设备→制作底座→预制梁段→张拉预应力筋及孔道压浆→顶推预制梁段→顶推就位,放松部分预应力筋,拆除辅助设施→张拉后期预应力筋及孔道压浆→更换支座,桥梁横向联系→桥面施工。

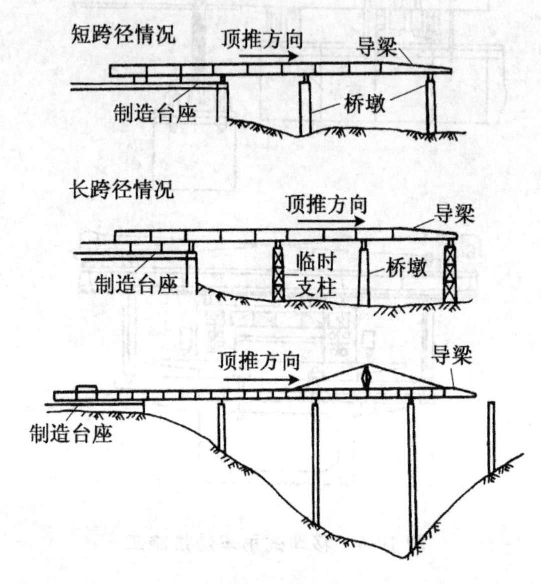

图 10-7　顶推法施工概貌及辅助设施

1. 预制场地

预制场地包括预制台座和从预制台座到标准顶推跨之间的过渡孔。预制场地一般设置在桥台后面桥轴线的引道或引桥上。桥跨在 50 m 以内时,通常只在一端设置预制场地,从一端顶推,也可在各桥墩上设置顶推装置,以减小顶推力;当桥梁为多联顶推施工时,可在两端均设置预制场,从两端相对顶推。为了避免天气影响,可在预制场搭设固定式或活动式的作业棚,其长度应为预制梁段长度的 2 倍。当桥头直线引道长度受限制时,可在引桥、路基或正桥靠岸的桥孔处设置预制台座。

预制台座分为两部分:一部分为箱梁预制台座,即在基础上设置钢筋混凝土立柱或钢管立柱,立柱顶面用工字钢梁联成整体,直接承受竖向压力;另一部分为预制台座内的滑道支承墩,即在基础上立钢管或钢筋混凝土墩身,纵向联成整体,顶上设滑道,梁段脱模后,承受梁段的重量和顶推时的水平力。

2. 梁段的预制

梁段的预制,根据桥头地形、模板结构和混凝土浇筑、养护的情况等,有两种方案可供选择。其一是在预制场内将准备顶推的梁段全断面整段浇筑完毕,再进行顶推。其二是将箱形梁的底板、腹板、顶板在前后连接的台座上分次浇筑混凝土并分次顶推，即：在第一个台座上浇筑底板混凝土，达到设计强度后顶推到第二台座上浇筑腹板混凝土，达到设计强度后再顶推到第三台座上进行其余部分的施工，且空出的台座进行第二梁段的施工。

预制梁段的模板宜采用钢模。为了便于严格控制底模的标高，底模不与外侧模连在一起。底模是由可升降的底模架和底模平面内不动的滑道支承孔两部分组成。外侧模板宜采用旋转式，主要由带铰链的旋转骨架、螺旋千斤顶、纵肋、钢板等组成。内模板有折叠、移动式内模和支架升降式内模两种形式，前者适用于梁段较长、梁内构造简单、施工周期短的情况，后者适用于梁内截面变化大、整个箱梁一次浇筑成型的情况，其构造简单、成本较低，应用广泛。

3. 梁段预应力钢筋束

顶推法施工的预应力钢筋，有永久束（完工后不拆除）、临时束（完工后便拆除）和后期束（全梁就位后的补充束）三类。预应力筋可采用高强钢丝、钢绞线或精轧螺纹钢筋等种类，锚具宜采用群锚体系。施工中应注意：临时预应力钢筋束应在顶推就位后拆除，不应灌浆；纵向应设置备用孔道，以防施工中的不测；预应力筋张拉的技术要求、质量控制标准等应严格按照现行施工技术规范和设计规定执行。

4. 顶推施工中的临时设施

由于顶推施工过程中梁段的受力状态与成桥后运营时的受力状态相差较大，为了减小施工中的内力，必须采用某些临时设施，如导梁、临时墩和斜拉索等（见图10-7）。导梁设置在主梁的前端，长度为顶推跨径的0.6～0.8倍，常采用变截面的钢板梁或钢桁架梁。临时墩设置在桥跨中间，以减小主梁的顶推跨径，从而减小顶推时主梁内的正、负弯矩，临时墩的结构可采用钢桁架或装配式钢筋混凝土薄箱、井筒等。为减小主梁的悬臂弯矩，在主梁前端常设置临时塔架，并用斜拉索系于梁上。

5. 顶推施工

顶推施工的关键问题是如何利用有限的推力将梁顶推就位，通常有以下五种施工方法。

1）水平—竖向千斤顶顶推法

水平—竖向千斤顶顶推法是交替使用水平千斤顶和竖向千斤顶，其顶推装置集中安置在梁段预制场附近的桥台或桥墩上，前方各墩顶只设置滑移装置。水平—竖向千斤顶顶推法又分为单点顶推和多点顶推两种。顶推施工的程序为：落梁（由竖向千斤顶将主梁卸落在滑块上）→梁前进（水平千斤顶推动滑块前进，梁段随之前进）→升梁（水平千斤顶达最大行程时，竖向千斤顶将主梁提升1～2 cm）→退回滑块（水平千斤顶将滑块退回原处，完成一个循环）→如此循环往复，完成整个顶推工作。

2）拉杆千斤顶顶推法

拉杆千斤顶顶推法是由固定在墩台上的水平千斤顶通过锚固于主梁上的拉杆使主梁前进，也可分为单点和多点顶推。单点拉杆千斤顶顶推是将顶推装置集中设置在梁段预制场附近的桥墩、台上，其余桥墩上只设置滑移装置，其顶推程序与单点水平—竖向千斤顶顶推法基本相似,所不同的是不需将梁段顶升一定高度。多点拉杆千斤顶顶推是将水平拉杆千斤顶分散在各个桥墩上,免去了在每一循环顶推中用竖向千斤顶顶升梁段的工序,简化了工艺流程,加快了顶推速度。

3) 设置滑动支座顶推法

设置滑动支座顶推法有设置临时滑动支座和与永久性支座合一的滑动支座两种。设置临时滑动支座时所用的滑道用于施工中滑移和支承梁段,当主梁就位后张拉后期预应力筋和孔道灌浆,然后用数只大吨位千斤顶将连接好的主梁同步竖向顶升,拆除临时滑道,再安放正式支座。使用与永久性支座合一的滑动支座时是将永久性支座安置在墩顶的设计位置上,通过改造后使其可作为施工中的顶推滑道,主梁就位后再稍加改造即可恢复原支座状态,这种方法不需要大吨位千斤顶顶升梁段,称为 RS 施工法。

4) 单向顶推法

单向顶推时,预制场设置在桥梁一端,从一端逐段预制,逐段顶推,直至对岸。

5) 双向顶推法

双向顶推时,预制场设置在桥梁两端,并在两端分段预制,分段顶推,最后在跨中合拢。双向顶推法多用于以下施工中:多跨桥梁的总长大于 600 m 时,为了缩短工期和便于顶推施工时采用;当连续梁的中孔跨径较大而不宜设置临时墩时采用;对于三跨连续梁,由于梁段在未顶推至前端桥墩前是单悬臂体系,为了使施工阶段和运营阶段的工作状态相接近而采用。

10.4 拱桥结构施工

10.4.1 拱桥施工概述

拱桥的施工方法应根据其结构形式、跨径大小、建桥材料和桥址环境的具体情况,并遵循方便、经济、快捷的原则而确定。

石拱桥主要采用拱架施工法,混凝土预制块的施工与石拱桥相似。

钢筋混凝土拱桥包括钢筋混凝土箱板拱桥、箱肋拱桥、钢管混凝土拱桥和劲性骨架钢筋混凝土拱桥等。如在允许设置拱架或无足够吊装能力的情况下,各种钢筋混凝土拱桥均可采用在拱架上现浇或组拼拱圈的拱架施工法;为了节省拱架材料,使上、下部结构同时施工,可采用无支架(或少支架)施工法;根据两岸地形及施工现场的具体情况,可采用转体施工法;对于大跨径拱桥还可以采用悬臂施工法。

桁架拱桥、桁式组合拱桥一般采用预制拼装施工法。对于小跨径桁架拱桥可采用有支架施工法;对于不能采用有支架施工的大跨径桁架拱桥则采用无支架施工法,如缆索吊装法、悬臂安装法、转体施工法等。

刚架拱桥可以采用有支架施工法、少支架施工法或无支架施工法。

10.4.2 拱桥有支架施工

1. 拱架

1）拱架的构造

砌筑石拱桥或混凝土预制块拱桥，以及现浇混凝土或钢筋混凝土拱圈时，需要搭设拱架，以承受全部或部分主拱圈和拱上建筑的重量，保证拱圈的形状符合设计要求。拱架主要有工字梁钢拱架、钢桁架拱架和扣件式钢管拱架等。

（1）工字梁钢拱架

工字梁钢拱架可分为有中间木支架的钢木组合拱架和无中间木支架的活用钢拱架。钢木组合拱架是在木支架上用工字钢梁代替木斜撑，可以加大斜梁的跨度、减少支架，这种拱架的支架常采用框架式。工字梁活用钢拱架是由工字钢梁基本节、楔形插节、拱顶铰及拱脚铰等基本构件组成，工字钢与工字钢或工字钢与楔形插节可在侧面用角钢和螺栓连接，在上下面用拼装钢板连接，基本节一般用两个工字钢横向平行组成，用基本节段和楔形插节连成拱圈全长，即组成一片拱架。

（2）钢桁架拱架

① 常备拼装式桁架形拱架。

常备拼装式桁架形拱架是由标准节段、拱顶段、拱脚段和连接杆等组成。拱架一般采用三铰拱，其横向由若干组拱片组成，每组的拱片数量及组数取决于桥梁跨径、荷载大小和桥宽，每组拱片及各组间由纵、横连接杆联成整体。

② 装配式公路钢桥桁架节段拼装式拱架。

在装配式公路桁架节段的上弦接头处加上一个不同长度的钢铰接头，即可拼成各种不同曲度和跨径的拱架。拱架的两端应另加设拱脚段和支座，构成双铰拱架。拱架的横向稳定由各片拱架间的抗风拉杆、撑木和风缆等设备来保证。

③ 万能杆件拼装式拱架。

用万能杆件拼装拱架时，先拼成桁架节段，再用长度不同的连接短杆连成不同曲度和跨径的拱架。

④ 装配式公路钢桥桁架或万能杆件桁架与木拱盔组合的钢木组合拱架。

这种拱架是由钢桁架及其上面的帽木、立柱、斜撑、横梁及弧形木等杆件构成。

（3）扣件式钢管拱架

扣件式钢管拱架的结构形式一般有满堂式、预留孔满堂式、立柱式扇形等几种形式。满堂式钢管拱架用于高度较小，在施工期间对桥下空间无特殊要求的情况。立柱式扇形钢管拱架是先用型钢组成立柱，在起拱线以上范围再用扣件式钢管组成扇形拱架。

2）施工预拱度

拱架在承受施工荷载时，会产生弹性和非弹性变形；当拱圈砌筑完卸落拱架后，在自重、温度变化等因素的影响下，拱圈也会产生弹性变形。为了使拱圈的拱轴线符合设计要求,搭设拱架时必须设置施工预拱度,以抵消各种可能发生的竖直变形。设置预拱度时,拱顶处应按预拱度的总值设置,拱脚处为零,其余各点的预加高度则根据拱轴线坐标的高度按比例计算或按二次抛物线计算来设置。

3) 拱架的卸落和拆除

(1) 卸架设备

卸架设备有木楔和砂筒。木楔有简单木楔和组合木楔等不同构造,在满布式拱架中常采用木楔作为卸架设备,在拱式拱架中也有应用。砂筒是用铸铁制成圆筒或用方木拼成方盒,通过从砂筒下部的泄砂孔流出砂子来实现卸架。

(2) 拱架卸落的程序与方法

拱架卸落的过程,实质上是将由拱架支承的拱圈或整个拱桥上部结构的重量逐渐转移给拱圈自身来承担的过程,但只有当拱架达到一定的卸落量时,才能脱离拱圈实现力的转移。为了使拱圈在卸架过程中受力合理,应采取正确的卸架程序和方法。

满布式拱架的卸落:可根据计算出的各支点的卸落量,从拱顶开始,逐次向拱脚对称地卸落。为了使拱圈体逐渐均匀地受力,各支点的卸落量应分成几次和几个循环逐步完成,各次和各循环之间应有一定的间歇,间歇后应将松动的卸落设备顶紧,使拱圈体落实。

工字梁活用钢拱架的卸落:其卸落设备一般置于拱顶。拱架卸落时,先将 8 台卸落拱架的绞车绞紧,然后将拱顶卸架设备上的 4 个螺栓稍拧松,即可放松绞车,敲松拱顶卸拱木。然后第二次绞紧绞车,松螺栓,再次放松绞车。如此逐次循环松降,直至降落到一定的卸落量后,拱架即可脱离拱圈体。

钢桁架拱架的卸落:钢桁架也是一种拱式拱架,其卸落设备既可放置于拱顶,也可放置于拱脚。当卸落设备位于拱顶时,可在支撑的情况下逐次松动卸架设备,逐次卸落拱架,直至拱架脱离拱圈体后,拆除拱架。当卸落设备位于拱脚时,一般采用砂筒,为了防止拱架与墩台顶紧而影响拱架下降,应在拱脚三角垫与墩台间设置木楔。卸架时先松动木楔,再逐次对称地泄砂落架。

扣件式钢管拱架的卸落:由于扣件式钢管拱架没有卸落设备,因此卸架时只需用扳手拧松扣件,取下拱架杆件。其卸架程序和方法可参照满布式拱架,以对拱圈受力有利为原则。

2. 现浇钢筋混凝土拱圈施工

1) 施工程序

(1) 上承式拱桥

上承式钢筋混凝土拱桥的施工程序为:先在拱架上浇筑钢筋混凝土拱圈(或拱肋)以及拱上立柱的底座;待混凝土达到设计规定的强度或施工验收规范所规定的强度后,拆除拱架,但必须对拆除拱架后的裸拱进行稳定性计算;然后浇筑拱上立柱、联结系及横梁等;最后浇筑桥面系,完成整个拱桥施工。

(2) 中、下承式拱桥

图 10-8 所示是一座采用柔性吊杆的中承式拱桥的施工程序示意图。从图 10-8

中可看出，中、下承式拱桥一般是按拱肋、吊杆、桥面系的顺序进行施工。其中吊杆又分为刚性吊杆和柔性吊杆两种。刚性吊杆是在钢丝束或钢绞线束外包混凝土；柔性吊杆是在钢丝束或钢绞线束外热挤防腐用防护套，一般在工厂制作后成捆运至工地安装。桥面系可采用预制安装的方法，以加快施工进度。

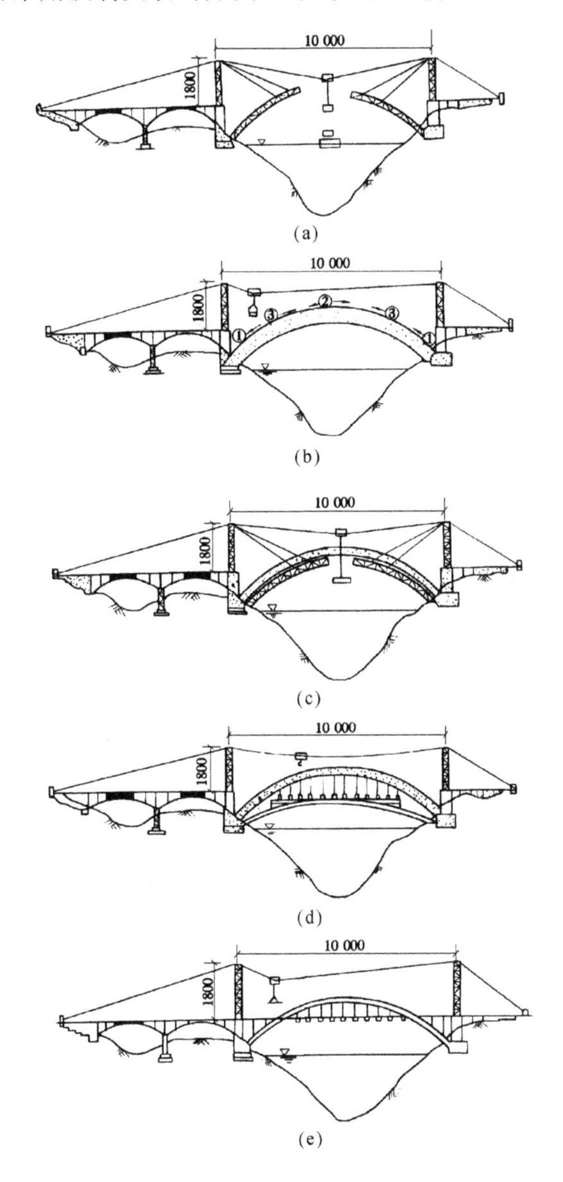

图 10-8　中承式拱桥施工程序示意(单位:cm)

(a)拱架安装合拢;(b)分环分段浇筑拱肋;(c)卸落拱架;(d)安装吊杆、横梁;(e)桥面系施工

(3) 系杆拱桥

系杆拱桥的系杆分为刚性系杆和柔性系杆两种。对于刚性系杆拱桥，可先浇筑

或安装系杆，然后在系杆上安装拱架，浇筑拱肋混凝土，最后安装吊杆；对于柔性系杆拱桥可先安装拱架，浇筑拱肋混凝土，再卸落拱架，安装吊杆、横梁，最后施工桥面系。

2）拱圈(或拱肋)的浇筑

① 连续浇筑：当拱桥的跨径较小(一般小于 16 m)时，拱圈(或拱肋)混凝土应按全拱圈宽度，自两端拱脚向拱顶对称地连续浇筑，并在拱脚混凝土初凝前浇筑完毕。

② 分段分环浇筑：当拱桥跨径较大(一般大于 16 m)时，为了避免由于拱架变形而使拱圈(或拱肋)产生裂缝以及减小混凝土的收缩应力，应采取分段浇筑的施工方案。分段位置的确定是以拱架受力对称、均衡，拱架变形小为原则，一般分段长度为 6～15 m。分段浇筑的程序应符合设计要求，且与拱顶对称。对于大跨径箱形截面的拱桥，一般采取分段又分环的浇筑方案，有二环和三环浇筑两种方法。二环浇筑时，先分段浇筑底板，即为第一环；然后分段浇筑腹板、横隔板及顶板混凝土，即为第二环。三环浇筑时，第二环仅分段浇筑腹板和横隔板，最后第三环再分段浇筑顶板混凝土。

10.4.3 装配式钢筋混凝土拱桥施工

装配式钢筋混凝土拱桥主要采用无支架或少支架施工，因而必须对拱圈(肋)在预制、吊运、搁置、安装、合拢、裸拱及施工加载等各个阶段进行强度和稳定性的验算，以确保桥梁的安全和工程质量。

1. 拱圈(肋)分段与接头

拱圈(肋)一般采用分段预制、分段吊装。通常分为三段或五段，理论上分段的接头位置宜选择在自重弯矩最小处，但实际施工中常进行等分，以使各段的重量基本相等。

拱圈(肋)的接头形式一般有：电焊钢板或型钢的对接接头、法兰盘螺栓连接的对接接头、用环氧树脂黏接或电焊主筋的搭接接头、焊接或环状套绑扎连接主筋的现浇接头等。

2. 拱座

拱座是拱圈(肋)与墩台的连接处。拱座的主要形式有插入式拱座、预埋钢板拱座、方形拱座和钢铰连接拱座等。

3. 无支架施工

肋拱、箱形拱的无支架施工可采用扒杆、龙门架、塔式吊机、浮吊、缆索等设备进行吊装，其中缆索吊装应用最为广泛。拱桥采用缆索吊装时，若分为五段吊装，其一般的吊装程序为：边段拱圈(肋)的吊装并悬挂，次边段的吊装并悬挂，中段的吊装及合拢，拱上构件的吊装等。吊装中的具体工作包括：吊装前的准备工作，缆索设备的检查与试吊，缆索吊装观测，拱圈(肋)缆索吊装和拱圈(肋)施工稳定措施。

10.4.4 钢管混凝土及劲性骨架拱圈施工

拱桥施工中，常采用钢管混凝土作为大跨径中、下承式拱桥的拱圈(肋)，其形成分为钢管拱圈(肋)的形成和管内混凝土的浇筑。钢管拱圈(肋)既是结构的一部分，又兼作浇筑混凝土的支架和模板。钢管混凝土拱桥的施工程序是:首先制作和加工钢管、腹杆、横撑等,并在样台上拼装钢管拱肋,按先端段后顶段的顺序逐段进行;其次吊装钢管拱肋就位,调整拱段标高及焊接接缝、合拢,封拱脚混凝土,使钢管拱肋转化为无铰拱;第三步按设计程序浇筑管内混凝土;最后安装吊杆、纵横梁、桥面板,浇筑桥面混凝土。图10-9是一座集束钢管混凝土提篮拱桥示意图。

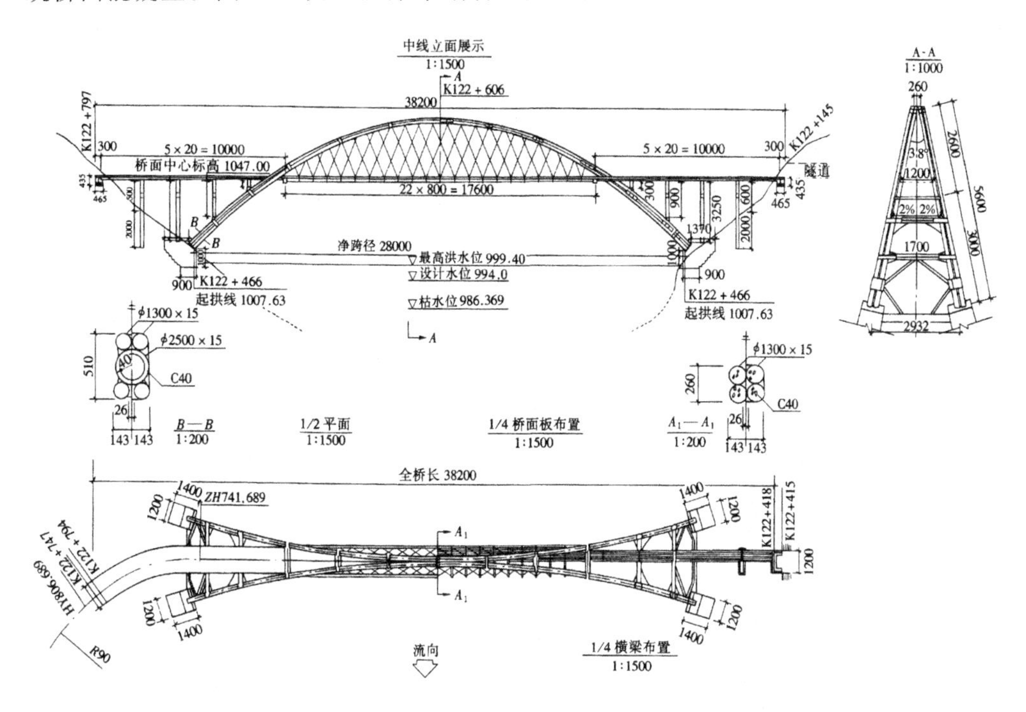

图10-9　集束钢管混凝土提篮拱桥

采用劲性骨架拱圈(肋)时,是将拱圈(肋)的受力钢筋制作成钢骨架,该钢骨架不仅能满足拱圈(肋)的受力要求,而且在施工中还能起到临时拱架的作用。劲性骨架一般采用型钢(如工字钢、槽钢、角钢等)作为弦杆和腹杆,组成空间桁架结构。劲性骨架拱圈(肋)的施工程序是:先将拱圈的受力杆件按设计要求的形状和尺寸分段制作成钢骨架;然后安装就位钢骨架并合拢成拱;再利用钢骨架作为支架,按一定的浇筑程序分段、分环浇筑拱圈(肋)混凝土,形成设计的拱圈(肋)截面。

10.5 斜拉桥施工

斜拉桥的施工包括索塔施工、主梁施工、斜拉索的制作与安装三大部分。由于斜拉桥属于高次超静定结构,所以,一方面所采用的施工方法和安装程序与成桥后的主梁结构内力和变形有着密切的联系,另一方面在施工阶段随着斜拉桥结构体系和荷载状态的不断变化,结构内力和变形亦随之不断变化。因此,需要对斜拉桥的每一施工阶段进行详尽的分析、验算，求出斜拉索的张拉力、主梁挠度、塔柱位移等施工控制参数的理论值，对施工的顺序做出明确的规定，并在施工中进行有效的管理和控制。

10.5.1 索塔施工

1. 起重设备

索塔施工属于高空作业，工作面狭小，其施工工期影响着全桥的总工期，其中起重设备是索塔施工的关键。起重设备的选择根据索塔的结构形式、规模和桥位地形等条件确定，它必须满足索塔安装作业中起吊荷载、起吊高度、起吊范围的要求和施工中垂直运输的要求。起重设备一般采用塔吊辅以人、货两用电梯，也可以采用万能杆件或贝雷架等通用杆件配备卷扬机、电动葫芦装配的提升吊机，或采用满布支架配备卷扬机、摇头扒杆起重等。目前多采用塔吊辅以人、货两用电梯，其布置方案如图10-10所示。图中方案1为先在索塔正面架设一台塔吊，待上横梁完成后，利用此塔吊在上横梁上面再架设另一台塔吊；方案2为在索塔的正面且靠近索塔处架设一台塔吊；方案3为在索塔的下游方向靠近索塔处架设一台塔吊；方案4为先在索塔正面架设一台塔吊，待主梁0号块完成后，利用此塔吊在0号块上架设另一台塔吊。

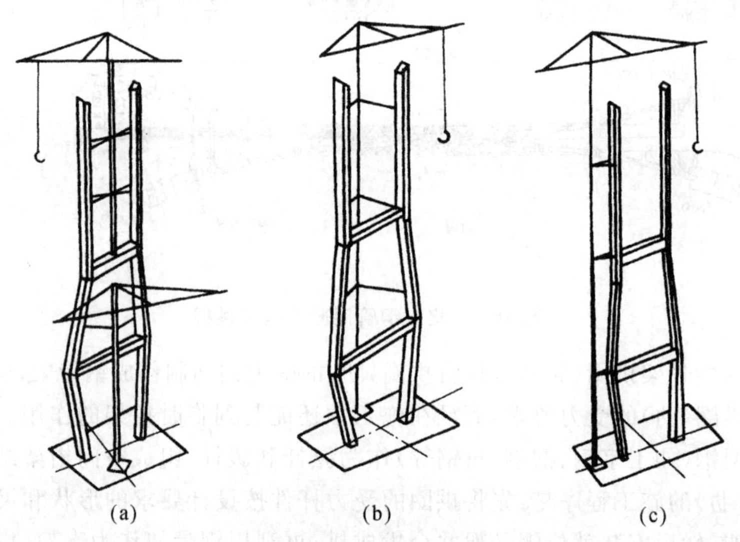

图10-10 塔吊布置方案

(a)方案1和方案4；(b)方案2；(c)方案3

2. 索塔材料

斜拉桥索塔的材料有钢、钢筋混凝土或预应力混凝土。钢筋混凝土索塔应用较为普遍，其主要形式有单塔柱和双塔柱。单塔柱主要采用A形、倒Y形和倒V形布置；双塔柱主要采用门形、H形和A形布置等。

目前国内钢索塔的应用还较少。南京长江三桥在国内首次采用了人字形钢塔结构形式，即为中国第一钢塔，其人字形结构也为世界首次采用。图10-11为该塔柱的立面图，塔高 215 m，塔柱外侧圆曲线半径 720 m，设 4 道横梁，其中下塔柱及下横梁为钢筋混凝土结构，其余部分为钢结构。图 10-12 为索塔全景图。

3. 模板

浇筑索塔混凝土的模板按结构形式不同可采用提升和滑升两种不同的模板。提升模板按其吊点的不同，可分为依靠外部吊点的单节整体模板逐段提升，多节模板交替提升（简称翻模），以及本身带爬架的爬升模板（简称爬模）；滑升模板只适用于等截面的垂直塔柱。

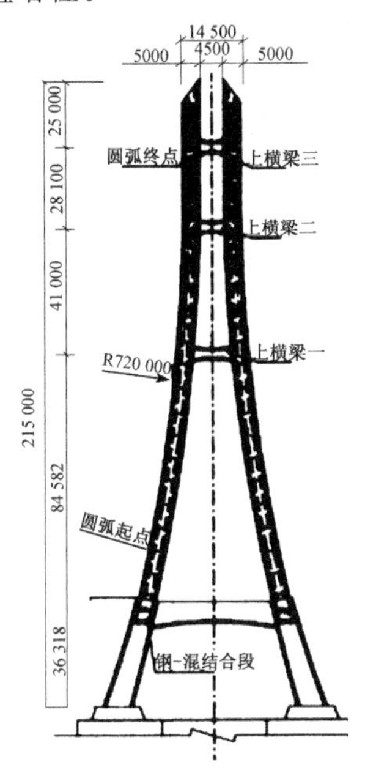

图 10-11　南京三桥桥塔立面

图 10-12　索塔全景

4. 塔顶拉索锚固区的施工

当索塔为钢筋混凝土材料时，拉索在塔顶部的锚固形式主要有交叉锚固、钢梁锚固、箱形锚固、固定型锚固和铸钢索鞍等形式。中、小跨径斜拉桥的拉索多采用交叉锚固型，其塔柱施工程序为：立劲性骨架→绑扎钢筋→制作拉索套筒并定位→支模板→浇筑混凝土。其中，劲性骨架是为了施工时固定钢筋、进行拉索套筒的定位以及调整模板等多方面的需要，而在索塔的锚固段中所设立。大跨径斜拉桥多采用对称拉索锚固型，其方法之一是采用拉索钢横梁的锚固构造，塔柱施工程序为：立劲性骨架→绑扎钢筋→制作拉索套筒并定位→支外侧模板→浇筑混凝土→安装横梁等。

10.5.2 主梁施工

斜拉桥主梁施工常采用支架法、顶推法、转体法、悬臂施工法等。在实际工程中，混凝土斜拉桥多采用悬臂浇筑法，其施工方法与预应力混凝土梁式桥基本相同，浇筑程序如图 10-13 所示。而结合梁斜拉桥和钢斜拉桥多采用悬臂拼装法,该方法是:先在塔柱区现浇一段安放设备的起始梁段,然后采用适宜的吊装设备从塔柱两侧对称安装预制梁段,使悬臂不断伸长,直至合拢。

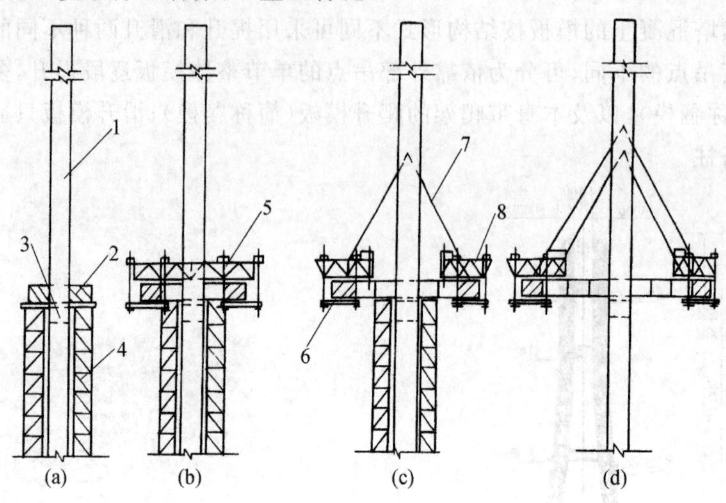

图 10-13 悬臂浇筑程序

(a)支架上支模浇筑 0 号、1 号块;(b)拼装连体挂篮,对称浇筑 2 号梁段;(c)挂篮分解前移,对称悬浇梁段并挂索;(d)依次对称悬浇、挂索

1—索塔;2—立支架现浇梁段;3—下横梁;4—现浇梁支架;5—连体挂篮;6—悬浇梁段;7—斜拉索;8—悬浇挂篮

10.5.3 斜拉索的制作、防护与安装

1. 斜拉索的制作与防护

斜拉索制索的材料主要有 5～7 mm 的高强钢丝、ϕ 12 mm 和 ϕ 15 mm 的钢绞线,一般均在生产厂按设计要求制作成品拉索,运至施工现场进行安装。

斜拉索是斜拉桥的主要受力构件,其防护质量决定整个桥梁的安全和使用寿命。斜拉索的防护可分为临时防护和永久防护两种。临时防护是钢丝或钢绞线从出厂到开始做永久防护这段时间内所需要的防护,时间一般为 1～3 年。目前所采用的临时防护一般有钢丝镀锌,将钢丝纳入聚乙烯套管内安装锚头密封后喷防护油或充氨气,以及涂漆、涂油、涂沥青等,可根据各种方法的防锈蚀效能、设备条件及技术经济性来选用。永久防护是从拉索钢材下料到桥梁建成长期使用期间的防护,此防护应满足防锈蚀、耐高温、耐日光暴晒、耐老化、涂层坚韧、材料易得、价格低廉、生产工艺成熟、制作运输和安装简便、更换容易等要求。永久防护包括内防护和外防护两部分。内防护是直接防止拉索锈蚀,所采用材料一般有沥青砂、防锈脂、黄油、聚乙烯泡沫塑料和水泥浆等。外防护是保护内防护材料不流出、不老化,所采用的材料有聚氟乙烯管、铝管、钢管,多层玻璃丝布缠包套等。目前一般采用将炭黑聚乙烯在塑料挤出机中旋转挤包于拉索上而成的热挤索套防护,即 PE 套管法。

2. 斜拉索的安装

斜拉索出厂时通常缠绕在类似电缆盘的钢结构盘上,运输到施工现场;短索也可自身成盘，捆扎后运输。放索可采用立式转盘放索和水平转盘放索两种方法。在放索和安索过程中，要对斜拉索拖移，为避免在拖移中损坏拉索的防护层或损伤索股，可采取滚筒法、移动平车法、导索法、垫层法等措施。安装斜拉索前，应计算出克服索自重所需的拖拉力，以便选择卷扬机、吊机和滑轮组的配置方式。塔部安装斜拉索锚固端的方法有吊点法、吊机安装法、脚手架法、钢管法等；塔部安装张拉端的方法有分步牵引法、桁架床法等；两端均为张拉端的斜拉索，可选择其中适宜的方法。梁部安装斜拉索的方法与塔部安装基本相似，通常有吊点法和拉杆接长法两种方法。

10.6 悬索桥施工

悬索桥主要由主缆、索塔、锚锭、加劲梁和吊索组成，细部构造有主索鞍、散索鞍、索夹等。它的施工一般分为下部工程和上部工程。下部工程包括锚锭基础、锚体和塔柱基础，需先进行施工。与此同时可进行上部工程的准备工作，包括施工工艺设计、施工设备购置或制造以及悬索桥构件加工等。上部工程施工一般为主塔工程、主缆工程和加劲梁工程的施工。图10-14所示是从基础施工开始到加劲梁架设的施工程序。

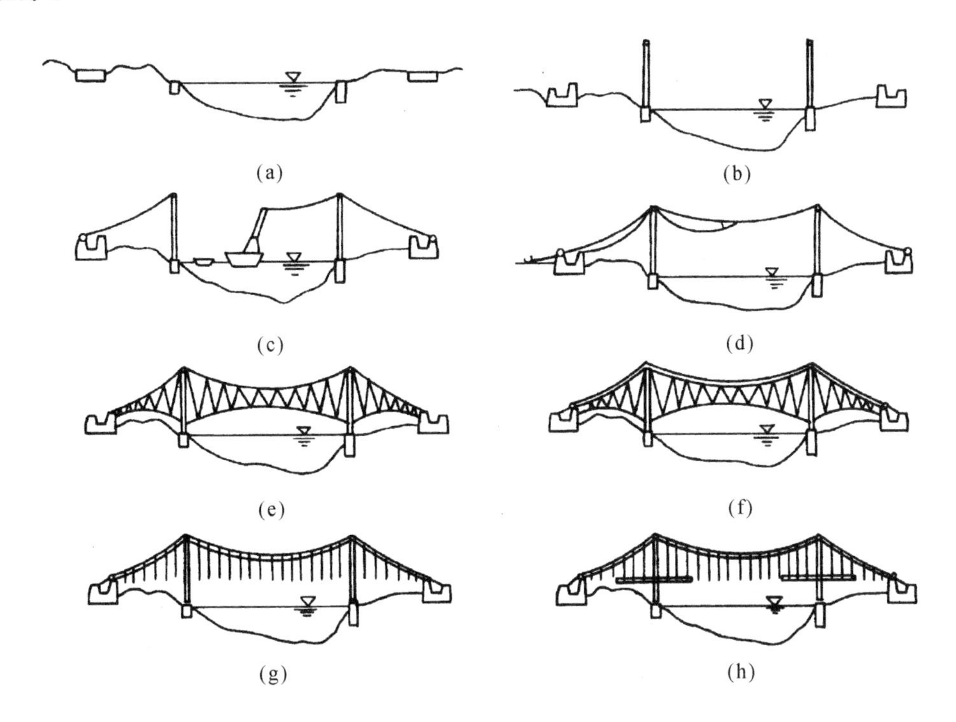

图10-14 悬索桥架设示意

(a)基础施工；(b)塔柱和锚锭施工；(c)先导索渡江(海)；(d)牵引系统和猫道系架设；(e)猫道面层和抗风缆架设；(f)主缆架设；(g)索夹和吊索安装；(h)加劲梁架设和桥面铺装

10.6.1 施工准备

由于现代大跨度悬索桥的规模都很大,且所处环境复杂多变,在施工前必须做好充分的准备。准备工作内容包括施工场地的准备和加工件的制作。加工件制作的内容繁多,具体工作有以下几项。

1. 主、散索鞍和索夹的制作

主索鞍是设置于悬索桥主塔塔顶,用于支撑主缆的永久性大型钢构件。主索鞍主要由鞍头(放置主缆索股的承缆槽)、鞍身(支撑鞍头的骨架)、上底座板(整个鞍体的支撑)和附属装置(下底座板、摩擦副、导向装置等)四部分组成。主索鞍的制作方式有全铸式、铸焊式、全焊式和锻焊式等。

散索鞍设置于锚锭前端,将锚面与主索之间的主缆分为锚跨和边跨,其主要功能是将主缆索股在竖直方向散开,引入锚固点。散索鞍的制作方式有全铸式、铸焊式和全焊式三种。

索夹是将主缆和吊索相连接的连接件,大跨悬索桥的索夹一般为两个半圆形的铸钢构件,由高强螺栓将其固定在主缆上。

2. 主缆的制作

主缆是悬索桥的主要承重结构。主缆的形成有空中纺丝法(AS 法)和预制平行索股法(PPWS 法)两种,前者不需预先制作索股,直接在桥上架设。索股一般由 61、91、127 根高强钢丝组成。为了便于使主缆截面最终被压缩成圆形,PPWS 法是将丝股先排成六边形,最后通过紧缆挤压成圆形。

3. 吊索的制作

吊索是连接主缆和加劲梁的主要构件,分为竖直吊索和斜吊索两种,后者应用很少。竖直吊索一般采用镀锌钢丝绳制作。钢丝绳吊索的制作工艺流程为:材料准备→预张拉→弹性模量测定→长度标记→切割下料→灌铸锥形锚块→灌铸热铸锚头→恒载复核→吊索上盘。

4. 锚头的灌铸

悬索桥所用的锚头有主缆索股锚头和吊索锚头,锚头铸体一般采用锌铜合金材料。灌铸锚头的施工顺序为:①在索股端部的适当位置绑扎钢丝(用 3.4 mm 的退火镀锌钢丝),以防止索股扭转和滑动。②清洗索股端部钢丝和锚杯内壁的污物,同时量测锚杯容积,以控制灌铸量。③将索股端部穿入锚杯并均匀散开,使其中心尽量与锚杯中心一致,用清洗剂清洗插入的钢丝和锚杯内壁,并安装定位夹具,以保证钢丝的正确位置和锚固长度。④将准备好的索股提升到灌锚架上,对锚具进行抄平、定位,以保证锚杯顶面与索股保持垂直,然后封底。⑤用预热罩对装好的锚杯进行预热,用坩埚电炉融合事先已配好的镀锌铜合金。当溶液温度为(460±5)℃,锚杯预热温度达到 100℃时,进行灌铸,并通过称量法检查合金的实际灌铸量(不得小于理论值的 92%)。⑥灌铸后待合金温度降至 80℃以下时,用千斤顶从锚杯后面对灌铸的合金进行预压，其变形量应符合设计要求。

5. 加劲梁的制造

加劲梁直接承受和传递车辆荷载、风荷载、温度荷载和地震作用，并控制着荷载的分布和大小。加劲梁常采用钢箱梁和钢桁梁。钢箱梁的制造过程为：切割→零件和部件的矫正和弯曲→部件及组拼件的制造→梁段的制造→梁段预拼及验收→焊接。钢桁梁的制造过程为切割→制孔→部件组装→梁段试装→焊接、拴接、铆接、栓焊接。

10.6.2 锚碇施工

锚碇是悬索桥的主要受力结构，其作用是抵抗来自主缆的拉力，并将力传递给地基。锚碇按其受力分为重力式锚碇和隧道式锚碇，重力式锚碇是依靠其自身巨大的重力来抵抗主缆拉力，隧道式锚碇的锚体嵌入基岩内，借助基岩来抵抗拉力。锚碇的基础分为直接基础、沉井基础、复合基础和隧道基础等形式。锚碇的施工包括主缆锚固体系施工、锚碇体施工和散索鞍的安装。

1. 主缆锚固体系施工

在重力式锚碇中，锚固体系根据主缆在锚块中的锚固位置，分为后锚式和前锚式两种结构形式。后锚式是将索股直接穿过锚块，在锚块后面锚固；前锚式是索股锚头在锚块前锚固，通过锚固体系将主缆拉力作用到锚体上。前锚式锚固体系又分为型钢锚固体系和预应力锚固体系两种结构形式。型钢锚固体系的施工程序为：在工厂制造锚杆、锚梁→现场拼装支架→安装后锚梁→安装锚杆（与锚支架）→安装前锚梁→精确调整位置→浇筑锚体混凝土。预应力锚固体系的施工程序为基础施工→安装预应力管道→浇筑锚体混凝土→管道中穿预应力筋→安装锚固连接器→张拉预应力筋→预应力管道压浆→安装与张拉索股。

隧道式锚碇中的锚固体系类型与重力式锚碇基本相同，但由于隧道洞内空间小、坡度陡，安装难度较大。构件运送到洞内多采用轨道滑溜的方法，然后用小型起重设备进行安装。

2. 锚碇体施工

悬索桥的锚碇体属于大体积混凝土结构，尤其是重力式锚碇。因而要按大体积混凝土的施工方法来进行施工。

3. 散索鞍的安装

散索鞍的安装是在底座板安装好以后进行的，而底座板是通过在散索鞍混凝土基础中精确预埋的螺栓固定在基础上的。散索鞍是重型构件，需要大型起重设备来安装。在安装时，可采用重型起重机，也可采用贝雷架或万能杆件架设的龙门架。隧道锚的散索鞍则采用整体拖运和溜放，再用千斤顶顶升就位。

10.6.3 索塔施工

索塔按材料可分为钢筋混凝土塔和钢塔。钢筋混凝土塔一般为门式刚架结构，由两个箱形空心塔柱和横系梁组成;钢塔常见的结构形式有桁架式、刚架式和混合式等,目前国内尚未应用。

钢筋混凝土塔身施工时,其模板常采用滑模、爬模、翻模等形式。塔柱竖向主钢筋的接长常采用冷挤压套管连接、电渣压力焊、气压焊等方法。混凝土的运输方案常采用泵送或吊罐运输。当塔身施工到塔顶时,需预埋主索鞍钢框架支座的螺栓和塔顶吊架、施工锚道的预埋件。

10.6.4 主缆施工

1. 牵引系统

牵引系统是架于两锚锭之间,跨越索塔的用于空中拽拉的牵引设备,它主要承担架设猫道、架设主缆和部分牵引吊运工作。牵引系统常用的有循环式和往复式两种形式。架设牵引索之前,通常是先将比牵引索细的先导索渡江(海、河),然后利用先导索架设牵引索。

2. 猫道

猫道是为架设主缆、紧缆、安装索夹、安装吊索以及空中作业所提供的脚手架。猫道承重索的线形与主缆基本一致,在架设过程中要注意左右边跨、中跨的作业平衡,尽量减少对塔的变位影响,确保主缆的架设质量。在猫道上面有横梁、面层、横向通道、扶手绳、栏杆立柱、安全网等。

3. 主缆架设

主缆架设主要有 AS 法和 PPWS 法。AS 法的施工步骤是:先进行标准丝段的架设,即把预先在工厂制作好的标准丝段引上猫道,并按设计位置架设就位;其次进行丝股的架设,通过多次的空中纺丝,使钢丝在散索鞍、主索鞍和猫道上的成形导具内按设计位置排列,形成丝股;最后进行丝段的调整。PPWS 法的施工步骤是:先进行索股架设,即利用拽拉器把索股牵引到对岸的锚碇处,并安装好索股前端的锚头引入装置;然后利用塔顶和散索鞍顶的横移装置将索股横移到规定的位置;再进行索股的整形,放入鞍座内;最后将锚头引入并锚固。

4. 紧缆

索股架设完成后,需通过紧缆工作,把索股群整形成为圆形。

5. 安装索夹

紧缆完成后,在主缆上用螺栓将索夹安装就位。索夹安装的顺序是:中跨是从跨中向塔顶进行,而边跨是从散索鞍向塔顶进行。

6. 架设吊索

架设吊索时,是用塔顶吊机将吊索提升到索塔顶部,再用缆索天车将其从放丝架上吊运到架设地点后,进行安装的。

10.6.5 加劲梁架设

对于桁架式加劲梁,其架设方法可分为按架设单元的架设方法和按连接状态的架设方法。按架设单元可分为按单根杆件、桁片（平面桁架）、节段（空间桁架）进行架设的三种方法。这三种方法可以分别使用，也可以根据需要在同一座桥上采用多种方法。按连接状态架设可分为全铰法、逐次刚接法和有架设铰的逐次刚接法。

箱形加劲梁的架设一般是采用节段架设法，即在工厂预制成梁段，并进行预拼，将梁段运到现场后，用垂直起吊法将其架设就位，最后进行加劲梁的焊接。

思 考 题

10-1 试述围堰的种类及其适用条件。

10-2 试述管柱下沉的方法，管柱的钻岩与清孔中应注意哪些问题？

10-3 简述装配式梁桥的架设方法及其特点。

10-4 试述预应力混凝土梁桥的施工方法及特点，简述连续梁桥顶推法施工的工艺程序。

10-5 拱桥施工常用的方法有哪几种？试述其特点。

10-6 搭设拱架时为什么要设置施工预拱度？简述拱架的种类及卸架方法。

10-7 试述钢筋混凝土上承式拱桥采用有支架施工法的施工程序，其中拱圈（或拱肋）混凝土的浇筑方法有哪几种？

10-8 简述斜拉桥的施工程序、特点以及斜拉索的防护方法。

10-9 简述悬索桥的施工程序及特点。

第11章　道路工程

【内容提要和学习要求】

① 一般路基施工：掌握土基压实的影响因素及其控制方法；熟悉路堤填筑、路堑开挖的各种方法，熟悉路基压实度标准。

② 软土路基施工：了解袋装砂井法、塑料板排水法、加载预压法。

③ 路面基层施工：熟悉碎（砾）石基层和稳定土基层的施工方法。

④ 沥青路面施工：掌握热拌沥青混合料路面施工，熟悉洒铺法沥青路面面层施工。

⑤ 水泥混凝土路面施工：掌握混凝土摊铺、振捣与表面整修及接缝的施工方法，熟悉水泥混凝土路面施工工艺过程。

11.1 路基工程

路基是指路面以下的天然地层或填筑起来的压实土层。路基作为路面的基础，起到支承路面及承受通过路面传下来的行车荷载的作用，其作用深度一般在路基顶面以下 0.8 m 范围以内。路基应具有足够的强度和整体稳定性，满足设计和使用要求。因此，路基工程是道路工程中的一项十分重要的工程。路基工程质量的好坏，将会影响到路基结构物的水温稳定性、路面使用性能、车辆正常行驶等。

路基工程的特点是路线长，通过的地带类型多，技术条件复杂，受地形、气候和水文地质条件影响很大。如公路可能通过草原、丘陵或山岭、河川、沼泽、岩石、冰雪、沙漠或盐渍土等。路基工程中除采用一般的施工技术外，还要考虑软土压实、桩基和边坡稳定等问题。此外，路基工程的土石方数量大，劳动力和机械使用量大，施工工期长，因此必须进行周密的施工组织。

11.1.1 一般路基施工

1. 路堤填筑

1）填料的选择

道路沿线一般因地质地形条件不同，土石的性质和状态往往会有很大的不同，造成路基的稳定性有很大差异。因此，要尽可能选择强度高、稳定性好的土石作为填筑材料。一般来说，碎石土、卵石土、砂石土和中粗砂都具有较好的透水性、强度和稳定性，是很好的填筑材料。而亚砂土、亚黏土和轻亚黏土等经压实成型后能形成足够的强度和稳定性，也是比较好的填筑材料。黏质土一般不能直接作为填筑材料，须加以处理和经检验合格后方可采用。淤泥、沼泽土、冻土、盐渍土、生活垃圾土、含草皮土以及含树根等有腐朽物质的土，易引起路基变化，均不能作为填筑材料。

2）基底的处理

路堤基底是路堤填料与原地面直接接触的部分。为了使路堤与原地面紧密结合，保证填筑后的路堤不会产生沿基底的滑动和过大变形，填筑路堤前，应根据基底的土质、水文、坡度、植被和填土高度采取一定的措施对基底进行清理。

对于密实稳定的土质基底，当地面横坡缓于 1∶5 时，在去除耕植土做清底处理并压实基底后才能填筑路堤；当地面横坡为 1∶5～1∶2.5 时，去除耕植土做清底处理后，还应将坡面沿等高线方向挖成宽度不小于 1 m，高度小于 30 cm 的台阶，台阶顶面做成内倾 2%～4%的斜坡，以防止路堤沿原地面滑动；当地面横坡陡于 1∶2.5 时，需要进行特殊设计处理。

当基底为松土或耕地时，应先将原地面认真压实后再填筑；当路线经过水田、洼地、池塘时，应根据实际情况采取疏干和清淤、清底措施进行处理之后，方能进行填筑。

3）路堤的填筑

（1）水平分层填筑

填筑路堤时，一般应采用水平分层填筑法施工，即按照设计的路堤横断面，将填料沿水平方向自下而上逐层压实，进行填筑。该方法易于使土体达到规定的压实度，形成必需的强度和稳定性。施工时应注意以下几点。

① 不同材性的填料沿水平方向不能混杂填筑，而应分层填筑。

② 为便于路堤内水分的蒸发和排除，路堤不宜被透水性差的土层封闭。

③ 颗粒粗、透水性好的土应填筑在路堤的下层；当透水性差的土填筑在透水性好的土下层时，该土层表面应形成 2%～4%向外的横坡，以便于上层的渗水能及时排出。

④ 不同材性的土质间隔填筑，如黏性土与砂砾土、碎石土间隔填筑，可以使土体平均强度提高，整体材性更加均匀、密实。

⑤ 不同填料分段填筑时，相邻两段的接头应处理成斜面或筑成台阶。此时宜将透水性差的土填在透水性好的土下面，以利于不同土质的压实和紧密衔接。而对于一般填土与水硬性填料的接头，应将水硬性填料填在一般填土的下面，以防其硬化后形成的半刚性板因土质变形的差异引起接头的脱空和开裂，如图 11-1 所示。

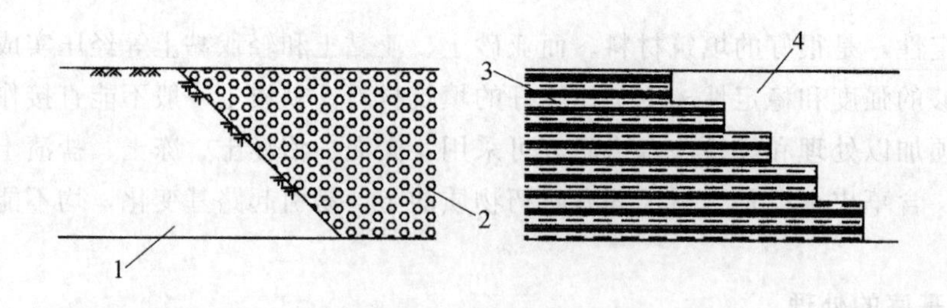

图 11-1 路堤接头处理

1—弱透水性土(细颗粒土);2—透水性土(粗颗粒土);3—半刚性土;4——般填土

(2) 竖向填筑

当路线跨越深谷、陡坡地形时,由于地面高差大,作业面小,难以采用水平分层法填筑,则多采用竖向填筑方法。竖向填筑法是从路堤的一侧,在一个高度上将填料倾倒至路堤基底,并逐渐沿纵、横向向前填筑,如图 11-2 所示。

(3) 混合填筑

混合填筑法是在路堤下部采用竖向填筑,而上部采用水平分层填筑的方法,如图 11-3 所示。在不利地形条件下采用这种混合法填筑路堤,可保证路堤上部的填土质量。

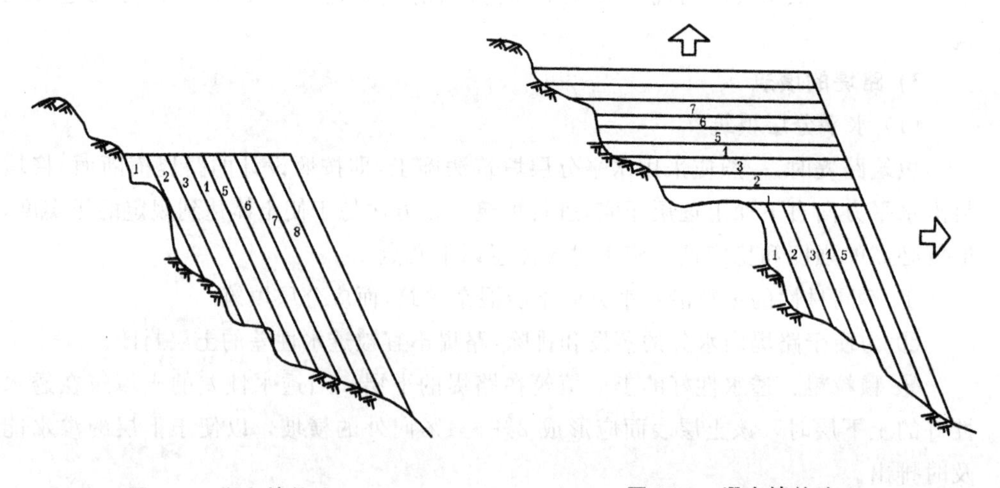

图 11-2 竖向填筑法　　图 11-3 混合填筑法

2. 路堑开挖

1) 横向挖掘法

横向挖掘法是从路堑的端部按设计横断面进行全断面挖掘推进的施工方法,该方法适用于较短的路堑。当路堑较深时,为了增加工作面和保证施工安全,可以将路堑分级开挖,错台推进,如图 11-4 所示。每级台阶的深度视施工安全与方便而定,机械挖土时为 3~4 m 左右。每个台阶作业面上可纵向拉开,有独立的运土通道和临时排水设施,以免互相干扰。

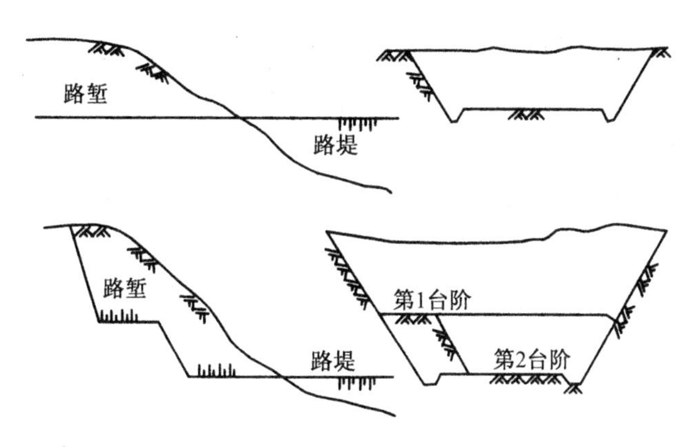

图 11-4　横向挖掘法

2）纵向挖掘法

纵向挖掘法是沿路线走向，以深度不大的纵向开挖，逐次向深推进至设计横断面的施工方法。其中又包括分层纵挖法、通道纵挖法和分段纵挖法。

分层纵挖法是按路堑全宽，沿路堑纵向分层挖掘，以形成路堑，如图 11-5(a)所示。通道纵挖法是先沿路堑纵向开挖出一条有一定宽度和深度的通道，继而向通道两侧拓宽，直至开挖到路堑边坡后再挖下层通道，如图 11-5(b)所示。这种方法适用于较长、较深且两端地面纵坡较小的路堑。分段纵挖法是沿路堑纵向选择一个或几

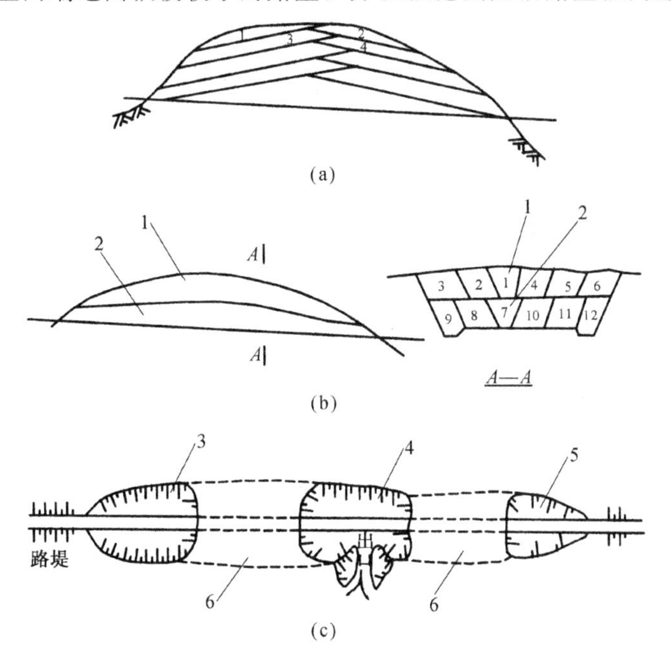

图 11-5　纵向挖掘法

(a)分层纵挖法(图中数字为挖掘顺序)；(b)通道纵挖法(图中数字为拓宽顺序)；(c)分段纵挖法

1—第一层通道；2—第二层通道；3—第一段；4—第二段；5—第三段；6—未挖部分

个开工面,从较薄一侧开始将路堑横向挖穿,使路堑分成两段或数段,再分别由各段沿路堑纵向分头开挖的方法,如图 11-5(c)所示。它适用于较长路堑的开挖,可缩短弃土运距,且由于多个工作面同时施工,还可缩短工期。

3) 混合挖掘法

混合挖掘法是横向挖掘法和纵向挖掘法的联合使用。当路堑纵向长度和开挖深度都很大时,为了扩大工作面,先沿路堑纵向开挖出通道,然后开挖出若干横向通道,再沿双通道纵横向同时掘进。先开挖的纵向通道即作为运输及机械流水的作业通道。各个施工面可以相互独立,也可以联合流水施工。

3. 路基压实

路基压实是保证路基质量的重要环节,对路堤、路堑和路堤基地均应进行压实。压实可以将土颗粒空隙中的大部分空气排出土外,并使土颗粒重新组合,形成新的密实结构,从而提高土体的强度和稳定性,并有效地降低土的渗透性。

1) 路基压实度标准

路基压实的质量以压实度来衡量。压实度是指路基经压实后实际达到的干密度与标准击实试验方法测定的土的最大干密度的比值。实际压实土体的干密度可按(11-1)计算

$$\gamma=\frac{\gamma_w}{1+0.01w} \tag{11-1}$$

式中 γ_w——土的天然湿密度(g/cm^3),一般用灌砂法、环刀法和核子密度仪法现场测定;

w——土的含水量(%),一般用酒精燃烧法或烘干法测定。

依据土的性质、填筑的位置及道路等级的不同,路基压实度的要求也不同,其标准如表 11-1 所示。目前路基施工中,普遍采用了大吨位的压路机,相应的应采用重型标准控制压实质量。只有当土的天然稠度小于 1∶1、液限大于 40、塑性指数大于 18 的黏质土,用于下路床及其下的路堤填料时,方可采用轻型压实标准。

表 11-1 土质路基压实度重型(轻型)标准

填挖类型		路面底面以下深度范围(cm)	压实度(%)		检查方法和频率
			高速公路,一级公路	其他公路	
路堤	上路床	0~30	≥95	≥93(95)	采用密度法,每 2000 m^2 每压实层检验 4 处
	下路床	30~80	≥95(98)	≥93(95)	
	上路堤	80~150	≥93(95)	≥90(90)	
	下路堤	>150	≥90(90)	≥90(90)	
零填方及路堑路床		0~30	≥95	≥93(95)	

2) 土基压实的影响因素及其控制

影响土基压实的因素与本书 1.4.3 节中所述影响填土压实的因素相同,但在路基施工中应特别注意控制以下几方面的因素。

(1) 土的含水量

土的最佳含水量是由土的击实试验确定的。填土含水量的大小直接影响土基的压实度。在施工中,将含水量控制在与最佳含水量相差正负2%的范围内,压实效果比较理想。

(2) 松铺厚度

路基必须分层填筑、分层压实。采用机械压实时,分层的最大松铺厚度,对高速公路和一级公路而言不应超过30 cm。其他公路应按土质类别、压实机具功能、碾压遍数等,经过试验确定,但最大松铺厚度不宜超过50 cm。

(3) 碾压过程的控制

一般在碾压过程中应采用先轻后重、先静后动、先外侧后中间的碾压方法。碾压速度宜控制在1.5~2.5 km/h,碾压的遍数宜控制在4~6遍。由于高等级公路路基压实度要求高于一般公路,所以对碾压过程的控制应更加严格。

11.1.2 软土路基施工

软土在我国的沿海和内陆地区都有相当大的分布范围。软土可划分为软黏性土、淤泥、淤泥质土、泥炭和泥炭质土五大类。人们习惯上把软黏性土、淤泥和淤泥质土总称为软土,而把有机质含量很高的泥炭、泥炭质土总称为泥沼。

软土的特点是强度低,压缩性高,透水性差,变形持续时间长,在外荷载作用下沉降量一般都很大。因此,有必要对软土地基采取措施予以加固。现将常用加固方法介绍如下。

1. 袋装砂井法

在软土地基中设置砂井,可使排水固结过程大大加快,从而提高地基强度。袋装砂井的直径为7~12 cm,间距为1.0~2.0 cm。袋装砂井成孔的方法有锤击沉入法、射水法、压入法、钻孔法、振动贯入法等。一般采用套管式振动打设法施工,其施工步骤为:整平原地面→摊铺地基底砂垫层→机具定位→打入套管→沉入砂袋并加料压密→拔出套管→机具移位→埋砂袋头→摊铺上层排水砂垫层。

2. 塑料板排水法

塑料板排水法是将塑料排水板打入或用插板机插入土中,作为垂直排水通道,并使竖向排水通道与土工布、表层砂垫层等横向排水通道相结合,促进地基排水固结,减少沉降。排水板所使用的材料不同,其结构形式也各有差异。排水板的结构形式可分为多孔单一型和复合型两大类(见图11-6)。

塑料板排水法的施工,通常采用专用插板机将塑料排水板插入土中,就插设方法而言,分为有套管式插入法和无套管式插入法两大类。有套管式插入法的施工工艺一般为整平原地面→摊铺下层砂垫层→机具就位→塑料排水板插入套管→压入套管和排水板→拔出套管→割断塑料排水板→机具移位→摊铺上层砂垫层。

施工时应注意的问题有:①塑料排水板在插入过程中,应防止淤泥进入板芯,堵塞输水管道,影响排水效果;②排水板底部应设锚固,以免拔套管时将芯板带出,若带出 2 m 以上应予以补打;③排水板伸出孔口长度不小于 50 cm,并伸入砂垫层中;④排水板需接长时,应采用滤水膜内平行搭接的连接方法,搭接长度不小于 20 cm。

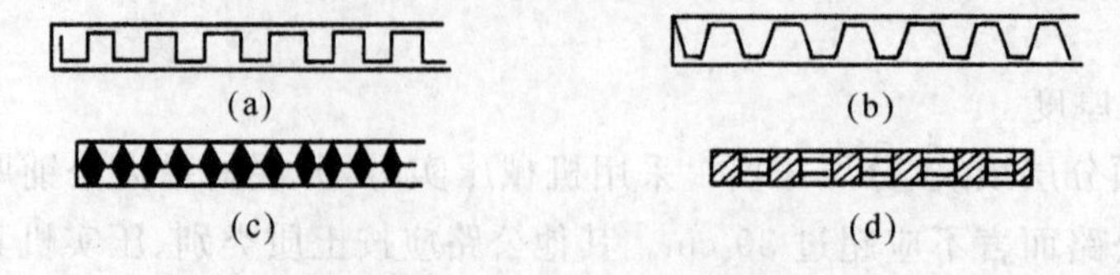

图 11-6 塑料排水板结构

(a)方形槽塑料板;(b)梯形槽塑料板;(c)三角形槽塑料板;(d)硬透水膜塑料板

3. 加载预压法

预压是指在软土地基上修筑路堤时,可以通过填料自身的重力,或施加预压荷载,或减小地基土的孔隙压力等措施来增加固结压力,加速地基固结沉降。常用的有下述两种方法。

自重预压法:它是指在软土地基上修筑路堤,如果工期不紧,可先填筑一部分或全部路堤,使地基经过一段时间的固结沉降,再最后填筑完全部路堤或铺筑路面。这是一种经济有效的施工方法。

超载预压法:它是指在修筑路堤时,预先把土填得比设计高度高出一些,或加宽填土宽度,这样可以加速地基固结下沉,最后再挖除超填部分。超载预压法的预压加荷速率,应保证地基只产生沉降而不丧失稳定;当路堤较高时,可采取分级加荷,且第一级加荷量应尽量大些。预压期一般需要半年至一年时间。

11.2 路面工程

11.2.1 路面基层施工

路面基层是指直接位于路面面层下用高质量材料铺筑的主要承重层,底基层是在路面基层下铺筑的辅助层。基层(底基层)按力学性能可分为柔性基层和半刚性基层。柔性基层主要指碎(砾)石基层,包括级配碎(砾)石基层和填隙碎石基层。而采用无机结合料处治粒料和土,因其硬化后具有较高的整体刚度,以此修筑的基层称为半刚性基层,又称为稳定土基层,包括水泥、石灰、沥青稳定土基层和工业废渣基层。

1. 碎(砾)石基层的施工

1) 级配碎(砾)石基层施工

级配碎(砾)石基层是将粒径不同的石料和砂(或石屑)组成良好级配的混合料,经碾压形成密实的基层结构。其施工方法有路拌法和厂拌法两种。级配碎(砾)石基层的施工关键是保证级配料拌和均匀,含水量适宜,摊铺均匀,压实度达到规定的要求。

(1) 路拌法

级配碎(砾)石基层路拌法施工的工艺流程为:准备下承层→施工放样→运输和摊铺主要集料→洒水湿润→运输和摊铺石屑→拌和并补充洒水→整型→碾压。其施工要点如下。

① 准备下承层:在底基层摊铺前,应采用压路机对下承层进行碾压检验。若发现软卧层应及时换填;对表面松散的部分,应针对现场情况采用洒水翻拌或换填的方式来处理。务必保证下承层有足够的密实度及强度,否则会因下承层强度不足,使底基层极易产生裂缝,最终影响面层的使用寿命。

② 施工放样:在下承层上恢复中线,直线段每 15～20 m 设一桩,曲线段每 10～15 m 设一桩。在两侧路肩边缘外 0.3～0.5 m 设指示桩,进行水平测量,并在指示桩上用明显标记标出基层或底基层边缘的设计高程。

③ 备料:应确定未筛分碎石和石屑的掺配比例或不同粒径碎石和石屑的掺配比例,并根据各路段基层的宽度、厚度和预定的干压实密度,计算各段所需要的未筛分碎石和石屑的数量或不同粒径碎石和石屑的数量,同时计算出每车料的堆放距离。料场中碎石的含水量应比最佳含水量(约 4%)大 1%左右,当未筛分碎石和石屑在料场按设计比例混合时,也应使混合料的含水量比最佳含水量(约 5%)大 1%左右,以减少集料在运输过程中的离析现象。

④ 运输和摊铺集料:集料装车时,应使每车料的数量基本相等。在同一供料路段内,由远到近将集料按计算的距离卸置于下承层上,卸料距离应严格掌握,避免料不足或过多,且料堆每隔一定距离应留有缺口,以便于施工。摊铺前应事先通过试验确定集料的松铺系数。人工摊铺混合料时,松铺系数为 1.40～1.50;平地机摊铺混合料时,松铺系数为 1.23～1.35。

⑤ 拌和及整型:应采用稳定土拌和机来拌和级配碎石,在无此种拌和机的情况下,可采用平地机或多铧犁与缺口圆盘耙相配合进行拌和。用稳定土拌和机拌和时,拌和深度应达到级配碎石层底,一般应拌和两遍以上,如发现有“夹层”,应在进行最后一遍拌和之前先用多铧犁紧贴底面翻拌一遍。当采用平地机拌和时,一般需拌和 5～6 遍,每段拌和的长度以 300～500 m 为宜。采用多铧犁与缺口圆盘耙相配合进行拌和时,速度应尽量快,共翻拌 4～6 遍。

⑥ 碾压:将拌和均匀的混合料用平地机整形后,当混合料的含水量等于或略大于最佳含水量时,立即用 12 t 以上的三轮压路机、振动压路机或轮胎压路机进行碾压。碾压时应坚持“先轻后重,先慢后快,先边后中”的原则。碾压应一直进行到要求的压实度为止(压实度要求:基层和中间层为 98%,底基层为 96%),一般需碾压 6～8 遍,应使表面无明显轮迹,并在路面两侧多压 2～3 遍。

(2) 厂拌法

级配碎石混合料可以在中心站采用强制式拌和机、卧式双轴桨叶式拌和机、普通水泥混凝土拌和机等进行集中拌和,然后运输至现场进行摊铺、整形和碾压。集中厂拌法施工时应注意:混合料的掺配比例一定要正确;在正式拌制级配碎石混合料前,必须先调试所需的厂拌设备,使混合料的颗粒组成和含水量都达到规定的要求;在采用未筛分碎石和石屑时,如未筛分碎石和石屑的颗粒组成发生明显变化时,应重新调整掺配比例。

2) 填隙碎石基层施工

用单一尺寸的粗碎石作骨料,形成嵌锁作用,用石屑填满碎石间的孔隙,以增加密实度和稳定性,这种结构称为填隙碎石。按照施工方法的不同,填隙碎石基层可分为干压碎石和水结碎石。

填隙碎石基层施工的工艺流程为:准备下承层→施工放样→运输和摊铺粗碎石→初压→撒布石屑→振动压实→第二次撒布石屑→振动压实→局部石屑及扫匀→振动压实填满孔隙→终压。其施工要点如下。

(1) 备料

备料时应根据路段的宽度、厚度及松铺系数计算所需粗碎石的数量,松铺系数为1.20～1.30。填隙碎石一层的压实厚度通常为碎石最大粒径的1.5～2.0倍,碎石最大粒径与压实厚度比值较小(约0.5时),松铺系数取1.3;比值较大时,松铺系数接近1.2。填隙料的用量约为粗碎石重量的30%～40%。

(2) 撒布填隙料和碾压

① 干压碎石法。

检验松铺粗碎石层的厚度后,用8 t两轮压路机初压3～4遍,使粗碎石稳定就位。继而用石屑撒布机或类似的设备将干填隙料均匀地撒布在已压稳的粗碎石层上,松铺约2.5～3.0 cm厚。必要时,用人工或机械扫(滚动式钢丝扫)扫匀。然后用振动压路机慢速碾压,将全部填隙料振入粗碎石的孔隙中。之后,再一次撒布填隙料,但松铺2.0～2.5 cm厚,再次用振动压路机碾压。粗碎石表面的孔隙全部填满后,用12～15 t三轮压路机最后再碾压1～2遍。碾压前,表面洒少量的水,用水量在3 kg/m^2 以上。应注意在碾压过程中不应有任何蠕动现象。

干压碎石施工中仅少量洒水甚至不洒水,它依靠压实碎石间的嵌锁形成结构强度。这种方法比较适合于干旱缺水地区的施工。

② 水结碎石法。

水结碎石法施工时的初压、撒布填隙料、碾压、再次撒布填隙料、再次碾压施工过程与干压碎石法相同。但在粗碎石表面的孔隙全部填满后,立即用洒水车洒水,直至饱和,应注意不要使多余的水浸泡下承层。同时用12～15 t三轮压路机跟在洒水车的后面进行碾压。其间,将湿填隙料继续扫入所出现的孔隙中。需要时,还应再添加新的填隙料。洒水和碾压应一直进行到细集料和水形成粉浆为止。碾压完成后的路段要留待一段时间,让水分蒸发。结构层变干后,应将表面多余的细料,以及任何自成一薄层的细料覆盖层扫除干净。

2. 稳定土基层的施工

1）水泥稳定土基层施工

水泥稳定土基层施工方法有路拌法和厂拌法两种。

（1）路拌法

对于二级或二级以下的一般公路，水泥稳定土可以采用路拌法施工。其施工工艺流程为：准备下承层→施工放样→粉碎土或运送、摊铺集料→洒水闷料→整平和轻压→摆放和摊铺水泥→拌和（干拌）→加水并湿拌→整型→碾压→接缝处理→养生。其施工要点如下。

① 准备下承层及施工放样：水泥稳定土的下承层表面应平整、坚实，具有规定的路拱、没有任何松散的材料和软弱地点。施工放样与级配碎（砾）石基层的路拌法施工相同。

② 备料：根据稳定土基层的宽度、厚度、预定的干密度和混合料的配合比，计算各路段需要的集料或土的用量，并根据材料的含水量以及运料车辆的吨位，计算各种材料每车的堆放距离和摊铺面积。

③ 摊铺：摊铺集料应在摊铺水泥前一天进行，摊铺长度应满足次日一天内作业的需要量。应根据松铺系数检验松铺材料层的厚度，其厚度应符合预计的要求，必要时，应进行减料或补料工作。

④ 拌和：应采用专用稳定土拌和机进行拌和。在无专用拌和机械的情况下，也应采用平地机或多铧犁与旋转耕作机或缺口圆盘耙相配合进行拌和。拌和深度应达到稳定土层底，严禁在拌和层底部留有“素土”夹层，应略破坏下承层的表面（约 1 cm），以加强上下层黏结。拌和中适时测定含水量，如含水量大于最佳值时，应进行自然蒸发；小于最佳值时，应补充洒水进行拌和，直到拌和均匀。

⑤ 整型：当混合料拌和均匀后，应立即以平地机整平，并整出路拱。在直线段，平地机由两侧向路中心进行刮平；在曲线段，平地机应由内侧向外侧进行刮平，必要时，再返回刮平一次。

⑥ 碾压：稳定土结构层必须用 12 t 以上的压路机碾压。每层的最小压实厚度为 10 cm；当采用 12～15 t 三轮压路机碾压时，每层的压实厚度不应超过 15 cm；用 18～20 t 的三轮压路机碾压时，每层压实厚度不应超过 20 cm；用大能量的振动压路机碾压时，每层的压实厚度也不应超过 20 cm。压实应遵循先轻后重、先慢后快的原则。碾压结束前，用平地机再终平一次，使其纵向顺适，路拱和标高符合设计要求。

⑦ 接缝处理：水泥稳定土基层的接缝按施工时间的不同，有两种处理方式。第一种是当天施工的两作业段的接缝，采用搭接拌和的方式。即把第一段已拌和好的混合料留下 5～8 m 暂不碾压，第二段施工时，将前段留下来的未压部分再加部分水泥重新拌和，与第二段一起碾压。第二种是工作缝的处理。先将已压实段的接缝处，沿稳定土挖一条横贯全路的约 30 cm 宽的槽，深度达下承层顶面。然后将长度为水泥稳定土层宽度的一半、厚度与其压实厚度相同的两根方木放在槽内，并紧靠稳定土

的垂直面，再用原挖出的素土回填槽内其余部分。第二天施工摊铺水泥及湿拌后，除去方木，用混合料回填。靠近方木未能拌和的一小段，应用人工补充拌和，整平压实，并刮平接缝处。

⑧ 养生：在每一施工段碾压完成并经压实检查合格后，应立即进行养生，不得延误。养生期为 7 d，若养生期少于 7 d 而必须做上部沥青面层时，则应限制重型车辆通行。养生方法宜采用不透水薄膜或湿砂覆盖，砂层厚 7～10 cm，砂需在整个养生期间保持潮湿状态。用沥青乳液养生时，应采用沥青含量为 35%左右的慢凝沥青乳液，使其能透入基层几毫米。沥青乳液的用量一般为 1.2～1.4 kg/m^2，分两次喷洒。乳液分裂后，撒布 3～8 mm 或 5～10 mm 的小碎石，小碎石的覆盖面积达到 60%为宜。

(2) 厂拌法

稳定土混合料可以在中心站用强制式拌和机、双转轴桨叶式拌和机等进行集中拌和。厂拌法施工的工艺流程为：准备下承层→施工放样→拌和与运输→摊铺→整型→碾压→接缝处理→养生。其施工要求同路拌法。

2) 石灰稳定土基层施工

石灰稳定土路拌法施工的工艺流程与水泥稳定土的施工基本相同，即：准备下承层→施工放样→粉碎土或运送、摊铺集料→洒水闷料→整平和轻压→摆放和摊铺石灰→拌和→加水并湿拌→整型→碾压→接缝处理→养生。

石灰稳定土基层施工中的主要质量问题是缩裂，包括干缩和温缩裂缝。土的塑性指数愈大或石灰含量愈高，出现的裂缝愈多愈宽。当其上铺筑的沥青面层较薄时，易形成反射裂缝，雨水则会通过裂缝渗入到下面的土基，使土基软化，造成路面强度大为降低，严重影响路面的使用性能。为了提高石灰土基层的抗裂性能，应从材料的配合比设计和施工两方面采取措施。这些措施归纳起来有以下几点。

① 因石灰土含水量过多而产生的干缩裂缝最为显著，因而压实时的含水量一定不能大于最佳含水量，通常以小于最佳含水量 1%～2%为好。

② 应严格控制压实标准，压实度较小时产生的干缩裂缝要比压实度较大时严重。

③ 干缩的最不利情况是在石灰土成型初期，因此要重视初期养生，保证石灰土表面处于潮湿状态。

④ 石灰土施工结束后应及早铺筑面层，使石灰土基层含水量不发生大的变化，以减轻干缩裂缝。

⑤ 温缩的最不利气候是气温在 0～10℃时，因此施工应在当地气温进入 0℃之前一个月结束，以防在不利季节产生严重温缩。

⑥ 在石灰土中掺加集料（如砂砾、碎石等），且集料含量应使混合料满足最佳组成要求，一般为 70%左右。这不但可提高基层的强度和稳定性，而且使基层的抗裂性有较大提高。

⑦ 在石灰土基层上铺筑厚度大于 15 cm 的碎石过渡层或设置沥青碎石连接层，可减轻或防止反射裂缝的出现。

3）沥青稳定土基层施工

以沥青为结合料，将其与粉碎的土拌和均匀，摊铺平整，经碾压密实成型的基层称为沥青稳定土基层。通常采用慢凝液体石油沥青和低标号煤沥青作为制备沥青土的结合料，也可采用乳化沥青作为沥青土的结合料。还可采用沥青膏浆，它比较适用于稳定砂类土，使其具有较好的整体性；对于黏性土，可采用机械将土与沥青膏浆进行强力搅拌，然后铺筑碾压成型。

沥青稳定土基层施工的关键在于拌和与碾压。结合料如采用液体石油沥青或低标号煤沥青时，一般采用热油冷料拌和，油温约 120～160℃；如采用乳化沥青或沥青膏浆时，采用冷油冷料拌和。沥青稳定土基层的碾压可采用轮胎式压路机，也可采用钢轮压路机，但应选用轻型或中型，且只压一遍即可，否则可能会出现裂缝或推移。碾压后过 2～3 天再复压 1～2 遍效果最佳，如先用钢轮压路机碾压一遍后再用轮胎压路机碾压几遍，其平整度与密实度都较好。碾压后应特别注意加强初期养护，以加速路面成型。

4）工业废渣基层施工

目前已广泛采用石灰稳定工业废渣混合料来代替常用的路面基层。石灰工业废渣材料可分为两大类，一类是石灰与粉煤灰类，另一类是石灰与其他废渣类，包括煤渣、高炉矿渣、钢渣（已崩解稳定）、其他冶金矿渣、煤矸石等。石灰工业废渣基层的施工方法可分为路拌法和厂拌法两种，其施工工艺与石灰稳定土基层的施工基本相同，此不再赘述。

11.2.2 沥青路面施工

1. 洒铺法沥青路面面层施工

用洒铺法施工的沥青路面面层有沥青表面处治路面和沥青贯入式路面两种。

1）沥青表面处治路面施工

沥青表面处治路面是用沥青和细集料铺筑而成的厚度不大于 3 cm 的薄层路面面层，主要用来抵抗行车的磨损和大气作用，并起到增强防水性、提高平整度和改善路面行车条件的作用。它通常采用层铺法施工，层铺法沥青表面处治路面的施工方法为“先油后料”的方法，其工艺及要求如下。

① 清理基层：在表面处治层施工之前，应将路面基层清扫干净，使基层的集料大部分外露并保持干燥。对有坑槽、不平整的路段应先修补和整平；若基层整体强度不足，则应先进行补强。

② 浇洒透层沥青：在级配碎（砾）石基层和水泥、石灰、粉煤灰等稳定土基层上必须浇洒透层沥青，以使沥青面层与非沥青材料基层结合良好，并透入基层表面。透层沥青宜采用慢裂的洒布型乳化沥青，也可用中、慢凝液体石油沥青或煤沥青。

③ 洒布沥青:在透层沥青充分渗透后,或在已作好透层(或封层)并开放交通的基层清扫后,即可洒布第一次沥青。沥青的洒布要均匀,不应有空白或积聚现象,以免日后产生松散或壅包、推挤等缺陷。

④ 铺撒集料:洒布沥青后应趁热迅速铺撒集料,并按规定用量一次撒足,集料的铺撒应均匀。

⑤ 碾压:铺撒一层集料后随即用 6～8 t 双轮压路机或轮胎压路机及时碾压。碾压应从一侧路缘压向路中心,每次轮迹重叠约 30 cm,然后再从另一边压向路中心。

双层式和三层式沥青表面处治的第二、三层施工即重复以上第③、④、⑤道工序。

⑥ 初期养护:碾压结束后即可开放交通,但应设专人指挥交通,控制车速不超过 20 km/h,并控制车辆行驶的路线,使路面全幅宽度获得均匀碾压,以加速处治层反油稳定成型。对局部泛油、松散、麻面等现象,应及时修整处理。

2) 沥青贯入式路面施工

沥青贯入式路面是在初步压实的碎石(或破碎砾石)上,分层浇洒沥青、铺撒嵌缝料,经压实而成的路面结构,其厚度通常为 4～8 cm。根据沥青材料贯入深度的不同,贯入式路面可分为深贯入式(6～8 cm)或浅贯入式(4～5 cm)两种。其施工工艺及要求如下。

① 基层准备:清扫基层,然后浇洒透层或粘层沥青。

② 摊铺主层石料:用摊铺机、平地机或人工进行主层石料的摊铺,应避免颗粒大小不均,边铺摊边检查路拱和平整度。松铺厚度为设计厚度乘以松铺系数,松铺系数应经试验确定,约为 1.25～1.30。摊撒后严禁车辆在铺好的石料上通行。

③ 第一次碾压:主层石料摊铺后,采用 6～8 t 的钢筒式压路机进行初压,速度宜为 2 km/h。碾压时应从一侧路缘逐渐移至路中心,每次轮迹重叠约 30 cm,再从另一侧以同样方法压至路中心。初压一遍后用 10～12 t 压路机进行碾压,每次轮迹重叠 1/2 左右,宜碾压 4～6 遍,直至主层石料嵌挤稳定,无明显轮迹为止。

④ 撒布沥青及嵌缝料:主层石料碾压完毕后,立即撒布第一遍沥青,撒布方法及要求同沥青表面处治路面。然后用集料撒布机均匀撒布第一遍嵌缝料,并用 8～12 t 钢筒式压路机碾压 4～6 遍,轮迹应重叠 1/2 左右,直至稳定为止。

⑤ 重复撒布沥青及嵌缝料:依次重复撒布沥青及嵌缝料,并碾压直至撒布封层料。最后宜用 6～8 t 压路机碾压 2～4 遍,即可开放交通。

当沥青贯入式路层上面直接加铺拌和沥青混合料面层时,后者应紧跟贯入层施工,使上下成为整体。若贯入层用乳化沥青时,应待其破乳,水分蒸发且成型后方可铺筑面层。

2. 热拌沥青混合料路面施工

热拌沥青混合料路面的施工过程包括四个方面:沥青混合料的拌制、运输、摊铺和压实成型。

(1) 沥青混合料拌制

沥青混合料必须在沥青拌和厂内采用专用的拌和设备拌制，且拌和需在一定温度下进行，才能保证沥青达到要求的流动性，良好地裹覆集料颗粒。通常以沥青黏度 0.17 Pa·S 时的温度为沥青混合料的拌和温度。

(2) 沥青混合料运输

热拌沥青混合料应采用自卸汽车运输到摊铺地点。运输过程中，为减少热量损失、防止雨淋或环境污染，应在混合料上覆盖苫布。为防止沥青与车厢的黏结，车厢底板上应涂刷薄层掺水柴油(油∶水为 1∶3)。混合料运送到摊铺地点的温度应符合规定要求，若温度不符合要求，或者发现沥青混合料已经成团块、遭受雨淋，应予以废弃。

(3) 沥青混合料摊铺

摊铺沥青面层的基层必须平整、坚实、洁净、干燥、标高和横坡符合要求。路面原有的坑槽应用沥青碎石材料填补，泥沙、尘土应扫除干净。

混合料摊铺应采用摊铺机械进行。施工时应保证混合料摊铺的温度符合规范要求。摊铺厚度应为设计厚度乘以松铺系数，其系数应通过试铺碾压确定，通常可按沥青混凝土混合料 1.15～1.35、沥青碎石混合料 1.15～1.30 酌情取值。摊铺速度不宜过快，否则可能会产生离析现象，一般控制在 2～6 m/min。摊铺过程中应保持速度稳定，以避免面层表面粗糙度不一。

(4) 沥青混合料碾压

沥青混合料的碾压是保证路面结构质量的重要环节，也是沥青路面施工的最后一道重要工序。通过压实，集料颗粒间相互挤密并被沥青黏结在一起，使结构层达到设计的密实度、强度和水稳定性要求。碾压需要在一定的温度和碾压方法下才能取得良好的压实效果。

碾压过程分为初压、复压和终压三个工序。在碾压过程中，使用单一机型的碾压机械往往难以完成整个工程的作业，常常采用大、中、小型机械配合或多种机械组合进行。常用的碾压机械包括钢筒式压路机、轮胎式压路机以及目前使用越来越多的振动式压路机。

初压的目的是整平和稳定混合料，同时为复压创造条件。初压一般选择 6～8 t 的双轮钢筒式压路机，从横断面低的一侧逐步移向高的一侧，每处碾压 2 遍即可。复压是使混合料密实、稳定、成型，是决定混合料密实程度的关键工序，应与初压紧密衔接。一般选择 15 t 以上的轮胎压路机，或 12 t 以上的三轮钢筒压路机或 10 t 振动式压路机。复压遍数为 4～6 次，至稳定和无明显轮迹为止。终压的目的是消除轮迹，最后形成平整的压实面，因此不宜选用重型压路机，可采用 6～8 t 的双轮钢筒压路机碾压 2～4 遍。

(5) 路面接缝处理

路面接缝包括横向接缝和纵向接缝两种。

① 横向接缝即为工作缝,可采用平接缝和斜接缝两种方式。为使接缝位置得当,应在已铺层顶面沿路面中心线方向 2～3 个位置先后放一把 3 m 长的直尺,并找出表面纵坡或已铺层厚度开始发生变化的断面,然后用锯缝机延此断面切割成垂直面,并将不符合要求的尾部铲除。继续摊铺混合料前,在切割断面上涂刷薄层沥青,以增加新旧路面间的黏结,并用热沥青混合料将接缝处加热,再铺筑新接的路面层。

② 纵向接缝有热接缝和冷接缝两种方式。热接缝是由两台以上摊铺机在全断面以梯队方式作业时采用。先行摊铺的热混合料留下 10～20 cm 宽度暂时不压,作为后摊铺部分的基准高程面,然后进行跨缝碾压。冷接缝是在不同时间分幅摊铺时采用的方式。先行铺筑的半幅路面宜设置挡板或采用切刀切齐;铺筑后半幅之前必须将接缝边缘清扫干净,然后用热混合料敷贴接缝处,使其预热软化;碾压前铲除敷贴料,对缝壁涂刷 0.3～0.6 kg/m^2 黏层沥青,再铺筑新混合料。

11.2.3 水泥混凝土路面施工

水泥混凝土路面具有强度高、刚度大、稳定性好、耐久性好、抗滑性能好、日常养护费用少、且有利于夜间行车等优点。目前采用最广泛的是普通混凝土(亦称素混凝土)路面,这是一种除了在接缝处和局部范围以外均不配置钢筋的混凝土路面。其施工工艺过程一般为:模板安装→传力杆安装→混凝土拌制与运输→混凝土摊铺、振捣与表面修整→制作防滑纹理→接缝施工→混凝土养护和填缝。

1. 模板安装

在摊铺路面混凝土前,须先进行两侧模板的安装。模板宜采用钢质的,长度为 3 m,高度应与混凝土面板厚度相同,接头处应有牢固的拼装配件,且应易于拆装。模板两侧用钢钎打入基层内固定。模板的顶面应与混凝土面板顶面的设计高程一致,模板底面应与基层顶面紧贴,局部低洼处事先用水泥砂浆填封。模板接缝处高度差不得大于 3 mm,内侧应无错位。模板内侧面应均匀涂刷一层隔离剂,以利脱模。

2. 传力杆安装

当两侧模板安装好后,应在需要设置传力杆的胀缝或者缩缝位置上设置传力杆。设置传力杆的目的是保证混凝土路板之间能有效地传递荷载,防止形成错台。

混凝土板连续浇注时设置胀缝传力杆的做法一般是:在嵌缝板上预留圆孔以便使传力杆穿过;嵌缝板上面设置木制或铁制压缝板条,其旁再安放一块胀缝模板;按传力杆的位置和间距,在胀缝模板下部挖成倒 U 形槽,使传力杆由此通过;传力杆的两端固定在钢筋支架上,支架脚插入基层内,如图 11-7 所示。

对于混凝土板不连续浇筑,浇筑结束时设置的胀缝,宜采用顶头木模固定法安装传力杆,即在端模板外侧增设一块定位模板,板上同样按照传力杆间距及杆径钻成孔眼,将传力杆穿过端模板孔眼并直至外侧定位模板孔眼。两模板之间可用按传力杆一半长度的横木固定,如图 11-8 所示。继续浇筑邻板混凝土时,拆除端模板、横木及定位模板,设置胀缝板、压缝板条和传力杆套管。

3. 混凝土拌制与运输

混凝土的拌制可采用两种方式：一是在工地采用拌和机拌制；二是在中心工厂集中拌制，而后运送到摊铺现场。为了按规定的配合比拌制混凝土，必须对各组成材料进行准确的计量，计量的容许误差水和水泥为 1%，集料为 3%，外掺剂为 2%，拌和时间为 1.5～2.0 min。

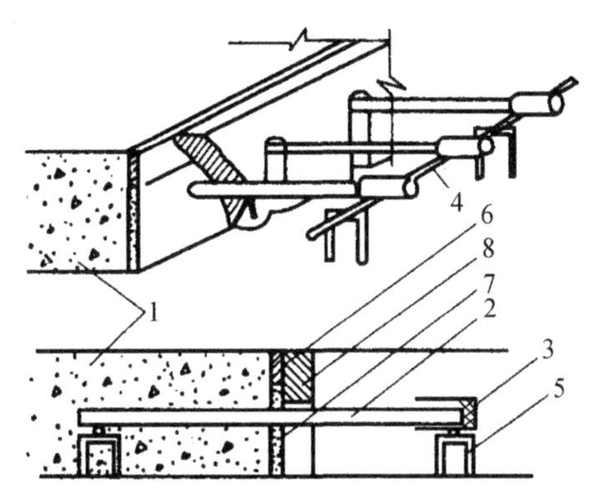

图 11-7　胀缝传力杆的架设(钢筋支架法)

1—先浇筑的混凝土；2—传力杆；3—金属套筒；4—钢筋；5—支架；6—压缝板条；7—嵌缝板；8—胀缝模板

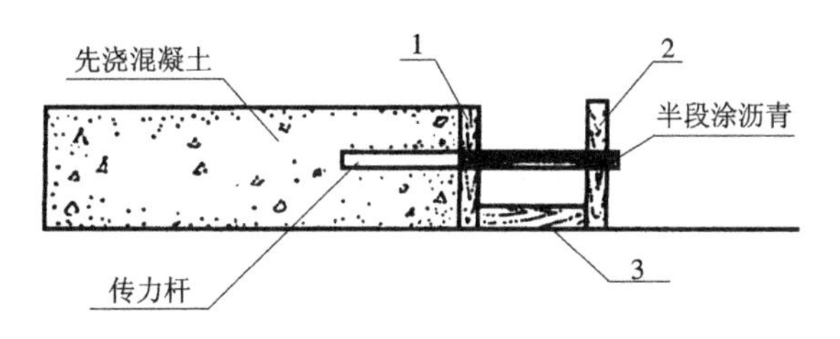

图 11-8　胀缝传力杆的架设(顶头木模固定法)

1—端模板；2—外侧定位模板；3—固定横木

混凝土在运输过程中要防止污染和离析。从拌和到开始浇筑的时间，应尽量缩短，因而混凝土运输的最长时间应以初凝时间和留有足够的摊铺操作时间为限，若不能满足此要求时，应使用缓凝剂。

4. 混凝土摊铺、振捣与表面整修

混凝土摊铺前，应先检查基层的标高和压实度是否符合要求，并检查模板的位置和高度。摊铺时应考虑混凝土振捣后的沉降量，摊铺高度可高出设计厚度 10%左右，使振实后的面层标高与设计标高相符。

1）小型机具施工法

在小型机具施工法中，混凝土拌和料由运输车辆直接卸在基层上，并用人工摊铺均匀。摊铺好的混凝土应迅速进行振捣。振捣时应先用插入式振捣器在模板边缘和角隅处或全部顺序插振一次，然后用平板振捣器全面振捣。混凝土全面振捣后，再用振动梁往返拖拉 2～3 遍，进一步振实并初步整平。最后用平直的滚杠再滚揉表面，使混凝土表面进一步提浆并调匀。

2)三辊轴式摊铺施工法

三辊轴机组由三辊轴整平机、排式振捣机和拉杆插入机组成。三辊轴式摊铺施工法和小型机具施工法的差异在于振捣、整平和安置纵向拉杆。

在摊铺混凝土后,用密排插入振捣棒进行插入振捣,每次移动距离不超过振捣棒有效作用半径的1.5倍,最大不得大于60 cm;振捣时间宜为15～30 s。

然后用三辊轴整平机滚压振实,其作业单元长度宜为20～30 m,与振捣工序的时间间隔不超过10 min。可被三辊轴滚压振实的料位高度为高出模板顶面5～20 mm,过高应铲除,不足应补料。振动轴应采用前进振动,后退静滚的方式作业,来回2～3遍;随后用整平轴静滚整平,直至平整度符合要求。

当单车道摊铺时和在双车道的外侧,使用拉杆插入机在侧模留孔处插入拉杆钢筋。对于一次摊铺双车道路面的中间纵缝部位,则在三辊轴整平机作业前插入拉杆钢筋。

3)轨道式摊铺机施工法

在轨道式摊铺机施工法中,混凝土的摊铺、振捣和表面整修由成套的专用机械完成。轨道式摊铺机的混凝土摊铺方式有刮板式、螺旋式和箱式三种。

混凝土的振捣密实,可采用振捣机或内部振动式振捣机进行。振捣机的一般构造如图11-9所示。在振捣梁前方有一道与铺筑宽度同宽的复平刮梁,它可使松铺的混凝土在全宽度范围内达到正确的高度;其次是用一道全宽的弧面振捣梁拖振,它以表面平板的振动方式把振动力传到全厚度。在靠近模板处,需用插入式振捣器补充振捣。内部振动式振捣机主要是用并排安装的振捣棒插入混凝土中,在内部进行振捣密实,振捣棒有斜插入式和垂直插入式两种。

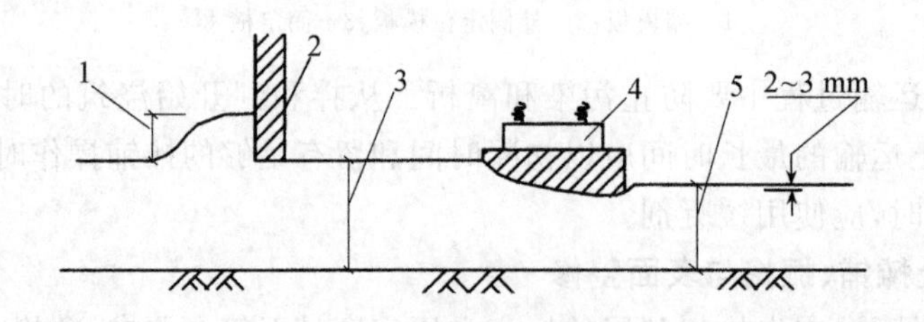

图11-9 振捣机构造

1—堆壅高度<15 cm;2—复平刮梁;3—松铺高度;4—振捣梁;5—面层厚度

振实后的混凝土须用表面修整机进一步整平、抹光,以获得平整的表面。表面修整机有斜向移动和纵向移动修整两种。斜向表面修整机是通过一对与机械行走轴线成10°～13°的整平梁做相对运动来完成的,如图11-10所示,其中一根整平梁为振动整平梁。纵向表面修整机为整平梁在混凝土表面沿纵向滑动的同时,还进行横向往返移动,随机体前进而将混凝土表面整平,如图11-11所示。

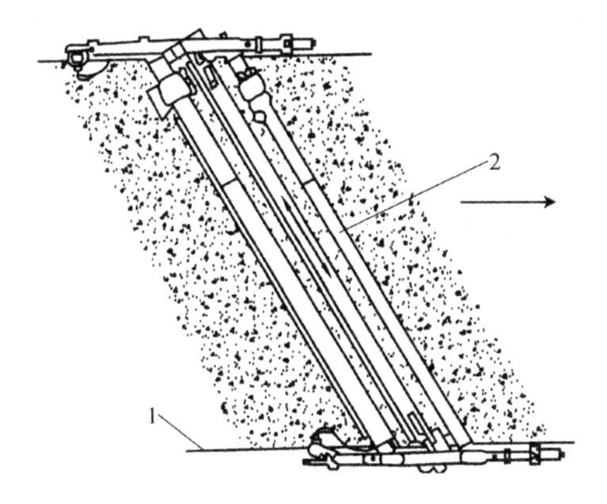

图11-10 斜向表面修整机

1—模板内侧；2—整平梁

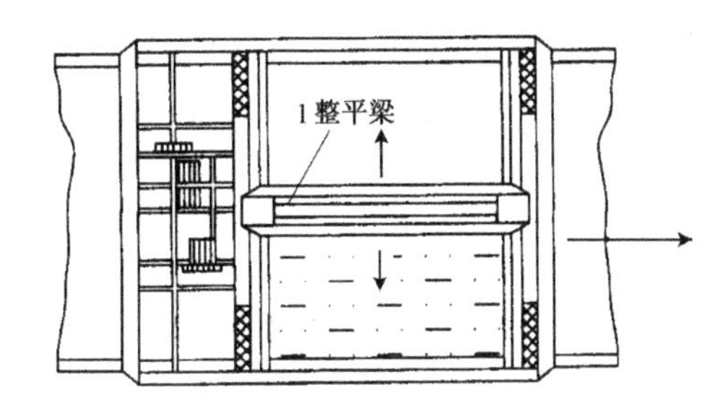

图11-11 纵向表面修整机

4）滑模式摊铺机施工法

滑模式摊铺机施工法是机械化施工中自动化程度很高的一种，它具有现代化的自控高速生产能力。与轨道式摊铺机施工不同的是，它不需要人工安置模板，滑模式摊铺机的两侧设置有随机移动的滑动模板。在机械行进中，将摊铺路面的各道工序—铺料、摊铺、挤压、整平、设传力杆等一次完成，即可形成一条规则成型的水泥混凝土路面，且达到较高的路面平整度要求，特别是整段路的宏观平整度更是其他施工方式所无法达到的。

滑模式摊铺机的摊铺过程如图11-12所示。首先由螺旋摊铺器把堆积在基层上的水泥混凝土向左右横向摊开，刮平器进行初步刮平，然后振捣器进行捣实，刮平板进行振捣后整平，形成密实而平整的表面，再利用搓动式振捣板对混凝土层进行振实和整平，最后用光面带进行光面。

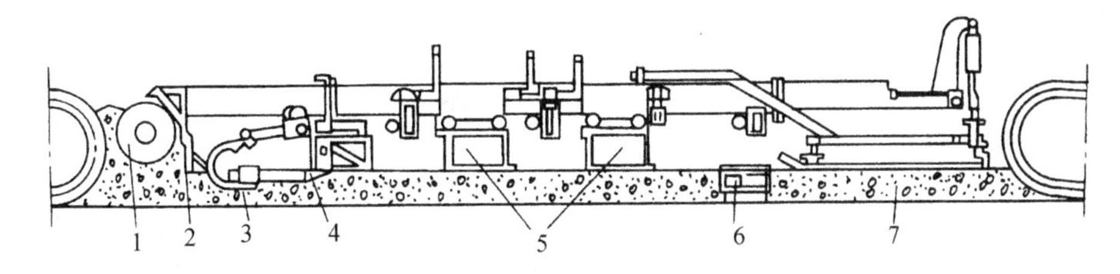

图11-12 滑模式摊铺机摊铺过程示意

1—螺旋摊铺器；2—刮平器；3—振捣器；4—刮平板；5—搓动式振捣板；6—光面带；7—混凝土面层

5. 制作防滑纹理

为保证行车安全，在混凝土表面应制作抗滑纹理。其方法有两种，一种是在混凝土处于塑性状态或强度很低时，用棕刷或纹理制作机进行拉毛或压纹；另一种是在混凝土完全硬化后，用切槽机切出深5～6 mm、宽2～3 mm、间距为20 mm的横向防滑槽。

6. 接缝施工

接缝处是混凝土路面的薄弱环节，接缝施工质量不高，会引起路面板的各种损坏,并影响行车的舒适性。因此要认真做好接缝的施工。

1)纵缝

纵缝是指平行于行车方向的接缝。纵缝一般按照路宽 3～4.5 m 设置,当双车道路面按全幅宽度施工时,可采用假缝加拉杆形式;按一个车道施工时,可做成平头缝、企口缝,有时在平头缝、企口缝中设置拉杆。其构造如图 11-13 所示。浇筑混凝土前应预先将拉杆固定在模板或基层上,或用拉杆旋转机在施工时置入。顶面的缝槽均用锯缝机锯成,假缝深为 6～7 cm,平头、企口缝深为 3～4 cm,用填缝料填满。

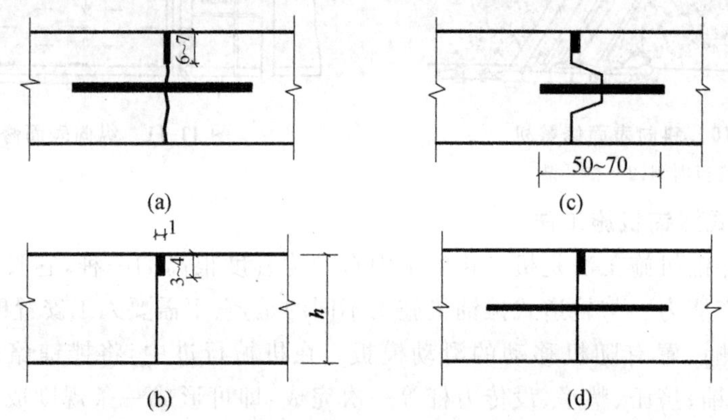

图 11-13　纵缝的构造形式(单位:cm)

(a)假缝带拉杆;(b)平头缝;(c)企口缝加拉杆;(d)平头缝加拉杆

2)横缝

横向接缝是垂直于行车方向的接缝,共有三种,即缩缝、胀缝和施工缝,其构造形式如图 11-14、图 11-15 所示。

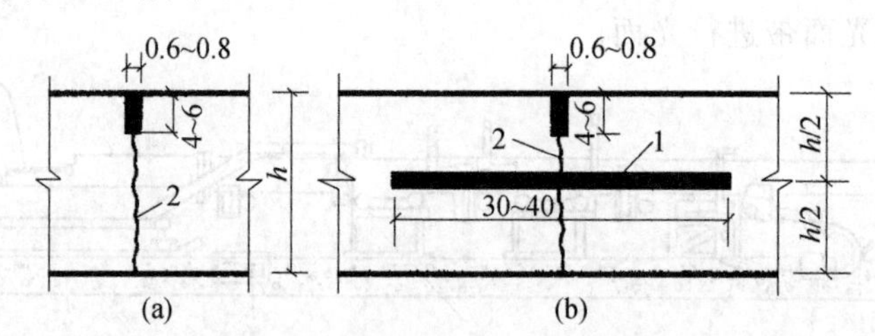

图 11-14　缩缝的构造形式(单位:cm)

(a)无传力杆的假缝;(b)有传力杆的假缝

1—传力杆;2—自行断裂缝

缩缝可保证混凝土路面板因温度和湿度的降低而收缩时沿该薄弱断面缩裂,从而避免产生不规则裂缝。由于缩缝只在上部 4～6 cm 范围内有缝,所以又称假缝,其施工方法有压缝法与切缝法两种。切缝法是在硬化后的混凝土中用锯缝机锯割出要求深度的槽口,其质量较好,应尽量采用,但应掌握好切缝的时间。为了防止在切缝前混凝土出现早期裂缝,可每隔 3～4 条切缝做一条压缝。压缝法是在混凝土捣实整平后,利用振捣梁将振动压缝刀准确地按缩缝位置振出一条槽,随后将铁制嵌缝板放

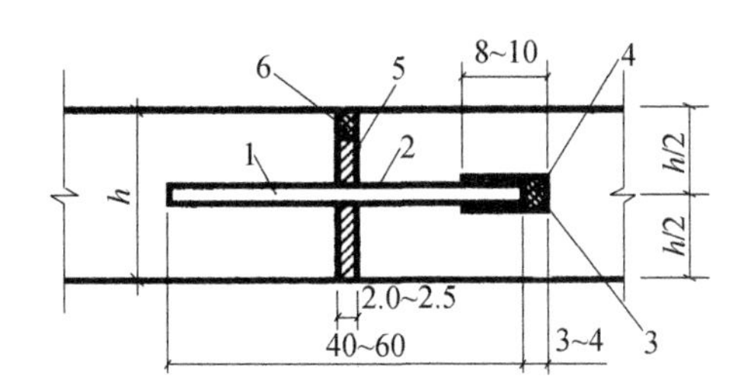

图 11-15　胀缝的构造形式(单位:cm)

1—传力杆固定端;2—传力杆活动端;3—金属套筒;
4—弹性材料 ;5—嵌缝板;6—沥青填缝料

入,并用原浆修平槽边。当混凝土收浆抹面后,再轻轻取出嵌缝板,修抹缝槽边缘。

胀缝可保证混凝土板体在温度升高时能部分伸张,从而避免路面板在热天产生拱胀和折断破坏,同时胀缝也能起到收缩的作用。其做法是:先浇筑胀缝一侧混凝土(见图 11-7),取出胀缝模板后,再浇筑另一侧混凝土,钢筋支架浇在混凝土内不取出。在混凝土振捣后,先抽动一下压缝板条,而后最迟在终凝前将其抽出。缝隙下部的嵌缝板是用沥青浸制的软木板或油毛毡等材料制成的预制板,缝隙上部浇灌填缝料。

施工缝是由于混凝土不能连续浇筑时设置的横向接缝。施工缝应尽量设在胀缝处,如果不可能,也应设在缩缝处,多车道的施工缝应避免设在同一横断面上。

7. 混凝土养护和填缝

同其他混凝土工程一样,混凝土表面修整完毕后要立即进行养护。可用湿草袋或麻袋进行湿治养护,至少需要养护 14 d。也可以在混凝土表面均匀喷洒塑料薄膜养护剂,使之形成不透水的薄膜黏附于表面,从而阻止混凝土中水分的蒸发,保证混凝土的水化作用。

混凝土面板养护期满后应及时填灌接缝处。填缝前必须将缝内清扫干净,并保持干燥,然后浇灌填缝料。填缝料应与混凝土缝壁黏附紧密,不渗水。其灌注深度以 3～4 cm 为宜,下部可填入多孔柔性材料。填缝料的灌注高度,夏天应与板面齐平,冬天宜稍低于板面。

思　考　题

11-1　路堤填筑时应注意哪些事项?路堤填筑的方法有几种?

11-2　路堑的开挖方法有几种?各适用于何种情况?

11-3　影响土基压实的因素有哪些?如何进行控制?

11-4　软土路基常用的施工方法有哪几种?试简要说明之。

11-5　简要叙述级配碎(砾)石路面基层施工中路拌法的施工工艺。

11-6　简要叙述填隙碎石路面基层的施工工艺。

11-7　稳定土基层包括哪几种?简要叙述水泥稳定土基层中路拌法的施工工艺。

11-8　沥青表面处治路面与沥青贯入式路面的施工各有何特点?

11-9　热拌沥青混合料路面施工时，在运输、摊铺和碾压过程中各应注意哪些问题?

11-10　试述热拌沥青混合料路面的接缝处理工艺。

11-11　水泥混凝土路面的摊铺、振捣与表面整修施工有哪几种方法? 简述各方法的施工要点。

11-12　水泥混凝土路面的接缝有哪几种? 如何进行各种接缝的施工?

第12章 地 下 工 程

【内容提要和学习要求】

① 地下连续墙工程:掌握地下连续墙主要的施工工艺流程,掌握导墙和泥浆作用的有关概念;熟悉挖深槽中单元槽段划分应考虑的因素,熟悉清底的方法,混凝土的浇注方式;了解地下连续墙的接头方式,防止槽壁坍塌的措施,钢筋笼的制作与吊装。

② 沉井施工:熟悉一般沉井的施工工艺;了解沉井的辅助下沉方法和水中沉井施工方法。

③ 隧道盾构法施工:熟悉盾构法施工的主要工艺;了解盾构的基本构造,盾构机械的分类与适用范围。

④ 地下管道顶管法施工:熟悉掘进顶管法施工的主要工艺;了解顶管法的基本设备构成,了解挤压式顶管法施工。

12.1 地下连续墙施工

12.1.1 概述

地下连续墙施工是沿着拟建地下建筑物或构筑物的周边,在泥浆护壁的条件下,分段开挖一定长度的沟槽(称为一个单元槽段),清槽后在沟槽内吊放钢筋笼并水下浇筑混凝土,各个单元槽段采用一定的接头方式连接,形成一道连续的、封闭的地下钢筋混凝土墙。地下连续墙的强度、刚度都很大。它既可以作为地下结构和建筑物地下室的外承重结构墙,又可作为深基坑工程的围护结构,挡土又防水,由于两墙合一,大大提高了工程的经济效益。

地下连续墙施工的优点是:①可适用于各种土质条件;②施工时无振动、噪声低、不挤土,除了产生较多泥浆外,对环境影响很小;③可在建筑物、构筑物密集地区施工,对邻近结构和地下设施基本无影响;④墙体的抗渗性能好,能抵挡较高的水头压力,除特殊情况外,施工时基坑外无需再降水;⑤可用于"逆筑法"施工,既将地下连续墙施工方法与"逆筑法"结合,就形成一种深基础和多层地下室施工的有效方法。

地下连续墙施工的缺点是:①施工技术复杂,需较多的专用设备,因而施工成本较高;②施工中产生的废泥浆有一定的污染性,需进行妥善处理;③地下连续墙虽可保证一定的垂直度,但墙面不够平整、光滑,若对墙面要求较高时,尚需加工处理或另作衬壁。

12.1.2 地下连续墙施工工艺流程

地下连续墙由多幅槽段组成,其一个槽段的施工工艺流程如图12-1所示。

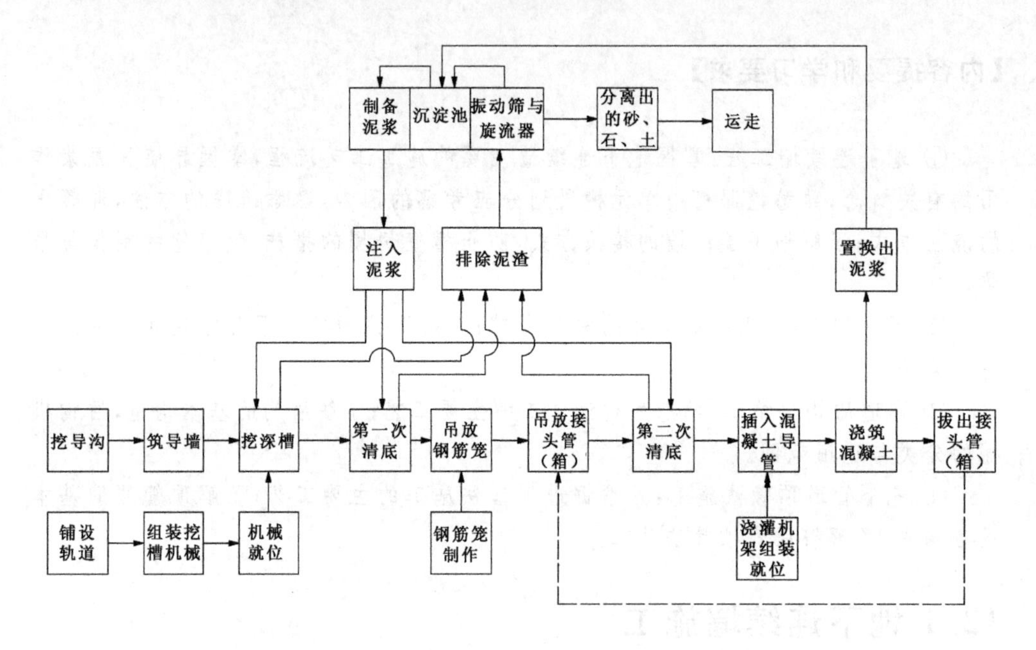

图12-1 地下连续墙的施工工艺过程

12.1.3 地下连续墙接头设计

地下连续墙的接头分为两大类:施工接头和结构接头。施工接头是在浇筑地下连续墙时,沿墙的纵向连接两相邻单元墙段的接头;结构接头是已完工的地下连续墙在水平向与其他构件(如与内部结构的梁、板、墙等)相连接的接头。

1. 施工接头

1) 接头管(亦称锁口管)接头

接头管是目前地下连续墙施工中采用最多的一种接头。施工时,当一个单元槽段的土方挖完后,在槽段的端部用吊车放入接头管,然后吊放钢筋笼并浇筑混凝土。待混凝土强度达到0.05～0.20 MPa时(一般混凝土浇筑后3～5 h,视气温而定),开始用吊车或液压顶升架提拔接头管。提拔速度应与混凝土浇筑速度、混凝土强度增长速度相适应,一般为2～4 m/h,并在混凝土浇筑结束后8 h以内将接头管全部拔出。接头管直径一般比墙厚小50 mm,可根据需要分段接长。接头管拔出后,单元槽段的端部形成半圆形,继续施工时即形成两相邻槽段的接头。这种接头可提高墙体的整体性和防水能力,其施工过程如图12-2所示。

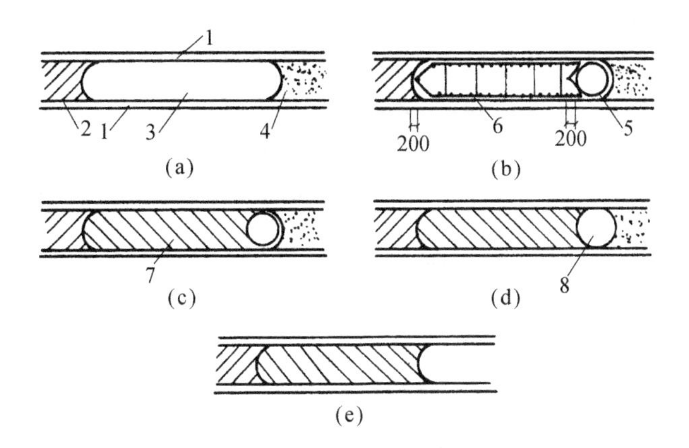

图 12-2　接头管接头的施工顺序

(a)开挖槽段；(b)吊放接头管和钢筋笼；(c)浇筑混凝土；(d)拔出接头管；(e)形成接头
1—导墙；2—已浇筑混凝土的单元槽段；3—开挖的槽段；4—未开挖的槽段；5—接头管；
6—钢筋笼；7—正浇筑混凝土的单元槽段；8—接头管拔出后的孔洞

2）接头箱接头

接头箱接头的施工方法与接头管接头相似，只是以接头箱代替接头管。接头箱在浇筑混凝土的一面是开口的，所以钢筋笼端部的水平钢筋可插入接头箱内。浇筑混凝土时，接头箱的开口面被焊在钢筋笼端部的钢板封住，因而混凝土不能进入接头箱内。混凝土初凝后，与接头管一样逐步吊出接头箱。当后一个单元槽段再浇筑混凝土时，由于两相邻槽段的水平钢筋交错搭接，可形成整体接头，其施工过程如图 12-3 所示。接头箱接头的整体性好，接头处刚度较大。

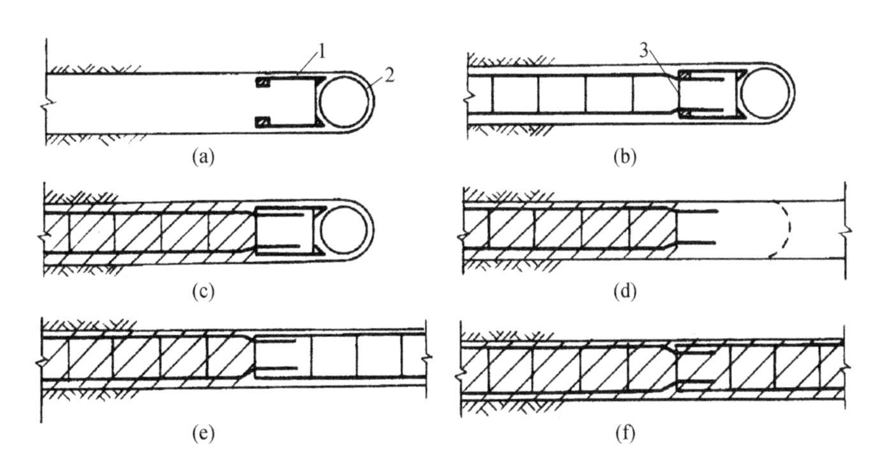

图 12-3　接头箱接头的施工顺序

(a) 插入接头箱；(b)吊放钢筋笼；(c)浇筑混凝土；(d)吊出接头箱和接头管；
(e)吊放后一槽段的钢筋笼；(f)浇筑后一槽段的混凝土，形成整体接头
1—接头箱；2—接头管；3—焊在钢筋笼上的钢板

3）隔板式接头

隔板式接头按隔板的形状分为平隔板、榫形隔板和V形隔板，如图12-4所示。由于隔板与槽壁之间难免有缝隙，为防止浇筑的混凝土渗入，应在钢筋笼的两边铺设化纤布。化纤布可以是把单元槽段的钢筋笼全部罩住，也可以只有2～3 m宽，吊放钢筋笼时应注意不要损坏化纤布。带有接头钢筋的榫形隔板能使各单元墙段形成整体，是一种较好的接头方式，但插入钢筋笼时较困难，且接头处混凝土的流动会受到阻碍，施工时应特别加以注意。

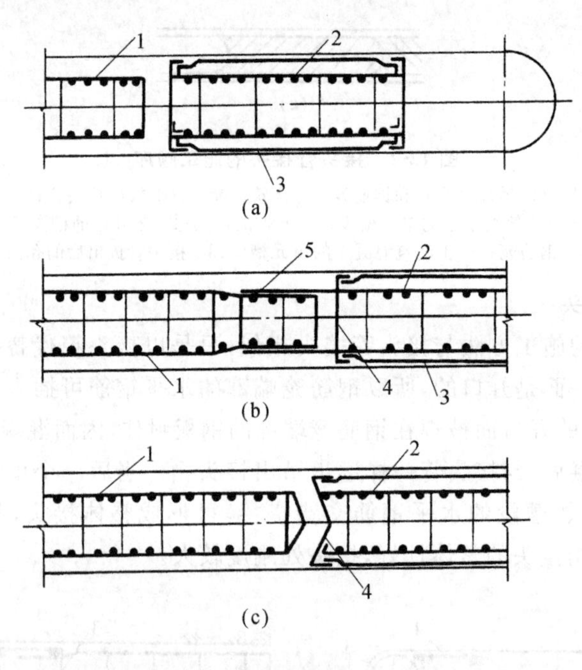

图12-4 隔板式接头

(a)平隔板；(b)榫形隔板；(c)V形隔板

1—正在施工槽段的钢筋笼；2—已浇筑混凝土槽段的钢筋笼；3—化纤布；4—钢隔板；5—接头钢筋

2. 结构接头

1）预埋连接钢筋法

预埋连接钢筋法是在浇筑地下连续墙混凝土之前，按设计要求将连接钢筋弯折后预埋在墙体内。待土方开挖露出墙体时，凿开连接钢筋处的墙面，将露出的连接钢筋恢复成设计形状，再与后浇结构的受力钢筋连接。为便于施工，预埋连接钢筋的直径不宜大于22 mm，且弯折时宜缓慢进行加热，以免其强度降低过多。考虑到连接处往往是结构的薄弱处，设计时一般将连接钢筋增加20%的富余量。

2）预埋连接钢板法

这是一种钢筋间接连接的接头方式。在浇筑地下连续墙混凝土之前，将预埋连接钢板焊固在钢筋笼上。浇筑混凝土后凿开墙面使预埋钢板外露，将后浇结构中的受力钢筋与预埋钢板焊接。施工时要注意保证预埋钢板处混凝土的密实性。

3）预埋剪力连接件法

剪力连接件的形式有多种，如螺纹套管。但以不妨碍浇筑混凝土、承压面大且形状简单的为好。剪力连接件先预埋在地下连续墙内，然后剔凿出来与后浇结构连接。

4）植筋法

在地下连续墙上钻出孔洞，注入胶结剂，植入钢筋，待其固化后即完成接头施工。这种方法具有工艺简单、工期短、造价省、操作方便、劳动强度低，质量易保证等优点，它适用于各种直径钢筋的植入。

12.1.4 地下连续墙主要工艺的施工方法

1. 修筑导墙

导墙是地下连续墙挖槽之前修筑的导向墙，两片导墙之间的距离即为地下连续墙的厚度。导墙虽属于临时结构，但它除了引导挖槽方向之外，还起着多方面的重要作用。

1）导墙的作用

① 作为挡土墙：在挖掘地下连续墙沟槽时，导墙起到支挡上部土压力的作用。为防止导墙在土、水压力的作用下产生位移，一般在导墙内侧每隔 1 m 左右加设上、下两道木支撑；如附近地面有较大荷载或有机械运行时，可在导墙内每隔 20～30 m 设一道钢板支撑。

② 作为测量的基准：导墙上可标明单元槽段的划分位置，亦可将其作为测量挖槽标高、垂直度和精度的基准。

③ 作为重物的支撑：导墙既是挖槽机械轨道的支撑，又是搁置钢筋笼、接头管等重物的支撑，有时还要承受其他施工设备的荷载。

④ 存储泥浆：导墙内可存蓄泥浆，以保持单元槽段内泥浆液面的高度，使泥浆起到稳定槽壁的作用。

此外，导墙还可以防止雨水等地面水流入槽内；当地下连续墙距离已建建筑物很近时，施工中导墙还可起到一定的补强作用。

2）导墙的形式与构造

导墙一般为现浇钢筋混凝土结构，但亦有钢制的或预制钢筋混凝土的装配式结构，后者可多次重复使用。图 12-5 所示是现浇钢筋混凝土导墙的各种形式，可根据表层土质、导墙上荷载及周边环境等情况选择适宜的形式。导墙的厚度一般为 0.15～0.20 m，墙趾不宜小于 0.20 m，深度一般为 1.0～2.0 m。导墙两侧净距的中心线应与地下连续墙中心线重合，每个槽段内的导墙应设一个以上的溢浆孔。导墙的混凝土强度等级多为 C_{20}，导墙内钢筋多为 ϕ12@200。

3）导墙施工

现浇钢筋混凝土导墙的施工顺序为：平整场地→测量定位→挖槽及处理弃土→

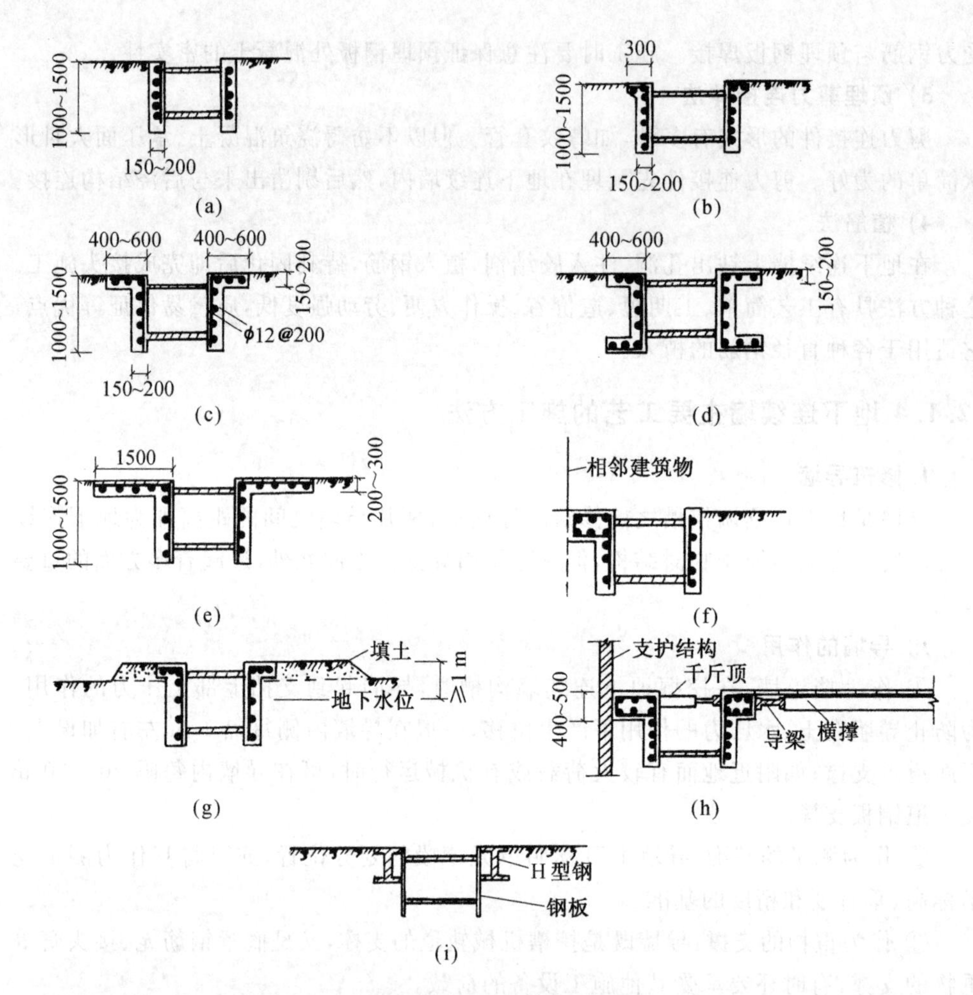

图 12-5　各种导墙的形式

绑扎钢筋→支模板→浇筑混凝土→拆模板并设置横撑→导墙外侧回填土。

导墙施工中,水平钢筋必须连接起来,使导墙成为整体。当表层土质较好时,导墙外侧可用土壁代替模板,不必回填土;如表土开挖后外侧土壁不能垂直自立,则外侧亦需支设模板,拆模后导墙的外侧应用黏土回填密实,以防止地面水从导墙背后渗入槽内,引起槽段坍方。导墙施工的接头位置应与地下连续墙接头位置错开。在导墙养护期间,严禁重型机械在附近行走、停置或作业。

2. 泥浆护壁

1) 泥浆的作用

地下连续墙的深槽是在泥浆护壁的条件下进行挖掘的,泥浆在成槽过程中有如下作用。

① 护壁作用:泥浆具有一定的相对密度,如槽内泥浆液面高出地下水位一定高度,泥浆就对槽壁产生一定的静水压力。此外,泥浆在槽壁上会形成一层透水性很低

的泥皮，可使泥浆的静水压力有效地作用于槽壁上，抵抗槽壁外的侧向土压力和水压力，防止槽壁坍塌和剥落，并防止地下水渗入。

② 携碴作用：因泥浆具有一定的黏度，它能将钻头式挖槽机挖下的土碴悬浮起来，便于土碴随同泥浆一同排出槽外，并可避免土碴沉积在工作面上影响挖槽机的挖槽效率。

③ 冷却和滑润作用：冲击式或钻头式挖槽机在挖槽过程中，钻具因连续冲击或回转作业温度剧烈升高。泥浆既可降低钻具的温度，又可起到滑润作用而减轻钻具的磨损，有利于延长钻具的使用寿命和提高挖槽的效率。

2）泥浆的制备

泥浆材料的选用既要考虑护壁效果，又要考虑其经济性。泥浆的制备，有以下几种方法。

① 制备泥浆：挖槽前利用专用设备事先制备好膨润土泥浆，挖槽时输入槽段内。泥浆搅拌的时间为4～7 min，搅拌后宜储存3 h以上再使用。

② 自成泥浆：用钻头式挖槽机挖槽时，边挖槽边向槽段内输入清水，清水与钻削下来的泥土拌和，自成泥浆。采用此种方法时应注意泥浆的性能指标须符合规定的要求。

③ 半自成泥浆：当自成泥浆的某些性能指标不符合规定的要求时，可在自成泥浆的过程中，加入一些所需成分的辅料，使其满足要求。

3）泥浆质量的控制指标

在地下连续墙施工过程中，为使泥浆具有一定的物理和化学稳定性、合适的流动性、良好的泥皮形成能力以及适当的相对密度，需对制备的泥浆或循环泥浆进行质量控制。控制指标有：在确定泥浆配合比时，要测定其黏度、相对密度、含砂量、稳定性、胶体率、静切力、pH值、失水量和泥皮厚度；在检验黏土造浆性能时，要测定其胶体率、相对密度、稳定性、黏度和含砂量；对新生产的泥浆、回收重复利用的泥浆、浇筑混凝土前槽内的泥浆，主要测定其黏度、相对密度和含砂量。

3. 开挖槽段

挖槽是地下连续墙施工中的重要工序。挖槽约占地下连续墙工期的一半，因此提高挖槽效率是缩短工期的关键；同时，槽壁的形状决定了墙体的外形，所以挖槽的精度又是保证地下连续墙质量的关键之一。

1）单元槽段的划分

地下连续墙施工前，需预先沿墙体长度方向划分好施工的单元槽段。单元槽段的最小长度不得小于挖土机械的一次挖土长度（称为一个挖掘段）。单元槽段宜尽量长一些，以减少槽段的接头数量，既可提高地下连续墙的整体性和防水性能，又可提高施工效率。但在确定其长度时除考虑设计要求和结构特点外，还应考虑以下各方面因素。

① 地质条件：当土层不稳定时，为防止槽壁坍塌，应减少单元槽段的长度，以缩

短挖槽时间。

② 地面荷载:若附近有高大的建筑物、构筑物,或邻近地下连续墙有较大的地面静载或动载时,为了保证槽壁的稳定,亦应缩短单元槽段的长度。

③ 起重机的起重能力:由于一个单元槽段的钢筋笼多为整体吊装(钢筋笼过长时可水平分为两段),所以应根据起重机械的起重能力估算钢筋笼的重量和尺寸,以此推算单元槽段的长度。

④ 单位时间内混凝土的供应能力:一般情况下一个单元槽段长度内的全部混凝土,宜在 4 h 内一次浇筑完毕,所以可按 4 h 内混凝土的最大供应量来推算单元槽段的长度。

⑤ 泥浆池(罐)的容积:泥浆池(罐)的容积应不小于每一单元槽段挖土量的二倍,所以该因素亦影响单元槽段的长度。

此外,划分单元槽段时尚应考虑接头的位置,接头应避免设在转角处及地下连续墙与内部结构的连接处,以保证地下连续墙有较好的整体性;单元槽段的划分还与接头形式有关。一般情况下,单元槽段的长度多取 3~8 m,但也有取 10 m 甚至更长的情况。

2)挖槽机械

在地下连续墙施工中,国内外常用的挖槽机械,按工作机理可分为挖斗式、冲击式和回转式三大类,每一类中又有多种形式。目前,我国应用较多的挖槽机械是吊索式蚌式抓斗、导杆式蚌式抓斗(见图 12-6)、多头钻挖槽机(见图 12-7)和冲击式挖槽机。

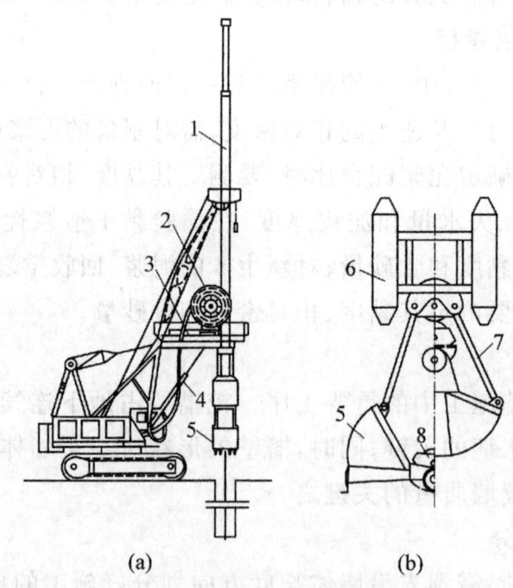

图 12-6 导杆式抓斗设备

(a)导杆液压挖斗成槽机外形;(b)中心提拉式导板抓斗

1—导杆;2—液压管线收线盘;3—作业平台;4—倾斜度调节千斤顶;5—抓斗;6—导板;7—支杆;8—滑轮座

3)挖槽施工

为保证地下连续墙的成槽质量,避免槽壁坍塌,挖槽中应注意以下施工要点。

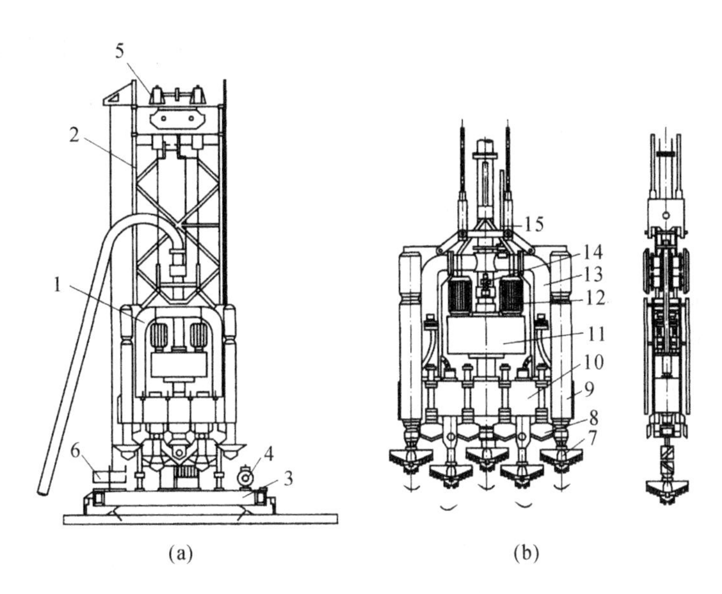

图 12-7 多头钻成槽机

(a)多头钻成槽机外形;(b)多头钻的钻头

1—多头钻;2—机架;3—底盘;4—空气压缩机;5—顶梁;6—电缆收线盘;7—钻头;8—侧刀;9—导板;10—齿轮箱;11—减速箱;12—潜水电机;13—纠偏装置;14—高压进气管;15—泥浆管

① 挖槽前,应制订出切实可行的挖槽方法和施工顺序,并严格执行。挖槽时应加强观测,确保槽位、槽宽和槽壁垂直度符合设计要求。遇有槽壁坍塌事故发生时,应及时分析原因,妥善处理。

② 挖槽过程中,应始终保持槽内充满泥浆,泥浆液面必须高于地下水位 1.0 m 以上,且不低于导墙顶面 0.5 m。泥浆的使用方式,应根据挖槽方式的不同而定。使用抓斗挖槽时,应采用泥浆静止方式,随着挖槽深度的增大,不断向槽内补充新鲜泥浆,使槽壁保持稳定;使用钻头或切削刀具挖槽时,应采用泥浆正循环或反循环的方式,将泥浆送入槽内,并使土渣随泥浆排出槽外。

③ 槽段的终槽深度应符合下列要求:非承重墙的终槽深度必须保证设计深度,同一槽段内,槽底深度必须一致且保持平整;承重墙的槽段深度应根据设计深度要求,参照地质资料等综合确定,同一槽段开挖深度宜一致。遇有特殊情况,应会同设计单位研究处理。

④ 槽段开挖完毕,应检查槽位、槽深、槽宽及槽壁垂直度,合格后应尽快清底及进行其他后续工作。

4. 清底

槽段挖至设计标高后,可用钻机的钻头或超声波等方法测量槽段的断面。若误差超过规定要求则需修槽,修槽的方法可用冲击钻或锁口管并联冲击。对于槽段接头处的混凝土立面亦需进行清理,可采用刷子清刷或用压缩空气压吹的方法。此后就应进行清底,根据需要有时在吊放钢筋笼、浇筑混凝土之前再进行一次清底。

清底的方法一般有沉淀法和置换法两种。沉淀法是在土碴基本都沉淀到槽底之后再进行清底,常用的有砂石吸力泵排泥法,压缩空气升液排泥法,带搅动翼的潜水泥浆泵排泥法等。置换法是在挖槽结束之后,土碴还没有沉淀之前就用新泥浆把槽内的泥浆置换出来,使槽内泥浆的相对密度降低到 1.15 以下。在土木工程施工中,我国多采用置换法进行清底。

清底过程中,应注意保持槽内始终充满泥浆,以维持槽壁的稳定。清底换浆后,应测定槽内泥浆的指标及沉渣厚度,达到设计要求后,方可浇筑混凝土。

5. 钢筋笼的制作与吊放

1) 钢筋笼制作

钢筋笼应根据地下连续墙墙体的配筋图和单元槽段的划分来制作。一般情况下,每个单元槽段的钢筋笼宜制作成一个整体。若地下连续墙很深或受起重能力的限制不便制作成整体时,可分段制作,吊放时再进行连接,钢筋的连接方式采用焊接或机械连接。

制作钢筋笼时应预先确定浇筑混凝土所用导管的位置,由于这部分空间要上下贯通,因此在其周围需增设箍筋和连接筋进行加固。尤其当在单元槽段接头附近预留导管位置时,由于此处钢筋较密集,更需特别加以处理。

钢筋笼的纵向主筋应放在内侧,横向钢筋放在外侧(见图 12-8),以免横向钢筋阻碍导管的插入。纵向钢筋的净距不得小于 100 mm,其底端应距离槽底面 100～200 mm,并应稍向内弯,以防止吊放钢筋笼时擦伤槽壁,但向内弯折的程度亦不应影响混凝土导管的插入。

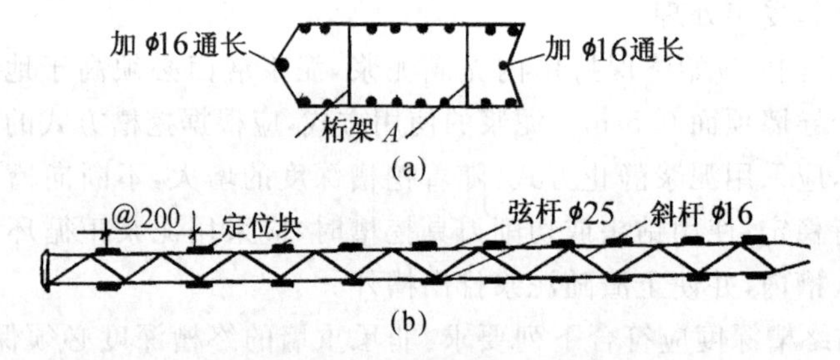

图 12-8 钢筋笼构造示意

(a)横剖面图;(b)纵向桁架的纵剖面图

钢筋笼端部与接头管或混凝土接头面之间应留有 15～20 cm 的空隙。主筋净保护层厚度通常为 7～8 cm,保护层垫块厚 5 cm,在垫块和槽壁之间留有 2～3 cm 的间隙。垫块多采用薄钢板制作,需焊于钢筋笼上。

如钢筋笼上贴有聚苯乙烯泡沫塑料块时,必须固定牢固。若泡沫塑料块在钢筋笼上设置过多,或由于泥浆相对密度过大,则会对钢筋笼产生较大的浮力,使钢筋笼难以插入槽内,此种情况下须对钢筋笼施加配重。若仅在钢筋笼的单侧设置较多的泡沫塑料块时,会对钢筋笼产生偏心浮力,钢筋笼插入槽内时会擦落大量土碴,此时亦应施加配重以使其平衡。

2）钢筋笼吊放

钢筋笼的起吊应使用横吊梁或吊架，吊点的位置和起吊方式要防止起吊时引起钢筋笼变形（见图12-9）。起吊时不能在地面上拖拽钢筋笼，以防造成其下端钢筋弯曲变形。为避免钢筋笼起吊后在空中摆动，应在钢筋笼下端系上曳引绳用人力控制。插入钢筋笼时，务必使吊点中心对准槽段中心，垂直而又准确地插入槽内，然后徐徐下降。此时要注意不能因起重臂的摆动而使钢筋笼产生横向摆动，造成槽壁坍塌。

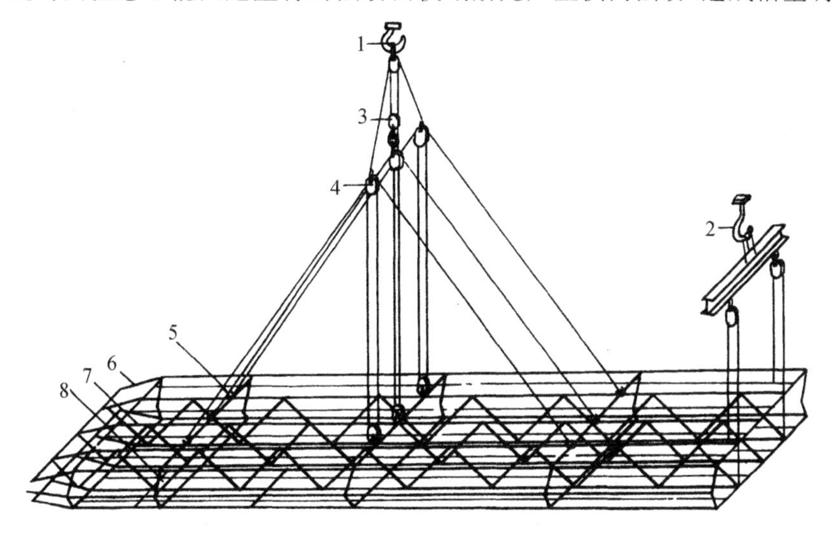

图12-9　钢筋笼的构造与起吊方法

1、2—吊钩；3、4—滑轮；5—卸甲；6—端部向里弯曲；7—纵向桁架；8—横向架立桁架

钢筋笼插入槽内后，应检查其顶端高度是否符合设计要求，然后将其搁置在导墙上。若钢筋笼分段制作，吊放时再接长，下段钢筋笼应垂直悬挂在导墙上，然后将上段钢筋笼垂直吊起，上下两段钢筋笼成直线连接。

若钢筋笼不能顺利插入槽内，应将其吊出，查明原因加以解决。如果需要修槽，则在修槽之后再吊放。不能将钢筋笼强行插放，否则会引起钢筋笼变形或槽壁坍塌，产生大量沉碴，影响地下连续墙的质量。

6. 水下混凝土浇筑

地下连续墙的混凝土是采用导管法进行浇筑。导管的间距取决于导管浇筑的有效半径和混凝土的和易性，可通过计算确定，一般间距为3～4 m。由于单元槽段的端部易渗水，故导管距槽段端部的距离不得超过2 m，以保证混凝土的密实性。导管下口埋入混凝土的深度应控制在2～4 m，埋入太深，容易使混凝土下部沉积过多的粗骨料，而面层聚积较多的砂浆；埋入太浅，则泥浆容易混入混凝土内。但当混凝土浇筑至地下连续墙墙顶附近，导管内混凝土不易流出时，可将导管的埋入深度减为1 m左右，并可将导管适当作上下移动，以促使混凝土流出导管。在混凝土浇筑过程中，导管不能作横向移动，否则会把沉碴和泥浆混入混凝土内。若一个单元槽段内采用两根或两根以上的导管同时进行浇筑时，应使各导管的混凝土面大致处于同一标高处。

在槽段混凝土浇筑过程中,应随时掌握混凝土的浇筑量和上升高度,并宜尽量加快混凝土的浇筑速度。一般情况下,槽内混凝土面的上升速度不宜小于2 m/h,可用测锤量测混凝土面的高程,一般量测三点后取其平均值。

由于混凝土的顶面存在一层与泥浆接触的浮浆层,因此混凝土需超浇300～500 mm高,以便在混凝土硬化后查明强度情况,将设计标高以上的浮浆层用风镐凿去。

12.2 沉井施工

12.2.1 概述

沉井施工法是修筑深基础和地下建(构)筑物的一种施工工艺。施工时先在地面或基坑内制作开口的沉井井身;然后在井身内部分层挖土,随着挖土和土面的降低,沉井借助井体自重或在其他措施协助下克服与土壁间的摩阻力和刃脚反力,不断下沉,直至设计标高;最后进行封底并构筑井内构件,形成一个地下建(构)筑物或其基础。

沉井的类型很多。按施工方法分类,沉井分为一般沉井和浮运沉井;按平面形状分类,沉井有圆形、方形、矩形、椭圆形、端圆形、多边形及多孔井字形等形式;按竖向剖面形状分类,沉井有圆柱形、阶梯形及锥形等形式(见图 12-10),后两种可减少下沉的摩阻力;按制作材料分类,有混凝土沉井、钢筋混凝土沉井、竹筋混凝土沉井和钢沉井,但应用最多的还是钢筋混凝土沉井。

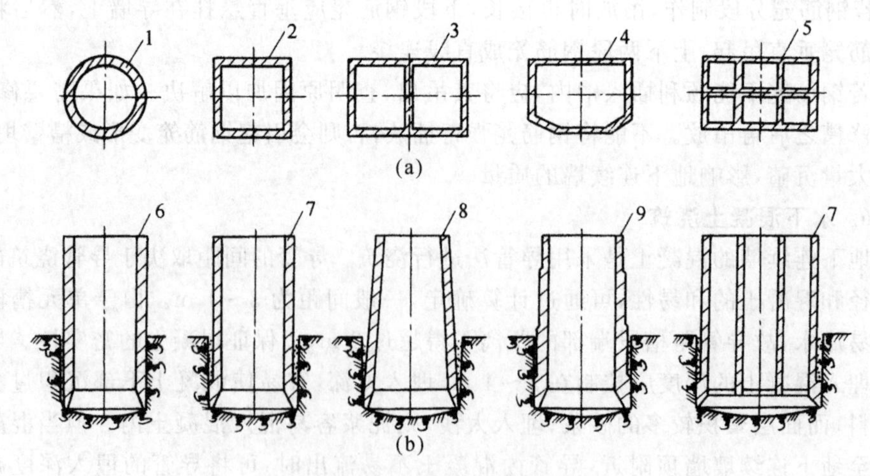

图 12-10 沉井平面及剖面形式

(a)平面形式;(b)竖剖面形式

1—圆形;2—方形;3—矩形;4—多边形;5—多孔形;6—圆柱形;7—圆柱带台阶形;8—圆锥形;9—阶梯形

沉井一般由刃脚、井壁(侧壁)、封底、内隔墙、纵横梁、框架和顶盖板等组成,如图12-11所示。

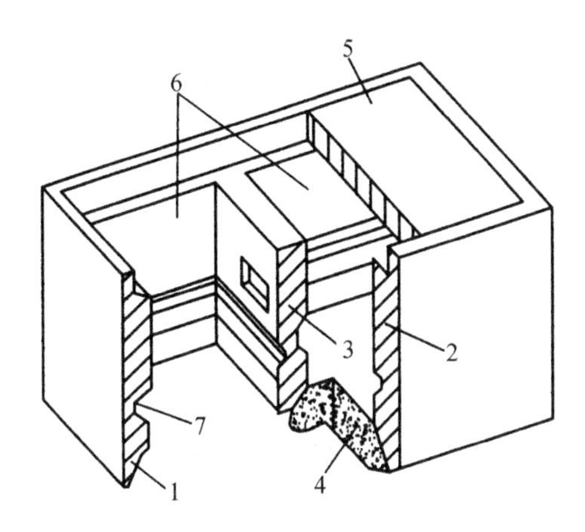

图12-11　沉井构造

1—刃脚;2—井壁;3—内墙;4—封底;5—顶板;6—井孔;7—凹槽

沉井施工工艺的优点是:可在场地狭窄的情况下施工较深的地下工程,最深可达五十余米,且对周围环境影响较小;可在地质、水文条件复杂地区施工;施工不需复杂的机具设备;与大开挖相比,可减少挖、运和回填的土方量。其缺点是:施工工序多,技术要求高,质量控制难度大。

沉井工艺一般适用于工业建筑的深坑、设备基础、水泵房、桥墩、顶管的工作井、深地下室、取水口等工程的施工。

12.2.2 一般沉井施工

沉井施工的一般程序为:平整场地→测量放线→制作沉井→拆除垫架,沉井初沉→边挖土下沉边接高沉井→下沉至设计标高,检验及清基→封底→施工沉井内部结构及辅助设施。其施工要点如下。

1. 平整场地

若天然地面土质较好,只需将地面的杂物清除、整平后,就可在其上制作沉井。若土质松软,应整平夯实或换土夯实。为了减小沉井的下沉深度,也可在基础位置挖一浅坑,在坑底制作沉井,坑底应高出地下水位0.5～1.0 m。一般情况下,应在整平的场地上铺设不小于0.5 m厚的砂或砂砾层。

2. 沉井的制作

1) 刃脚支设

沉井下部为刃脚,其支设方式取决于沉井重量、施工荷载和地基承载力。常用的方法有垫架法、砖砌垫座法和土胎模法。在软弱地基上浇筑较重的沉井,常用垫架法,如图12-12(a)所示。垫架的作用是:将上部沉井重量均匀传给地基,使沉井井身浇筑过程中不会产生过大的不均匀沉降,以免刃脚和井身产生裂缝而破坏;保持井身垂直;便于拆除模板和支撑。采用垫架法施工时,应计算井身的一次浇筑高度,使其不超过地耐力,垫架下的砂垫层厚度亦需经计算确定。直径或边长不超过 8 m 的较小沉井,土质较好时可采用砖垫座,如图 12-12(b)所示。砖垫座沿周长分成 6～8 段,中间留 20 mm 的空隙,以便拆除,砖垫座内壁用水泥砂浆抹面。对重量轻的小型沉井,土质较好时,也可用土胎模,如图 12-12(c)所示。土胎模内壁亦需用水泥砂浆抹面。

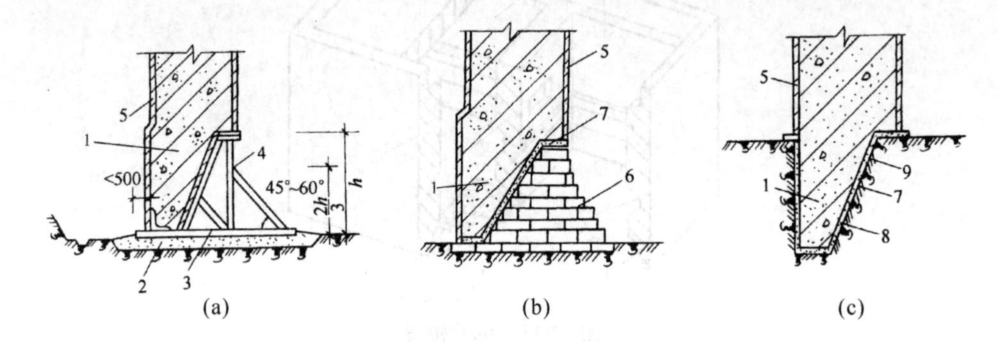

图 12-12　沉井刃脚支设

(a)垫架法;(b)砖垫座法;(c)土胎模法

1—刃脚;2—砂垫层;3—枕木;4—垫架;5—模板;6—砖垫座;7—水泥砂浆抹面;8—刷隔离层;9—土胎模

2) 井壁制作

沉井施工有下列几种方式:一次制作、一次下沉;分节制作、一次下沉;分节制作、分节下沉。一般中小型沉井,高度不大,地基很好或经加固后可获得较大地基承载力时,最好采用一次制作、一次下沉方式,沉井的高度在 10 m 内为宜。分节制作、一次下沉的方式对地基条件要求较高,采用该方式时分节制作高度不宜大于沉井短边或直径,总高度超过 12 m 时,需有可靠的计算依据并采取确保稳定的措施。如沉井过高,下沉时易倾斜,宜分节制作、分节下沉。分节制作的高度,应保证其稳定性并能使其顺利下沉。分节下沉的沉井接高前,应进行稳定性计算,如不符合要求,可根据计算结果采取井内留土、填砂(土)、灌水等稳定措施。

制作井壁的模板应有较大的刚度,以免发生挠曲变形。外模板应平滑,以利沉井下沉。分节制作时,水平接缝需做成凸凹型,以利防水。

沉井浇筑混凝土时宜沿其周围对称、均匀地分层浇筑,每层厚度不超过300 mm,避免造成不均匀沉降使沉井倾斜。每节沉井应一次连续浇筑完成。下节沉井的混凝土强度达到 70%后才允许浇筑上节沉井的混凝土。

3. 沉井下沉

沉井下沉前应进行混凝土强度检查、外观检查。并根据规范要求,对各种形式的沉井进行施工阶段的结构强度计算、下沉验算和抗浮验算。

1) 垫架、垫座拆除

大型沉井应待混凝土达到设计强度的 100%始可拆除垫架或砖垫座。拆除时应分组、依次、对称、同步地进行。每抽出一根垫架枕木,刃脚下应立即用砂填实。拆除时应加强观测，注意沉井下沉是否均匀。

2）井壁孔洞处理

沉井壁上有时留有与地下通道、地沟、进水口、管道等连接的孔洞，为避免沉井下沉时地下水和泥土从孔洞涌入，也为避免沉井各处重量不均使重心偏移，而造成沉井下沉时倾斜，所以在下沉前必须进行处理。对较大孔洞，在制作沉井时可预埋钢框、螺栓，用钢板、方木封闭，孔中充填与混凝土重量相等的砂石或铁块配重；对进水窗则采取一次做好，内侧用钢板封闭。沉井封底后再拆除封闭钢板、方木等。

3）沉井下沉施工方法

沉井下沉有排水下沉和不排水下沉两种方案。一般应采用排水下沉。当土质条件较差，有可能发生涌土、涌砂、冒水或沉井产生位移、倾斜时，以及沉井终沉阶段下沉较快有超沉可能时，才向沉井内灌水，采用不排水下沉。排水下沉常用的排水方法有：明沟、集水井排水，井点降水及井点与明沟排水相结合。

（1）排水下沉

排水下沉时常用的挖土方法有：人工或用风动工具挖土；在沉井内用小型反铲挖土机挖土；在地面用抓斗挖土机挖土。

挖土应分层、均匀、对称地进行，使沉井能均匀竖直下沉。对普通土层，可从沉井中间开始逐渐挖向四周，每层挖土厚0.4～0.5 m，沿刃脚周围保留0.5～1.5 m土堤，然后再沿沉井井壁，每2～3 m一段向刃脚方向逐层全面、对称、均匀地削薄土层，每次削5～10 cm，当土层经不住刃脚的挤压而破裂时，沉井便在自重作用下均匀垂直地挤土下沉，不致产生过大倾斜，该挖土方法如图12-13所示。有底架、隔墙分格的沉井，各孔挖土面高差不宜超过1 m。如沉井下沉较困难，应事先根据情况采用减阻措施，使沉井连续下沉，避免长时间停歇。井孔中间宜保留适当高度的土体，不得将中间部分开挖过深。

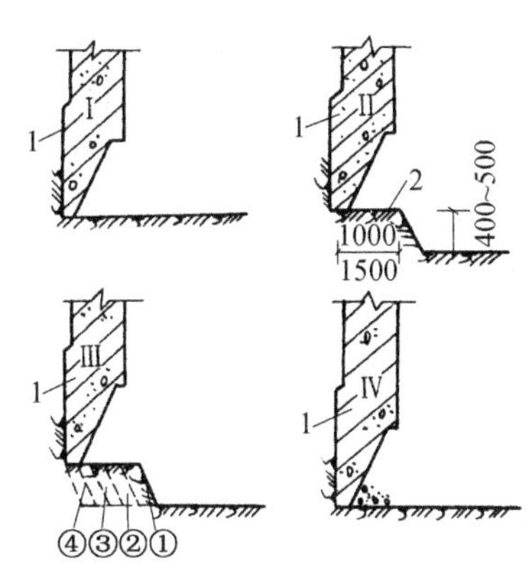

图12-13　普通土层中下沉开挖方法

1—沉井刃脚；2—土堤；①②③④—削坡次序

在沉井下沉过程中，如井壁外侧土体发生塌陷，应及时采取回填措施，以减少对周围环境的影响。沉井下沉过程中，每8 h至少测量2次。当下沉速度较快时，应加强观测，如发现偏斜、位移时，应及时纠正。

（2）不排水下沉

不排水下沉方法有：用抓斗在水中取土，用水力吸泥机或空气吸泥机抽吸水中泥土等，如土质较硬，水力吸泥机需配制水力冲射器将土冲松。由于吸泥机是将水和土一起吸出井外，故需经常向沉井内注水，保持井内水位高出井外水位1～2 m，以免发生涌土和流砂现象。

4. 接高沉井

第一节沉井下沉至距地面高度1～2 m时，应停止挖土，接筑第二节沉井。接筑前应使第一节沉井位置垂直并将其顶面凿毛，然后支模浇筑混凝土。待混凝土强度达到设计要求后再拆模，继续挖土下沉。

5. 测量控制

沉井平面位置和标高的控制是在沉井外部地面及井壁顶部四周设置纵横十字中心线、水准基点进行控制。沉井垂直度的控制是在井筒内按4或8等分标出垂直轴线，用吊线坠对准下部标板进行控制，并随时用两台经纬仪在井筒外进行垂直度观测。沉井下沉的控制，是在井筒壁周围弹水平线，或在井外壁两侧用白或红油漆画出标尺，用水平尺或水准仪来观测沉降。

6. 地基检验和处理

沉井沉到设计标高后，应进行基底检验。检验内容为地基土质和平整度，并对地基进行必要的处理。如果是排水下沉的沉井，可直接进行检验。当地基为砂土或黏土时，可在其上铺一层砾石或碎石至刃脚底面以上200 mm；地基为风化岩石时，应将风化岩层凿除。在不排水下沉的情况下，可由潜水工进行基底检验，人工清基或用水枪和吸泥机清基。总之应将井底浮土及软土清除干净，并使地基尽量平整，以保证地基与封底混凝土、沉井的结合紧密。

7. 沉井封底

地基经检验和处理符合要求后，应立即进行沉井封底。

1）排水封底(干封底)

排水封底时应保持地下水位低于基底面0.5 m以下。封底一般先浇一层厚约0.5～1.5 m的素混凝土垫层，在刃脚下填筑、振捣密实，以保证沉井的最后稳定。垫层达到50%设计强度后，在其上绑钢筋，钢筋两端应伸入刃脚或凹槽内，再浇筑上层底板混凝土。封底混凝土与井壁老混凝土的接触面应冲刷干净；浇筑工作应分层进行，每层厚30～50 cm，由四周向中央推进，并应振捣密实；当井内有隔墙时，应前后左右对称地逐孔浇筑。混凝土采用自然养护，养护期间应继续排水。待底板混凝土强度达到70%并经抗浮验算后，对集水井逐个停止抽水，逐个封堵。

2）不排水封底(水下封底)

不排水封底时，井底清基过程中应将新老混凝土接触面用水枪冲刷干净，并抛毛石，铺碎石垫层。封底水下混凝土采用导管法浇筑，若浇筑面积大，可用多根导管，以先周围后中间、先低后高的顺序进行浇筑。待水下封底混凝土达到所需强度后(一般养护7～14 d)，方可抽干沉井内的水，并检查封底情况，进行检漏补修，然后按排水封底的方法施工上部钢筋混凝土底板。

12.2.3 沉井的辅助下沉方法

若沉井在下沉过程中不能克服井壁的摩阻力而造成下沉困难，则应采取相应的辅助减阻措施，使其顺利下沉。常用的辅助下沉方法有以下几种。

1. 射水下沉法

射水下沉法是用预先安设在沉井外壁的水枪，借助高压水冲刷土层，使沉井下沉，如图12-14(a)所示。该方法适用于在砂土层、砂砾石层、砂卵石层中下沉，不适用于在黏土中下沉沉井。

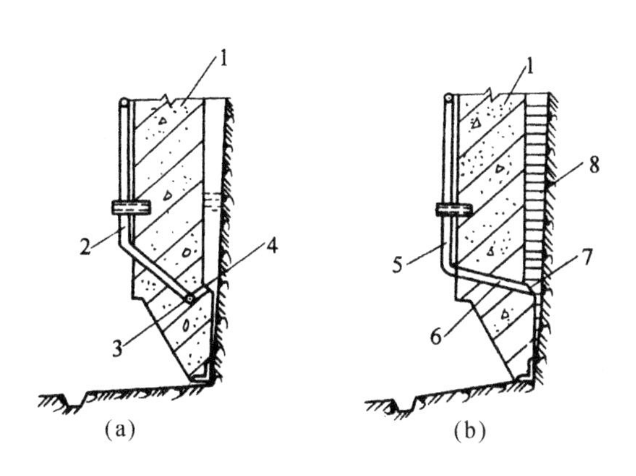

图12-14 沉井的辅助下沉方法

(a)预埋冲刷管；(b)触变泥浆护壁

1—沉井壁；2—高压水管；3—环形水管；4—出口；5—压浆管；6—橡胶皮一圈；7—压浆孔；8—触变泥浆护壁

2. 泥浆润滑套(触变泥浆护壁)下沉法

泥浆润滑套是把配置好的触变泥浆灌注在沉井井壁周围，形成井壁与泥浆接触。由于泥浆对沉井井壁起到润滑作用，因而大大降低了下沉中的摩阻力(其与井壁的摩阻力仅为3～5 kPa，而一般黏性土对井壁摩阻力为25～55 kPa，砂性土为12～25 kPa)。这种方法不但可提高沉井下沉的速度和深度，而且具有可避免井壁坍塌，施工中沉井外围地基稳定性好等优点。

采用该方法时沉井外壁需制成宽度为10～20 cm的台阶作为泥浆槽，泥浆通过预埋在井壁体内或设在井内的垂直压浆管压入，如图12-14(b)所示。为了防止漏浆，在刃脚台阶上宜钉一层2 mm厚的橡胶皮，同时在挖土时注意不使刃脚底部脱空。在沉井周围的地表需埋设地表围圈，即保护泥浆的围壁，围圈的高度一般为1.5～2.5 m，顶面高出地面约0.5 m。围圈的作用是：沉井下沉时防止土壁坍落；保持一定数量的泥浆储存量；通过泥浆在围圈内的流动，调整各压浆管出浆的不均衡。

选用的泥浆配合比应使泥浆具有良好的固壁性、触变性和胶体稳定性。在沉井下沉过程中应不断补浆，并注意观测，发现倾斜、漏浆等问题应及时纠正。

沉井下沉到设计标高后，若基底为一般土质，因井壁摩阻力很小，会造成边清基边下沉的现象，为此应按设计要求对泥浆套进行处理。一般是将水泥浆、水泥砂浆或其他材料从泥浆套底部压入，置换出触变泥浆。水泥浆、水泥砂浆等凝固后，沉井即可稳定。

3. 壁后压气下沉法

壁后压气下沉法也是减少下沉时井壁摩阻力的有效方法。该方法是在井壁周围预埋压气管,从压气管中喷射高压气流,气流沿喷气孔射出再沿沉井外壁上升,形成一圈空气层(又称空气幕),使井壁周围的土松动,减少井壁摩阻力,促使沉井顺利下沉。

压气管沿井壁外缘分层设置,每层的水平环管可按四角分为四个区,以便分别压气调整沉井倾斜。压气沉井所需的气压可取静水压力的 2.5 倍。

与泥浆润滑套相比,壁后压气沉井法在停气后即可恢复土对井壁的摩阻力,下沉量易于控制,且所需施工设备简单,可以水下施工,经济效果好。它适用于在细、粉砂类土和黏性土中沉井的施工。

12.2.4 水中沉井施工

1. 筑岛法

当水流速度不大,水深在 3～4 m 以内时,可采用水中筑岛的方法进行沉井的施工,如图 12-15 所示。其施工方法与一般沉井的施工方法基本一样。筑岛所用材料一般为砂或砾石,周围用草袋围护〔见图 12-15(a)〕,如水深较大可作围堰防护〔见图 12-15(b)〕。岛面应比沉井周围宽出 2 m 以上,作为护道,高度应比施工最高水位高出0.5 m以上。若筑岛的压缩值较大,可采用钢板围堰筑岛〔见图 12-15(c)〕。

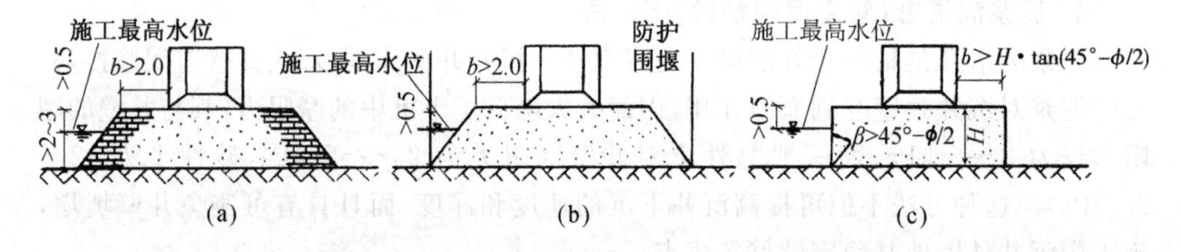

图 12-15 水中筑岛法沉井施工(单位:m)

2. 浮运沉井法

当水深较大,如超过 10 m 时,采用筑岛法施工沉井就很不经济,且施工困难,此时可改用浮运法施工沉井。首先在岸边制作沉井,沉井井壁可做成空体形式;再利用在岸边铺成的滑道将沉井滑入水中(见图 12-16),并使沉井悬浮于水中;然后用绳索将其牵引到设计墩位。也可在船坞内制作沉井,并用浮船将其定位和吊放下沉。

沉井就位后,用水或混凝土灌入空体,使沉井徐徐下沉至河底。或依靠在悬浮状态下接高沉井及填充混凝土使其逐步下沉。施工中的每道工序均需保证沉井具有足够的稳定性。沉井的刃脚切入河床一定深度后,即可按一般沉井的下沉方法施工。

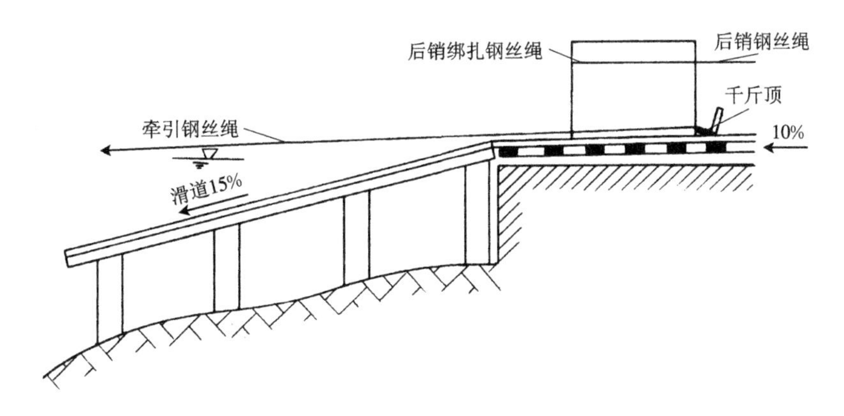

图 12-16　浮运沉井下水

12.3 隧道盾构法施工

12.3.1 概述

盾构法是在软土地层中修建隧道的一种施工方法。它是以盾构设备在地下掘进，边稳定开挖面边在盾构内安全地进行开挖作业和衬砌作业，从而构筑隧道的施工方法，即盾构法施工是由稳定开挖面、盾构机挖掘和衬砌三大要素组成。它适用于各类软土地层和软岩地层的隧道施工，尤其适用于城市地下铁道和水底隧道的施工。

盾构法施工具有如下突出的优点：

① 可在盾构设备的掩护下安全地进行土层的开挖与衬砌的支护工作；

② 除竖井外，施工作业均在地下进行，施工时不影响地面交通；

③ 施工中的振动和噪音小，对周围环境几乎没有干扰；

④ 由于不降低地下水，可控制地表沉降，减少对地下管线及地面建筑物的影响；

⑤ 进行水底隧道施工时，可不影响航道通航；

⑥ 施工自动化程度高、速度快，且不受风雨等气候条件的影响，有较高的技术经济优越性。

盾构法隧道施工概貌如图 12-17 所示。

12.3.2 盾构的基本构造

盾构设备由盾壳、推进系统、正面支撑系统、衬砌拼装系统、液压系统、操作系统和盾尾装置等组成，如图 12-18 所示。

12.3.3 盾构机械的分类与适用范围

盾构机械的类型很多，从不同的角度有不同的分类。

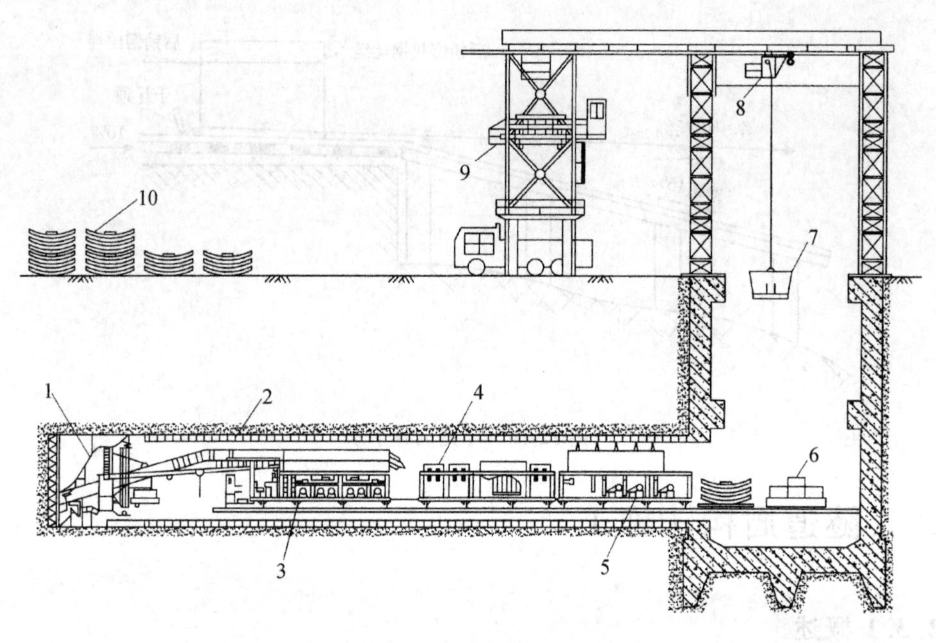

图 12-17　盾构法隧道施工概貌

1—盾构；2—衬砌环；3—液压泵站；4—配电柜；5—辅助设备；
6—电瓶车；7—装土箱；8—行车；9—出土架；10—管片

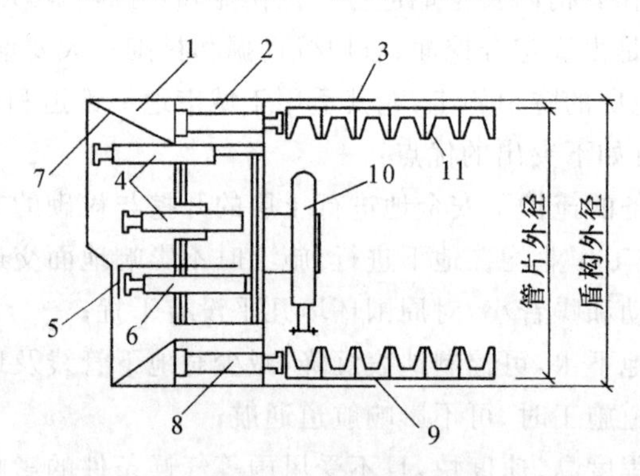

图 12-18　盾构构造

1—切口环；2—支承环；3—盾尾；4—支撑千斤顶；5—活动平台；6—活动平台千斤顶；
7—切口；8—盾构推进千斤顶；9—盾尾间隙；10—管片拼装器；11—管片

根据开挖工作面的支护和防护方式，一般可分为全面开放型、部分开放型、密封型及全断面隧道掘进机四大类。全面开放型盾构按其开挖的方法又可分为人工挖掘式、半机械挖掘式和机械挖掘式三种；部分开放型盾构又称为挤压式盾构；密封型盾构根据支护工作面的原理和方法又可分为局部气压式、土压平衡式、泥水加压式和混合式等几种。

按盾构断面形状可分为圆形、拱形、矩形和马蹄形四种，其中圆形又有单圆、双圆等。

按盾构前部的构造可分为敞胸式和闭胸式两种。

按排除地下水与稳定开挖面的方式可分为人工井点降水、泥水加压、土压平衡式的无气压盾构、局部气压盾构、全气压盾构等。

在沿海软土地区进行隧道工程施工常用的盾构设备有泥水加压式和土压平衡式两类。

1. 泥水加压盾构

泥水加压盾构就是在机械式盾构大刀盘的后面设置一道隔板，隔板与大刀盘之间作为泥水室，在开挖面和泥水室中充满加压的泥水，通过其压力保持机构的加压作用，保证开挖面土体的稳定。盾构推进时开挖下来的土体进入泥水室，由搅拌装置进行搅拌，搅拌后的高浓度泥水由流体输送系统送出地面。然后把送出的浓泥水进行水土分离，并把分离后的泥水再送入泥水室，不断地循环使用。泥水加压盾构的构造如图 12-19 所示，其全部作业过程均由中央控制台综合管理，可实现施工自动化。

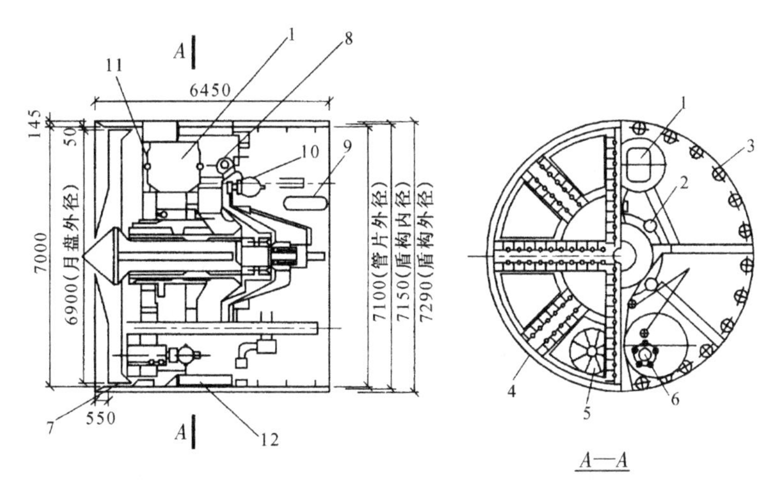

图 12-19　泥水加压式盾构

1—气闸；2—刀盘滑道千斤顶；3—盾构千斤顶；4—刀头；5—搅拌器叶片；6—搅拌器；7—刀盘滑道；8—刀盘旋转千斤顶；9—送泥水口；10—刀盘油马达；11—泥水室；12—排泥水口

2. 土压平衡盾构

土压平衡盾构又称削土密闭式或泥土加压式盾构。这类盾构的前端有一个全断面切削刀盘，盾构的中心或下部有长筒形螺旋运输机的进土口，其出土口则在密封舱外。所谓土压平衡，就是用刀盘切削下来的土，如同用压缩空气或泥水一样充满整个密封舱，并保持一定压力来平衡开挖面的土压力。螺旋运输机的出土量(用其转速控制)要密切配合刀盘的切削速度，以保持密封舱内始终充满泥土，而又不致过于饱满。土压平衡盾构的构造如图 12-20 所示，它适用于变形大的淤泥、软弱黏土、黏土、粉质黏土、粉砂、粉细砂等土层。

12.3.4 盾构法施工

盾构法施工的主要程序为：盾构竖井的修建→盾构设备的拼装及附属设施的准

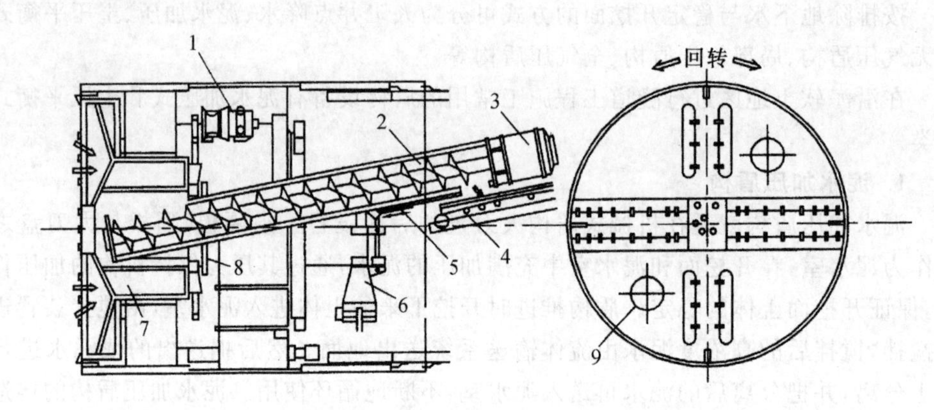

图 12-20 土压平衡式盾构

1—刀盘油马达；2—螺旋运输机；3—螺旋运输机油马达；4—皮带运输机；
5—闸门千斤顶；6—管片拼装器；7—刀盘支架；8—隔板；9—紧急出入口

备→盾构的开挖与推进→隧道衬砌的拼装→衬砌壁后压浆。

1. 盾构施工的准备工作

盾构施工的准备工作主要有：盾构竖井的修建，盾构设备的拼装与检查，盾构施工附属设施的准备。

由于盾构施工是在地面或河床以下一定深度内进行暗挖施工，因而在盾构起始位置上要修建竖井以进行盾构的拼装，称为盾构拼装井；在盾构施工的终点位置还需拆卸盾构并将其吊出，也要修建竖井，称为盾构到达井或盾构拆卸井。此外，长隧道中段或隧道弯道半径较小的位置还应修建盾构中间井，以便进行盾构的检查、维修和盾构的转向。

盾构设备的拼装一般在拼装井底部的拼装台上进行，小型盾构也可在地面拼装好以后整体吊入井内。拼装必须遵照盾构安装说明书进行，拼装完毕的盾构，应进行外观检查、主要尺寸检查、液压设备检查、无负荷运转试验检查、电器绝缘性能检查、焊接检查等，检查合格后方可投入使用。

盾构施工所需的附属设备随盾构类型、地质条件、隧道条件不同而异。一般来说，盾构施工设备分为洞内设备和洞外设备两部分。洞内设备是指除盾构以外从竖井井底到开挖面之间所安装的设备，它包括排水设备、装渣设备、运输设备、背后压浆设备、通风设备、衬砌设备、电器设备、工作平台设备等。洞外设备包括低压空气设备、高压空气设备、土渣运输设备、电力设备、通讯联络设备等。

2. 盾构的开挖与推进

1) 盾构的开挖

盾构的开挖分敞胸(口)式开挖、挤压式开挖和闭胸切削式开挖三种方式。无论采取什么开挖方式，在盾构开挖之前，必须确保在出发竖井盾构的进口封门拆除后，地层暴露面的稳定性，必要时应对竖井周围和进出口区域的地层预先进行加固。

(1) 敞胸式开挖

敞胸式开挖必须在开挖面能够自行稳定的条件下进行,属于这种开挖方法的盾构有人工挖掘式、半机械化挖掘式等。在进行敞胸式开挖的过程中,原则上是将盾构切口环与活动的前檐固定连接,伸缩工作平台插入开挖面内,插入深度取决于土层的自稳性和软硬程度,使开挖工作自始至终都在切口环的保护下进行。然后从上而下分部开挖,每开挖一块便立即用千斤顶进行支护。支护能力应能防止开挖面的松动,且在盾构推进过程中这种支护也不能松懈与拆除,直到推进完成进行下一次开挖为止。

(2) 挤压式开挖

挤压式开挖属闭胸式盾构开挖方式之一,当闭胸式盾构胸板上不开口时称为全挤压式,胸板上开口时称部分挤压式。挤压式开挖适合于流动性大而又极软的黏土层或淤泥层。

全挤压式开挖是依靠盾构千斤顶的推力将盾构切口推入土层中,使盾构四周一定范围内的土体被挤压密实,而不从盾构内出土。此种情况下由于只有上部有自由面,所以大部分土体被挤向地表面,部分土体则被挤向盾尾及盾构下部。因此,盾尾处的砌筑空隙可以自然得到充填,而不需要或仅需少量进行衬砌壁后注浆。

部分挤压式开挖又称局部挤压式开挖。它与全挤压式开挖的不同之处是:由于胸板上有开口,当盾构向前推进时,一部分土体就从此开口进入隧道内,被运输机械运走;其余大部分土体都被挤向盾构的上方和四周。其开挖作业是通过调整胸板的开口率与开口位置和千斤顶的推力来进行的。

(3) 密闭切削式开挖

密闭切削式开挖也属于闭胸式开挖方式之一,这类闭胸式盾构有泥水加压盾构和土压平衡盾构。密闭切削式开挖主要依靠安装在盾构前端的大刀盘的转动在隧道全断面连续切削土体,形成开挖面。其刀盘在不转动切土时可正面支护开挖面而防止坍塌。密闭切削开挖适合自稳性较差的土层,其开挖速度快,机械化程度高。

2) 盾构的推进和纠偏

在盾构进入地层后,随着工作面的不断开挖和千斤顶的推力,盾构也不断向前推进。在盾构推进过程中,应保证其中心线与隧道设计中心线相一致。但实际工程中,很多因素将导致盾构偏离隧道中心线,如由于土层不均匀、地层中有孤石等障碍物而造成开挖面四周阻力不一致,盾构千斤顶的顶力不一致,盾构重心偏于一侧,闭胸挤压式盾构上浮,盾构下部土体流失过多造成盾构叩头下沉等,这些因素将使盾构轨迹变成蛇行。为了把偏差控制在规定范围内,在盾构推进过程中要随时测量,了解偏差产生的原因,并及时纠偏。纠偏的措施通常有以下几方面。

(1) 千斤顶工作组合的调整

一个盾构四周均匀分布有几十个千斤顶,以推进盾构。一般应对这几十个千斤顶分组编号,进行工作组合。每次推进后应测量盾构的位置,并根据每次纠偏量的要求,决定下次推进时启动哪些编号的千斤顶,停开哪些编号的千斤顶,进行纠偏。停开的千斤顶要尽量少,以利提高推进速度,减少液压设备的损坏。

(2) 盾构纵坡的控制

盾构推进时的纵坡和曲线也是依靠调整千斤顶的工作组合来控制的。一般要求每次推进结束时,盾构纵坡应尽量接近隧道纵坡。

(3) 开挖面阻力的调整

人为地调整开挖面阻力也能纠偏。调整方法与盾构开挖方式有关:敞胸式开挖可用超挖或欠挖来调整;挤压式开挖可用调整进土孔位置及胸板开口大小来调整;密闭切削式开挖是通过切削刀盘上的超挖刀或伸出盾构外壳的翼状阻力板来改变推进阻力,进行纠偏的。

(4) 盾构自转的控制

盾构施工中还会出现绕其本身轴线旋转的现象。控制盾构自转一般采用在盾构旋转的反方向一侧增加配重的方法进行,压重的数量根据盾构大小及要求纠正的速度,可以从几十吨到上百吨。此外,还可以通过安装在盾壳外的水平阻力板和稳定器来控制盾构自转。

3. 隧道衬砌的拼装

隧道衬砌的作用是:在盾构推进中衬砌作为千斤顶的后背,承受顶力;掘进施工中作为隧道支撑;盾构施工结束后作为永久性承载结构。

软土地层盾构施工的隧道衬砌,通常采用预制拼装的形式。对于防护要求较高的隧道,有时也采用整体浇注混凝土,但整体浇注衬砌施工复杂,进度较慢,目前已逐渐被复合式衬砌取代。复合式衬砌是在隧道成洞阶段先采用较薄的预制衬砌,然后再浇筑混凝土内衬,以满足结构要求。

预制拼装式衬砌是由称为"管片"的多块弧形预制构件拼装而成的。管片可采用铸铁、铸钢、钢筋混凝土等材料制成,其形状有矩形、梯形和中缺形等。

管片拼装的方法根据结构受力要求,分为通缝拼装和错缝拼装两种。通缝拼装〔见图 12-21(a)〕,即管片的纵缝环环对齐,拼装较为方便,容易定位,衬砌环施工应力小。其缺点是环面不平整的误差容易造成误差累积,尤其当采用较厚的现浇防水

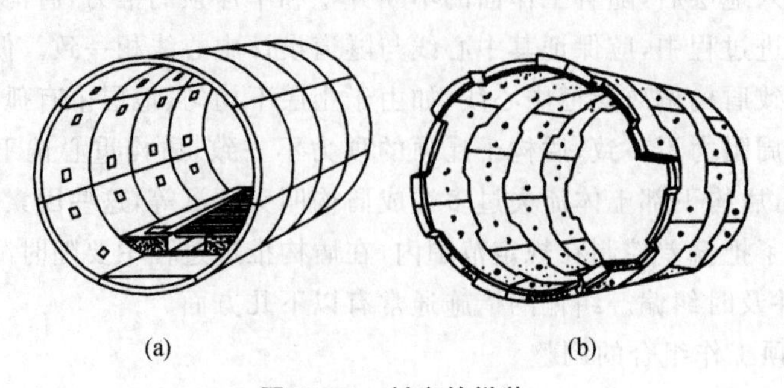

图 12-21　衬砌的拼装

(a)矩形管片通缝拼装 (b)中缺形管片错缝拼装

材料时，更是如此。若结构设计中需要利用衬砌本身来传递圆环内力时，则宜选用错缝拼装，即衬砌圆环的纵缝在相邻圆环间错开1/3～1/2管片〔见图12-21(b)〕。错缝拼装的隧道比通缝拼装的隧道整体性好，但由于环面不平整，易引起较大的施工应力，若防水材料压密不够则易出现渗漏现象。

管片拼装常采用举重臂来进行。举重臂可以根据拼装要求进行旋转、径向伸缩、纵向移动等动作，迅速、方便地完成衬砌拼装作业，有的还装有可以微动调节的装置。

4. 衬砌防水

隧道衬砌除应满足结构强度和刚度要求外，还应解决好防水问题，以保证隧道在运营期间有良好的工作环境。否则会因为衬砌漏水而导致结构破坏、设备锈蚀、照明减弱，危害行车安全和影响外观。此外，在盾构施工期间也应防止泥、水从衬砌接缝中流入隧道，引起隧道不均匀沉降和横向变形而造成事故。

隧道衬砌的防水，主要是解决管片本身的防水和管片接缝的防水问题。管片本身防水主要是保证管片混凝土满足抗渗要求和管片制作满足精度要求。管片接缝防水措施主要有密封垫防水、嵌缝防水、螺栓孔防水、二次衬砌防水等。密封垫防水是接缝防水的主要措施，一般采用弹性密封垫，即通过对接缝处弹性密封垫的挤压密实来实现防水。嵌缝防水常作为密封垫防水的补充措施，该方法是在管片的内侧设置嵌缝槽，用止水材料在槽内填嵌密实来达到防水的目的。若管片拼装精度较差或密封垫失效，在这些部位上的螺栓孔处会发生漏水现象，就必须对螺栓孔进行专门的防水处理。目前普遍采用环形密封垫圈，靠拧紧螺栓时的挤压作用使其充填到螺栓孔间来起到止水作用。二次衬砌防水是指：若以拼装管片作为单层衬砌，其接缝防水仍不能满足要求时，可在管片内侧再浇筑或喷射一层细石混凝土或钢筋混凝土，构成双层衬砌，以使隧道满足防水要求。

5. 壁后压浆

在盾构隧道施工过程中，为防止隧道周围土体变形，造成地表沉降，必须及时将盾尾处衬砌背后与周围土体之间的空隙，进行压浆充填。压浆还可以改善隧道衬砌的受力状态，增强衬砌的防水效能，因此壁后压浆是盾构施工的关键工序。

压浆可采用设置在盾构外壳上的注浆管随盾构推进同步注浆，也可由管片上的预留注浆孔进行压浆。压浆方法分为二次压浆法和一次压浆法两种。二次压浆是指：盾构推进一环后，立即用风动压浆机通过衬砌管片上的压浆孔，向衬砌背后压入粒径为3～5 mm的石英砂或卵石，以防止地层坍塌；继续推进5～8环后，进行二次压浆，注入以水泥为主要胶结材料的浆体，充填到豆粒砂的孔隙内，使之固结。一次压浆法是在地层条件差，盾尾空隙一出现就会发生坍塌的情况下所采用，即随着盾尾空隙的出现，立即压注水泥砂浆，并保持一定压力。这种工艺对盾尾密封装置要求较高，容易造成盾尾漏浆，须准备采取有效的堵漏措施。此外，每相隔30 m左右还需进行一次额外的控制压浆，压力可达1.0 MPa，以便强力充填衬砌背后遗留下来的空隙。若发现明显的地表沉陷或隧道严重渗漏时，局部还需进行补充压浆。

压浆时要左右对称，从下向上逐步进行，并尽量避免单点超压注浆，而且在衬砌背后空隙未被完全充填之前，不允许中途停止工作。在压浆时，位于正在压浆孔眼上方的压浆孔可作为排气孔，其余的压浆孔均需用塞子堵严，且一个孔眼的压浆工作一直要进行到上方压浆孔中出现灰浆为止。

12.4 地下管道顶管法施工

12.4.1 顶管法概述

地下管道是各种建筑物、市政建设中不可缺少的组成部分，如给水、排水、热力、燃气管道以及输送其他各种流体的管道。地下管道的铺设按其施工方法可分为开槽铺设、不开槽铺设和水下铺设。对于穿越铁路、公路、河流、建筑物等障碍物的管道铺设，或在城市交通繁忙区段的地下管道铺设，不便开槽施工，常采用不开槽的顶管法施工，以保证铁路、公路及城市交通道路的正常使用。

顶管法又称顶进法，其施工的主要内容是：先在管道设计线路上修筑一定数量的工作井；然后将预制好的管道安放于井内导轨上，并利用支承于井内后座墙上的液压千斤顶，将管道分节逐渐顶入土层中去；同时，将管道工作面前的泥土在管内开挖、运输，并通过工作井运出地面。顶管法施工过程如图 12-22 所示。

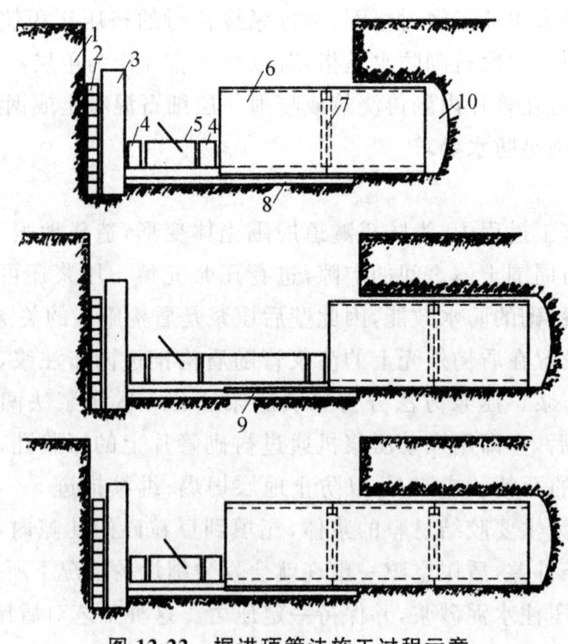

图 12-22 掘进顶管法施工过程示意

1—后坐墙；2—后背；3—立铁；4—顶铁；5—千斤顶；
6—工程管；7—内胀圈；8—基础；9—导轨；10—掘进工作面

根据管道顶进方式的不同，顶管施工可分为掘进顶管法和挤压顶管法。掘进顶管法按掘土方式又分为人工掘进顶管和机械掘进顶管；挤压顶管法又分为不出土挤压顶管和出土挤压顶管。顶管法施工方法的选择，应根据管道所处土层性质、管径大小、地下水位、附近地上地下建筑物和构筑物的情况等因素，经技术经济比较后确定。一般情况下，在黏性土或砂性土层，且无地下水影响时，宜采用人工掘进或机械掘进式顶管法；当土质为砂砾土时，可采用具有支撑的工具管或注浆加固土层的措施防止土体坍塌，但其顶进较困难；在软土层且无障碍物的条件下，管道上面的土层又较厚时，宜采用挤压式顶管法。

按照所顶工程管口径的大小，可分为大口径、中口径、小口径和微型顶管四种：大口径多指2000 mm以上的顶管，最大口径可达5000 mm，比小型盾构还大；中口径是指1200～1800 mm的顶管，在顶管中占大多数；小口径是指500～1000 mm的顶管；微型顶管的口径通常在400 mm以下，最小的只有75 mm，这种口径的管道一般都埋置较浅。

12.4.2 顶管法的基本设备构成

顶管法施工的主要设备包括顶进设备、工具管、工程管及吸泥设备。

1. 顶进设备

顶进设备主要包括后座、千斤顶、顶铁和导轨等，它们在工作坑内的布置如图12-22所示。

后座由后座墙、后背和立铁共同构成，它们是千斤顶后座力的主要支承结构。后座墙一般可利用工作井后方的土井壁，但必须有一定厚度，其土质宜为黏土、粉质黏土。当管顶上土层为2～4 m的浅覆土时，土质后座墙的长度一般需要4～7 m。无法建立土质后座墙时可修建人工后座墙。后背的作用是减小后座力对后座墙单位面积的压力，常采用方木后背和钢板桩后背，后者适用于软弱土层。立铁直接承受千斤顶的后座力，并将其传给后背。

千斤顶是顶进设备的核心。其有多种顶力规格，常采用行程为1.1 m、顶力为400 t的组合布置方式，即对称布置四只千斤顶，最大顶力可达1600 t。

顶铁是为了弥补千斤顶行程不足而设置的。顶铁的厚度一般小于千斤顶行程，形状为U型，以便于人员进出管道。也有其他形状的顶铁，其主要起扩散顶力的作用。

导轨在顶管时起导向作用，即引导管子按设计的中心线和坡度顶入土中，保证管子在顶入前位置的正确。导轨在接管时又可作为管道吊放和拼焊的平台。

2. 工具管（又称顶管机头）

工具管安装于工程管前端，是控制顶管方向、掘土和防止塌方等的多功能装置。它外形与工程管相似，是由普通顶管中的刃口演变而来，可以重复使用。目前常采用三段双铰型工具管,其内部分为冲泥舱、操作室和控制室三部分,如图 12-23 所示。

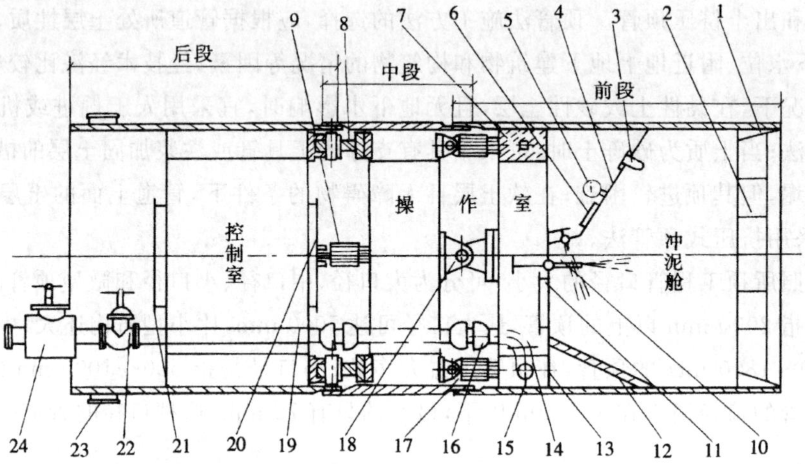

图 12-23　三段双铰型工具管

1—刃脚;2—格栅;3—照明灯;4—胸板;5—真空压力表;6—观察窗;7—高压水仓;8—垂直铰链;9—左右纠偏油缸;10—水枪;11—小水密门;12—吸口格栅;13—吸泥口;14—阴井;15—吸泥管进口;16—双球活接头;17—上下纠偏油缸;18—水平铰链;19—吸泥管;20—气闸门;21—大水密门;22—吸泥管闸阀;23—泥浆环;24—清理阴井

3. 工程管

工程管是地下管道工程的主体。目前顶进的工程管主要是根据地下管道直径确定的圆形钢管或钢筋混凝土管。管径有多种,如前所述,但当管径大于 4 m 时,顶进困难,施工不一定经济。

4. 吸泥设备

管道顶进过程中,正前方不断有泥砂进入工具管的冲泥舱内。通常采用水枪冲泥,水力吸泥机排放,并从管道运输至工作井。水力吸泥机结构简单,其特点是高压水走弯道,泥水混合体走直道,能量损失小,出泥效率高,并可连续运输。

12.4.3 顶管法施工

1. 掘进顶管法施工

掘进顶管法施工的工艺过程为:开挖工作坑→工作坑底修筑基础、设置导轨→设置后座、安装顶进设备(千斤顶)→在导轨上安放工具管和第一节工程管→开挖管前坑道→顶进工程管→安接下一节工程管→……其施工要点如下。

1) 工作坑及其布置

工作坑又称竖井,主要有顶进坑和接收坑,此外还有转向坑、多向坑、交汇坑等。选择工作坑位置时应考虑下列因素:尽量设在管道井室的位置;应有可作为后背墙的坑壁土体;便于排水、出土和运输的场所;对地上和地下建筑物、构筑物易于采取保护措施的位置；安全施工的场所；距电源和水源较近，交通方便的场所。

顶进坑分为只向一个方向顶进的单向坑，和向两个不同方向顶进的双向坑。顶进坑的设置主要与顶进长度有关，即单向坑之间的最大距离为一次顶进长度。一次顶进长度是指：向一个方向顶进时，不会因不断增大的顶力而导致管端压裂或后座破坏所能达到的最大长度。一次顶进长度应根据顶力大小、管材强度、管道埋深、土质情况、后背和后座墙的种类和强度、顶进技术等因素确定。

工作坑的形状一般为直槽形、阶梯形。工作坑坑底宽度应根据施工操作面和设备尺寸、同一坑内同时或先后顶进管道的条数确定；工作坑的坑底长度按顶进设备布置情况及接口形式(焊接接口的操作长度)需要确定；坑深由管道埋深和导轨基础确定。在布置工作坑时还要考虑垂直运输、工作平台和顶进口处理等工作。此外，在工作坑内应设有测量管道位置的中心桩和高程桩，以便于测量与校正。在松散土层或饱和土层内，应对土质不稳定的工作坑壁加以支护，确保施工顺利进行。

2）挖土和运土

(1) 人工挖土和运土

工作坑布置完毕后便可开始进行管前人工挖土和管内人工或机械运土。

① 挖土顺序：开挖管前或工具管前的土体时，不论砂类土、黏性土，都应自上而下分层开挖。若为了方便而先挖下层土，或者当管道内径超过手工所及的高度而先挖中下层土，则会有塌方的危险。因此，必须采用自上而下的挖土顺序。

② 挖掘长度：人工挖土每次挖掘长度，一般等于千斤顶的顶程。土质较好，挖土技术水平较高时，可允许超前管端开挖 30～50 cm，以减小顶力。

③ 管道周围的超挖：在一般顶管地段，管顶以上的允许超挖量(即管顶与坑壁之间的空隙)为 1.5 cm；但管道下部 135°范围内不得超挖，即必须保持管道与坑壁相吻合，以便控制其高程。在不允许土体下沉的顶管地段(如上面有重要构筑物或其他管道时)，管道周围一律不得超挖。

④ 运土：管前所挖土方，应及时从管内运出，以免影响顶进，或因管端堆土过多而造成管道下沉。运土方式可采用卷扬机牵引的或电动、内燃机的运土小车，在管内进行有轨或无轨运土；也可用皮带运输机运土。土运至工作坑后，由起重设备吊出工作坑外。

(2) 机械挖土和运土

采用人工挖土劳动强度大、施工环境恶劣、生产效率低，且当管径较小时也无法在管内进行人工操作，而采用管端机械掘进则可解决上述问题。机械挖土和运土的方式有：切削掘进，输送带或螺旋输送器运土；水力掘进，输送泥浆。

① 切削掘进：切削掘进有工作面呈平锥形的切削轮偏心径向切削、工作面呈锥形的偏心纵向切削和偏心水平钻进法等。

偏心径向切削主要用于大直径管道，其锥角较大、锥形平缓。偏心纵向切削挖掘时，由于刀架高速旋转而使切下的土借助离心力抛向管内，并可直接抛至输送带上，便于土的运输。它设备简单,易于装拆和维修,掘进中便于调向,挖掘效率高,适用于在粉质黏土和黏土中掘进。偏心水平钻进法采用螺旋掘进机,它一般用于小直径钢管的顶进,适用于在黏土、粉质黏土和砂土中钻进。

② 水力掘进:它是利用高压水枪的射流,将切入工具管管口的土冲碎,水和土混合成泥浆状态,由水力吸泥机输送、排放。这种方法一般用于高地下水位的弱土层、流砂层,或当管道从水下(河底)的饱和土层中穿越时采用。

3) 顶进工程管

顶管施工中,顶力要克服管道与土壁之间的摩擦力而将其向前顶进。顶进前应进行顶力的计算,确定液压式千斤顶的数量并进行正确布置,以保证管道在顶进时不偏斜。在开始顶进时应缓慢进行,待各部位密合接触后,再按正常速度顶进。顶进过程中,要加强方向检测,及时纠偏。否则,偏离过多,会造成工程管弯曲而增大摩擦力,增加顶进困难。纠偏可通过改变工具管端的方向来进行。

4) 管节的连接

当一节工程管顶完后,再将另一节管子吊入工作坑内。继续顶进前,应将两节工程管进行连接,以提高管段的整体性和减少顶进误差。管节的连接,有永久性和临时性连接两种。

钢管采用永久性的焊接连接,焊后应对焊接处补做防腐层,并采用钢丝网水泥砂浆和肋板进行保护。

钢筋混凝土管通常采用临时连接。在管节未进入土层前,接口的外侧应垫麻丝、油毡或木垫板进行保护,两管间的管口内侧应留有 10～20 mm 的空隙,顶紧后的空隙宜为 10～15 mm,以防止管端压裂。当管节入土后,在管节相邻接口处应安装内胀圈进行临时连接,内胀圈的中部位于接口处,并将内胀圈与管道之间的缝隙用木楔塞紧。由于临时连接接口处的非密实性,因而此方法不能用于未降水的土层内。顶进工作完成后,拆除内胀圈,再按设计规定进行永久性的内接口处理;若设计无规定时,可采用石棉水泥,弹性密封膏或水泥砂浆密封,填塞物应抹平,不得凸入管内。

5) 中继间顶进

顶管法施工时,一次顶进长度通常最大达 60～100 m。当进行长距离顶管时,可采用中继间顶进的方法。此方法是将长距离顶管分成若干段,在段与段之间设置中继接力顶进设备,即中继环,如图 12-24 所示,中继环内成环形布置有若干中继千斤顶。中继千斤顶工作时,其前面的管段被向前推,后面的管段成为后座,即中继环之前的管道用中继千斤顶顶进,而中继间及其后的管道则用顶进坑内的千斤顶顶进。这样可分段克服摩擦力,使每段管道的顶力降低到允许的范围内,通过一个顶进坑进行长距离顶管,减少顶进坑的数目。

2. 挤压式顶管法施工

挤压式顶管法又称挤密土层顶管法,多为不出土挤压顶管。不出土挤压顶管就是在顶管的最前端安装管尖或管帽,利用千斤顶将管道直接顶进土层内,使周围的土

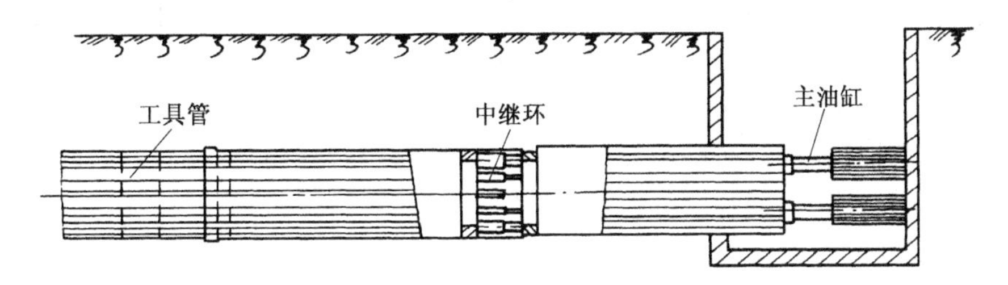

图 12-24 中继顶管示意

被挤密。这种方法不出土，减少了土方量，但所需顶力较大。其顶力取决于管径、土质、含水量和管前设备。

管前端若安装管尖时，管前阻力较小。管尖中心角在砂性土层中不宜大于 60°，粉质黏土中不宜大于 50°，黏土中不宜大于 40°。管前端若安装开口管帽，管子开始顶进时土进入管帽形成土塞，继续顶进时可阻止土进入管内而挤密管周围土。其管前阻力较大，土塞长度一般为管径的 5～7 倍。

不出土挤压式顶管法适用于直径较小的钢管，在中密土质中，若管径为 250～400 mm 时就难以顶进。

在低压缩性土层中，如管道埋设较浅，或相邻管道间的净距过小，挤压顶管时则会出现地面隆起或相邻管道被挤坏的现象，须慎重采用。

12.5 沉管隧道法施工

世界上由于海峡存在，陆地被分割，在不同条件下形成两个区域，并造成交通障碍及文化差异。连接海峡两岸主要有三种方式：轮渡、修建桥梁和修建隧道。

① 轮渡受气象条件的影响较大，并且不能直接连通，造成人员物资转运十分麻烦。

② 修建桥梁往往受跨度、水深的影响，且建成运营后也同样受气象条件的影响。

③ 修建海峡隧道既可以穿越较大跨度直接连通海峡两岸，又可以在运营后少受气象条件影响，能保持连续通行。

12.5.1 概述

沉管隧道法：即按照隧道的设计形状和尺寸，先在隧址以外的干坞中或船台上预制隧道管段，并在两端用临时隔墙封闭，然后舾装好拖运、定位、沉放等设备，将其拖运至隧址位置，沉放到江河中预先浚挖好的沟槽中，并连接起来，最后充填基础和回填砂石将管段埋入原河床中。用这种方法修建的隧道又称水下隧道或沉管隧道。

其主要优点如下。

① 对地质水文条件适应性强，施工方法简单。沉管隧道不怕软弱地层，基本上不受地质条件的限制，对地基允许承载力的要求也很低，能适应各种地质条件。

② 施工工期短,对航运干扰最小,施工质量容易保证。管段在干坞中呈长段预制,沉放连接时间短,对航运干扰次数少、时间短。沉管隧道的主要工序可平行作业,各工序间干扰少,可缩短工期。

③ 工程造价较低。沉管隧道的埋深很浅,水底需要进行的土方工程量较小,沉管隧道的长度也相对缩短,造价也因而降低。

④ 有利于多车道和大断面布置。沉管隧道的断面既可做成圆形,也可做成矩形或其他形状,十分灵活。

⑤ 接头少、密实度高、隧道防渗效果好。由于沉管隧道的管节比较长,节数少,因而接头数量少。

⑥ 具有很强的抵抗战争破坏和抗自然灾害的能力。

12.5.2 沉管隧道的基本结构

1. 沉管隧道的横断面结构

(1) 整体结构

水下沉管隧道的整体结构是由管段基槽、基础、管段、覆盖层等组成的,整体坐落于河(海)水底,如图 12-25 所示。

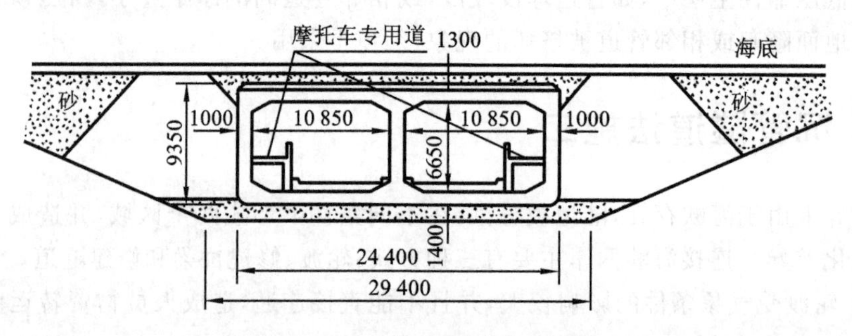

图 12-25 沉管隧道整体结构图

沉管隧道的管段断面结构形式按制作材料分,主要有钢壳混凝土管段和钢筋混凝土管段两种;按断面形状分有圆形、矩形和混合形(见图 12-26);按断面布局分有单孔式和多孔组合式。

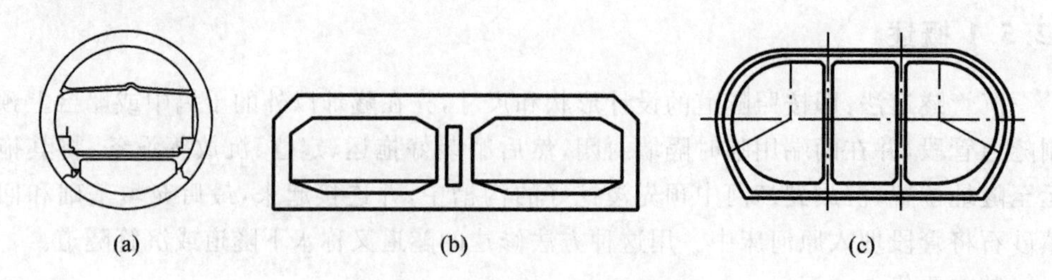

图 12-26 沉管隧道的断面形状

(a)圆形(单孔式);(b)矩形(组合式);(c)混合形(组合式)

（2）钢壳混凝土管段

钢壳混凝土管段是钢壳与混凝土的组合结构。钢壳有单层和双层两种。单层钢壳管段的外层为钢板，内层为钢筋混凝土环；双层钢壳管段的内层为圆形钢壳，外层为多边形钢壳，内外层之间浇筑抗浮压重混凝土。钢壳管段的内断面为圆形，外轮廓有圆形、八角形等多种，一般用于双车道，若需设 4 车道，则可采用双筒双圆形组合式断面。

优点：外轮廓断面为圆形或接近圆形，沉没完毕后，荷载作用下所产生的弯矩较小；管段的底宽较小，基础处理的难度不大；管段外壳为钢板，浮运过程中不易碰损；钢壳可在造船厂的船台上制作，充分利用船厂设备，工期较短。

缺点：管段的规模较小，一般为双车道，内径一般不超过 10 m；圆形断面的空间利用率低，且由于车道上方必须空出一个限界之外的空间，车道的路面高程不得不相应压低，使隧道的深度增加，基槽浚挖的量加大；管段耗钢量大，造价较高；钢壳存在焊接拼装的问题，防水质量不保证；钢壳本身的防锈问题尚未得到完善解决。

（3）钢筋混凝土管段

钢筋混凝土管段的横断面多为矩形，可同时容纳 2～8 个车道，有的还设置有维修、避险、排水设施等专用管廊。如上海外环路沉管隧道为 8 车道，设有三个车辆通行孔和两个管廊孔（设于每两个通行孔之间）。矩形管段一般比圆形管段经济，故目前国内外多采用矩形沉管。

优点：隧道横断面空间利用率高，建造多车道（4～8 车道）隧道时，优势显著；车道路面最低点的高程较高，隧道的全长相应较短，所需浚挖的土方量亦较小；不用钢壳防水，节约大量钢材；利用管段自身防水的性能，能做到隧道内无渗漏水。

缺点：需要修建临时干坞，征地搬迁及施工费用高；制作管段时，对混凝土施工要求严格，保证干舷和抗浮安全系数；须另加混凝土防水措施。

2. 沉管隧洞的横断面结构

沉管隧洞在纵断面上一般有敞开段、暗埋段、沉埋段以及岸边竖井等部分（见图 12-27～图 12-29）。

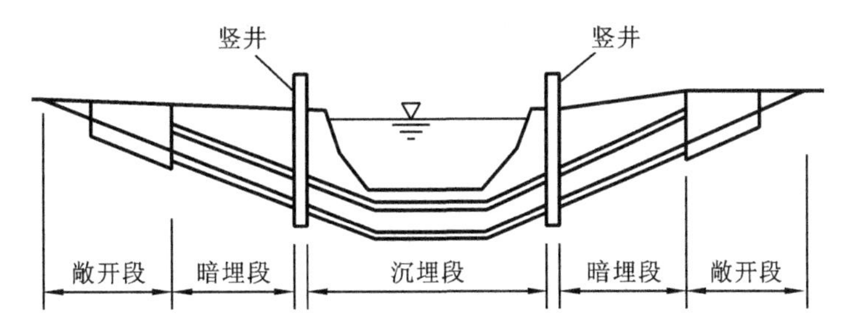

图 12-27 沉管隧道纵断面一般结构示意图

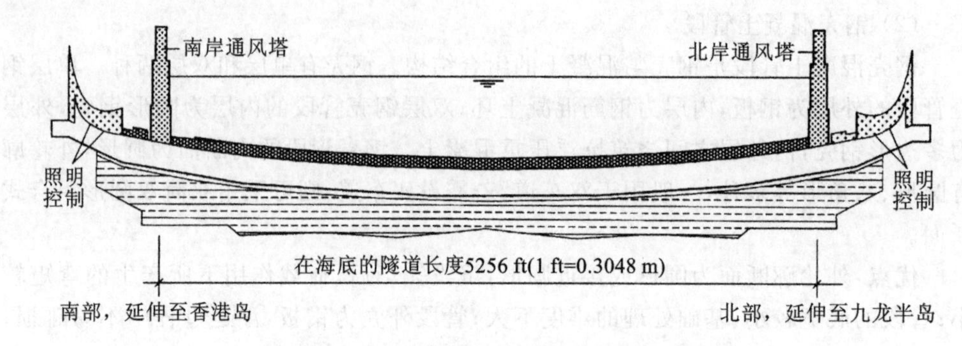

图 12-28　香港海底沉管隧道纵剖面图

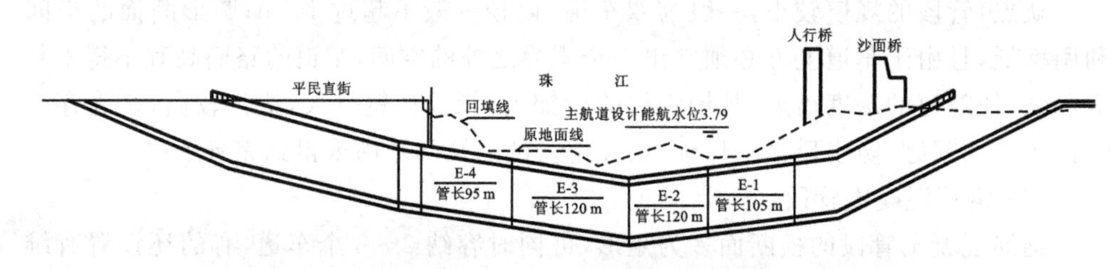

图 12-29　广州珠江沉管隧道纵剖面图

12.5.3 沉管隧道施工工艺流程

沉管法施工的一般工艺流程如图 12-30 所示，其中，管段制作、基槽浚挖、管段的沉放与水下连接、基础处理、回填覆盖是施工的主体。

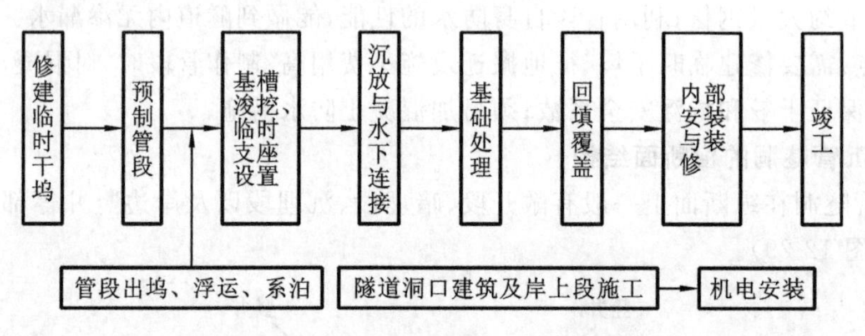

图 12-30　沉管隧道施工工艺流程图

1. 干坞

干坞是坞底低于水面的水池式建筑物，是修建矩形沉管隧道的必需场所（见图 12-31）。通常是在隧址附近开挖一块低洼场地用于预制隧道管段。干坞是一项临时性工程，隧道施工结束后便完成其使命。

2. 管段的制作

沉管管段是在地面预制的，所以其基本工艺与地上制作其他大型钢筋混凝土构件类似。由于沉管预制管段采用浮运沉放的施工方式，而且最终是埋设在河底水中，因此，对预制管段的对称均匀性和水密性要求很高。为保证浮运和下沉，管段上还要

图 12-31 干坞

设置端封墙和压载设施(见图 12-32)。

图 12-32 管段的制作现场

3. 沉管隧道的浚挖

沉管隧道的浚挖工作一般有沉管的基槽浚挖、航道临时改线浚挖、出坞航道浚挖、浮运管段线路浚挖和舾装泊位浚挖。

沉管基槽施工:基槽施工主要是利用浚挖设备,在水底沿隧道轴线、按基槽设计断面挖出一道沟槽,用以安放管段。基槽浚挖是所有浚挖工作中最为重要的一环,应根据现场地质与水力资料确定合理的浚挖方式和浚挖设备。

浚挖方式:选择浚挖方式时应尽量使用技术成熟、生产效率高、费用低的方法。

浚挖作业一般分层、分段进行。在基槽断面上,分几层逐层开挖;在平面沿隧道轴线方向,划分成若干段,分段、分批进行浚挖。

管段基槽浚挖亦可分粗挖和精挖两次进行。粗挖挖到离管底标高约 1 m 处,精挖在临近管段沉放时超前 2～3 节管段进行,这样可以避免因管段基槽暴露过久、回淤沉积过多而影响沉放施工。

浚挖设备:基槽开挖一般采用吸泥船进行,如链斗式挖泥船、绞吸式挖泥船(见图 12-33)、自航耙吸式挖泥船 、抓斗挖泥船 、铲扬式挖泥船等。

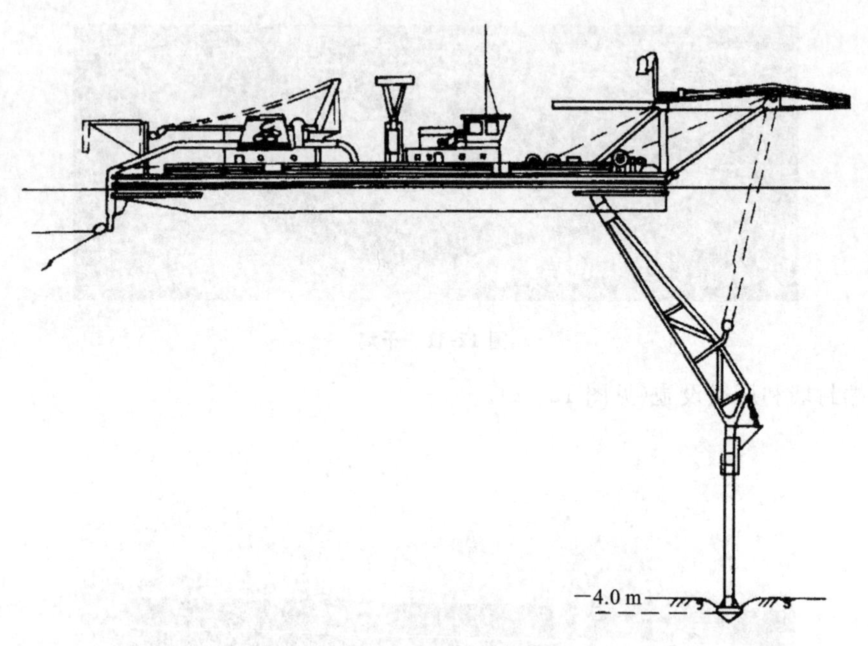

图 12-33 大挖深铰吸挖泥船

4. 管段沉放与连接

管段在干坞中预制好、沉管基槽开挖及基础处理好后便可进行管段的出坞、浮运、沉放与水下连接工作,这是沉管隧道难度最大的一道工序。

5. 管段的出坞

管段在干坞内预制完毕,安装了全部浮运、沉放及水下对接的施工附属设备设施后,就可向干坞内灌水,使预制管段在坞内逐渐浮起,直到坞内外水位平衡为止,打开坞门或破坞堤,由布置在干坞坞顶的绞车将管段逐节牵引出坞(见图 12-34)。上浮时要利用干坞四周预先布设的锚位,用地锚绳索对管段进行控制。管段出坞后,先在坞口系泊。分次预制管段时,也可在拖运航道边临时选一个水域抛锚系泊。

图 12-34 管段的出坞

管段在坞内起浮前应对压载水仓注水调平，安装好系缆柱、缆绳导轮等。起浮时要逐步排出压载仓内的水，保证管段慢慢安全地起浮。多管段一次预制时，可按出坞浮运的顺序一节一节地起浮。起浮后，管段的一侧可利用干坞的系缆柱系泊，另一侧可利用尚未起浮的管段系缆绳，要确保起浮的管段平稳无漂移。如采用双吊驳吊沉管段，则需将双吊驳对着坞口中线在坞口附近系泊好。管段通过绞车系泊缆绳系统逐步牵引出坞。出坞作业应选在海水高潮的平潮前半小时进行。

6. 管段的浮运

将管段从存泊区（或干坞）拖运到沉放位置的过程叫浮运。管段浮运可采用拖轮拖运或岸上绞车拖运，具体浮运方式很多。当水面较宽，拖运距离较长时，一般采用拖轮拖运。水面较窄时，可在岸上设置绞车拖运。

宁波甬江水底沉管隧道的预制沉管浮运时，由于江面窄、水流急，且受潮水的影响，采用了绞车拖运“骑吊组合体”方法浮运过江（见图 12-35）。

广州珠江沉管隧道施工时，由于干坞设在隧道的岸上段，江面宽只有 400 m 左右，浮运距离短，主要采用绞车和拖轮相结合的方式，即在一艘方驳上安置一台液压绞车作为后制动，2 台主制动绞车设在干坞岸上，3 艘顶推拖轮顶潮协助浮运（见图 12-36）。这种方式简单易行，且施工中淤泥不会卷入基槽。

日本东京港沉管隧道采用的浮运方式如图 12-37 所示，该隧道运距 4 km，运距较长，前后各有一艘拖轮，两艘方驳在管段两侧护送，并用两艘拖轮做辅助顶推，浮运时间 1 d，纯运行时间为 2 h。

管段浮运到沉放位置后，要转向或平移，对准隧道中线待沉。

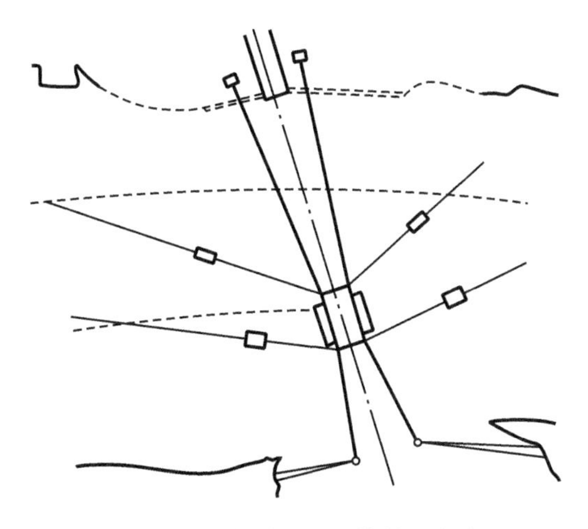

图 12-35　宁波甬江沉管浮运方式

7. 管段的沉放

管段的沉放在整个沉管隧道施工过程中占有相当重要的地位。沉放方法有多种，需根据不同的自然条件、航道条件、沉管本身的规模以及设备条件进行合理选择。

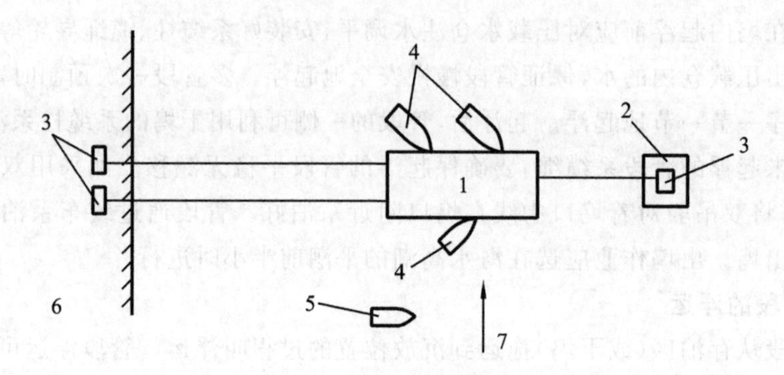

图 12-36 广州珠江沉管浮运方式

1—管段;2—方驳;3—液压绞车;4—顶推拖轮;5—备用拖轮;6—芳村岸;7—水流方向

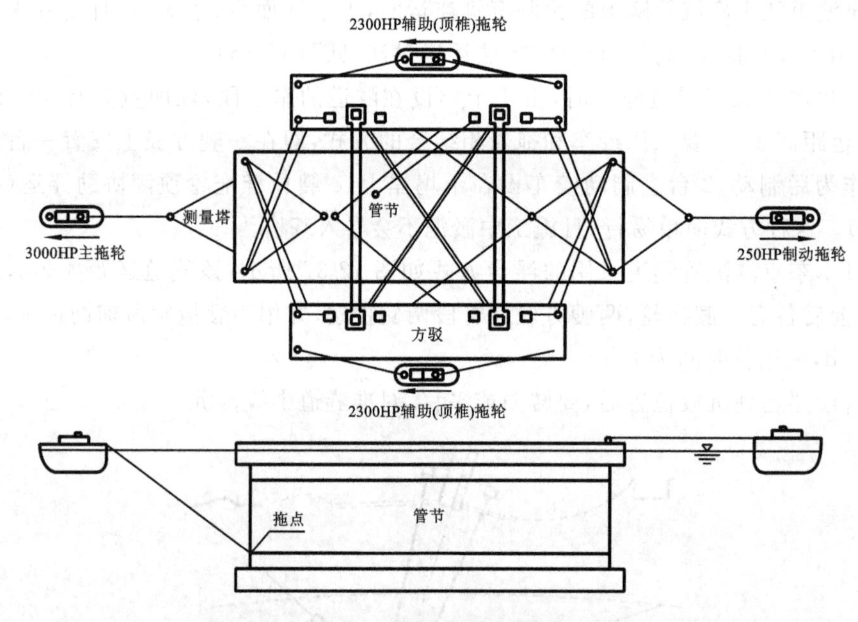

图 12-37 日本东京港沉管隧道管段浮运方式

(1) 管段的沉放方式

管段的沉放方式大致分为吊沉法和拉沉法。吊沉法中根据施工方法和主要起吊设备的不同又分为分吊法(包括起重船法和浮箱法)、扛吊法和骑吊法等。

(2) 管段的定位

沉放、对接过程中,管段将不可避免地受到风、浪、流等外力的作用,要保证沉放对接过程中管段的稳定,必须对管段进行牢固的定位。定位作业主要由锚碇系统完成,常用的锚碇方式有"八字形"和"双三角形",如图 12-38 所示。

(3) 管段的沉放作业

管段沉放与对接作业受海上的自然条件影响很大,因此对其有一定的要求。一般要求风速小于 10 m/s,波高小于 0.5 m;水的流速在 0.6~0.8 m/s 之间,空气的能

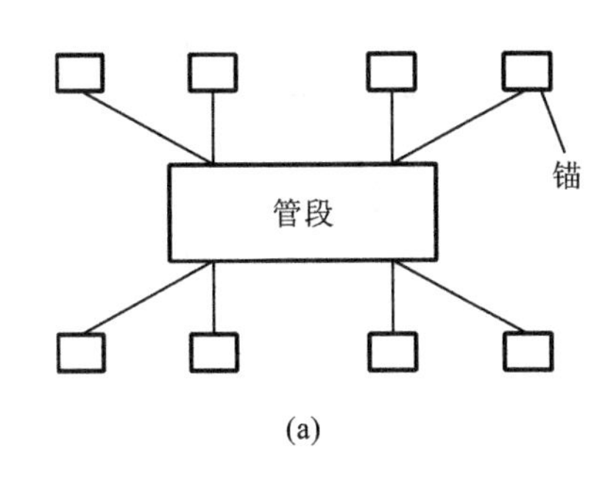

(a)

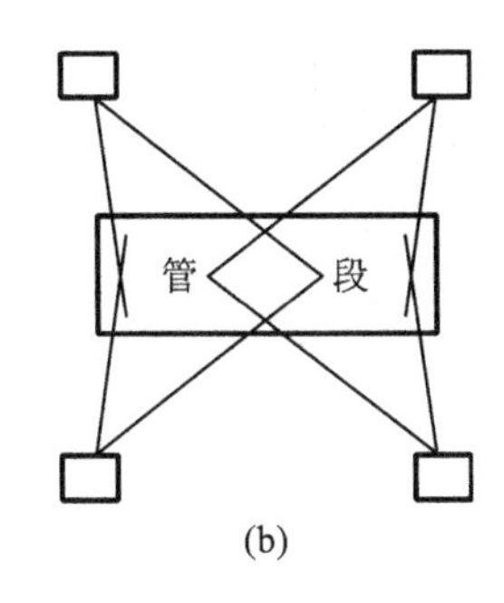

(b)

图 12-38 锚碇系统图

(a)“八字形”锚碇系统;(b)“双三角形”锚碇系统

见度大于 1000 m。

沉放作业一般可分初次下沉、靠拢下沉和着地下沉三个步骤进行。

8. 管段的水下连接

管段沉放就位后,还要与已连接好的管段连成一个整体。该项工作在水下进行,故又称水下连接。水下连接技术的关键是要保证管段接头不漏水。水下连接有混凝土连接和水力压接两种方法。混凝土连接法作业工艺复杂,潜水工作量大,密封的可靠性差,故目前一般不再采用。水力压接法是 20 世纪 50 年代由丹麦工程师在加拿大开发应用的,它工艺简单、施工方便、施工速度快、水密性好,基本上不用潜水工作,故目前普遍采用。

水力压接法利用作用在管段上的巨大水压力,使安装在管段前端面(靠近既设管段的那一端)周边上的一圈胶垫发生压缩变形,形成一个水密性相当良好可靠的接头。其具体方法是先将新设管段拉向既设管段并紧密靠上,这时接头胶垫产生了第一次压缩变形,并具有初步止水作用。随即将既设管段后端的封端墙与新设管段前端的封端墙之间的水(此时已与管段外侧的水隔离)排走。排水之前,作用在新设管段前、后两端封端墙上的水压力是相互平衡的;排水之后,作用在前封端墙的压力变成了大气压力,于是作用在后封端墙上的巨大水压力(数万 kN)就将管段推向前方,使接头胶垫产生第二次压缩变形。经两次压缩变形的胶垫,使管段接头具有非常可靠的水密性(见图 12-39)。

9. 基础处理及回填

尽管沉管隧道基础所承受的荷载通常较低,对地质条件的适应性比较强,但由于在基槽开挖过程中,不论使用哪一种挖槽方法,槽底表面都不会太平整,槽底表面与沉管底面之间必将存在很多不规则的空隙,导致地基土受力不均匀而局部破坏,从而引起不均匀沉降,使沉管结构受到局部应力而开裂,故必须进行基础处理(基础填平)。

沉管隧道基础处理的很多,主要分先铺法和后填法两大类。在管段沉放前进行的处理方法称先铺法,又叫刮铺法,包括刮砂法和刮石法。后填法是先将管段沉没在沟槽底的临时支座上,随后再补填垫实,它包括喷砂法、灌砂法、灌囊法、压砂法、压浆

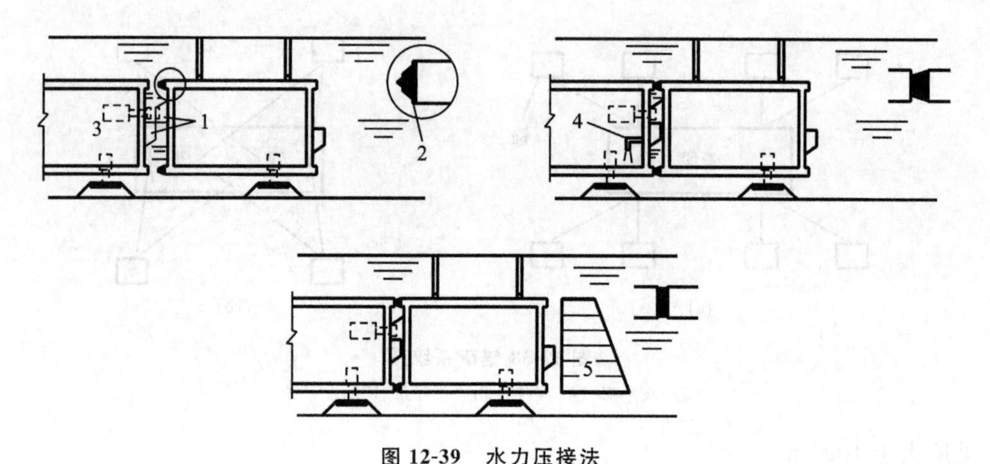

图 12-39 水力压接法

1—鼻托;2—胶垫;3—拉合千斤顶;4—排水管;5—水压力

法等。后填法的优点是在处理过程中基本上不干扰航运,不需特殊的专用设备,不受气象条件的影响,不需大量潜水作业,便于日夜连续施工,操作简易、省工省费用,全过程进行信息化控制。所以,目前大型沉管隧道的基础处理多用后填法,如喷砂法、压砂法、压浆法。

基础处理结束后,还要对管段两侧和顶部进行覆土回填(见图 12-40),以确保隧道的永久稳定。回填材料为级配良好的砂、石。为了使回填材料紧密地包裹在沉管管段上面和侧面不致散落,需要在回填材料上面再覆盖石块、混凝土块。

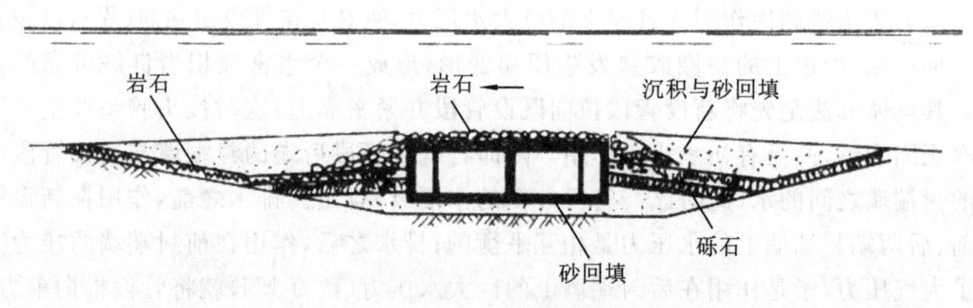

图 12-40 覆土回填

思 考 题

12-1 地下连续墙施工有哪些优点和缺点?

12-2 简述地下连续墙施工的主要工工艺流程。

12-3 地下连续墙的施工接头有哪几种方式?各有何特点?

12-4 地下连续墙施工中修筑导墙的作用是什么?

12-5 地下连续墙施工中泥浆的作用是什么?如何制备泥浆?

12-6 地下连续墙施工中,划分单元槽段时应考虑哪些方面的因素?

12-7 地下连续墙施工中为什么要清底?清底的方法有哪几种?

12-8　如何在地下连续墙的单元槽段内浇注混凝土?
12-9　试述沉井施工法的含义,它有何特点?
12-10　简述沉井施工的一般工艺。
12-11　沉井下沉通常采用哪几种施工方法?
12-12　简述沉井下沉的几种辅助方法。
12-13　简述水中沉井的施工方法。
12-14　试述盾构法施工的含义,它有何特点?
12-15　泥水加压盾构与土压平衡盾构各自的工作原理是什么?
12-16　简述盾构法施工的主要工艺。
12-17　盾构法施工中隧道衬砌的作用是什么?它应满足哪些要求?
12-18　盾构法施工中隧道衬砌壁后为什么要压浆?通常选用何种压浆材料?
12-19　何谓顶管法施工?适用于何种地层?
12-20　顶管法施工的主要设备有哪些?
12-21　简述掘进顶管法施工的主要工艺。

第2篇

土木工程施工组织

第13章　施工组织概论

【内容提要和学习要求】

① 概述：熟悉建设工程产品及其生产特点；熟悉工程项目施工程序；了解工程项目施工的组织原则。

② 施工准备工作：掌握施工准备工作的主要内容；熟悉施工准备工作的分类。

③ 施工组织设计：熟悉施工组织设计的类型及各类型应包括的内容；了解编制施工组织设计的重要性；了解施工组织设计的作用；了解施工组织设计的编制原则和依据；了解施工组织设计的贯彻、检查和调整。

④ 工程项目资料的内容与存档：熟悉工程资料的含义；了解工程资料的编制与组卷存档。

现代化建设工程施工的特点表现为综合性与复杂性，要使施工全过程有条不紊地顺利进行，以期达到预定的目标，就必须用科学的方法加强施工管理，精心组织施工。施工组织的任务就是根据建设工程产品及其生产的特点，以及国家有关基本建设的方针和政策，按照客观的技术、经济规律，对整个施工过程做出全面、科学、合理的安排，使工程施工取得相对最佳的效果。施工组织对统筹建设工程全过程的施工、优化施工管理以及推动企业的技术进步均起到了核心的作用。

13.1 概述

13.1.1 建设工程产品及其生产特点

建设工程产品包括各种不同类型的工业、民用、交通、公共建筑物或构筑物等。其生产与一般工业产品的生产相比完全不同。建设工程产品具有自身的特殊性，体现在以下几个方面。

1. 建设工程产品在空间上的固定性决定了其生产的流动性

任何建设工程产品都是在选定的地点上建造使用，一般从建造开始直至拆除均不能移动。所以，建设工程产品的建造和使用地点在空间上是固定的。

建设工程产品的这一特点决定了其生产的流动性。生产者和生产设备不仅要随着建筑物（或构筑物）建造地点的变动而流动，而且还要随着建筑物施工部位的改变而在不同的空间流动。因此,组织施工时必须对施工活动的各种要素(人、机械、材料等)做出合理的安排,以适应流动性的需要。如为适应流动性的需要,施工的机械设备尽可能是较小型的,大型机械的选择与使用也要受到场地条件变化的限制;施工所需的房屋和水电动力等设施大多需要在现场临时安装或建造,完工以后又要拆卸或拆除;施工所需的材料物资,如木材、水泥、砂、石、砖等,需就地取材,有些甚至还需自行组织生产,其规格、品种等都将因地而异;场内外的运输随当地环境和交通条件的变化也需要重新组织,使运输方式、运输距离等都将会有所不同;施工现场的平面布置、各要素间的空间关系,也因施工条件的变化而需要重新安排;因空间变化而造成的自然条件(气候、地质等)之不同,对各生产要素结合的方式(施工方法)和时间关系(施工进度),也不能不做新的考虑;人员、机械的流动,操作条件和工作面的不断变化,也无疑会影响劳动组织甚至劳动效率。

2. 建设工程产品的多样性决定了其生产的单件性与明显的地区性

建设工程产品不仅要满足各种使用功能的要求,而且要体现出其所在地区的生活习惯、民族风格、物质文明和精神文明,同时也受到地区的自然条件诸因素的影响,这使得建设工程产品在规模、形式、结构、基础和装饰等诸方面变化繁多,因此建设工程产品的类型是多样的。

建设工程产品的这一特点决定了其生产的单件性与明显的地区性。由于每个工程的造型、结构、构造和材料等不完全一样,使每个工程所需要的材料品种、规格与要求就不同;随之而采取的施工方法、机械设备和劳动力的组织也必然彼此各异;施工的进度当然也就不同,各种生产要素在数量上的比例关系和供应的时间也就不会一样;它们的空间关系和整个施工场地的平面布置也要分别加以处理。总之,每个工程的施工都各具特点,每个工程的施工组织和生产过程都具有单件性。此外,同一使用功能的建设工程产品因其建造地点的不同,必然受到建设地区的自然、技术、经济和社会条件的约束,使得生产中材料的选择、施工方案的确定等方面也因地区而异。因此,建设工程产品的生产又具有明显的地区性。

3. 建设工程产品的体形庞大决定了其生产周期长、露天和高空作业多

无论是复杂的还是简单的建设工程产品,一般都需占据足够的平面与空间,因而建设工程产品的体形一般都相当庞大。

这一特点决定了其施工的工期比较长、露天作业和高空作业多。建设工程产品在建造过程中要投入大量的劳动力、材料、机械,这些要素的准备和组织要耗用一定的时间;建设工程产品的整体不能分割,这就需要严格按照施工程序和施工工艺流程来组织施工,即施工活动总体上来看是一个循序渐进的过程,其生产周期较长,少则几个月,多则几年。体形庞大的建设工程产品不可能在室内生产,决定了其生产具有露天作业和高空作业的特点,特别是随着城市现代化的发展,有的建筑物或构筑物高达数百米,高空施工作业的特点日益突出。施工周期长和露天作业要求考虑季节、天气变化的影响，做好相应的准备与应对措施（如防冻、防雨、供热等）；高空作业要求在准备相应的设备、设施的同时，必须采取安全施工保证措施。

4. 建设工程产品的复杂性决定了其生产的复杂性

建设工程产品的生产涉及面很广。从企业内部来看，需要在不同时期、不同地点和不同产品上组织地基基础、主体结构、装饰装修、机械设备及水暖电卫安装等多专业、多工种的综合作业；从企业外部来看，它涉及各专业施工企业的协作，以及与城市规划、土地管理、勘察设计、科研试验、交通运输、消防、环境保护、质量监督、银行财政、劳务管理、材料供应以及电、水、热、气、通讯的供应等社会各部门和各领域的协作配合，从而使建设工程产品生产的组织协作关系错综复杂。

建设工程产品生产的复杂性给施工组织工作造成了一定的困难，也给施工组织者提出了艰巨的任务。可以说，事先不做好施工组织的各项安排，就无法胜任复杂的施工任务，更谈不上取得理想的经济效益。

13.1.2 工程项目施工组织原则

施工组织设计是施工企业和施工项目部进行施工管理活动的重要技术经济文件，也是完成国家和地区基本建设计划的重要手段。为了更好地落实和控制施工组织设计的实施，在组织工程项目施工过程中应遵守以下各项原则。

（1）贯彻执行《建筑法》，遵循建设程序

《建筑法》是规范建筑活动的大法，它将我国多年来在改革与管理实践中一些行之有效的重要制度给予了法律规定，例如施工许可制度、从业资格管理制度、招标投标制度、总承包制度、发承包合同制度、工程监理制度、建筑安全生产管理制度、工程质量管理制度和竣工验收制度等。这为建立和完善建筑市场的运行机制，加强建筑活动的实施与管理，提供了重要的法律依据。为此，我们在进行施工组织时，必须严格贯彻执行《建筑法》，以其作为指导建设活动的准绳。

如前所述，建设程序是指建设项目从决策、设计、施工到竣工验收整个建设过程中的各个阶段的先后顺序。实践证明，遵循建设程序，基本建设就能顺利进行，就能充分发挥投资的经济效益；反之，违背了建设程序，就会造成施工混乱，影响质量、进度和成本，甚至给工程建设带来严重的危害。因此，遵循建设程序是工程建设顺利进行的有力保证。

（2）搞好项目排队，保证重点，统筹安排

通常情况下，应根据拟建工程项目是否为重点工程、或是否为有工期要求的工程、或是否为续建工程等，进行统筹安排和分类排队，把有限的资源优先用于国家或业主最急需的重点工程项目，使其尽快地建成使用；同时兼顾一般工程项目，把一般工程项目和重点工程项目结合起来。此外，还应重视工程项目的收尾工作，工程的收尾工作，通常表现为工序多、耗工多、材料品种多、工艺复杂而工程量少，如果不严密地组织、科学地安排,就会拖延工期,影响工程的交付使用。

(3) 遵循施工工艺及其技术规律,合理安排施工程序和施工顺序,优化施工

建设工程产品及其生产,虽然因工程项目的不同而变化,但仍有可供遵循的共同规律。这里既有施工程序和施工顺序方面的规律,也有施工工艺及其技术方面的规律。例如施工准备与正式施工的关系、全场性工程与单位工程的关系、现场内与现场外的关系、地下工程与地上工程的关系、主体工程与装饰装修工程的关系、空间顺序与工种顺序的关系等,都有其规律可循;再如钢筋加工的工艺顺序是钢筋调直、除锈、下料、弯曲和成型,每一道工序都不能省略或颠倒。遵循这些规律去组织施工,就能保证各项施工活动的紧密衔接和相互促进,充分利用资源,保证工程质量,加快施工速度,缩短工期。

(4) 确保工程质量和安全施工

保证工程质量是基本建设的百年大计,工程质量直接影响着建设工程产品的寿命和使用效果。因此,必须严格按设计要求组织施工,严格按施工规范进行操作,以确保工程质量。安全生产则是顺利开展工程建设的保障,安全事故的发生,不仅会延误工期,也会造成难以弥补的损失,必须牢固树立安全第一的思想。总之,提高经济效益,优化施工过程等都必须建立在保证质量、安全生产的基础之上,此二者不可忽视。

(5) 采用流水施工方法和网络计划技术,组织有节奏、均衡、连续的施工

流水施工方法具有生产专业化强,劳动效率高;工人操作熟练,工程质量好;生产节奏性强,资源利用均衡;作业连续进行,工期短,成本低等特点。因此,采用流水施工方法组织施工,不仅能使工程的施工有节奏、均衡、连续地进行,而且会带来很大的技术经济效益。

网络计划技术是当代计划管理的先进方法。它应用网络图形表达计划中各项工作的相互联系,具有逻辑严密,层次清晰,主要矛盾突出等优点,有利于工程计划的优化、控制和调整,有利于电子计算机在计划管理中的应用。实践证明,采用网络计划技术组织施工,工程建设的经济效益更为显著。

(6) 加强季节性施工措施,保证全年连续施工

由于建设工程产品的生产具有露天作业的特点,施工必然要受气候和季节的影响。冬季的严寒、夏季的多雨和北方春季的大风,都不利于工程施工的正常进行,如果不采取相应的、可靠的技术组织措施,全年施工的均衡性、连续性就不能得到保证。为此,在组织施工时,应充分了解当地的气象条件和水文地质条件,采取合理的季节性施工技术组织措施,并妥善安排施工计划,尽可能减少季节性施工措施的费用。如:尽量避免把土方工程、地下工程、水下工程安排在雨季和洪水期施工,避免把现浇混凝土工程安排在冬期施工;避免在风季进行高空作业、结构吊装的施工等。

(7) 发展产品工业化生产,提高建筑工业化程度

建设工程技术进步的重要标志之一是建设工业化,而建设工业化主要体现在大

力发展工厂预制和现场预制的生产，努力提高施工机械化程度。发展预制品的生产，可减少现场的作业量，加快施工进度，提高施工质量。在施工过程中，尽量以机械化施工代替手工操作，可显著改善劳动条件、减轻劳动强度和提高劳动生产率。因此，在组织工程项目施工时，要因地制宜，充分利用现有的机械设备；在选择施工机械过程中，要进行技术经济比较，使大型机械和中、小型机械相结合，使机械化和半机械化相结合；同时要充分发挥机械效率，保持其作业的连续性，提高机械设备的利用率。

(8) 采用国内外先进的施工技术和科学管理方法

采用先进的施工技术和科学管理方法，是促进技术进步、提高企业素质、保证工程质量、加速工程进度、降低工程成本的有力措施。为此，在拟定施工方案时，应尽可能采用行之有效的新材料、新工艺、新技术和现代化管理方法。

(9) 合理地储备物资，减少物资运输量

建设工程产品生产所需要的材料、构(配)件、制品等种类繁多，数量庞大，各种物资的储存数量、方式都必须进行科学合理的安排。应尽可能地减少物资储备的数量，这样可以切实减少仓库、堆场的占地面积，减少暂设工程的数量不但有益于降低工程成本，提高经济效益，也为合理地布置施工现场提供了有利条件。

工程材料的运输费在工程成本中所占的比例也是相当可观的。因此，在进行材料采购时，应尽量采用当地资源，减少材料运输量；同时应选择最优的运输方式、工具和线路，使运输费用最低。

(10) 合理地布置施工现场，尽可能减少暂设工程

精心地进行施工现场总平面图的规划，合理地布置施工现场，是节约施工用地、实现文明施工、确保安全生产的重要环节。应尽量利用在建工程、原有建筑物、原有设施、地方资源为施工服务，减少暂设工程费用，这也是降低工程成本的途径之一。

上述的十大原则，既是建设工程产品生产的客观需要，又是加快施工速度、缩短工期、保证工程质量、降低工程成本、提高施工企业和工程项目经济效益的需要，所以应在组织工程项目的施工过程中全面认真地贯彻执行。

13.2 施工准备工作

施工准备工作是指在施工前，为保证施工正常进行而事先必须做好的各项工作，其根本任务是为正式施工创造必要的技术、物质、人力、组织等条件，以使施工得以顺利、安全地进行。

施工准备工作不仅是在准备阶段进行，而且贯穿于整个施工过程。随着工程的进展，各单位工程和分部、分项工程施工之前，都要作好施工准备工作。因此，施工准备工作是有计划、有步骤、分阶段进行的，贯穿于整个工程项目建设的始终。

13.2.1 施工准备工作的分类

1. 按照施工准备工作的范围分类

按照施工准备工作范围的不同,施工准备工作可分为全场性施工准备、单项(位)工程施工条件准备和分部(项)工程作业条件准备三种。

① 全场性施工准备。它是以一个建设项目为对象而进行的各项施工准备,其目的和内容都是为全场性施工服务的,它不仅要为全场性的施工活动创造有利条件,而且要兼顾单项工程施工条件的准备。

② 单项(位)工程施工条件准备。它是以一个建筑物或构筑物为对象而进行的施工准备,其目的和内容都是为该单项(位)工程服务的,它既要为单项(位)工程做好开工前的一切准备,又要为其分部(项)工程的施工进行作业条件的准备。

③ 分部(项)工程作业条件准备。它是以一个分部(项)工程或季节性施工项目为对象而进行的作业条件准备。

2. 按照工程所处的施工阶段分类

按照工程所处的施工阶段不同,施工准备工作可分为开工前的施工准备工作和开工后的施工准备工作两种。

① 开工前的施工准备工作。它是在拟建工程正式开工前所进行的一切施工准备,其目的是为工程正式开工创造必要的施工条件。它既包括全场性的施工准备,又包括单项工程施工条件的准备。

② 开工后的施工准备工作。它是在拟建工程开工后,每个施工阶段正式开始之前所进行的施工准备。如地下工程、主体结构工程和装饰工程等施工阶段的施工内容不同,其所需的物资技术条件、施工组织方法和现场布置等也就不同。因此,必须做好相应的施工准备。

13.2.2 施工准备工作的内容

每项工程施工准备工作的内容,视该工程的规模、地点和具体条件的不同而不同。一般来讲,工程项目的施工准备工作包括技术准备、物资准备、劳动组织准备、施工现场准备和施工场外协调准备五个方面的内容。

1. 技术准备

① 了解扩大初步设计方案。施工单位应提前与设计单位沟通,了解扩大初步设计方案的编制情况,使方案的设计在质量、功能和工艺技术等方面均能适应当前建设发展的水平,为顺利施工打下基础。

② 熟悉和审查施工图纸。它主要是为编制施工组织设计提供各项依据,通常分图纸自审、会审和现场签证三个阶段进行。图纸自审由施工单位主持,并写出图纸自审记录;图纸会审由建设单位主持,设计和施工单位共同参加,形成“图纸会审纪要”,

由建设单位正式行文，三方会签并加盖公章后，作为指导施工和工程结算的依据；图纸现场签证是指在工程施工中，遵循技术核定和设计变更签证制度，对发现的问题所进行的现场签证，亦作为指导施工、竣工验收和结算的依据。

③ 调查分析原始资料。它包括对自然条件的调查分析和技术经济条件的调查分析两部分。对自然条件的调查分析包括对建设地区的气象、建设场地的地形、工程地质和水文地质、施工现场地上和地下障碍物状况、周围建筑物和周围环境情况等项调查；对技术经济条件的调查分析包括当地建设施工企业状况、地方劳动力和技术水平状况、地方资源、交通运输、水电及其他能源、主要设备、各种材料和特种物质等的生产能力和供应情况等项调查。

④ 编制施工图预算和施工预算。施工图预算应按照施工图纸、施工组织设计拟定的施工方法、预算定额和有关费用定额来编制。施工预算是在施工图预算或工程承包合同价的基础上编制的，它是施工企业进行管理和内部经济核算的依据。

⑤ 编制施工组织设计。应根据拟建工程的规模、结构特点和建设单位要求，编制指导该工程施工全过程的施工组织设计。

2. 物资准备

① 工程材料准备。根据施工预算的材料分析和施工进度计划的要求，编制工程材料需要量计划，为施工备料、确定仓库和堆场面积以及组织运输提供依据。

② 构(配)件和制品加工准备。根据施工预算所提供的构(配)件和制品的名称、规格、数量和加工要求，编制相应的计划，为加工订货、组织运输和确定堆场面积提供依据。

③ 施工机具准备。根据施工方案和进度计划的要求，编制相应的施工机具需要量计划，为组织施工机具的进场和确定机具停放场地提供依据。

④ 生产工艺设备准备。按照拟建工程的生产工艺流程及其工艺布置图的要求，编制工艺设备需要量计划，为组织工艺设备的进场和确定临时停放场地提供依据。

3. 劳动组织准备

① 建立工程项目组织机构。根据工程的规模、结构特点和复杂程度，任命项目经理并确定工程项目组织机构的其他人选，建立起掌握施工技术、富有开拓精神并善于经营管理的工程项目组织机构。

② 确立精干的施工队、组。根据工程的特点和采用的施工组织方式，建立相应的专业施工队伍或综合施工队伍，并确定各施工班组合理的劳动组织，制订出该工程的劳动力需要量计划。

③ 组织劳动力进场。按照开工日期和劳动力需要量计划，组织劳动力进场，并对他们进行劳动纪律、安全施工和文明施工等教育。

④ 做好交底工作。为落实施工计划和技术责任制，应按管理系统逐级进行交底。交底内容通常包括：工程施工进度计划和月、旬作业计划；各种工艺操作规程和

质量验收标准;各项安全技术措施,降低成本措施和质量保证措施等。

4. 施工现场准备

① 做好施工场地的控制网测量。应根据给定的永久性坐标和高程,按照建筑总平面图的要求,进行施工场地内的控制网测量,设置场区内永久性控制测量标桩。

② 保证“三通一平”。应确保施工现场的水通、电通、道路畅通和场地平整。

③ 建造施工设施。按照施工平面图和施工设施需要量计划,建造各项生产、生活需用的临时设施,修筑好施工场地的围墙或围挡,并按消防要求,设置足够数量的消火栓。

④ 组织施工机具进场。根据施工机具需要量计划,组织施工机械、设备和工具进场,同时按施工平面图要求,安置或存放在规定地点,并应进行相应的检查和试运转工作。

⑤ 组织材料进场。根据工程材料、构(配)件和制品需要量计划,组织其进场,按施工平面图中规定的地点和方式储存或堆放。

⑥ 进行有关试验、试制。材料进场后,应根据有关规定进行材料的试验、检验;对于新技术项目,应拟定相应的试制和试验计划,并应在开工前实施。

⑦ 做好季节性施工准备。按照施工组织设计要求,认真落实冬期施工、雨季施工和高温季节施工项目的施工设施和技术组织措施。

5. 施工场外协调准备

① 材料加工和采购。根据各项材料、构配件和制品需要量计划,同有关生产、加工厂取得联系,签订供货合同,以保证按时供应。

② 施工机具租赁或订购。对于施工企业缺少的施工机具,应根据各工程需要量计划,确定租赁或购买的方式,并同有关单位签订租赁合同或订购合同。

③ 做好分包安排,签订分包合同。对于某些专业工程,如大型土石方工程、结构安装工程和设备安装工程,可分包给相应的专业承包企业,或将工程的劳务作业分包给劳务分包企业。应尽早做好分包安排,并采用招标或委托承包的方式,同有关分包单位签订分包合同,并保证合同的实施。

为落实以上各项施工准备工作,必须编制相应的施工准备工作计划,建立、健全施工准备工作责任和检查等制度,使其有领导、有组织和有计划地进行。

13.3 施工组织设计

施工组织设计是根据施工的预期目标和施工条件,选择最合理的施工方案,并以此为核心编制的,指导拟建工程施工全过程中各项活动的技术、经济和组织的综合性文件。它的任务是对拟建工程在人力和物力、时间和空间、技术和组织上,做出全面而合理的安排,进行科学的管理,以达到提高工程质量、加快工程进度、降低工程成本、预防安全事故的目的。

13.3.1 施工组织设计的作用

施工组织设计是对拟建工程的施工全过程实行科学管理的重要手段。具体来讲，施工组织设计的作用体现在以下三个方面。

① 统一规划和协调复杂的施工活动。施工生产的特点表现为综合性和复杂性。通过施工组织设计的安排，可以把工程的设计与施工、技术与经济、前方与后方、施工企业的全面生产与各具体工程的施工更紧密地结合起来；可以把直接进行施工的单位与协作单位、部门与部门、阶段与阶段、过程与过程之间的关系更好地进行协调。这样，才能保证拟建工程的顺利进行。

② 科学地管理工程施工的全过程。工程施工的全过程是在施工组织设计的指导下进行的，即在工程的实施过程中，根据施工组织设计，对施工的进度、质量、成本、技术、安全等方面进行科学的管理，以保证拟建工程在各方面均达到预期的要求，按期交付使用。

③ 使施工人员心中有数，工作处于主动地位。施工组织设计根据工程特点和施工条件科学地拟定了施工方案，确定了施工顺序、施工方法和相应的技术组织措施，排定了施工进度计划。施工人员可以根据这些施工方法，在进度计划的控制下，有条不紊地组织施工；可以预见施工中可能发生的矛盾和风险，事先做好准备，采取相应的对策；可以实现施工生产的节奏性、均衡性和连续性，使各项工作均处于主动地位。因此，施工组织设计的编制在施工企业的现代化管理中占有十分重要的地位。

13.3.2 施工组织设计的编制原则和依据

1. 施工组织设计的编制原则

施工组织设计的编制原则应遵循工程项目施工组织的原则，具体表现在以下方面。

① 认真贯彻国家有关工程建设的法规、规程、方针和政策。

② 严格遵守工程项目建设程序，遵循合理的施工程序、施工顺序和施工工艺。

③ 符合现代化管理原理，采用流水施工方法和网络计划技术，组织有节奏、均衡、连续地施工。

④ 优先选用先进施工技术，并重视技术创新，科学确定施工方法；认真编制各项实施计划，切实保证工程的质量、进度和成本达到预期的要求。

⑤ 扩大预制装配范围，提高建设工业化程度；充分利用各种施工机械和设备，提高施工机械化、自动化程度，提高生产效率。

⑥ 科学安排冬期和雨季施工，尽可能保证全年施工的连续性。

⑦ 坚持“安全第一，预防为主”原则，确保安全生产和文明施工；认真做好环境保

护工作,严格控制施工中的振动、噪声、粉尘和垃圾等污染。

⑧ 优化现场物资储存量,合理确定物资储存方式,尽量减少库存量和物资损耗。

⑨ 尽可能利用永久性设施和组装式施工设施,尽量减少临时设施建造量;科学地规划施工平面,减少施工用地。

2. 施工组织设计的编制依据

施工组织设计是针对不同的施工对象、现场条件、施工条件等主、客观因素,在充分调查分析的基础上编制的。不同类型的施工组织设计,其编制依据有共同之处,也存在着差异,如施工组织总设计是编制单位工程施工组织设计的依据,而单位工程施工组织设计又是编制分部或分项工程施工组织设计的依据。这里仅就共同的编制依据简述如下。

① 设计文件。包括已批准的初步设计、或扩大初步设计、或施工图设计的图纸和设计说明书等。

② 国家和地区有关的技术规范、规程、定额标准等资料。

③ 国家、地区及上级主管部门的有关文件。如对建设项目的要求,工程交付使用的期限,推广新结构、新技术、新材料、新工艺的要求等。

④ 建设地区的自然条件资料。包括建设场地的地形情况、工程地质、水文地质、气象等资料。

⑤ 建设地区的技术经济条件资料。包括建设地区的有关工业生产状况、交通运输、资源供应、供水、供电和生产、生活基地设施等资料。

⑥ 施工合同规定的有关指标。如质量要求、工期要求,以及有关的技术经济指标等。

⑦ 施工企业及协作单位可能提供的劳动力、机械设备、其他资源等资料,以及施工企业的技术状况、施工经验等资料。

13.3.3 施工组织设计的分类和内容

根据施工组织设计的编制对象不同,可将其分为施工组织设计大纲、施工组织总设计、单项(位)工程施工组织设计和分部(项)工程施工组织设计。

1. 施工组织设计大纲

施工组织设计大纲是以一个投标工程项目为对象进行编制,用以指导该投标工程全过程各项活动的技术、经济、组织和控制的综合性文件。它在投标前编制,是确定工程项目投标报价的依据,也是投标书的组成部分,其编制目的是为了中标。施工组织设计大纲应包括的内容有:① 工程项目概况;② 项目施工目标;③ 项目管理组织机构;④ 项目施工部署;⑤ 项目施工进度计划;⑥ 项目施工平面图设计;⑦ 项目施工质量、成本、安全、环保等措施;⑧ 项目施工风险防范。

2. 施工组织总设计

施工组织总设计是以一个建设项目为对象进行编制,用以指导其建设全过程中各项全局性施工部署的技术、经济、组织和控制的综合性文件。它是经过招投标确定了总承包单位之后，在总承包单位的总工程师主持下，会同各分包单位的相应工程师共同编制的，它是编制单项(位)工程施工组织设计的依据。施工组织总设计应包括的内容有：① 建设项目概况；② 项目管理组织机构；③ 施工部署及主要项目的施工方案；④ 全场性施工准备工作计划；⑤ 施工总进度计划；⑥ 各项资源需要量总计划；⑦ 施工总平面图设计；⑧ 施工总质量、成本、安全、环保等措施；⑨ 施工风险总防范；⑩ 主要技术经济指标。

3. 单项(位)工程施工组织设计

单项(位)工程施工组织设计是以一个单项或一个单位工程为对象进行编制，用以指导施工全过程各项活动的技术、经济、组织和控制的综合性文件。它是在签订相应工程施工合同之后，在承包单位项目经理组织下，由项目工程师负责编制的，它是编制分部(项)工程施工组织设计依据。单项(位)工程施工组织设计应包括的内容有：① 工程概况及其施工特点分析；② 施工方案的选择；③ 单位工程施工准备工作计划；④ 单位工程施工进度计划；⑤ 各项资源需要量计划；⑥ 单位工程施工平面图设计；⑦ 质量、安全、成本、环保及冬期和雨季施工等技术组织保证措施；⑧ 主要技术经济指标。

4. 分部(项)工程施工组织设计

分部(项)工程施工组织设计是以某一个重要的分部工程或分项工程为对象进行编制，用以指导相应作业活动的技术、经济、组织和控制的综合性文件。它是在编制单项(位)工程施工组织设计的同时，由项目主管技术人员负责编制，作为该项目专业工程具体实施的依据。分部(项)工程施工组织设计应包括的内容有：① 分部分项工程概况及其施工特点分析；② 施工方法及施工机械的选择；③ 分部分项工程施工准备工作计划；④ 分部分项工程施工作业计划；⑤ 劳动力、材料和机具等需要量计划；⑥ 作业区施工平面图设计；⑦ 质量、安全和成本等技术组织保证措施。

13.3.4 施工组织设计的贯彻、检查和调整

施工组织设计的编制，只是为拟建工程的实施提供了一个可行的方案，至于这个方案的效果如何，必须通过实践去检验。重要的是在施工过程中认真贯彻、执行施工组织设计，并建立和完善各项管理制度，以保证其顺利地实施。施工组织设计贯彻的实质，就是把一个静态的平衡方案，放到不断变化的施工过程中，实行动态的管理，并考核其效果和检查其优劣，以达到预定的目标。同时，根据施工组织设计的执行情况，在检查中发现的问题及对其原因的分析，不断拟定改进措施或方案，对施工组织设计的有关部分或指标逐项进行调整，使施工组织设计在新的基础上实现新的平衡，也是十分重要的。施工组织设计的贯彻、检查和调整是一项经常性的工作，必须随着施工的进展情况，根据反馈信息及时地进行，而且要贯穿工程项目施工过程的始终。施工组织设计的贯彻、检查、调整的程序如图 13-1 所示。

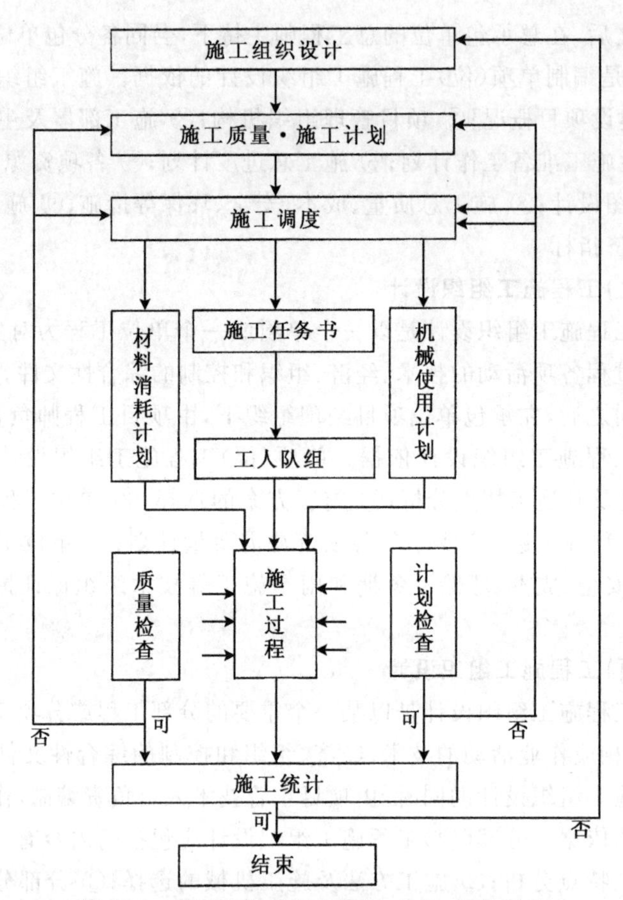

图 13-1　施工组织设计的贯彻、检查、调整程序

13.4 工程项目资料的内容与存档

在工程建设过程中会不断形成很多工程资料,因此,工程资料的管理贯穿于工程建设的全过程。工程资料的管理涉及上下级关系、协作关系、约束关系、供求关系等多方面,需要相关单位或部门的通力配合与协作,它具有综合性、系统化、多元化的管理特点。对工程资料的有效管理可以促进项目施工综合管理水平的提高,同时,工程资料也是工程竣工验收和工程评优的必备条件,工程资料对工程质量具有否决权。

13.4.1 工程项目资料的含义

工程项目资料是在工程建设过程中形成的各种形式的信息记录,包括基建文件、监理资料、施工资料和竣工图。

1. 基建文件

基建文件是指建设单位在工程建设过程中形成的文件,分为工程准备文件和竣工验收文件等。工程准备文件是在工程开工以前，在立项、审批、征地、勘察、设计、招投标等工程准备阶段形成的文件；竣工验收文件是在建设工程项目竣工验收过程中形成的文件。

2. 监理资料

监理资料是指监理单位在对工程的设计、施工等进行监理的过程中形成的资料，包括监理管理资料、监理工作记录、监理验收文件等。

3. 施工资料

施工资料是指施工单位在工程施工过程中形成的各种资料，包括施工管理资料、施工技术资料、施工测量资料、施工物资资料、施工记录、施工试验记录、施工质量验收记录和工程管理与验收资料等八个部分。

4. 竣工图

竣工图是在工程竣工验收后所绘制的、真实反映建设工程项目实施结果的图纸。

13.4.2 工程项目资料的编制与组卷存档

1. 工程项目资料的编制要求

① 应使用原件，因各种原因不能使用原件的，应在复印件上加盖原件存放单位印章，注明原件存放处，并有经办人的签字。工程资料不得使用传真件。

② 应保证字迹清晰，签字、盖章手续齐全，签字必须使用档案规定用笔。

③ 计算机形成的工程资料应采用内容打印、手工签名的方式。

④ 可采用纸质载体或声像载体。纸质载体或声像载体的工程资料均应在工程实施过程中形成、收集和整理。

⑤ 应保证基建文件、监理资料和施工资料的齐全、完整，编绘的竣工图应线条清晰、字迹清楚、图面整洁，能满足缩微和计算机扫描的要求。

2. 工程项目资料的组卷存档要求

① 建设项目的资料应按单位工程组卷。

② 应按照不同的收集、整理单位及资料类别组卷，即按基建文件、监理资料、施工资料和竣工图分别进行组卷。

③ 卷内资料排列顺序应根据卷内资料的构成而定，一般顺序为封面、目录、文字资料(或图纸)、备考表和封底。组成的案卷应美观、整齐。

④ 卷内若存有多类工程资料时，同类资料按自然形成的顺序和时间排序，不同资料之间的排列顺序应按工程类别、工程性质和工程进展的先后顺序排列。

⑤ 案卷不宜过厚，一般不超过 40 mm，案卷内不应有重复资料。

⑥ 文字材料和图纸材料原则上不能混装在一个装具内，如果材料较少，需放在一个装具内时，文字材料和图纸材料不可混合装订，应将文字材料排前，图纸材料排后。

思　考　题

13-1　建设工程产品的生产有哪些特点？

13-2　工程项目应遵循怎样的施工程序?

13-3　简述工程项目施工的组织原则。

13-4　施工准备工作如何分类?

13-5　施工准备工作包括哪几方面的内容?

13-6　什么是施工组织设计?

13-7　简述施工组织设计的编制原则和依据。

13-8　施工组织设计分为哪几类?它们各包括哪些内容?

13-9　如何进行施工组织设计的贯彻、检查与调整?

13-10　工程项目的管理资料包括哪些内容?在存档时应注意哪些问题?

第14章　流水施工原理

【内容提要和学习要求】

① 流水施工概述：掌握流水施工的概念；熟悉流水施工的表达方式；了解流水施工的技术经济效果，流水施工分级。

② 流水施工参数：掌握施工过程、施工段的概念；掌握时间参数的概念与计算；熟悉流水强度、工作面和施工层的概念。

③ 流水施工的组织：掌握固定节拍流水、加快成倍节拍流水和分别流水的特点和组织方法。

④ 流水线法：了解流水线法的组织方法。

14.1 流水施工概述

流水施工方法是有效地组织建设工程施工的科学方法之一，它与其他工业产品的流水线生产相似，但由于建设工程产品及其生产的特点不同，因而流水施工的概念、特点和效果与其他工业产品的流水作业也有所不同。后者是元件及产品在流水线上从一个工序向另一个工序流动，生产者是固定的；而建设工程，产品却是固定不动的，流水施工则是专业施工队伍从一个施工段向另一个施工段移动，生产者和某些生产设备是流动的施工。

14.1.1 流水施工概念

在组织土木工程施工时，可以采用依次施工、平行施工和流水施工等组织方式，不同的组织方式，其技术经济效益亦不同。现通过例14-1的分析与比较，来说明流水施工的基本概念和优越性。

【例14-1】 某四幢相同的建筑物，编号分别为甲、乙、丙、丁。其基础施工均包括挖土方、做垫层、砌基础和回填土四个施工过程，且工程量都相等，施工天数也均为5 d，各施工过程的工作队人数依次为10人、8人、22人、5人。现以该工程为例说明三种施工组织方式。

1. 依次施工

依次施工组织方式是将拟建工程项目的整个建造过程分解成若干个施工过程，按照一定的顺序，前一个施工过程（工程）完成后，后一个施工过程（工程）才开始施工的组织方式。它是一种最基本、最原始的施工组织方式。如图14-1“依次施工”栏所示,其特点如下。

① 由于没有充分利用工作面去争取时间,所以工作面有停歇,工期长。

② 工作队不能实现专业化施工,不利于改进工人的操作方法和施工机具,不利于提高工程质量和劳动生产率;若采用专业工作队施工,则会存在窝工现象。

③ 施工机具及材料的供应无法保持连续和均衡。

④ 单位时间内投入的资源量比较少,有利于资源组织供应。

⑤ 施工现场的组织、管理比较简单。

当工程规模比较小、施工工作面有限且工期较宽余时,依次施工是适用的,亦是常见的组织方式。

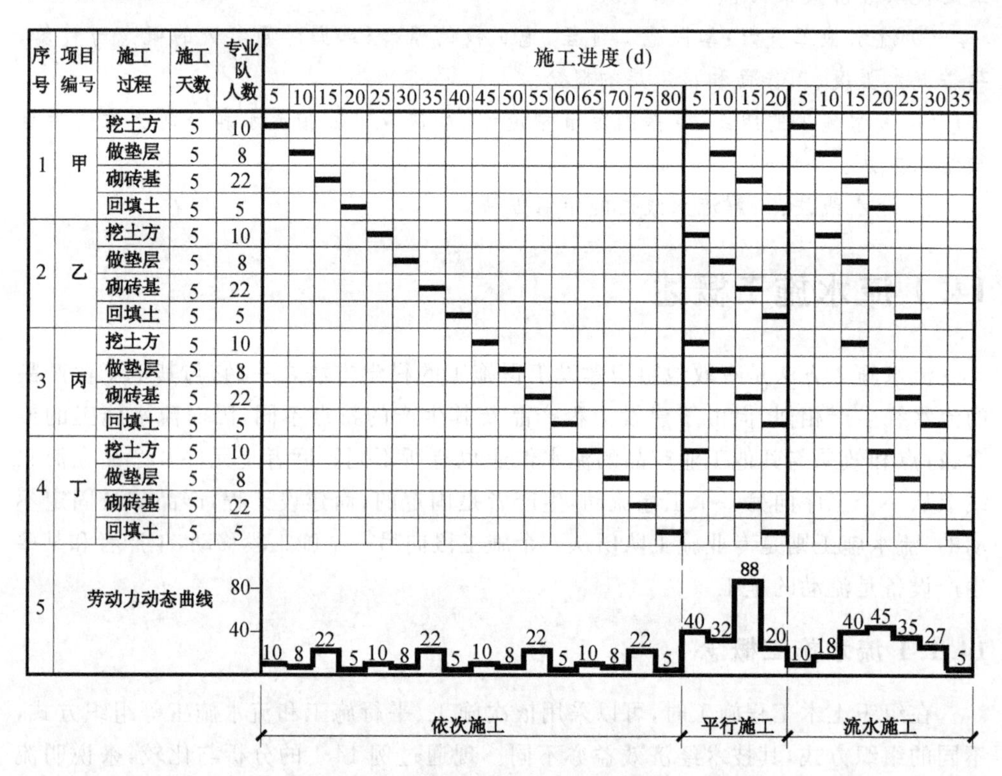

图 14-1 施工组织方式对比分析

2. 平行施工

平行施工组织方式是将全部工程项目组织几个相同的工作队,在同一时间、不同的空间上平行安排施工,同时开工,同时完成。如图 14-1 中"平行施工"栏所示,其特点如下。

① 充分利用了工作面,争取了时间,因而工期短。

② 它适于组织综合工作队施工,不能实现专业化施工,不利于提高工程质量和劳动生产率。

③ 如采用专业工作队施工,则工作队不能连续作业。

④ 单位时间投入施工的资源量成倍增长，现场临时设施也相应增加。

⑤ 施工现场组织、管理复杂，管理费用增加。

平行施工一般适用于工期要求紧迫、大规模建筑群施工及分期分批组织施工的工程任务，同时要求各种资源供应有可靠保证的情况下，才能采用。

3. 流水施工

流水施工组织方式是将工程项目的全部建造过程，在工艺上分解为若干个施工过程，在平面上划分为若干个施工段，在竖向上划分为若干个施工层，然后按照施工过程组建相应的专业工作队（或组）进行施工的组织方式。该种方式各专业工作队的人数、使用材料和机具基本不变，按规定的施工顺序依次、连续地投入到各施工层（一般从第一层开始）的第一、第二、第三……施工段上进行施工，并使相邻两个专业工作队，尽可能合理地平行搭接，在规定的时间内完成施工任务。如图14-1“流水施工”栏所示。其特点如下。

① 尽可能地利用了工作面，争取了时间，所以工期较短，若能合理地平行搭接，将进一步缩短工期。

② 能实现专业化生产，有利于改进操作技术，保证工程质量和提高劳动生产率。

③ 各工作队能够连续作业，不易产生窝工现象。同时使相邻专业队的开工时间能够最大限度地搭接。

④ 单位时间内投入的资源量较为均衡，有利于资源的组织供应。

⑤ 现场易于进行施工组织和管理，为文明施工和科学管理，创造了有利条件。

流水施工是目前普遍采用的施工组织方式。

14.1.2 流水施工的技术经济效果

流水施工是在依次施工和平行施工的基础上产生的，它既克服了两者的缺点，又兼有两者的优点。通过上述的对比分析不难看出，流水施工在工艺划分、时间排列和空间布置上都是一种科学、先进和合理的施工组织方式，具有显著的技术经济效果。主要表现在以下几点。

① 科学地安排施工进度，并可安排搭接施工，减少了因组织不善而造成的停工、窝工损失，合理地利用了时间和空间，故能有效地缩短工期，尽早竣工，使项目发挥其效益。

② 按专业工种建立劳动组织，实现了专业化生产，有利于改进操作技术和施工机具，有利于保证工程质量，也有利于提高劳动生产率。从而可以降低工程成本，从长远考虑还可减少项目的维修费用。

③ 由于流水施工具有节奏性、均衡性和连续性的优点，使得劳动消耗、物资供应、机械设备利用都处于相对平稳状态，利于发挥管理水平、减少物资损失和施工管理费，降低工程成本，提高承建单位的经济效益。

14.1.3 流水施工表达方式

流水施工的表达方式主要有横道图和网络图两种，其中横道图表达方式又有水平指示图表、垂直指示图表两种。流水施工网络图的表达方式详见本书第 15 章。

1. 水平指示图表

流水施工水平指示图表的表达方式如图 14-2 所示。横坐标表示流水施工的持续时间，即施工进度；纵坐标表示开展流水施工的施工过程、专业工作队名称、编号和数目；呈梯形分布的水平线段和圆圈中的编号，表示施工段数及进入施工的开展顺序。

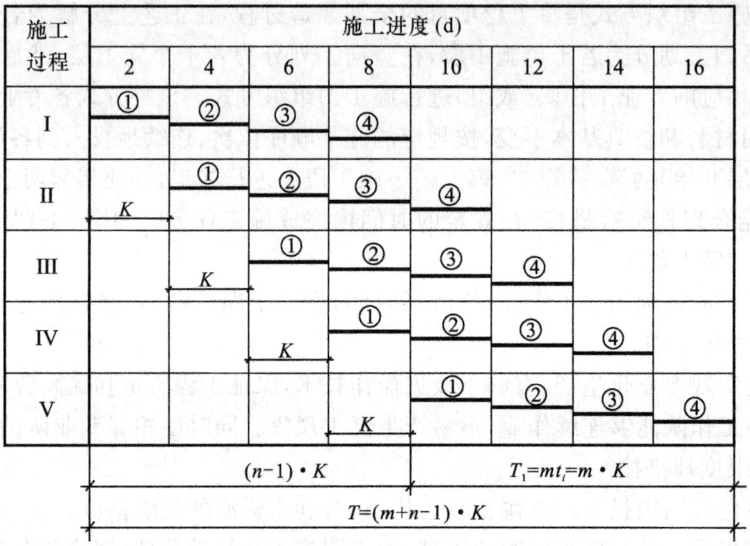

施工过程	施工进度 (d)							
	2	4	6	8	10	12	14	16
I	①	②	③	④				
II	K	①	②	③	④			
III		K	①	②	③	④		
IV			K	①	②	③	④	
V				K	①	②	③	④

$(n-1)\cdot K$　　$T_1=mt_i=m\cdot K$

$T=(m+n-1)\cdot K$

图 14-2 流水施工水平指示

2. 垂直指示图表

流水施工垂直指示图表的表达方式如图 14-3 所示。横坐标表示流水施工的持续时间，即施工进度；纵坐标表示开展流水施工的施工段数及编号；斜向线段表示一个施工过程或专业工作队分别投入各个施工段工作的时间和顺序。

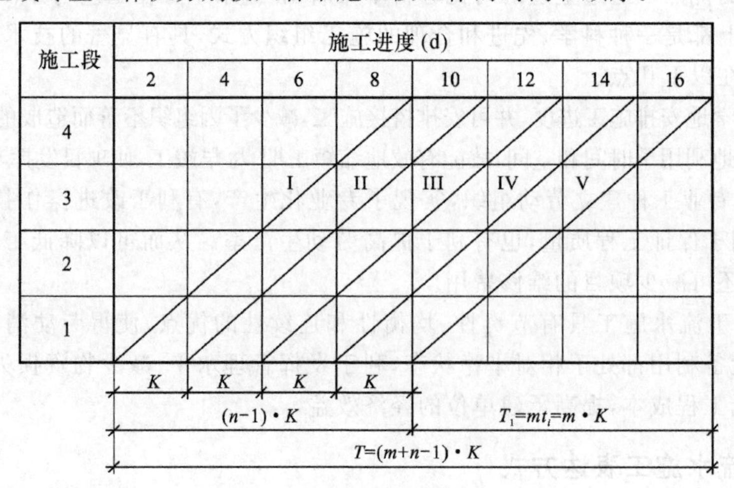

图 14-3 流水施工垂直指示

14.1.4 流水施工分级

根据流水施工组织的范围不同，通常可分为以下四级。

① 分项工程流水。分项工程流水又称细部流水，即在一个专业工种内部组织的流水施工。例如，砌砖过程中各工序之间的流水。分项工程流水是范围最小的流水，在项目施工进度计划表上，它是一条标有施工段或工作队编号的水平指示线段或斜向指示线段。

② 分部工程流水。分部工程流水又称专业流水，是在一个分部工程内部，各分项工程之间组织的流水施工。例如，砖混结构主体工程中砌砖墙、支模板、扎钢筋、浇筑混凝土等工艺之间的流水施工。在项目施工进度计划表上，它由一组标有施工段或工作队编号的水平指示线段或斜向指示线段来表示。

③ 单位工程流水。单位工程流水又称综合流水，是在一个单位工程内部，各分部工程之间组织的流水施工。例如，基础工程、主体工程、屋面工程、装饰工程等之间的流水施工。在项目施工进度计划表上，它是若干组分部工程的进度指示线段，并由此构成一张单位工程施工进度计划。

④ 群体工程流水。群体工程流水又称大流水，它是在若干单位工程之间组织的流水施工，是为完成工业或民用建筑群而进行组织的全场性的综合流水的总和，反映在进度计划上是一个项目的施工总进度计划。

14.2 流水施工参数

在组织工程项目流水施工时，用以表达流水施工在施工工艺、空间布置和时间排列方面开展状态的参数，统称为流水施工参数。它包括工艺参数、空间参数和时间参数三类。

14.2.1 工艺参数

用以表达流水施工在施工工艺上的开展顺序及其特性的参量，称为工艺参数。它包括施工过程和流水强度两项。

1. 施工过程

1）施工过程分类

在工程项目施工中，施工过程所包含的施工范围可大可小，既可以是分项工程或分部工程，也可以是单位工程或单项工程。根据工艺性质不同，一般可划分为以下几类。

（1）制备类施工过程

制备类施工过程是指为了提高建设产品的加工能力而形成的施工过程。如砂浆、混凝土、构配件和制品的制备过程。它一般不占用工程项目的施工空间，不影响总工期,因此,不必反映在进度计划表上。

(2) 运输类施工过程

运输类施工过程是指将工程材料、构配件、设备和制品等物资,运到施工现场仓库或使用地点而形成的施工过程。它一般也不占用工程项目的施工空间,不影响总工期,通常不列入施工进度计划中;但在结构安装工程中,若采用随运输随安装方案的运输过程时,它对总工期有一定影响,须列入施工进度计划中。

(3) 砌筑安装类施工过程

砌筑安装类施工过程是指在施工项目空间上,直接进行最终建设工程产品加工而形成的施工过程。如砌砖墙、现浇结构支模板、绑扎钢筋、浇筑混凝土等分项工程,或基础工程、主体工程、屋面工程和装饰工程等分部工程。它们占用施工项目的空间并影响总工期,必须列入进度计划表中。

2) 施工过程数目的确定

施工过程的数目以 n 表示,它是流水施工的基本参数之一。拟建工程项目的施工过程数目较多,在确定列入施工进度计划表中的施工过程时,应注意以下几个问题。

① 占用工程项目施工空间并对工期有直接影响的分部分项工程才应列入表中。

② 施工过程数目要适量,它与施工过程划分的粗细程度有关。划分太细,将使流水施工组织复杂化,造成主次不分明;划分太粗,则使进度计划过于笼统,不能起到指导施工的作用。一般情况下,对于控制性进度计划,项目划分可粗一些,通常只需列出分部工程的名称;而对于实施性进度计划,项目划分得应细一些,通常要列出分项工程的名称。

③ 要找出主导施工过程,即工程量大、对工期影响大或对流水施工起决定性作用的施工过程,以便于抓住关键环节。

④ 某些穿插性施工过程可合并到主导施工过程中,或对在同一时间内、由同一专业工作队施工的过程,可合并为一个施工过程。而对于各项次要的零星分项工程,可合并为其他工程一项。

⑤ 水暖电卫工程和设备安装工程通常由专业工作队负责施工,在一般土建工程施工进度计划中,只反映这些工程与土建工程的配合关系即可。

2. 流水强度

某施工过程在单位时间内所完成的工程量,称为该施工过程的流水强度。流水强度一般以 V 表示,它可由公式(14-1)或公式(14-2)计算求得。

1) 机械作业流水强度

$$V_{机} = \sum_{j=1}^{x} R_j \cdot S_j \tag{14-1}$$

式中 $V_{机}$——某施工过程的机械作业流水强度;

R_j——投入施工过程的某种施工机械台数;

S_j——投入施工过程的某种施工机械产量定额；

x——投入施工过程的施工机械种类数。

2）人工作业流水强度

$$V_{人}=R\cdot S \tag{14-2}$$

式中　$V_{人}$——某施工过程的人工作业流水强度；

R——投入施工过程的专业工作队的工人数；

S——投入施工过程的专业工作队平均产量定额。

14.2.2 空间参数

用以表达流水施工在空间布置上所处状态的参量，称为空间参数。它包括工作面、施工段和施工层三项。

1. 工作面

某专业工种的工人在生产建设工程产品时所必须具备的活动空间，称为该工种的工作面。它是根据该工种的产量定额和安全施工技术规程的要求确定。工作面确定合理与否，将直接影响专业工种生产效率的高低。建筑施工中主要工种的工作面参考数据如表 14-1 所示。

表 14-1　主要工种工作面参考数据

工作项目	每个技工的工作面	说明
砖基础	7.6 m/人	以 1.5 砖厚计，2 砖厚乘以 0.8、3 砖厚乘以 0.55
砌砖墙	8.5 m/人	以 1 砖厚计，1.5 砖厚乘以 0.71、2 砖厚乘以 0.57
毛石墙基	2 m/人	以 60 cm 厚计
毛石墙	3.3 m/人	以 40 cm 厚计
混凝土柱、墙基础	8 m^3/人	机拌、机捣
混凝土设备基础	7 m^3/人	机拌、机捣
现浇钢筋混凝土柱	2.45 m^3/人	机拌、机捣
现浇钢筋混凝土梁	3.20 m^3/人	机拌、机捣
现浇钢筋混凝土楼板	5 m^3/人	机拌、机捣
预制钢筋混凝土柱	5.3 m^3/人	机拌、机捣
预制钢筋混凝土梁	3.6 m^3/人	机拌、机捣
预制钢筋混凝土屋架	2.7 m^3/人	机拌、机捣
预制钢筋混凝土平板、空心版	1.91 m^3/人	机拌、机捣
预制钢筋混凝土大型层面板	2.62 m^3/人	机拌、机捣
混凝土地坪及面层	40 m^2/人	机拌、机捣
外墙抹灰	16 m^2/人	
内墙抹灰	18.5 m^2/人	
卷材屋面	18.5 m^2/人	
水泥砂浆防水屋面	16 m^2/人	
门窗安装	11 m^2/人	

2. 施工段

划分施工段是组织流水施工的基础，通常把拟建工程项目在各个施工层平面上划分成若干个施工段落，称为施工段。施工段数以 m 表示，它是流水施工的基本参数之一。

1）施工段划分的原则

施工段数目要适当。过多，每段工作面较小，势必减少工人数，延长工期；过少，又会造成资源供应过分集中，不利于组织流水施工。因此，为使施工段划分得合理，一般应遵循以下原则。

① 同一专业工作队在各施工段上的劳动量应大致相等，其相差幅度不宜大于10％～15％。

② 为保证结构的整体性，施工段分界线应尽可能设置在结构变形缝处；如果必须留设在墙体中部时，应设在门窗洞口处，以减少留槎，便于接槎。

③ 为充分发挥工人（或机械）生产效率，施工段不仅要满足专业工种对工作面的要求，而且要使施工段所能容纳的劳动力人数（或机械台数）满足劳动优化组合的要求。

④ 对于多层建筑物，施工段数目 m 的确定，一般应使 $m \geqslant n$，以满足合理流水施工组织的要求。

⑤ 对于多层建筑物，既要在平面上划分施工段，又要在竖向上划分施工层。上下各施工层的分界线和段数应一致，以保证专业工作队在施工段和施工层之间，能开展有节奏、均衡和连续的流水施工。

2）施工段数 m 与施工过程数 n 的关系

为了便于讨论施工段数 m 与施工过程数 n 之间的关系，现举例说明。

【例 14-2】 某二层现浇钢筋混凝土结构，其主体工程由支模板、绑扎钢筋和浇混凝土三个施工过程组成，即 $n=3$；现分别划分为 4、3 和 2 个施工段，即 $m=4$、$m=3$ 和 $m=2$ 三种情况；流水节拍 t 均为 5 d，试分别组织流水施工。

(1) 当 $m>n$ 时

流水施工组织如图 14-4 所示。从图中可看出，各专业工作队能够连续作业，但第一施工层各施工段浇完混凝土后，工作面将空闲 5 d。这种空闲，可加以利用，以弥补技术间歇、组织间歇和备料等必需的时间。

(2) 当 $m<n$ 时

流水施工组织如图 14-5 所示。从图中可以看出，各施工段没有空闲，但各专业工作队不能连续作业而造成窝工现象。在本例中，支模工作队完成第一层的施工任务后，要停工 5 d 才能进行第二层第一段的施工，其他工作队同样也要停工 5 d。因此，工期延长了。这种情况对有数幢同类型的建筑物，可组织群体工程流水，来弥补上述停工现象；但对单一建筑物的流水施工是不适宜的，应尽量避免。

（3）当 $m=n$ 时

流水施工组织如图 14-6 所示。从图中可看出，各专业工作队能连续施工，且各施工段没有空闲。这是理想化的流水施工方案，此时要求项目管理者提高管理水平，只能进取，不能有任何时间上的延误。

施工层	施工过程	施工进度(d)									
		5	10	15	20	25	30	35	40	45	50
一层	支设模板	①	②	③	④						
	绑扎钢筋		①	②	③	④					
	浇混凝土			①	②	③	④				
二层	支设模板					①	②	③	④		
	绑扎钢筋						①	②	③	④	
	浇混凝土							①	②	③	④

图 14-4　$m>n$ 时流水作业开展状况

施工层	施工过程	施工进度(d)						
		5	10	15	20	25	30	35
一层	支设模板	①	②					
	绑扎钢筋		①	②				
	浇混凝土			①	②			
二层	支设模板				①	②		
	绑扎钢筋					①	②	
	浇混凝土						①	②

图 14-5　$m<n$ 时流水作业开展状况

综上所述，施工段数的多少，直接影响工期的长短，要想保证专业工作队能够连续施工，必须满足 $m\geqslant n$ 的要求。

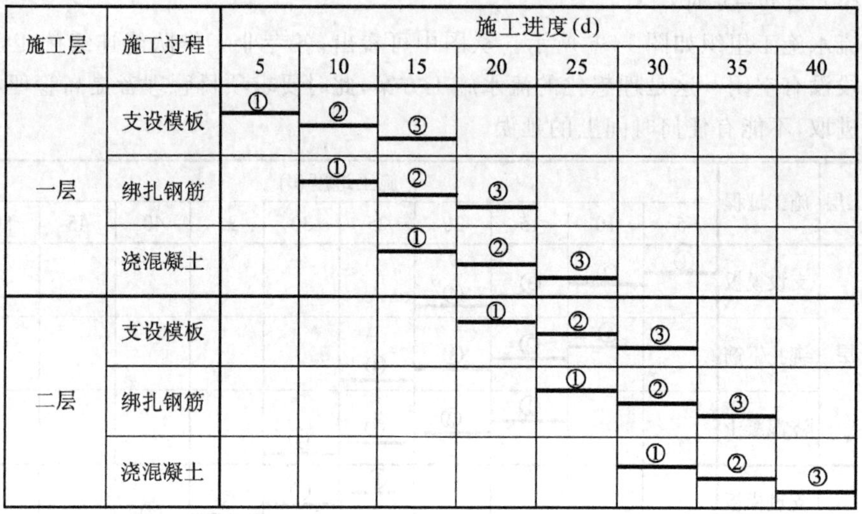

施工层	施工过程	施工进度(d)							
		5	10	15	20	25	30	35	40
一层	支设模板	①	②	③					
	绑扎钢筋		①	②	③				
	浇混凝土			①	②	③			
二层	支设模板				①	②	③		
	绑扎钢筋					①	②	③	
	浇混凝土						①	②	③

图 14-6 $m=n$ 时流水作业开展状况

3. 施工层

为满足专业工种对操作高度和施工工艺的要求，将拟建工程项目在垂直方向上划分为若干施工操作层，称为施工层，用 r 表示。施工层的划分，要根据工程结构的具体情况来确定，一般一个结构层即为一个施工层。

14.2.3 时间参数

用以表达流水施工在时间排列上所处状态的参量，称为时间参数。它包括流水节拍、流水步距、技术间歇、组织间歇、平行搭接时间和流水施工工期等六项。

1. 流水节拍

流水节拍是指某个专业工作队在一个施工段上完成工作的持续时间。流水节拍以 t 表示，它是流水施工的重要参数之一。

流水节拍数值的大小，可以反映流水速度快慢、资源供应量大小。其数值可按下列三种方法确定。

(1) 定额计算法(单一计算法)

这是根据各施工段的工程量、能够投入的资源量(工人数、机械台数和材料量等)，按公式(14-3)进行计算

$$t=\frac{Q}{SRN}=\frac{QH}{RN}=\frac{P}{RN} \tag{14-3}$$

式中 t——某施工过程的流水节拍；

Q——某施工段的工程量；

S——产量定额，即单位时间(工日或台班)能完成的工程量；

R——某专业工作队的工人数或机械台数；

H——时间定额，即单位工程量的时间消耗（工日或台班）；

N——某专业工作队的工作班次；

P——某施工段所需的劳动量或机械台班量。

（2）工期倒排法

对于某些在规定日期内必须完成的工程项目，通常采用倒排进度法。具体步骤如下。

① 根据工期倒排进度，先确定单位工程工期，再确定分部工程、分项工程工期及某施工过程的工作持续时间。

② 确定某施工过程在某施工段上的流水节拍，按公式(14-4)进行计算

$$t=\frac{D}{m} \tag{14-4}$$

式中 D——某施工过程的工作持续时间；

m——某施工过程的施工段数。

（3）经验估算法（三时估算法）

经验估算法是根据以往的施工经验进行估算。一般先估算出该流水节拍的最长、最短和正常（即最可能）三种时间，然后据此求出期望时间，作为某专业工作队在某施工段上的流水节拍。一般按公式(14-5)进行计算

$$t=\frac{a+4c+b}{6} \tag{14-5}$$

式中 a——某施工过程在某施工段上的最短估算时间；

b——某施工过程在某施工段上的最长估算时间；

c——某施工过程在某施工段上的正常估算时间。

（4）确定流水节拍时，尚应注意以下几个问题

① 流水节拍在数值上应为半个工作班的整数倍，最好取为整数班。

② 应首先确定主导施工过程的流水节拍，据此再确定其他施工过程的流水节拍，并尽可能地有节奏，以便组织节奏流水。

③ 因采用的施工方法、投入的劳动力或施工机械的多少，以及工作班次的数目等因素都对流水节拍有影响，故可通过调整这些因素来改变流水节拍的大小。

④ 流水节拍的取值既要满足专业工作队劳动组织方面的限制和要求，又要满足工作面的需要。

2. 流水步距

流水步距是指相邻两个专业工作队先后投入同一施工段开始施工的合理时间间隔，以 $K_{i,i+1}$ 表示，它也是流水施工的重要参数之一。

当施工段确定后，流水步距的大小同流水节拍一样，均直接影响到流水施工的工期。K 越大，则工期越长；反之，则越短。K 的数目取决于参加流水的施工过程数或专业工作队数，如施工过程数为 n，则 K 的总数为$(n-1)$；若专业工作队总数为 n_1，则 K 的总数为(n_1-1)。

1）确定流水步距的原则

① 应确保先后施工过程的工艺顺序，满足相邻专业工作队的制约关系，在施工时间上实现最大限度和合理地搭接。

② 尽可能保证专业工作队能够连续作业，妥善处理技术或组织间歇时间，避免停工或窝工。

③ 流水步距至少应为一个或半个工作班的持续时间，与流水节拍保持一定的关系，以便组织流水。

2）确定流水步距的方法

流水步距的计算方法很多，应根据流水节拍的特征来确定。其简便计算方法主要有：潘特考夫斯基法、图上分析法和分析计算法。下面着重介绍常用的方法——潘特考夫斯基法，它的文字可表达为："累加数列错位相减取其最大差"，具体计算步骤如下。

① 根据专业工作队在各施工段上的流水节拍，求累加数列。

② 根据施工顺序，对相邻的两行累加数列，错位相减。

③ 根据错位相减的结果，确定相邻专业工作队之间的流水步距，即取相减结果中数值最大者。

【例 14-3】 某工程由四个施工过程组成。它们分别由专业工作队Ⅰ、Ⅱ、Ⅲ、Ⅳ完成。该工程在平面上划分为 A、B、C、D 四个施工段，每个专业工作队在各个施工段上的流水节拍如表 14-2 所示。试确定专业工作队之间的流水步距。

表 14-2 施工作业持续时间

专业工作队编号	流水节拍(d)			
	A	B	C	D
Ⅰ	4	2	4	3
Ⅱ	5	3	4	2
Ⅲ	3	4	3	5
Ⅳ	3	5	1	4

【解】

① 求各专业工作队流水节拍的累加数列。

Ⅰ：4， 6， 10， 13

Ⅱ：5， 8， 12， 14

Ⅲ：3， 7， 10， 15

Ⅳ：3， 8， 9， 13

② 累加数列错位相减。

Ⅰ与Ⅱ：

$$\begin{array}{rrrrrr} & 4, & 6, & 10, & 13 & \\ - & & 5, & 8, & 12, & 14 \\ \hline & 4, & 1, & 2, & 1, & -14 \end{array}$$

Ⅱ与Ⅲ：

	5，	8，	12，	14	
—		3，	7，	10，	15
	5，	5，	5，	4，	−15

Ⅲ与Ⅳ：

	3，	7，	10，	15	
—		3，	8，	9，	13
	3，	4，	2，	6，	−13

③ 确定流水步距。

因流水步距等于错位相减所得结果中数值最大者，故：

$$K_{Ⅰ、Ⅱ}=\max\{4,1,2,1,-14\}=4\ \mathrm{d}$$
$$K_{Ⅱ、Ⅲ}=\max\{5,5,5,4,-15\}=5\ \mathrm{d}$$
$$K_{Ⅲ、Ⅳ}=\max\{3,4,2,6,-13\}=6\ \mathrm{d}$$

3. 技术间歇时间

技术间歇时间是由工程材料或施工过程的工艺性质所决定的间歇时间，一般用$Z_{i,i+1}$表示。如现浇混凝土构件的养护时间，抹灰层和油漆层的干燥硬化时间等。

4. 组织间歇时间

组织间歇时间是由施工组织原因而造成的间歇时间，一般用$G_{i,i+1}$表示，或与技术间歇统一用$Z_{i,i+1}$表示。如回填土前地下管道的检查验收，施工机械转移和砌砖墙前墙身位置弹线所需时间，以及其他作业前准备工作的时间。

5. 平行搭接时间

相邻两个施工过程的专业工作队在同一施工段上的衔接关系，通常是前者全部结束后后者才能开始。但为了缩短工期，有时处理成平行搭接关系，即当前者已完部分施工，可以满足后者的工作面要求时，后者可以提前进入同一施工段，两者在同一施工段上同时施工。其同时施工的持续时间，称为相邻两个施工过程之间的平行搭接时间，并以$C_{i,i+1}$表示。

6. 流水施工工期

流水施工工期是指从第一个专业工作队投入流水施工开始，到最后一个专业工作队完成流水施工为止的整个持续时间。由于一项建设工程往往包含有许多流水组，故流水施工工期一般均不是整个工程的总工期。

14.3 流水施工的组织

在土木工程施工中，分部工程流水（即专业流水）是组织流水施工的基础。根据工程项目施工的特点和流水参数的不同，一般专业流水施工组织分为固定节拍流水、成倍节拍流水和分别流水三种。

14.3.1 固定节拍流水

在固定节拍流水中，各施工过程在各个施工段上的流水节拍均相等，即为常数，故也称为全等节拍流水或等节奏流水。固定节拍流水一般适用于工程规模较小、结构比较简单、施工过程不多的建筑物或某些构筑物的施工，常用于组织一个分部工程的流水施工。

1. 固定节拍流水施工组织的特点

① 各施工过程的流水节拍彼此相等。如有 n 个施工过程，则

$$t_1 = t_2 = \cdots = t_{n-1} = t_n = t\text{(常数)}$$

② 流水步距彼此相等，而且等于流水节拍，即

$$K_{1,2} = K_{2,3} = \cdots = K_{n-1,n} = K = t\text{(常数)}$$

③ 各专业工作队在各施工段上能够连续作业，施工段之间没有空闲时间。

④ 专业工作队数等于施工过程数，即 $n_1 = n$。

2. 施工段数 m 的确定

① 无层间关系时，施工段数 m 按划分施工段的基本要求确定即可。

② 有层间关系时，为了保证各专业工作队连续施工，应取 $m \geqslant n$。此时，每层施工段空闲数为 $m-n$，一个空闲施工段的时间为 t，则每层的空闲时间为

$$(m-n) \cdot t = (m-n) \cdot K$$

若同一个施工层内各施工过程间的技术、组织间歇时间之和为 $\sum Z_1$，相邻施工层间的技术、组织间歇时间为 Z_2；且每层的 $\sum Z_1$ 均相等，Z_2 也相等，则保证各专业工作队能连续施工的施工段数 m 确定如下：

$$(m-n)K \geqslant \sum Z_1 + Z_2$$

$$m \geqslant n + \frac{\sum Z_1}{K} + \frac{Z_2}{K} \tag{14-6}$$

式中 $\sum Z_1$—— 同一施工层内各施工过程间的技术、组织间歇时间之和；

Z_2—— 相邻施工层间技术、组织间歇时间，若 Z_2 不相等，取大者。

其余符号同前。

如果所划分的施工段数不能满足上式要求，则各专业队只能保持一层内连续作业。

3. 流水施工工期计算

流水施工工期的计算是在各专业队连续作业的情况下进行。

① 无层间关系时，一般工期计算公式为

$$T = \sum K_{i,i+1} + T_n + \sum Z_1 - \sum C_1 \tag{14-7a}$$

或
$$T=(n-1)K+mK+\sum Z_1-\sum C_1 \tag{14-7b}$$

或
$$T=(m+n-1)K+\sum Z_1-\sum C_1 \tag{14-7c}$$

式中　T—— 流水施工的工期；

T_n—— 最后一个专业工作队完成全部工作的持续时间，$T_n=m\cdot t_n=m\cdot t$；

$\sum C_1$—— 同一施工层内各施工过程之间的平行搭接时间之和。

其余符号同前。

② 有层间关系时，可按公式(14-8)进行计算

$$T=(m\cdot r+n-1)K+\sum Z_1-\sum C_1 \tag{14-8}$$

式中　r——施工层；

m,r,K 已包含 Z_2 项，故其不再单独出现。

其余符号同前。

【例 14-4】　某分部工程划分为 A、B、C、D 四个施工过程，每个施工过程分三个施工段，各施工过程的流水节拍均为 4 d，试组织固定节拍流水施工。

【解】　根据已知条件，应组织固定节拍流水。

① 确定流水步距。

$$K=t=4\ \text{d}$$

② 计算流水施工工期，由式(14-7c)得

$$T=(m+n-1)K=(3+4-1)\times 4\ \text{d}=24\ \text{d}$$

③ 用横道图绘制流水进度计划，如图 14-7 所示。

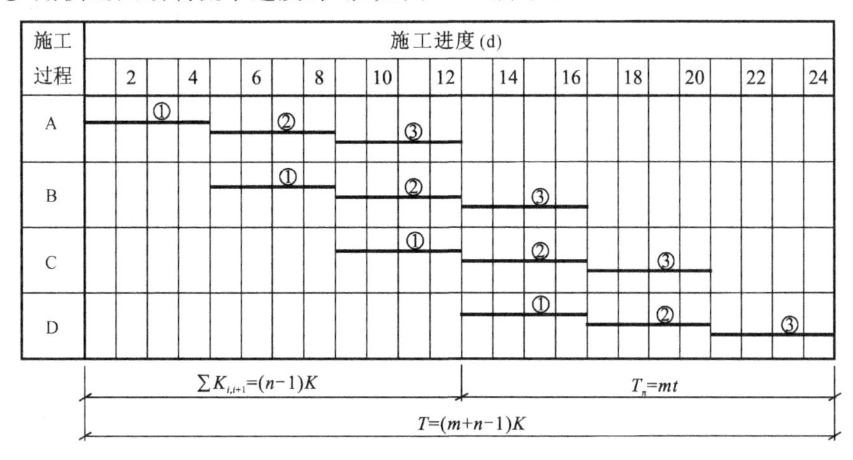

图 14-7　某工程无间歇固定节拍流水施工进度计划

【例 14-5】　某工程由 A、B、C、D 四个施工过程组成，划分成两个施工层组织流水施工，各施工过程的流水节拍均为 2 d，其中，施工过程 B 与 C 之间有 2 d 的技术间歇时间，层间技术间歇为 2 d。为了保证专业工作队连续作业，试确定施工段数，计算工期，并绘制流水施工进度表。

【解】 根据已知条件,应组织固定节拍流水。

① 确定流水步距。

$$K = K_{A,B} = K_{B,C} = K_{C,D} = t = 2\ \text{d}$$

② 确定施工段数,由公式(14-6)得

$$m \geqslant n + \frac{\sum Z_1}{K} + \frac{Z_2}{K} = (4 + \frac{2}{2} + \frac{2}{2})\ 段 = 6\ 段$$

取 $m = 6$ 段,各专业队连续作业。

③ 计算流水施工工期,由公式(14-7c)得

$$T = (m \cdot r + n - 1)K + \sum Z_1 - \sum C_1$$
$$= [(6 \times 2 + 4 - 1) \times 2 + 2 - 0]\ \text{d} = 32\ \text{d}$$

④ 绘制流水施工进度表如图 14-8 所示。

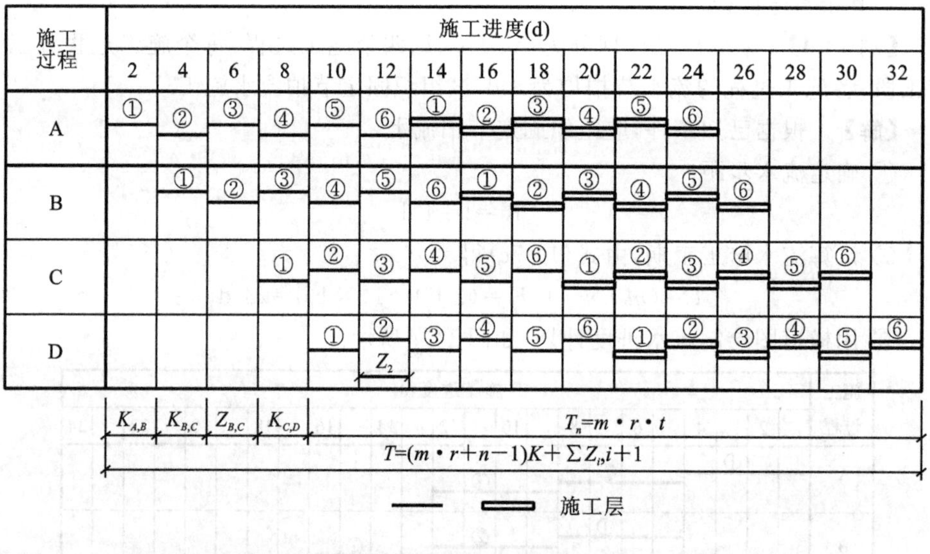

施工过程	施工进度(d)															
	2	4	6	8	10	12	14	16	18	20	22	24	26	28	30	32
A	①	②	③	④	⑤	⑥	①	②	③	④	⑤	⑥				
B		①	②	③	④	⑤	⑥	①	②	③	④	⑤	⑥			
C				①	②	③	④	⑤	⑥	①	②	③	④	⑤	⑥	
D					①	② Z_2	③	④	⑤	⑥	①	②	③	④	⑤	⑥

$K_{A,B}$ $K_{B,C}$ $Z_{B,C}$ $K_{C,D}$ $T_n = m \cdot r \cdot t$

$T=(m \cdot r+n-1)K+\sum Z_{i},i+1$

施工层

图 14-8 某工程有间歇固定节拍流水施工进度计划(施工层横向排列)

14.3.2 成倍节拍流水

成倍节拍流水也称为异节拍流水或异节奏流水,它是指同一施工过程在各个施工段上的流水节拍相等,不同施工过程的流水节拍不相等,但它们之间存在一个最大公约数。通常,为加快流水施工进度,按最大公约数的倍数组建每个施工过程的专业工作队,据此组织的流水作业称为加快成倍节拍流水。成倍节拍流水施工组织方式适用于建筑工程中分部工程的施工,也适用于线形工程(如道路、管道)的施工。

1. 加快成倍节拍流水施工组织的特点

① 同一施工过程流水节拍相等,不同施工过程的流水节拍不相等,但它们之间存在一个最大公约数。

② 流水步距彼此相等,且等于流水节拍的最大公约数。

③ 各专业工作队能连续作业，施工段没有空闲。

④ 专业工作队数大于施工过程数，即 $n_1>n$。

2. 加快成倍节拍流水步距的确定

$$K_b = \text{最大公约数}\{\text{流水节拍}\} \tag{14-9}$$

式中　K_b——相邻两个专业队之间的流水步距。

3. 加快成倍节拍专业工作队数的确定

$$b_i = \frac{t_i}{K_b} \tag{14-10}$$

$$n_1 = \sum_{i=1}^{n} b_i \tag{14-11}$$

式中　b_i——某施工过程所需专业工作队数；

n_1——专业工作队总数；

其余符号同前。

4. 加快成倍节拍施工段数 m 的确定

① 无层间关系时，可按划分施工段的基本要求确定，一般取 $m=n_1$；

② 有层间关系时，为保证各专业队连续施工，每层施工段数可依公式(14-6)确定，仅将 n 改为 n_1、K 改为 K_b，即可推出公式(14-6)的演变公式为

$$m \geqslant n_1 + \frac{\sum Z_1}{K_b} + \frac{Z_2}{K_b}$$

5. 加快成倍节拍流水施工工期计算

无层间关系时和有层间关系时，工期计算分别依公式(14-7c)和式(14-8)确定，仅将 n 改为 n_1、K 改为 K_b 即可。

【例 14-6】 某工程由 A、B、C 三个施工过程组成，流水节拍分别为 $t_A=6$ d、$t_B=4$ d、$t_C=2$ d，试组织工期最短的流水施工，并绘制进度计划表。

【解】 根据已知条件，可组织加快成倍节拍流水。

① 确定流水步距，由公式(14-9)得

$$K_b = \text{最大公约数}\{6,4,2\}\text{d} = 2\text{ d}$$

② 确定专业工作队数，由公式(14-10)得

$$b_A = \frac{t_A}{K_b} = \frac{6}{2}\text{个} = 3\text{ 个}$$

$$b_B = \frac{t_B}{K_b} = \frac{4}{2}\text{个} = 2\text{ 个}$$

$$b_C = \frac{t_C}{K_b} = \frac{2}{2}\text{个} = 1\text{ 个}$$

专业工作队总数 $n_1 = \sum_{i=1}^{n} b_i = (3+2+1)\text{ 个} = 6\text{ 个}$

③ 确定施工段数，由公式(14-6)的演变公式得

$$m \geqslant n_1 + \frac{\sum Z_1}{K_b} + \frac{Z_2}{K_b} = 6+0+0 = 6\text{ 段}$$

取 $m=6$ 段,各专业工作队连续施工。

④ 计算流水施工工期,由公式(14-7c)得

$$T=(m+n_1-1)K_b+\sum Z_1-\sum C_1=[(6+6-1)\times 2+0-0]\ \mathrm{d}=22\ \mathrm{d}$$

⑤ 绘制流水施工进度表如图 14-9 所示。

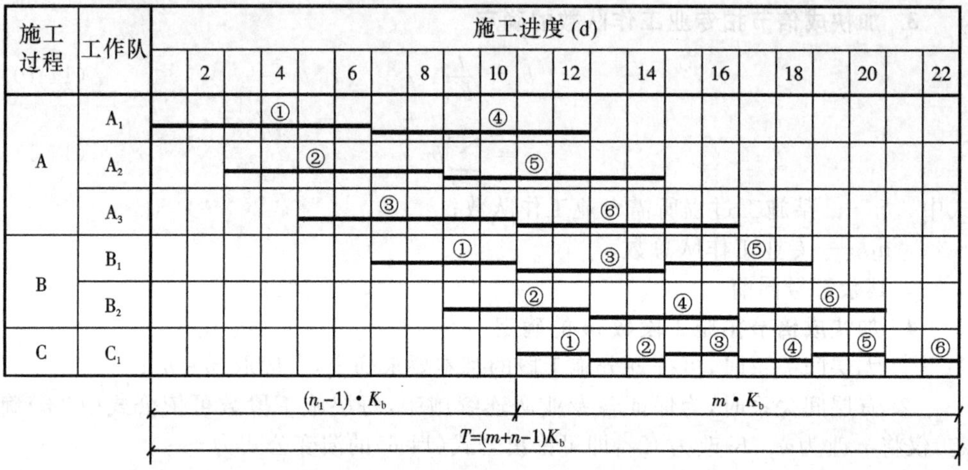

施工过程	工作队	施工进度 (d)										
		2	4	6	8	10	12	14	16	18	20	22
A	A_1		①			④						
	A_2			②			⑤					
	A_3				③			⑥				
B	B_1					①		③		⑤		
	B_2						②		④		⑥	
C	C_1						①	②	③	④	⑤	⑥

$(n_1-1)\cdot K_b$　　$m\cdot K_b$

$T=(m+n-1)K_b$

图 14-9　某工程成倍节拍流水施工进度计划

14.3.3 分别流水

在实际工程中,通常每个施工过程在各个施工段上的工程量彼此不等,各专业工作队的生产效率也不同,导致大多数的流水节拍彼此不相等,因此,难以组织有节奏流水。此时,只能按照施工顺序的要求,按照一定的计算方法,确定相邻专业工作队组之间的流水步距,使其在开工时间上最大限度地、合理地搭接起来,形成每个专业工作队组都能连续作业的流水施工方式,称为分别流水或无节奏流水。它是流水施工的普遍形式。

1. 分别流水施工组织的特点

① 每个施工过程在各施工段上的流水节拍不尽相等。

② 各个施工过程之间的流水步距也不完全相等,但与流水节拍存在一定关系。

③ 各专业工作队能连续作业,但施工段之间可能有空闲时间。

④ 专业工作队数等于施工过程数,即 $n_1=n$。

2. 流水步距的确定

分别流水施工的实质是:各专业工作队连续作业,流水步距经计算确定,使专业工作队之间在一个施工段内不相互干扰(不超前,但可能滞后),或做到前后工作队之间的工作紧紧衔接。因此,组织分别流水施工的关键就是正确计算流水步距。流水步距 K 通常采用前述"累加数列错位相减"法确定。

3. 流水施工工期计算

分别流水施工的工期可按公式(14-7a)确定。

分别流水施工不像有节奏流水施工那样有一定的时间约束，在进度安排上比较灵活、自由，适用于各种不同结构性质和规模的工程施工组织，工程中应用比较广泛。但组织多层结构施工时，各专业队不能连续作业，所以，其工期计算仅适用于无层间关系的情况。

【例 14-7】 某工程有 A、B、C、D、E 五个施工过程，平面上划分成四个施工段，每个施工过程在各个施工段上的流水节拍见表 14-3。规定 B 工作完成后有 2 天的技术间歇时间，D 工作完成后有 1 天的组织间歇时间，A 与 B 之间有 1 天的平行搭接时间，试编制流水施工方案。

表 14-3 某工程施工过程流水节拍

施工过程	施工段			
	Ⅰ	Ⅱ	Ⅲ	Ⅳ
A	3	2	2	4
B	1	3	5	3
C	2	1	3	5
D	4	2	3	3
E	3	4	2	1

【解】 根据已知条件，该工程应组织分别流水施工。

① 求流水节拍的累加数列。

A：3，5，7，11

B：1，4，9，12

C：2，3，6，11

D：4，6，9，12

E：3，7，9，10

② 累加数列错位相减。

A 与 B：

	3，	5，	7，	11，	
−		1，	4，	9，	12
	3，	4，	3，	2，	−12

B 与 C：

	1，	4，	9，	12	
−		2，	3，	6，	11
	1，	2，	6，	6，	−11

C与D：

$$\begin{array}{rrrrrr} & 2, & 3, & 6, & 11 & \\ - & & 4, & 6, & 9, & 12 \\ \hline & 2, & -1, & 0, & 2, & -12 \end{array}$$

D与E：

$$\begin{array}{rrrrrr} & 4, & 6, & 9, & 12 & \\ - & & 3, & 7, & 9, & 10 \\ \hline & 4, & 3, & 2, & 3, & -10 \end{array}$$

③ 确定流水步距。

由于流水步距等于累加数列错位相减所得结果中数值最大者，故

$$K_{A,B} = \max\{3,4,3,2,-12\}\ \mathrm{d} = 4\ \mathrm{d}$$
$$K_{B,C} = \max\{1,2,6,6,-11\}\ \mathrm{d} = 6\ \mathrm{d}$$
$$K_{C,D} = \max\{2,-1,0,2,-12\}\ \mathrm{d} = 2\ \mathrm{d}$$
$$K_{D,E} = \max\{4,3,2,3,-10\}\ \mathrm{d} = 4\ \mathrm{d}$$

④ 确定流水施工工期。

$$\begin{aligned} T &= \sum K_{i,i+1} + T_n + \sum Z_1 - \sum C_1 \\ &= [(4+6+2+4)+(3+4+2+1)+(2+1)-1]\ \mathrm{d} = 28\ \mathrm{d} \end{aligned}$$

⑤ 绘制流水施工进度表如图 14-10 所示。

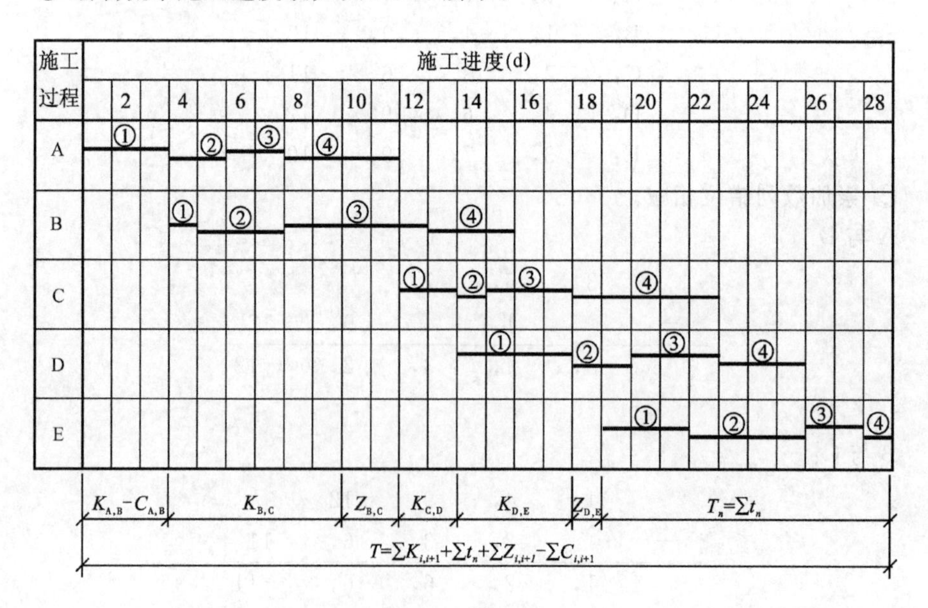

图 14-10　某工程分别流水施工进度计划

实际工程中，在组织流水施工时，应注意以下几点。

① 因三种流水施工组织方式的适用范围不同，对一个单位工程或一个建筑群来说，施工过程的流水参数往往变化很大，此时可综合采用多种流水方式，使流水施工组织易于实现。

② 三种流水组织方式，在一定条件下可以相互转化。

③ 为缩短流水施工工期，可以采用多种措施。如：增加工作班次；缩小流水节拍；扩大某些施工过程组合范围，减少施工过程数；组织加快成倍节拍流水和进行流水施工排序优化等。

④ 为避免专业工作队产生窝工现象，可在流水施工范围之外，设置平衡施工的“缓冲工程”。

14.4 流水线法

有些土木工程，如道路、管道、沟渠等，为延伸很长的构筑物，称为线性工程。对线性工程组织流水施工，称为流水线法。其具体的流水组织方法如下。

① 将线性工程划分成若干个流水施工过程。

② 分析确定主导施工过程。

③ 根据完成主导施工过程的专业工作队或机械的每班生产率，确定工作队的移动速度。

④ 根据这一移动速度安排其他施工过程的流水作业，使之与主导施工过程相配合，确保专业工作队能按照工艺顺序连续展开工作。

流水线法施工工期的计算公式为

$$T=(n-1)K+T_n+\sum Z_1-\sum C_1 \tag{14-12}$$

式中 T_n——最后一个施工过程的持续工作时间，即 $T_n=mt_n=\frac{L}{V}t_n=\frac{L}{V}K$；

L——线性工程总长；

V——工作队每天移动速度。

其余符号同前。

则

$$T=(m+n-1)K+\sum Z_1-\sum C_1 \tag{14-13}$$

【例14-8】 某管道工程全长500 m，包括沟槽开挖、管道敷设、钢管焊接和土方回填四个施工过程。其中，沟槽开挖是主导施工过程，采用机械开挖，每天挖50 m。其他施工过程也按每天50 m的速度推进，每间隔1 d投入一个专业工作队。试组织流水线法施工。

【解】 根据计算公式，本例流水参数为

$$m=\frac{L}{V}=\frac{500}{50}=10\text{段}，\quad n=4，\quad K=t=1\text{ d}$$

由式(14-13)计算流水工期得

$$T=(m+n-1)K+\sum Z_1-\sum C=[(10+4-1)\times 1+0-0]\text{d}=13\text{ d}$$

流水线进度计划如图 14-11 所示。

施工过程	工作队	施工进度(d)												
		1	2	3	4	5	6	7	8	9	10	11	12	13
开挖基槽	甲	①	②	③	④	⑤	⑥	⑦	⑧	⑨	⑩			
敷设管道	乙		①	②	③	④	⑤	⑥	⑦	⑧	⑨	⑩		
焊接钢管	丙			①	②	③	④	⑤	⑥	⑦	⑧	⑨	⑩	
回填土	丁				①	②	③	④	⑤	⑥	⑦	⑧	⑨	⑩

图 14-11　某线性工程施工进度计划

14.5 流水施工组织实例

通常,在土木工程施工中,包括很多施工过程。在组织这些施工过程的活动中,常把在工艺上互相联系的一些施工过程组成不同的专业组合,如基础工程、主体工程以及装饰工程等。对于各专业组合,按其包含的各施工过程的流水节拍的特征(节奏性),分别组织成独立的流水组进行流水作业。这些流水组的流水参数可以是不相等的,流水组织的方式也可不同。最后将这些流水组按照工艺要求和施工顺序依次搭接起来,即成为一个工程对象或一个建筑群的总体流水施工。需要指出的是,所谓专业组合是指围绕主导施工过程的组合,其他的施工过程不必都纳入流水组合,而只作为调剂项目与各流水组依次搭接。在更多情况下,考虑到工程的复杂性,在编制施工进度计划时,往往只运用流水作业的基本概念,合理选定几个主要参数,保证几个主导施工过程的连续性。对其他非主导施工过程,只力求在施工段上尽可能保持连续施工,各施工过程之间只有施工工艺和施工组织上的约束,不一定步调一致。这样,对不同专业组合或几个主导施工过程,分别组织流水施工,就可使计划的安排有较大的灵活性,而且往往更有利于计划的实现。下面以较为常见的现浇钢筋混凝土框架结构房屋的工程施工为例,来阐述流水施工的应用。

【例 14-9】 某四层学生公寓楼,底层为商业用房,上部为学生宿舍,建筑面积为 3 277.96 m^2。基础为钢筋混凝土柱下独立基础,主体工程为全现浇钢筋混凝土框架结构。装修工程为:铝合金窗、胶合板门;外墙贴面砖;内墙为中级抹灰,普通涂料刷白;底层顶棚吊顶,其余顶棚为中级抹灰,普通涂料刷白;楼地面铺地砖;屋面为

200 mm厚加气混凝土块保温层(含找坡层),上做 SBS 改性沥青防水层。该工程中各分部分项工程的劳动量情况如表 14-4 所示(计算结果取整数)。

表 14-4　某四层框架结构公寓楼劳动量一览

序　　号	分项工程名称	劳动量/工日或台班
(1)	基础工程	
①	机械开挖基槽土方	6 台班
②	混凝土垫层	30
③	绑扎基础钢筋	59
④	支设基础模板	73
⑤	浇筑基础混凝土	87
⑥	人工回填土	150
(2)	主体工程	
⑦	搭设脚手架(含安全网)	313
⑧	绑扎柱钢筋	135
⑨	支设柱、梁、板、楼梯模板	2263
⑩	浇筑柱子混凝土	204
⑪	绑扎梁、板、楼梯钢筋	801
⑫	浇筑梁、板、楼梯混凝土	939
⑬	拆除模板	398
⑭	砌空心砖墙(含安装门框)	1095
(3)	屋面工程	
⑮	铺加气混凝土保温层(含找坡层)	236
⑯	抹屋面找平层	52
⑰	铺屋面防水层	47
(4)	装饰工程	
⑱	顶棚、内墙面中级抹灰	1648
⑲	外墙贴面砖	957
⑳	楼地面及楼梯铺地砖	929
㉑	安装首层顶棚龙骨吊顶	148
㉒	安装铝合金窗	68
㉓	安装胶合板门	81
㉔	顶棚、内墙面刷涂料	380
㉕	刷油漆	69
(5)	室外工程	
(6)	水、电工程	

由于本工程中各分部工程的劳动量差异较大,因此先分别组织各分部工程的流水施工,然后再考虑它们之间的相互搭接施工。具体组织方法如下。

(1) 基础工程

基础工程包括基槽挖土、混凝土垫层、绑扎基础钢筋、支设基础模板、浇筑基础混凝土、回填土等施工过程。其中基槽挖土采用机械开挖,考虑到工作面及土方运输的需要,将机械挖土与其他手工操作的施工过程分开考虑,不纳入流水。混凝土垫层劳动量较小,为了不影响其他施工过程的流水施工,将其安排在挖土完成之后进行,也不纳入流水。对后四个施工过程,则组织固定节拍流水,即 $n = 4$;基础工程平面上划分为两个施工段,即 $m = 2$。流水施工组织如下。

绑扎基础钢筋施工班组人数为10人,采用一班制施工,其流水节拍为

$$t_{钢筋} = \frac{59}{2 \times 10 \times 1}\ \mathrm{d} = 3\ \mathrm{d}$$

其他施工过程的流水节拍均取3 d,则支设基础模板施工班组人数为

$$R_{模板} = \frac{73}{2 \times 3}\ 人 = 12\ 人$$

浇筑基础混凝土施工班组人数为

$$R_{混凝土} = \frac{87}{2 \times 3}\ 人 = 15\ 人$$

回填土方施工班组人数为

$$R_{回填} = \frac{150}{2 \times 3}\ 人 = 25\ 人$$

固定节拍流水施工的工期为

$$T = (m + n - 1)K = [(2 + 4 - 1) \times 3]\ \mathrm{d} = 15\ \mathrm{d}$$

机械开挖土方采用一台机械二班制作业,则作业持续时间为

$$t_{挖土} = \frac{6}{1 \times 2}\ \mathrm{d} = 3\ \mathrm{d}$$

浇筑混凝土垫层安排15人一班制施工,则作业持续时间为

$$t_{混凝土} = \frac{30}{15 \times 1}\ \mathrm{d} = 2\ \mathrm{d}$$

则基础分部工程的工期为

$$T_1 = (3 + 2 + 15)\ \mathrm{d} = 20\ \mathrm{d}$$

(2) 主体工程

主体工程包括绑扎柱子钢筋,支设柱、梁、板、楼梯模板,浇筑柱子混凝土,绑扎梁、板、楼梯钢筋,浇筑梁、板、楼梯混凝土,搭设脚手架,拆模板,砌空心砖墙等施工过程,其中后三个施工过程属平行穿插施工过程,仅根据施工工艺要求,尽量搭接施工即可,不纳入流水施工。本工程中平面上只宜划分为两个施工段,即 $m=2$,而组织流水施工,必须使 $m \geqslant n$,否则会出现窝工现象。很显然,施工过程只能安排两个,即 $n=2$。支设柱、梁、板、楼梯模板是主导施工过程,其他次要施工过程可合并为一个综合施工过程,其流水节拍不得大于前者,才能保证主导施工过程作业的连续性。具体组织如下。

主导施工过程的支设柱、梁、板、楼梯模板合计劳动量为2263个工日,安排施工班组人数为25人,二班制作业,则流水节拍为

$$t_{模板} = \frac{2263}{4 \times 2 \times 25 \times 2}\ \mathrm{d} = 5.66\ \mathrm{d}(取\ 6\ \mathrm{d})$$

浇筑柱、梁、板、楼梯混凝土及绑扎柱、梁、板、楼梯钢筋按一个综合施工过程来考虑，其流水节拍不得大于 6 d。其中，绑扎柱钢筋施工班组人数为 17 人，一班制作业，则其流水节拍为

$$t_{柱筋}=\frac{135}{4\times2\times17\times1}\ \mathrm{d}=1\ \mathrm{d}$$

浇筑柱混凝土施工班组人数为 14 人，二班制作业，其流水节拍为

$$t_{柱混凝土}=\frac{204}{4\times2\times14\times2}\ \mathrm{d}=1\ \mathrm{d}$$

绑扎梁、板、楼梯钢筋施工班组人数为 25 人，二班制作业，其流水节拍为

$$t_{梁板筋}=\frac{801}{4\times2\times25\times2}\ \mathrm{d}=2\ \mathrm{d}$$

浇筑梁、板、楼梯混凝土施工班组人数为 20 人，三班制作业，其流水节拍为

$$t_{混凝土}=\frac{939}{4\times2\times20\times3}\ \mathrm{d}=2\ \mathrm{d}$$

因此，综合施工过程的流水节拍仍为(1＋1＋2＋2) d＝6 d，可组织固定节拍流水施工。其流水工期为

$$T=(m\cdot r+n-1)\times t=[(2\times4+2-1)\times6]\ \mathrm{d}=54\ \mathrm{d}$$

拆除模板施工过程每段均安排在梁、板、楼梯混凝土浇筑 12 d 后进行，计划施工班组人数为 25 人，一班制作业，其流水节拍为

$$t_{拆模}=\frac{398}{4\times2\times25\times1}\ \mathrm{d}=2\ \mathrm{d}$$

砌空心砖墙(含门框安装)安排施工班组人数为 45 人，一班制作业，其流水节拍为

$$t_{砌墙}=\frac{1095}{4\times2\times45\times1}\ \mathrm{d}=3\ \mathrm{d}$$

则主体工程的工期为

$$T_2=(54+12+2+3)\ \mathrm{d}=71\ \mathrm{d}$$

(3) 屋面工程

屋面工程包括屋面保温层、找平层和防水层三个施工过程。考虑屋面防水要求较高，所以不分段施工，即采用依次施工的方式。屋面保温层施工班组人数为 40 人，一班制作业，其作业持续时间为

$$t_{保温}=\frac{236}{40\times1}\ \mathrm{d}=6\ \mathrm{d}$$

屋面找平层施工班组人数为 18 人，一班制作业，其作业持续时间为

$$t_{找平}=\frac{52}{18\times1}\ \mathrm{d}=3\ \mathrm{d}$$

找平层完成后，安排 7 d 的养护和干燥时间，再进行防水层的施工。共安排 10 人，一班制作业，其作业持续时间为

$$t_{防水} = \frac{47}{10 \times 1}\ \mathrm{d} = 5\ \mathrm{d}$$

则屋面工程的工期为

$$T_3 = (6 + 3 + 7 + 5)\ \mathrm{d} = 21\ \mathrm{d}$$

(4) 装饰工程

装饰工程包括外墙贴面砖、顶棚和内墙面中级抹灰、楼地面及楼梯铺地砖、首层顶棚龙骨吊顶、铝合金窗安装、胶合板门安装、内墙涂料、油漆等施工过程。其中,首层顶棚龙骨吊顶属穿插施工过程,因此,参与流水的施工过程为 $n=7$ 个。

装修工程采用自上而下的施工流向,把每个结构层视为一个施工段,共 4 个施工段($m=4$),其中抹灰工程是主导施工过程,组织有节奏流水施工如下。

顶棚和内墙面抹灰施工班组人数为 60 人,一班制作业,其流水节拍为

$$t_{抹灰} = \frac{1648}{4 \times 60 \times 1}\ \mathrm{d} = 7\ \mathrm{d}$$

外墙贴面砖施工班组人数为 34 人,一班制作业,其流水节拍为

$$t_{外墙} = \frac{957}{4 \times 34 \times 1}\ \mathrm{d} = 7\ \mathrm{d}$$

楼地面及楼梯铺地砖施工班组人数为 33 人,一班制作业,其流水节拍为

$$t_{地面} = \frac{929}{4 \times 33 \times 1}\ \mathrm{d} = 7\ \mathrm{d}$$

安装铝合金窗施工班组人数为 6 人,一班制作业,其流水节拍为

$$t_{窗} = \frac{68}{4 \times 6 \times 1}\ \mathrm{d} = 3\ \mathrm{d}$$

其余安装胶合板门、顶棚内墙刷涂料、刷油漆均安排一班制施工,流水节拍均取 3 d,计算可得,施工班组人数分别为 7 人、32 人、6 人。

首层顶棚龙骨吊顶安排穿插施工,不占流水工期,施工班组人数为 15 人,一班制施工,则作业持续时间为

$$t_{顶棚} = \frac{148}{15 \times 1}\ \mathrm{d} = 10\ \mathrm{d}$$

则装饰工程流水步距及工期计算如下

$$K_{抹灰,外墙} = 7\ \mathrm{d}$$

$$K_{外墙,地面} = 7\ \mathrm{d}$$

$$K_{地面,窗} = [4 \times 7 - (4 - 1) \times 3]\ \mathrm{d} = 19\ \mathrm{d}$$

$$K_{窗,门} = 3\ \mathrm{d}$$

$$K_{门,涂料} = 3\ \mathrm{d}$$

$$K_{涂料,油漆} = 3\ \mathrm{d}$$

$$T_4 = \sum K + m t_n = \{(7 + 7 + 19 + 3 + 3 + 3) + 4 \times 3\}\ \mathrm{d} = 54\ \mathrm{d}$$

本工程流水施工进度计划如图 14-12 所示。

序号	分部分项工	
1	基础工程	机械开挖
2		混凝土垫
3		绑扎基础
4		支基础模
5		浇筑基础
6		回填土
7	主体工程	脚手架
8		绑扎柱钢
9		支柱、梁、
10		浇筑柱混
11		绑扎梁、
12		浇梁、板混
13		拆模板
14		砌墙（含
15	屋面工程	屋面找坡
16		屋面找平
17		屋面防水
18	装修工程	外墙面砖
19		顶棚、墙
20		楼地面及
21		一层吊顶
22		铝合金窗
23		胶合板门
24		顶棚、墙
25		油漆
26		其他
27		水、暖、

思　考　题

14-1　组织施工有哪几种方式？各有什么特点？

14-2　流水施工的参数有几类，各包括哪些参数？试述它们的含义。

14-3　组织流水施工时，施工段划分的原则有哪些？

14-4　试述施工段数目的确定与施工过程数目的相关性，为什么要求 $m \geqslant n$？

14-5　如何确定流水节拍和流水步距？

14-6　流水施工组织有哪几种类型？各有什么特点？

14-7　试述固定节拍流水、加快成倍节拍流水、分别流水的组织方法。

习　　题

14-1　已知某工程共有5个施工过程，分5段组织流水施工，流水节拍均为3 d，在第二个施工过程结束后有2 d的技术与组织间歇时间，试组织该工程的流水施工。

14-2　某基础工程由挖基槽、做垫层、砌基础和回填土4个分项工程组成，它在平面上划分为6个施工段。各分项工程的流水节拍分别为6 d、2 d、4 d、2 d，垫层完成后，其相应施工段安排混凝土养护技术间歇时间2 d。为了加快施工进度，试编制加快成倍节拍流水施工方案。

14-3　某二层施工项目，由Ⅰ、Ⅱ、Ⅲ、Ⅳ4个施工过程组成，各施工过程的流水节拍依次为6 d、4 d、6 d、2 d，施工过程Ⅱ完成后需要2 d的技术间歇时间，层间至少应有1 d组织间歇时间，试编制工期最短的流水施工方案(即指施工段最少时的加快成倍节拍流水施工方案)。

14-4　某现浇钢筋混凝土基础工程由支模板、绑扎钢筋、浇筑混凝土、拆模板和回填土5个分项工程组成，平面上分成6个施工段，各分项工程的作业持续时间如表14-5所示，混凝土浇筑后需养护时间2 d。试编制该工程流水施工方案。

表14-5　作业持续时间

分项工程名称	持续时间(d)					
	①	②	③	④	⑤	⑥
支模板	2	3	2	3	2	3
绑扎钢筋	3	3	4	4	3	3
浇筑混凝土	2	1	2	2	1	2
拆模板	1	2	1	1	2	1
回填土	2	3	2	2	3	2

14-5　某施工项目由Ⅰ、Ⅱ、Ⅲ、Ⅳ4个施工过程组成，它在平面上划分为6个施工段。各施工过程的作业持续时间如表14-6所示。施工过程Ⅱ完成后，其相应施工段至少应有技术间歇时间2 d；为了充分利用工作面，允许施工过程Ⅲ与Ⅳ之间搭接施工1 d。试编制该工程流水施工方案。

表 14-6 作业持续时间

分项工程名称	持续时间(d)					
	①	②	③	④	⑤	⑥
Ⅰ	3	2	3	3	2	3
Ⅱ	2	3	4	4	3	2
Ⅲ	4	2	3	3	4	2
Ⅳ	3	3	2	2	2	4

14-6 已知某二层全现浇钢筋混凝土框架结构工程,其平面尺寸为 17.4 m×144 m,沿长度方向间隔 48 m 设伸缩缝一道。组织施工时,各施工过程的流水节拍依次为:支模板 4 d,绑扎钢筋 2 d,浇筑混凝土 2 d。层间技术间歇 2 d(即第一层混凝土浇筑后要养护 2 d)。试编制该工程流水施工方案。

14-7 某分部工程有 A、B、C 共 3 个施工过程,平面上划分为 4 个施工段,设各施工过程的最小流水节拍分别为 $t_A=1.9$ d,$t_B=3.7$ d,$t_C=3$ d。试问该分部工程可组织几种流水施工方式?分别计算各方式的流水施工工期,并绘制流水施工的水平指示图表。

14-8 某天然气管道工程,全长 1 500 m,由开挖沟槽、敷设管道、管道焊接、回填土 4 个施工过程组成。其中,开挖沟槽为主导施工过程,每天作业量为 60 m。试组织该工程的流水施工。

第15章　网络计划技术

【内容提要和学习要求】

① 网络计划的基本概念：掌握网络计划的含义、原理和特点；了解网络计划的分类。

② 双代号网络计划：掌握双代号网络图的构成和基本符号；掌握网络计划时间参数的概念；掌握双代号网络计划中关键线路的确定方法；熟悉双代号网路图的绘制和时间参数的计算。

③ 单代号网络计划：掌握单代号网络图的构成和基本符号；掌握单代号网络计划中关键线路的确定方法；熟悉单代号网路图的绘制和时间参数的计算。

④ 双代号时标网络计划：掌握双代号时标网络图的概念和基本符号；掌握双代号时标网络计划中关键线路的确定方法；熟悉双代号时标网路计划的绘制和时间参数的计算。

⑤ 网络计划的优化与调整：掌握网络计划的工期优化方法和步骤；掌握时间和费用的关系；熟悉工期—成本优化的方法和步骤；了解工期资源优化的方式；了解网络计划的检查与调整方法。

15.1 网络计划的基本概念

15.1.1 网络计划技术的含义

网络计划是指用网络图表示工程项目的进度计划。而网络图是一种用箭线、节点表达各项工作先后顺序和所需时间的有向、有序网状图。

网络计划技术是用网络计划对任务的工作进度进行安排和控制，以保证实现预定目标的科学的计划管理技术。著名数学家华罗庚教授在20世纪60年代从国外将此技术引进我国，概括地称之为统筹法。1999年修订颁布了《工程网络计划技术规程》(JGJ/T 121—99)行业标准，于2000年2月1日开始实施。

15.1.2 网络计划的原理

网络计划的原理就是统筹法原理。其基本原理是：首先应用网络图形来表达一项计划(或工程)中各项工作的开展顺序及其相互之间的关系，通过对网络图进行时间参数的计算，找出计划中的关键工作和关键线路；继而通过不断改进网络计划，寻求最优方案,以求在计划执行过程中对计划进行有效的控制与监督,保证合理地使用人力、物力和财力,以最小的消耗取得最大的经济效益。因此,这种方法得到了世界各国的承认,广泛应用在各行各业的计划与管理中。

15.1.3 网络计划的分类

按照网络图中逻辑关系和工作持续时间的不同,网络计划分类如表 15-1 所示。在众多类型中,关键线路网络(CPM)是建设工程施工中常见的网络计划。按工作的表达方式不同又可分为单代号网络计划、双代号网络计划、双代号时标网络计划及单代号搭接网络计划。前三种网络计划是本章介绍的内容。

表 15-1 网络计划的类型

类型		持续时间	
		肯定型	非肯定型
逻辑关系	肯定型	关键线路网络(CPM) 搭接网络计划	计划评审技术(RERT)
	非肯定型	决策树型网络 决策关键线路网络(DCPM)	图示评审技术(GERT) 随机网络计划(QGERT) 风险型随机网络(VERT)

15.2 双代号网络计划

15.2.1 双代号网络图的构成和基本符号

1. 双代号网络图的构成

任何一项工程都需要进行许多工作(或称活动、过程、工序)。如果用一条箭线表示一项工作,将工作名称写在箭线上方,完成该工作的时间写在箭线下方,箭尾用圆圈表示工作的开始,箭头用圆圈表示工作的结束,圆圈内均有不同的编号,两个圆圈的号码就代表这项工作,则这种表示方式就称为双代号表示法,如图 15-1 所示。如果把工程计划的许多工作按先后顺序和制约关系用上述方法,从左到右绘制成一个网状图,则该网状图就称为双代号网络图,如图 15-2 所示。

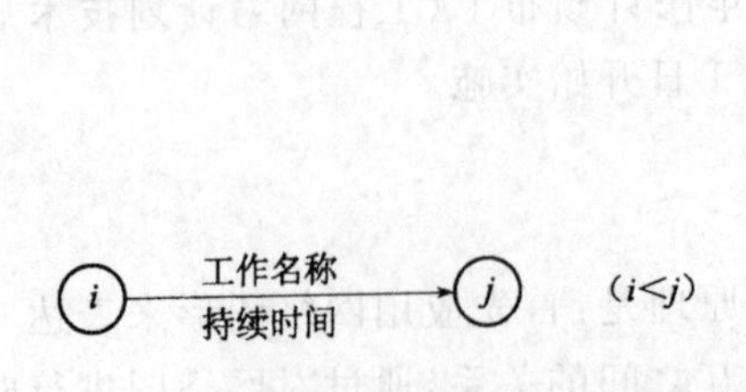

图 15-1 双代号网络图中的工作表示方法

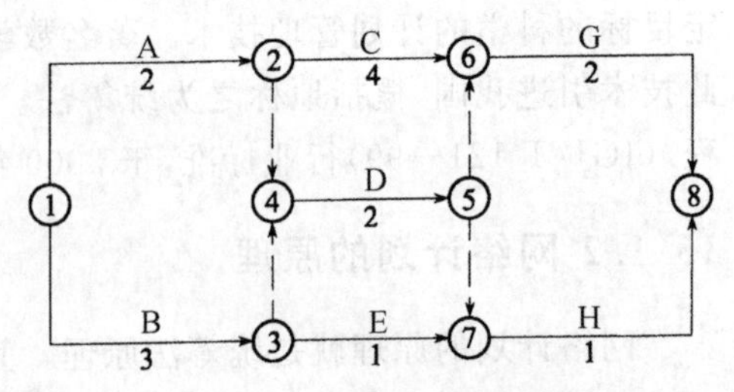

图 15-2 双代号网络图的表示

由图15-2可以看出，双代号网络图是由箭线、节点（圆圈）和线路组成的。虚箭线表示工作间的逻辑关系。

2. 双代号网络图的基本符号

1）箭线

箭线又称箭杆。在双代号网络图中，一项工作必须有唯一的一条箭线和相应的一对不重复出现的箭尾、箭头节点编号。一项工作可以是一个单位工程，也可以是一个分部工程、分项工程或一个施工过程。在一般情况下，完成一项工作既需要占用时间，也需要消耗劳动力、材料、施工机具等资源，但也有一些工作只占用时间而不消耗资源，如混凝土养护和墙面抹灰后的干燥等，上述工作的内容一律用“实箭线”表示。另外，在双代号网络图中，为了正确表达工作之间的相互制约和相互依赖关系而引入“虚箭线”，它是一项虚拟的工作，既无工作内容，又不占用时间，也不消耗资源，其绘制方法如图15-3所示。在无时间坐标约束的条件下，箭线的长度与所反映的持续时间长短无关；箭线的指向表示工作的进展方向；箭线的绘制一律用双面箭头的箭线，可画成直线、斜线或折线。

网络图中一项工作与其他工作的相互关系有两类，一类是直接关系，另一类是间接关系。有直接关系的工作中又分为紧前工作、紧后工作和平行工作。在图15-4中，支模1是支模2、绑筋两项工作的紧前工作；反之，支模2和绑筋是支模1的紧后工作；支模2和绑筋又属于平行工作，为了区分支模2和绑筋两项工作的代号，引入了虚工作3、4。

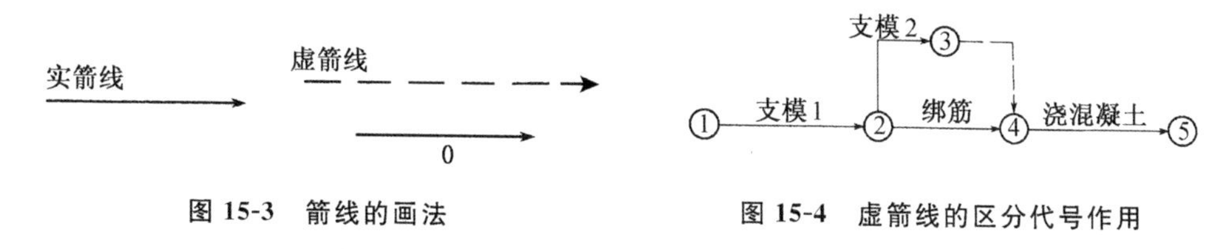

图15-3 箭线的画法　　图15-4 虚箭线的区分代号作用

虚箭线在双代号网络图中起联系、断路和区分的作用。如有A、B、C、D四项工作，A完成后进行C、D，D又在B后进行，所绘逻辑关系如图15-5所示，该图的虚工作连接了A、D两项工作，断开了B、C之间的通路，即起联系、断路之作用。

2）节点

节点又称事件，一律用圆圈表示，在双代号网络图中节点只表示一个“瞬间”，它既不消耗时间，也不消耗资源，只是起前后工作衔接的作用，如图15-6所示。网络图中有三种节点，第一个节点为“起点节点”，它意味着一项工程或任务的开始；最后一个节点为“终点节点”，它意味着一项工程或任务的完成；其他节点为“中间节点”，它意味着前面工作的结束和后面工作的开始。网络图中每一个节点有一个编号，不得有重

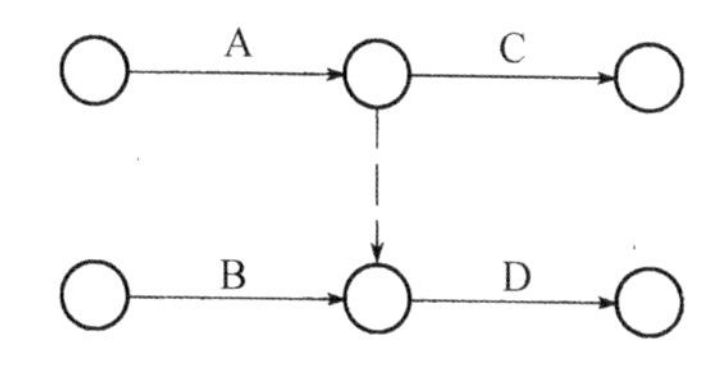

图15-5 虚箭线的断路作用

号,但可以不连续,编号时只要保证箭头节点编号大于箭尾节点的编号即可。

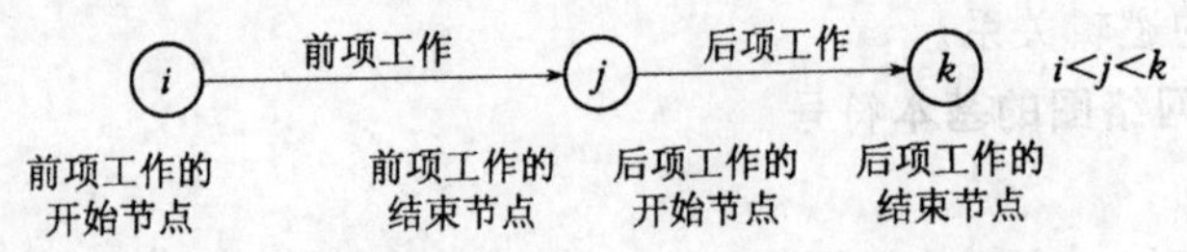

图 15-6 双代号网络图中的节点表示

3) 线路及关键线路

(1) 线路

线路是指网络图中从起点节点到终点节点各条通路的全程,图 15-2 中,共有 6 条线路。

(2) 关键线路

在众多线路中,各工作持续时间之和最长的线路,称为关键线路(除搭接网络计划外)。关键线路上的工作称为关键工作,关键线路上的节点称为关键节点。在一个网络图中,至少有一条关键线路。关键线路可用双线箭线、粗箭线或其他颜色的箭线与非关键线路区分开。工作持续时间之和仅短于关键线路的线路,称为次关键线路。位于非关键线路上的非关键工作,都有若干机动时间,叫做时差,它意味着这些工作可适当推迟而不影响总计划工期。

15.2.2 双代号网络图的绘制

1. 绘制双代号网络图的基本规则

① 必须正确表达各工作之间的逻辑关系。网络图是由各种逻辑关系组合而成的。所谓逻辑关系是指工作之间客观上存在的一种先后顺序关系,它包括工艺关系和组织关系。要想正确反映出各工作之间的逻辑关系,首先要解决三个问题:其一是该工作有哪些紧前工作;其二是该工作必须在哪些工作之前进行;其三是该工作与哪些工作平行进行。在此基础上才能绘制出网络图形。常见的工作之间逻辑关系的表示方法如表 15-2 所示。

表 15-2 网络图中各工作逻辑关系表示方法

序号	工作之间的逻辑关系	网络图中表示方法	说 明
1	有 A、B 两项工作,按照依次施工方式进行	○—A→○—B→○	B 工作依赖于 A 工作,A 工作约束 B 工作开始
2	有 A、B、C 三项工作,同时开始	A B C	A、B、C 三项工作称为平行工作
3	有 A、B、C 三项工作,同时结束	A B C	A、B、C 三项工作称为平行工作

续表

序号	工作之间的逻辑关系	网络图中表示方法	说　明
4	有 A、B、C 三项工作，只有在 A 完成后，B、C 才能开始	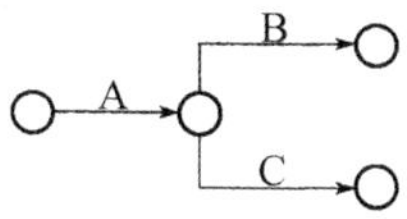	A 工作制约着 B、C 工作的开始，B、C 为平行工作
5	有 A、B、C 三项工作，C 工作只有在 A、B 均完成后才能开始	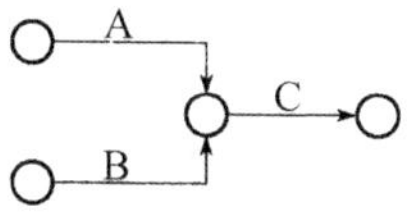	A、B 工作同时制约 C 工作的开始，A、B 为平行工作
6	有 A、B、C、D 四项工作 A、B 均完成后 C、D 才能开始	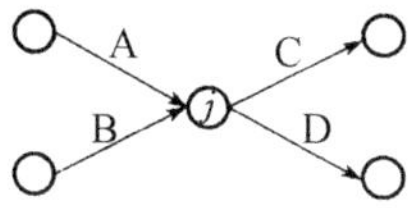	C、D 工作同时受 A、B 两项工作的约束，通过中间事件 j 表达出来
7	有 A、B、C、D 四项工作，A 完成后进行 C，A、B 均完成后进行 D	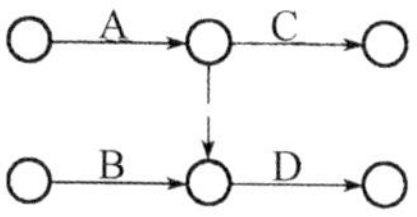	D 与 A 工作之间引入了逻辑连接（虚工作），只有这样才能正确表达它们之间的约束关系
8	有 A、B、C、D、E 五项工作，A、B 均完成后进行 D，B、C 均完成后进行 E	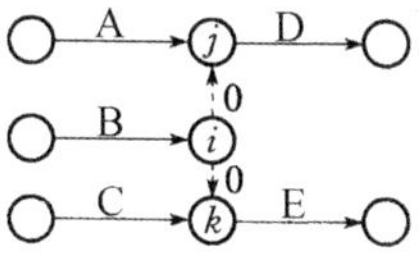	虚工作 i—j 建立了 B、D 的约束关系；虚工作 i—k 建立了 B、E 的约束关系（$i<j$，$i<k$）
9	有 A、B、C、D、E 五项工作，A 完成后进行 C、D，B 完成后进行 D、E	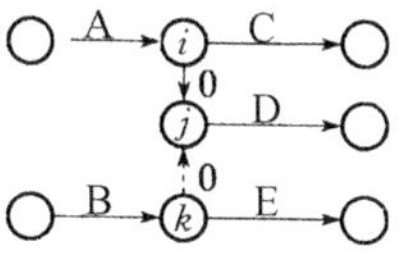	虚工作 i—j 反映出 A 对 D 的约束，虚工作 k—j 反映出 B 对 D 的约束（$i<j$，$k<j$）
10	有 A、B、C、D、E 五项工作，A、B、C 完成后 D 才能开始，B、C 完成后 E 才能开始	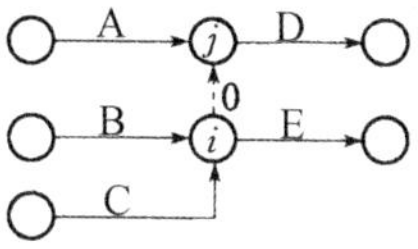	这是前面序号 1、5 情况通过虚工作连接起来，虚工作表示 D 受到 B、C 工作的约束
11	有 A、B、C、D、E、G 六项工作，A 完成后进行 C，A、B、D 工作均完成后进行 E，D 完成后进行 G	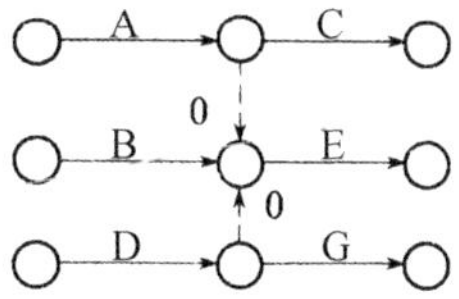	两项虚工作分别表示 A、D 工作对 E 工作的约束
12	A、B 两项工作分三段组织流水施工：A_1 完成后进行 B_1、A_2，A_2 完成后进行 B_2、A_3，B_2 又在 B_1 的后面，A_3 完成后进行 B_3，B_3 还必须等 B_2 完成后才能进行	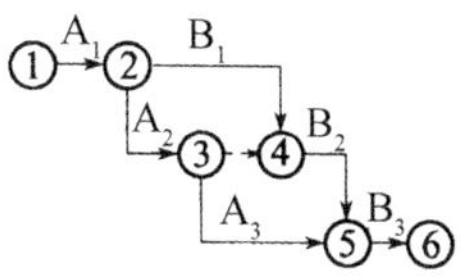	每个施工过程建立一个专业工作队，每个专业队依次进入各施工段完成相应施工任务，不同工种之间用逻辑搭接关系表示

② 在网络图中，除了整个网络计划的起点节点外，不允许出现没有紧前工作的“尾部节点”，即没有箭线进入的尾部节点。

图 15-7(a)所示的网络图中出现了两个没有紧前工作的节点①和③，这两个节点同时存在造成了逻辑关系的混乱，即 3—5 工作时间不能确定，这在网络图中是不允许的。所以在不改变原有逻辑关系的条件下改成图 15-7(b)才是正确的。

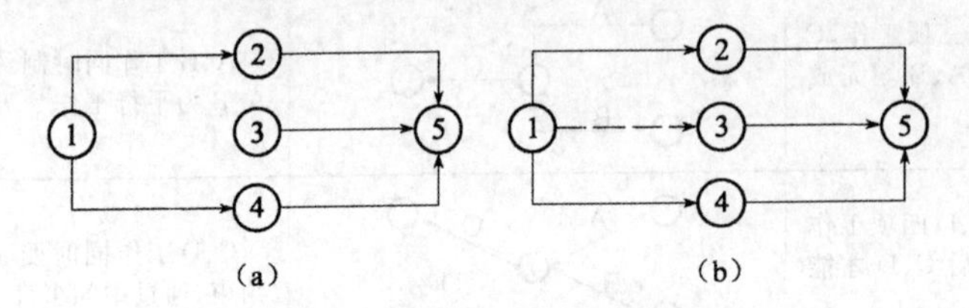

图 15-7　网络图起点节点表示

(a)错误图；(b)正确图

③ 在网络图中，除了整个网络图的终点节点外，不允许出现没有紧后工作的“尽头节点”，即没有箭线引出的节点。

图 15-8(a)所示的网络图中出现了两个没有箭线引出的节点 5 和 7，同样造成了网络图逻辑关系的混乱，即 4—5 工作对后续工作的约束条件表达得不清楚，这在网络图中是不允许的。所以改变成图 15-8(b)才是正确的。

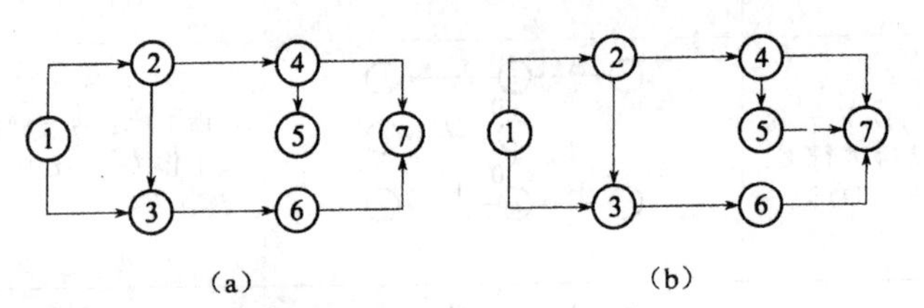

图 15-8　网络图终点节点表示

(a)错误图；(b)正确图

④ 网络图中不允许出现循环回路。图 15-9(a)中的①→②→③→①为一条循环回路，它所表明的网络图在逻辑关系上是错误的，在工艺顺序上是相互矛盾的，所以应改为图 15-9(b)所示的正确形式。

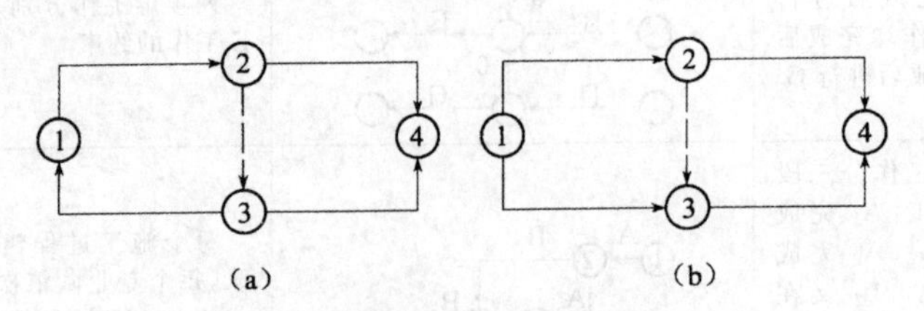

图 15-9　网络图循环回路表示

(a)错误图；(b)正确图

⑤ 网络图中不允许出现同样编号的工作。如图 15-10(a)所示的 A、B 两项工作,编号均是 1—2,当提到 1—2 工作时,不能确定究竟是指 A 还是指 B。遇到这种情况,增加一个节点和一条虚箭线即可解决,图 15-10(b)、(c)所示都是正确的。

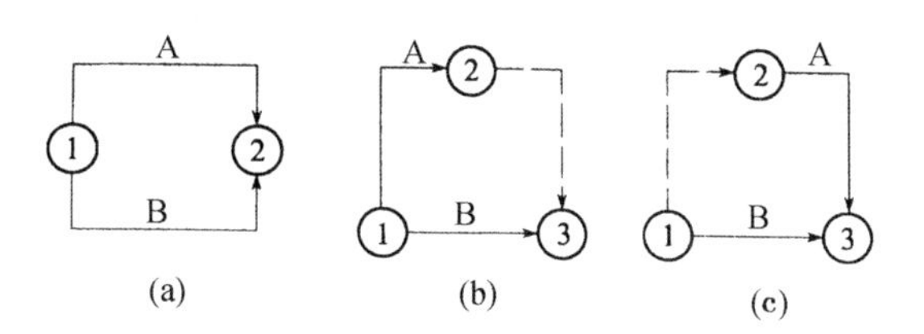

图 15-10 网络图工作代号表示

(a)错误表示;(b)、(c)正确表示

⑥ 网络图中不允许出现没有开始节点的工作,即从箭线直接引出工作。图 15-11(a)表示当 A 工作进行到一定程度时,B 工作才开始,但没有反映出 B 工作准确的开始时间,这是错误的,正确的画法应如图 15-11(b)所示。

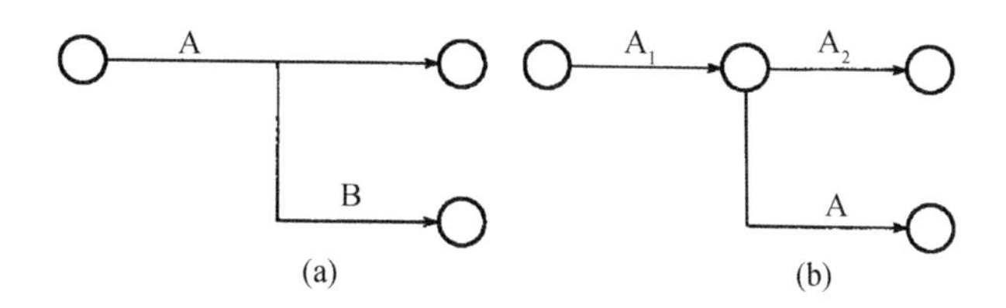

图 15-11 网络图工作的引出箭线表示

(a)错误表示;(b)正确表示

⑦ 网络图中尽量避免交叉箭线,如无法避免时,可用"过桥法"或"指向法"表示。如图 15-12(b)、(c)所示。

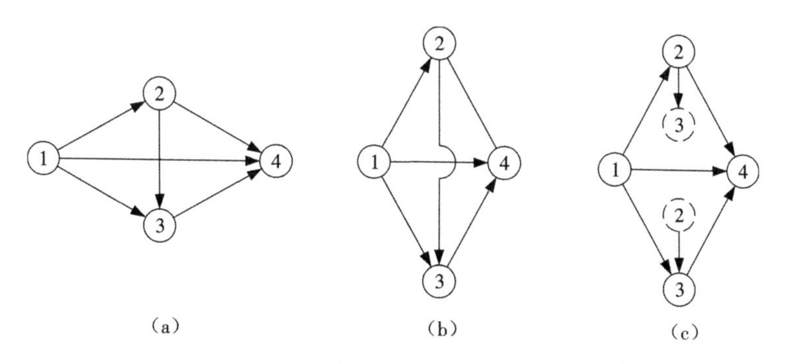

图 15-12 网络图交叉箭线的表示

(a)错误表示;(b)过桥法;(c)指向法

⑧ 网络图中不允许出现"双向箭头"或"无箭头"的线段,绘图中应避免使用反向箭杆。

⑨ 网络图的绘制尽量做到箭线和图形的工整。

2. 双代号网络图的绘制方法和步骤

绘制网络图之前，要正确制定整个工程的施工方案，确定施工顺序，并列出工作项目和相互关系。为了能清楚地说明绘制方法和步骤，现举例如下。

某现浇多层钢筋混凝土结构，由柱、梁、板、抗震墙组合而成，并设有电梯井和楼梯等，该工程一个结构层的施工顺序如表 15-3 所示。

表 15-3　施工顺序代号

工作名称	代 号	紧前工作	工作时间(d)	工作名称	代 号	紧前工作	工作时间(d)
绑柱筋	A	—	2	支梁模	I	C	3
绑墙筋	B	A	2	支楼板模	J	I、H	2
支柱模	C	A	3	绑楼梯筋	K	G、F	1
支电梯井内模	D	—	2	浇柱、墙混凝土	L	K、J	3
支墙模	E	B、C	2	铺设暗管	M	L	1.5
绑电梯井筋	F	B、D	2	绑梁、板筋	N	L	2
支楼梯模	G	D	2	浇梁、板、楼梯混凝土	P	M、N	2
支电梯井外模	H	E、F	2				

绘制方法如下。

① 首先画出无紧前工作的工作 A 和 D(见图 15-13)。

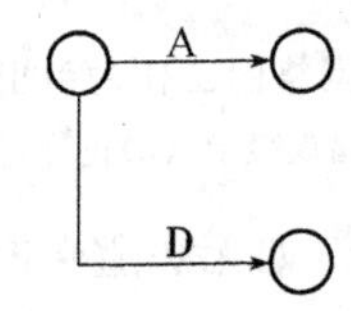

图 15-13　网络图绘制的第一步

② 在工作 A 后画出紧前工作为 A 的各工作，即工作 B、C；在工作 D 后画出紧前工作为 D 的各工作，即工作 G、F，而 F 又在 B 后；在 B 的后面画出紧前工作为 B 的工作 E、F，而 E 又在 C 后面进行；在 C 的后面画出紧前工作为 C 的工作 E 和 I；在 G 的后面画出紧前工作为 G 的工作 K，K 又在 F 后；在 F 后面画出紧前工作为 F 的工作 H、K，H 又在 E 后。绘制中的网络图如图 15-14 所示。

③ 以此方法，依次在某工作后，画出紧前工作为该工作的各工作。在绘制过程中应注意引入“虚工作”，如果虚工作只起连接作用，则可去掉，直到无紧后工作为止。最后检查整理编号，绘成如图 15-15 所示的网络图。

综上所述，网络图的绘制步骤可概括为：a. 无紧前工作首先画；b. 紧后工作跟着画；c. 正确使用虚工作；d. 检查工作顺序关系；e. 调整整理再编号。

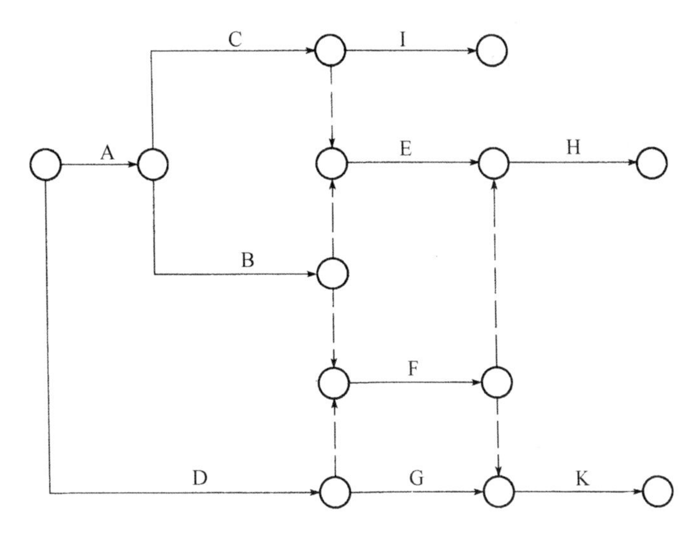

图 15-14　网络图的绘制过程

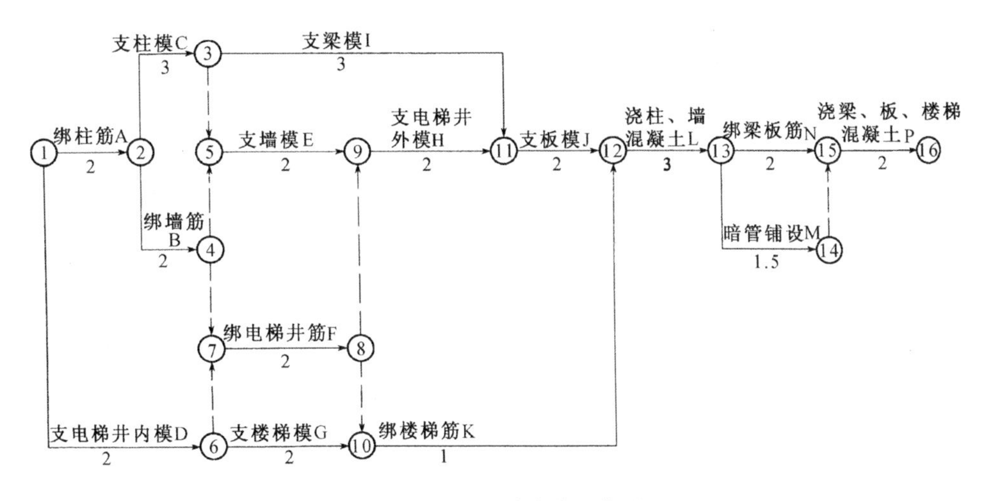

图 15-15　绘制完成的网络图

15.2.3 双代号网络计划时间参数的计算

网络计划时间参数计算的目的在于通过计算各项工作或各节点的时间参数，确定网络计划的关键工作和关键线路，确定计算工期，确定非关键线路和非关键工作及其机动时间（时差），为网络计划的优化、调整和执行提供明确的时间参数。网络计划的时间参数计算方法很多，一般常用的有图上计算法、表上计算法、分析计算法、矩阵计算法和电算法。本节只介绍图上计算法，其他方法原理完全相同，仅是表达形式不同而已，此不再赘述。图上计算法按照计算对象的不同，又分为工作计算法和节点计算法。

1. 工作计算法计算时间参数

1) 时间参数的概念及其计算顺序

(1) 工作持续时间(D_{i-j})

工作持续时间是指一项工作从开始至完成的时间。

(2) 工期

工期是泛指完成任务所需的时间,一般有以下三种。

① 计算工期:根据网络计划的时间参数计算出来的工期,用 T_c表示。

② 要求工期:任务委托人提出的指令性工期,用 T_r表示。

③ 计划工期:根据要求工期和计算工期所确定的作为实施目标的工期,用 T_p表示。

当已规定了要求工期时,$T_p \leqslant T_r$;当未规定要求工期时,可令计划工期等于计算工期,即 $T_p = T_c$。

(3) 网络计划中各工作的六个时间参数

① 最早开始时间是指在紧前工作约束下,本工作可能开始的最早时刻,用 ES_{i-j}表示。

② 最早完成时间是指在紧前工作约束下,本工作最早可能完成的时间,用 EF_{i-j}表示。

③ 最迟开始时间是指在不影响任务按期完成的条件下,本工作最迟必须开始的时刻,用 LS_{i-j}表示。

④ 最迟完成时间是指在不影响任务按期完成的条件下,本工作最迟必须完成的时刻,用 LF_{i-j}表示。

⑤ 总时差是指在不影响工期的前提下,一项工作可以利用的机动时间,用 TF_{i-j}表示。

⑥ 自由时差是指在不影响其紧后工作最早开始时间的前提下,一项工作可以利用的机动时间,用 FF_{i-j}表示。

为了计算,对每项工作的时间参数常用如图 15-16 所示的标注形式。

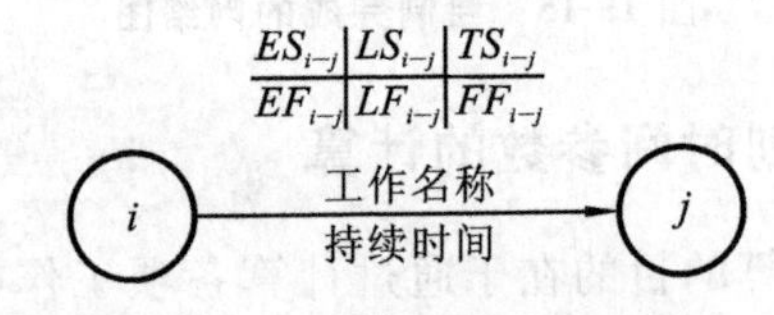

图 15-16 时间参数标注形式

(4) 时间参数的计算顺序

综上所述,最早时间参数受到紧前工作的约束,即本工作要提前的话,不能提前到其紧前工作未完成之前;对整个网络计划而言,它受到了起始节点的制约,故其计算顺序应从开始节点起顺着箭线方向逐项计算。

最迟时间参数受到了紧后工作的约束,即本工作要推迟的话不能影响其紧后工作的按期完成；对整个网络计划而言，它受到了结束节点或工期的制约，故其计算顺序应从终节点起逆着箭线方向逐项计算。

2）时间参数的计算步骤

按工作计算法，其时间参数计算顺序如下。

① 计算 ES_{i-j} 和 EF_{i-j}。

② 确定 T_c。

③ 计算 LF_{i-j} 和 LS_{i-j}。

④ 计算 TF_{i-j}。

⑤ 计算 FF_{i-j}。

3）时间参数的计算

本节用工作计算法计算每项工作的六个时间参数，但必须在清楚计算顺序和计算步骤的基础上，列出分析计算法必要的公式，以加深对时间参数计算的理解。

（1）最早时间参数 ES_{i-j} 和 EF_{i-j} 的计算

按照时间参数的计算顺序，先计算最早开始时间 ES_{i-j}，后计算最早完成时间 EF_{i-j}，从网络计划起点向右依序计算，做加法。

以起点节点 i 为箭尾节点的工作 $i-j$，一般设定：

$$ES_{i-j} = 0 \tag{15-1}$$

其他工作 $i-j$ 的最早开始时间 ES_{i-j}，当其紧前工作为 $h-j$ 时，则应为

$$ES_{i-j} = ES_{h-i} + D_{h-i} \tag{15-2}$$

当工作 $i-j$ 有多个紧前工作 $h-j$ 时，则其最早开始时间 ES_{i-j} 应为

$$ES_{i-j} = \max\{ES_{h-i} + D_{h-i}\} \tag{15-3}$$

当工作 $i-j$ 的紧前工作为虚工作时，一般不计算其时间参数，则其最早开始时间计算可以追溯到虚工作前的实工作再行计算。

工作 $i-j$ 的最早完成时间 EF_{i-j} 的计算应为

$$EF_{i-j} = ES_{i-j} + D_{i-j} \tag{15-4}$$

（2）确定计算工期 T_c

当终点节点为 n 时，则进入终点节点各工作的最早完成时间的最大值取为计算工期，即

$$T_c = \max\{EF_{i-n}\} \tag{15-5}$$

（3）最迟时间参数 LF_{i-j} 和 LS_{i-j} 的计算

按照时间参数的计算顺序，先计算最迟完成时间 LF_{i-j}，后计算最迟开始时间 LS_{i-j}，从网络计划终点向左依序计算，做减法。

以结束节点 n 为箭头节点工作 $i-n$，其最迟完成时间应为

$$LF_{i-n} = T_p \tag{15-6}$$

其他工作 $i-j$ 的最迟完成时间 LF_{i-j}，当其紧后工作只有一项时，则应为

$$LF_{i-j} = LS_{j-k} = LF_{j-k} - D_{j-k} \tag{15-7}$$

当工作 $i-j$ 有多个紧后工作时,则其最迟完成时间 LF_{i-j} 应为

$$LF_{i-j} = \min\{LS_{j-k}\} = \min\{LF_{j-k} - D_{j-k}\} \tag{15-8}$$

工作 $i-j$ 的最迟开始时间等于其最迟完成时间减去最迟开始时间,即

$$LS_{i-j} = LF_{i-j} - D_{i-k} \tag{15-9}$$

(4) 计算总时差 TF_{i-j}

总时差是指在不影响工期的前提下,一项工作可以利用的机动时间,如图 15-17 所示,总时差计算公式应为

$$TF_{i-j} = LS_{i-j} - ES_{i-j} = LF_{i-j} - EF_{i-j} \tag{15-10}$$

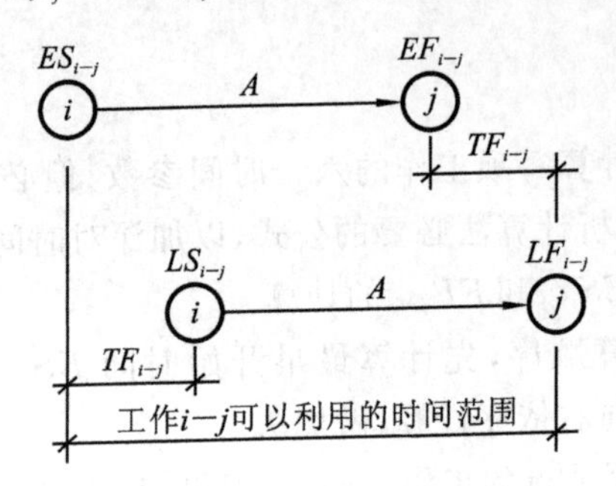

图 15-17　总时差计算简图

工作总时差 TF_{i-j} 计算后,其值可以说明以下问题。

① 当 $T_p = T_c$ 时,总时差等于零的工作为关键工作,关键工作的连续为关键线路,关键线路的长度即为工期。

② 当 $T_p > T_c$ 时,总时差均为正值;当 $T_p < T_c$ 时,总时差可能出现负值,则应遵循总时差最小值的规定确定关键工作。

③ 总时差的性质具有本工作可以利用,且又属于该线路所共有的双重性,该性质在下面实例中加以叙述。

(5) 计算自由时差 FF_{i-j}

自由时差是指在不影响其紧后工作最早开始的前提下,一项工作可以利用的机动时间,如图 15-18 所示,自由时差计算公式应为

$$FF_{i-j} = ES_{j-k} - EF_{i-j} \tag{15-11}$$

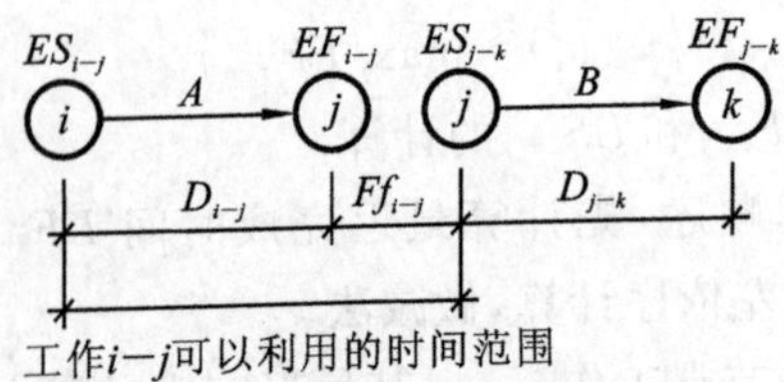

图 15-18　自由时差计算简图

自由时差 FF_{i-j} 计算后,其值可以说明以下问题。

① 自由时差值必小于或等于总时差值,不可能大于总时差值。

② 在一般情况下，非关键线路上诸工作自由时差值之和等于该线路上可供利用的总时差值。

③ 自由时差具有本工作可以利用且不属于线路所共有的性质。

（6）工作计算法计算示例

【例 15-1】 已知某网络计划如 15-19 所示，试计算六个时间参数。

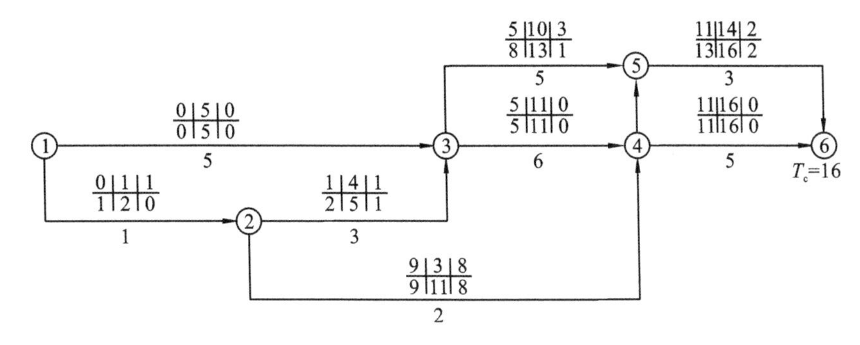

图 15-19　自由时差计算简图

【解】

（1）自①节点开始顺着箭线方向算到⑥节点，计算最早时间参数。

（2）确定计算工期 T_c，终点节点⑥有④—⑥和⑤—⑥两项工作进入终点节点，故：

$$T_c = \max\{EF_{4-6}, EF_{5-6}\} = \max\{16, 14\} = 16$$

（3）自⑥节点开始逆着箭线方向算到①节点，计算最迟时间参数，以此类推计算确定各工作的最迟时间参数。

（4）计算总时差 TF_{i-j}

按公式计算，计算结果标注在图 15-19 中。从图中可知，当 $T_p = T_c$ 时，$TF_{1-3} = TF_{3-4} = TF_{4-6} = 0$，故①—③、③—④和④—⑥三项工作为关键工作，①—③—④—⑥为关键线路，其长度为 16 d，即为工期。其他线路则均为非关键线路。

（5）计算自由时差 FF_{i-j}

按公式计算，计算结果标注在图 15-19 中。

（6）时差判断

首先，将关键线路①—③—④--⑤与非关键线路①—②—③—④—⑥进行对比分析，删去共同部分，对比①—③与①—②—③线路，两条线路长度之差为 1 d，即线路段①—②—⑤可供利用的总时差仅为 1 d，若该线路段拖延工期 1 d，则①—②—③线路由非关键工作转化为关键线路，其自由时差(0,1)分配，供②—③工作使用。其次，分析①—③—④—⑥与①—②—③—⑤—⑥两条线路，关键线路长 16 d，非关键线路长 12 d，两条线路长度之差为 4 d，其中包括①—②—③线路段可利用 1 d 和③—⑤—⑥线路段可利用 3 d，由非关键线路通过了关键点③，故其总时差分段利用。同理①—②—④线路段总时差 8 d，自由时差(0,8)分配；④—⑤—⑥线路段总时差2 d，自由时差(0,2)分配;③—⑤—⑥线路段总时差 3 d,自由时差(1,2)分配。

2. 时间参数计算方法——图上计算法

网络计划的各种时间参数必须有一个统一的计量标准才便于计算。为此规定,无论是工作开始时间还是完成时间,都一律以时间单位的终了时刻为准。如某工作完成时间是第 8 天,则指的是第 8 天终了时刻(下班或第 24 时刻)完成;某工作开始时间为第 8 天,则指第 8 天终了时有可能开始,而实际上是在次一天,即第 9 天上班时开始等。以后的计算均规定网络计划的起始工作从第 0 天开始。

图上计算法又有按节点法计算时间参数和按工作法计算时间参数两种。

1) 双代号网络图中计算的内容及代表符号

双代号网络图中时间参数计算的内容及代表符号如下:

① 各节点的最早时间 ET_i;

② 各节点的最迟时间 LT_i;

③ 各工作最早开始时间 ES_{i-j};

④ 各工作最早完成时间 EF_{i-j};

⑤ 各工作最迟开始时间 LS_{i-j};

⑥ 各工作最迟完成时间 LF_{i-j};

⑦ 各工作总时差 TF_{i-j};

⑧ 各工作自由时差 FF_{i-j};

⑨ 计算工期 T_c。

2) 节点法计算时间参数

为了易于表述各时间参数的计算方法,现以图 15-20 为例说明计算的方法和步骤。图中箭线下方的数字是工作持续时间 D_{i-j},以 d 为单位。

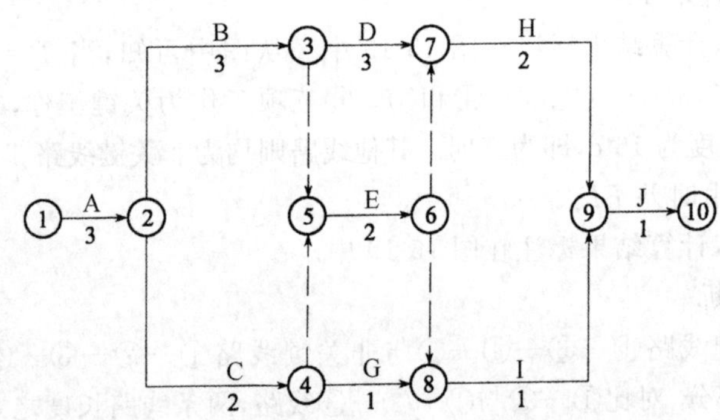

图 15-20 时间参数计算示例

(1) 节点最早时间 ET_i 的计算

节点最早时间是指以该节点为开始节点的各工作的最早开始时间,即该节点前面工作均完成后,后面工作立即开始的时间。其计算方法如下。

① 按网络图中的节点编号从小到大递增顺序进行计算。

② 假定网络图第一个节点(起点节点)的最早时间为零,即 $ET_1=0$。

③ 其他各节点的最早时间为

$$ET_j=\max\{ET_i+D_{i-j}\} \tag{15-12}$$

如图 15-20 所示网络图中:

假定 $ET_1=0$

则 $ET_2=ET_1+D_{1-2}=(0+3)\ \mathrm{d}=3\ \mathrm{d}$

$ET_3=ET_2+D_{2-3}=(3+3)\ \mathrm{d}=6\ \mathrm{d}$

$ET_4=ET_2+D_{2-4}=(3+2)\ \mathrm{d}=5\ \mathrm{d}$

$ET_5=\max\{ET_3+D_{3-5},ET_4+D_{4-5}\}=\max\{6+0,5+0\}\ \mathrm{d}=6\ \mathrm{d}$

同理,求得其他各节点 ET_i,如图 15-21 所示。

(2) 确定网络计划的计算工期

网络计划的终点节点最早时间为计划的计算工期 T_c,即

$$T_c=ET_n \tag{15-13}$$

式中　ET_n——网络计划终点节点最早时间(n 为终点节点编号)。

有了计算工期,还须按不同情况分别确定网络计划的计划工期。当事先未对计划提出工期要求时,计划工期 T_p 可按计算工期 T_c 确定,即

$$T_c=T_p=ET_n \tag{15-14}$$

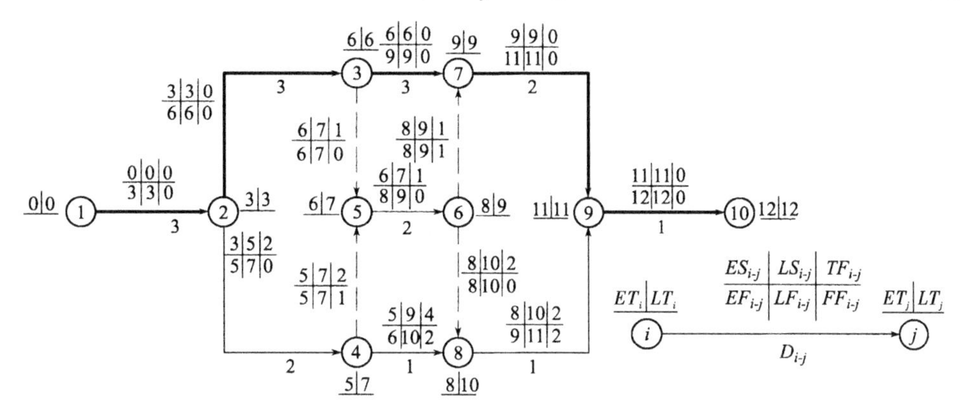

图 15-21　节点计算法计算时间参数

(3) 节点最迟时间 LT_i 的计算

节点最迟时间是指以该节点为完成节点的各工作,在保证计划工期条件下的最迟完成时间。根据此定义其计算方法如下。

① 从网络计划的终点节点开始,按节点编号从大到小的递减顺序逐个节点进行计算。

② 假定 $T_c=T_p=T_r$,则 $LT_n=T_p=ET_n$。

③ 其他各节点的最迟时间为

$$LT_i=\min(LT_j-D_{i-j}) \tag{15-15}$$

如图 15-16 所示网络计划中:

假定 $T_c = T_p = T_r = 12\ \text{d}$

所以 $LT_{10} = ET_{10}\ \text{d} = 12\ \text{d}$

则 $LT_9 = LT_{10} - D_{9-10} = (12-1)\ \text{d} = 11\ \text{d}$

$$LT_8 = LT_9 - D_{8-9} = (11-1)\ \text{d} = 10\ \text{d}$$

$$LT_7 = LT_9 - D_{7-9} = (11-2)\ \text{d} = 9\ \text{d}$$

$$LT_6 = \min\{LT_7 - D_{6-7}, LT_8 - D_{6-8}\} = \min\{9-0, 10-0\}\ \text{d} = 9\ \text{d}$$

同理,求得其他各节点 LT_i,如图 15-21 所示。当节点的最早时间和最迟时间相同时,相邻节点所连成的线路即为关键线路。

(4) 节点与工作时间参数的转换

①根据节点最早时间的含义,可得

$$ES_{i-j} = ET_i \tag{15-16}$$

$$EF_{i-j} = ES_{i-j} + D_{i-j} = ET_i + D_{i-j} \tag{15-17}$$

②根据节点最迟时间的含义,可得

$$LF_{i-j} = LT_j \tag{15-18}$$

$$LS_{i-j} = LF_{i-j} - D_{i-j} = LT_j - D_{i-j} \tag{15-19}$$

③用节点时间计算工作总时差,可得

$$TF_{i-j} = LF_{i-j} - (ES_{i-j} - D_{i-j}) = LT_j - (ET_i + D_{i-j}) \tag{15-20}$$

④用节点时间计算工作自由时差,可得

$$FF_{i-j} = ES_{j-k} - (ES_{i-j} + D_{i-j}) = ET_j - (ET_i + D_{i-j}) \tag{15-21}$$

上述转换的计算结果,如图 15-21 所示。

3. 用标号法快速确定关键线路和计算工期

通过工作计算方法的介绍,基本掌握了时间参数的计算方法,但计算比较麻烦,更何况在编制计划过程中,开始没有必要直接计算全部的时间参数,只要明确计算工期和关键线路即可:若满足要求则使用,若满足不了要求则修改。因此,有必要寻求一种能快速简便地确定关键线路和计算工期的方法。除节点计算法这种快速计算方法外,标号法实质上也是一种以节点为对象的快速计算方法,理解和掌握了上述两种计算方法,不难将时间参数与标号值进行对应与转换。

标号法是对网络计划各节点按最早时间参数计算顺序和方法,对每个节点进行标号,每个节点应用双标号标注,即每个节点应标注源节点号和标号值,源节点号作为第一标号,标号值作为第二标号。

(1) 节点标号值的确定

设网络计划起点节点 i,其标号值为零,即

$$b_i = 0$$

其他节点的标号值等于以该节点为完成节点的各个工作的开始节点标号值加其持续时间之和的最大值,即

$$b_j = \max\{b_i + D_{i-j}\}$$

(2) 源节点号

源节点号就是对应于该节点计算标号值时的来源节点号，即该节点的标号值数据取值是由哪一个节点计算所得，那么该节点号就是源节点号。

(3) 确定关键线路和计算工期

将网络计划的所有节点都标号后，从网络计划的终点节点开始，逆着箭线方向，按源节点号反跟踪到开始节点寻找出关键线路。网络计划终点节点的标号值即为计算工期。

(4) 标号法计算示例

【例 15-2】 已知网络计划如图 15-22 所示，试用标号法快速确定关键线路和计算工期。

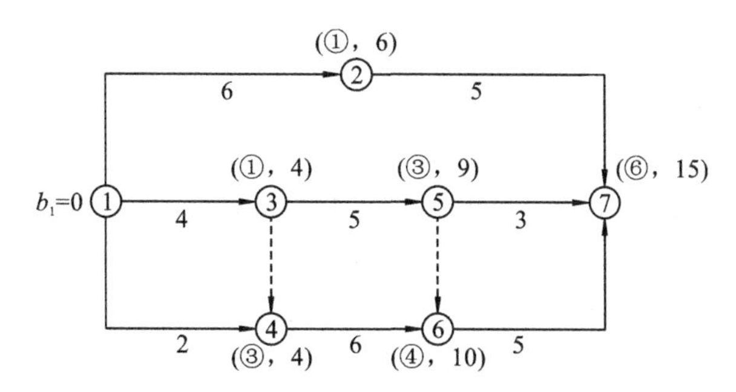

图 15-22　某双代号网络计划标号法计算示例

【解】

① 首先自开始节点起，对节点进行标号

$$b_1=0,\quad b_2=b_1+D_{1-2}=0+6=6$$

它是由①节点计算而得标号值为 6，故源节点号为①；节点③的标号值为 $b_3=b_1+D_{1-3}=0+4=4$；节点④的标号值为 $b_4=\max\{b_3+D_{3-4},b_1+D_{1-4}\}=\{4+0,0+2\}=4$，由节点③计算而得，故节点④的标号为[③，4]，同理计算得各节点的标号，如图 15-22 所示。

② 终节点的标号值为 16，则计算工期 $T_c=16$ d。

③ 确定关键线路，自终节点⑥起逆着箭线方向，按源节点号反跟踪至起点节点，得关键线路：①—③—④—⑥—⑦。

15.3 双代号时标网络计划

15.3.1 时标网络计划的概念

1. 时标网络计划的含义

时标网络计划是以时间坐标为尺度表示工作时间的网络计划。将图 15-16 所示的双代号网络图转换成的时标网络计划如图 15-23 所示。本章所述的是双代号时标网络计划(简称时标网络计划)。

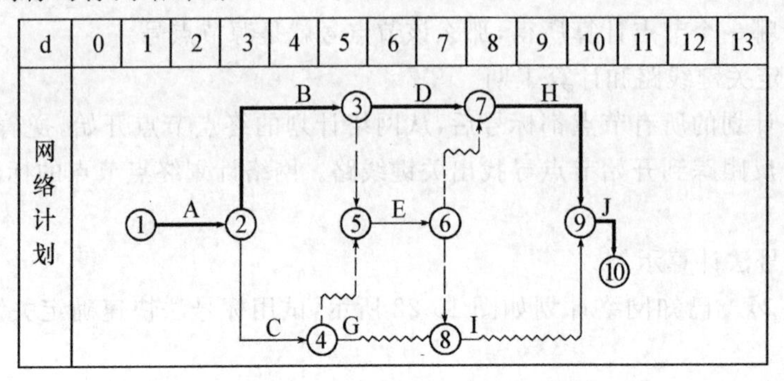

图 15-23　时标网络计划的表示

2. 时标网络计划的基本符号

时标网络计划需绘制在时标表上。时标表的时间单位根据需要,在编制时标网络计划之前确定,可以是小时、天、周、旬、月或季等;时标可标注在时标表的顶部,也可标注在时标表的底部,必要时还可以上、下同时标注,也可加注日历日;时标表中的刻度线宜为细线,为了使图清晰,刻度线的中间部分可以去掉,只画上、下部分。

时标网络计划的工作,用实箭线表示,虚工作仍用虚箭线表示,但只能垂直绘制。当实箭线之后有波形线且其末端有垂直部分时,其垂直部分仍用实线绘制;当虚箭线有波形线且其末端有垂直部分时,其垂直部分仍用虚线绘制,如图 15-23 所示。

3. 时标网络计划的特点

时标网络计划与无时标网络计划相比较,有以下特点。

① 时间参数一目了然,兼有横道图计划和无时标网络计划的优点,故使用方便。

② 由于箭线的长短受时标的制约,故绘图比较麻烦,修改网络计划的工作持续时间时必须重新绘图。

③ 绘图时可以不进行计算,只有在图上没有直接表示出来的时间参数,如总时差、最迟开始时间和最迟结束时间,才需要进行计算。所以,使用时标网络计划可大大节省计算量。

15.3.2 时标网络计划的绘制

1. 时标网络计划的绘制规则

① 工作的持续时间是以箭线在时标表内的水平长度或水平投影长度表示的,与其所代表的时间值相对应。

② 节点的中心必须对准时标的刻度线。

③ 虚工作必须以垂直虚箭线表示,有时差时用波形线表示。

④ 时标网络计划宜按最早时间绘制。

⑤ 时标网络计划编制前,必须先绘制无时标网络计划。

⑥ 绘制时标网络计划可以在以下两种方法中任选一种：①直接绘制法，是指不计算时间参数，直接将无时标网络图转化成时标网络计划；②间接绘制法，是指先计算时间参数，再绘制时标网络计划。

2. 时标网络计划的绘制步骤

现以图 15-24 为例，说明时标网络图的绘制方法和绘制步骤。

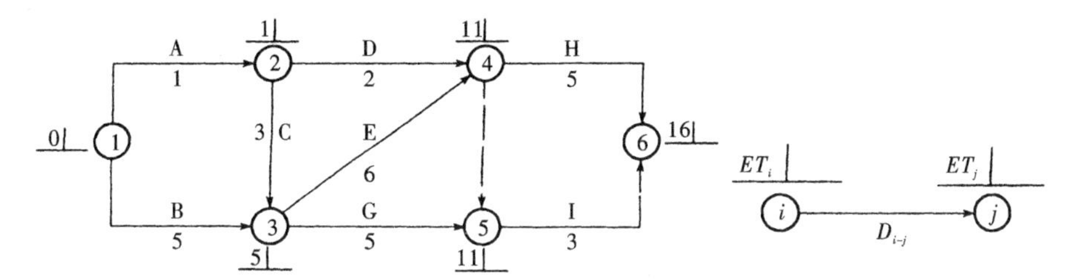

图 15-24　无时标双代号网络计划

1）直接绘制法

直接绘制方法和步骤如下。

① 绘制时标表。

② 将起点节点①定位在时标表的起始刻度线上。

③ 按工作持续时间在时标表上绘制起点节点的外向工作 1—2 和 1—3。

④ 工作的箭头节点，必须在其所有内向箭线绘出以后，定位在这些内向箭线中最晚完成的实箭线的箭头处，如图 15-25 中的节点③、④、⑤、⑥。

⑤ 某些内向实箭线长度不足以到箭头节点时，用波形线补足，如图 15-25 中的②—③、②—④；如果虚箭线的开始节点和结束节点之间有水平距离时，也以波形线补足，如果没有水平距离，绘制垂直虚箭线，如图 15-25 中的④—⑤节点。

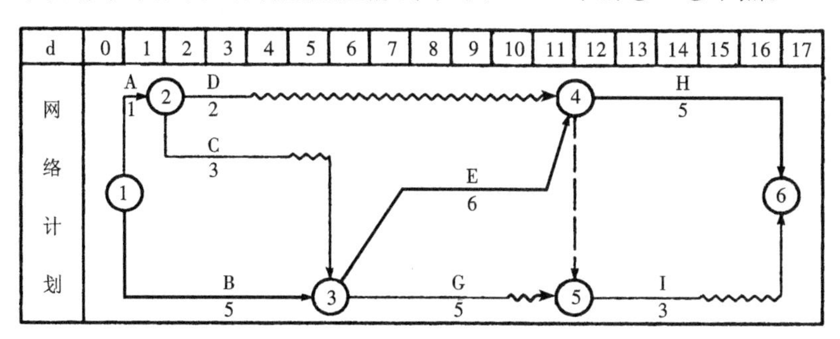

图 15-25　绘制的时标网络计划

⑥ 用上述方法自左至右依次确定其他节点的位置，直到终点节点定位为止，绘图完成。注意确定节点的位置时，尽量与无时标网络图的节点位置相似，保持布局基本不变。

⑦ 给每个节点编号，编号与无时标网络计划相同。

⑧ 找出关键线路（方法见后面所述）。

2）间接绘制法

间接绘制法具体步骤如下。

① 计算各节点最早时间 ET_i，如图 15-24 所示。

② 绘制时标表。

③ 将各节点按 ET_i 定位在时标表上，其布局应与无时标网络计划基本相同，然后编号。

④ 用实箭线绘出工作持续时间，用垂直虚箭线绘出虚工作，用波形线补足实线、虚线未到达箭头节点的部分。

⑤ 找出关键线路(方法见后面所述)。

15.3.3 时标网络计划关键线路的确定及时间参数的计算

1. 关键线路和计算工期的确定

1）关键线路的确定

时标网络计划中关键线路的确定是：从网络计划的终点节点开始，逆着箭线方向，凡自始至终不出现波形线的线路即为关键线路。例如，图 15-25 所示时标网络计划中，线路①→③→④→⑥即为关键线路。

2）计算工期的确定

网络计划的计算工期应等于终点节点所对应的时标值与起点节点所对应的时标值之差。例如，图 15-25 所示时标网络计划的计算工期为

$$T_c=16-0=16$$

2. 工作时间参数的确定

现以图 15-26 所示的时标网络计划为例说明工作时间参数的确定方法。

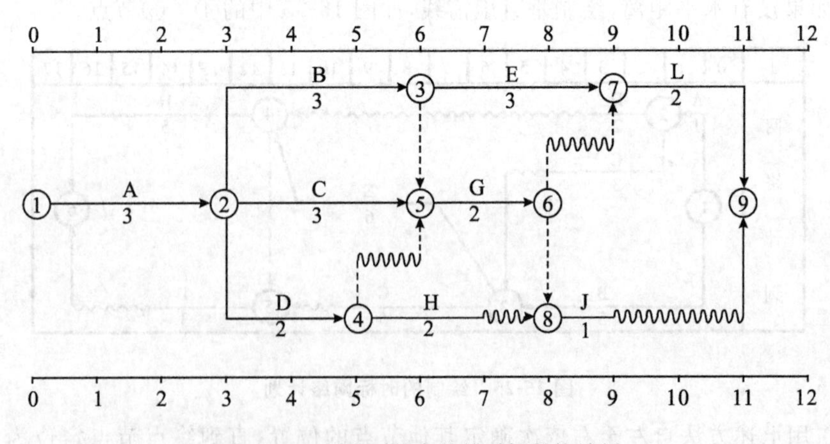

图 15-26 判定时间参数的时标网络计划

1）工作最早开始时间和最早完成时间

工作箭线左端节点中心对应的时标值为该工作的最早开始时间。当工作箭线中不存在波形线时，其右端节点中心所对应的时标值为该工作的最早完成时间；当工作

箭线中存在波形线时，工作箭线实线部分右端点所对应的时标值为该工作的最早完成时间。例如，图 15-26 所示的网络计划中，工作 B 和工作 H 的最早开始时间分别为 3 和 5，而它们的最早完成时间分别为 6 和 7。

2）工作总时差

工作总时差的计算应从时标网络计划的终点节点开始，逆着箭线方向依次进行。

① 以终点节点（$j=n$）为箭头节点的工作的总时差 TF_{i-j} 应按计划工期 T_p 计算确定，即

$$TF_{i-n}=T_p-EF_{i-n} \tag{15-22}$$

例如，图 15-26 所示的时标网络计划中，假设计划工期 $T_p=11$，则工作 L 和工作 J 的总时差分别为

$$TF_{7-9}=T_p-EF_{7-9}=11-11=0$$
$$TF_{8-9}=T_p-EF_{8-9}=11-9=2$$

② 其他工作的总时差等于其紧后工作的总时差加上本工作的自由时差之和的最小值，即

$$TF_{i-j}=\min\{TF_{j-k}+FF_{i-j}\} \tag{15-23}$$

例如，在图 15-26 所示的时标网络计划中，工作 E、工作 H 和工作 G 的总时差分别为

$$TF_{3-7}=TF_{7-9}+FF_{7-9}=0+0=0$$
$$TF_{4-8}=TF_{8-9}+FF_{4-8}=2+1=3$$
$$\begin{aligned}TF_{5-6}&=\min\{TF_{6-7}+FF_{5-6};TF_{6-8}+FF_{5-6}\}\\&=\min\{TF_{7-9}+FF_{6-7}+FF_{5-6};TF_{8-9}+FF_{6-8}+FF_{5-6}\}\\&=\min\{0+1+0;2+0+0\}=1\end{aligned}$$

3）工作自由时差

按照时标网络计划的规定，波形线表示工作的自由时差，则可直接从图 15-26 所示的时标网络计划读出。

$$FF_{4-5}=1$$
$$FF_{4-8}=1$$
$$FF_{6-7}=1$$
$$FF_{8-9}=2$$

其余工作的自由时差均为零。

4）工作最迟开始时间和最迟完成时间

① 工作的最迟开始时间等于本工作的最早开始时间与其总时差之和，即

$$LS_{i-j}=ES_{i-j}+TF_{i-j} \tag{15-24}$$

例如，图 15-26 所示的时标网络计划中，工作 E、工作 G、工作 H 和工作 J 的最迟开始时间分别为

$$LS_{3-7}=ES_{3-7}+TF_{3-7}=6+0=6$$

$$LS_{5-6}=ES_{5-6}+TF_{5-6}=6+1=7$$
$$LS_{4-8}=ES_{4-8}+TF_{4-8}=5+3=8$$
$$LS_{8-9}=ES_{8-9}+TF_{8-9}=8+2=10$$

② 工作的最迟完成时间等于本工作的最早完成时间与其总时差之和,即

$$LF_{i-j}=EF_{i-j}+TF_{i-j} \tag{15-25}$$

例如,图 15-26 所示的时标网络计划中,工作 E、工作 G、工作 H 和工作 J 的最迟完成时间分别为

$$LF_{3-7}=EF_{3-7}+TF_{3-7}=9+0=9$$
$$LF_{5-6}=EF_{5-6}+TF_{5-6}=8+1=9$$
$$LF_{4-8}=EF_{4-8}+TF_{4-8}=7+3=10$$
$$LF_{8-9}=EF_{8-9}+TF_{8-9}=9+2=11$$

15.4 单代号网络计划

15.4.1 单代号网络图的构成与基本符号

在双代号网络图中,为了正确地表达网络计划中各项工作(活动)间的逻辑关系,引入了虚工作这一概念,但增加虚工作,不仅增加了计算量,也使图形复杂。而另一种网络计划图——单代号网络图,就可解决双代号网络图的上述缺点。

1. 单代号网络图的构成

单代号网络图也是由若干节点、箭线及线路组成的,但是构成单代号网络图的基本符号所表达的含义与双代号却不相同。单代号网络图的节点表示工作内容和持续时间,而箭线仅表示工作之间的逻辑关系。由于用节点来表示工作,因此,单代号网络图又称节点网络图。

2. 单代号网络图的基本符号

1) 节点

节点是单代号网络图的主要符号,它可以用圆圈(○)或方框(□)表示。一个节点代表一项工作(工序、作业、活动等)。节点所表示的工作名称、持续时间和编号一般都标注在圆圈或方框内,有的甚至将时间参数也标注在节点内,如图 15-27 所示。

编号
工作名称
持续时间

编号 i	资源数量	
工作名称	持续时间	
ES_i	EF_i	TF_i
LS_i	LF_i	FF_i

图 15-27 单代号网络图节点标注方法

2）箭线

箭线在单代号网络图中，既不占用时间，也不消耗资源。箭线的箭头指向为工作进展方向，箭尾节点表示的工作为箭头节点工作的紧前工作。箭线前后节点所表达的逻辑关系如图 15-28 所示，在单代号网络图中无虚箭线。

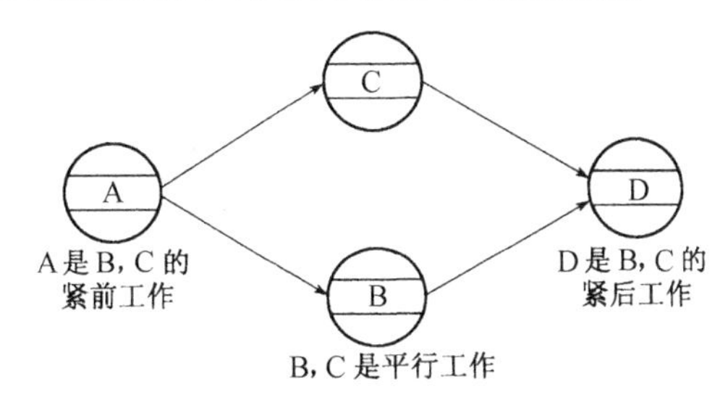

图 15-28　节点所表示的工作关系

3）编号

在单代号网络图中，节点仍须编号，一项工作只能有一个代号，不得重号。编号方法与双代号网络图完全相同。

15.4.2 单代号网络图的绘制

1. 单代号网络图各种逻辑关系的表达方法

单代号网络图中，各工作之间的逻辑关系，仍然是根据工程中工艺上和组织上的客观顺序来确定的，其逻辑关系的表示方法比双代号时要简单。表 15-4 所示的是几种常见逻辑关系的表示方法。

表 15-4　单代号网络图中逻辑关系的表示方法

序　号	工作之间的逻辑关系	单代号网络图的表示方法
1	A 完成后进行 B 工作	
2	B、C 均完成后进行 D 工作	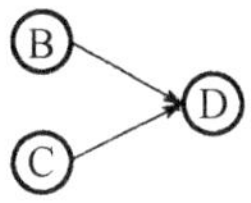
3	A 工作完成后进行 C、D 两项工作，B 完成后，进行 D 工作	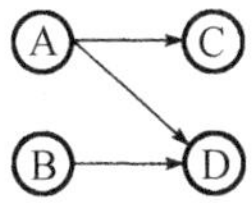
4	A 完成后进行 C、D 两项工作，B 完成后进行 D、E 工作	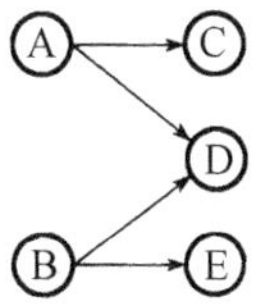

2. 绘制单代号网络图的基本规则

绘制单代号网络图的基本规则与双代号的规则基本相同。但在单代号网络图中,当有几项工作同时为网络计划的开始工作时,应增加一项虚拟的开始节点,才能使网络图满足一个起点节点的要求;如有多项工作同时为计划的结束工作时,亦应增加虚拟的结束节点。

3. 单代号网络图的绘制方法

单代号网络图的绘制步骤与双代号网络图的绘制步骤基本相同,其主要方法和步骤为:

① 无紧前工作首先画;

② 紧后工作跟着画;

③ 正确使用虚拟开始、结束节点;

④ 检查工作顺序关系;

⑤ 调整整理再编号。

【例 15-3】 根据表 15-5 给定的逻辑关系绘出单代号网络图。

表 15-5 逻辑关系

工作名称	紧前工作	紧后工作
A	—	B、E、C
B	A	D、E
C	A	H
D	B	G、H
E	A、B	G
G	D、E	H
H	D、G、C	—

【解】

① 首先画出无紧前工作的工作 A;

② 按所给定的紧前、紧后工作关系,从左向右逐个绘出其余各工作的节点和箭线;

③ 增加虚拟的开始节点、结束节点(当开始或结束工作只有一项工作时,可不增加虚拟节点);

④ 检查工作关系后,整理编号,如图 15-29 所示。

15.4.3 单代号网络图时间参数的计算

单代号网络图时间参数的计算方法和原理同双代号相似,只是表现形式和参数符号不同。所以计算时除时差外,只需将双代号网络图计算式中的符号加以改变即可。

1. 工作最早开始、最早完成时间的计算和计算工期的确定

1) 工作最早开始时间

令网络计划的开始节点 $ES_0=0$

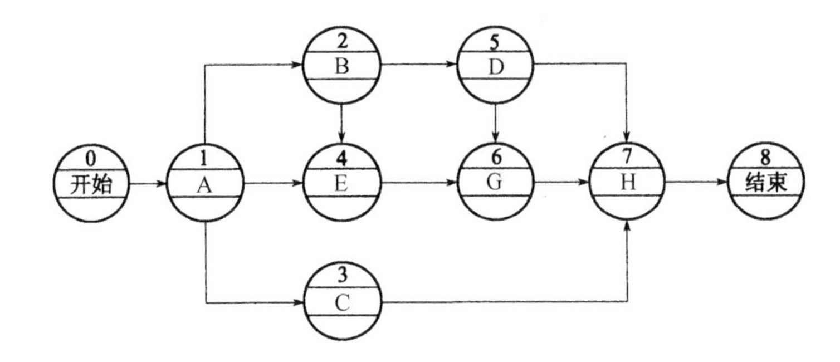

图 15-29　单代号网络图绘制方法例题图

其他工作　　$ES_j=\max\{ES_i+D_i\}=\max\{EF_i\}$　　(15-26)

式中　ES_i——工作 j 的紧前工作 i 的最早开始时间；

D_i——工作 i 的持续时间。

2）工作最早完成时间

$$EF_i=ES_i+D_i \tag{15-27}$$

3）网络计划的计算工期 T_c

$$T_c=EF_n \quad 或 \quad T_c=ES_n+D_n \tag{15-28}$$

式中　EF_n——终点节点 n 的最早完成时间；

ES_n——终点节点 n 的最早开始时间；

D_n——终点节点 n 所代表工作的持续时间。

2. 工作之间的时间间隔与工作的时差计算

1）工作之间的时间间隔

工作之间时间间隔是指相邻两项工作 i、j 之间，紧前工作 i 的最早完成时间 EF_i 与其紧后工作 j 最早开始时间 ES_j 之差，用 $LAG_{i,j}$ 表示。计算公式为

$$LAG_{i,j}=ES_j-EF_i \tag{15-29}$$

2）工作的自由时差

$$FF_i=\min\{LAG_{i,j}\} \tag{15-30}$$

对于计划的结束工作：$FF_n=T_p-T_c$　　(15-31)

3）工作的总时差

从网络计划的结束工作开始逆箭线方向逐个计算。若 $T_c=T_p=T_r$，则结束工作 n 的总时差 $TF_n=0$。若 $T_p\neq T_c$，则工作的总时差按下式计算

计划的结束工作　　$TF_n=T_p-T_c$　　(15-32)

其他工作　　$TF_i=\min\{LAG_{i,j}+TF_j\}$　　(15-33)

3. 工作最迟完成、最迟开始时间计算

(1) 最迟开始时间　　$LS_i=ES_i+TF_i$　　(15-34)

(2) 最迟完成时间　　$LF_i=EF_i+TF_i$　或　$LF_i=LS_i+D_i$　　(15-35)

【例 15-4】　将图 15-30 所示的双代号网络图转化成单代号网络图，如图 15-30

所示，试计算该单代号网络图的时间参数。

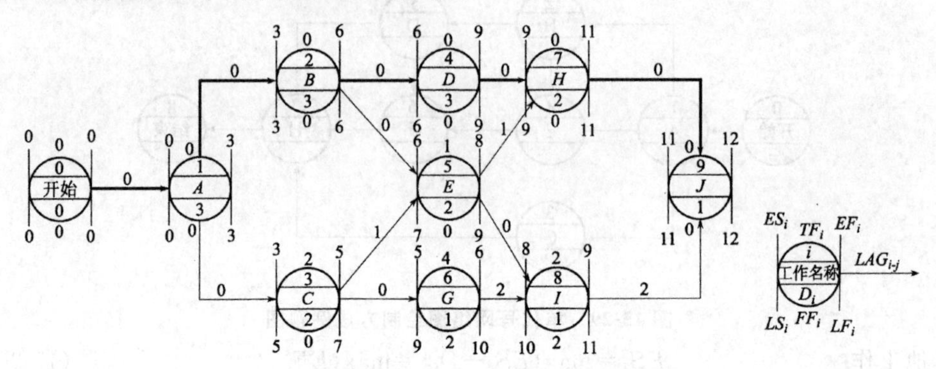

图 15-30 单代号网络计划例题图

【解】 为了说明问题，每个参数只举一例说明其计算方法，其他参数见图 15-30 中所标注。

① 最早开始时间：令 $ES_0=0$，则 $ES_1=ES_0+D_0=0+0=0$

② 最早结束时间：$EF_1=ES_1+D_1=(0+3)\ \text{d}=3\ \text{d}$

③ 计算工期：$T_c=EF_9=12$

④ 计算时间间隔：$LAG_{1,2}=ES_2-EF_1=3-3=0$

⑤ 工作自由时差：$FF_1=\min\{LAG_{1,2},LAG_{1,3}\}=\min\{0,0\}=0$ $FF_9=T_p-T_c=12-12=0$

⑥ 工作总时差：因 $T_c=T_p$，则 $TF_9=0$

$$TF_8=\min\{LGA_{8,9}+TF_9\}=\min\{2+0\}\ \text{d}=2\ \text{d}$$

$$TF_1=\min\{LAG_{1,2}+TF_2,LAG_{1,3}+TF_3\}=\min\{0+0,0+2\}=0$$

⑦ 最迟开始、完成时间：

$$LS_1=ES_1+TF_1=0+0=0,\quad LF_1=EF_1+TF_1=(3+0)\ \text{d}=3\ \text{d}$$

或

$$LF_1=LS_1+D_1=(0+3)\ \text{d}=3\ \text{d}$$

4. 关键线路

在单代号网络计划中，自始至终无时间间隔的线路为关键线路。关键线路上的工作为关键工作，其总时差最小。但是，在单代号网络计划中总时差最小的工作为关键工作，却不一定能连接成关键线路。

15.5 网络计划的优化与控制

15.5.1 网络计划的优化类型

网络计划优化就是在满足既定的工期、成本或资源等约束条件下，按某一目标，如缩短工期、节约费用、资源平衡等，通过不断调整初始网络计划，寻找最优网络计划方案的过程。

按照优化实现的目标不同，网络计划的优化分为工期优化、费用优化和资源优化三种类型。

其中，费用优化又称为工期-成本优化，指寻求项目总成本最低时的工期安排，或者按照计划工期 T_p 寻求最低成本的计划安排过程。

资源优化分为两种情况，即资源有限-工期最短和工期固定-资源均衡优化。

15.5.2 网络计划的工期优化

当网络计划的计算工期 T_c 大于计划工期 T_p 时，通过压缩计算工期达到计划工期目标。解决此类问题的方法有“顺序法”“加权平均法”“选择法”等。“顺序法”是按关键工作开工的时间来确定，先进行的工作先压缩。“加权平均法”是按关键工作持续时间长短的百分比压缩。这两种方法没有考虑需要压缩的关键工作所需的资源是否有保证及相应的费用增加幅度。“选择法”更接近于实际需要，故在此作详细介绍。

1. “选择法”工期优化所考虑的因素

① 缩短持续时间对质量和安全影响较小的关键工作。

② 有充足资源供应的工作。

③ 缩短持续时间所需增加的费用最小的工作。

将所有工作按是否满足上述三方面要求，确定优选系数，应优先选择优选系数最小的关键工作，压缩其持续时间。若需要同时压缩多个关键工作的持续时间时，则它们的优选系数之和（组合优选系数）最小者应作为优先压缩对象。

2. 工期优化的步骤

① 计算并找出初始网络计划的计算工期 T_c，关键线路及关键工作。

② 按计划工期 T_p 计算应缩短的持续时间 ΔT，$\Delta T = T_c - T_p$。

③ 确定各关键工作能缩短的持续时间。

④ 按前述要求的因素选择关键工作，压缩其持续时间，并重新计算网络计划的计算工期。此时，注意不能将原关键工作压缩成非关键工作，当出现多条关键线路时，必须将平行的各关键线路的持续时间压缩相同的数值；否则，不能有效地缩短工期。

⑤ 重复以上步骤，直到满足计划工期或工期不能再缩短为止。

当所有关键工作的持续时间都已达到其能缩短的极限而工期仍不能满足要求工期时，应对原技术与组织方案进行调整，或对计划工期重新修订。

【例 15-5】 已知某初始网络计划如图 15-31 所示，箭线上方括号外为工作名称，括号内为优选系数；箭线下方括号外为工作正常持续时间，括号内为最短持续时间。若要求工期为 30 d，试对其进行工期优化。

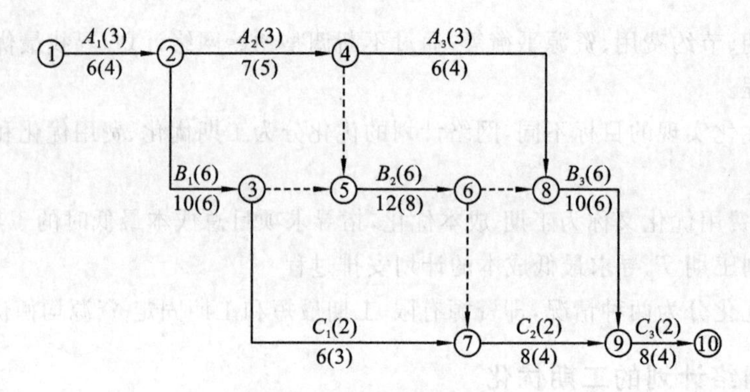

图 15-31　某初始网络计划

【解】

(1) 用节点计算法(也可用节点标号法)快速确定工作正常持续时间时,网络计划的关键线路和计算工期,$T_c = 46$ d,如图 15-32 所示。

(2) 按计划工期 T_p,确定调整目标 ΔT。

$$\Delta T = T_c - T_p = (46 - 30)\mathrm{d} = 16\ \mathrm{d}$$

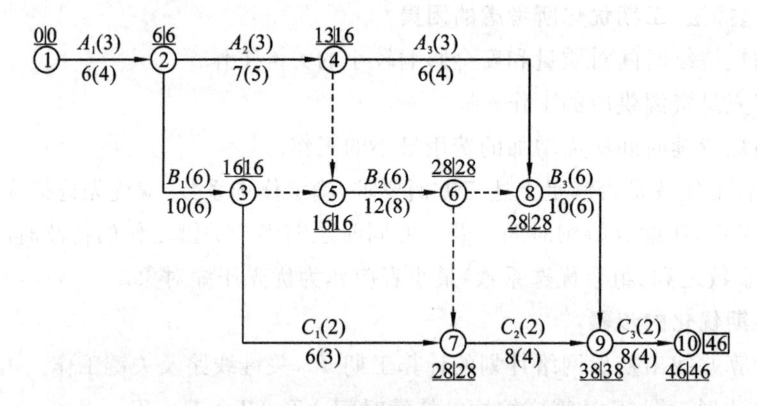

图 15-32　节点计算法确定时间参数与关键线路

(3) 选择关键线路上优选系数较小的工作,依次进行压缩,直到满足计划工期。

① 第一次压缩,选择关键线路上的 9—10 工作,可压缩 4 d,如图 15-33 所示。

② 第二次压缩,选择关键线路上的 1—2 工作,可压缩 2 d,如图 15-34 所示。

③ 第三次压缩,选择关键线路上的 2—3 工作,可压缩 3 d,则 2—4 工作也成为关键工作,如图 15-35 所示。

④ 第四次压缩,选择关键线路上的 5—6 工作,可压缩 4d,如图 15-36 所示。

⑤ 第五次压缩,选择关键线路上的 8—9 工作,可压缩 2 d,则 7—9 工作也成为关键工作,如图 15-37 所示。

⑥ 第六次压缩,选择关键线路上组合优选系数最小的 8—9 和 7—9 工作,只需压缩 1 d,则共计压缩 16 d,如图 15-38 所示。

通过六次压缩,达到计划工期 30 d 的要求。

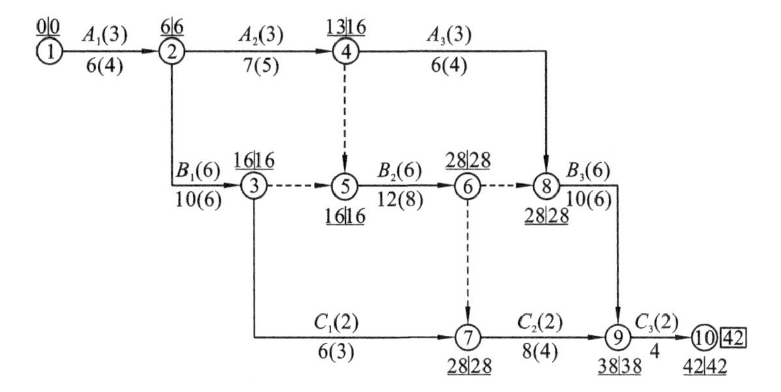

图 15-33　第一次压缩后的网络计划

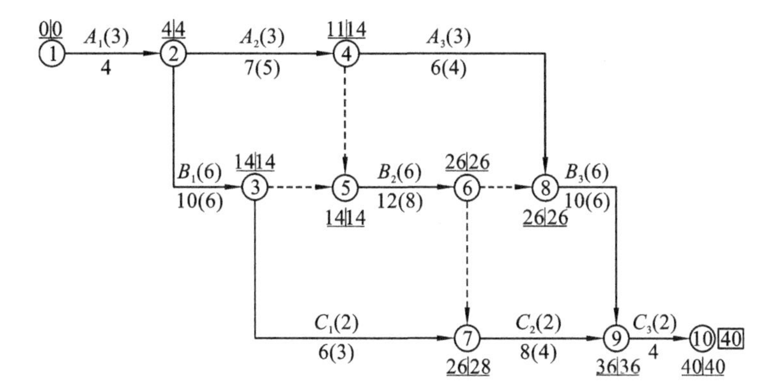

图 15-34　第二次压缩后的网络计划

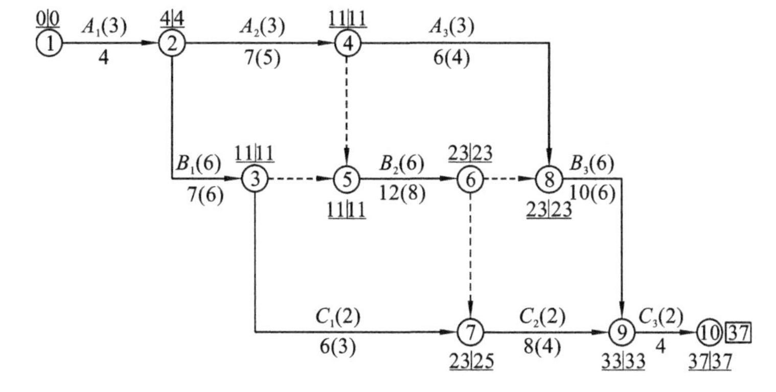

图 15-35　第三次压缩后的网络计划

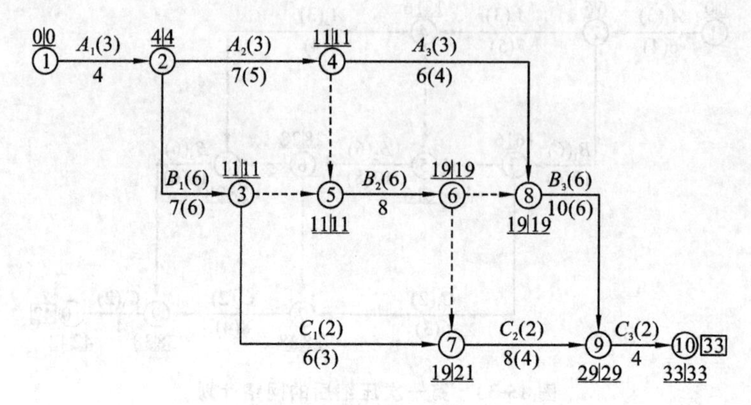

图 15-36　第四次压缩后的网络计划

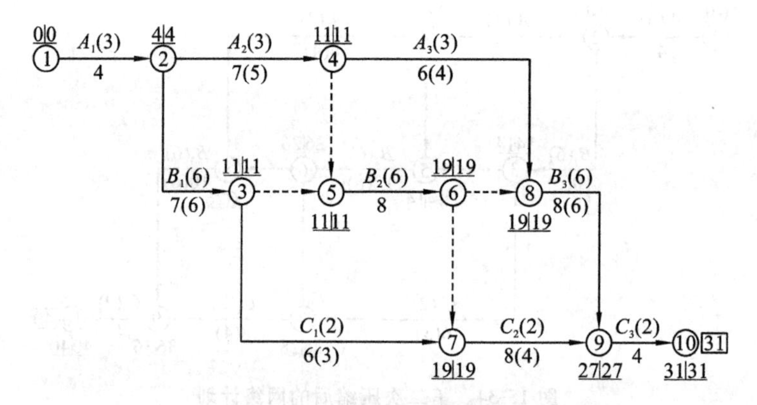

图 15-37　第五次压缩后的网络计划

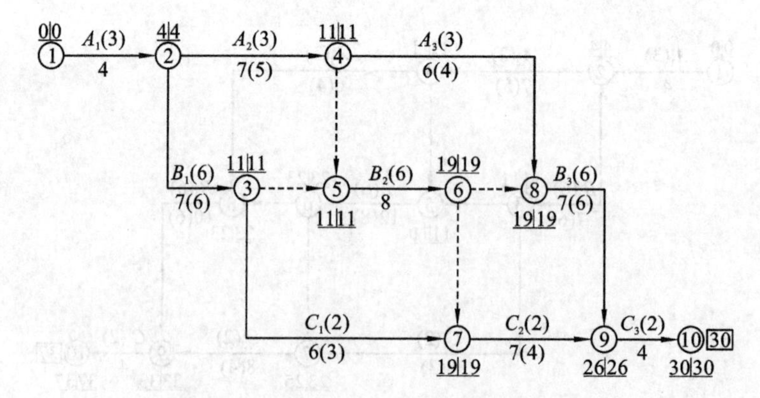

图 15-38　第六次压缩即优化后的网络计划

15.5.3 网络计划的费用优化

1. 时间和费用的关系

工程项目的总费用包括直接费用和间接费用两部分。一般情况下，直接费用随着时间的延长而减少，间接费用随着时间的延长而增加，工期与费用的关系如图 15-39 所示。图中工程总费用曲线由直接费曲线和间接费曲线叠加而成。曲线上最低点就是工程计划的最优方案之一，此方案工程费用最低，相对应的工程持续时间称为最优工期。

1）直接费曲线

直接费曲线通常是一条由左上向右下的下凹曲线，如图 15-40 所示，因为直接费总是随着工期的缩短而更快增加，在一定范围内与时间成反比关系。如果缩短时间，即加快施工速度，要采取加班加点和多班作业措施，采用高价的施工方法和机械设备等，直接费用也跟着增加。然而工作时间缩短至某一极限，则无论增加多少直接费，也不能再缩短工期，此极限称为临界点，此时的时间为最短持续时间，此时的费用为最短时间直接费。反之，如果延长时间，则可减少直接费。然而工作时间延长至某一极限，则无论将工期延至多长，也不能再减少直接费。此极限为正常点，此时的时间称为正常持续时间，此时的费用称为正常时间直接费。

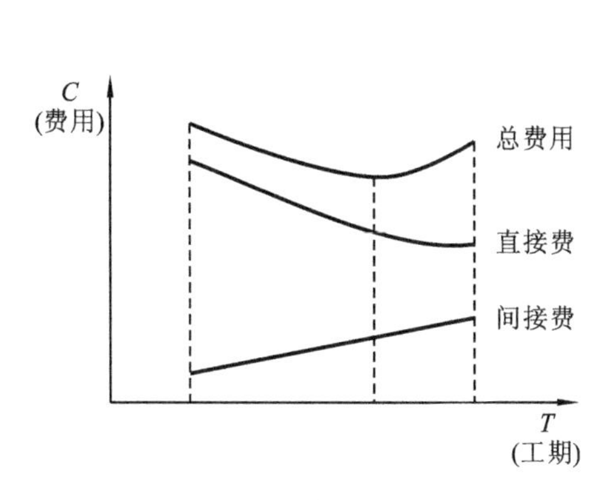

图 15-39　工期-费用关系示意图

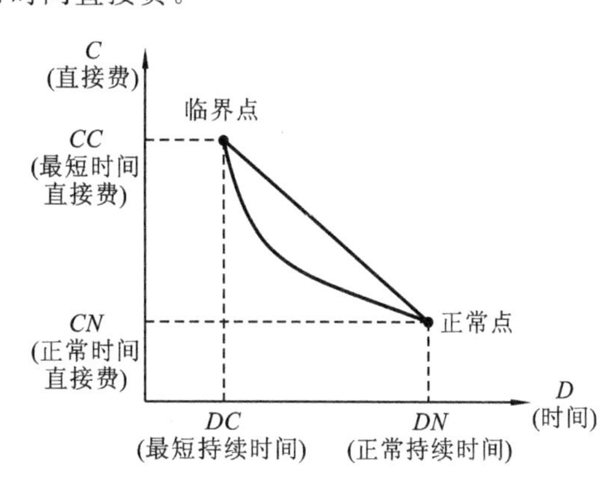

图 15-40　工期-直接费关系示意图

连接正常点与临界点的曲线，称为直接费曲线。直接费曲线实际上并不像图中那样圆滑，它是由一系列线段组成的折线，并且越接近最高费用(极限费用)其曲线越陡。为了计算方便，可以近似地将它假定为一条直线，如图 15-40 所示。我们把因缩短工作持续时间每一单位时间所需增加的直接费，简称为直接费用率，按公式(15-36)计算：

$$\Delta C_{i-j}=\frac{CC_{i-j}-CN_{i-j}}{DN_{i-j}-DC_{i-j}} \tag{15-36}$$

式中　ΔC_{i-j}——工作 $i-j$ 的直接费用率；

CC_{i-j}——将工作 $i-j$ 持续时间缩短为最短持续时间后，完成该工作所需的直接费用；

CN_{i-j}——在正常条件完成工作 $i-j$ 所需的直接费用；

DN_{i-j}——工作 $i-j$ 的正常 $i-j$ 的最短持续时间；

DC_{i-j}——工作 $i-j$ 的最短持续时间。

从公式中可以看出，工作的直接费用率越大，则将该工作的持续时间缩短一个时间单位，相应增加的直接费就越多；反之，工作的直接费用率越小，则将该工作的持续时间缩短一个时间单位，相应增加的直接费就越少。

根据各工作的性质不同，工作持续时间和费用之间的关系通常有以下两种情况。

(1) 连续变化型关系

有些工作的直接费用随着工作持续时间的改变而改变，如图 15-40 所示。介于正常持续时间和最短时间之间的任意持续时间的费用可根据其费用斜率，用数学方法推算出来。这种时间和费用之间的关系是连续变化的，称为连续型变化关系。

例如，某工作经过计算确定其正常持续时间为 9 d，所需费用 1100 元，在考虑增加人力，材料，机具设备和加班的情况下，其最短时间为 6 d，而费用为 1400 元，则其单位变化率为

$$\Delta C_{i-j}=\frac{CC_{i-j}-CN_{i-j}}{DN_{i-j}-DC_{i-j}}=\left(\frac{1400-1100}{9-6}\right)\text{元 / 天}=100\ \text{元 / 天}$$

即缩短一天，其费用增加 100 元。

(2) 非连续型变化关系

有些工作的直接费用与持续时间之间的关系是根据不同施工方案分别估算的，因此，介于正常持续时间与最短持续时间之间的关系不能用线性关系表示，无法通过数学方法计算，工作不能逐天缩短，在图上表示为几个点，只能在几种情况中选择一种，如图 15-41 所示。

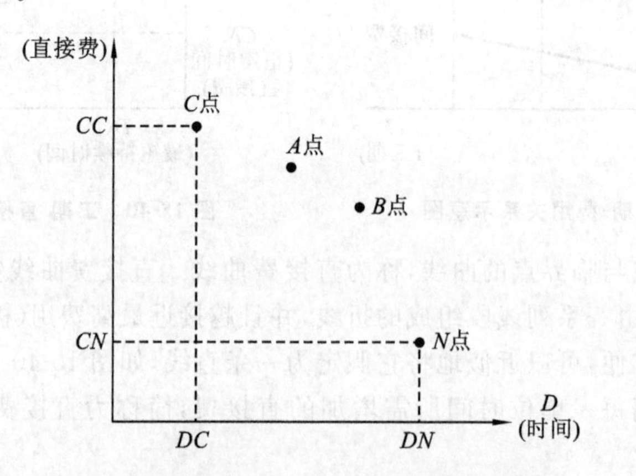

图 15-41　非连续型时间—直接费关系示意图

例如，某土方工程，采用三种不同的机械开挖，其费用和持续时间见表 15-6。确定施工方案时，只能在表 15-6 中的三种不同机械中选择，在图中也就只能取三点中

的一点。

表 15-6　时间及费用表

机械类型	A	B	C
持续时间(天)	7	10	12
费用(元)	6200	5300	4000

2）间接费曲线

间接费用与时间成正比关系，通常用直线表示，其斜率表示间接费用在单位时间内的增加或减少值。

2. 费用优化的方法和步骤

费用优化的方法：不断地在网络计划中找出 ΔC_{i-j}（或组合 ΔC_{i-j}）最小的关键工作，缩短其持续时间，同时考虑间接费用随工期缩短而减少的数值，最后求得工程总费用最低时的最优工期安排或按计划工期求得最低费用的计划安排。

按照上述方法，费用优化可按以下步骤进行。

① 按工作的正常持续时间确定关键线路，计算总工期、总费用。

② 计算各项工作的 ΔC_{i-j}。

③ 当只有一条关键线路时，应找出 ΔC_{i-j} 最小的一项关键工作，作为缩短持续时间的对象；当有多条关键线路时，应找出组合 ΔC_{i-j} 最小的一组关键工作，作为缩短持续时间的对象。

④ 比较选定的压缩对象的 ΔC_{i-j} 或组合 ΔC_{i-j} 与工程间接费用率的大小。

a. 如果被压缩对象的 ΔC_{i-j} 或组合 ΔC_{i-j} 小于工程间接费用率，说明压缩关键工作的持续时间会使工程总费用减少，故应缩短关键工作的持续时间。

b. 如果被压缩对象的 ΔC_{i-j} 或组合 ΔC_{i-j} 等于工程间接费用率，说明压缩关键工作的持续时间不会使工程总费用增加，故应缩短关键工作持续时间。

c. 如果被压缩对象的 ΔC_{i-j} 或组合 ΔC_{i-j} 大于工程间接费用率，说明压缩关键工作的持续时间会使工程总费用增加，则应停止缩短关键工作的持续时间，此前的方案即为优化方案。

⑤ 计算关键工作持续时间缩短后相应的总费用变化。

⑥ 重复上述步骤，直至计算工期满足计划工期，或被压缩对象的 ΔC_{i-j} 或组合 ΔC_{i-j} 大于工程间接费用率为止。

费用优化过程见表 15-7。

【例 15-6】 已知某工程初始网络计划如图 15-42 所示，箭线下方为工作的正常持续时间和最短持续时间（单位：d），箭线上方为对应的直接费用（单位：万元）。其中 2—5 工作的时间与直接费为非连续型变化关系，其正常时间及直接费用为（8 d，5.5 万元），最短时间及直接费用为（6 d，6.25 万元）；整个工程计划的间接费率为 0.35万元/天，最短工期时的间接费为 8.5 万元。试对此计划进行费用优化，确定工期费用关系曲线,求出费用最少的相应工期。

表 15-7 费用优化过程表

压缩次数	被压缩工作代号	缩短时间(d)	ΔC_{i-j} 或组合 ΔC_{i-j}(万元/天)	费率差(正或负)(万元/天)	压缩需总费用(正或负)(万元)	总费用(万元)	工期(d)	备注

注:①表 5-2 中费率差=(直接费率或组合直接费率－间接费率);

②压缩需用总费用=费率差×缩短时间;

③总费用=上次被压缩后总费用+本次压缩需用总费用;

④工期=上次压缩后工期－本次缩短时间。

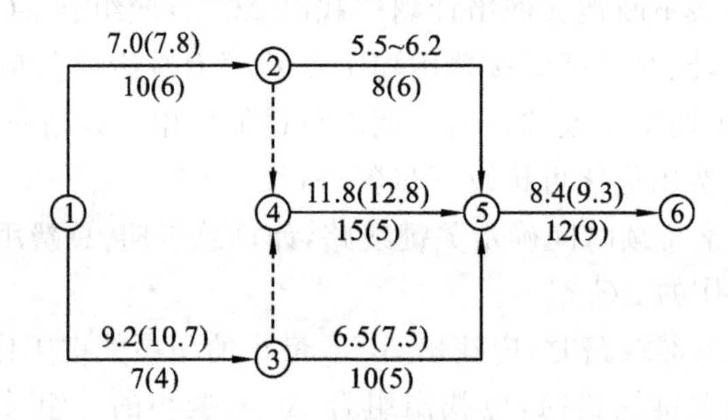

图 15-42 初始工程网络计划

【解】 (1)确定关键线路和计算工期,依据正常持续时间和最短持续时间的结果分别如图 15-43、图 15-44 所示,计算工期分别为 37 d 和 21 d,关键线路分别为 1—2—4—5—6 和 1—2—5—6。

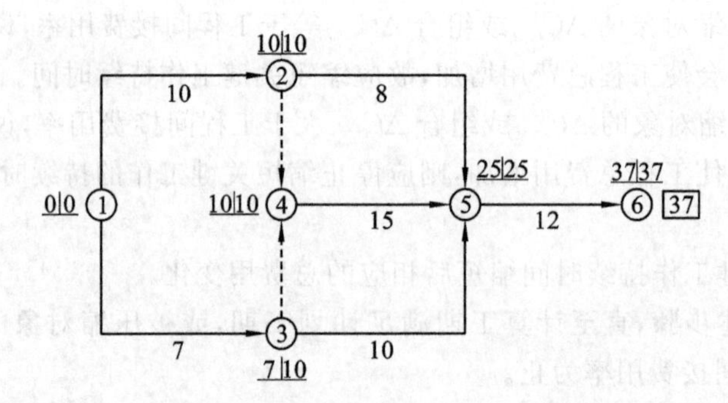

图 15-43 初始工程网络计划的关键线路

(2) 计算总费用

正常持续时间时的总直接费用=各工作正常持续时间对应的直接费用之和=(7.0+9.2+5.5+11.8+6.5+8.4)万元=48.4 万元;

正常持续时间时的总间接费用=最短工期时的间接费+(正常工期－最短工期)

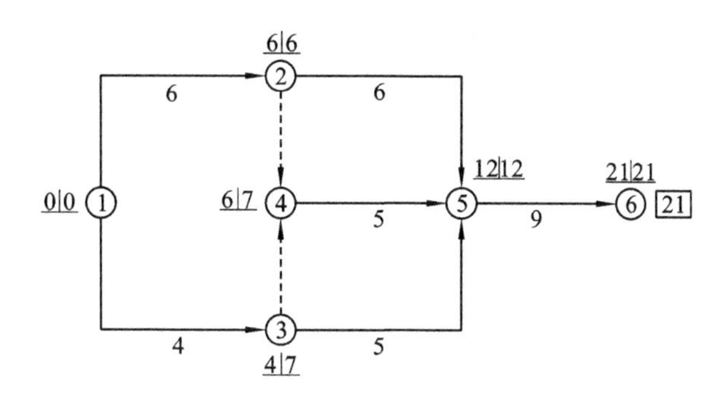

图 15-44　工作最短时间时的关键线路

×间接费率＝[8.5＋0.35×(37－21)] 万元＝14.1 万元；

正常持续时间时的总费用＝正常持续时间时总直接费用＋正常持续时间时总间接费用＝(48.5＋14.1)万元＝62.6 万元；

(3) 计算工作的直接费率，见表 15-8。

表 15-8　各项工作直接费用率

工作代号	正常持续时间(d)	最短持续时间(d)	正常时间直接费用(万元)	最短时间直接费用(万元)	直接费用率(万元/天)
①－②	10	6	7.0	7.8	0.2
①－③	7	4	9.2	10.7	0.5
②－⑤	8	6	5.5	6.2	
④－⑤	15	5	11.8	12.8	0.1
③－⑤	10	5	6.5	7.5	0.2
⑤－⑥	12	9	8.4	9.3	0.3

(4) 连续压缩关键线路上有压缩可能且费用最少的工作，进行费用优化，每次压缩后的结果如图 15-45～图 15-51 所示。

① 第一次压缩。从图 15-43 可知，关键线路上有三项工作。压缩工作 1—2，ΔC_{1-2}为 0.2 万元/天；压缩工作 4—5，ΔC_{4-5}为 0.1 万元/天；压缩工作 5—6，ΔC_{5-6}为 0.3 万元/天。选择直接费用率最小的工作 4—5 作为压缩对象，ΔC_{4-5}小于间接费用率 0.35 万元/天，说明压缩工作 4—5 可以使工程总费用降低。将工作 4—5 的持续时间缩短 7 d，则工作 2—5 也成为关键工作。第一次压缩后的网络计划如图15-45 所示，箭线上方的数字为工作的直接费用率(工作 2—5 除外)。

② 第二次压缩。从图 15-45 可知，该网络计划有两条关键线路。压缩工作 1—2，ΔC_{1-2}为 0.2 万元/天；压缩工作 5—6，ΔC_{5-6}为 0.3 万元/天；若同时压缩工作 2—5 和 4—5，只能一次压缩 2 d，且会使原关键线路变为非关键线路，故不可取。

选择直接费用率较小的工作 1—2 为压缩对象，ΔC_{1-2}小于间接费率 0.35 万元/天，

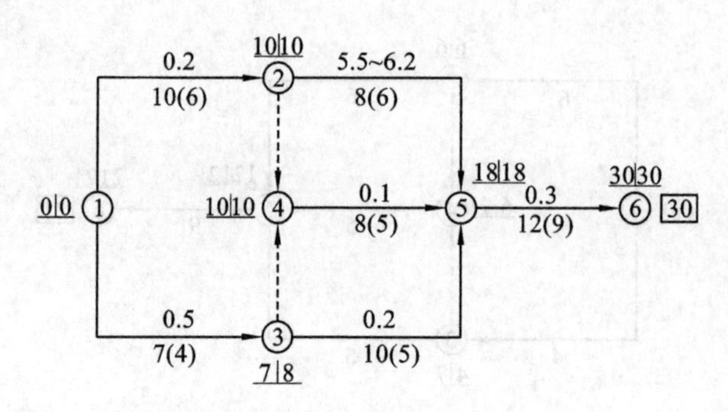

图 15-45 第一次压缩后的网络计划

说明压缩工作 1—2 可使工程总费用降低,将工作 1—2 的持续时间缩短 1 d,则工作 1—3 和 3—5 也成为关键工作。第二次压缩后的网络计划如图 15-46 所示。

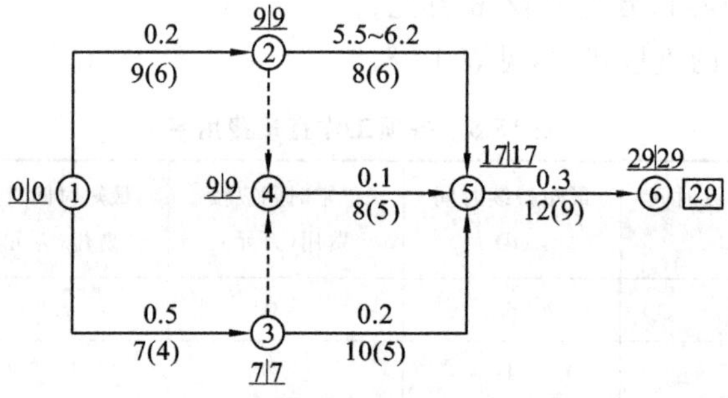

图 15-46 第二次压缩后的网络计划

③ 第三次压缩。从图 15-46 可知,该网络计划有 3 条关键线路。压缩工作 5—6,ΔC_{5-6}为 0.3 万元/天;同时压缩工作 1—2 和 3—5,组合直接费用率为 0.4 万元/天;若同时压缩工作 1—3 和 2—5 及 4—5,只能一次压缩 2 d,并增加直接费 1.9 万元,平均每天直接费为 0.95 万元。

选择直接费用率较小工作 5—6 为压缩对象,ΔC_{5-6}小于间接费率 0.35 万元/天,说明压缩工作 5—6 可使工程总费用降低,将工作 5—6 的持续时间缩短 3 d,则工作 5—6 的持续时间已达最短,不能再压缩。第三次压缩后的网络计划如图 15-47 所示。

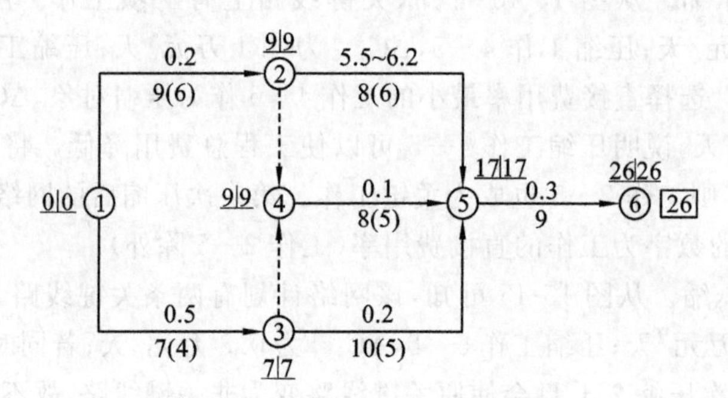

图 15-47 第三次压缩后的网络计划

④ 第四次压缩。从图 15-47 可知，该网络计划有 3 条关键线路。同时压缩工作 1—2 和 3—5，组合直接费用率 0.4 万元/天；同时压缩工作 1—3、2—5 和 4—5，只能一次压缩 2 d，共增加直接费 1.9 万元，平均每天直接费为 0.95 万元。

选择组合直接费用率较小的工作 1—2 和 3—5 同时压缩，但是其又大于间接费率 0.35 万元/天，说明此次压缩会使工程总费用增加。因此，第三次压缩后得到的方案即费用最小，其相应工期为 26 d。

将工作 1—2 和 3—5 的工作持续时间同时缩短 2 d，第四次压缩的网络计划如图 15-48 所示。

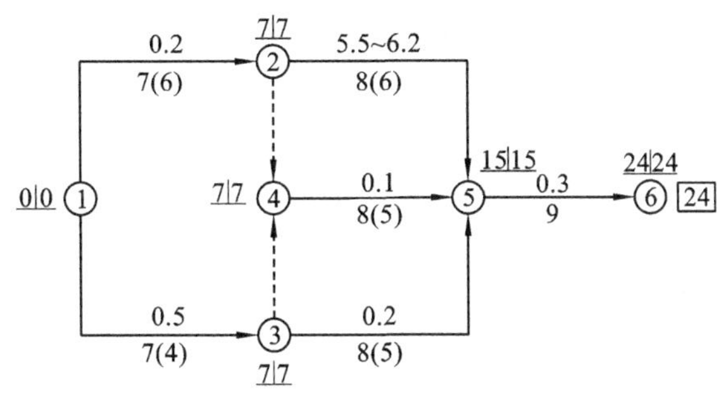

图 15-48　第四次压缩后的网络计划

⑤ 第五次压缩。从图 15-48 可知，该网络计划可有以下四个压缩方案。

a. 同时压缩工作 1—2 和 1—3，组合直接费率为 0.7 万元/天。

b. 同时压缩 2—5、4—5 和 3—5，只能一次压缩 2 d，共增加直接费 1.3 万元，平均每天直接费为 0.65 万元。

c. 同时压缩工作 1—2、4—5 和 3—5，组合直接费率为 0.5 万元/天。

d. 同时 压缩工作 1—3、2—5 和 4—5，只能一次压缩 2 d，共增加直接费 1.9 万元，平均每天直接费为 0.95 万元。

上述四个方案中，选择组合直接费率较小的工作 1—2、4—5 和 3—5 同时压缩，但是其又大于间接费率 0.35 万元/天，说明此次压缩会使工程总费用增加，将它们的持续时间同时缩短 1 d，此时工作 1—2 的持续时间已达极限，不能再压缩。第五次压缩后的网络计划如图 15-49 所示。

⑥ 第六次压缩。从图 15-49 可知，该网络计划可有以下两个压缩方案。

a. 同时压缩工作 1—3 和 2—5，只能一次压缩 2 d，且会使原关键线路变为非关键线路，故不可取。

b. 同时压缩工作 2—5、4—5 和 3—5，只能一次压缩 2 d，共增加直接费 1.3 万元。

故选择第二个方案同时压缩工作时间 2 d 天，此时工作 2—5、4—5 和 3—5 的持续时间均已达到极限，不能再压缩，第六次压缩后的网络计划如图 15-50 所示。

如此，可以看出只有 1—3 工作还可以继续缩短，但即使将其缩短也只能增加费用而不能压缩工期，所以压缩工作 1—3 没有必要，优化过程到此结束。费用优化过程表见表 15-9。

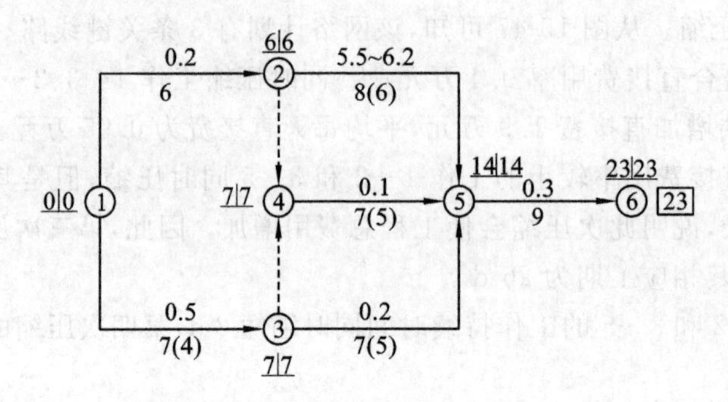

图 15-49 第五次压缩后的网络计划

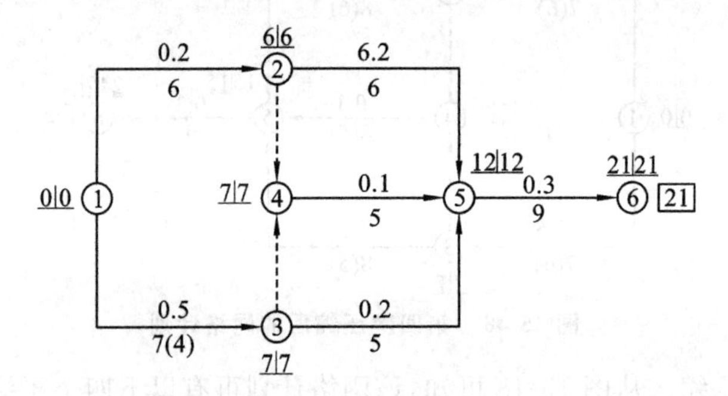

图 15-50 第六次压缩后的网络计划

表 15-9 某工程网络计划费用优化过程表

压缩次数	被压缩工作代号	缩短时间(d)	被压缩工作的直接费率或组合直接费率(万元/天)	费率差(正或负)(万元/天)	压缩需用总费用(正或负)(万元/天)	总费用(万元)	工期(d)	备注
0						62.5	37	
1	④—⑤	7	0.1	−0.25	−1.75	30.75	30	
2	①—②	1	0.2	−0.15	−0.15	60.60	29	
3	⑤—⑥	3	0.3	−0.05	−0.15	60.45	26	优化方案
4	①—② ③—⑤	2	0.4	+0.05	+0.10	60.55	24	
5	①—② ④—⑤ ③—⑤	1	0.5	+0.15	+0.15	60.70	23	
6	②—⑤ ④—⑤ ③—⑤	2			+0.60	61.30	21	

优化后的工期-费用关系曲线如图 15-51 所示。

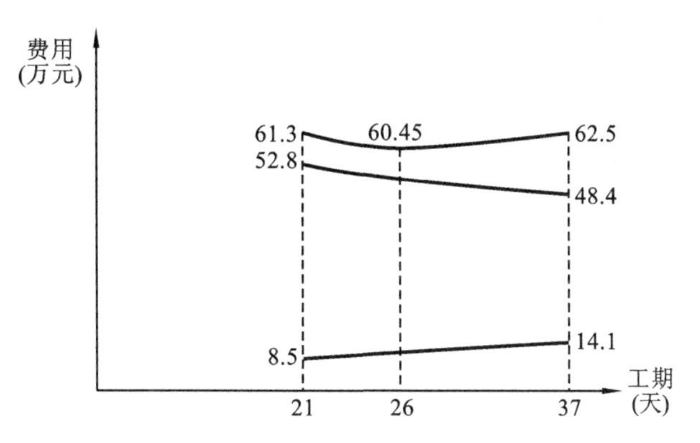

图 15-51　优化后的工期-费用关系曲线

15.5.4 网络计划的资源优化

资源是指为了完成一项工程任务所需投入的人、材、物和费用等的统称，资源限量是单位时间内可供使用的某种资源的最大数量，完成一项工程任务所需要的资源量基本是不变的，不可能通过资源优化将其减少。资源优化的目的是通过改变工作的开始时间和完成时间，使资源按照时间的分布达到优化目标。

"资源有限一工期最短"的优化是指在满足资源限制条件下，通过调整工作的计划安排，使工期尽可能最短的过程，而"工期固定一资源均衡"的优化是指在工期保持不变的条件下，通过调整计划安排，使资源需要量尽可能均衡的过程。

在资源优化过程中，须确保：

① 不改变网络计划中各项工作之间的逻辑关系；

② 不改变网络计划中各项工作的持续时间；

③ 网络计划中各项工作的资源强度为常数，而且合理；

④ 保持工作的连续性，一般不宜中断。

1. "资源有限-工期最短"的优化

①"资源有限-工期最短"的优化，宜根据"时间单位"作资源检查，当出现第 t 个"时间单位"资源需求量 R_t 大于限量 R_a 时，应进行计划调整。

调整计划时，应对资源冲突的各项工作做新的顺序安排。顺序安排的选择标准是工期延长时间最短，其值应按下列公式计算。

a. 对双代号网络计划。

$$\Delta D_{m'-n',i'-j'} = \min\{\Delta D_{m-n,i-j}\} \tag{15-37}$$

$$\Delta D_{m-n,i-j} = EF_{m-n} - LS_{i-j} \tag{15-38}$$

式中　$\Delta D_{m'-n',i'-j'}$——在各种顺序安排中，最佳顺序安排所对应式的工期延长时间的最小值；

$\Delta D_{m-n,i-j}$——在资源冲突的诸工作中，工作 $i-j$ 安排在工作 $m-n$ 之后进行，工期所延长的时间。

b. 对单代号网络计划。

$$\Delta D_{m',i'}=\min\{\Delta D_{m,i}\} \tag{15-39}$$

$$\Delta D_{m,i}=EF_M-LS_i \tag{15-40}$$

式中 $\Delta D_{m',i'}$——在各种顺序安排中,最佳顺序安排所对应的工期延长时间的最小值;

$\Delta D_{m,i}$——在资源冲突的诸工作中,工作 i 安排在工作 m 之后进行,工期所延长的时间。

② "资源有限—工期最短"优化的计划调整,应按下列步骤调整工作的最早开始时间。

a. 计算网络计划每"时间单位"的资源需用量。

b. 从计划开始日期起,逐个检查每个"时间单位"资源需用量是否超过资源限量,如果在整个工期内每个"时间单位"均能满足资源限量的要求,可行优化方案就编制完成,否则必须进行计划调整。

c. 分析超过资源限量的时段(每"时间单位"资源需用量相同的时间区段),按式(15-37)计算 $\Delta D_{m'-n',i'-j'}$,或按式(15-39)计算 $\Delta D_{m',i'}$ 值,依据它确定新的安排顺序。

d. 当最早完成时间 $EF'_{m'-n'}$ 或 EF'_m 最小值和最迟开始时间 $LS_{i'-j'}$,或 $EF_{i'}$ 最大值同属一个工作时,应找出最早完成时间 $EF_{m'-n'}$,或 $EF_{m'}$ 值为次小,最迟开始时间 $LS_{i'-j'}$ 或 $LS_{i'}$ 为次大的工作,分别组成两个顺序方案,再从中选取较小者进行调整。

e. 绘制调整后的网络计划,重复 a～d 的步骤,直到满足要求。

2. "工期固定一资源均衡"的优化

"工期固定一资源均衡"优化指在保持工期不变的情况下,调整工作的进度计划安排,使资源需要量尽可能的均衡,即整个工程每个单位时间段的资源需要量不出现过多的高峰与低谷。这样可适当减少临时设施规模,利于施工组织管理,降低施工费用。

"工期固定一资源均衡"优化,可用削高峰法(利用时差降低资源高峰值),获得资源消耗量尽可能均衡的优化方案。

削高峰法应按下列步骤进行。

① 计算网络计划每"时间单位"资源需用。

② 确定削峰目标,其值等于每"时间单位"资源需用量的最大值减一个单位量。

③ 找出高峰时段的最后时间 T_h 及有关工作的最早开始时间 ES_{i-j}(或 ES_i)和总时差 TH_{i-j}(或 TH_i)。

④ 按式(15-41)计算有关工作的时间差值 ΔT_{i-j} 或 ΔT_i。

a. 对双代号网络计划。

$$\Delta T_{i-j}=TH_{i-j}-(T_h-ES_{i-j}) \tag{15-41}$$

b. 对单代号网络计划。

$$\Delta T_i = TH_i - (T_h - ES_i) \tag{15-42}$$

优先以时间差值最大的工作 $i'-j'$ 或工作 i' 为调整对象，令

$$ES_{i'-j'} = T_h \tag{15-43}$$

或

$$ES_{i'} = T_h \tag{15-44}$$

⑤ 当峰值不能再减少时，即得到优化方案。否则，重复以上步骤。

15.5.5 网络计划的控制

在执行过程中，应经常检查网络计划的实际执行情况，并对检查结果进行分析，而后确定后续计划的调整方案，这样，网络计划才能发挥控制作用。

1. 网络计划的检查

①检查网络计划首先必须收集网络计划的实际执行情况，并进行记录。

当采用时标网络计划时，应绘制实际进度前锋线记录计划实际执行情况。前锋线应自上而下地从计划检查的时间刻度出发，用直线段依次连接各项工作的实际进度前锋点，最后到达计划检查的时间刻度为止，形成折线。前锋线可用彩色线标画，不同检查时刻绘制的相邻前锋线可采用不同颜色标画。

当采用无时标网络计划时，可在图上直接用文字、数字、适当符号或列表记录计划实际执行情况。

②对网络计划的检查应定期进行。检查周期的长短应根据计划工期的长短和管理的需要确定。必要时，可做应急检查，以便采取应急调整措施。

③网络计划的检查必须包括以下内容。

a. 关键工作进度。

b. 非关键工作进度及尚可利用的时差。

c. 实际进度对各项工作之间逻辑关系的影响。

d. 费用资料分析。

④对网络计划执行情况的检查结果，应进行以下分析判断。

a. 对时标网络计划，宜利用已画出的实际进度前锋线，分析计划的执行情况及其发展趋势，对未来的进度情况作出预测判断，找出偏离计划目标的原因及可供挖掘的潜力所在。

b. 对无时标网络计划，宜按表15-10记录的情况对计划中的未完成工作进行分析判断。

表15-10 网络计划检查结果分析表

工作编号	工作名称	检查时尚需作业的天数	按计划最迟完成前尚有天数	总时差(d)		自由时差(d)		情况分析
				原有	目前尚有	原有	目前尚有	

2. 网络计划的调整

①网络计划的调整可包括下列内容。

a. 关键线路长度的调整。

b. 非关键工作时差的调整。

c. 增减工作项目。

d. 调整逻辑关系。

e. 重新估计某些工作的持续时间。

f. 对资源的投入作相应调整。

②调整关键线路的长度,可针对不同情况选选用下列不同的方法。

a. 对关键线路的实际进度比计划进度提前的情况,当不宜减少工期时,应选择资源占用量大或直接费用高的关键线路,适当延长其持续时间,以降低其资源强度和费用;当要提前完成计划时,应将计划的未完成部分作为一个新计划,最新确定关键工作的持续时间,按新计划实施。

b. 对关键线路的实际进度比计划进度延误的情况,应在未完成的关键工作中,选择资源强度小或费用低的,缩短其持续时间,并把计划的未完成部分作为一个新计划,按工期优化方法进行调整。

③非关键工作时差的调整应在其时差的范围内进行。每次调整均必须重新计算时间参数,观察该调整对计划全局的影响。调整方法如下。

a. 将工作在其最早开始时间与其最迟完成时间范围内移动。

b. 延长工作持续时间。

c. 缩短工作持续时间。

④增、减工作项目时,应符合下列规定。

a. 不打乱原网络计划的逻辑关系,只对局部逻辑关系进行调整。

b. 重新计算时间参数,分析对原网络计划的影响。当对工期有影响时,应采取措施,保证计划工期不变。

⑤逻辑关系的调整只有当实际情况要求改变施工方法或组织方法时才可进行。调整时应避免影响原定计划工期和其他工作顺利进行。

⑥当发现某些工作的原持续时间有误或实现条件不充分时,应最新估算其持续时间,并重新计算时间参数。

⑦当资源供应发生异常时,应采用资源优化方法对计划进行调整或采取应急措施,使其对工期的影响最小。

⑧网络计划的调整,可定期或根据计划检查结果在必要时进行。

思 考 题

15-1 网络计划的基本原理是什么?

15-2 试比较网络图与横道图的优缺点?

15-3 何谓网络图?网络图中有几种类型的工作?工作和虚工作有何不同?虚

工作起何作用？

15-4 何谓工作之间的逻辑关系？试举例说明。

15-5 单代号、双代号网络图分别由哪些因素组成？它们有什么区别？

15-6 简述单代号、双代号网络图的绘制规则和方法。

15-7 网路图时间参数有哪些？在单、双代号网络图中如何计算？

15-8 何谓工作的总时差和自由时差？如何确定各种网络图的关键线路和关键工作？

15-9 双代号时标网络计划的特点有哪些？如何确定时间参数？

15-10 网络计划优化的方式有哪几种？各有何作用？试说明时间与费用的关系。

15-11 简述工期优化和工期——成本优化的方法和步骤？

15-12 对网络计划执行中出现的进度偏差如何进行分析？其调整方法有哪几种？

习　题

15-1 已知工作之间的逻辑关系如下表所示，试分别绘制双代号网络图和单代号网络图。

工作	A	B	C	D	E	G	H	I	J
紧前工作	E	H、A	J、G	H、I、A	—	H、A	—	—	E

15-2 某网络计划的有关资料如下表所示，试绘制双代号网络图，并在图中标出各项工作的六个时间参数。最后用双箭线标明关键线路。

工作	A	B	C	D	E	F	G	H	I	J	K
持续时间	22	10	13	8	15	17	15	6	11	12	20
紧前工作	—	—	B、E	A、C、H	—	B、E	E	F、G	F、G	A、C、I、H	F、G

15-3 某网络计划的有关资料如下表所示，试绘制双代号网络图，并计算各项工作的时间参数和标明关键线路。将所绘双代号网络图转化成时标网络计划，并说明波形线的意义。

工作	A	B	C	D	E	G	H	I	J	K
持续时间	2	3	5	2	3	3	2	3	6	2
紧前工作	—	A	A	B	B	D	G	E、G	C、E、G	H、I

15-4 某网络计划的有关资料如下表所示。

工作名称	A	B	C	D	E	G
持续时间/天	12	10	5	7	6	4
紧前工作	—	—	—	B	B	C、D

试绘出单代号网络图,并在图中标出各项工作的六个时间参数及相邻两项工作的时间间隔。最后用双箭线标明关键线路。

15-5　某网络计划如图 15-34 所示,箭线下方括号外数字为工作的正常持续时间,括号内数字为工作的最短持续时间;箭线上方括号内数字为优选系数(优选系数小者优先缩短)。要求工期为 12,试对其进行工期优化。

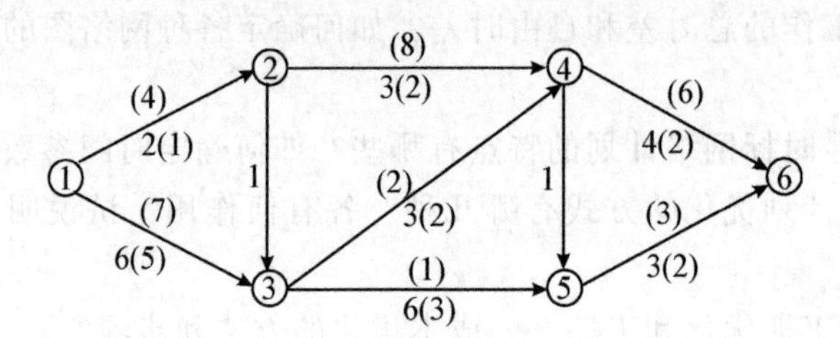

图 15-34

15-6　已知网络计划如图 15-35 所示,箭线下方括号外数字为工作的正常持续时间,括号内数字为工作的最短持续时间;箭线上方括号外数字为正常持续时间的直接费,括号内数字为最短持续时间时的直接费。费用单位为千元,时间单位为天。如果工程间接费率为 800 元/天,则最低工程费用时的工期为多少天?

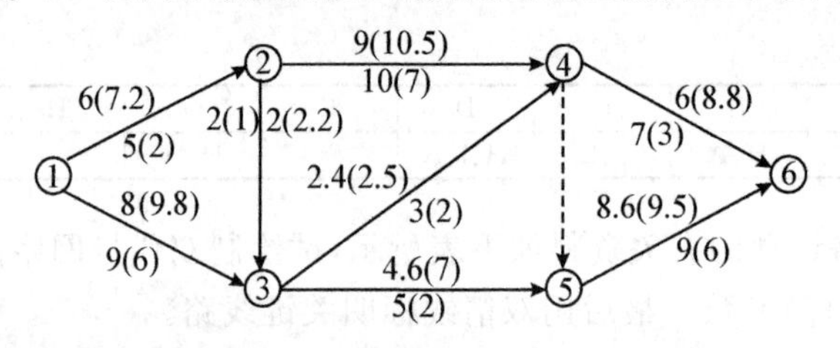

图 15-35

第 16 章　单位工程施工组织设计

【内容提要和学习要求】

① 概述:掌握单位工程施工组织设计的编制内容;熟悉其编制程序;了解编制的依据。

② 施工方案的选择:掌握施工方案应确定的内容;熟悉施工方案各内容的确定方法。

③ 施工进度计划和资源需要量计划:掌握施工进度计划的编制步骤和方法;熟悉编制的依据和作用;熟悉资源需用量计划的内容。

④ 施工平面图设计:掌握施工平面图设计的内容和步骤;熟悉设计的依据和原则。

⑤ 主要技术经济指标:了解各技术经济指标的内容和计算方法。

16.1 概述

单位工程施工组织设计是由承包单位编制的,用以指导单位工程施工全过程活动的技术、组织和经济的综合性文件,它的主要任务是根据建设单位对项目的建设要求及施工对象的生产特点,结合企业的技术力量,对人力、资金、材料、机械和施工方法五种因素进行合理的安排,按照客观规律组织施工,以便在一定时间和空间内,用最优的技术经济指标,取得最满意的效果,完成土木工程产品的生产。

16.1.1 单位工程施工组织设计编制的内容

根据土木工程项目的规模大小、结构的复杂程度、采用新技术的内容、工期要求、建设地点的自然条件、施工单位的技术力量及其对该类工程的熟练程度,单位工程施工组织设计的编制内容与深度有所不同。较完整的单位工程施工组织设计包含以下内容。

1. 工程概况和施工条件分析

工程概况和施工条件分析是对拟建工程的特点、地点特征和施工条件等所作的一个简要的、重点的介绍,其主要内容包括以下几个方面。

1) 工程建设概况

工程建设概况主要介绍拟建工程的工程名称、工程规模、性质、用途、资金来源及工程投资额、开竣工的日期、建设单位、设计单位、施工单位(包括施工总承包和分包单位)、施工图纸情况、施工合同、主管部门的有关文件或要求,组织施工的指导思想等。

2)工程设计概况

(1)建筑设计特点

一般需说明拟建工程的建筑面积、层数、高度、平面形状及总尺寸、平面组合情况及室内外的装修作法等,并附平面、剖面简图。

(2)结构设计特点

一般需说明基础的类型与埋置深度、主体结构的类型、主要构件的设计尺寸、预制构件的类型及安装、抗震设防的烈度、工程主要材料强度等级等。

3)建设地点的特征

主要介绍拟建工程的位置、地形、工程地质条件、不同深度土层的分析、土壤冻结时间与冻结深度、地下水位、水质、气温、冬雨期施工时间、主导风向、风力等。

4)施工条件

施工条件包括现场的"三通一平"情况(建设单位提供的水源及管径、电源容量及电压等),现场周边的环境,施工用场地内地上、地下各种管线的位置,当地交通运输的条件,预制构件的生产及供应情况,预拌混凝土供应情况,施工企业的机械、设备和劳动力的落实情况,劳动的组织形式和内部承包方式等。

5)工程施工特点

应概括说明本单位工程的施工特点、难点和施工中的关键问题,以便在选择施工方案、组织资源供应、配备技术力量以及施工组织上采取有效的措施,保证施工顺利进行。

2. 施工准备工作计划

施工准备工作计划是单位工程施工组织设计的一项重要内容。施工准备工作宏观地分为物的准备和人的准备两大部分,其具体内容根据本书第 13 章中的介绍确定。施工准备工作计划应根据单位工程施工进度计划来编制。

3. 施工方案的选择

施工方案是施工组织设计的核心内容。在编制施工方案的过程中要运用"系统"的观念及方法,研究其技术特征与经济作用,针对不同类型、等级、结构特点的工程制定出不同的施工方案,努力贯彻 ISO 9000 系列标准,走质量、效益型发展道路。施工方案的选择与制定需进行多方案比较,在比较中得到最佳方案。施工方案的具体内容将在本章 16.2 节中详细介绍。

4. 单位工程施工计划

单位工程施工计划包括施工进度计划,劳动力、材料、构件、机械设备等资源需要量计划两部分。其具体内容和编制方法将在本章 16.3 节中详细介绍。

5. 单位工程施工平面图设计

单位工程施工平面图的内容包括垂直运输机械、搅拌站、加工棚、仓库、堆料、临时建筑物及临时性水电管线等临时设施的位置。其具体内容和设计步骤将在本章16.4 节中详细介绍。

6. 施工技术与组织措施

技术与组织措施主要是指在技术、组织方面对保证工程质量、安全、成本等和进行季节性施工等所采取的方法与措施，主要内容如下。

1）保证工程质量措施

为了保证工程质量，应对工程施工中易发生质量通病的工序制订防治措施；对采用新工艺、新材料、新技术和新结构的工作制订有针对性的技术措施；对确保基础工程质量、主体结构中关键部位的质量和内外装修的质量制订有效的技术组织措施；以及对复杂或特殊工程的施工制订相应的技术措施等。

首先应建立工程项目的施工质量控制系统，利用 PDCA 循环原理进行质量目标的控制，编制详细的质量计划，以体现企业对质量责任的承诺。还要加强施工过程的质量控制，利用工程质量的统计分析方法，对质量问题产生的原因进行分析并随时纠正，以达到预定的质量目标。

同时应建立健全质量监督体系，建立起自查、互查、质量员检查、施工负责人检查、监理人员监察的质量检查系统，以确保单位工程的质量。

2）保证施工安全措施

安全生产是指在安全的场所和环境条件下，使用安全的生产设备和手段，采用安全的工艺和技术，遵守安全作业和操作规程所进行的、必须确保涉及人员和财产安全的生产活动。

保证安全措施是指对施工中可能发生的安全问题提出预防措施并进行落实，主要包括以下内容：新工艺、新材料、新技术、新结构施工中的安全技术措施；预防自然灾害，如防雷击、防滑坡等技术措施；高空作业的防护措施；安全用电和机具设备的保护措施等。

3）冬、雨季施工措施

雨季施工的措施是：根据工程所在地区的雨季时间、降雨量、工程特点和部位，制定出工程、材料和设备的防淋、防潮、防泡、防淹等各种措施，如进行遮盖、加固、排水等；做好道路的防滑措施；同时防止因雨季而拖延工期，如采取改变施工顺序、合理安排施工内容等措施。

冬期施工的措施是：根据所在地区的气温、降雪量、工程特点、施工条件等因素，在保温、防冻、改善操作环境等方面，制定相应的施工措施，并安排好物资的供应和储备；对于不适宜在冬期或在冬期不容易保证质量的工作，可合理安排在冬期以前或以后进行。

4）降低成本措施

降低成本的措施包括：采用先进技术、改进作业方法以提高劳动生产率、节约劳动量的措施；综合利用材料、推广新材料以节约材料消耗的措施；提高机械利用率、发挥机械效能以节约机械设备费用的措施;合理进行施工平面图设计以节约临时设施费用的措施等。它是根据预算成本和技术组织措施计划而编制的。

5) 防火措施

防火措施是:对临时建筑的位置、结构、防火间距,对易燃或可燃材料的存放地点、堆垛体积,对消防器材的配备,对现场消防给水管道和消火栓的设置,对消防车道布置,以及对临时供电线路架设的方位和电压等,进行周密的设计和布置;对高耸建(构)筑物应及时安装避雷系统;同时应建立安全防火管理制度,制订电力线路免超负荷或短路措施等。

7. 主要技术经济指标

详见本章第 16.5 节中介绍。

综上所述,单位工程施工组织设计的内容很多,但其中最主要内容是施工方案的选择、施工进度计划的编制和施工平面布置图三大部分,简称"一图一表一案"。

16.1.2 单位工程施工组织设计编制的程序

根据单位工程的种类、工程的特点和现场的施工条件,施工组织设计编制的程序繁简不一,其一般编制程序如图 16-1 所示。

从图 16-1 中可看出,在单位工程已具备施工图纸,又经过图纸会审之后方可进行施工组织设计的编制。但是,对实行招标投标的工程,投标书中要附有施工组织设计,则其中的单位工程施工组织设计一般采用简化的施工方案来代替,待中标后再补充修订和编制正式的施工组织设计。这种情况下的施工组织设计编制程序相对要简单些。

16.1.3 单位工程施工组织设计编制的依据

在通常情况下,单位工程施工组织设计的编制依据包括以下几方面内容。

① 工程使用的全套施工图纸和设计说明。

② 建设单位和上级主管部门对该单位工程的有关要求,如建设工期要求、质量标准、推广新技术、新材料、新工艺的要求和其他施工要求等。

③ 施工组织总设计(或大纲)对该单位工程的安排、要求和规定的有关指标。

④ 施工企业的年度生产计划对本工程的安排和规定的各项指标。

⑤ 施工现场的地质与气象资料。地质资料包括地形、地质、地下水、地上与地下施工障碍物等;气象资料包括施工期间的最高和最低气温、主导风向、雨季时间和降雨量、冬期施工时间和降雪量等;还包括暴雨后场地积水情况和排水情况。

⑥ 建设单位可提供的条件,如施工用地、临时设施、水电供应等,其中水电供应包括水源供应量及水质、电源供应量以及是否需要单独设置变压器等。

⑦ 施工企业可提供的资源情况,如劳动力、材料加工、机械设备的配备情况。

⑧主要材料、预制构件及半成品等的来源及供应情况,以及预制构件的运输条件

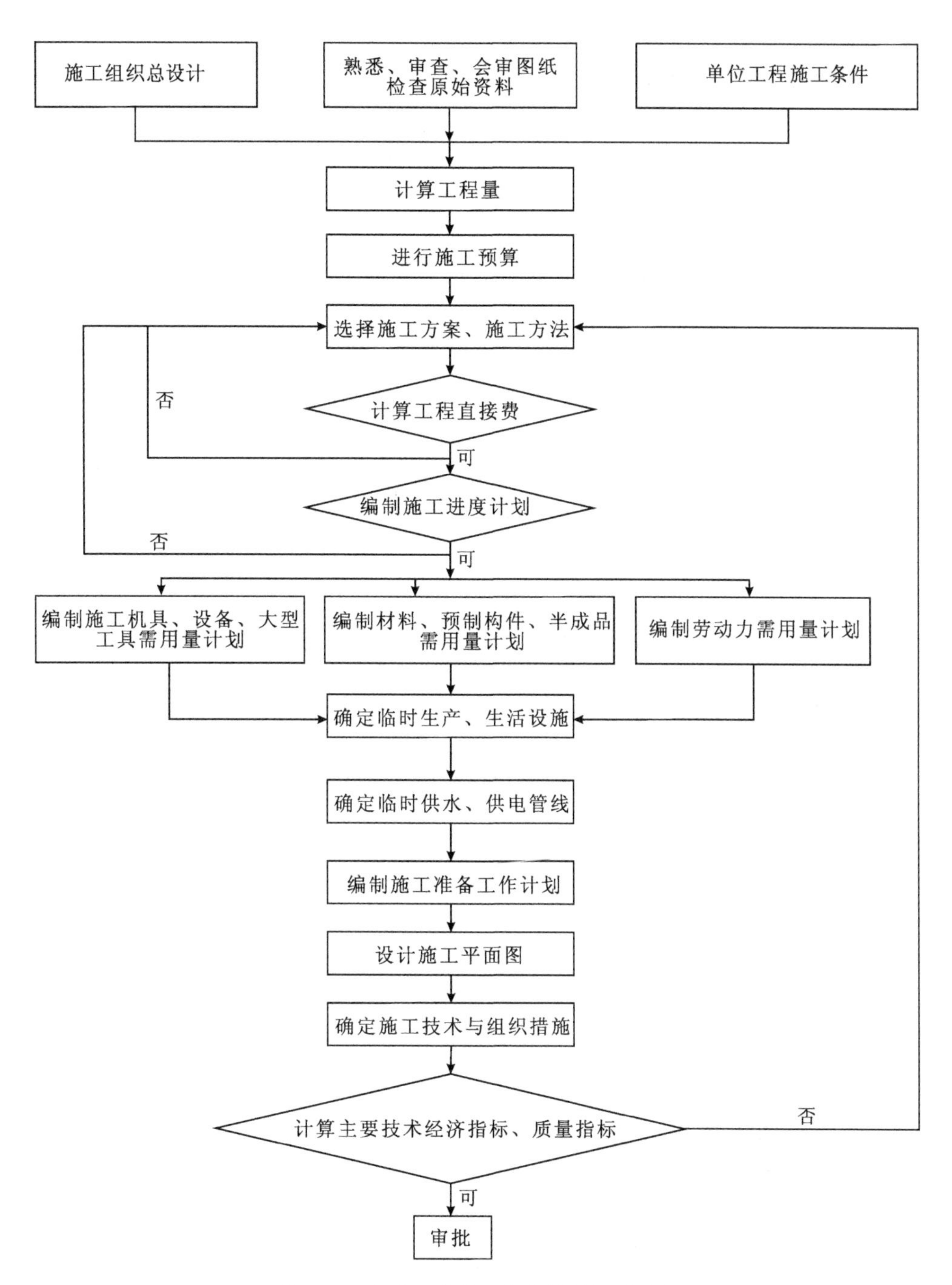

图 16-1　单位工程施工组织设计编制程序

和运距等。

⑨国家及地区的有关规定、规范、规程和定额手册。

16.2 施工方案的选择

施工方案的选择是单位工程施工组织设计的核心工作，是单位工程施工组织设计中带决策性的重要环节，应在拟定的几个可行的施工方案中，经过分析、比较，选用最优的施工方案，并将其作为安排施工进度计划和设计施工平面图的依据。

施工方案的选择一般包括确定施工程序，确定施工起点流向和施工顺序，选择重要分部分项工程的施工方法和施工机械，确定工程施工的流水组织等。

在拟定施工方案前，应首先研究决定该工程施工中的几个主要问题。

① 整个单位工程施工的分段情况，每一施工段中配备的主要机械情况，机械配备与施工段工程量及运输是否相适应。

② 工程施工中哪些构件是现场制作，哪些构件是现场预制或构件厂供应。

③ 结构吊装和设备安装的配合情况，各协作单位的确定以及土建单位与各协作单位的协调情况。

④ 施工的总工期。

关于确定工程施工的流水组织，在流水施工原理中已经介绍，本节不再赘述。

16.2.1 确定施工程序

施工程序是指对施工中不同阶段的不同工作内容，按照合理的先后次序，循序渐进向前开展的过程。

在单位工程施工中，施工程序一般按"先地下、后地上""先主体、后围护""先结构、后装饰""先土建、后设备"的原则进行。上述施工程序只是一般原则，并不是一成不变的，在工程施工过程中，需要结合具体工程的结构特征、施工条件和建设要求，合理确定该工程的施工程序。例如：随着高层、超高层建筑的兴起，工程基础越来越深，但城市内施工场地狭小是普遍现象。为了保证基坑边坡及基坑周边建筑的稳定性，深基坑施工中可采用"逆施法""逆支正施法"等施工程序。逆施法是在桩基础施工后，从零层板开始，地上、地下同时施工的特殊程序。

16.2.2 划分施工段和确定施工起点流向

1. 划分施工段

施工段的划分是组织流水施工的前提，根据土木工程的特点，可以将单位工程划分成若干个施工段，以便为组织流水施工提供足够的空间。施工段划分的具体细节见本书第14章第2节的内容。

2. 确定施工起点流向

施工流向是解决单位工程在空间的合理施工顺序问题。确定施工起点流向，就是确定单位工程在平面上和竖向上施工开始的部位和进展方向。对于单层建筑物或长线工程，应确定出在平面上的施工流向；对于多层建筑物，除确定每层的水平流向外，还需确定竖向流向。施工流向涉及一系列施工活动的展开和进程，是组织施工的重要环节，确定单位工程施工起点流向时应考虑以下因素。

① 对于工业建筑，应考虑其生产工艺流程，将影响其他工段试车投产的工段优先施工。

② 应考虑建设单位对生产和使用的要求，一般应将急用的工段或部位先行施工。

③ 从施工技术考虑，应将技术复杂、工程量大、工期长的区段或部位先行施工。

④ 应根据各分部、分项工程的特点安排其流向。例如：基础工程应按先深处部位后浅处部位的顺序和方向施工；土方开挖时，为了便于土方的外运，施工起点一般应选在离道路较远的部位，按由远而近的流向进行；当房屋有高低跨时，结构吊装应从高低跨并列处开始；屋面防水应按先高跨后低跨、先远后近的方向施工；装饰工程中，室外装饰通常采用自上而下的施工流向，室内装饰则可采用自上而下或自下而上的施工流向，高层建筑装饰还可采用自中而下再自上而中的施工流向。

在流水施工中，施工起点流向决定了各施工段的施工顺序。施工流向是对时间和空间的充分利用，特别是采用平行流水立体交叉作业时，合理的施工流向，不仅是工程质量的保证，也是安全施工的保证。但施工起点流向也不是一成不变的，在施工过程中，可根据现场的实际条件进行灵活安排。

16.2.3 确定施工顺序

施工顺序是指分项工程或工序之间在时间上展开的先后顺序。确定施工顺序是为了按照客观规律组织施工，使各专业工种之间在时间上合理衔接，在保证质量和安全施工的前提下，充分利用空间，争取时间，实现缩短工期的目的。

确定施工顺序要考虑多方面的因素，应注意以下几个方面。

① 符合施工工艺要求。由于各种施工过程之间客观上存在着一定的工艺顺序关系，在确定施工顺序时，必须服从这种关系。

② 与施工方法相一致。不同的施工方法所采用的施工机械有可能不同，其施工顺序也可能不同。施工顺序必须与施工方法和施工机械相互协调。

③ 满足施工组织和工期的要求。如同一层室内装修的施工顺序可以有两种：一是地面→顶棚→墙面；二是顶棚→墙面→地面，两种顺序各有优缺点，应综合考虑后确定。

④ 必须确保质量和安全施工的要求。合理的施工顺序，必须使各施工过程的衔接不至于引起质量或安全事故。

⑤ 必须考虑建设地点气候的影响。例如，在华东、华南地区施工时，应当考虑雨季施工的特点；在华北、东北、西北地区施工应当考虑冬季施工的特点。将受季节影响的工作安排在其前或后进行。

16.2.4 选择施工方法和施工机械

在单位工程施工中，主要分部分项工程的施工方法是施工方案的核心，其选定的原则是条件允许、方法先进和符合各项规范、规程的要求。施工方法和施工机械的选择应根据施工对象的结构特征、工程量大小、工期长短、资源供应条件、现场条件以及施工企业的技术装备水平等因素，先提出几个可行的方案，通过比较，择优选用。

1) 选择施工方法和施工机械时应考虑的内容

选择施工方法和施工机械时，一般应重点考虑以下内容。

① 工程量大、工期长、在单位工程中占重要地位的分部分项工程。例如，基坑土方的开挖需考虑：开挖的方法和挖土路线，挖土和运土机械，基坑的边坡坡度或支护方式，基坑的降、排水方式，土方的外运或现场临时堆置等问题；主体结构混凝土施工需考虑：混凝土的制备方式（选择搅拌机或采用商品混凝土），混凝土的垂直运输机械或泵送混凝土的布置，混凝土的浇筑顺序、方法和选择振捣设备，施工缝留设的位置，混凝土的养护方式等问题。

② 施工技术复杂，或采用新技术、新工艺、新材料，或对工程质量起关键作用的分部分项工程。如钢筋的连接方式，钢结构的焊接工艺等，对结构工程的质量都起着关键的作用。

③ 不熟悉的特殊结构工程，或由专业施工单位施工的特殊专业工程。如钢网架结构的拼装与安装方法、安装机械等。

④ 对于按照常规做法和较熟悉的分项工程不必详细拟定，只需提出应注意的一些特殊问题即可。

2) 选择施工方法时应注意问题

① 所选择施工方法的技术经济性。即该施工方法应在工艺上是可行的、技术上是先进的、经济上是合理的。

② 所选择施工方法对施工工期的影响。应在保证施工安全和质量的前提下，尽量缩短工期。

③ 所选择施工方法应符合施工企业的技术特点、技术能力、施工习惯等。

3) 选择施工机械时应注意问题

① 应首先根据工程的特点选择适宜的主导工程施工机械。如选择土方工程施工机械时，必须考虑土层的性质、挖土的深度、基坑的平面形状、工程量的大小等。

② 各种配套的辅助机械应与主导机械的生产能力相协调，以充分发挥主导机械的效率。如土方工程中选择运土车辆的类型、载重量、数量时应能充分发挥挖土机的生产效率。

③ 在同一个施工场地上施工机械的型号应尽可能少。如果同一项工程中拥有大量同类而不同型号的机械，会使机械管理工作复杂化。因此，对于工程量大的项目应采用专用机械；对于工程量小而分散的项目，尽可能采用多用途的机械。

④ 尽量选用施工企业现有的机械,以减少施工投资、降低工程成本、提高现有机械的利用率。

⑤ 确定各分部工程的垂直运输方案时应进行综合分析,统一考虑。如高层建筑施工中应综合考虑主体结构工程、围护结构工程、屋面工程、装饰装修工程等各施工阶段的垂直运输需要,选择适宜的垂直运输机械并进行合理的布置。

16.3 单位工程施工进度计划和资源需要量计划

施工进度计划是施工组织设计的重要内容,是根据规定的工期,在选定的施工方案基础上对各分部分项工程的开始和结束时间作出具体的日程安排。一般可用横道进度计划或网络进度计划表示。

16.3.1 施工进度计划的作用

施工进度计划的作用表现在多个方面,但最主要的体现在以下四个方面。

① 控制单位工程的施工进度,保证在规定的工期内完成符合质量要求的工程任务。

② 按照单位工程中各施工过程的施工顺序,确定各施工过程的持续时间以及它们相互间的逻辑关系,其中包括土木工程与其他专业工程之间的配合关系。

③ 为确定施工所必需的各类资源(劳动力、材料、机械设备、水电等)的需要量提供依据。

④ 为编制施工准备工作计划、编制月和旬作业计划提供依据。

16.3.2 施工进度计划编制的依据

施工进度计划编制的依据主要有以下几个方面。

① 经过审批后的单位工程的全部施工图纸、标准图集、有关技术资料和现场地形图等。

② 现场有关的水文、地质、气象和其他技术经济资料。

③ 合同规定的开工、竣工日期及工期要求,施工组织总设计对本单位工程的有关规定。

④ 单位工程的施工方案。

⑤ 施工图预算或工程量清单。

⑥ 劳动定额及机械台班定额。

⑦ 施工条件:劳动力、机械、材料的供应能力,专业单位(如设备安装等)配合土建施工的能力,分包单位的情况等。

⑧ 其他有关要求和资料。

16.3.3 施工进度计划编制的内容、方法和步骤

单位工程施工进度计划多采用横道图表示,其表示形式见表16-1。

表16-1 单位工程施工进度横道图表

序号	分部分项工程名称	工程量		时间定额	劳动量		需用机械		工作班次	每班人数或机械台数	工作天数	施工进度					
												×月					
		单位	数量		工种	工日数量	名称	台班量				5	10	15	20	25	30
1																	
2																	

从表16-1中可以看出,它由左右两部分组成。左边部分反映各分部或分项工程相应的工程量、定额、需要的劳动量或机械台班量以及参加施工的工人数或施工机械数量等;右边上部是从规定的开工之日起至竣工之日止的时间表,下部是用横向线条表示的进度指示图表,它是按左边的计算数据设计出来的,用线条形象地表示出各个分部分项工程的施工进度和总工期,反映出各分部分项工程相互间的时间关系以及各个施工队在时间和空间上开展工作的相互配合关系。时间表内的每格可代表一天、或几天、或一周、或一旬等。其编制的主要步骤和方法如下。

1. 确定分部分项工程项目

施工进度表中所列项目是指直接在现场施工的各分部分项工程的施工过程。首先按照已确定的施工顺序,将拟建单位工程的各个施工过程列出,并结合施工方法、施工条件和劳动组织等因素,加以适当调整,确定后填入施工进度计划表中的分部分项工程内。在确定具体项目时,应注意以下问题。

① 分部分项工程项目划分的粗细程度应根据进度计划的具体要求而定。对于控制性进度计划,项目的划分可粗一些,一般只列出分部工程的名称;而对于实施性的进度计划,项目应划分得细一些,特别是对工期有影响的项目不能漏项,以使施工进度能切实指导施工。为使进度计划能简明清晰,原则上在可能条件下应尽量减少工程项目的数目,对于劳动量很少、次要的分项工程,可将其合并到相关的主要分项工程中。

② 分部分项工程项目的划分要结合所选择的施工方案。由于施工方案和施工方法的不同,会影响工程项目的名称、数量及施工顺序。因此,工程项目划分应与所选定的施工方法相协调一致。

③ 对于分包单位施工的专业项目,可安排与土建施工相配合的进度日期,但要明确相关要求。

④ 划分分部分项工程项目时,还要考虑结构的特点及劳动组织等因素。

⑤ 所有分部分项工程项目在进度计划表上填写时应基本按施工顺序排列,项目的名称可参考现行定额手册上的项目名称。

2. 计算工程量

分部分项工程项目确定后，应分别计算工程量，工程量的计算应根据施工图和工程量计算规则进行。计算中应注意以下几个问题。

① 各分部分项工程的工程量计算单位应与现行定额手册中所规定的单位相一致。

② 计算工程量时应与所确定的施工方法相一致，并满足安全技术的要求。如计算土方开挖工程量时，应根据土层的类别和是否放坡、或是否增加支撑，以及施工工作面要求等进行调整计算。

③ 当施工组织要求分区、分层、分段施工时，工程量计算应按分区、分层、分段来计算，以利于进度计划的编制。

3. 计算劳动量和机械台班量

根据各分部分项工程的工程量(Q)、施工方法和现行定额，结合施工单位的实际情况计算各施工过程的劳动量(当以人工作业为主时)和机械台班量(当以机械作业为主时)(P)。其计算式为

$$P=Q\times H \tag{16-1}$$

式中　P——某分项工程所需的劳动量(工日)或机械台班量(台班)；

Q——某分项工程的工程量(m^3、m^2、t 等)；

H——某分项工程的时间定额(工日或台班/m^3、m^2、t 等)。

在计算中可能会出现以下两种情况。

① 计划中的一个项目包括了定额中的同一性质的不同类型的几个分项工程。这时可采用其所包括的各分项工程的工程量与其各自的时间定额算出各自的劳动量，然后再用求和的方法计算计划中项目的劳动量，其计算公式为

$$P=Q_1H_1+Q_2H_2+\cdots+Q_nH_n=\sum_{i=1}^{n}Q_iH_i \tag{16-2}$$

式中　P——含义同前；

$Q_1,Q_2,\cdots,Q_n$——同一性质各个不同类型分项工程的工程量；

$H_1,H_2,\cdots,H_n$——同一性质各个不同类型分项工程的时间定额；

n——计划中的一个工程项目所包括定额中同一性质不同类型分项工程的数目。

也可采用第二种计算方法：首先计算计划中项目的平均时间定额，再用平均定额计算劳动量，其平均定额的计算式为

$$\overline{H}=\frac{Q_1H_1+Q_2H_2+\cdots+Q_nH_n}{Q_1+Q_2+\cdots+Q_n} \tag{16-3}$$

式中　$\overline{H}$——同一性质不同类型分项工程的平均时间定额。

② 施工计划中的某个项目采用了尚未列入定额手册的新技术或特殊的施工方法，计算时可参考类似项目的定额或经过实际测算确定临时定额。

4. 确定各分部分项工程的工作天数

1) 计算各分项工程工作天数的方法

① 根据可配备的人数或机械台数计算工作天数,其计算式如下

$$t=\frac{P}{RN} \tag{16-4}$$

式中 P——含义同前;

t——完成某分项工程的工作天数;

R——每班可配备在该分部分项工程上的施工机械台数或人数;

N——每天的工作班次。

② 根据工期的要求倒排进度。

首先根据总工期和施工经验,确定各分项工程的施工时间,然后计算出每一分项工程所需要的机械台数或工人数,计算式为

$$R=\frac{P}{tN} \tag{16-5}$$

2) 工作班制的确定

工作班制一般宜采用一班制,因其能利用自然光照,适宜于露天和空中交叉作业,有利于保证安全施工和工程质量。若采用二班或三班制工作,可以加快施工进度,并且能够使施工机械得到更充分的利用,但是,也会引起技术监督、工人福利以及作业地点照明等方面费用的增加。一般来说,应该尽量把辅助工作和准备工作安排在第二班内,以使主要的施工过程在第二天白班能够顺利地进行。只有那些使用大型机械的主要施工过程(如使用大型挖土机挖土时、使用大型的起重机安装构件等),为了充分发挥机械的效率才有必要采用二班制工作。三班制工作应尽量避免,因为在这种情况下,施工机械的检查和维修无法进行,不能保证机械经常处在完好的状态。三班制施工只有在以下几种情况下采用。

① 工艺要求不能间断的工作。例如:地下抗渗混凝土结构或构筑物的施工。

② 从安全施工角度考虑,尽快完成的工作。例如:在深基坑内基础施工阶段,为了防止边坡坍方需尽快完成地下部分施工,然后立即回填土,因而在组织施工时,多采用三班制工作。

③ 工期的特殊要求。如果工期要求紧迫,为达到按时完工必须采用三班制施工。

3) 机械台数或人数的确定

对于机械化施工过程,如果计算出的工作天数与所要求的时间相比太长或太短,则可以增加或减少机械的台数,从而调整工作的持续时间。

在安排每班的劳动人数时,必须考虑以下几点。

(1) 最小劳动组合

很多分项工程的施工都必须由多人共同配合才能进行工作。最小劳动组合是指某一分项工程要进行正常施工所必需的最低限度的人数及其合理组合。例如砌墙,

只有技工不行，还必须有辅助工配合。

（2）最小工作面

所谓最小工作面是指每一个工人或一个班组施工时必须要有足够的工作面，才能发挥生产效率，保证施工安全。一个分项工程在组织施工时，安排工人数的多少会受到工作面的限制，不能为了缩短工期，而无限制地增加作业的人数，这样不但不能充分发挥工作效率，甚至会引发安全事故。

（3）可能安排的人数

根据现场实际情况（如劳动力供应情况、技工技术等级及人数等），在最少必需人数和最多可能人数的范围之内，安排工人人数。如果在最小工作面的情况下，安排了最多人数仍不能满足工期要求时，可以组织两班制或三班制施工。

5. 编制施工进度计划

各分部分项工程的施工顺序和施工天数确定后，即可在横道图表的右半部分编制初始计划，然后经检查调整后编制出正式的施工进度计划。

1）编制进度计划的基本要求

① 力求保证各分部分项工程（特别是主导工程）连续施工，并尽可能组织流水作业。

② 各分部分项工程之间在满足工艺要求的前提下，应最大限度地合理搭接。

③ 所编制的施工进度计划，必须满足合同规定的工期要求，否则应进行调整。

④ 要保证工程质量和安全生产。

⑤ 尽量使劳动力的需要量均衡，避免出现过大的高峰和低谷。

2）编制施工进度计划的步骤

① 首先找出并安排控制工期的主导分部工程，然后安排其余分部工程，并使其与主导分部工程最大可能地平行进行或最大限度地搭接施工。

② 在主导分部工程中，首先安排主导分项工程，然后安排其他分项工程，并使其进度与主导分项工程同步，而不致影响工程的进展。

③ 对于包括若干施工过程的分项工程，先安排影响工程进度的主导施工过程，再安排其余施工过程。

④ 经过以上三步编制后得到的初始进度计划，再根据前述的编制要求进行检查和调整。

⑤ 绘制正式的单位工程施工进度计划。

为适应现代信息社会的快速发展，科学地管理项目，提高工作效率，在编制施工进度计划时可利用项目管理应用软件进行。

6. 施工进度计划的检查和调整

1）施工进度计划检查的内容

① 工期是否满足要求。

② 工艺顺序是否合理；主导工作是否连续施工；其余分项工程与主导工作的平

行、搭接和技术间歇是否合理;施工平面和空间安排是否合理。

③ 劳动力、机械台班、材料、工具需用量是否均衡;主要施工机械是否充分发挥其作用及利用的合理性。

2) 施工进度计划的调整

在施工进度检查中,对发现的问题要及时调整。调整的方法有:一是延长或缩短某些分项工程的持续时间;二是在施工顺序允许的条件下,将需调整的分项工程向前或向后移动;三是必要时可改变施工方法和施工组织措施。

各分部分项工程互相之间都有一定的联系,当变动某一分项工程的时间安排时,要注意其对前后工作的影响,否则原有矛盾解决了,又产生了新的矛盾。

在实际施工中,影响施工进度计划贯彻执行的因素很多,如气候、地质、材料设备供应、设计变更等等。在编制施工进度计划时,虽然作了周密的安排,但是在执行过程当中还需要善于使进度计划适应客观情况和条件的变化,随时掌握工程动态,不断地修改和调整进度计划。只有这样,施工进度计划才有可能起到指导施工的作用。为了考虑现场的实际施工条件的变化,在编制进度计划时,应适当的留有余地以利计划的顺利执行和控制。

16.3.4 单位工程资源需要量计划

在单位工程施工进度计划的基础上,应编制相应的资源需要量计划。资源需要量计划包括:劳动力需要量计划、主要材料需要量计划、构件需要量计划、施工机械需要量计划等。

1. 劳动力需要量计划

劳动力需要量计划,是根据施工进度计划的安排,将各分部分项工程所需要的主要工种劳动量进行汇总而编制,如表16-2所示。其作用是为进行劳动力的调配、衡量劳动力消耗指标和安排工人生活福利设施而提供依据。

表16-2 ××工程劳动力需要量计划

序号	工种名称	需要总工日数	需要人数及时间											
			×月						×月					
1														
2														

2. 主要材料需要量计划

主要材料需要量计划,是根据施工进度表中的各分部分项工程的工程量,按材料消耗定额进行计算并汇总而编制,如表16-3所示。其作用是为进行材料的供应和储备、确定材料仓库或堆场面积、组织材料运输提供依据。

表 16-3 ××工程主要材料需要量计划

序号	材料名称	规格	需要量		供应时间	备注
			单位	数量		
1						
2						

3. 构件和半成品需要量计划

构件和半成品需要量计划，是根据施工图纸和施工进度计划表而编制，表格形式如表 16-4 所示。其作用是落实加工订货单位，按照所需规格、数量、时间组织加工和运输，并确定仓库或堆场面积。

表 16-4 ××工程构件和半成品需要量计划

序号	品名	图号、型号	规格	需要量		使用部位	加工单位	供应时间	备注
				单位	数量				
1									
2									

4. 施工机械需要量计划

施工机械需要量计划，也是根据施工进度计划进行汇总而编制，表格形式如表 16-5 所示。其作用是确定施工机械的类型、数量、进场时间，并落实机械的来源和组织进场。

表 16-5 ××工程施工机械需要量计划

序号	机械名称	类型、型号	需要量		机械来源	使用起止时间	备注
			单位	数量			
1							
2							

16.4 单位工程施工平面图设计

单位工程施工平面图设计是单位工程施工组织设计的重要组成部分，是对一个建筑物或构筑物的施工现场所进行的平面规划和空间布置。合理的施工平面布置对于保障施工顺利进行是非常重要的，而且对施工进度和现场的文明施工、工程成本、工程质量和安全生产都会产生直接的影响。

16.4.1 单位工程施工平面图设计内容

单位工程施工平面图设计涉及许多内容，但主要有以下几个方面。

① 总平面图上已建和拟建的地上和地下建筑物、构筑物、道路、各种管线的位置和尺寸。

② 地形等高线、测量放线标桩的位置和取弃土方的场地。

③ 移动式起重机(包括有轨起重机)开行路线及固定式垂直运输设施的位置。

④ 为施工服务的临时设施的布置,包括生产性设施(如各种加工棚、搅拌棚、仓库等)和生活性设施(如办公用房、宿舍等)。

⑤ 各种材料、半成品、构件以及施工机具等的仓库和堆场的布置。

⑥ 场内的施工道路布置及与场外交通的连接。

⑦ 临时的给水、排水管线、供电线路、蒸气及压缩空气管道等布置。

⑧ 一切安全及防火设施的布置。

16.4.2 单位工程施工平面图设计的依据

单位工程施工平面图应在施工设计人员踏勘现场、取得现场第一手资料的基础上,根据施工方案和施工进度计划的要求进行设计。设计时依据的资料有以下几方面。

1. 建设地区的原始资料

① 自然条件调查资料。包括气象、地形、工程地质及水文等资料。这主要用以解决由于气候(冰冻、洪水、风、雹等)、运输等因素而带来的相关问题,也用于布置地表水和地下水的排水沟,确定易燃、易爆及有碍人体健康设施的位置,安排冬、雨季施工期间所需设施的地点。

② 建设地域的竖向设计资料和土方平衡图。这用以考虑水、电管线的布置和安排土方的填挖及弃土、取土位置。

③ 建设单位及施工现场附近可供利用的房屋、场地、加工设备及生活设施。这用以确定临时建筑及设施所需要的数量及其平面位置。

2. 设计资料

① 建筑总平面图。这用以正确确定临时用房及其他设施位置,以及修建现场运输道路和解决现场排水问题等。

② 一切已有和拟建的地下、地上管道位置。这用以确定原有管道的利用或拆除,以及新管线的敷设与其他工程的关系,并避免在拟建管道的位置上搭设临时设施。

3. 施工组织设计资料

① 单位工程的施工方案、施工进度计划及劳动力、施工机械需要量计划等。这用以了解各施工阶段的情况,以利分阶段布置现场,如根据各阶段不同的施工方案确定各种施工机械的位置,根据吊装方案确定构件预制、堆场的布置等。

② 各种材料、半成品、构件等的需用量计划。这用以确定仓库、材料堆放场地位置、面积及进行场地的规划。

16.4.3 单位工程施工平面图设计的原则

单位工程施工平面图设计应遵循以下几项原则。

① 在满足施工要求的条件下，平面布置要紧凑合理，尽可能减少施工用地。在市区改建工程中，若需占用道路或人行道，只能在规定时间内占用。

② 一切临时性设施，尽量不占用或少占用拟建永久性建筑物的位置，以免造成不应有的搬迁和拆除。尽可能减少临时设施，能利用原有建筑物的尽量利用，以降低临时设施费用。

③ 最大限度缩短工地内部运距，尽量减少场内运输费。各种材料、构件、半成品宜按进度计划分期分批进场，且尽量布置在使用地点附近或在垂直运输机械的服务范围之内。

④ 尽量采用装配式施工设施，以减少搬迁损失，提高施工设施安装速度。

⑤ 各项施工设施布置都要满足方便生产、有利于生活、安全防火、环境保护和劳动保护要求。

进行平面图布置时，应根据上述设计原则，结合现场的实际情况，和各类工程的不同特点分阶段布置。可设计几个可行的方案，并从施工用地的面积、施工临时道路长度、临时管线长度、施工场地利用率、场地内材料搬运量及搬运距离等方面进行分析比较，最后选择技术上合理、费用上经济的方案。

16.4.4 单位工程施工平面图的设计步骤和方法

1. 确定垂直运输设施的位置

垂直运输设施的位置，直接影响到仓库、材料堆场、砂浆或混凝土搅拌棚的位置以及道路、水、电线路等的布置。它是施工平面图设计的核心内容，必须首先考虑。

1）塔式起重机的布置

塔式起重机既可以进行垂直运输，也可以进行现场的水平运输。它分为固定式、轨道式、内爬式、附着式四种。

(1)轨道式塔式起重机的布置

布置塔式起重机的轨道时，要结合建(构)筑物的平面形状、大小和四周的场地条件综合考虑，应使起重机的起重幅度能将材料和构件直接运至建(构)筑物上的任何施工地点，避免出现“死角”，并尽量使轨道长度最短。布置塔式起重机时还要注意安塔、拆塔时是否有足够的场地。

(2)其他塔式起重机的布置

固定式塔式起重机不需铺设轨道，但其作业范围与轨道式塔式起重机相比较小。附着式塔式起重机占地面积小，起重高度大，且可自行接高，但对建(构)筑物有附着力的作用。内爬式塔式起重机布置在建筑物的内部，其有效作用范围大，适用高层建筑物的施工。这些起重机的布置均应在满足起重高度和起吊重量的前提下进行，并使拟建的建(构)筑物尽量被包围在起重臂的回转范围之内。若布置多台塔式起重机时，还应注意各起重臂回转时是否会有互相碰撞的可能性。

2）固定式垂直运输设施的布置

固定式垂直运输设施包括井架、龙门架、施工电梯等。它们的布置主要应根据机械的性能、建(构)筑物的平面形状和大小、施工段的划分情况、垂直运输高度、材料和构件的垂直运输量以及已有运输道路的情况等确定,其要求是应能充分发挥机械的能力,保证施工安全、方便和便于组织流水施工,并使地面与楼面上的水平运输距离最短。通常,当建(构)筑物各部分的高度相同时,宜布置在施工段的分界处附近;当各部分的高度不同时,宜布置在高低分界线偏于较高部位一侧。其中,井架和龙门架的服务范围一般为 50~60 m,其卷扬机的位置与井架和龙门架的距离要适中,以便使机械操作人员能够看到整个升降过程。

3) 自行杆式起重机的布置

自行杆式起重机主要用于结构安装工程。布置起重机的开行路线时,要考虑建(构)筑物的平面形状、构件的重量、安装高度、安装方法等,并在吊装各楼层及屋面的构件时应考虑起重机的最小起重臂长(L_{min})的影响,避免起重臂与已建结构或构件相碰撞。起重机的开行路线宜尽量短,尤其对汽车式或轮胎式起重机,尽量使其停机一次能吊装足够多的构件,避免反复打支腿影响吊装速度。

2. 确定搅拌站、材料和构件堆场、仓库、加工场的位置

考虑到运输和装卸料的方便,搅拌站、材料和构件堆场、仓库的位置应尽量靠近使用地点或在起重机服务范围以内,以缩短运距,避免二次搬运。根据施工阶段、施工部位和垂直运输机械类型的不同,布置中一般应遵循以下几点要求。

① 当采用塔式起重机进行垂直运输时,材料和构件的堆场,以及搅拌机出料口的位置,应布置在塔式起重机的有效服务范围内;当采用固定式垂直运输设施时,宜布置在垂直运输设施附近;当采用自行杆式起重机进行水平或垂直运输时,应沿起重机的开行路线布置,且其位置应在起重机的最大起重半径范围内。

② 多种材料同时布置时,对大宗的、重量大的和先期使用的材料尽可能靠近使用地点或在垂直运输设施附近布置;而少量的、轻的、后期使用的材料则可布置得稍远一些。如砂、石、水泥等大宗材料,应尽量布置在搅拌站附近,使搅拌材料运至搅拌机的运距尽量短。

③ 按不同的施工阶段使用不同材料的特点,在其相同的位置上可先后布置不同的材料。

④ 施工现场仓库位置,应根据其材料使用地点优化确定。各种加工场位置,应根据加工品使用地点和不影响主要工种工程施工为原则,通过不同方案优选来确定。

3. 布置现场运输道路

现场运输道路除必须满足材料、构件等物品的运输要求外,还要满足消防的要求。主要道路应尽可能利用永久性道路。现场道路布置时,单行道路宽不小于 3~3.5 m,双行道路宽不小于 5.5~6 m,消防车通道宽不小于 3.5 m,以保证现场车辆行驶畅通。为使运输车辆有回转的可能性,道路宜围绕单位工程环型布置,转弯半径要满足最长车辆拐弯的要求。路基要坚实,做到雨期不泥泞、不翻浆。道路两侧要设排水沟,以利雨期排水。

4. 确定各类非生产性临时设施的位置

非生产性临时设施包括办公室、宿舍、警卫室、食堂、厕所等。

非生产性临时设施，应尽量少设，必须设置的临时设施应考虑使用方便，但又不妨碍施工，并要符合防火、劳动保护要求。办公室宜靠近施工场所，且靠近现场入口处；警卫室布置在入口处；生活区应与生产区分开，且布置在安全的上风向一侧。

5. 布置临时水电管网

1）施工水网的布置

施工现场用水包括生产、生活、消防用水三大类。在可能的条件下，单位工程施工用水及消防用水要尽量利用工程永久性供水系统，以便节约临时供水设施费用。

① 施工用的临时给水管。一般由建设单位的干管或自行布置的干管接到施工现场。布置时应力求管网的长度最短。管径大小、水龙头的位置与数量按工程实际规模计算而定。管道一般埋入地下大于0.6 m的深度，以防止汽车及其他机械在上面行走时压坏水管。尤其在寒冷地区，要埋置在冰冻层以下，避免冬期施工时水管冻裂。

单位工程施工组织设计的供水计算和设计可以简化或根据经验进行安排，一般5000～10 000 m^2建筑面积的施工用水主管径为50 mm，支管径为40 mm和25 mm。

② 给水管网应按防火要求设置室外消火栓。消火栓应沿道路布置，距道路不大于2 m；距建筑物外墙不应小于5 m，也不应大于25 m；消火栓的间距不应超过120 m，并应设有明显的标志，且周围3 m以内不准堆放施工材料。

③ 高层建筑施工一般要设置高压水泵和楼层临时消火栓。消火栓作用半径为50 m，其位置在楼梯通道处或外脚手架、垂直运输设施附近。冬期施工还要采取防冻保温措施。

④ 为了排除施工现场地面水和地下水，应及时修通永久性地下排水管道，并结合现场地形在建(构)筑物周围设置排水沟。

2）施工供电的布置

① 根据计算出的各个施工阶段所需最大用电量，选择变压器和配电设备。根据用电设备的位置及容量，确定动力和照明供电线路。变压器应设在现场边缘，靠近高压线入口处。

② 供电线路应尽量设在道路一侧，不得妨碍场内运输和施工机械运转，在塔式起重机臂杆范围以内要改用地下电缆，电缆线路距建(构)筑物的水平距离应大于1.5 m。

③ 架空线路应尽量保持线路水平，以免电杆受力不均。在低压线路中架空线与施工建(构)筑物水平距离不小于10 m，与地面距离不小于6 m；跨越建(构)筑物或临时设施时，垂直距离不小于2.5 m。

对于大型土木工程、施工期限较长或建设地点较为狭小的工程，要按不同的施工阶段设计几张施工平面图；而对较小的工程，按主要施工阶段设计一张平面图即可。

施工是一个复杂多变的生产过程，施工现场的实际布置情况常常会发生改变。在分阶段设计平面图时，对整个施工期间使用的一些主要道路、垂直运输机械、水电管线和临时房屋不应轻易改变其位置，只是对各种材料堆场、工具的堆放场地可根据不同的施工阶段调整其位置。

6. 某单位工程施工平面图设计实例

图 16-2 是某工程施工平面图的设计实例，图中可反映出单位工程施工平面图设计的方法，可供学习中参考。

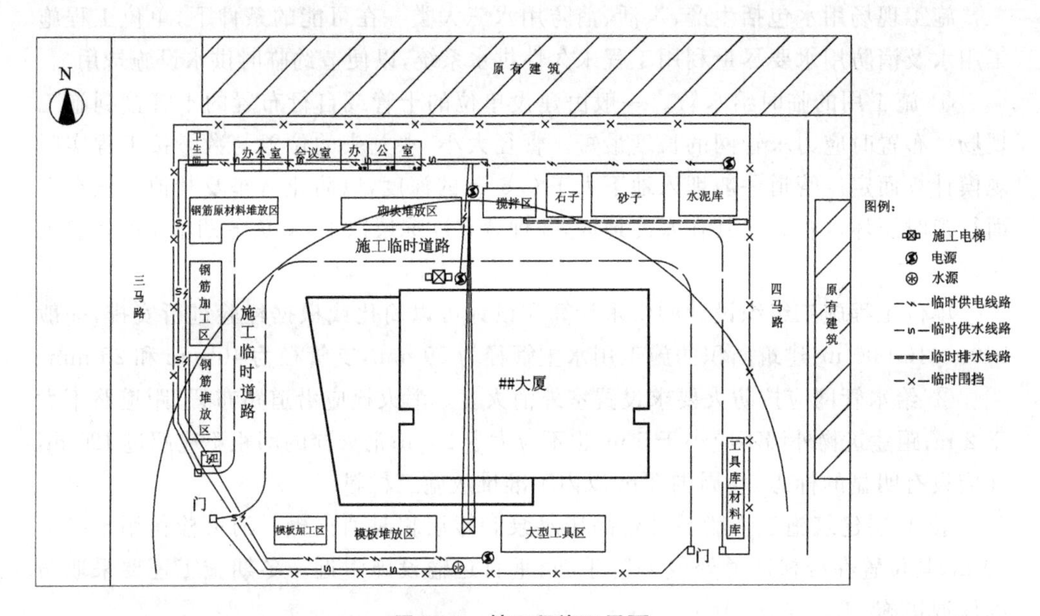

图 16-2 某工程施工平面

16.5 主要技术经济指标

评价施工组织设计的优劣，应从定性和定量两个方面进行分析。

定性分析是根据以往施工的实际经验对施工方案的一般优缺点进行分析和比较。例如：施工操作上的难易程度和安全性；是否能利用现有的机械设备；能否为后续工作提供有利条件；施工组织是否合理；是否能体现文明施工等。

定量分析是对施工组织设计中的主要技术经济指标进行计算和评价。它是针对几个可行的方案，分析其各项技术经济指标，全面衡量，最后选取最佳方案。所确定的施工方案应在施工上是可行的、技术上是先进的、经济上是合理的。

1. 施工工期指标

单位工程的施工工期是指：单位工程从破土动工之日起到竣工之日止，这期间的全部时间天数。施工工期指标为

工期提前(或拖延)时间＝工程的定额工期－计划的施工工期

2. 单位建筑面积成本

单位建筑面积成本是人工、材料、机械和管理的综合货币指标，按下式计算

$$\text{单位建筑面积成本}=\frac{\text{施工实耗的总费用}}{\text{建筑总面积}} \tag{16-6}$$

3. 劳动生产率指标

劳动生产率指标通常用单位建筑面积用工指标来反映劳动力的使用和消耗水平。

$$\text{单位建筑面积用工}=\frac{\text{总用工数}}{\text{建筑面积}} \tag{16-7}$$

4. 施工机械化程度指标

在考虑施工方案、施工方法时，应尽量提高施工的机械化程度。施工机械化程度的高低，是衡量施工组织设计优劣的重要指标之一。

$$\text{施工的机械化程度}=\frac{\text{机械完成的实物量}}{\text{全部实物量}}\times 100\% \tag{16-8}$$

$$\text{单位建筑面积大型机械费}=\frac{\text{计划大型机械台班费}}{\text{建筑面积}} \tag{16-9}$$

5. 降低成本指标

降低成本指标是一个重要指标，它综合地反映工程项目或分部工程由于采用施工方案不同、采用技术措施不同而产生的不同经济效果。降低成本指标可以用降低成本额和降低成本率来表示。

$$\text{降低成本率}=\frac{\text{降低成本额}}{\text{预算成本}}\times 100\% \tag{16-10}$$

$$\text{降低成本额}=\text{预算成本}-\text{计划成本} \tag{16-11}$$

工程预算成本是以施工图预算为依据，按预算价格计算的成本。计划成本是按施工中采用的施工方案、施工方法和不同的技术及安全措施要求所确定的工程成本。

6. 主要材料节约指标

主要材料是指钢材、木材、水泥等，在编制施工组织设计中，选择施工方案及施工方法时，应根据提出的技术措施计算出主要材料的节约用量。

$$\text{主要材料节约量}=\text{预算用量}-\text{计划用量} \tag{16-12}$$

$$\text{主要材料节约率}=\frac{\text{主要材料节约量}}{\text{主要材料预算用量}}\times 100\% \tag{16-13}$$

在进行施工组织设计的技术经济指标比较时，往往会出现某一方案的某些指标较为理想，而另外方案的其他指标则比较好，这时应综合各项经济指标，全面衡量，选取最佳方案。有时可能会因施工特定条件和建设单位的具体要求，某项指标成为选择方案的决定条件，其他指标只作参考，此时在进行施工方案选择时，应根据具体对象和条件作出正确的分析和决策。

思 考 题

16-1　单位工程施工组织设计编制的内容有哪些？

16-2　简述单位工程施工组织设计编制的程序。

16-3　单位工程施工组织设计编制的依据有哪些？

16-4　施工方案的选择中都包含哪些内容？为什么说施工方案的选择是单位工程施工组织设计的核心工作？

16-5　单位工程施工进度计划的作用是什么？其编制依据有哪些？

16-6　试述单位工程施工进度计划编制的步骤。

16-7　单位工程资源需要量计划有哪些？

16-8　单位工程施工平面图包含的内容有哪些？

16-9　试述单位工程施工平面图设计的步骤和要求。

第17章　施工组织总设计

【本章内容和学习要求】

① 概述：熟悉施工组织总设计的编制内容；熟悉施工组织总设计的编制依据及程序。

② 施工部署：了解施工部署的内容。

③ 施工总进度计划：了解施工总进度计划的编制步骤和方法。

④ 资源需要量计划与准备工作计划：了解资源需要量计划和准备工作计划的内容。

⑤ 施工总平面图设计：熟悉全场性暂设工程设计的内容；熟悉施工供水设施和供电系统的设计步骤和方法；了解现场其他施工设施的设计；了解施工总平面图的设计原则、依据和方法。

17.1 概述

施工组织总设计是以整个建设项目为编制对象，根据初步设计或扩大初步设计图纸以及其他有关资料，结合现场实际条件综合编制的。它是指导全局及施工全过程的总体部署性文件。是编制单位工程施工组织设计的纲领和依据，并为进行质量、进度、成本和安全目标的控制创造了条件。

17.1.1 施工组织总设计的编制内容

1. 建设项目概况和特点分析

① 建设项目名称、工程性质、建设地点；占地总面积和建设总规模；建筑安装工程总量和设备安装总吨数；生产工艺流程及其特点；建设总期限，分期分批投入使用的各单项工程及其工期；每个单项工程的占地面积、建筑面积、结构类型和复杂程度，新技术、新材料的应用情况等。

② 建设项目的建设、设计、勘察、施工和监理等单位的名称。

③ 建设地区的自然条件和技术经济条件。如：地质、地形、水文、气象等情况；劳动力资源、物资供应、水电供应、交通运输状况等。

④ 建设项目的施工条件。如：主要材料、特殊材料和生产工艺设备的供应条件；本地区建筑构配件的生产能力；项目施工图纸提供的阶段划分和时间安排，以及提供

施工现场的标准和时间安排。

2. 施工总目标

应根据建设项目施工合同要求的目标，确定出项目施工的总目标。它包括施工控制总工期、总质量等级、总控制成本和安全控制目标，以及每个单项工程的控制工期、质量等级和控制成本等。

3. 施工管理组织

首先应根据项目施工的总目标，确定施工管理目标，建立健全项目管理组织机构；再根据施工管理目标确定施工管理的工作内容，制定出施工管理的工作程序、管理制度和考核标准。

4. 施工部署

施工部署是对整个建设项目进行的统筹规划和全面安排，它主要解决工程施工中的重大策略问题。其主要内容有：确定项目的开展程序；拟定主要项目的施工方案；明确施工任务的划分与组织安排等。施工部署的具体内容详见本章 17. 2 节中的介绍。

5. 施工准备工作计划

具体内容详见本章 17.4.4 中的介绍。

6. 施工总进度计划

具体内容详见本章 17.3 节中的介绍。

7. 施工总质量、成本、安全计划

施工总质量计划用以控制建设项目的施工全过程重中各项施工活动的质量。它包括施工总体质量目标及其分解，确定施工质量控制点，制订施工质量保证措施和建立施工质量控制体系。

施工总成本计划用以控制建设项目的施工全过程中各项施工活动的成本额度。它包括确定各单项工程施工成本计划，编制建设项目总成本计划，制定建设项目施工总成本保证措施等内容。

施工总安全计划是为在建设项目施工期间，避免和减少安全问题及事故的发生而编制的。其内容包括安全控制目标、安全控制程序、安全组织机构、安全资源配置、安全技术措施、安全检查评价和奖励等。

8. 总资源需要量计划

具体内容详见本章 17.4 节中的介绍。

9. 施工总平面图设计

具体内容详见本章 17. 5 节中的介绍。

10. 技术经济指标

施工组织总设计中的主要技术经济指标有：项目施工总工期、项目施工质量、项目施工成本、项目施工消耗、项目施工安全、项目综合机械化、工厂化、装配化程度、施工现场利用系数等指标。

17.1.2 施工组织总设计的编制程序

编制施工组织总设计首先是从战略全局出发，对建设地区的自然条件和技术经济条件、对工程特点和施工要求进行全面系统的分析研究，找出主要矛盾，发现薄弱环节，以便在确定施工部署时采取相应的对策和措施，避免造成损失和浪费。其次是根据工程特点和生产工艺流程，合理安排施工总进度，确保工程能均衡连续施工，确保建设项目能分期分批投产使用，充分发挥投资效益。其具体编制程序如图 17-1 所示。

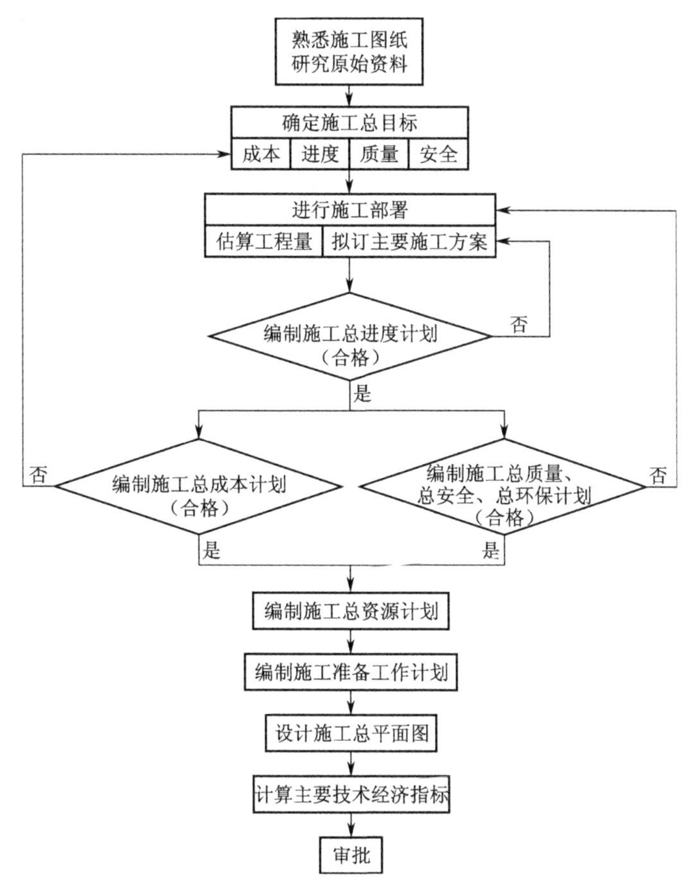

图 17-1　施工组织总设计编制程序

17.1.3 施工组织总设计的编制依据

1. 建设项目的基础性文件

建设项目的基础性文件包括：国家已批准的固定资产投资计划，单项工程项目一览表，分批分期投产的期限和投资额；主管部门的批准文件或施工任务书，规划红线范围和施工用地批准文件；已批准的初步设计或扩大初步设计图纸和说明书；已批准的设计总概算或修正总概算;施工招标文件和工程总承包合同文件等。

2.工程建设政策、法规和规范资料

工程建设政策、法规方面的资料有:关于工程建设报建程序有关规定;动迁工作有关规定;工程项目实行建设监理有关规定;工程建设管理机构资质管理有关规定;工程造价管理有关规定;工程设计、施工及验收有关规范、规程等。

3. 建设地区原始调查资料

建设地区原始调查资料有:地区气象资料;工程地形、工程地质、水文资料;地区交通运输能力和价格资料;地区建筑材料、构配件和半成品供应状况资料;地区进口设备和材料到货口岸及其转运方式资料;地区供水、供电、电讯和供热能力及其价格资料;地区土建和安装施工企业状况资料。

4. 类似施工项目经验资料

施工经验资料一般有:类似施工项目的成本控制资料,工期控制资料,质量控制资料,安全、环保控制资料,技术新成果资料,管理新经验资料。

17.2 施工部署

17.2.1 确定项目的开展程序

工程建设项目的开展程序,应根据项目的总体目标要求,进行合理的安排,在安排中主要考虑以下几个方面。

① 在保证工期的前提下,实行分期分批建设。这样既可以使每一单项工程尽快建成,尽早投入使用,又可在全局上取得施工的连续性和均衡性,减少暂设工程数量,降低工程成本,提高建设项目的投资效益。

一般大中型工业建设项目都应分期分批建设。由于这些项目的每一个车间都不是孤立的,它们分别组成若干个生产系统,所以在建造时,具体需要分几期施工、各期工程包括哪些项目,则要根据生产工艺要求、建设部门要求、工程规模大小、施工难易程度、资金状况、技术资源情况等确定。

对于小型企业或大型建设项目的某个系统,由于工期较短或生产工艺的要求,可不必分期分批建设,采取一次性建成投产。

对于大中性民用建设项目(如住宅小区),一般应按年度分期建设。除考虑居住建筑外,还应考虑配套的学校、商店和其他公共设施的建设,以便交付使用后能保证居民的正常生活。

② 统筹安排各类工程的施工,保证重点,兼顾其他,确保工程项目按期投产。一般情况下,应优先考虑的工程项目有:

a. 按生产工艺要求,须先期投入生产或起主导作用的工程项目;

b. 工程量大、施工难度大、工期长的项目;

c. 运输系统、动力系统项目,如工厂内外道路、铁路、变电站等;

d. 生产上需先期使用的机修车间、仓库、办公楼、宿舍等生活设施;

e. 可供施工使用的工程项目，如各种加工厂、搅拌站等附属企业和其他为施工服务的临时设施。

③ 各工程项目施工，一般应按照先地下、后地上，先深后浅，先干线后支线的原则进行安排。例如地下管线与筑路的程序，应先铺管线后筑路。

④ 应考虑季节对施工的影响。如大型土方工程、深基础施工，一般应避开雨季，寒冷季节尽量避免室外施工，可转入封闭好的房屋内进行设备安装或内檐装修等作业。

17.2.2 拟订主要项目的施工方案

施工组织总设计中应拟定一些主要工程项目的施工方案。这些项目通常是建设项目中占主导地位、工程量大、施工难度大、工期长、对整个建设项目的建成起关键性作用的单位工程；以及全场范围内工程量大、影响全局的特殊分部或分项工程。拟定主要项目施工方案的目的是为了事先进行技术和资源的准备工作，并为工程施工的顺利开展和施工现场的合理布局提供依据。

施工方案的内容包括：确定施工程序，确定施工起点流向，确定施工顺序，选择施工方法，选择施工机械等。其中，施工方法的选择应兼顾技术的先进性和经济的合理性。施工机械的选择，应使主导机械的性能既能满足工程需要，又能充分发挥其效率，在各个单位工程上能够实现综合流水作业，减少其装、拆、运的次数；辅助配套机械的性能，应与主导机械相适应。

17.2.3 明确施工任务的划分与组织安排

在施工部署中，应根据建设工程的规模和特点，建立施工现场统一的组织领导机构及职能部门；明确划分参加本项目建设的各施工单位的工程任务，并对各单位的任务提出质量、工期、成本等控制目标要求；确定分期分批施工交付使用的主攻项目和穿插项目；确定专业化的施工队伍，明确其与各施工单位之间的分工协作关系；正确处理土建、设备安装及其他专业工程之间相互配合协作的关系。

17.3 施工总进度计划

施工总进度计划是根据施工部署的要求，合理地确定工程项目的总工期及各单位工程施工的先后顺序、施工期限、开工和竣工的时间，以及它们之间的衔接关系。从而编制工程项目的总资源需要量计划，进行施工总平面图的设计。施工总进度计划的编制步骤如下。

17.3.1 确定进度计划的工程项目并计算工程量

1. 确定进度计划的工程项目

施工总进度计划主要起控制总工期的作用，因此其项目的划分不宜过细。通常按照分期分批投产顺序列出工程项目,并突出每个交叉系统中的主要工程项目。一些附属项目及一些临时设施可以合并列出。

2. 计算工程量

根据工程项目一览表,分别计算主要实物工程量,以便进一步确定施工方案和选择施工机械,规划主要施工过程的流水施工,估算各项目的完成时间,计算劳动力及其他资源的需要量。工程量的计算可按初步或扩大初步设计图纸,采用有关定额、资料进行粗略计算。常用资料有:万元、十万元投资的工程量、劳动力及材料消耗扩大指标,概算指标和扩大结构定额及类似已建工程的资料等。

除建设项目本身以外,还必须计算主要的全场性工程的工程量,如场地平整土方量、道路长度、地下管线长度等,这些可以根据建筑总平面图来计算。

17.3.2 确定各单位工程的施工工期

影响单位工程施工工期的因素较多,如建(构)筑物类型、结构特征、施工技术、施工方法、施工管理水平、机械化程度、劳动力和材料供应情况以及现场的地形、地质条件、气候条件等。因此,在确定各单位工程工期时,应根据各单位工程的规模,参考有关工期定额,针对影响因素进行综合考虑。

17.3.3 确定各单位工程的开竣工时间和相互搭接关系

在确定了总的施工工期、项目开展程序和各单位工程的施工期限后,就可以对每一个单位工程的开、竣工时间以及它们相互之间的搭接时间进行具体的计算和安排。在安排中,既要保证在规定的工期内能配套投产使用,又要避免人力、物力分散;既要考虑冬雨季施工的影响,又要做到全年均衡施工;既要使土建施工、设备安装、试车运转相互配合,又要使前、后期工程有机地衔接;还应使准备性工程和全场性工程先行,以便充分利用永久性建(构)筑物和设施为施工服务。

在对各主要单位工程的工期及搭接时间进行计算和安排时,通常应考虑以下方面的因素。

1. 保证重点,兼顾一般

在安排进度时,应分清主、次,抓住重点。重点项目在各系统的期限内应优先安排,且同期进行的项目不宜过多,以免分散有限的人力、物力。

2. 满足连续性、均衡性的施工要求

在安排施工进度时,应尽量使各工种施工人员、施工机械在全项目工程上连续施工,且尽量使劳动力、机械、物资消耗达到均衡,避免出现较大的高峰和低谷,以利于劳动力的调配和物资的供应。为实现施工的连续性和均衡性,可在工程项目之间组织大流水;此外,还需留出一些后备项目,如辅助或附属车间、临时设施等,以作为调节项目穿插在主要项目的流水施工中。

3. 满足生产工艺要求

在工业企业项目中,生产工艺系统是连接各建(构)筑物的主动脉。应根据工艺所确定的分期分批建设顺序，合理安排各建(构)筑物的施工，使土建施工、设备安装和试生产实现“一条龙”，以缩短建设周期，尽快发挥投资效益。

4. 认真考虑建设项目总平面图的空间关系

建设项目总平面图设计时，往往是在满足有关规范要求的前提下，使各单位工程布置尽量紧凑。但这会导致施工场地狭小问题的出现，使得场内材料堆放、机械布置等产生困难。为此，除采取一定的技术措施外，应考虑对相邻单位工程的开工时间和施工顺序进行调整，以避免或减少相互干扰。

5. 全面考虑各种条件限制

在考虑各单位工程施工顺序、施工时间、搭接时间时，还应考虑各种客观条件的限制，如现场施工条件、各企业施工力量、材料供应情况、设计单位提供图纸资料的时间，各年度建设投资额等，同时还应考虑季节、环境的影响，从而对各单位工程的施工顺序、施工时间进行调整。

17.3.4 施工总进度计划的编制

施工总进度计划可以用横道图表达，也可以用网络图表达。因施工总进度计划主要起控制总工期的作用，故不宜过细，过细不利于调整。横道图的表格形式如表17-1所示。

表17-1 施工总进度计划

<table>
<tr><td rowspan="3">序号</td><td rowspan="3">单项工程名称</td><td colspan="2">建安指标</td><td rowspan="3">设备安装指标(t)</td><td colspan="3">造价(万元)</td><td colspan="6">施工进度</td></tr>
<tr><td rowspan="2">单位</td><td rowspan="2">数量</td><td rowspan="2">合计</td><td rowspan="2">建筑工程</td><td rowspan="2">设备安装</td><td colspan="4">第一年</td><td rowspan="2">第二年</td><td rowspan="2">第三年</td></tr>
<tr><td>Ⅰ</td><td>Ⅱ</td><td>Ⅲ</td><td>Ⅳ</td></tr>
<tr><td>1</td><td></td><td></td><td></td><td></td><td></td><td></td><td></td><td></td><td></td><td></td><td></td><td></td><td></td></tr>
<tr><td>2</td><td></td><td></td><td></td><td></td><td></td><td></td><td></td><td></td><td></td><td></td><td></td><td></td><td></td></tr>
<tr><td>3</td><td></td><td></td><td></td><td></td><td></td><td></td><td></td><td></td><td></td><td></td><td></td><td></td><td></td></tr>
</table>

施工总进度计划表绘制完成后，可将同一时期各项工程的工作量加在一起，用一定的比例画在施工总进度计划的底部，即可得出建设项目工作量动态曲线。若曲线上存在较大的高峰或低谷，则表明在该时间里各种资源的需求量变化较大，需要调整一些单位工程的开工时间、施工速度及搭接时间，以便消除高峰和低谷，使各个时期的工作量尽可能达到均衡。在进度计划的实施过程中，应随着施工的进展及现场的各种因素的影响，对计划及时做出必要的调整。

17.4 资源需要量计划与准备工作计划

工程项目施工总进度计划定案后，即可以据此编制材料、预制构件、劳动力、施工机具和设备等需要量计划，并编制全场性施工准备工作计划。

17.4.1 劳动力需要量计划

劳动力需要量计划是规划场内施工设施和组织工人进场的主要依据。它是根据施工总进度计划、概(预)算定额和有关经验资料,分别确定出每个单项工程专业工种、工人数和进场时间,然后逐项汇总,从而编制出整个建设项目劳动力需要量计划。如表 17-2 所示。

表 17-2　劳动力需要量计划

施工阶段(期)	工程类别	单项工程		劳动量(工日)	专业工种		需要量计划								
							年(月)					年(季)			
		编码	名称		编码	名称	1	2	3	4	…	Ⅰ	Ⅱ	Ⅲ	Ⅳ

17.4.2 主要材料和预制品需要量计划

主要材料和预制品需要量计划,是组织材料和预制品加工、订货、运输,确定堆场和仓库面积的依据。它是根据施工图纸、施工部署和施工总进度计划而编制的。如表 17-3 所示。

表 17-3　主要材料和预制品需要量计划

施工阶段(期)	工程类别	单项工程		工程材料/预制品				需要量计划							
								年(月)				年(季)			
		编码	名称	编码	名称	种类	规格	1	2	3	…	Ⅰ	Ⅱ	Ⅲ	Ⅳ

17.4.3　施工机械和设备需要量计划

施工机械和设备需要量计划是确定施工机械和设备进场时间、施工用电量和选择变压器的依据。它是根据施工部署、施工方案、施工总进度计划和机械台班产量定额而确定的。在需要量计划表中,应列出各机械名称、型号、电动机功率、数量和需要时间等，如表 17-4 所示。

表 17-4　施工机械和设备需要量计划

施工阶段(期)	工程类别	单项工程		施工机具和设备				需要量计划							
								年(月)				年(季)			
		编码	名称	编码	名称	型号	功率	1	2	3	…	Ⅰ	Ⅱ	Ⅲ	Ⅳ

17.4.4 全场性施工准备工作计划

施工准备工作计划是根据建设项目的施工部署、施工总进度计划、资源需要量计划和施工总平面图的要求而编制的，具体包括以下几方面内容。

① 安排好场地平整方案和全场性排水、防洪方案，安排好水电来源及其引入方案。

② 按照建设项目总平面图的要求，安排现场控制网的测量工作，设置永久性测量标志，为各单位工程的放线定位做好准备。

③ 安排好场内外运输方案、施工用主干道及其引入方案。

④ 安排好生产和生活基地建设，包括搅拌站、预制构件厂、钢筋加工厂、仓库等，以及办公和生活设施。

⑤ 落实工程材料、构配件、半成品等的加工订货、运输和储存；落实施工机械和设备的来源。

⑥ 编制项目采用的新结构、新材料、新技术、新工艺的试验计划和职工技术培训计划。

施工准备工作计划可用表格形式表示，如表 17-5 所示。

表 17-5　施工准备工作计划

序号	准备工作名称	准备工作内容	主办单位	协办单位	完成日期	负责人

17.5 施工总平面图设计

施工总平面图是拟建项目施工场地的总布置图。它是按照施工部署、施工方案和施工总进度计划的要求，对全场内在施工期间所需的各种生产、生活临时性设施进行合理的规划布置，以正确处理各项临时设施与永久性拟建工程之间的空间关系，这对指导全现场的文明施工和安全施工有着重大意义。

17.5.1 施工总平面图设计的内容

施工总平面图设计的内容包括以下几方面。

(1) 建设项目施工用地范围和规划红线,该范围内地形和等高线。

(2) 建设项目总平面图上一切地上、地下已有和拟建的建筑物、构筑物及其他设施的位置和尺寸。

(3) 现场内永久性和半永久性测量坐标网和标高的标桩位置。

(4) 一切为全现场施工服务的临时性设施,包括以下内容。

① 施工用运输道路和场外交通引入位置。

② 各种加工厂、半成品制备场及有关机械化装置的位置。

③ 各种材料、半成品、构配件的仓库和堆场。

④ 取土、弃土的位置。

⑤ 办公、生活和其他福利性临时建筑物。

⑥ 水源、电源、变压器位置,临时给水、排水管线,临时动力、照明供电线路。

⑦ 施工必需的安全、防火和环境保护设施的位置。

17.5.2 施工总平面图设计的原则

施工总平面图的设计应当遵循以下几项原则。

① 在满足施工需要的前提下,现场布置应尽量紧凑,以减少施工用地。

② 科学地划分各施工单位的施工区域和场地面积,尽量避免各专业工种之间相互干扰。

③ 在保证运输方便的前提下,正确选择运输方式,科学规划施工道路,以减少运输费用。合理布置加工厂、仓库、材料堆场等施工设施的位置,避免或减少二次搬运。

④ 尽可能降低临时设施费用,充分利用可缓拆、暂不拆除的原有设施为施工服务。

⑤ 各项设施的布置都应有利生产,方便生活,并满足安全生产、文明施工、环境保护和防火的要求。

17.5.3 施工总平面图设计的依据

施工总平面图设计的依据有以下几方面。

① 设计资料:包括建设项目总平面图、地形地貌图和地下设施布置图。

② 建设地区资料:包括建设地区的自然条件、技术经济条件、资源供应状况和运输条件等资料。

③ 建设项目的施工部署、主要工程的施工方案、施工总进度计划,以便了解各施工阶段情况,合理规划施工场地。

④ 建设项目的总资源需要量计划,以便合理布置加工厂、仓库、堆场以及场内运输道路。

⑤ 建设项目施工用地范围和水源、电源位置。

17.5.4 全场性暂设工程设计

为了确保施工的顺利进行，在工程正式开工前，要按照工程项目施工准备工作计划的要求，在施工总平面中设计相应的暂设工程。暂设工程通常包括加工厂（站）、仓库堆场、施工运输道路、水电动力管网、办公及生活福利设施等。

1. 施工现场加工厂（站）设计

施工现场常设的加工厂（站）主要有混凝土搅拌站、砂浆搅拌站、钢筋混凝土构件预制厂、钢筋加工厂、木材加工厂、金属结构加工厂、施工机械的管理维修厂等。

1）加工厂的结构形式

各种加工厂的结构形式应根据地区条件和使用期限而定。使用期短的可采用竹、木、钢管搭设而成的简易结构，使用期较长的可采用砖或砌块砌筑的砌体结构或装拆式活动房屋。

2）加工厂面积的确定

加工厂的建筑面积，主要取决于设备尺寸、工艺过程、加工材料量和安全防火要求，通常可参考有关手册、资料中的某些指标进行确定。

2. 施工现场临时仓库与堆场设计

工程施工所用仓库，按其用途分为：转运仓库，它设置在货物转载地点，如火车站、码头等，供材料转运储存用；中心仓库，它用以贮存整个项目施工（或区域型建设工程）所需材料、贵重材料以及需要整理配套的材料，中心仓库一般设在现场附近或区域中心；现场仓库，是为某一在建工程服务的仓库，一般就近在现场设置；加工厂仓库，专供本加工厂贮存原材料和加工的半成品、构件的仓库。

1）仓库结构

各类仓库按其贮存材料的性质和贵重程度，可分为以下几种。

① 露天仓库：用于堆放不因自然、气候、温度条件而影响其性能、质量的材料。如砖、砂、石、装配式混凝土构件等的堆场。

② 库棚：用于堆放防止阳光、雨、雪直接侵蚀变质的物品、贵重建筑材料、五金器具以及细巧容易散失或损坏的材料。如：水泥、金属材料等。

2）仓库材料储备量

确定仓库内的材料储备量时，要做到一方面能保证施工的正常需要，另一方面又不宜贮存过多，以免加大仓库的面积，积压资金。通常的储备量应根据现场条件、供应条件和运输条件来确定。

① 建设项目（全现场）的材料储备量，一般按年、季组织储备，按下式计算

$$q_1 = K_1 \cdot Q_1 \tag{17-1}$$

式中　q_1——材料总储备量；

K_1——储备系数，一般情况下对型钢、木材、砂石和用量小、不经常使用的材料取 0.3～0.4，对水泥、砖、瓦、块石、石灰、管材、暖气片、玻璃、油漆、卷材、沥青等取 0.2～0.3，特殊条件下宜根据具体情况确定；

Q_1——该项材料最高年、季需用量。

② 单位工程的材料储备量，应保证工程连续施工的要求，同时应与全现场的材料储备综合考虑。其储备量按下式计算

$$q_2=\frac{n\cdot Q_2}{T} \tag{17-2}$$

式中 q_2——单位工程材料储备量；

n——储备天数，可参考有关手册、资料中的相应数据；

Q_2——计划期内需用的材料数量；

T——需用该项材料的施工天数，并大于 n。

3）仓库面积的确定

① 按材料储备期计算

$$F=\frac{q}{P} \tag{17-3}$$

式中 F——仓库面积，包括通道面积(m^2)；

P——每平方米仓库面积上存放材料数量，可参考有关手册、资料中的相应数据；

q——材料储备量，用于建设项目时为 q_1，用于单位工程时为 q_2。

② 按系数计算，适用于规划估算

$$F=\phi\cdot m \tag{17-4}$$

式中 F——所需仓库面积(m^2)；

ϕ——系数，可从有关手册、资料中查取；

m——计算基数，指按年或年平均工作量、在建建筑面积、材料用量等表示的计算基数，可从有关手册、资料中查取。

3. 施工运输设计

施工运输可分为场外运输和场内运输两种。场外运输亦分两种：一是将货物由外埠利用公路、水路或铁路运到现场；另一种是在本地区范围内的运输。

施工运输的设计内容主要包括：货运量的确定；运输方式的选择；运输工具需要量的计算；运输线路的规划等。

1）货运量的确定

施工现场所需运输的主要货物有建筑材料、半成品、构件和施工企业的机械设备、工艺设备、燃料、施工废料等。其运输量应按工程实际需要测算，同时还应考虑每日的最大运输量以及各种运输工具的最大运输密度。每日货运量计算公式为

$$q_i=\frac{\sum Q_i\cdot L_i}{T}\cdot K \tag{17-5}$$

式中 q_i——日货运量(t・km/日)；

Q_i——整个单位工程的各类货物需要总量(t)；

L_i——各类货物由发货地点到用货地点的距离(km)；

T——货物所需的运输天数(日)；

K——运输工作不均衡系数，铁路运输为1.5，汽车运输为1.2，水路运输为1.3。

2）运输方式的选择

施工运输的方式主要有水路运输、铁路运输、公路汽车运输等。

（1）水路运输

水路运输是最经济的一种运输方式，在可能的条件下，应尽量采用水路运输。但采用此种运输时需要在码头上设有转运仓库和卸货设备，同时还需考虑到洪水、枯水和每年正常的通航期对运输的影响。

（2）铁路运输

铁路运输具有运输量大、运距长、不受自然条件限制等优点，但其投资大，筑路技术要求高，因此只有在拟建工程需要铺设永久性铁路专线或现场必须从国家铁路上运来大量物资时才可考虑此种方式。

（3）公路汽车运输

公路汽车运输具有机动性大、行驶速度快、可直达使用地点的优点，但运输量小，运输成本高。汽车运输是目前应用最广泛的一种运输方式。它特别适用货运量不大、货源分散或地区地形复杂，不宜铺设铁路的地区，以及城市和工业区内的运输。

选择运输方式时，必须考虑各种因素的影响，如材料的性质、运输量的大小、构件的形状尺寸、运距和期限、路况及运输条件、自然条件等。

一般情况下，在选择运输方式时，应尽量利用永久性道路（水路、铁路、公路），通过全面的技术经济分析比较，确定最合适的运输方式。

3）运输工具数量的确定

① 汽车台班产量的计算

$$q=\frac{T_1}{t+\frac{2L}{v}}\cdot P\cdot K_1\cdot K_2 \tag{17-6}$$

式中 q——汽车台班产量（t/台班）；

T_1——台班工作时间（h）；

t——货运装卸时间（h）；

L——运输距离（km）；

v——汽车的计算运行速度（km/h）；

P——汽车的载重量（t）；

K_1——时间利用系数，一般采用0.9；

K_2——汽车吨位利用系数。

② 汽车台数的计算

$$m=\frac{Q\cdot K_3}{q\cdot T\cdot n\cdot K_4} \tag{17-7}$$

式中 m——汽车台数；

Q——全年(或全季)度最大运输量(t);

K_3——货物运输不均衡系数,场外运输取1.2,场内运输取1.1;

q——汽车台班产量(t/台班);

T——全年(全季)的工作天数(d);

n——日工作班次(班);

K_4——汽车供应系数,一般采用0.9。

4. 办公及福利设施设计

在工程建设期间,必须为施工人员修建一定数量的临时用房,以供行政管理和生活福利使用。这类房屋应尽可能利用已有的或拟拆除的房屋,并充分利用先行修建能为施工服务的永久性建筑,以减少暂设工程费用。

1) 办公及福利设施的类型

① 行政管理类用房:包括办公室、会议室、警卫室、车库等。

② 生活福利类用房:包括职工休息室或宿舍、卫生间、浴室、食堂、图书室、娱乐室等。

2) 办公及福利设施的规划

在工程项目建设中,办公及福利设施规划应根据工程项目建设中的用人情况来确定。

(1) 确定人员数量

① 生产人员数量。生产人员包括直接生产人员和其他生产人员。

② 非生产人员数量。包括辅助施工生产的工人,行政、技术管理人员和为施工现场居民生活服务的人员等,可按表17-6规定的比例计算。

③ 施工现场各类人员中随现场迁移的家属人数。家属人数视现场情况而定,一般可按职工的一定比例计算,通常占职工人数的10%~30%。

表17-6 非生产人员比例

序号	企业类别	非生产人员比例(%)	其中(%)		折算为占生产人员比例(%)
			管理人员	服务人员	
1	中央省市自治区属	16~18	9~11	6~8	19~22
2	省辖市、地区属	14~16	8~10	5~7	16.3~19
3	县(市)企业	12~14	7~9	4~6	13.6~16.3

注:①工程分散,职工数较大者取上限;

②新辟地区、当地服务网点尚未建立时,应增加服务人员5%~10%;

③大城市、大工业区服务人员应减少2%~4%。

(2) 确定办公及福利设施的建筑面积

当施工现场人数确定后,就可按此人数确定建筑面积。

$$S = N \cdot P \tag{17-8}$$

式中 S——建筑面积(m^2);

N——人数;

P——建筑面积指标，根据建设地区情况，可查相应的统计资料得到。

5. 施工供水设施设计

施工现场需敷设临时供水系统，以满足生产、生活和消防用水的需要。在规划临时供水系统时，应充分利用永久性供水设施为施工服务。

现场临时供水主要包括施工用水、施工机械用水、施工现场生活用水、生活区生活用水和消防用水等。

1）确定供水数量

（1）现场施工用水量可按下式计算

$$q_1 = K_1 \sum \frac{Q_1 \cdot N_1}{T_1 \cdot t} \cdot \frac{K_2}{8 \times 3600} \tag{17-9}$$

式中 q_1——施工用水量(L/s)；

K_1——未预计的施工用水系数，一般取1.05～1.15；

Q_1——年(季)度工程量(以实物量单位表示)；

N_1——施工用水定额，可查相应的定额指标；

T_1——年(季)度有效作业日(d)；

t——每天工作班次(班)；

K_2——施工用水不均衡系数，可取1.5。

（2）施工机械用水量可按下式计算

$$q_2 = K_1 \sum Q_2 N_2 \frac{K_3}{8 \times 3600} \tag{17-10}$$

式中 q_2——机械用水量(L/S)；

K_1——未预计施工用水系数，可取1.05～1.15；

Q_2——同一种机械台数(台)；

N_2——施工机械台班用水定额，可查相应的定额指标；

K_3——施工机械用水不均衡系数，可取2.0。

（3）施工现场生活用水量可按下式计算

$$q_3 = \frac{P_1 \cdot N_3 \cdot K_4}{t \times 8 \times 3600} \tag{17-11}$$

式中 q_3——施工现场生活用水量(L/S)；

P_1——施工现场高峰昼夜人数(人)；

N_3——施工现场生活用水定额，一般为20～60 L/(人·班)，需视当地气候而定；

K_4——施工现场生活用水不均衡系数，可取1.30～1.50；

t——每天工作班次(班)。

（4）生活区生活用水量可按下式计算

$$q_4 = \frac{P_2 \cdot N_4 \cdot K_5}{24 \times 3600} \tag{17-12}$$

式中 q_4——生活区生活用水(L/S);

P_2——生活区居民人数(人);

N_4——生活区昼夜全部生活用水定额,每人每昼夜为 100～120 L,随地区和有无室内卫生设施而变化,各分项用水量可从相应参考定额中查取;

K_5——生活区生活用水不均衡系数,可取 2.0～2.5。

(5) 消防用水量 q_5 计算

消防用水量 q_5 的计算,如表 17-7 所示。

表 17-7 消防用水量

序 号	用水名称	火灾同时发生次数	用水量(L/S)
1	居民区消防用水 5000 人以内 10 000 人以内 25 000 人以内	 一次 两次 两次	 10 10～15 15～20
2	施工现场消防用水 施工现场在 25 ha 内 每增加 25 ha	 一次 一次	 10～15 5

(6) 总用水量(Q)的计算

① 当$(q_1+q_2+q_3+q_4)\leqslant q_5$时,则 $Q=q_5+\frac{1}{2}(q_1+q_2+q_3+q_4)$;

② 当$(q_1+q_2+q_3+q_4)>q_5$时,则 $Q=q_1+q_2+q_3+q_4$;

③当施工现场面积小于 5 ha 而且$(q_1+q_2+q_3+q_4)<q_5$时,则 $Q=q_5$。

最后计算出的总用水量,还应增加 10%,以补偿不可避免的水管漏水损失。

2) 选择水源

施工现场供水水源,有供水管道水源和天然水源两种。最好利用现场附近的现有供水管道,只有当现场附近没有现成的给水管道,或现有管道无法利用时,才宜另选天然水源。

① 天然水源的种类:天然水源有地面水,如江水、湖水、水库蓄水等;地下水,如泉水、井水等。

② 选择天然水源考虑的因素:水量充足,可靠;能满足生活饮用水和生产用水的水质要求;与农业、水利资源综合利用;取水、输水、净水设施安全、经济、可靠;施工、运转、管理、维护方便。

3) 确定供水系统

供水系统由取水设施、净水设施、贮水构筑物(水塔及蓄水池)、输水管和配水管组成。

(1) 天然水源取水设施

一般由取水口、进水管及水泵组成。取水口距河底(或井底)不得小于 0.25～

0.9 m,在冰层下部边缘的距离不得小于 0.25 m。水泵要有足够的抽水能力和扬程。

(2) 贮水构筑物

贮水构筑物有水池、水塔和水箱等类型。在临时供水中,只有当水泵房不能连续抽水时,才需设置贮水构筑物,其容量由每小时消防用水量确定,但不得小于 10～20 m^3。

(3) 确定供水管径

供水管径可采用下式计算

$$d=\sqrt{\frac{4Q}{\pi \cdot v \cdot 1000}} \tag{17-13}$$

式中　d——配水管管径(m);

Q——总用水量(L/S);

v——管网中水流的速度(m/s),如表 17-8 所示。

表 17-8　临时水管经济流速参考

管　　径	流速(m/s)	
	正常时间	消防时间
$d<0.1$ m	0.5～1.2	—
$d=0.1\sim0.3$ m	1.0～1.6	2.5～3.0
$d>0.3$ m	1.5～2.5	2.5～3.0

6. 施工供电系统设计

由于施工机械化程度的提高,现场用电量越来越多,临时供电系统的设计显得更为重要。施工临时供电系统设计内容有:计算用电量、选择电源、确定变压器、布置配电线路等。

1) 确定供电数量

施工用电主要包括动力用电和照明用电两部分,其用电量为

$$P = 1.05 \sim 1.10\left(K_1 \frac{\sum P_1}{\cos\phi} + K_2 \sum P_2 + K_3 \sum P_3 + K_4 \sum P_4\right) \tag{17-14}$$

式中　P——供电设备总需要容量(kVA);

P_1——电动机额定功率(kW);

P_2——电焊机额定容量(kVA);

P_3——室内照明容量(kW);

P_4——室外照明容量(kW);

$\cos\phi$——电动机的平均功率因数(在施工现场一般为 0.65～0.75,最高为 0.75～0.78);

K_1、K_2、K_3、K_4——用电需要系数,如表 17-9 所示。

表 17-9 用电需要系数(*K* 值)

用电名称	数 量	需要系数		备 注
		K	数值	
电动机	3～10 台	K_1	0.7	如施工中需要电热时，应将其用电量计算进去。为使计算结果接近实际，式中各项动力和照明用电，应根据不同工作性质分类计算
	11～30 台		0.6	
	30 台以上		0.5	
加工厂动力设备			0.5	
电焊机	3～10 台	K_2	0.6	
	10 台以上		0.5	
室内照明		K_3	0.8	
室外照明		K_4	1.0	

施工现场单班施工时，用电量计算可不考虑照明用电。各种机械设备的额定功率和室内外照明用电定额可从有关手册、资料中查取。由于照明用电量远小于动力用电量，所以在估算总用电量时可以简化，只需在动力用电量之外再加上 10%作为照明用电量即可。

2) 选择电源和变压器

(1) 选择电源

选择临时供电电源，通常有如下几种方案：

① 完全由现场附近的电力系统供电，包括在全面开工之前把永久性供电外线工程作好，设置变电站；

② 现场附近的电力系统只能供应一部分，现场尚需增设临时供电系统以补充其不足；

③ 利用附近的高压电网，申请临时配电变压器；

④ 现场处于新开发地区，没有电力系统时，完全由自备临时电站供电。

(2) 选择变压器

现场临时供电的电源，应优先选用城市或地区已有的电力系统，一般是将附近的高压电通过设在现场的变压器引入，这是最经济的方案。变压器的功率可按下式计算

$$P = K\left(\frac{\sum P_{max}}{\cos\phi}\right) \tag{17-15}$$

式中 P—— 变压器的功率(kVA)；

K—— 功率损失系数，取 1.05；

P_{max}—— 各施工区的最大计算负荷(kW)；

$\cos\phi$—— 用量设备的平均功率因数，一般取 0.75。

根据计算结果，从变压器产品目录中选取略大于该功率的变压器。

3) 选择配电线路和导线截面

配电线路的布置方案有枝状、环状和混合式三种。主要根据用电设备的位置和要求、永久性供电线路的形状而定。一般 3～10 kV 的高压线路宜采用环状，

380/220 V 的低压线路可采用枝状。

配电导线要正常工作，必须具有足够的机械强度，耐受电流通过所产生的温升，并且使得电压损失在允许的范围内。因此，选择配电导线有以下三种方法。

(1) 按机械强度选择

导线必须保证不致因一般机械损伤而折断。在各种不同敷设方式下，导线按机械强度所允许的最小截面，可根据有关手册数据进行选择。架空情况下，一般 BX=10 mm^2，BLX=16 mm^2(BX 为外护套橡皮线，BLX 为橡皮铝线)。

(2) 按允许电压降选择

导线上引起的电压降必须在一定限度之内。配电导线的截面可用下式计算：

$$S=\frac{\sum P\cdot L}{C\cdot \varepsilon}\%=\frac{\sum M}{C\cdot \varepsilon}\% \tag{17-16}$$

式中　S—— 导线截面(mm^2)；

M—— 负荷矩(kW · m)；

P—— 负荷的电功率或线路输送的电功率(kW)；

L—— 送电线路的距离(m)；

ε—— 允许的相对电压降(即线路电压损失)(%)；照明允许电压降为 2.5% ~ 5%，电动机电压不超过 ±5%；

C—— 系数，视导线材料、线路电压及配电方式而定(三相四线制为 77，单相制为 12.8)。

(3) 按允许电流选择

导线必须能承受负荷电流长时间通过所引起的温升。

三相四线制线路上的电流可按下式计算

$$I_{线}=\frac{K\cdot P}{\sqrt{3}\cdot U_{线}\cdot \cos\phi} \tag{17-17}$$

二相制线路上的电流可按下式计算

$$I_{线}=\frac{P}{U_{线}\cdot \cos\phi} \tag{17-18}$$

式中　$I_{线}$——电流值(A)；

K、P——同公式(17-14)；

$U_{线}$——电压(V)；

$\cos\phi$——功率因数，临时网络取 0.7～0.75。

所选用的导线截面应同时满足以上三项要求，即以求得的三个截面中的最大者为准，从电线产品目录中选用线芯截面，也可根据具体情况抓住主要矛盾。一般在道路施工和给排水施工中作业线比较长，导线截面由电压降选定；在建筑施工中配电线路比较短，导线截面可由允许电流选定；在小负荷的架空线路中往往以机械强度选定。

17.5.5 施工总平面图设计的步骤和方法

1. 场外交通的引入

在设计施工总平面图时，应从确定大宗材料、半成品和生产设备运入施工现场的运输方式入手。

① 一般大型工业企业，厂区内设有永久性铁路专用线，可提前修建为施工服务。当大宗物资由铁路运入现场时，考虑到施工安全，一般将铁路先引入现场的一侧或两侧，待整个工程进展到一定程度，再把铁路引进现场的中心区域，此时铁路应位于每个施工区域的旁侧。

② 当大宗物资由公路运入现场时，布置较灵活。一般先将仓库、加工厂等生产性临时设施布置在最方便且经济合理的地方，再布置通向场外的公路线。

③ 当大宗物资由水路运来时，应充分利用原有码头，一般卸货码头不应少于两个。若需增设码头时，可采用毛石砌筑或钢筋混凝土结构建造，其宽度应大于2.5 m。

2. 确定仓库和堆场位置

① 当采用铁路运输时，中心仓库尽可能沿铁路专用线布置，仓库前应留有足够的装卸前线，而且仓库应设在靠近施工场所一侧，避免内部运输跨越铁路。

② 当采用公路运输时，中心仓库可布置在现场中心区或靠近使用的地方，尽量减少二次搬运。砂、石、水泥、木材、钢筋等材料的仓库或堆场尽量布置在搅拌站、加工厂附近。

③ 当采用水路运输时，一般在码头附近设置转运仓库。

3. 确定搅拌站和加工厂的位置

对于搅拌站的布置，当场内运输条件好时，可集中设置大型搅拌站；否则采用分散设置的小型搅拌站，其位置要靠近使用地点或垂直运输设施。

加工厂的布置均应以方便生产、安全防火、环境保护和运输费用最少为原则。通常加工厂宜集中布置在现场边缘处，并与其相应的仓库或堆场布置在同一区域内。

4. 确定场内运输道路的位置

设计场内运输道路时，要尽量利用原有或拟建的永久道路，合理安排施工道路与场内各种临时设施间的关系，应通过临时道路将仓库、堆场、加工厂和施工地点贯穿起来。

道路的宽度应按货运量大小设计成双向环行干道和单向支线，单向道路末端要设回车场地，尽量避免场内运输道路与铁路交叉。

5. 确定临时性房屋的位置

临时性房屋一般有办公室、宿舍、食堂、浴室、厕所、俱乐部等，布置时应尽可能利用建设单位的生活基地或其他永久性建筑物，不足时再修建临时房屋。一般可按如下方法布置。

① 全现场性管理用房宜布置在现场入口处，以便加强对外联系；也可布置在中心地带，以便于进行全现场管理。

② 职工宿舍，宜布置在现场外围或其边缘处，以利于工人休息和生活的安全。

③ 其他生活、文化福利用房屋最好布置在生活区，也可视条件设在生产区与生活区之间。

6. 确定水电管网和动力设施位置

布置水电管网和动力设施时应考虑以下几点。

① 尽量利用已有的和提前修建的永久性线路。

② 临时总变电站应设在高压线进入现场处，避免高压线穿越施工现场。

③ 水电管网一般宜沿道路布置，供电线路应避免与其他管道设在同一侧；管线穿过道路时均应外套铁管，并埋入地下大于 0.6 m 深度；寒冷地区越冬的临时水管须埋在冰冻线以下。

④ 消火栓应沿道路布置，距道路不大于 2 m；距拟建建筑物不应小于 5 m，也不应大于 25 m；消火栓的间距不应超过 120 m。

⑤ 排水沟应沿道路布置，并设置 0.2%的泛水坡度。

17.5.6 施工总平面图的科学管理

施工总平面图需要科学管理，从实践看，科学管理施工总平面图起码要做到以下三点。

① 建立统一的施工总平面图管理制度。划分总平面图的使用管理范围，制定有效的岗位责任制度，严格控制材料、构件、机具的位置及占用的时间段和占用面积。

② 实行总平面图的动态管理。在布置中由于特殊情况或事先难以预料的情况需要改变原平面图时，应结合实际情况修正其不合理的地方。

③ 做好现场的清理和维护工作。经常性检修各种临时性设施，明确负责部门和人员。

思 考 题

17-1 什么是施工组织总设计？包括哪些内容？

17-2 试述施工组织总设计编制的程序及依据？

17-3 施工部署的内容有哪些？

17-4 简述施工总进度计划编制的步骤。

17-5 如何根据施工总进度计划编制各种资源需要量计划？

17-6 施工总平面图设计的原则是什么？设计的内容有哪些？

17-7 试述施工总平面图设计的步骤和方法。

17-8 如何加强施工总平面图的管理？

习　题

17-1　某科技产业大厦工程，建筑面积为16 122 m^2，占地面积为4000 m^2，地下1层，地上8层。该工程采用筏板基础，现浇混凝土框架剪力墙结构，陶粒混凝土空心砌块填充墙及隔墙。现场施工水源从现场北侧引入，要求保证施工生产、现场生活及消防用水。其中未预计的施工用水系数 $K_1=1.15$，年混凝土浇筑量11 639 m^3，施工用水定额 $N_1=2400$ L/m^3，年持续有效工作日为150 d，每天两班作业，用水不均衡系数 $K_2=1.5$；施工机械主要是钢筋混凝土搅拌机，共6台，施工机械台班用水定额 $N_2=300$ L/台，施工机械用水不均衡系数 $K_3=2.0$；施工现场高峰昼夜人数 $P_1=350$ 人，施工现场生活用水定额 $N_3=40$ L/(人·班)，施工现场生活用水不均衡系数 $K_4=1.5$；现场消防用水按现场场地面积进行计算。供水管网中水流速度取1.5 m/s。试计算：

① 现场总用水量；

② 确定临时供水管径。

17-2　有四栋多层住宅工程，每栋约3400 m^2，合计13 612 m^2，施工前，室外管线均接通至小区干线。在进行施工组织总设计时，对用电设施进行了设计。根据平面布置，用电设施如下：塔式起重机2台，功率为36×2 kW=72 kW；400 L搅拌机2台，功率为10×2 kW=20 kW；30 t卷扬机2台，功率为7.5×2 kW=15 kW；振捣器3台，功率为3×3 kW=9 kW；蛙式打夯机3台，功率为3×3 kW=9 kW；电锯、电刨等功率为30 kW；电焊机2台，功率为20.5×2 kW=41 kW；室外照明用电，容量为25 kW。求：本工程的总用电量。

附录一
“建筑业十项新技术”(2010版)目录

一、地基基础和地下空间工程技术

1. 灌注桩后注浆技术
2. 长螺旋钻孔压灌桩技术
3. 水泥粉煤灰碎石桩(CFG桩)复合地基技术
4. 真空预压法加固软土地基技术
5. 土工合成材料应用技术
6. 复合土钉墙支护技术
7. 型钢水泥土复合搅拌桩支护结构技术
8. 工具式组合内支撑技术
9. 逆作法施工技术
10. 爆破挤淤法技术
11. 高边坡防护技术
12. 非开挖埋管技术
13. 大断面矩形地下通道掘进施工技术
14. 复杂盾构法施工技术
15. 智能化气压沉箱施工技术
16. 双聚能预裂与光面爆破综合技术

二、混凝土技术

1. 高耐久性混凝土
2. 高强高性能混凝土
3. 自密实混凝土技术
4. 轻骨料混凝土
5. 纤维混凝土
6. 混凝土裂缝控制技术
7. 超高泵送混凝土技术
8. 预制混凝土装配整体式结构施工技术

三、钢筋及预应力技术

1. 高强钢筋应用技术

2. 钢筋焊接网应用技术
3. 大直径钢筋直螺纹连接技术
4. 无黏接预应力技术
5. 有黏接预应力技术
6. 索结构预应力施工技术
7. 建筑用成型钢筋制品加工与配送
8. 钢筋机械锚固技术

四、模板及脚手架技术

1. 清水混凝土模板技术
2. 钢(铝)框胶合板模板技术
3. 塑料模板技术
4. 组拼式大模板技术
5. 早拆模板施工技术
6. 液压爬升模板技术
7. 大吨位长行程油缸整体顶升模板技术
8. 贮仓筒壁滑模托带仓顶空间钢结构整体安装施工技术
9. 插接式钢管脚手架及支撑架技术
10. 盘销式钢管脚手架及支撑架技术
11. 附着升降脚手架技术
12. 电动桥式脚手架技术
13. 预制箱梁模板技术
14. 挂篮悬臂施工技术
15. 隧道模板台车技术
16. 移动模架造桥技术

五、钢结构技术

1. 深化设计技术
2. 厚钢板焊接技术
3. 大型钢结构滑移安装施工技术
4. 钢结构与大型设备计算机控制整体顶升与提升安装施工技术
5. 钢与混凝土组合结构技术
6. 住宅钢结构技术
7. 高强度钢材应用技术
8. 大型复杂膜结构施工技术
9. 模块式钢结构框架组装、吊装技术

六、机电安装工程技术

1. 管线综合布置技术
2. 金属矩形风管薄钢板法兰连接技术
3. 变风量空调系统技术
4. 非金属复合板风管施工技术
5. 大管道闭式循环冲洗技术
6. 薄壁金属管道新型连接方式
7. 管道工厂化预制技术
8. 超高层高压垂吊式电缆敷设技术
9. 预分支电缆施工技术
10. 电缆穿刺线夹施工技术
11. 大型储罐施工技术

七、绿色施工技术

1. 基坑施工封闭降水技术
2. 施工过程水回收利用技术
3. 预拌砂浆技术
4. 外墙体自保温体系施工技术
5. 粘贴式外墙外保温隔热系统施工技术
6. 现浇混凝土外墙外保温施工技术
7. 硬泡聚氨酯外墙喷涂保温施工技术
8. 工业废渣及(空心)砌块应用技术
9. 铝合金窗断桥技术
10. 太阳能与建筑一体化应用技术
11. 供热计量技术
12. 建筑外遮阳技术
13. 植生混凝土
14. 透水混凝土

八、防水技术

1. 防水卷材机械固定施工技术
2. 地下工程预铺反黏防水技术
3. 预备注浆系统施工技术
4. 遇水膨胀止水胶施工技术
5. 丙烯酸盐灌浆液防渗施工技术

6. 聚乙烯丙纶防水卷材与非固化型防水黏结料复合防水施工技术
7. 聚氨酯防水涂料施工技术

九、抗震、加固与改造技术

1. 消能减震技术
2. 建筑隔震技术
3. 混凝土结构粘贴碳纤维、粘钢和外包钢加固技术
4. 钢绞线网片聚合物砂浆加固技术
5. 结构无损拆除与整体移位技术
6. 无黏结预应力混凝土结构拆除技术
7. 深基坑施工监测技术
8. 结构安全性监测(控)技术
9. 开挖爆破监测技术
10. 隧道变形远程自动监测系统
11. 一机多天线 GPS 变形检测技术

十、信息化应用技术

1. 虚拟仿真施工技术
2. 高精度自动测量控制技术
3. 施工现场远程监控管理工程远程验收技术
4. 工程量自动计算技术
5. 工程项目管理信息化实施集成应用及基础信息规范分类编码技术
6. 建设工程资源计划管理技术
7. 项目多方协同管理信息化技术
8. 塔式起重机安全监控管理系统应用技术

附录二
现行《建筑施工规范》目录

（截止2012年12月，来源：国家工程建设标准化信息网）

一、地基与基础

1.《建筑工程地质勘探及取样技术规程》JGJ/T 87—2012
2.《建筑地基处理技术规范》JGJ 79—2012
3.《建筑基坑支护技术规程》JGJ 120—2012
4.《锚杆喷射混凝土支护技术规范》GB 50086—2001
5.《建筑边坡工程技术规范》GB 50330—2002
6.《建筑桩基技术规范》JGJ 94—2008
7.《高层建筑箱形与筏形基础技术规范》JGJ 6—2011
8.《湿陷性黄土地区建筑规范》GB 50025—2004
9.《湿陷性黄土地区建筑基坑工程安全技术规程》JGJ 167—2009
10.《膨胀土地区建筑技术规范》GB 50112—2013
11.《既有建筑地基基础加固技术规范》JGJ 123—2012
12.《地下工程防水技术规范》GB 50108—2008
13.《人民防空工程施工及验收规范》GB 50134—2004
14.《工程测量规范》GB 50026—2007
15.《地下工程渗漏治理技术规程》JGJ/T 212—2010
16.《冻土地区建筑地基基础设计规范》JGJ 118—2011
17.《建筑地基基础设计规范》GB 50007—2011
18.《软土地区岩土工程勘察规程》JGJ 83—2011

二、主体结构

1.《钢筋混凝土升板结构技术规范》GBJ 130—90
2.《大体积混凝土施工规范》GB 50496—2009
3.《装配式大板居住建筑设计和施工规程》JGJ 1—91
4.《高层建筑混凝土结构技术规程》JGJ 3—2010
5.《轻骨料混凝土结构技术规程》JGJ 12—2006
6.《冷拔低碳钢丝应用技术规程》JGJ 19—2010
7.《无粘结预应力混凝土结构技术规程》JGJ 92—2004
8.《冷轧带肋钢筋混凝土结构技术规程》JGJ 95—2011

9.《钢筋焊接网混凝土结构技术规程》JGJ 114—2003
10.《冷轧扭钢筋混凝土构件技术规程》JGJ 115—2006
11.《型钢混凝土组合结构技术规程》JGJ 138—2001
12.《混凝土结构后锚固技术规程》JGJ 145—2004
13.《混凝土异形柱结构技术规程》JGJ 149—2006
14.《多孔砖砌体结构技术规范(2002 年版)》JGJ 137—2001
15.《高层民用建筑钢结构技术规程》JGJ 99—98
16.《空间网格结构技术规程》JGJ 7—2010
17.《古建筑木结构维护与加固技术规范》GB 50165—92
18.《烟囱工程施工及验收规范》GB 50078—2008
19.《给水排水构筑物工程施工及验收规范》GB 50141—2008
20.《汽车加油加气站设计与施工规范》GB 50156—2012
21.《工业炉砌筑工程施工及验收规范》GB 50211—2004
22.《医院洁净手术部建筑技术规范》GB 50333—2002
23.《生物安全实验室建筑技术规范》GB 50346—2011
24.《电子信息系统机房施工及验收规范》GB 50462—2008
25.《拱形钢结构技术规程》JGJ/T 249—2011

三、建筑装饰装修

1.《住宅装饰装修工程施工规范》GB 50327—2001
2.《建筑内部装修防火施工及验收规范》GB 50354—2005
3.《屋面工程技术规范》GB 50345—2012
4.《V 形折板屋盖设计与施工规程》JGJ/T 21—93
5.《种植屋面工程技术规程》JGJ 155—2007
6.《自流平地面工程技术规程》JGJ/T 175—2009
7.《机械喷涂抹灰施工规程》JGJ/T 105—2011
8.《塑料门窗工程技术规程》JGJ 103—2008
9.《外墙饰面砖工程施工及验收规程》JGJ 126—2000
10.《建筑陶瓷薄板应用技术规程》JGJ/T 172—2012
11.《玻璃幕墙工程技术规范》JGJ 102—2003
12.《金属与石材幕墙工程技术规范》JGJ 133—2001
13.《外墙外保温工程技术规程》JGJ 144—2004
14.《建筑涂饰工程施工及验收规程》JGJ/T 29—2003
15.《建筑防腐蚀工程施工及验收规范》GB 50212—2002
16.《民用建筑工程室内环境污染控制规范》GB 50325—2010
17.《铝合金门窗工程技术规范》JGJ 214—2010

四、专业工程

1.《自动化仪表施工程及验收规范》GB 50093—2013
2.《火灾自动报警系统施工及验收规范》GB 50166—2007
3.《自动喷水灭火系统施工及验收规范》GB 50261—2005
4.《气体灭火系统施工及验收规范》GB 50263—2007
5.《泡沫灭火系统施工及验收规范》GB 50281—2006
6.《建筑物电子信息系统防雷技术规范》GB 50343—2012
7.《安全防范工程技术规范》GB 50348—2004
8.《民用建筑太阳能热水系统应用技术规范》GB 50364—2005
9.《太阳能供热采暖工程技术规范》GB 50495—2009
10.《固定消防炮灭火系统施工与验收规范》GB 50498—2009
11.《公共建筑节能改造技术规范》JGJ 176—2009
12.《城镇燃气室内工程施工与质量验收规范》CJJ 94—2009
13.《民用建筑太阳能空调工程技术规范》GB 50787—2012
14.《民用建筑供暖通风与空气调节设计规范》GB/T 50736—2012
15.《采暖通风与空气调节工程检测技术规程》JGJ/T 260—2011

五、施工技术

1.《混凝土泵送施工技术规程》JGJ/T 10—2011
2.《钢筋焊接及验收规程》JGJ 18—2012
3.《钢结构焊接规范》GB 50661—2011
4.《钢结构高强度螺栓连接技术规程》JG J82—2011
5.《预应力筋用锚具、夹具和连接器应用技术规程》JGJ 85—2010
6.《钢筋机械连接技术规程》JGJ 107—2010
7.《滑动模板工程技术规范》GB 50113—2005
8.《组合钢模板技术规范》GB 50214—2001
9.《建筑工程大模板技术规程》JGJ 74—2003
10.《钢框胶合板模板技术规程》JGJ 96—2011
11.《硬泡聚氨酯保温防水工程技术规范》GB 50404—2007
12.《建筑工程冬期施工规程》JGJ/T 104—2011
13.《混凝土结构工程施工规范》GB 50666—2011
14.《钢筋锚固板应用技术规程》JGJ 256—2011
15.《混凝土搅拌站(楼)》GB/T 10171—2005

六、材料及应用

1.《普通混凝土拌合物性能试验方法标准》GB/T 50080—2002

2.《普通混凝土力学性能试验方法标准》GB/T 50081—2002
3.《早期推定混凝土强度试验方法标准》JGJ/T 15—2008
4.《钢筋焊接接头试验方法标准》JGJ/T 27—2001
5.《混凝土用水标准》JGJ 63－2006
6.《建筑砂浆基本性能试验方法标准》JGJ/T 70—2009
7.《普通混凝土配合比设计规程》JGJ 55—2011
8.《砌筑砂浆配合比设计规程》JGJ/T 98—2010
9.《混凝土强度检验评定标准》GB/T 50107—2010
10.《混凝土质量控制标准》GB 50164—2011
11.《普通混凝土用砂、石质量及检验方法标准》JGJ 52—2006
12.《混凝土外加剂应用技术规范》GB 50119－2003
13.《粉煤灰混凝土应用技术规范》GBJ 146－90
14.《土工合成材料应用技术规范》GB 50290—98
15.《木骨架组合墙体技术规范》GB/T 50361—2005
16.《水泥基灌浆材料应用技术规范》GB/T 50448—2008
17.《混凝土小型空心砌块建筑技术规程》JGJ/T 14—2011
18.《蒸压加气混凝土应用技术规程》JGJ/T 17—2008
19.《轻骨料混凝土技术规程》JGJ 51—2002
20.《建筑玻璃应用技术规程》JGJ 113—2009
21.《建筑轻质条板隔墙技术规程》JGJ/T 157—2008
22.《清水混凝土应用技术规程》JGJ 169—2009
23.《补偿收缩混凝土应用技术规程》JGJ/T 178—2009
24.《水泥土配合比设计规程》JCJ/T 233—2011
25.《建设用卵石、碎石》GB/T 14685—2011
26.《抹灰砂浆技术规程》JGJ/T 220—2010
27.《普通混泥土长期性能和耐久性能试验方法标准》GB/T 50082—2009
28.《墙体材料应用统一技术规范》GB 50574—2010
29.《预拌砂浆应用技术规程》JGJ/T 223—2010
30.《建筑材料术语标准》JGJ/T 191—2009
31.《土工试验方法标准》GB/T 50123—1999
32.《海砂混凝土应用技术规程》JGJ 206—2010
33.《高强混凝土应用技术规程》JGJ/T 281—2012
34.《再生骨料应用技术规程》JGJ/T 240—2011
35.《预防混凝土碱骨料反应技术规范》GB/T 50733—2011
36.《纤维混凝土应用技术规程》JGJ/T 221—2010
37.《植物纤维工业灰渣混泥土砌块建筑技术规程》JGJ/T 228—2010

38.《人工砂混凝土应用技术规程》JGJ/T 241—2011

七、检测技术

1.《混凝土结构试验方法标准》GB/T 50152—2012
2.《砌体工程现场检测技术标准》GB/T 50315—2011
3.《木结构试验方法标准》GB/T 50329—2012
4.《建筑结构检测技术标准》GB/T 50344—2004
5.《建筑工程建筑面积计算规范》GB/T 50353—2005
6.《建筑基坑工程监测技术规范》GB 50497—2009
7.《建筑变形测量规范》JGJ 8—2007
8.《回弹法检测混凝土抗压强度技术规程》JGJ/T 23—2011
9.《建筑基桩检测技术规范》JGJ 106—2003
10.《建筑工程饰面砖粘结强度检验标准》JGJ 110—2008
11.《贯入法检测砌筑砂浆抗压强度技术规程》JGJ/T 136—2001
12.《混凝土中钢筋检测技术规程》JGJ/T 152—2008
13.《住宅性能评定技术标准》GB/T 50362—2005
14.《钢结构现场检测技术标准》GB/T 50621—2010
15.《建筑工程检测试验技术管理规范》JGJ 190—2010
16.《建筑门窗工程检测技术规程》JGJ/T 205—2010
17.《公共建筑节能检测标准》JGJ/T 177—2009
18.《居住建筑节能检测标准》JGJ/T 132—2009
19.《混凝土耐久性检验评定标准》JGJ/T 193—2009
20.《后锚固法检测混凝土抗压强度技术规程》JGJ/T 208—2010
21.《择压法检测砌筑砂浆抗压强度技术规程》JGJ/T 234—2011
22.《锚杆锚固质量无损检测技术规程》JGJ/T 182—2009
23.《采暖通风与空气调节工程检测技术规程》JGJ/T 260—2011

八、质量验收

1.《建筑工程施工质量验收统一标准》GB 50300—2001
2.《建筑工程施工质量评价标准》GB/T 50375—2006
3.《建筑节能工程施工质量验收规范》GB 50411—2007
4.《建筑地基基础工程施工质量验收规范》GB 50202—2002
5.《砌体结构工程施工质量验收规范》GB 50203—2011
6.《混凝土结构工程施工质量验收规范(2011 年版)》GB 50204—2002
7.《钢结构工程施工质量验收规范》GB 50205—2001
8.《木结构工程施工质量验收规范》GB 50206—2012

9.《屋面工程质量验收规范》GB 50207—2012
10.《地下防水工程质量验收规范》GB 50208—2011
11.《建筑地面工程施工质量验收规范》GB 50209—2010
12.《建筑装饰装修工程质量验收规范》GB 50210—2001
13.《建筑给水排水及采暖工程施工质量验收规范》GB 50242—2002
14.《通风与空调工程施工质量验收规范》GB 50243—2002
15.《建筑电气工程施工质量验收规范》GB 50303—2002
16.《电梯工程施工质量验收规范》GB 50310—2002
17.《智能建筑工程质量验收规范》GB 50339—2003
18.《工业炉砌筑工程质量验收规范》GB 50309—2007
19.《综合布线系统工程验收规范》GB 50312—2007
20.《玻璃幕墙工程质量检验标准》JGJ/T 139—2001
21.《铝合金结构工程施工质量验收规范》GB 50576—2010
22.《钢筋混凝土筒仓施工与质量验收规范》GB 50669—2011
23.《土方与爆破工程施工及验收规范》GB 50201—2012
24.《钢筋焊接及验收规程》JGJ 18—2012
25.《钢管混凝土工程施工质量验收规范》GB 50628—2010

九、安全卫生

1.《建筑施工安全检查标准》JGJ 59—2011
2.《施工企业安全生产评价标准》JGJ/T 77—2010
3.《石油化工建设工程施工安全技术规范》GB 50484—2008
4.《建筑施工土石方工程安全技术规范》JGJ 180—2009
5.《建筑机械使用安全技术规程》JGJ 33—2012
6.《施工现场机械设备检查技术规程》JGJ 160—2008
7.《建设工程施工现场供用电安全规范》GB 50194—93
8.《施工现场临时用电安全技术规范》JGJ 46—2005
9.《液压滑动模板施工安全技术规程》JGJ 65—89
10.《建筑施工模板安全技术规范》JGJ 162—2008
11.《建筑施工门式钢管脚手架安全技术规范》JGJ 128—2010
12.《建筑施工扣件式钢管脚手架安全技术规范》JGJ 130—2011
13.《建筑施工木脚手架安全技术规范》JGJ 164—2008
14.《建筑施工碗扣式钢管脚手架安全技术规范》JGJ 166—2008
15.《建筑施工高处作业安全技术规范》JGJ 80—91
16.《建筑拆除工程安全技术规范》JGJ 147—2004
17.《建筑施工现场环境与卫生标准》JGJ 146—2004

18.《建筑施工塔式起重机安装、使用、拆卸安全技术规程》JGJ 196—2010
19.《龙门架及井架物料提升机安全技术规范》JGJ 88—2010
20.《建筑施工作业劳动防护用品配备及使用标准》JGJ 184—2009
21.《塔式起重机混凝土基础工程技术规程》JGJ/T 187—2009
22.《建筑施工工具式脚手架安全技术规范》JGJ 202—2010
23.《建设工程施工现场消防安全技术规范》GB 50720—2011
24.《建筑起重机械安全评估技术规程》JGJ/T 189—2009
25.《市政架桥机安全使用技术规程》JGJ 266—2011
26.《建筑施工承插型盘扣式钢管支架安全技术规程》JGJ 231—2010
27.《建筑施工起重吊装工程安全技术规范》JGJ 276—2012
28.《建筑施工竹脚手架安全技术规范》JGJ 254—2011

十、施工组织与管理

1.《建设工程监理规范》GB 50319－2000
2.《建设工程项目管理规范》GB/T 50326－2006
3.《建设工程文件归档整理规范》GB/T 50328－2001
4.《建设项目工程总承包管理规范》GB/T 50358－2005
5.《工程建设施工企业质量管理规范》GB/T 50430－2007
6.《建筑施工组织设计规范》GB/T 50502—2009
7.《工程网络计划技术规程》JGJ/T 121－99
8.《建设电子文件与电子档案管理规范》CJJ/T 117—2007
9.《建筑工程资料管理规程》JGJ/T 185—2009
10.《建筑施工企业管理基础数据标准》JGJ/T 204—2010
11.《施工企业工程建设技术标准化管理规范》JGJ/T 198—2010
12.《建筑施工企业信息化评价标准》JGJ/T 272—2012

参考文献

[1] 建筑施工手册编写组.建筑施工手册(第4版)[M].北京:中国建筑工业出版社,2003.

[2] 江正荣.建筑施工工程师手册(第2版)[M].北京:中国建筑工业出版社,2002.

[3] 江正荣.建筑施工计算手册[M].北京:中国建筑工业出版社,2001.

[4] 重庆大学,同济大学,哈尔滨工业大学.土木工程施工(上、下)[M].北京:中国建筑工业出版社,2003.

[5] 毛鹤琴.土木工程施工(第3版)[M].武汉:武汉理工大学出版社,2007.

[6] 刘津明,韩明.土木工程施工[M].天津:天津大学出版社,2001.

[7] 阎西康.土木工程施工(第2版)[M].北京:中国建材工业出版社,2005.

[8] 应惠清.土木工程施工(上、下)[M].上海:同济大学,2003.

[9] 李书全.土木工程施工[M].上海:同济大学,2004.

[10] 于书翰.道路工程[M].武汉:武汉工业大学出版社,2000.

[11] 叶国铮,姚玲森,李秩民.道路与桥梁工程概论[M].北京:人民交通出版社,2001.

[12] 苏寅申.桥梁施工及组织管理(上册)[M].北京:人民交通出版社,2000.

[13] 王兆.建筑工程施工实训[M].北京:机械工业出版社,2005.

[14] 中国建筑工程总公司.地基与基础工程施工工艺标准[S].北京:中国建筑工业出版社,2003.

[15] 中国建筑工程总公司.混凝土结构工程施工工艺标准[S].北京:中国建筑工业出版社,2003.

[16] 中国建筑工程总公司.钢结构工程施工工艺标准[S].北京:中国建筑工业出版社,2003.

[17] 中国建筑工程总公司.建筑砌体工程施工工艺标准[S].北京:中国建筑工业出版社,2003.

[18] 中国建筑工程总公司.建筑地面工程施工工艺标准[S].北京:中国建筑工业出版社,2003.

[19] 中国建筑工程总公司.建筑防水工程施工工艺标准[S].北京:中国建筑工业出版社,2003.

[20] 中国建筑工程总公司.屋面工程施工工艺标准[S].北京:中国建筑工业出版社,2003.

[21] 中国建筑工程总公司.建筑电气工程施工工艺标准[S].北京:中国建筑工业

出版社,2003.

[22] 中国建筑工程总公司.通风空调工程施工工艺标准[S].北京:中国建筑工业出版社,2003.

[23] 中国建筑工程总公司.电梯工程施工工艺标准[S].北京:中国建筑工业出版社,2003.

[24] 中华人民共和国建设部,中国质量监督检验检疫总局.GB 50300－2001　建筑工程施工质量验收统一标准[S].北京:中国建筑工业出版社,2001.

[25] 上海市基础工程公司.GB 50202－2002　建筑地基基础工程施工质量验收规范[S].北京:中国计划出版社,2002.

[26] 陕西省建筑科学研究设计院.GB 50203—2011　砌体工程施工质量验收规范[S].北京:中国建筑工业出版社,2002.

[27] 中华人民共和国住房和城市建设部.GB 50204－2002　混凝土结构工程施工质量验收规范[S].北京:中国建筑工业出版社,2002.

[28] 冶金工业部建筑研究院总院.GB 50205－2001　钢结构工程施工质量验收规范[S].北京:中国计划出版社,2001.

[29] 山西省建筑工程(集团)总公司.GB 50207－2012　屋面工程施工质量验收规范[S].北京:中国建筑工业出版社,2002.

[30] 山西省建筑工程(集团)总公司.GB 50208－2011　地下防水工程施工质量验收规范[S].北京:中国建筑工业出版社,2002.

[31] 江苏省建筑工程管理局.GB 50209－2010　建筑地面工程施工质量验收规范[S].北京:中国计划出版社,2002.

[32] 中国建筑科学研究院.GB 50210－2001　建筑装饰装修工程施工质量验收规范[S].北京:中国建筑工业出版社,2001.

[33] 冶金部建筑研究总院.GB 50214－2001　组合钢模板技术规范[S].北京:中国计划出版社,2001.

[34] 建筑工程施工项目管理丛书编审委员会.建筑工程项目施工组织与进度控制[M].北京:机械工业出版,2003.

[35] 钟晖,栗宜民,艾合买提依不拉音.土木工程施工[M].重庆:重庆大学出版社,2001.

[36] 张国联,王风池.土木工程施工[M].北京:中国建筑工业出版社,2004.

[37] 田金信.建设项目管理[M].北京:高等教育出版社,2002.

[38] 全国建筑业企业项目经理培训教材编写委员会.施工组织设计与进度管理[M].修订版.北京:中国建筑工业出版社,2001.

[39] 赵立方.建筑工程施工项目管理系列手册(第 5 分册)——施工项目技术管理[M].北京:中国建筑工业出版社,2004.

图书在版编目(CIP)数据

土木工程施工(第三版)/李文渊　主编.—武汉:华中科技大学出版社,2013.9(2024.8 重印)
ISBN 978-7-5609-9212-9

Ⅰ.①土…　Ⅱ.①李…　Ⅲ.①土木工程-工程施工-高等学校-教材　Ⅳ.①TU7

中国版本图书馆 CIP 数据核字(2013)第 145085 号

土木工程施工(第三版)　　　　李文渊　主编

责任编辑:简晓思
封面设计:张　璐
责任校对:张　琳
责任监印:朱　玢
出版发行:华中科技大学出版社(中国·武汉)　　电话:(027)81321913
　　　　　武汉市东湖新技术开发区华工科技园　　邮编:430223
录　　排:华中科技大学惠友文印中心
印　　刷:武汉邮科印务有限公司
开　　本:850mm×1060mm　1/16
印　　张:34.5　插页:1
字　　数:797 千字
版　　次:2024 年 8 月第 3 版第 10 次印刷
定　　价:88.00 元